U0318140

国家出版基金项目
NATIONAL PUBLICATION FOUNDATION

现代农业高新技术成果丛书

中国稻种资源及其核心种质研究与利用

Studies and Utilization of Rice Genetic Resources and Its Core Collection in China

李自超　主编

中国农业大学出版社
·北京·

内容简介

水稻是中国最重要的粮食作物，而且中国是栽培稻重要的驯化、起源和演化地之一，中国稻种资源的研究和利用备受中国政府和科学家的重视。该书系统总结了编者研究团队十余年来对稻种资源及其核心种质研究的结果，主要包括：中国稻种资源核心种质构建的理论和方法体系，中国稻种资源的遗传结构、遗传多样性分布，以及野生稻和栽培稻起源与演化等。为保证著作的系统性，该书还系统综述了中国稻种资源的起源、分类、收集、保存、评价和保护，以及中国稻种资源及其核心种质在基因发掘中的利用等。

图书在版编目(CIP)数据

中国稻种资源及其核心种质研究与利用/李自超主编．—北京：中国农业大学出版社，2013.5

ISBN 978-7-5655-0701-4

Ⅰ.①中…　Ⅱ.①李…　Ⅲ.①水稻－种质资源－研究－中国　Ⅳ.①S511.024

中国版本图书馆 CIP 数据核字(2013)第 098827 号

书　名　中国稻种资源及其核心种质研究与利用
作　者　李自超　主编

策划编辑　席　清　　　　**责任编辑**　韩元凤
封面设计　郑　川　　　　**责任校对**　陈　莹　王晓凤
出版发行　中国农业大学出版社
社　　址　北京市海淀区圆明园西路 2 号　　　　**邮政编码**　100193
电　　话　发行部 010-62731190,2620　　　　读者服务部　010-62732336
　　　　　　编辑部 010-62732617,2618　　　　出　版　部　010-62733440
网　　址　http://www.cau.edu.cn/caup　　　　**e-mail** cbsszs@cau.edu.cn
经　　销　新华书店
印　　刷　涿州市星河印刷有限公司
版　　次　2013 年 5 月第 1 版　　2013 年 5 月第 1 次印刷
规　　格　787×1 092　　16 开　　30 印张　　730 千字
定　　价　168.00 元

现代农业高新技术成果丛书
编审指导委员会

编 审 人 员

主　编　李自超
副主编　张洪亮

各部分主要编撰人
　　第一部分　汤圣祥　韩龙植　杨庆文
　　第二部分　张冬玲　张洪亮　李自超
　　第三部分　张洪亮　张冬玲　李自超
　　第四部分　李自超　张洪亮　张冬玲

参加撰稿和资料收集人员(按参加撰稿工作量排序)
　　王美兴　李俊周　李金杰　余建平　李　本　张战营
　　孙兴明　陈　超　汤　波　谢建引　宋连博　赵　炎

统　稿　李自超　张洪亮
审　校　汤圣祥　王象坤

参编人员单位
中国农业大学　王象坤　李自超　张洪亮　张冬玲*　李金杰
　　余建平　李　本　张战营　孙兴明　陈　超
　　汤　波　谢建引　宋连博　赵　炎

*张冬玲现工作单位:中国农科院作物科学研究所

中国农业科学院作物科学研究所　韩龙植　杨庆文
中国水稻研究所　汤圣祥
浙江省农业科学院　王美兴
河南农业大学　李俊周

本书为国家重点基础研究发展规划项目(973 项目)课题研究成果

课题名称及其编号：

1. 水稻种质资源核心种质构建，G1998010201
2. 水稻应用核心种质构建与基因多样性分析，2004CB117701
3. 水稻重要功能基因单元型效应和互作分析，2010CB125904

出版说明

瞄准世界农业科技前沿，围绕我国农业发展需求，努力突破关键核心技术，提升我国农业科研实力，加快现代农业发展，是胡锦涛总书记在2009年五四青年节视察中国农业大学时向广大农业科技工作者提出的要求。党和国家一贯高度重视农业领域科技创新和基础理论研究，特别是863计划和973计划实施以来，农业科技投入大幅增长。国家科技支撑计划、863计划和973计划等主体科技计划向农业领域倾斜，极大地促进了农业科技创新发展和现代农业科技进步。

中国农业大学出版社以973计划、863计划和科技支撑计划中农业领域重大研究项目成果为主体，以服务我国农业产业提升的重大需求为目标，在“国家重大出版工程”项目基础上，筛选确定了农业生物技术、良种培育、丰产栽培、疫病防治、防灾减灾、农业资源利用和农业信息化等领域50个重大科技创新成果，作为“现代农业高新技术成果丛书”项目申报了2009年度国家出版基金项目，经国家出版基金管理委员会审批立项。

国家出版基金是我国继自然科学基金、哲学社会科学基金之后设立的第三大基金项目。国家出版基金由国家设立、国家主导，资助体现国家意志、传承中华文明、促进文化繁荣、提高文化软实力的国家级重大项目；受助项目应能够发挥示范引导作用，为国家、为当代、为子孙后代创造先进文化；受助项目应能够成为站在时代前沿、弘扬民族文化、体现国家水准、传之久远的国家级精品力作。

为确保“现代农业高新技术成果丛书”编写出版质量，在教育部、农业部和中国农业大学的指导和支持下，成立了以石元春院士为主任的编审指导委员会；出版社成立了以社长为组长的项目协调组并专门设立了项目运行管理办公室。

“现代农业高新技术成果丛书”始于“十一五”，跨入“十二五”，是中国农业大学出版社“十二五”开局的献礼之作，她的立项和出版标志着我社学术出版进入了一个新的高度，各项工作迈上了新的台阶。出版社将以此为新的起点，为我国现代农业的发展，为出版文化事业的繁荣做出新的更大贡献。

中国农业大学出版社

2010年12月

序　一

作物种质资源是作物遗传研究和新品种培育的重要物质基础，因此，世界各国及其有关机构高度重视遗传资源的收集、保存和研究。据统计，目前世界范围内征集的种质资源已达610万份。丰富的种质资源已经为育种利用做出了巨大贡献，但是也给资源的保存、评价、鉴定及其研究和有效利用带来了困难。为缓解种质资源保存和利用间存在的矛盾，20世纪80年代，澳大利亚科学家Frankel提出了核心种质的概念(Core Collection)，从此以后，植物种质资源核心种质研究成为种质资源研究方面的热点之一。我国于1995年首次将水稻种质资源核心种质研究列入国家种质资源"九五"科技攻关计划，初步利用表型和同工酶数据，采用随机取样方法构建了中国稻种资源栽培稻核心种质；1999年我国正式启动了国家重点基础研究发展规划项目，亦称"973"项目，其中"农作物种质资源核心种质构建、重要基因发掘与有效利用研究"成为首批启动的15个973项目之一，项目包括水稻、小麦和大豆种质资源的核心种质构建。在该项目中中国农业大学李自超教授主持了"中国稻种资源的核心种质构建"课题，从此，我国种质资源核心种质研究陆续展开。目前，已经在水稻、小麦、大豆、玉米、花生等粮食和油料作物，山葡萄、桃、果梅、茶树、牡丹等果树或园林植物上均开展了核心种质构建和研究工作。

该书是作者带领的研究团队十余年对稻种资源和核心种质研究的结果，系统地总结了中国稻种资源核心种质构建的理论和方法体系；系统地探讨了中国稻种资源的遗传结构、遗传多样性分布及野生稻和栽培稻演化与起源。通过他们的潜心研究，在相关领域获得了许多新结果或提出了许多新观点，对植物种质资源研究、水稻遗传研究或新品种培育具有重要的指导意义和帮助。

中国农业科学院　研究员
中 国 工 程 院　院　士

2013年4月25日

序　　二

水稻是我国乃至世界最重要的粮食作物之一，稻谷总产量约占我国粮食总产量的40%，约占世界稻谷总产量的35%，可见我国水稻生产在世界上具有举足轻重的地位。稻种资源是水稻新品种选育的重要物质基础，纵观我国水稻育种和生产历史，每一次重大突破均得益于关键性种质的发掘和利用，20世纪的“第一次绿色革命”得益于矮秆资源的发掘与利用，我国三系杂交稻的成功得益于野败不育资源的发现。据统计，目前全世界已经收集和保存稻种资源70余万份，其中，我国国家品种资源库保存野生稻和栽培稻种质8万余份。我国稻种资源不仅数量多，而且类型丰富，中国也是世界公认的水稻起源中心之一。因此，广泛开展中国稻种资源的研究工作、构建中国稻种资源的核心种质具有重要的理论和实践意义。

该书除了对中国稻种资源的收集和保存现状、水稻优异基因的发掘和研究现状做了系统的总结以外，重点介绍了作者所在的研究团队十余年来对中国稻种资源研究的新成果。主要内容包括如何构建中国稻种资源的核心种质，系统地研究了核心种质构建的理论和方法体系；分析了中国稻种资源的遗传结构、遗传多样性分布，提出了栽培稻分类的新观点，即亚种栽培稻—亚种—生态型—地理生态群；通过对普通野生稻的研究，把它分为7个群，并通过遗传距离和等位变异分析提出了野生稻演化和栽培稻起源的新观点。作者利用现代分子生物学技术和分子数量遗传学方法从DNA水平系统地分析了中国稻种资源的分类、演化和进化，克服了前人过多依赖表型性状或经验性知识进行分类的局限；其研究结果将对我国水稻杂种优势群划分、新基因发掘、新品种培育等具有重要的参考价值。

武汉大学　　教　授
中国工程院　院　士　朱英国

2013年4月25日

前　　言

种质资源是人类赖以生存与农业生产的物质基础。在前农业生产时期，多样化的种质资源是人类采集和获得食物的主要来源；进入农业生产时期后，优异种质资源的发现是选育优良作物品种的关键，纵观作物育种的发展历史，每一次重大突破均无一不得益于关键性种质材料的发掘与利用。正是由于种质资源所蕴藏的价值，世界各国及有关机构收集和保存了大规模种质资源。据不完全统计，至今全世界收集保存的种质资源已达 610 万份，作为人类重要粮食作物之一，仅水稻种质资源就超过 77 万份。庞大的种质资源数量，一方面为相关物种的科学研究以及新品种选育提供了丰富的遗传和育种材料，另一方面却给科学家和育种工作者对其开展深入研究和利用带来了困难。为了解决这一难题，澳大利亚科学家 Frankel 于 1984 年首次提出了构建核心种质的概念和设想，意在选取最少数量的种质材料最大程度涵盖相关物种的遗传多样性，从而方便种质资源的深入评价、研究和利用。进入 20 世纪 90 年代后，核心种质的相关研究得到了广泛关注和迅速发展，近些年来所建立的各种核心种质正在遗传多样性、进化演化、种质资源创新、新品种选育以及基因组学等各领域发挥着重要作用。

水稻是全球最重要也是人类最早驯化的粮食作物之一，有关水稻种质资源的起源、演化以及收集、研究与利用一直受到广泛关注；我国是栽培稻驯化的起源地之一，而且水稻是我国最重要的粮食作物，中国稻种资源的收集、研究和利用以及针对中国稻种资源起源与演化的研究更是为我国政府和科学家所重视。在新中国成立初期对水稻种质资源进行广泛征集的基础上，经过“六五”以来几十年的补充征集和收集，我国目前共保存各类水稻种质资源 8 万余份。为促进我国水稻种质资源的研究和利用，我国于 1995 年首次将水稻种质资源核心种质研究列入国家种质资源“九五”科技攻关计划，初步探索了核心种质构建的方法。1999 年，“农作物资源核心种质构建、重要基因发掘与有效利用研究”成为首批启动的 15 个国家重点基础研究发展规划项目（亦称“973”项目）之一，包括水稻、小麦和大豆种质资源的核心种质构建，编者主持了“中国稻种资源的核心种质构建”课题。该课题开展的工作主要包括：我国水稻种质资源表型多样性分析、初级核心种质的取样策略及其建立、初级核心种质的形态与农艺性状鉴定以及初级核心种质的同工酶和 DNA 分子检测。其初级核心种质取样策略的相关研究，为其他植物核心种质的建立提供了理论和方法基础；随后，在以小麦、大豆、玉米、花生为代表的粮食和油料作物以及以山葡萄、桃、果梅、茶树、牡丹等为代表的果树或园林植物上，陆续开展了核心种质的构建和研究工作。由于该项目在水稻、小麦和大豆核心种质及相关研究取得的重要进展，该项目在 2003 年课题结题时获得连续资助，中国农业大学主持了“水稻应用核心种质构建与基因多样性”课题。在该课题执行期间，基于所建立的水稻初级核心种质开展的主要工作包括：我国水稻种质资源的遗传多样性，我国水稻种质资源的遗传结构与进化、演化，基于核心种质的水稻遗传和育种材料创制，基于核心种质的水稻新基因发掘等。

本书系统总结了编者研究团队十余年来对稻种资源及其核心种质研究的结果，主要内容包括：中国稻种资源核心种质构建的理论和方法体系，中国稻种资源的遗传结构、遗传多样性分布，以及野生稻和栽培稻起源与演化等。为保证著作的系统性，本书还总结收录了中国稻种资源的起源、分类、收集、保存、评价和保护，以及中国稻种资源及其核心种质在基因发掘中的利用等。本书共分 4 部分 13 章，各部分及各章主要内容及其来源和编者概述如下：

第一部分包括第 1～3 章，由中国水稻研究所的汤圣祥、中国农业科学院作物科学研究所的韩龙植和杨庆文主笔，系统综述了稻种资源的分类、分布和起源、传播，中国栽培稻种质资源的收集、保存、鉴评和利用等，以及中国普通野生稻的收集与保护等。

第二部分包括第 4～6 章，由中国农业大学的张冬玲、张洪亮和李自超主笔，不仅系统综述了构建核心种质的理论体系，而且系统收录了著者十余年来在核心种质研究方面的创新性结果，包括对核心种质相关方法及理论的发展、中国栽培稻和野生稻核心种质的构建及评价等。

第三部分包括第 7～10 章，由中国农业大学的张洪亮、张冬玲和李自超主笔，系统收录了著者十余年来在种质资源多样性和进化、演化方面的研究结果，包括中国栽培稻和普通野生稻种质资源的遗传多样性分布、群体结构与演化以及中国栽培稻和普通野生稻的进化、演化关系等。

第四部分包括第 11～13 章，由中国农业大学的李自超、张洪亮和张冬玲主笔，一方面系统综述了基于种质资源的遗传群体创制、基因发掘和基因组学等相关研究，另一方面介绍了编者在核心种质的鉴定和应用方面的工作进展，主要包括中国栽培稻种质资源核心种质的鉴定和评价、应用核心种质构建、导入系群体创制以及基于关联分析的基因发掘，最后分析和提出了核心种质的应用前景和策略。

本书所包括的研究成果主要获得了国家科技攻关项目、国家自然科学基金和国家 973 项目的资助。除本书所列编者外，为本书中的研究成果作出重要贡献的人员还包括编者所在实验室毕业的研究生孙俊立、齐永文、余萍、王凤梅、刘霞、廖登群、申时全、马占峰等，与编者合作的中国农业科学院作物品种资源所（现作物科学研究所）的裘宗恩女士和曹永生研究员、中国水稻研究所的魏兴华研究员和江云珠博士、云南省农业科学院的曾亚文研究员等，以及其他临时工作人员。本书的出版获得了国家出版基金的资助，在组稿和撰写过程得到了中国农业大学出版社及其编辑的大力帮助。在此，对上述机构和个人以及其他为本书以及本书的研究结果付出努力的人们致以诚挚的谢意。

本书不但系统总结了编者多年来在水稻种质资源及其核心种质相关领域的研究成果，而且系统综述了前人在稻种资源起源、分类、收集、评价及基因发掘方面的研究进展，对从事植物种质资源及其核心种质的研究、水稻遗传研究及新品种的培育等工作的研究人员具有重要的指导和帮助。由于编者水平所限，书中错误和纰漏在所难免，恳请读者批评指正。

编　者

2013 年 5 月于北京

目　　录

第一部分　中国稻种资源的收集、保存与保护

第二部分　中国稻种资源核心种质的构建

第四部分　中国稻种资源的鉴定及其在基因发掘中的应用与展望

第一部分

中国稻种资源的收集、保存与保护

第1章

稻种资源概述

水稻是中国也是全球最主要的粮食作物之一，稻米是世界近一半人口的主食，提供了全球人均1/4的食物热量。2009年，中国水稻种植面积2 962.7万hm^2，稻谷单产6.585 t/hm^2，稻谷总产19 510万t，分别占全国粮食作物种植面积、单产和总产的27.2%、135.3%和36.8%；同年，全球水稻种植面积15 830万hm^2，稻谷单产4.329 t/hm^2，稻谷总产68 524万t，分别占全球谷类作物种植面积、单产和总产的22.6%、121.4%和27.5%。显而易见，水稻产量和质量的提高，对改善人们的生活质量，保证我国和世界粮食安全具有举足轻重的作用。

水稻种植历史悠久，稻区分布辽阔，稻种资源丰富。目前，世界各国和国际农业研究机构在主要种质库中保存的水稻种质数量超过77万份(包括复份)。如何及时地、有效地利用和管理如此丰富而多样的水稻种质资源为水稻育种、研究和生产服务，是育种家和研究者面临的紧迫任务。1984年，Frankel提出构建作物核心种质的设想，即用最小的资源数量最大限度地代表整个遗传资源的多样性，以提高资源的管理和利用效率，提高育种成效。20世纪90年代，中国农业部启动了水稻核心种质研究项目。21世纪初，国家“973”计划将作物核心种质构建纳入了研究项目。20年来，中国水稻核心种质的研究已取得了瞩目的进展，其研究方法已从直观的形态与农艺性状进入到微观的分子水平。

1.1 稻种资源的分类和分布

1.1.1 稻种资源的分类

1.1.1.1 稻属种的分类

稻属(*Oryza* Linnaeus)属于禾本科(Gramineae)的禾亚科(Oryzoideae)，其野生种广泛分布于亚洲、非洲、拉丁美洲和大洋洲。自1753年林奈(Linnaeus)将普通栽培稻学名定为

Oryza sativa L. 以来，稻属种的分类研究一直持续至今。20 世纪 50 年代以前的研究主要依据农艺性状的差异和杂交亲和力不同，60 年代参考了种间 F_1 杂种在减数分裂时染色体的配对状况，即细胞遗传学证据，近年发展到应用分子杂交、RFLP、SSR 分析等 DNA 分子证据。因而，稻属野生种及其近缘种的种名和数目在不同时期有不同的表达和修正，直到最近才基本稳定下来。2000 年在国际水稻遗传学大会上，Khush 等在前人研究的基础上提出了修订性的稻属分类表，即稻属共有 23 个种，包括 2 个栽培种、21 个野生种，含有 AA、BB、CC、BBCC、CCDD、EE、GG、HHJJ、FF、HHKK 等 10 个染色体组(表 1.1)。与前人比较，该分类表归并了一些种，它与森岛的分类表有 8 个种的差异：森岛的分类表有狭叶野生稻(*O. amgustifolia*)、粗线粒野生稻(*O. perrieri*)、线粒野生稻(*O. tisseranti*)、密穗野生稻(*coarctata*)，而 Khush 等的分类表无此 4 种；但森岛的分类表无南方野生稻(*O. meridionalis*)、展颖野生稻(*O. glumaepatula*)、颗粒野生稻(*O. granulata*)和根茎野生稻(*O. rhizomatis*)，而 Khush 等的分类表有此 4 种。与张德慈(1985)的 22 个稻种的分类表比较，增加了 2 个种，即短舌野生稻(*O. breviligulata*)和根茎野生稻(*O. rhizomatis*)，去掉 1 个种，即巴蒂野生稻(*O. Barthii*)。增删的主要原因在于后者利用现代生物技术，从分子水平上对染色体组进行了深入研究和归类。

表 1.1　稻属种的名称、染色体数、染色体组和地域分布(Khush and Brar，2001)

种名	2*n*	染色体组	地域与分布
普通稻区组　*O. sativa* complex			
亚洲栽培稻　*O. sativa*	24	AA	全球
尼瓦拉野生稻　*O. nivara*	24	AA	亚洲热带、亚热带
普通野生稻　*O. rufipogon*	24	AA	亚洲热带、亚热带，大洋洲
短舌野生稻　*O. breviligulata*	24	AA	非洲
非洲栽培稻　*O. glaberrima*	24	AA	西非
长雄蕊野生稻　*O. longistaminata*	24	AA	非洲
南方野生稻　*O. meridionalis*	24	AA	大洋洲
展颖野生稻　*O. Glumae patula*	24	AA	南美、中美
药用稻区组　*O. officinalis* complex			
斑点野生稻　*O. punctata*	24，48	BB，BBCC	非洲
小粒野生稻　*O. minuta*	48	BBCC	菲律宾，巴布亚新几内亚
药用野生稻　*O. officinalis*	24	CC	亚洲热带、亚热带，大洋洲
根茎野生稻　*O. rhizomatis*	24	CC	斯里兰卡
紧穗野生稻　*O. eichingeri*	24	CC	南亚，东非
阔叶野生稻　*O. latifolia*	48	CCDD	南美，中美
高秆野生稻　*O. alta*	48	CCDD	南美，中美
大颖野生稻　*O. grandiglumis*	48	CCDD	南美，中美
大洋洲野生稻　*O. australiensis*	24	EE	大洋洲

续表 1.1

种名	2n	染色体组	地域与分布
疣粒稻区组 *O. meyeriana* complex			
颗粒野生稻 *O. granulata*	24	GG	南亚,东南亚
疣粒野生稻 *O. meyeriana*	24	GG	东南亚
马来稻区组 *O. ridleyi* complex			
长护颖野生稻 *O. longiglumis*	48	HHJJ	印度尼西亚,新几内亚
马来野生稻 *O. ridleyi*	48	HHJJ	南亚
未分区组 Unclassified			
短花药野生稻 *O. brachyantha*	24	FF	非洲
极短粒野生稻 *O. schlechteri*	48	HHKK	新几内亚,印度尼西亚

2001 年,卢宝荣等在前人大量工作的基础上,结合现代的研究成果,提出了稻属 3 组 7 系 25 种的分类系统。与 Khush 等(2001)的 23 个种的分类系统比较,该系统增加了 3 个种,即新喀里多野生稻(*O. neocaledonica*)、非洲野生稻(*O. schwienfurthiana*)和马蓝普野生稻(*O. malampuzhaensis*);而将颗粒野生稻(*O. granulata*)与疣粒野生稻(*O. meyeriana*)合并处理为一个种,即统称颗粒野生稻(*O. granulata*),不再将疣粒野生稻视为一个种。这一分类系统在很大程度上支持了形态学、细胞学和分子生物学对稻属各物种研究的结果。

关于稻属种间的关系,葛颂等(1999)通过 2 个核基因 *Adh*1 和 *Adh*2 以及叶绿体基因 *matk* 的检测,推断出稻属 23 个种间染色体组的关系图(图 1.1)。

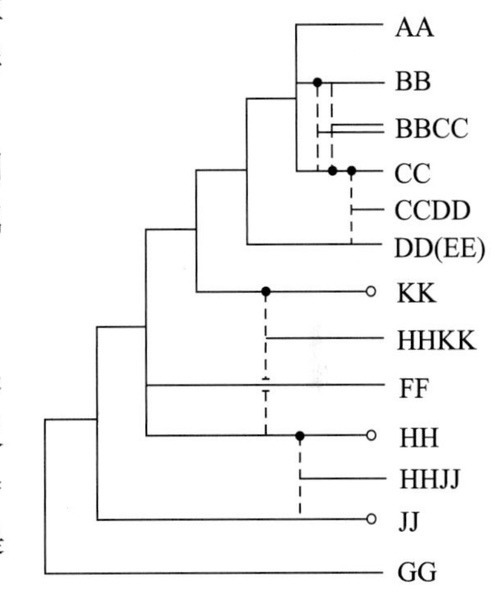

图 1.1 稻属种的相互关系(Ge,1999)

- - - - - 表示异源四倍体的起源;
○ 表示母本;
• 表示尚不确知的二倍体

1.1.1.2 栽培稻种的分类

稻属内含两个栽培稻种,即亚洲栽培稻(*Oryza sativa* L.,又称普通栽培稻)和非洲栽培稻(*Oryza glaberrima*,又称光壳栽培稻)。它们虽然具有相同的染色体数目($2n=24$),但亚洲栽培稻的基因组是 AA,非洲栽培稻的基因组是 A^gA^g,两者存在一定的形态差异和生殖隔离。

非洲栽培稻主要分布在非洲西部,大约 5°~17°N 的地区,初级起源中心位于马里境内的尼日尔河河谷平原,次级多样性中心位于塞内加尔、冈比亚和几内亚。非洲栽培稻的茎秆、叶片和稻壳光滑无毛,叶舌短圆不分裂,稻穗通常无二次分枝,农艺性状表现为高秆、少蘖、易落粒,产量低,但耐瘠、耐热、耐不良土壤的能力强。由于栽培历史较短,栽培区域有限,在学术上还没有亚种或生态地理种的划分,只有浮生型(适于深水栽培)和非浮生型(浅水直立栽培)的区别。

亚洲栽培稻起源于亚洲,现广泛分布于全球各稻区,若按种植地区生态条件的差异,大致可区分为灌溉稻(irrigated rice)、雨水稻(rainfed lowland rice)、陆稻(upland rice)、深水稻(deep water rice)和易洪涝稻(flood-prone rice),沿海地区有耐盐的潮汐稻(tidal rice)。由于长期的栽培和演化，亚洲栽培稻的农艺性状极其丰富多样，与非洲栽培稻的主要区别是：叶片、谷壳有毛（叶、光壳稻除外），叶舌长、前端尖、二裂，稻穗有二次甚至三次枝梗，每穗谷粒较多。详见表 1.2。

表 1.2　亚洲栽培稻与非洲栽培稻农艺性状的比较

性状	亚洲栽培稻	非洲栽培稻
叶片	有茸毛	无茸毛
叶舌	长、前端尖、两裂	短、前端圆、顶端不开裂
穗形	松散，粒少	紧凑，粒多
二次枝梗	多	无或极少
柱头色	白色、淡紫色、紫色	紫色
谷粒稃毛	有，少数光壳	无、光壳
谷粒色泽	多数秆黄，少数褐黄、银灰、紫色等	褐黑、褐黄等
糙米色泽	浅褐、少数赤红、紫黑	赤红
休眠性	弱—中等	强
再生性	有	无

20 世纪 60 年代前，各国稻区种植的基本是农家地方品种或改良地方品种，植株高（>150 cm），分蘖少，对氮素反应敏感，易倒伏，产量低。60 年代，由于中国和国际水稻研究所（IRRI）对半矮秆隐性基因 *sd*1 的发现和首先利用，实施了矮秆育种，高秆地方品种迅速被矮秆、半矮秆改良品种取代，全球特别是亚洲稻区迅速跟进，实现了水稻品种矮秆、半矮秆化，产量大幅提高，导致了水稻的“绿色革命”。具有 *sd*1 基因的现代品种，植株较矮（70～105 cm），分蘖力强，耐肥抗倒，穗大粒多，产量较高。20 世纪 70 年代，袁隆平等在海南岛三亚的普通野生稻中发现了胞质野败不育基因 *cms*，中国开始了杂交水稻育种和大规模的生产利用，40 年来共育成杂交水稻品种（组合）2 000 余份。目前，中国的杂交水稻，无论是三系或二系杂交水稻技术，均居世界前列。20 世纪 90 年代中期，国际水稻研究所（IRRI）和中国相继开展了超级稻育种（又称理想株型育种）。国际水稻研究所试图利用热带粳稻新种质和理想株型作为突破口，通过杂交和系统选育及分子育种方法育成具有高产潜力的新株型品种（NPT），但由于抗病虫和稻米品质不理想等原因，目前还无突出的品种在生产中大面积应用。中国农业部于 1996 年正式启动中国超级稻研究项目，其关键技术为理想株型的塑造与籼粳亚种间强优势的利用相结合，采用常规技术和生物技术相结合的育种途径，期望通过超级稻品种的大面积推广，能在 2030 年使全国水稻单产达到 8.1 t/hm^2 的水平。

1.1.1.3　普通栽培稻的分类

原始的普通栽培稻在漫长的驯化过程中，受到了自然选择和人为选择的强大压力，发生了适应人类需求的一系列农艺性状、生理特性的变化和定向的遗传变异；在向不同纬度、不同海拔高度的传播过程中，受到了温度、降雨量、日照时数、土壤质地、种植季节和栽培技术等诸因素的影响，导致了感光性、感温性、需水量、胚乳淀粉特性等一系列分化，通过传播和自然隔离使这种分化得到加强，形成了适应各种气候环境、丰富多样的栽培稻品种类型。

自 1928 年加藤茂苞依据形态、杂交 F_1 育性，将亚洲栽培稻种划分为 *Indica* Kato

和*Japonica* Kato两个亚种(即俗称的印度型和日本型)以来,中外学者对栽培稻的分类进行了一系列的研究。松尾孝岭(1952)、丁颖(1957)、冈彦一(1958)、盛永俊太郎(1968)、张德慈(1976)以及程侃声和王象坤等(1984)相继提出了各自的分类体系。这些分类系统虽然互有差异又互有联系,但均以籼粳分类作为主干(表1.3)(王象坤等,1931)。Glaszmann (1987) 根据对1 688份亚洲各国地方品种的同工酶分析,将亚洲栽培稻划分为Ⅰ、Ⅱ、Ⅲ、Ⅳ、Ⅴ、Ⅵ共6群,第Ⅰ群为典型籼稻,Ⅱ、Ⅲ群为原产喜马拉雅山南麓的偏籼稻,Ⅳ、Ⅴ群为偏粳稻,第Ⅵ群为典型粳稻。近年来,Garris(2005)根据SSR分析,将亚洲栽培稻划分为5类,即籼稻、AUS稻、香稻(aromatic)、温带粳稻和热带粳稻。

表1.3 几种主要的亚洲栽培稻的分类(王象坤,1993)

加藤茂苞 1928	丁颖 1949	松尾孝岭 1952	冈彦一 1958	盛永俊太郎 1968	张德慈 1976	程侃声、王象坤 1988,1984
Indica	籼亚种	C型	大陆型	Aman生态种	*Indica*亚种	籼亚种
				Aman生态型		Aman晚籼群
				Boro生态型		Boro冬籼群
				Tjereh生态型		Aus早、中籼群
		B型	热带海岛型	Bulu生态种	*Javanica*亚种	
Japonica	粳亚种	A型	温带海岛型	*Japonica*生态种	*Japonica*亚种	粳亚种
				*Japonica*生态型		Communis普通群
				Nuda生态型		Nuda光壳群
						*Javanica*爪哇群
				Aus生态种		

另一方面,印度和孟加拉国按水稻的生长季节将栽培稻分为Aus(夏稻,弱或非感光性,通常3～6月播种,7～10月收获),Aman(晚稻,感光性强,通常5～6月播种,9～12月收获)和Boro(冬稻,非感光性,通常11～12月播种,翌年3～4月收获)。印度尼西亚统称栽培稻为爪哇稻(*Javanica*),只有Bulu稻(芒稻)和Gundil稻(无芒稻)的区分。实际上,这些都是各国依据本国的稻作系统对籼粳类型划分的补充或延伸。

由于稻作生态的复杂性和稻种资源的多样性,虽然关于普通栽培稻的分类已有较为一致的看法,但迄今尚未形成一个公认的分类系统,有待进一步的研究和完善。

1.1.1.4 中国栽培稻的分类

从稻作栽培历史看,中国有"秈"稻和"杭"稻之分,是最早对栽培稻的籼、粳粗略划分。丁颖(1957)认为,中国已有数千年稻作栽培史,民间已有籼、粳的划分和书写的习惯,而且日本的水稻(*O. sativa japonica* Kato)是千年前从中国传播到日本的,她提出恢复籼(*Hsien* Ting)、粳(*Keng* Ting)亚种的区分原名,系统地把中国栽培稻分为五级,即籼亚种和粳亚种,早、中和晚稻群,水稻型和陆稻型,粘稻和糯稻变种,以及一般栽培品种,其系统关系如图1.2所示。

丁颖对中国栽培稻的5级划分,是依据主要农艺性状,根据生产实践的需要而建立的,虽然近50年来有研究者采用杂交亲和力、同工酶相关性、分子水平分析(如RFLP、SSR、NSPs)、

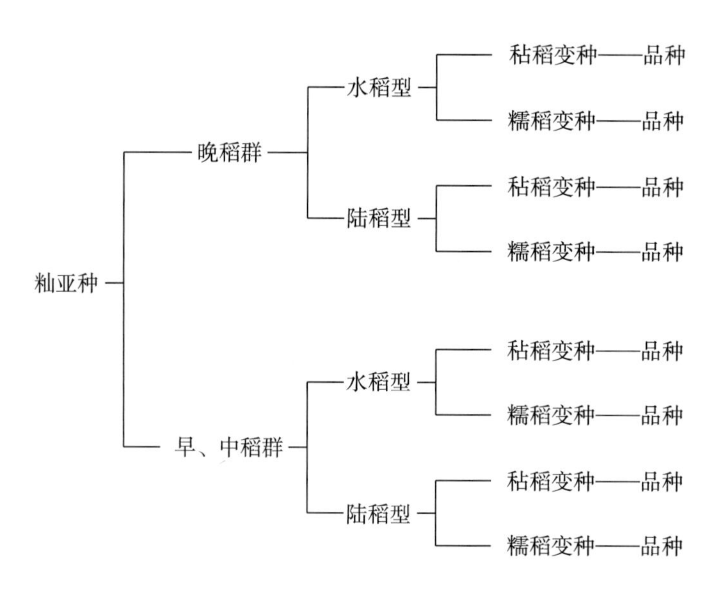

图 1.2　中国栽培稻的分类系统(丁颖,1957)

遗传变异分析,对中国栽培稻提出了各自的分类系统,但在生产实践中应用不多。丁颖对中国栽培稻的 5 级划分,仍具有强大的生命力,迄今在水稻生产中仍被广泛应用。

1. 籼稻和粳稻

籼稻(*indica*)和粳稻(*japonica*)是中国栽培稻种最重要的 2 个亚种。成千上万年的自然杂交—人为选择的循环,使原始普通栽培稻在广阔的地理区域分化为籼、粳两种主要生态亚种。现代的籼稻和粳稻育成品种在农艺性状和生理特性上存在较大的差异,其中,粳稻又分为温带粳稻和热带粳稻(爪哇稻)。中国现代粳稻品种均属温带粳稻类型,但近年育成的水稻品种,有的籼稻含有粳稻的成分,有的粳稻含有籼稻的成分,有的还含有热带粳稻(爪哇稻)的血缘,特别是近年育成的超级水稻品种或杂交稻组合,其亲缘关系更为复杂,其籼、粳判别甚为困难。由于籼、粳稻的鉴定和区分在稻种起源、演化和育种研究上具有重要意义,因此,育种家十分重视籼、粳类型的判别。早期,人们通过农艺特征予以简单区分,随后,采用籼粳判别函数法(如 Sato 的 $Z=Ph+1.313K-0.82H$)、杂交亲和性分析法以及我国的程氏六性状指数法,近年发展了叶片硅酸体分析法、同工酶分析法和分子标记法(RFLP、RAPD、SSR、InDel 等)。需要注意的是,上述方法各有优缺点,可依据分析的材料和目的而灵活采用,如将几种方法综合应用,则可取得可靠的结果。

籼、粳稻的分布主要受温度的制约,还受到种植季节、日照条件的影响。目前,我国的籼稻品种主要分布在华南和长江流域各省,其次在西南的低海拔地区和北方的河南及陕西南部。湖南、贵州、广东、广西、海南、福建、江西、四川、重庆的籼稻面积占 90% 以上,湖北、安徽占 75%～85%,浙江、云南占 50%左右,江苏占 25%左右。粳稻主要分布在华北、东北、西北、长江下游太湖地区,以及华南、西南高原的高海拔山区。东北的黑龙江、吉林、辽宁三省是全国著名的北方粳稻产区,江苏、浙江、安徽、湖北是南方粳稻的主产区,云南的高海拔地区则以粳稻为主。

2009 年,全国籼稻种植面积为 2 077 万 hm^2,约占稻作面积的 70.1%;粳稻面积 886 万

hm^2，占稻作面积的 29.9%。据统计，2008 年全国种植面积大于 6 670 hm^2(10 万亩)的水稻品种和杂交组合共 746 个，其中籼稻 581 个，占 78%；粳稻 165 个，占 22%。近年来，由于人们生活水平的提高和食味的变化，对粳米的需求增加，粳稻种植面积有逐年增加的趋势。

2. 早稻、中稻和晚稻

在稻种向不同纬度、不同海拔高度的传播过程中，受到日照和温度的强烈影响，在自然选择和人为选择的综合作用下，栽培稻种发生了一系列感光性和感温性的变异，出现了早稻、中稻和晚稻栽培类型。一般而言，早稻，基本营养生长期短，感温性强，不感光或感光性极弱；中稻，基本营养生长期较长，感温性中等，感光性弱；晚稻，基本营养生长期短，感光性强，感温性中等或较强，通常晚籼的感光性强于晚粳。

籼稻和粳稻都有早、中、晚稻类型，每一类型根据生育期的长短有早熟、中熟和迟熟之分，从而形成了大量适应不同栽培季节、耕作制度和生育期要求的栽培品种。在华南、华中的双季稻区，对日长反应不敏感、生育期较短的早籼和早粳品种，一般 3～4 月播种，7～8 月收获；在海南和广东南部，早籼稻可在 2 月中下旬播种，6 月下旬收获。中稻一般作单季稻种植，生育期稳定，产量较高。按全国性熟期划分，华南稻区的早稻中、迟熟品种，到了长江中、下游稻区多数生育期延长，表现为中稻类型。晚籼和晚粳稻，可作双季晚稻和单季晚稻种植，以保证在秋季气温下降前安全抽穗授粉。

20 世纪 70 年代中期以来，我国早稻和晚稻的面积逐年减少，单季中稻的面积大幅增加。早、中、晚稻种植面积占全国稻作面积的比重，分别从 1979 年的 33.7%、32.0%、34.3%，转变为 2009 年的 19.8%、59.2%、21.0%(表 1.4)。近 30 年来早、中、晚稻种植面积变化的原因，一是农业种植结构调整，双季稻面积尤其是双季早稻面积大幅下滑，特别是四川、江苏、浙江、上海、安徽、湖北等省(市)的双季早稻面积减少很多。二是杂交水稻面积上升，从 20 世纪 80 年代后期起逐渐占领了全国稻作面积的半壁江山，而绝大多数杂交水稻品种是中稻，因而极大地压缩了双季早、晚稻的种植面积。

表 1.4 1979—2009 年早、中、晚稻种植面积的阶段变化

年份	早稻		中稻		晚稻	
	面积/10^6 hm^2	占全国稻作面积比重/%	面积/10^6 hm^2	占全国稻作面积比重/%	面积/10^6 hm^2	占全国稻作面积比重/%
1979	11.42	33.7	10.82	32.0	11.63	34.3
1989	9.36	28.6	13.56	41.5	9.78	29.9
1999	7.58	24.2	15.30	48.9	8.41	26.9
2009	5.87	19.8	17.53	59.2	6.23	21.0

3. 水稻和陆稻

陆稻(upland rice)亦称旱稻，古代称棱稻，是适应较少水分环境(坡地、旱地)的一类稻作生态品种。陆稻的显著特点是耐干旱，表现为种子吸水力强，发芽快，幼苗对土壤中氯酸钾的耐毒力较强；根系发达，根粗而长；维管束和导管较粗，叶表皮较厚，气孔少，叶较光滑有蜡质；根细胞的渗透压和茎叶组织的汁液浓度也较高。与水稻比较，陆稻吸水力较强而蒸腾量较小，故有较强的耐旱能力。通常，陆稻依靠雨水获得水分，田地无田埂。虽然陆稻的生长发育对光、温要求与水稻相似，但一生需水量约是水稻的2/3或一半以下。因而，陆稻适于水源不足或水源不均衡的稻区、多雨的山区和丘陵区的坡地或台田种植，还可与多种旱作物间作或套种。

陆稻也有籼、粳，秥、糯之别和生育期长短之分。全国陆稻面积约57万 hm^2，仅占全国稻作总面积的2%左右，主要分布于云贵高原的西南山区、长江中游丘陵地区和华北平原区。云南西双版纳和思茅等地每年陆稻种植面积稳定在10万 hm^2 左右。近年，在华北地区正在发展一种旱作稻(aenobic rice)，耐旱性较强，在整个生育期灌溉几次水即可，产量较高。

4. 秥稻和糯稻

稻谷胚乳有糯性与秥(非糯)性之分。糯稻米饭黏性强，其中粳糯米饭的黏性大于籼糯。秥稻的米饭黏性弱。化学成分的分析指出，胚乳直链淀粉含量的多少是区别秥稻和糯稻的化学基础。通常，秥粳稻的直链淀粉含量占淀粉总量的8%～20%，秥籼稻为10%～30%，而糯稻胚乳基本为支链淀粉，不含或仅含极少量(>2%)直链淀粉。目前在水稻资源中发现了胚乳半糯性(*dull*)的突变体，直链淀粉含量低(4%～10%)，介于糯稻与粳米之间，米饭外观油润有光泽，冷不回生，适口性好。

从化学反应看，由于糯稻胚乳和花粉中的淀粉基本或完全为支链淀粉，因此吸碘量少，遇1%的碘-碘化钾溶液呈红褐色反应，而非糯稻直链淀粉含量高，吸碘量大，呈蓝紫色反应，这是区分糯与非糯品种的主要方法之一。从外观看，糯稻胚乳在刚收获时因含水量较高而呈半透明，经充分干燥后便呈乳白色，这是由于胚乳细胞快速失水，产生许多大小不一的空隙导致光散射而引起的。云南、贵州、广西等省(自治区)的高海拔地区的人们喜食糯米，籼型糯稻种植历史悠久，品种丰富。在长江中下游地区，糯米通常用于酿制米酒，制作糕点，以粳型糯稻品种居多。

5. 常规稻和杂交稻

我国自20世纪70年代中期开始杂交水稻的大规模育种和推广，杂交水稻的种植面积近年达到全国稻作面积的一半以上。

常规稻是遗传纯合、可自交结实、性状稳定的品种类型；杂交稻是利用杂种一代优势、目前必须年年制种的品种(组合)类型。我国是世界上第一个大面积、商品化应用杂交稻的国家，20世纪70年代后期开始大规模推广三系杂交稻，80年代发现光(温)敏核不育基因，90年代初成功选育出两系杂交稻并应用于生产。目前，常规稻种植面积约占全国稻作面积的45%，杂交稻占55%左右。历年育成并经审定(认定)的杂交水稻品种(组合)超过1 200个。杂交稻也有籼、粳，早、中、晚熟，水、陆和秥、糯之分。

2008年，全国种植面积大于6 667 hm^2(约10万亩)的水稻品种共746个，其中常规稻品种265个，占35.5%；种植面积933.7万 hm^2，平均每个品种3.53万 hm^2。杂交稻品种481个，占64.5%；种植面积1 595.7万 hm^2，平均每个品种3.31万 hm^2。上述746个优良品种的种植面积占全国当年稻作总面积的86.5%。

1.1.2 稻种资源的分布

1.1.2.1 栽培稻的资源分布

由于悠久的栽培历史、较高的经济价值和广泛的适应性，栽培稻已分布全球各地。从世界上最潮湿的地区到最干旱的沙漠地带，从北半球 53°N 的中国黑龙江省漠河到南半球 40°S 的阿根廷中部，都有水稻种植。亚洲是水稻的主产区和主消费区，其种植面积和稻谷产量约占全球的 90%左右。据 FAO 统计，2009 年稻作面积超过 100 万 hm^2 的国家有 16 个：印度(4 185 万 hm^2)、中国(2 988 万 hm^2)、印度尼西亚(1 288 万 hm^2)、孟加拉(1 135 万 hm^2)、泰国(1 096 万 hm^2)、缅甸(800 万 hm^2)、越南(744 万 hm^2)、菲律宾(453 万 hm^2)、巴基斯坦(288 万 hm^2)、巴西(287 万 hm^2)、柬埔寨(268 万 hm^2)、尼日利亚(179 万 hm^2)、日本(162 万 hm^2)、尼泊尔(156 万 hm^2)、马达加斯加(134 万 hm^2)和美国(126 万 hm^2)。

生物资源是极其宝贵的战略资源，是植物育种的物质基础，因此，世界各国都非常重视种质资源的收集与保存研究。国际植物遗传资源研究所(IPGRI)、国际水稻研究所(IRRI)等国际农业研究机构和印度、中国、美国、日本等国家从 20 世纪 60～70 年代开始建立大规模植物种质库，从国内外广泛收集稻种资源。至今全世界收集保存的栽培稻和野生稻种质资源超过 77.4 万份(含复份，表 1.5)，一些亚洲国家如孟加拉国、印度尼西亚、菲律宾、巴基斯坦、缅甸、韩国、柬埔寨等，水稻遗传资源的保存数量也在万份以上。

表 1.5 国际农业研究机构和主要产稻国家种质库保存的稻种资源的数量(2009 年)

国家/国际机构	保存的种质份数	国家/国际机构	保存的种质份数
印度(植物遗传资源局)	8.5 万	巴西	1.4 万
中国(国家种质库)	7.4 万	老挝	1.2 万
日本	4.0 万	越南	1.1 万
韩国	2.7 万	国际水稻研究所 (IRRI)	10.9 万
泰国	2.4 万	非洲水稻研究中心(前 WARDA)	2.0 万
美国	1.7 万	热带农业国际研究所(IITA)	1.2 万

中国是世界主要产稻国之一，稻作分布广泛，从南到北，稻区跨越了热带、亚热带、暖温带、中温带和寒温带 5 个温度带，最北的稻区在黑龙江省的漠河(53°27′N)，为世界稻作区的北限；最高海拔的稻区在云南省宁蒗县山区，海拔高度为 2 965 m。在南方的山区、坡地以及北方缺水少雨的旱地，种植有较耐干旱的陆稻，还有少量完全依赖雨水的雨水稻。华南稻区占全国稻作总面积的 18%，以双季籼稻和中籼稻为主，也有少量单季晚籼；华中稻区占全国稻作面积的 50%，双、单季稻并存，籼、粳、糯稻均有。西南高原双单季稻区占全国稻作总面积的 15.0%，籼粳并存，以单季中稻为主，在部分山区有陆稻，在低海拔但无灌溉水源的坡地有雨水稻。华北单季稻区占全国稻作总面积的 3.2%，以单季早、中粳稻为主。东北稻区占全国稻作面积的 12.8%，以早熟的单季粳稻为主。西北干燥单季稻区占全国稻作总面积的 1%，以单季粳稻为主。

1.1.2.2 野生稻的资源分布

野生稻种在全球的分布参见表 1.1。其中，亚洲是野生稻种分布最多、最广的地区，生长着普通野生稻(*O. rufipogon*)、尼瓦拉野生稻(*O. nivara*)、小粒野生稻(*O. minuta*)、药用野生稻(*O. officinalis*)、根茎野生稻(*O. rhizomatis*)、紧穗野生稻(*O. eichingeri*)、颗粒野生稻(*O. granulata*)、疣粒野生稻(*O. meyeriana*)、长护颖野生稻(*O. longiglumis*)、马来野生稻(*O. ridleyi*)、极短粒野生稻(*O. schlechteri*)等 11 种野生稻。

中国南方现存有 3 种野生稻，即普通野生稻（*O. ruffipogon*）、药用野生稻（*O. officinalis*）和疣粒野生稻（*O. meycriana*）。普通野生稻在中国南方广泛分布，东起台湾桃园县（121°15′E），西至云南景洪（100°47′E），南起海南三亚（18°09′N），北至江西东乡县（28°14′N）。在海拔 300～600 m 的河流两岸的沼泽地、草塘和山坑低湿处均有分布，包括华南 7 省（区），即广东、广西、海南、湖南、江西、福建和台湾的共 113 个县（市）。药用野生稻分布在广东、海南、广西和云南 4 省（区）的 38 个县（市）。疣粒野生稻分布在海南和云南两省的 27 个县。值得注意的是：由于人类的活动、城市的扩展和环境的改变，许多野生稻群体正在消亡，野生稻的栖居地数大幅减少，因此，如何保护好野生稻原生境资源已紧迫地提到议事日程。

一些野生稻具有栽培稻没有的优异基因。20 世纪 70 年代从中国海南岛的普通野生稻中发现并转育的胞质雄性不育基因 *cms*，开创了我国三系杂交水稻大面积应用的新纪元。目前从菲律宾、印度等的普通野生稻中也发现了胞质雄性不育基因，并转入栽培稻中育成了一些不育系。20 世纪 70 年代从印度北方邦的尼瓦拉野生稻的一个编号材料（Acc 101 508）中发现了高抗草丛矮缩病的基因 *Gs*，并成功地转入到 IR26、IR36、IR64、IR72 等热带栽培稻中，并被热带和亚热带国家广泛应用。该抗草丛矮缩病基因 *Gs* 至今未在栽培稻中发现，是唯一从野生稻中发现的抗草丛矮缩病基因。具有白叶枯病广谱抗性的 *Xa*21 基因，是 20 世纪 90 年代从非洲的长雄蕊野生稻中发现并导入栽培稻中，而具有白叶枯病广谱抗性的 *Xa*23 基因，是中国从普通野生稻中发现并应用于抗白叶枯病育种。目前，国际水稻研究所正将普通野生稻和长雄蕊野生稻的高产 QTL 基因，普通野生稻耐土壤铝毒的 QTL 基因转入栽培稻中。

1.2 栽培稻的起源和传播

1.2.1 栽培稻的祖先种

20 世纪早期，有的学者以穗型、粒型、开花习性的相似性为依据，推论亚洲栽培稻来源于药用野生稻（*Oryza officinalis*）或小粒野生稻（*Oryza minuta*），但通过杂交亲和性和染色体组构成的研究，上述看法已被否定。50 年代，有的学者认为中国云南的光壳陆稻起源于疣粒野生稻，理由是两者在云南西南部广泛存在，皆为旱生，谷粒又均为无稃毛的光壳。但是，通过对谷粒颖壳表面和花药形态的电镜观察，以及杂交亲和力试验、染色体组研究，确认光壳陆稻与疣粒野生稻的亲缘关系甚远，光壳陆稻起源于疣粒野生稻是缺乏根据的。周拾禄（1948）认为，目前生长于江苏云台山、连云港地区的穞稻，落地自生，谷壳黑色，长芒，易落粒，粒型似粳，是中国粳稻的野生祖先。近年通过对穞稻的农艺性状、染色体核型、线粒体 DNA、SSR 等分析，否定了上述看法，认为穞稻是一种遗留至今的具有较多野生稻特性的原始栽培粳稻或偏粳杂草稻。

迄今，亚洲栽培稻起源于多年生普通野生稻已成共识。张德慈（1976）和 Oka（1988）在综合大量文献的基础上，认为亚洲栽培稻的祖先种应是广泛分布于南亚、东南亚和中国南方的具有宿根特性的多年生普通野生稻（*Oryza rufipogon*）。普通野生稻的染色体组为 AA，$2n=24$，具根茎，多年生，喜温，对短日照敏感，适应淹水生境，分蘖力强，稻穗有二次枝梗，谷粒长形，易落粒，在亚洲的分布范围是 68°～150°E，10°～28°N。但是关于亚洲栽培稻起源于多年生野生稻，或一年生普通野生稻，或多年生—一年生野生稻中间类型，仍然存在争论。

非洲栽培稻的祖先种是多年生的长药野生稻（*Oryza longistaminata*），属 A^1A^1 染色体组，$2n=24$。长药野生稻分布于非洲西部，可匍匐生长，喜湿喜温，适应沼泽环境，株高 1.5 m 以上，雄蕊花药长大，自交具不亲和性。

鉴于亚洲栽培稻和非洲栽培稻，以及它们的祖先种普通野生稻和长药野生稻同属 AA 染色体组，均为二倍体，$2n=24$，因此，推测它们在遥远的过去必定有一个最古老的共同祖先。目前认为，分布在亚洲、非洲、澳大利亚、中美洲和南美洲的热带、亚热带的"*Oryza perennis*"复合体，可能是它们的共同祖先。共同祖先 *Oryza perennis* 约在 1.3 亿年前的冈瓦那古大陆（Gondwanaland）与稻属其他种同时产生。随着古大陆的分裂漂移，共同祖先分别在分隔的亚洲大陆和非洲大陆的热带、亚热带演化为普通野生稻和长药野生稻，进而在人类先祖的作用下驯化为亚洲栽培稻和非洲栽培稻。

1.2.2 亚洲栽培稻的起源地

关于亚洲栽培稻起源地的确定，研究者通常认为需要 4 个条件：①该地目前或过去曾经存在栽培稻的直接野生种——普通野生稻；②该地具有人类驯化普通野生稻的环境条件及生存压力；③该地或附近发现或可能存在古人类驯化普通野生稻或原始栽培稻的活动痕迹或物证；④该地的稻种资源存在较丰富的遗传多样性。

亚洲栽培稻起源地的研究，涉及生物学、遗传学、作物资源学、考古学、古地质学、古气象学、民族学等多种学科的综合研究。近半个世纪以来，观点纷呈，学说颇多，至今未有明确的定论。归纳起来，亚洲稻种起源主要有印度起源说、阿萨姆-云南多点起源说和中国起源说。

1.2.2.1 印度起源说

20 世纪 60 年代前，多数国外文献认为亚洲栽培稻起源于印度。Vavilov 根据作物遗传变异中心理论，认为亚洲栽培稻起源于印度北部，论据是印度北部地处喜马拉雅山南麓的纬度较高地区，地形复杂，稻作栽培史悠久，稻种变异多，普通野生稻广泛存在，且与栽培稻具有密切的生态相关，因而把印度列为栽培稻的起源地。在古籍记载上，公元前 400 年亚历山大在远征印度时曾记录了印度的野生稻。在考古发掘上，印度各地几十年来共发现了 13 个炭化稻遗存，时间距今 2 000～4 500 年。20 世纪 70 年代末在印度北部的 Mahagara 发现了新石器早期遗址（24°55′N，82°32′E），遗址各层均出土了炭化稻米，年代从公元前（6 570±210）年至公元前（4 530±185）年，稻米长宽比平均 2.15，经鉴定属原始栽培稻。据此，一些学者推论印度北部是亚洲栽培稻的起源地，其原始稻作可上溯到 8 500 年前。其后，Clark 和 Williams 等（1990）在 80 年代末对 Mahagara 出土稻谷的年代质疑，用加速质谱仪（AMS）对该遗址陶器中的谷壳年代重新测定，发现 Mahagara 出士稻谷距今仅 3 000～4 500 年。有的学者反向提出：印度也是亚洲稻作农业发祥地之一吗？他们依据稻作栽培史、语言学、民族迁徙方向、文字考证、考古发掘的稻遗存、石器和陶器等研究，认为印度不是稻作农业的起源地之一，它的稻作农业是从中国的西南传播过去的，传播者是藏缅族先民，时间约在距今 4 500 年前左右，途径是从四川经云南横断山脉到缅甸，印度的阿萨姆邦，或者经云南横断山脉到西藏，入尼泊尔、不丹，再到印度恒河流域。是否如此，尚待深入研究。

1.2.2.2 阿萨姆-云南多点起源说

20 世纪 50 年代，周拾禄(1948)认为，籼稻起源于南亚印度，粳稻起源于中国。70～80 年代，一些学者提出了阿萨姆-云南多点起源说，提出亚洲栽培稻起源于喜马拉雅山东南麓的印度东北部、不丹、尼泊尔、缅甸北部、中国西南部的广大地区。著名学者张德慈指出，包括从印度东北的阿萨姆、孟加拉国北部连接缅甸的三角区，到泰国、老挝和越南北部及中国西南部的绵延长达 3 200 km 狭长地区，地形复杂，温暖多雨，多年生普通野生稻、一年生尼瓦拉野生稻和杂草稻广泛分布，地方稻种类型丰富，古代部族差别较大，野生稻向栽培稻的演变和驯化可能在该地区的内部或在其边界部分多点地、独立地、同时地发生。渡部忠世(1982)在他的《稻米之路》一书中提到，通过多年的实地考察，在详细分析了亚洲各地古庙宇、宫殿等不同年代遗址的残存土基中的稻谷、稻壳形状，现存的野生稻的分布，研究了糯稻圈的形成和历史变迁后，提出了“云南-阿萨姆”起源说，即栽培稻起源于中国云南和印度阿萨姆地区。中川原(1976)分析了数百个水稻品种的 3 个酯酶同工酶谱带，发现从印度阿萨姆到中国云南的稻种，其同工酶基因型变异比其他地区丰富，认定阿萨姆-云南地区是栽培稻的起源地，将南亚的籼稻称为 Indica，起源于中国的籼稻称为 Sinica。不过，在该区域发现的新石器时代的稻遗存并不多，年代也不久远。最早的是在泰国 Non Nok Tha 遗址发现的出土稻谷，距今约 5 000 年，但属于原始栽培稻或野生稻，还未定论。

总体看，如果把印度东北地区，缅甸、泰国北部地区，中国西南以至南部地区绵延数千千米的区域视为栽培稻的起源地，但这些地区各自相距甚远，又有高山峻岭阻隔，远古人类难以流动和交流。因此，亚洲栽培稻在阿萨姆-云南的狭长地区多点地、独立地起源是可能的。

1.2.2.3 中国起源说

早在 1884 年，Ce Candolle 认为印度的稻作起源在中国之后。1931 年，Roschevicz 等著文认为亚洲栽培稻起源于中国，他们指出中国的神农氏在公元前 2 800～2 700 年已经知道种植“五谷”(麦、稷、黍、菽、稻)，河南仰韶发现的稻谷遗迹，有 4 000 年之久，比印度当时发现的稻谷遗迹早 1 000 多年。关于栽培稻在中国的具体起源地，目前仍有争论，主要有以下 3 种学说。

1. 华南起源说

丁颖(1949，1957)根据中国 5 000 年来的稻作文化，普通野生稻在华南的分布及与栽培稻的遗传相似性，稻作民族在地理上的接壤关系等提出：中国栽培稻起源于华南的普通野生稻。其后，李润权(1985)在研究了中国野生稻的分布和新石器时期遗址的出土农具后，认为华南虽未发现年代久远、早于 5 000 年的稻遗存，但在众多的新石器遗址中发现了许多石斧、石锛、蚌刀、石磨盘、石杵等原始农具，表明人类已能利用谷类作物，因此，在中国范围内，栽培稻的起源中心应在江西、广东、广西区域，其中西江流域是最值得重视的。张文绪(2000)根据普通野生稻的自然分布、出土的古栽培稻的粒形变异、古气候的变迁等提出：中国栽培稻的起源中心在珠江和长江的分水岭——南岭地区。约在 1 万年前，起源于南岭地区的原始栽培稻沿珠江水系南下，进入岭南地区而演化为籼稻；沿长江各支流北进东下，约在 8 500 年前后到达江淮，随时位的差异而向粳稻方向演化，最终形成南籼北粳的局面。近年，王荣升等(2011)对原产中国的 98 份栽培稻和 125 份普通野生稻的叶绿体基因进行测序，发现普通野生稻的 InDel 和 SNP 数目均比栽培稻多，所有与栽培稻亲缘关系较近的普通野生稻均来源于华南地区，支持华南起源说。

2. 云贵高原起源说

中国云贵高原海拔变化大，形成了包括热带、亚热带和温带的各种气候；植物资源丰富，普通野生稻与药用野生稻、疣粒野生稻共存；籼型、中间型及粳型栽培稻类型丰富，随海拔高度上升存在明显的垂直分布现象；在元谋、宾川、耿马、昌宁等县还发现了3 700～3 000年前的出土稻谷、稻壳。据此，在20世纪70～80年代一些学者提出了中国栽培稻的"云南起源说"，认为栽培稻最初在云南驯化和演变，并沿着长江、西江分别到达长江中下游和华南；沿着怒江、澜沧江南下，到达东南亚一带。云南起源说与国际上的"阿萨姆-云南"多点起源说存在相关性。不过，近年一些学者陆续否定了"云南起源说"。考察表明，云南的普通野生稻群居地并不多，仅在低海拔的元江、景洪等地存在。贵州并未发现普通野生稻，云南的普通野生稻与两广的野生稻并不连接，中间隔开了400 km以上的山岳地带。等位酶研究证实，云南普通野生稻的特性特征偏籼，与东南亚的普通野生稻类似，可视为是东南亚的普通野生稻的分布北缘；而内陆的普通野生稻偏粳，与内陆的栽培稻接近。从生物学的角度看，将云南的普通野生稻视为我国华中、华南的直接祖本，根据不足。一些学者通过对农艺性状和同工酶的研究认为，云南不是亚洲栽培稻的初级变异中心和起源中心，而是一个重要的次生变异中心，其稻种的多样性是内陆的原始栽培稻与东南亚稻种在云贵高原杂交、变异和选择的结果。此外，云南至今尚未发现年代远于5 000年的稻的遗存或稻作农具。

3. 长江流域起源说

中国的稻作农耕以长江流域为最早，考古发掘出土的稻遗存也以长江中下流地区最多、年代最早，长江中下游可能是我国稻作的起源地。主要论据是：第一，DNA和同工酶分析表明，普通野生稻存在一些原始的籼、粳差异，籼、粳稻可能独立起源于偏籼、偏粳的普通野生稻。第二，古气候学研究表明，约万年前长江下游温度比现今高3～4 ℃，降雨量约多800 mm，适于普通野生稻的繁衍和驯化。在河姆渡遗址发现的7 000年前的原始栽培稻和普通野生稻炭化谷粒、亚热带的一些动物骨骼，以及现存的江西东乡野生稻证实了这一推断。第三，长江下游的浙江、江苏和安徽三省出土的新石器稻的稻遗存(稻谷、稻米、稻壳、稻秆、稻叶等)多达51处，占全国总数的1/3，其中，7 000～10 000年的即有7处，即浙江的余姚县河姆渡遗址(6 950±130 BP)、田螺山遗址(7 000～5 600 BP)、肖山县跨湖桥遗址(8 000～7 000 BP)、桐乡县罗家角遗址(7 040±150 BP)、浦江县上山遗址(11 400～8 600 BP)、慈溪县童家岙遗址(7 000 BP)和江苏省的高邮县龙虬庄遗址(7 000～6 300 BP)。在江苏草鞋山遗址附近挖掘出30余块6 000多年前的古水稻田，并有水沟、蓄水坑(井)等设施，证实长江下游在7 000多年前已有了相当程度的稻作栽培。第四，对遗址土层中筛出的植硅体的分析表明，太湖流域新石器时期的出土稻谷无一例外都是粳型稻，说明在稻作之初，栽培的就是原始粳稻。依据生长在不同地区的普通野生稻群体存在籼、粳的原始差异，有的学者认为中国的籼、粳稻在万年前是平行、独立演化的。

王象坤等(1996)根据近年在湖南彭头山和河南贾湖出土约8 000年前的炭化稻谷、米粒，认为长江中游—淮河上游地区可能是中国栽培稻的发祥地。理由是：第一，两地都出土了古老而又年代相近的原始栽培稻，且均以稻作为主的农业经济形态，表明该地稻作农业的原始性和过渡性。第二，出土的大量古人类群体表明当时的先民已过着定居生活。第三，古气候的研究表明，长江中游与淮河上游地区在8 000年前温度比现今高，能满足野生稻的生长、繁衍要求，但采集、渔猎的食物不如华南丰富，冬季较寒冷，古人类切实感到食物不足的生存压力而被迫走上尝试种植、驯化野生稻的道路。第四，根据同工酶研究，长江—淮河流域是中国栽培稻的

3个遗传多样化中心之一。

中国栽培稻起源于何处？目前还难以得出一致的结论，而且，笔者认为一时也不可能有定论，有待于新的发现和更深入的研究。

1.2.2.4 亚洲栽培稻起源与演化的基因组学

如前所述，已确认亚洲栽培稻是由普通野生稻驯化而来，然而，有关栽培稻起源地的问题一直没有定论。涉及该问题的观点可分为两种类型，即单起源学说和独立多起源学说。随着水稻遗传学和基因组学技术的发展，科学家克隆了多个与栽培稻驯化相关的基因并开展了大规模水稻基因组学分析，为回答上述问题提供了某些证据。

单起源学说认为栽培稻由野生稻驯化后分化成了籼粳两个亚种。近期所克隆的驯化相关基因落粒基因 *sh*4 和匍匐基因 *prog*1 的关键变异在两个亚种具有高度的一致性支持单起源说。Li 等(2006)对落粒基因 *sh*4 的 DNA 序列分析表明，所有非落粒基因型在栽培稻籼粳两个亚种中具有高度一致性，而在其祖先种普通野生稻中则完全没有非落粒基因型。由此，推断两个亚种分化晚于栽培稻的驯化，即支持单一起源说。Tan 等(2008)检测了来自 17 个国家的 182 份栽培稻品种、25 份多年生普通野生稻(*O. rufipogon*)和 5 份一年生普通野生稻(*O. nivara*)在 *prog*1 编码区的 DNA 序列，所有栽培稻均具有一致的直立型基因型，而 11 份多年生普野和 5 份一年生普野具有匍匐型基因型，另外 14 份多年生普通野生稻具有类似直立型基因型。该结果表明，*prog*1 的选择不是由野生稻的匍匐型演化成栽培稻的直立型的充要条件，但是文中无法证明是否为必要条件。文中提出栽培稻含有该基因完全一致的直立型基因型，认为所有栽培稻可能均起源于同一祖先。

除对已克隆驯化相关基因的分析外，也有系统发生学的结果支持独立起源。Gao 等(2008)分析了 92 份材料的 60 个 SSR 的基因型，贝叶斯人口统计学分析(Bayesian demographic analysis)结果表明籼粳两个亚种均具有明显的因瓶颈效应而造成的多态性降低的现象，而且两个亚种的多样性降低在 SSR 位点上具有显著正相关。由此，其提出所得结果支持非独立起源说，至少无法支持完全的独立起源说。Jeanmaire 等(2011)对筛选获得的 20 个选择性 SNP 开展人口统计学分析，以及利用先前发表的系统发生学序列数据库和多物种联合开展了贝叶斯系统发生学分析，其结果均支持亚洲栽培稻的单起源说。并通过分子时钟估计栽培稻的驯化始于约 8 200～13 500 年前，该时间与考古认为中国长江流域的稻作起源时间一致。Caicedo 等(2007)分析了 72 份栽培稻和 24 份野生稻位于 121 个随机选择的基因和 4 个已知同工酶基因(过氧化氢酶、酸性磷酸酶、磷酸葡萄糖异构酶和乙醇脱氢酶)区段的部分 DNA 序列。群体结构分析表明，栽培稻群体的划分与 Garris 等(2005)的结果类似，可以分为籼稻(*indica*)、*aus*、热带粳稻(*tropical japonica*)、温带粳稻(*temperate japonica*)和香稻(*aromatic* rice)5 个群；而普通野生稻分为中国和国外两个群，并且一年生普野与国外普野属同一类群。系统聚类表明，籼稻(*indica*)和 *aus* 显然同属一个群，热带粳稻(*tropical japonica*)、温带粳稻(*temperate japonica*)和香稻(*aromatic* rice)则同属一个群；香稻和温带粳稻嵌合于热带粳稻的现象似乎表明前面两个类型是由后者演化而来，而 Garris 等(2005)研究认为温带粳稻具有较热带粳稻大的 SSR 片段，可能由后者演化而来。另外，群体结构的结果表明，中国普通野生稻中均包含较高成分的籼粳基因型，国外野生稻则仅籼稻基因型较高；系统聚类结果则显示，中国的普通野生稻与籼粳两个大群分别聚为一类，国外野生稻则聚为一类；该结果似乎表明籼粳两个亚种可能均来自中国野生稻。Huang 等(2012)测定了 446 份地理来源广泛的野生稻(*Oryza rufipogon*)材料和1 083份栽培稻品种的全基因组序列,在整个基因组鉴定出55个被认为是驯化中产生的选择性区段,对这些选择性区段的分析认为粳稻首先由位于中国南方的珠江中游地区的普野驯化而来,而籼稻是粳稻传播到南亚和东南亚后与当地的野生稻杂交而成。

独立多起源学说认为,籼粳两个亚种分别起源于两个已经发生分化的野生稻群体,该学说至少比单一起源说更能解释两个亚种存在的明显分化和差异。支持该学说的结果主要来自于系统发生学的研究,主要表现为籼粳两个群体与来源不同的普通野生稻群体相对应。Cheng等(2003)利用水稻转座子 *p-SINE*1 的亚族研究了栽培稻和普通野生稻各101份组成群体的群体结构及其亲缘关系。其结果可以将栽培稻分为籼粳两个亚种,而野生稻可以分为一个一年生群和3个多年生群。粳稻与其中一个多年生群紧密相关,籼稻则与一年生野生稻群关系密切,因此认为栽培稻的起源可能是多元的。Londo等(2006)选取203份栽培品种和161份普通野生稻,测定了分别代表母性遗传、中性位点和选择性位点的3个基因的序列(分别为 *atpB-rbcL*、*p-VATPase* 和 *SAM*)。系统地理学分析表明,从普通野生稻到亚种栽培稻至少经历了两次驯化事件,其一是位于中国华南的粳稻的驯化,其二是位于喜马拉雅山南部的印度东部、缅甸和泰国的籼稻的驯化。Rakshit等(2007)测定了30份来自5个国家的栽培稻品种和来自8个国家的10份普通野生稻的DNA序列,包括22个基因总计26 kb。其通过种系遗传学分析认为,籼粳两个亚种是由普通野生稻独立驯化而来。然而,笔者重新分析其结果发现,其所用栽培稻材料代表性不够,没有包括东南亚的重要稻作国家缅甸、泰国和柬埔寨等。Tang等(2006)通过研究由多个位点构成的单元型(haplotype)在栽培稻及普通野生稻的分布也得出籼粳两个亚种分别独立起源的推论。

对于支持独立起源的学者来说,他们认为驯化性状相关基因(比如 *sh*4 和 *prog*1)的基因型在两个亚种的一致性是独立驯化后杂交和选择的结果,这些基因对于改良水稻的栽培特性起到非常关键的作用,因此很容易在不同类群得到利用并被选择固定下来。而那些对改良栽培稻的栽培特性不具有广泛意义的基因,其基因在两个亚种的分布并未表现出如此的一致性,而是仅仅存在于一部分品种中,比如香味相关基因 *BADH*2、半矮秆基因 *sd*1 和淀粉合成相关基因 *Wx* 等。香味相关基因 *BADH*2 的8个非功能性等位变异表现出不同的地理和遗传起源,但是,其中一个等位基因 *badh*2.1 明显单起源于粳稻,然后渗入籼稻(Kovach et al, 2009)。Zhao等(2010)分析了半矮秆基因 *sd*1 以及淀粉合成相关基因 *Wx* 的在不同品种类型的分布发现,*sd*1 是籼稻内起源然后渗入到粳稻;*Wx* 虽然不存在籼粳完全一致的基因型,但是分别有一个基因型主要存在于籼粳两个亚种内。显然,这些等位变异都是在近代的育种改良中经过杂交渗入从最初起源的品种类型到其他类型的。

从上述分析可以看出,现代基因组学的技术并没有完全解决有关栽培稻籼粳两个亚种起源与分化的问题,在推断两个亚种的起源、驯化与分化时所利用数据类型是一个值得探讨的问题。首先,笔者认为通过检测某些驯化关键基因的功能性变异是否在两个亚种一致很难区分是单起源还是多起源后杂交渗交。因为,对于一个功能非常显著而且非常关键的基因来说,通过杂交选择使其固定下来似乎不是很难的事。比如,落粒基因 *sh*4,其非落粒基因型在普野中完全不存在,即该基因应该是在至少部分驯化完成后才产生的;即便是两个亚种为单一起源,其在栽培稻中被固定也可能是后期杂交渗交和选择的结果;否则,很难想象普通野生稻唯一的一个 *sh*4 变异正好被选为后来驯化成栽培稻的直接祖先。不过,利用两个亚种都受到选择而两个亚种间又有分化的基因组区段去比较栽培稻和普通野生稻的地理分布也不一定是一个很好的途径，因为可能无法区分地理起源和与地理有关的环境选择。要追踪两个亚种的起源和亲缘关系，更应该结合检测该功能性变异以外临近该基因的 DNA 多态性和非功能性基因组 DNA 序列的多态性，这些多态性更能体现与其祖先之间的亲缘关系，从而为栽培稻的起源提供更可靠证据。Londo 等(2009)也认为选择性的 *SAM* 数据所具有的影响功能基因的进化机制在驯化信号的检测中起到抑制作用，而更加中性的 *p-VATPase* 对历史事件具有更高的辨识度。He 等(2011)利用低多态性区段(LDRs)推断两个亚种的分化时，利用两个亚种重叠的 LDRs 和基因组背景(即非 LDRs)分别推出两个亚种时续驯化(即单一起源然后发生分化)和独立驯化两种结论。Huang 等(2012)虽然通过大规模栽培稻和野生稻测序的结果认为两个亚种是单起源的，但是，笔者仔细分析其结果发现，利用整个基因组和选择性位点所建立的种系树呈现出非常不同的栽野类群关系。整个基因组的系统树将籼粳分别与南亚和中国的普通野生稻聚在一起，而选择性位点将两个亚种聚为一类，其类群中散布有中国和南亚的野生稻，并且有一个比较集中的中国南部的普通野生稻类群。笔者认为，该结果仍难以得出两个亚种到底是独立还是单起源。笔者认为，利用大量非选择性的基因组区段并采用种系遗传学的手段可以减少引种、杂交和人工选择的干扰，或许是追踪两个亚种地理起源和分化的更为可靠的手段。不过，如 Kubatko 和 Degnan(2007)所强调，在数据的利用上需要注意不同位点数据的整合问题。当然，由于栽培稻的驯化是一个非常复杂的问题，期间包括人类引种、栽野渗交和瓶颈效应等可能会造成遗传侵蚀，从而影响我们重建水稻进化和驯化史。

1.2.3 非洲栽培稻的起源地

非洲栽培稻起源于非洲西部，它的初级起源中心(原始多样化中心)位于马里境内的尼日尔河沼泽地带，次级多样化中心在塞内加尔、冈比亚和几内亚一带。张德慈(1976)认为，非洲栽培稻的驯化史不会超过 3 500 年。多数非洲栽培稻对短光周期敏感，无籼、粳之别，只有深水稻、浅水稻和旱稻的差异，籽粒通常为浅红色。非洲栽培稻具有对干旱气候及酸性土壤的特殊适应性，对热带病虫的良好抗性，但由于植株较高、产量很低，以及干旱等原因，未能在整个非洲大陆种植。在非洲，稻米是独特的、具有高度政治意义的商品，充足的稻米是粮食安全、政治稳定的物质基础。近年，非洲水稻研究中心(Africa Rice)将非洲栽培稻与亚洲栽培稻杂交，培育出新的种间水稻，取名 Nerice。Nerice 株高中等，适应性强，产量比当地非洲栽培稻品种高 50%左右，目前正在西非加速推广中。

1.2.4 栽培稻的传播

原始栽培稻的传播与人类的活动和迁移密切相关，因此，它不是一条连续的、单向的传播道路，而是多向的、有转折的、时而重叠交叉的道路。原始栽培稻从最初起源地沿河顺流而下，随人们的栽培向两岸扩展；有时随耕种者的迁徙而翻山越岭，进入新的地区；有时随商人或渔民漂洋过海，到达其他国家；有时因环境不适，稻种难以萌发生长，传播道路中断；有时因环境变化而导致自然突变，经选择出现新的栽培类型；有时在新的地区因环境适宜，栽培稻得以迅速繁衍。

中国的稻种传入日本的可能途径有3条：一是北路，经华北过山东或辽东到朝鲜，于公元前3世纪传入日本的九州；二是中路，由长江口太湖地区渡海到达日本；三是南路，从东南沿海传到中国台湾、琉球群岛再到达日本九州。具体是3条途径都曾发生，或仅为其中的1、2条，尚未定论，目前认为，以中路的可能性最大。

从亚洲范围看，稻米传播可能有3条途径：①扬子江（长江）系列。长江流域的原始栽培稻北上，到达黄河流域、朝鲜和日本。籼稻曾在公元11～14世纪传入日本，但终究温度较低没有成为日本稻作的主流而消失。②湄公河系列。云南的稻种经湄公河、红河、萨尔温江、伊洛瓦底江到达东南亚各国，继续南下到达印度尼西亚和菲律宾。国际水稻研究所曾追溯15个IR品种的最初母本，发现都具有印度尼西亚品种Cina的血缘（古印度以梵语Cina指中国），可见印度尼西亚的部分稻种由中国传入的可能性极大，至少已有2 000年的历史。③孟加拉系列。起源于印度北部阿萨姆地区的栽培稻种沿孟加拉湾海岸线东进，或随船乘季风穿越孟加拉湾到达东南亚；阿萨姆的籼稻在公元前10世纪南下传入恒河流域，扩展到整个印度，向西经伊朗入巴比伦再传入欧洲，约在公元600～700年传入非洲。新大陆发现后再由欧洲传入美洲，美国在17世纪才第一次播种了由马尔加什引入的水稻。

高秆、大粒的爪哇稻即热带粳稻，据认为是3 000年前从印度阿萨姆地区经海路穿过孟加拉湾传入苏门答腊和印度尼西亚的山地，然后依次传入菲律宾、中国台湾和琉球。爪哇稻向西曾到达非洲的马达加斯加岛。

非洲栽培稻的原产地在西非，在16世纪曾随奴隶贩卖传入美洲的圭那亚和萨尔瓦多。

参考文献

[1] 陈报章，王象坤，张居中．舞阳贾湖新石器时代遗迹炭化稻米的发现、形态学研究及意义//王象坤，孙传清．中国栽培稻起源与演化研究专集．北京：中国农业大学出版社，1996，22-27.

[2] 程式华，曹立勇，庄杰云，等．关于超级稻品种培育的资源和基因利用问题．中国水稻科学，2009，23(3)：223-228.

[3] 程式华．中国超级稻育种展望//程式华，李健．中国超级稻育种．北京，科学出版社，2010：400-411.

[4] 陈温福，徐正进，张龙步．水稻超高产育种研究进展与前景．中国工程科学，2002，4(1)：31-35.

[5] 丁颖．中国栽培稻种起源及其演变．农业学报，1957，8(3)：243-260.

[6] 程侃声，王象坤．云南稻种资源的综合研究与利用：Ⅱ．亚洲栽培稻分类的再认识．作物学报，1984，10(4)：271-280.

[7] 渡部忠世．稻米之路．伊绍亭等译．昆明：云南人民出版社，1982：76-78.

[8] 方福平．中国水稻生产发展问题研究．北京：中国农业出版社，2009：19-41.

[9] 黄燕红，孙新立，王象坤．中国栽培稻遗传多样性中心的同工酶研究//王象坤，孙传清．中国栽培稻起源与演化研究专集．北京：中国农业大学出版社，1996：22-27.

[10]李润权．试论我国稻作的起源．农史研究第5辑．北京：农业出版社，1985.

[11]刘志一．印度也是亚洲稻作农业发祥地之一吗？农业考古，2002，65：68-89.

[12]卢宝荣，葛颂，桑涛，等．稻属分类的现状及存在问题．植物分类学报，2001，39(4)：373-388.
[13]汤陵华．稻的起源与遗传多样性//罗利军，应存山，汤圣祥．稻种资源学．武汉：湖北科学技术出版社，2002：1-11.
[14]汤圣祥，闵绍楷，佐藤洋一郎．中国粳稻起源的探讨．中国水稻科学，1993，7(3)：129-136.
[15]万建民．中国水稻遗传育种与品种系谱．北京：中国农业出版社，2010：741.
[16]王荣升，魏鑫，曹立荣，等．基于叶绿体基因多样性的中国水稻起源进化研究．植物遗传资源学报，2011，12(5)：686-693.
[17]王述民，李立会，黎裕，等．中国粮食和农业植物遗传资源状况报告(Ⅱ)．植物遗传资源学报，2011，12(2)：167-177.
[18]王述民，张宗文．世界粮食和农业植物遗传资源保护与利用现状．植物遗传资源学报，2011，12(3)：325-338.
[19]王象坤．中国栽培稻的起源、演化与分类//应存山．中国稻种资源．北京：中国农业科技出版社，1993：1-16.
[20]魏兴华，杨致荣，董岚，等．穞稻分类地位的SSR证据．中国农业科学，2004，37(7)：937-942.
[21]魏兴华，汤圣祥，余汉勇，等．中国水稻国外引种概况及效益分析．中国水稻科学，2010，24(1)：5-11.
[22]游修龄．中国稻作的起源和栽培历史//熊振民，蔡洪法，闵绍楷，等．中国水稻．北京：中国农业科技出版社，1992：1-19.
[23]袁隆平．杂交水稻超高产育种．杂交水稻，1997，12(6)：1-3.
[24]张文绪．中国古稻性状的时位异象与栽培水稻的起源演化轨迹．农业考古，2000，57：23-26.
[25]中川原正弘．用同工酶分析法确定栽培稻的分化、分类和遗传变异中心．国外遗传育种，1977，9 (1)：1-7.
[26]中国水稻研究所．2010年中国水稻产业发展报告．北京：中国农业出版社，2010：3-44.
[27]周拾禄．中国是稻之原产地．中国稻作，1948，5：3-54.
[28]Caicedo Ana L，Scott H Williamson，Ryan D Hernandez，et al. Genome-wide patterns of nucleotide polymorphism in domesticated rice. PLoS Genet，2007，3(9)：e163.
[29]Chang T T. Manual on genetic conservation of rice germplasm for evolution and utilization. Philippines：IRRI，1976：77.
[30]Chang T T. The origin，evolution，cultivation，dissemination and diversification of Asia and Africa rices. Euphytica，1976，25：425-441.
[31]Chang T T. The origins early cultures of the cereal grains and food legumes//Keightley D. The origins of Chinese Civilization. London，England，1983：65-94.
[32]Chang T T. *Oryza sativa* and *Oryza glaberrima* //Simmonds N W. Evolution of Crop Plants. London：Longman Group L td，1976：98-104.
[33]Cheng Chaoyang，Reiko Motohashi，Suguru Tsuchimoto，et al. Polyphyletic origin of cultivated

rice:Based on the interspersion pattern of SINEs. Mol Biol Evol,2003,20:67-75.

[34]Frankel O H,Brown A H D. Current plant genetic resources-a critical appraisal//Genetics: New Frontiers (vol IV). New Deli,India:Oxford and IBH Publishing,1984.

[35]Gao L Z,Innan H. Nonindependent domestication of the two rice subspecies,*Oryza sativa* ssp. *indica* and ssp. *japonica*,demonstrated by multilocus microsatellites. Genetics, 2008, 79: 965-976.

[36]Ge S, Sang T, Lu B R, et al. Phylogeny of rice genomes with emphasis on origins of allotetraploid species. Proc Natl Acad Sci USA, 1999, 96(25): 14400-14405.

[37]Glaszmann J C. Isozymes and classification of Asian rice varieties. Theor Appl Genet, 1987, 74: 21-30.

[38]Garris A J,Tai T H, Coburn J,et al. Genetic structure and diversity in *Oryza sativa* L. Genetics,2005,169:1631-1638.

[39]He Z,Zhai W,Wen H,et al. Two evolutionary histories in the genome of rice: the roles of domestication genes. PLoS Genet, 2011, 7(6): e1002100.

[40]Huang Xuehui,Nori Kurata, Xinghua Wei,et al. A map of rice genome variation reveals the origin of cultivated rice. Nature, 2012, 490: 497-502.

[41]Jeanmaire Molina,Martin Sikora,Nandita Garud,et al. Molecular evidence for a single evolutionary origin of domesticated rice. PNAS,2011,108:8351-8356.

[42]Khush G S,Brar D S. Rice genetics from Mendel to functional genomics//Khush G S, Brar D S, Hardy B. Rice Genetics Ⅳ. International Rice Research Institute, Manila, 2000:3-28.

[43] Kovach M J,Calingacion M N,Fitzgerald M A,et al. The origin and evolution of fragrance in rice(*Oryza sativa* L.). Proc Natl Acad Sci USA,2009,106:14444-14449.

[44]Kubatko L S,Degnan J H. Inconsistency of phylogenetic estimates from concatenated data under coalescence. Syst Biol, 2007, 56:17-24.

[45]Li C,Zhou A, Sang T. Rice domestication by reducing shattering. Science,2006,311: 1936-1939.

[46]Li X Y,Qian Q,Fu Z M,et al. Control of tillering in rice. Nature,2003,422:618-621.

[47]Londo J P,Chiang Y C,Hung K H,et al. Phylogeography of Asian wild rice,*Oryza rufipogon*,reveals multiple independent domestications of cultivated rice,*Oryza sativa*. Proc Natl Acad Sci USA,2006,103:9578-9583.

[48]Maclean J L,Dawe D C,Hardy B,et al. Rice Almanac. IRRI:Manila,2002:1-9.

[49]Oka H I. The Homeland of *Oryza sativa*. In:Origin of cultivated rice. Japan Scientific Societies Press,Tokyo,Japan. 1988,125-140.

[50]Rakshit Sujay, Arunita Rakshit, Hideo Matsumura, et al. Large-scale DNA polymorphism study of *Oryza sativa* and *O. rufipogon* reveals the origin and divergence of Asian rice. Theor Appl Genet,2007, 114: 731-743.

[51]Tan Lubin,Xianran Li,Fengxia Liu,et al. Control of a key transition from prostrate to erect growth in rice domestication. Nat Genet,2008,40:1360-1364.

[52]Tang S X. Origin of rice and its domestication and expansion// The proceedings of the International Symposium for IYR 2004. Soeal, Korea, 2004, 16-28.

[53]Tang S X, Wei X H, Jiang Y Z, et al. Genetic diversity based on allozyme alleles of Chinese cultivated rice. Agriculture Science in China, 2007, 6(6): 641-646.

[54]Tang S X, Ding L, Bonjean A P A. Rice production and genetic improvement in China// Zhong H, Bonjean A P B. Cereals in China. Mexico: CIMMYT, 2010: 15-34.

[55]Tang Tian, Jian Lu, Jianzi Huang, et al. Genomic variation in rice: Genesis of highly polymorphic linkage blocks during domestication. PLoS Genet, 2006, 2: e199.

[56]Zhao Keyan, Mark Wright, Jennifer Kimball, et al. Genomic diversity and introgression in *O. sativa* reveal the impact of domestication and breeding on the rice genome. PLoS One, 2010, 5: e10780.

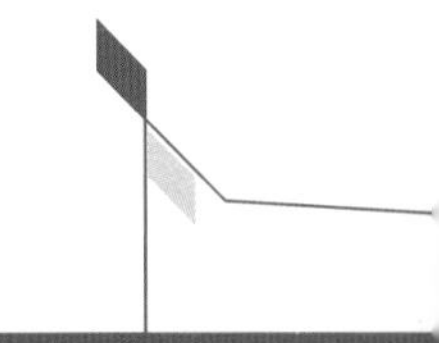

第2章 中国栽培稻种质资源的收集、保存、评价与利用现状

水稻育种的发展历程证明，每一阶段育种的重大突破主要依靠于水稻优异种质资源的发掘与利用，这是实现突破性育种目标的关键。例如，20 世纪 50 年代末，矮仔占、矮脚南特、台中在来 1 号、广场矮和 IR8 等矮秆种质的发掘与利用，实现了 60 年代我国水稻品种的矮秆化，使水稻耐肥抗倒，单产提高 30%～50%，掀起了第一次“绿色革命”；70 年代野败型、G 型、D 型和矮败型等不育资源的发现和二九南 1 号 A、珍汕 97A 等水稻野败型不育系的发掘与利用，实现了籼型杂交稻的三系配套，使水稻单产比常规稻增加 15%～20%；80 年代 02428、培矮 64、轮回 422 等广亲和种质的发掘与利用，克服了籼粳杂种 F_1 代低结实的难点，使籼粳杂交育种有了较快的发展；70～80 年代农垦 58S、衡农 S-1 等光温敏核不育材料的发掘与利用，实现了杂交水稻育种由三系到两系的转变，把杂交水稻生产潜力提高到一个新水平；80 年代沈农 89366、沈农 159、辽粳 5 号等新株型优异种质的发掘创新与利用，实现了北方粳稻直立穗株型与杂种优势的结合，使粳稻品种的产量水平有了较大的提高；90 年代光温敏不育系培矮 64S、恢复系 9311 的发掘创新与利用，实现了半矮秆、大穗和下垂穗型杂交稻理想株型，使杂交稻产量显著提高。可见，水稻优异种质资源是实现当前高产、多抗、优质、养分高效等育种目标的关键所在，而大量收集和保存水稻种质资源是挖掘和利用水稻优异种质资源的重要前提。

世界许多国家已充分认识到种质资源对作物育种的卓越贡献，非常重视种质资源的收集与保存研究。IPGRI、IRRI 等国际机构和美国、日本、韩国等国家从 20 世纪 70～80 年代开始建立植物种质库，从国内外广泛收集植物种质资源。据不完全统计，至今全世界收集保存的水稻种质资源约有 77.4 万份（含复份），其中，国际水稻研究所（IRRI）10.9 万份、印度 8.5 万份、中国 7.4 万份、日本 4.0 万份、韩国 2.7 万份、泰国 2.4 万份、西非水稻发展协会（WARDA）2.0 万份、美国 1.7 万份、巴西 1.4 万份、老挝 1.2 万份、热带农业国际研究所（IITA）1.2 万份。最近随着全球贸易一体化进程的加快，各国对作物种质资源的争夺更加激烈。中国是亚洲栽培稻（*Oryza sativa* L.）的起源地之一，稻作历史悠久，水稻种质资源非常丰富，其数量之多列于世界之最。因此，持续开展水稻种质资源的考察与收集、鉴定与评价、整理编目与繁种保存、繁殖更新与提供利用是保护我国水稻种质资源，推动我国水稻育种持续稳定发展的重要保证和举措。

2.1 水稻种质资源的考察与收集

20世纪初期，我国随着农业高等院校和农业研究机构的成立，着手开展水稻种质资源的考察与收集工作。20世纪30年代对我国长江流域及其以南的江苏、安徽、湖南、广西、广东、云南和四川等省开展水稻地方品种的调查和收集，征集水稻种质资源3 000余份。50年代在广东、湖南、湖北、江苏、浙江、四川等14省(市、自治区)进行一次全国性的水稻种质资源的征集工作，收集水稻种质资源5.7万余份。70年代末至80年代初，组织全国省(市、自治区)农业科研单位，开展全国性水稻种质资源的补充征集、全国野生稻资源和云南省水稻种质资源的重点考察征集工作，补充征集各类水稻种质资源1万余份，其中包括普通野生稻、药用野生稻和疣粒野生稻种质资源3 238份，云南稻种1 991份；同期还首次从西藏自治区的4个县收集水稻种质资源30份。在国家“七五”(1986—1990)、“八五”(1991—1995)和“九五”(1996—2000)3个五年计划科技攻关期间，分别对神农架、三峡地区、海南岛、湖北、四川、陕西、贵州、广西、云南、江西和广东等省份进行考察和收集，收集水稻种质资源3 500余份。“十五”(2001—2005)和“十一五”(2006—2010)期间，在国家科技部基础性工作、国家科技基础条件平台重点项目和农业部作物种质资源保护项目的资助下，开展水稻种质资源的国内外考察与收集工作，共收集水稻种质资源6 996份，其中野生稻资源2 062份、地方品种1 115份、选育品种1 412份、国外引进品种1 987份、其他420份。野生稻资源主要来自广东和广西；地方品种主要来自云南、贵州、福建和江苏；选育品种主要来自黑龙江、吉林、辽宁、山东、河北和北京等北方稻区；国外引进品种主要来自巴西、菲律宾、越南、老挝、日本、韩国等国家。

2.2 水稻种质资源的整理与编目

整理与编目是将水稻种质资源入国家长期库保存的必需环节。我国在1981—1985年期间整理编目29 912份，占编目总数的36.31%；1986—1990年期间整理编目31 419份，占48.14%；1991—1995年期间整理编目10 612份，占12.88%；1996—2000年期间整理编目3 995份，占4.85%；2001—2005年期间整理编目1 603份，占1.95%；2006—2010年期间整理编目4 758份，占5.88%。截至2010年，我国共编目水稻种质资源82 386份，其中野生稻种、地方稻种、选育稻种、国外引进稻种、杂交稻资源、遗传材料分别为7 663份、54 282份、6 660份、11 717份、1 938份和204份，分别占编目总数的9.30%、65.89%、8.08%、14.22%、2.35%和0.15%(表2.1)。在所编目的水稻地方品种中，编目数量较多的省份包括广西、云南、广东、贵州、湖南、四川、江西、江苏、浙江、福建和湖北。在所编目的稻种资源中70 669份是从我国国内收集的种质资源，占编目总数的85.78%(表2.2)。至今编写和出版了《中国稻种资源目录》8册、《中国优异稻种资源》(含优异稻种资源目录)1册，约600万字。编目内容包括基本信息、形态特征和生物学特性、品质特性、抗逆性、抗病虫性和其他特征特性。

表 2.1 中国编目的水稻种质资源份数

种质类型	1981—1985	1986—1990	1991—1995	1996—2000	2001—2005	2006—2010	合计
地方稻种	25 925	20 933	3 645	2 151	605	1 023	54 282 (65.89%)
选育稻种	1 004	1 392	1 689	1 070	242	1 263	6 660 (8.08%)
国外引进稻种	2 983	3 400	2 303	394	729	1 908	11 717 (14.22%)
杂交稻“三系”资源	—	1 039	566	—	21	312	1 938 (2.35%)
野生稻种	—	4 655	2 289	380	—	339	7 663 (9.30%)
遗传材料	—	—	120	—	6	—	126 (0.15%)
合计	29 912 (36.31%)	31 419 (48.14%)	10 612 (12.88%)	3 995 (4.85%)	1 603 (1.95%)	4 845 (5.88%)	82 386 (100%)

注:“三系”包括不育系、保持系和恢复系;括弧内数字为各类型水稻种质资源占总编目数的百分比。

表 2.2 中国各省份水稻地方品种的编目和入国家长期库份数

省(市、自治区)	省(市、自治区)代码	编目	入库份数	省(市、自治区)	省(市、自治区)代码	编目	入库份数
北京	01	9	9	湖北	17	1 696	1 467
河北	02	326	285	湖南	18	5 011	4 789
内蒙古	03	10	8	河南	19	365	358
山西	04	170	166	四川	20	4 087	3 964
辽宁	05	88	88	云南	21	6 979	5 882
吉林	06	86	86	贵州	22	5 902	5 657
黑龙江	07	125	123	陕西	24	673	562
上海	08	304	304	甘肃	25	7	7
江苏	09	2 825	2 810	西藏	26	38	27
浙江	10	2 221	2 079	新疆	27	16	16
安徽	11	735	723	宁夏	28	18	18
江西	12	3 182	2 974	天津	29	27	26
福建	13	1 909	1 890	台湾	30	1 446	1 303
山东	14	129	123	海南	31	473	465
广东	15	5 686	5 512	重庆	32	114	113
广西	16	9 625	8 537	合计		54 282	50 371

2.3 水稻种质资源的繁种保存

我国从20世纪80年代开始开展水稻种质资源的大规模繁种保存工作。以前几十年征集、考察和收集的水稻种质资源为基础，在国家科技攻关、科技部基础性工作、国家科技基础条件平台重点项目和农业部作物种质资源保护项目的资助下，在1981—1990年期间，经鉴定评价和整理编目，在国家长期库繁种保存水稻种质资源52 065份，占入库总数的70.43%；1991—1995年期间繁种入库12 185份，占16.48%；1996—2000年期间繁种入库3 586份，占4.85%；2001—2005年期间繁种入库1 330份，占1.80%；2006—2010年期间繁种入库4 758份，占6.44%（表2.3）。截至2010年，在国家长期库繁种保存的水稻种质资源共有73 924份，其中各种质类型所占百分比大小顺序为：地方稻种（68.14%）＞国外引进稻种（13.87%）＞野生稻种（8.03%）＞选育稻种（7.82%）＞杂交稻“三系”资源（1.86%）＞遗传材料（0.28%）。在所保存的水稻地方品种中，保存数量较多的省份包括广西、云南、广东、贵州、湖南、四川、江西、江苏、浙江、福建和湖北（表2.2）。

表2.3 在国家长期库保存的水稻种质资源份数

种质类型	1981—1990	1991—1995	1996—2000	2001—2005	2006—2010	合计
地方稻种	41 355	5 586	1 813	594	1 023	50 371 (68.14%)
选育稻种	1 656	1 609	1 056	199	1 263	5 783 (7.82%)
国外引进稻种	5 046	2 515	361	511	1 821	10 254 (13.87%)
杂交水稻“三系”资源	534	508	—	20	312	1 374 (1.86%)
野生稻种	3 474 (5 130)*	1 769 (3 232)*	356	—	339	5 938 (8.03%)
遗传材料	—	198	—	6	—	204 (0.28%)
合计	52 065 (70.43%)	12 185 (16.48%)	3 586 (4.85%)	1 330 (1.80%)	4 758 (6.44%)	73 924 (100%)

注：* 入圃数；括弧内数字为各种类型水稻种质资源占入库总份数的百分比。

对国家长期库中保存的水稻种质资源类型进行统计可见（表2.4），截至2005年在入库保存的49 352份地方稻种中，籼稻和粳稻分别占65.82%和34.18%，水稻和陆稻分别占92.08%和7.92%，粘稻和糯稻分别占80.91%和19.09%；在4 749份选育稻种中，籼稻和粳稻分别占55.46%和44.54%，水稻和陆稻分别占99.58%和0.42%，粘稻和糯稻分别占90.76%和9.24%；在8 543份国外引进稻种中，籼稻和粳稻分别占52.71%和47.29%，水稻和陆稻分别占97.75%和2.25%，粘稻和糯稻分别占93.48%和6.52%。从总体看，在入国家长期库的62 644份地方稻种、选育稻种、国外引进稻种等水稻种质资源中，籼稻和粳稻分别占63.25%和36.75%，水稻和陆稻分别占93.42%和6.58%，粘稻和糯稻分别占83.37%和16.63%。籼稻、水稻和粘稻的数量分别显著多于粳稻、陆稻和糯稻。

表2.4 在国家长期库保存的稻种资源中籼稻和粳稻、水稻和陆稻、粘稻和糯稻的份数

种质类型	籼粳		水陆		粘糯	
	籼稻	粳稻	水稻	陆稻	粘稻	糯稻
地方稻种	32 485 (65.82%)	16 867 (34.18%)	45 444 (92.08%)	3 908 (7.92%)	39 932 (80.91%)	9 420 (19.09%)
选育稻种	2 634 (55.46%)	2 115 (44.54%)	4 729 (99.58%)	20 (0.42%)	4 310 (90.76%)	439 (9.24%)
国外引进稻种	4 503 (52.71%)	4 040 (47.29%)	8 351 (97.75%)	192 (2.25%)	7 986 (93.48%)	557 (6.52%)
合计	39 622 (63.25%)	23 022 (36.75%)	58 524 (93.42%)	4 120 (6.58%)	52 228 (83.37%)	10 416 (16.63%)

注：表内数据来源于国家种质数据库；括弧内数字为占总数的百分比。

2.4 水稻种质资源的鉴定与评价

水稻种质资源的鉴定评价性状包括形态特征、生物学特性、抗逆性、抗病虫性和品质特性。野生稻种质资源的鉴定评价必选项目包括叶耳颜色、生长习性、茎基部叶鞘色、见穗期、叶片茸毛、叶舌形状、芒性、开花期芒色、柱头颜色、花药长度、地下茎、谷粒长、谷粒宽、内外颖表面、成熟期内外颖颜色、百粒重、种皮颜色、外观品质等。地方品种、选育品种、品系、遗传材料和突变体等栽培稻种质资源的鉴定评价必选项目包括亚种类型、水旱性、粘糯性、光温性、熟期性、播种期、抽穗期、全生育期、株高、茎秆长、穗长、穗粒数、有效穗数、结实率、千粒重、谷粒长度、谷粒宽度、谷粒形状、种皮色等性状和抗病虫性(苗瘟、叶瘟、穗颈瘟、穗节瘟、白叶枯病、纹枯病、细菌性条斑病、褐飞虱、白背飞虱)、抗逆性(苗期抗旱性、发芽期耐盐性、苗期耐盐性、发芽期耐碱性、芽期耐冷性、苗期耐冷性)以及品质特性(糙米率、精米率、整精米率、精米粒长、精米粒宽、精米长宽比、垩白粒率、垩白大小、垩白度、透明度、糊化温度、胶稠度、直链淀粉含量、蛋白质含量)。杂交稻种质资源的鉴定评价必选项目除包括上述地方品种等栽培稻必选项目外，还包括不育类型、不育株率、花药开裂程度、花粉不育度、花粉败育类型、不育系的可恢力、保持系的保持力、恢复系的恢复力、不育系的异交结实率等。

截至2010年，我国完成了29 948份水稻种质资源的抗逆性鉴定，占入库种质的40.5%；完成了61 462份水稻种质资源的抗病虫性鉴定，占入库种质的83.13%；完成了34 652份水稻种质资源的品质特性鉴定，占入库种质的46.87%。表2.5列出了截至2005年通过鉴定评价所筛选出的水稻优异种质份数。由表2.5可见，在我国水稻种质资源中蕴藏着丰富的抗旱、耐盐、耐冷、抗白叶枯病、抗稻瘟病、抗褐飞虱、抗白背飞虱等优异种质。抗逆性和抗病虫性表现为极强或高抗的优异种质有1 695份，其中地方稻种、国外引进稻种、选育稻种、野生稻种分

别占 77.6%、1.5%、10.1%和 10.8%；表现强或抗的优异种质有 4 549 份，其中地方稻种、国外引进稻种、选育稻种、野生稻种分别占 60.3%、16.2%、12.8%和 10.7%。

表 2.5　筛选出的抗逆性和抗病虫性水稻优异种质份数

种质类型	抗旱		耐盐		耐冷		抗白叶枯病	
	极强(VS)	强(S)	极强(VS)	强(S)	极强(VS)	强(S)	高抗(HR)	抗(R)
地方稻种	132	493	17	40	142	—	12	165
国外引进稻种	3	152	22	11	7	30	3	39
选育稻种	2	65	2	11	—	50	6	67
野生稻种	—	—	—	—	—	—	16	117

种质类型	抗稻瘟病			抗纹枯病		抗褐飞虱			抗白背褐虱		
	免疫(I)	高抗(HR)	抗(R)	高抗(HR)	抗(R)	免疫(I)	高抗(HR)	抗(R)	免疫(I)	高抗(HR)	抗(R)
地方稻种	—	816	1 380	0	11	—	111	324	—	122	329
国外引进稻种	—	5	148	5	14	—	0	218	—	1	127
选育稻种	—	63	145	3	7	—	24	205	—	13	32
野生稻种	13	8	188	—	10	3	89	98	45	71	73

注：表内栽培稻种的数据来自国家种质数据库；野生稻种数据来自张万霞等(2004)。

2.5　水稻种质资源的标准化整理

针对至今在水稻种质资源的鉴定与评价以及研究利用中所采用的术语、鉴定程序、鉴定技术方法、评价指标和分级标准等缺乏统一规范和系统性的这一局面，制定了统一的水稻种质资源规范标准。水稻种质资源描述规范规定了水稻种质资源的描述符及其分级标准，以便对水稻种质资源进行标准化整理和数字化表达；水稻种质资源数据标准规定了水稻种质资源各描述符的字段名称、类型、长度、小数位、代码等，以便建立统一的、规范的水稻种质资源数据库；水稻种质资源数据质量控制规范规定了水稻种质资源数据采集全过程中的质量控制内容和质量控制方法，以保证数据的系统性、可比性和可靠性。编辑出版的《水稻种质资源的描述规范和数据标准》(韩龙植等，2006)，对水稻种质资源 155 个描述符的描述规范、数据标准和质量控制规范进行了描述。描述符类别包括基本信息、形态特征和生物学特性、品质特性、抗逆性、抗病虫性和其他特征特性。

为了水稻种质资源的共享利用，至今对 5 万余份中国水稻地方品种进行了共性描述特性整理，对 5 000 余份水稻种质资源建立了水稻地上部植株体、穗部、籽粒的图像数据库，并将该数据库保存于国家种质信息库。共性描述特性包括平台资源号、资源编号、种质名称、种质外文名、科名、属名、种名、原产地、省、国家、来源地、资源归类编码、资源类型、主要特性、主要用途、气候带、生长习性、生育周期、特征特性、具体用途、观测地点、系谱、选育单位、选育年份、海拔、经度、纬度、土壤类型、生态系统类型、年均温度、年均降雨量、图像、记录地址、保存单位、单位编号、库编号、圃编号、引种号、采集号、保存资源类型、保存方式、实物状态、共享方式、获取途径、联系方式、源数据等。

2.6 水稻种质资源的繁殖更新与提供利用

进入 21 世纪,随着我国水稻育种及其相关研究对种质资源的需求急剧增加,我国政府非常重视种质资源的繁殖更新与提供利用。2001—2010 年期间,在农业部作物种质资源保护项目的资助下,由中国农业科学院作物科学研究所和中国水稻研究所牵头,组织云南、贵州、四川、广东、广西、湖南、湖北、江苏、安徽、福建、江西、浙江、山东、河南、河北、北京、宁夏、辽宁、吉林、黑龙江等全国 20 个省(市、区)农业科学院相关专业研究所开展了水稻种质资源的繁殖更新工作。在繁殖更新过程中,尽管遇到冷害、干旱、水灾、鼠害等各种自然灾害以及倒伏和发芽率低等各种困难,但在各单位的共同努力以及采取多安排种植资源份数、增加种植面积、多年重复繁殖、加强管理、专人负责等有效措施下,繁殖更新野生稻资源 3 461 份、栽培稻资源 53 372 份(北京国家中期库 29 691 份、杭州国家中期库 23 681 份),并入国家中期库保存,为水稻种质资源的提供和利用创造了良好的资源条件。

2001—2010 年期间,结合水稻优异种质资源的繁殖更新、精准鉴定与田间展示、网上公布等途径,向全国从事水稻育种、遗传及生理生化、基因定位、遗传多样性和水稻进化等研究的 300 余个科研及教学单位提供水稻种质资源 47 849 份次(北京国家中期库 26 608 份次、杭州国家中期库 21 241 份次),平均每年提供 4 785 份次。每年提供的种质数量逐年趋于增加,最近 5 年平均供种数量为 2001 年的 6 倍以上,大大促进了水稻育种及其相关基础理论研究的发展。值得注意的是,目前水稻种质资源的保存与提供利用两者之间仍然存在着一定的相互脱节现象,种质资源的提供利用效果不够理想。今后应更加重视水稻种质资源在水稻育种及其相关研究中的可持续利用,通过优异种质资源的田间展示、优异种质资源通讯的刊载、优异种质资源目录的出版和网上公布、资源与育种间的紧密合作等途径,将已筛选出的水稻优异种质向育种研究者广泛宣传和提供利用;持续开展水稻种质资源的繁殖更新与优异种质的筛选;有效地建立水稻种质资源的提供利用的服务体系与种质利用效果信息的反馈机制,从而提高水稻种质资源的利用效率,推动水稻育种的快速发展。

参考文献

[1] 陈成斌,潘大建,等. 野生稻种质资源描述规范和数据标准. 北京:中国农业出版社,2006.

[2] 程侃声. 亚洲稻籼粳亚种的鉴别. 昆明:云南科技出版社,1993.

[3] 曹一化,刘旭,等. 自然科技资源共性描述规范. 北京:中国科学技术出版社,2006.

[4] 杜占元,刘旭,等. 自然科技资源共享平台建设的理论与实践. 北京:科学出版社,2007.

[5] 韩龙植,黄清港,盛锦山,等. 中国稻种资源农艺性状鉴定、编目和繁种入库概况. 植物遗传资源科学,2002,3(2):40-45.

[6] 韩龙植，曹桂兰．中国稻种资源收集、保存和更新现状．植物遗传资源学报，2005，6(3)：359-364.
[7] 韩龙植，魏兴华，等．水稻种质资源描述规范和数据标准．北京：中国农业出版社，2006.
[8] 黄兴奇．云南作物种质资源．昆明：云南出版社，2005.
[9] 罗玉坤，杨金华．中国优特稻种资源评价．北京：中国农业出版社，1997.
[10] 林世成，闵绍楷．中国水稻品种及其系谱．上海：上海科学技术出版社，1991.
[11] 王述民，张宗文．世界粮食和农业植物遗传资源保护与利用现状．植物遗传资源学报，2011，12(3)：325-338.
[12] 庞汉华，陈成斌．中国野生稻资源．南宁：广西科学技术出版社，2001.
[13] 袁隆平．杂交水稻学．北京：中国农业出版社，2002.
[14] 应存山．中国稻种资源．北京：中国农业出版社，1993.
[15] 应存山，盛锦山，罗利军，等．中国优异稻种资源．北京：中国农业出版社，1996.
[16] 杨庆文，陈大洲．中国野生稻研究与利用．北京：气象出版社，2004.
[17] 熊振民，蔡洪法．中国水稻．北京：中国农业科技出版社，1992.
[18] 谢华安．汕优 63 选育理论与实践．北京：中国农业出版社，2005.
[19] 张万霞，杨庆文．中国野生稻收集、鉴定和保存现状//中国野生稻研究与利用．北京：气象出版社，2004：19-25.
[20] 中国农业科学院．中国稻作学．北京：农业出版社，1986.
[21] 中国农业科学院作物品种资源研究所．中国稻种资源目录(野生稻种)．北京：农业出版社，1991.
[22] 中国农业科学院作物品种资源研究所．中国稻种资源目录(国外引进稻种)．北京：农业出版社，1991.
[23] 中国农业科学院作物品种资源研究所．中国稻种资源目录(地方稻种)第一分册．北京：农业出版社，1992.
[24] 中国农业科学院作物品种资源研究所．中国稻种资源目录(地方稻种)第二分册．北京：农业出版社，1992
[25] 中国农业科学院作物品种资源研究所．中国稻种资源目录(上)．北京：农业出版社，1992
[26] 中国农业科学院作物品种资源研究所．中国稻种资源目录(下)．北京：农业出版社，1992
[27] 中国农业科学院作物品种资源研究所．中国稻种资源目录(1988—1993)．北京：中国农业出版社，1996.
[28] 中国农业科学院作物品种资源研究所．中国稻种资源目录(国内选育稻种和杂交稻“三系”资源)．北京：中国农业出版社，1996.
[29] 中国农业科学院作物品种资源研究所．中国栽培稻分类．北京：中国农业出版社，1996.
[30] 中国农业科学院作物科学研究所．中国作物种质资源保护与利用 10 年进展．北京：中国农业出版社，2012.

第3章

中国野生稻种质资源的收集与保护

3.1 中国野生稻资源的种类、分布与特征特性

3.1.1 中国野生稻的种类

根据现有资料，我国稻属植物共有 4 个种，其中 1 种为栽培稻，其余 3 种为野生稻，即亚洲栽培稻（*O. sativa* L.）、普通野生稻（*O. rufipogon* Griff.）、药用野生稻（*O. officinalis* Wall et Watt）和疣粒野生稻（*O. meyeriana* Baill.）。目前，由于疣粒野生稻与颗粒野生稻（*O. granulata* Nees et Arn ex Wall .）合并为同一个种，且使用颗粒野生稻的种名，所以，我国常用的疣粒野生稻实际为颗粒野生稻，但考虑使用习惯，在本书中还是沿用疣粒野生稻的用法。

3.1.2 中国野生稻的分布

3.1.2.1 中国野生稻的发现与考察收集

1. 中国野生稻的发现与初期考察收集（1917—1977 年）

早在 20 世纪 20 年代，我国就开始发现并注意收集、利用野生稻种质资源。墨里尔（Merrill E. D.）1917 年在广东省罗浮山麓至石龙平原一带发现并收集普通野生稻（*O. rufipogon* Griff.）；丁颖 1926 年在广州市东郊犀牛尾的沼泽地也发现并搜集到此种野生稻，随后又在惠阳、增城、清远、三水、开平、阳江、吴川、合浦、钦州、雷州半岛、海南岛和广西的西江流域发现此种野生稻；1935 年，在台湾省桃园、新竹两县发现这种普通野生稻。中山大学植物研究所 1932—1933 年在海南岛淋岭、豆岭等地发现疣粒野生稻（*O. meyeriana* Baill）以后，王启远 1935 年在海南岛崖县南山岭下、1936 年在云南车里县橄榄坝、1942 年在台湾省新

竹县陆续发现了疣粒野生稻;1956 年云南思茅县农业站在云南省思茅县普洱大河沿岸橄榄沟边也发现疣粒野生稻;1954 年在广东省郁南县、罗定县与广西岑溪县交界处发现药用野生稻(O. *officinalis* Wall et Watt);1950 年广西玉林县农业推广站、玉林县师范学校在玉林境内的六万大山山谷中发现药用野生稻;1960 年在广东英德县的西牛乡高坡大岭背山谷中也发现药用野生稻。1963—1964 年秋冬期间,戚经文等对海南岛 17 个县、湛江地区 18 个县和广西玉林、北流等县进行野生稻考察,收集到普通、药用、疣粒野生稻;1963—1965 年中国农业科学院水稻生态室对云南的澜沧江流域、怒江流域、红河流域、思茅、临沧、西双版纳、德宏等地进行野生稻资源考察,也收集到 3 种野生稻资源。但在 20 世纪 70 年代前所有的考察都属于零星活动,规模较小,范围不广,收集到的野生稻资源数量也不多。

2. 全国性野生稻考察收集(1978—2001 年)

为了全面摸清我国野生稻的种类、地理分布和广泛收集野生稻种质,1978—1982 年中国农业科学院作物品种资源研究所主持了全国野生稻的考察与收集工作,有数百个单位 29 329 人次参加,共考察了 306 县 3 531 个公社。通过全国性的大规模、大范围考察,收集到 3 种野生稻种茎、种子 3 238 份,蜡叶标本 790 份,获得了大量考察资料和数据。20 世纪 90 年代以后,广东、广西、云南、海南、江西等省(自治区)的科技人员,根据研究的需要,有计划、有目的地进行了数次考察,但收集到的野生稻数量并不多,其原因一是考察的规模较小,考察的范围限于各自本省,二是由于经济发展和对自然资源的过度开发利用,野生稻赖以生存的生态环境遭到破坏,野生稻数量和分布范围在迅速减少。

通过地区和全国性大规模的野生稻考察,到 2001 年共收集到野生稻资源 5 000 多份,分为 3 个种,即普通野生稻、药用野生稻、疣粒野生稻。3 个野生稻种中,以普通野生稻最多,其次为药用野生稻,疣粒野生稻最少。

3. 野生稻资源的复查与补充考察收集(2002—2011 年)

进入 21 世纪后,由于国民经济的快速发展,我国野生稻资源面临着前所未有的毁灭性破坏,许多野生稻栖息地全部或大面积被占用,生境破坏或严重破碎化导致野生稻资源急剧下降。一方面根据瓦维洛夫的观点,野生资源在自然环境下每隔 15～20 年会出现新的遗传变异;另一方面,由于交通等各种条件的限制,以前进行的野生稻考察收集工作并不全面,因此进行野生稻的复查与补充考察,收集符合种质资源考察、收集科学规律的需要,是非常必要的。2002—2010 年,中国农业科学院作物科学研究所组织广东、广西、湖南、江西、福建、海南、云南等省份农业科学院对野生稻原记载的分布点进行复查并对相似环境条件地区进行野生稻考察。在对云南省玉溪市、思茅地区、西双版纳傣族自治州、德宏傣族景颇族自治州、保山地区和临沧地区 16 个县(市)的 93 个野生稻原分布点考察核实后发现原先记载的 93 个野生稻分布点中只有 30 个点还存在野生稻,其中普通野生稻的 26 个分布点中只剩下 2 个,其他分布点的野生稻均已完全消失。在对相似环境条件进行考察后,新发现了 10 个疣粒野生稻分布点,说明在某些偏远地区还可能存在着尚未发现的野生稻分布点。通过对广西和海南的野生稻原分布点复查,发现约 70%的普通野生稻和 50%的药用野生稻原分布点已完全消失,大部分仍然存在的分布点其分布面积也已大量萎缩。云南和海南的疣粒野生稻虽然只有约 30%的原分布点完全消失,但大多数分布点已被种植橡胶或桉树,生态环境发生了较大改变。虽然广东的复查和考察仍在进行中,但中国 3 种野生稻的分布区域(包括经纬度、海拔)与 1978—1982 年相比没有发生改变。

在此次的复查和补充考察收集过程中,收集方式与以前有较大改变,由于野生稻存在高度的遗传异质性，同一个分布点不同单株之间遗传结构相差较大，包含的基因也不相同，按照以前的收集方式，收集材料的遗传多样性的代表性较差。为了提高收集材料的遗传多样性，此次收集方式以居群为单位，每个居群按照确定的取样方式进行取样，按居群、分单株进行保存。至2010年底，此次复查和考察共收集3种野生稻资源723个居群19 000多个单株的种茎，经整理整合后将确定具体的保存份数。

3.1.2.2 中国野生稻的分布

1. 古书记载的中国野生稻资源的地理分布

据游修龄(1987)有关古书文字的记载和不完全统计，共有16处出现野生稻的情况和分布地点，最早一次是黄龙三年(231年)，最晚一次在明代万历四十一年(1613年)(表3.1)。

表3.1 历代古书所载野生稻出现情况(游修龄,1987)

公元	朝代及年号	内容
231年	吴·黄龙三年	"由拳野稻自生，改由拳为禾兴县。"——《宋书》卷29
440年	宋·元嘉廿三年	"吴郡嘉兴盐官县，野稻自生三十许种，扬州刺史兴始王浚以闻。"——《宋书》卷29
537年	梁·大同三年	"九月，北徐州境内旅生稻稗二千许顷。"——《梁书》卷3
537年	梁·大同三年	"秋，吴兴生野稻，饥者利焉。"——《文献通考》
731年	唐·开元十九年	"四月，扬州麦、穞生稻二百一十顷，再熟稻一千八百顷，其粒与常稻无异。"——《唐会要》卷28
852年	唐·大中六年	"九月，淮南节度使杜悰奏，海陵、高邮两县百姓于官河中漉得异米，煮食，呼为圣米。"——《文献通考》
874年	唐·乾符元年	"沧州本鲁城……生野稻水谷十余顷，燕魏饥民就食之。"——《新唐书·地理志》卷39
967年	宋·乾德五年	"四月，襄州襄阳县民田谷穞生成实。"——《古今图书集成》
979年	宋·太平兴国四年	"八月，宿州符离县渒湖稻生稻，民采食之，味如面，谓之圣米。"——《文献通考》
994年	宋·淳化五年	"温州静光院有稻穞生石罅，九穗皆实。"——《古今图书集成》
1010年	宋·大中祥符三年	"江陵公安县民田获穞生稻四百斛。"——《文献通考》
1013年	宋·大中祥符六年	"二月，泰州管内四县生圣米，大如芡实。"——《文献通考》
1023年	宋·天圣元年	"六月，苏、秀二州，湖田生圣米，民饥取之以食。"——《文献通考》
1047年	宋·庆历七年	"渠州言，石照等五县，野谷穞生，民饥之候也。"——《古今图书集成》
1580年	明·万历八年	"九月，四乡生圣穗数百。"——《蒙城县志》、《古今图书集成》
1613年	明·万历四十一年	"秋七月，大水，野稻大获，有一亩收十二石者。"——《肥乡县志》、《古今图书集成》

注：表内材料主要从《文献通考》卷299之《物异》及《古今图书集成》之《草木典》第29卷摘录，未一一核对出处。

从古书中记载的野生稻分布的地点看，大约自长江上游的渠州(四川)，经中游的襄阳、江陵，至下游太湖地区的浙江、苏南，然后折向苏中、苏北和淮北，直至渤海湾的鲁城(今沧州)，呈一条弧形的地带。其纬度从北纬30°～38°，经度自东经107°～122°，南北跨8°多，东西跨14°。

2. 中国野生稻资源的现代地理分布

据1978—1982年进行的全国野生稻资源普查、考察、收集的结果，并参考1963年原中国农业科学院生态研究室的考察记录，以及历史上台湾发现野生稻的记载，现将中国3种野生稻地理分布概述如下：

(1)3种野生稻分布地区　中国3种野生稻分布十分广泛，据普查、考察结果，目前野生稻分布在广东、海南、广西、云南、江西、福建、湖南、台湾(现已消失)等8个省(自治区)的143个县(市)，其中广东53个县(市)、广西47个县(市)、云南19个县、海南18个县(市)、湖南和台湾各2个县、江西和福建各1个县(图3.1)。

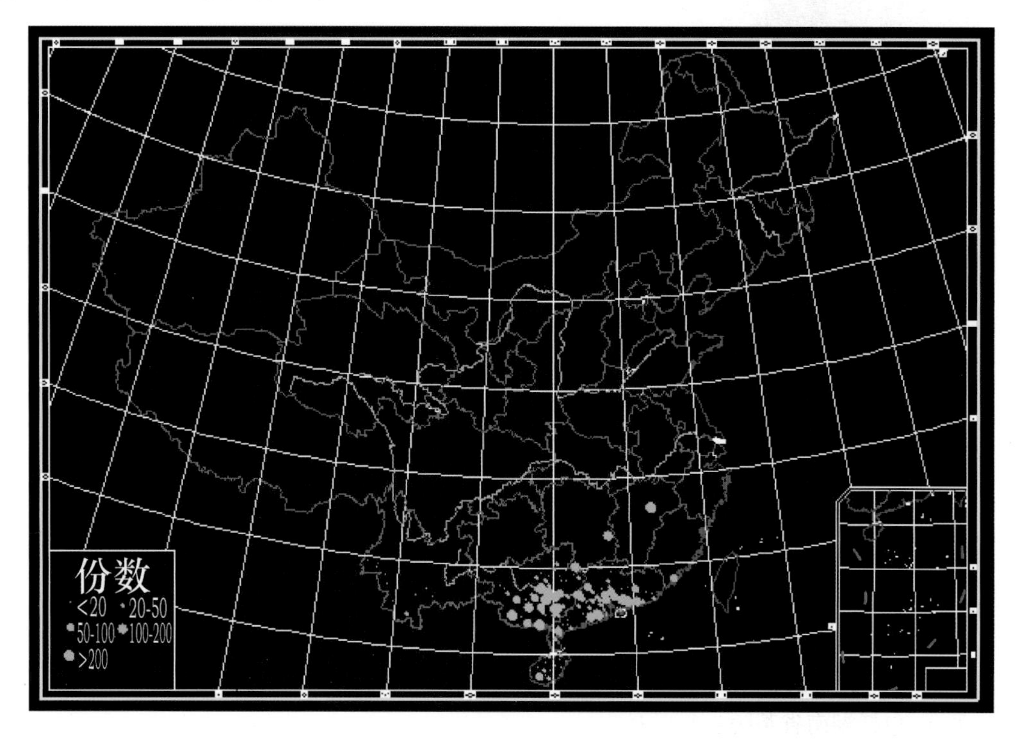

图3.1　中国野生稻分布示意图

①普通野生稻分布地区　普通野生稻自然分布于广东、广西、海南、云南、江西、湖南、福建、台湾等8个省(自治区)的113个县(市)(图3.2)，是我国野生稻分布最广、面积最大、资源最丰富的一种，大致可分为5个自然区。5区之间，普通野生稻分布并不连续，如两广大陆区和云南区之间，从广西百色往西、云南省元江县往东的一大片地方，过去和现在都进行过多次考察，始终未发现任何野生稻。又如，两广大陆区和湘赣区之间有南岭相隔，普通野生稻也未形成连续分布，这些问题有待进一步研究。

海南岛区：该区气候炎热，雨量充沛，无霜期长，极有利于普通野生稻的生长与繁衍。18个县(市)就有14个县(市)分布普通野生稻，而且密度较大。

两广大陆区：包括广东、广西和湖南的江永县及福建的漳浦县，为普通野生稻的主要分布区，但集中分布于珠江水系的西江、北江和东江流域，特别是北回归线以南和两广沿海地区分布最多，如广东省惠阳县17个乡、博罗县石坝乡16个村，村村能找到野生稻。我国普通野生稻覆盖面积极大，集中连片33 hm^2 以上的有3处，7～33 hm^2 的有23处，如广西武宣县濠江

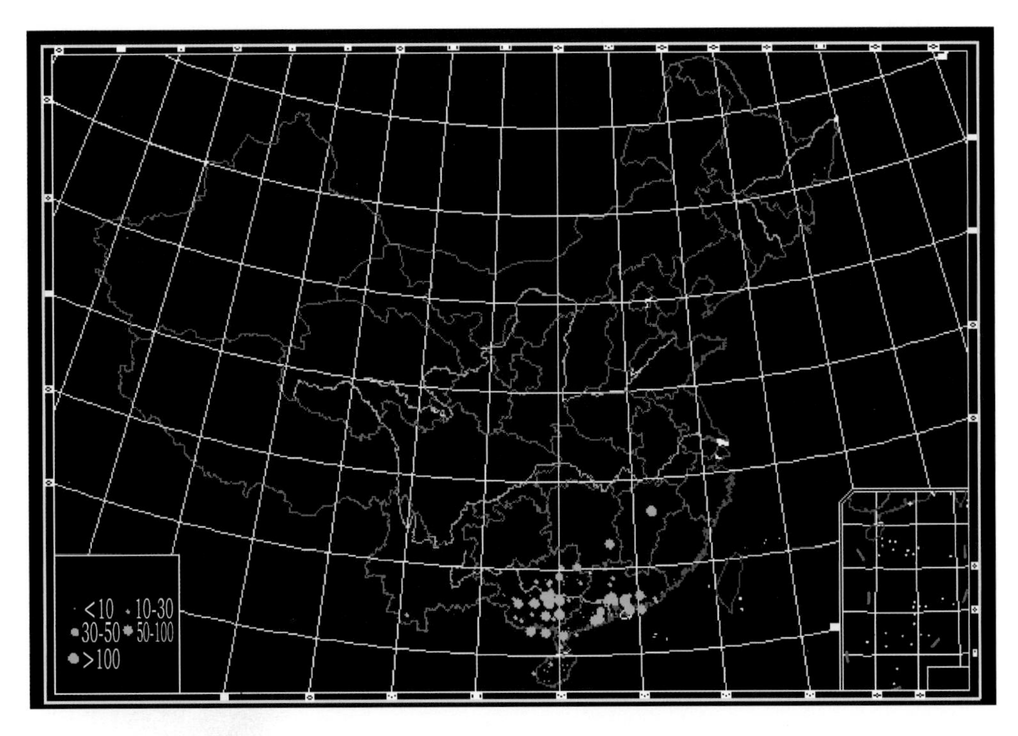

图 3.2 普通野生稻分布示意图

及其支流两岸沿线断断续续约 35 km 长的地方分布有普通野生稻，广西贵港麻柳塘分布着稠密的野生稻约 30 hm^2。

云南区：1965 年起至 20 世纪末的考察，在西双版纳的景洪镇、勐罕坝、大勐笼坝等地区共发现 26 个分布点，1978—1982 年又在景洪和元江县发现 2 个普通野生稻分布点，这两个县普通野生稻呈零星分布，覆盖面积小。历年发现的分布点都集中在流沙河和澜沧江流域，而这两条河向南流入东南亚，注入南海，为研究云南普通野生稻与东南亚普通野生稻的相互关系提供了研究材料。

湘赣区：包括湖南省茶陵县及江西省东乡县的普通野生稻。东乡县的普通野生稻分布于 28°14′N，是目前中国乃至全球普通野生稻分布的最北限，这两地处于长江中下游古老的稻作区域中，为研究中国野生稻的分布和中国乃至亚洲的栽培稻的起源、演化及传播提供了极好的研究材料。

台湾区：过去在桃园、新竹两县发现过普通野生稻，但据报道，1978 年已消失。

②药用野生稻分布地区　药用野生稻分布于广东、海南、广西、云南四省（自治区）的 38 个县（市）（图 3.3），可分为 3 个自然分布区。

海南岛区：主要分布在黎母山岭一带，集中分布在三亚、陵水、保亭、乐东、白沙、屯昌 6 县。

两广大陆区：为主要分布区域，共有 27 个县（市），集中于桂东的中南部，梧州、苍梧、岑溪、玉林、容县、贵港、武宣、横县、邕宁、灵山等县（市），广东省有封开、郁南、德庆、罗定、英德等县（市）。

云南区：主要分布于临沧地区的耿马、永德县，思茅地区的普洱县。

③疣粒野生稻分布地区　疣粒野生稻主要分布于海南、云南与台湾 3 个省（据有关报道台湾省的疣粒野生稻于 1978 年已消失）27 个县（市），在海南省仅分布于中南部的 9 个县，在尖锋岭至雅加大山、鹦哥岭至黎母山、大本山至五指山、吊罗山至七指岭的许多分支山脉均有分布，常常生长在背北向南的山坡上。在云南省分布于 18 个县，集中分布于哀牢山脉以西的滇

西南，东至绿春、元江，而以澜沧江、怒江、李仙江、南汀河等河流下游地段为主要分布区。台湾省在历史上曾发现新竹县有疣粒野生稻分布，目前情况不明(图 3.4)。

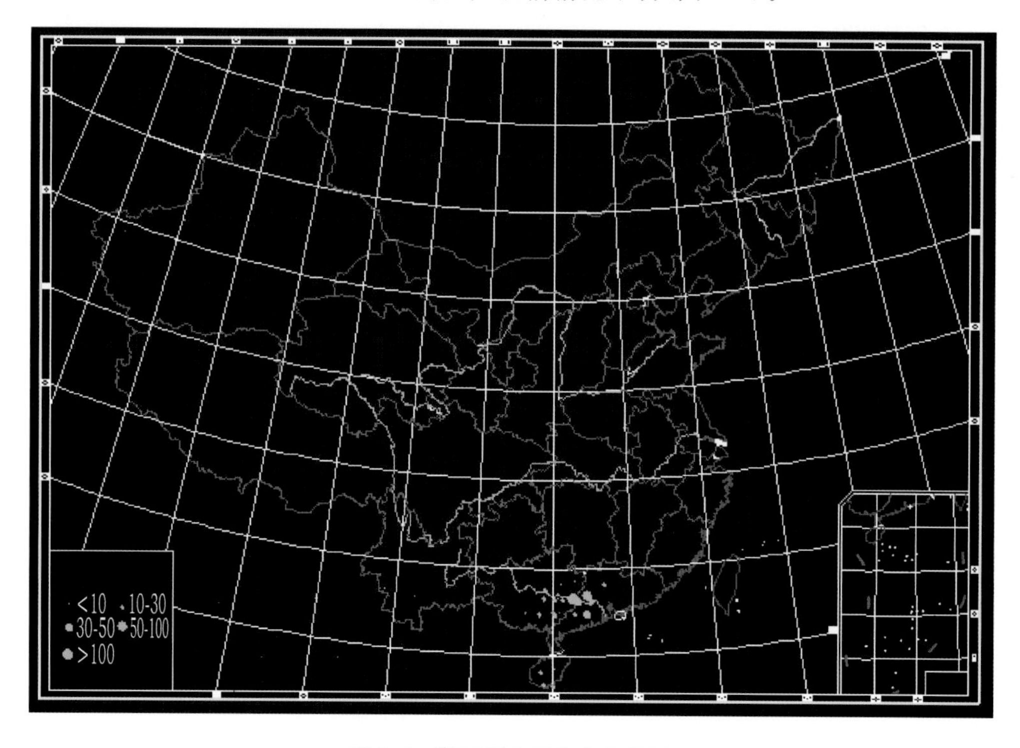

图 3.3　药用野生稻分布示意图

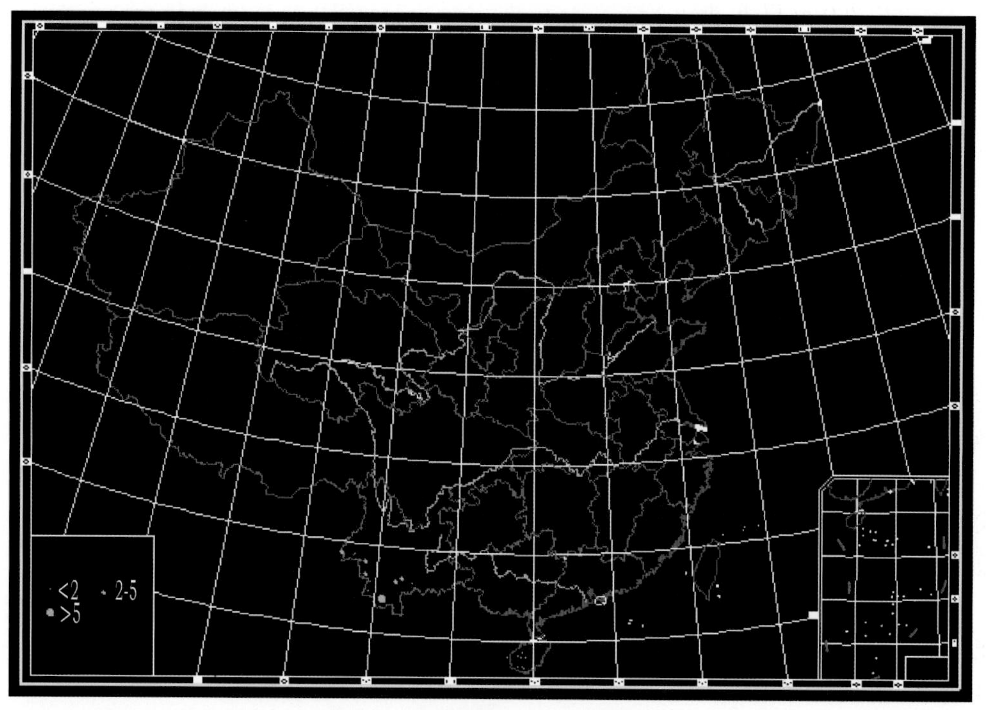

图 3.4　疣粒野生稻分布示意图

在全国有野生稻分布的 143 个县(市)中,仅有普通野生稻分布的有 86 个县(市),其中广东 42 个,广西 31 个,海南 6 个,湖南 2 个,江西、福建、台湾等省分别有 1 个;仅药用野生稻分布的有 11 个县(市),其中广东 4 个、广西 5 个、云南和海南各 1 个;兼有普通、药用两种野生稻分布的有 21 个县(市),其中广东 7 个、海南 3 个、广西 11 个;兼有普通、疣粒两种野生稻分布的有 5 个县,其中有海南 3 个、云南 1 个、台湾 1 个;兼有药用、疣粒两种野生稻分布的有 5 个县,其中海南 2 个、云南 3 个;兼有普通、药用、疣粒 3 种野生稻分布的有 4 个县,即海南陵水、保亭和乐东 3 个县,云南元江县。

(2)3 种野生稻分布的经纬度　中国目前 3 种野生稻分布的经纬度范围较广,3 种野生稻的经纬度极限范围见表 3.2。

表 3.2　中国野生稻分布极限的经纬度

野生稻种名	跨越纬度	跨越经度
普通野生稻	18°09′N～28°14′N	100°40′E ～121°15′E
药用野生稻	18°18′N～24°17′N	99°05′E ～113°07′E
疣粒野生稻	18°15′N～24°35′N	97°56′E ～120°E

(3)3 种野生稻分布的海拔高度　我国 3 种野生稻的分布与海拔高度有一定的关系,不同种野生稻其分布海拔高度不同。

普通野生稻分布的海拔高度:普通野生稻分布海拔较低,多数分布在海拔 130 m 以下,最低海拔仅 2.5 m,最高海拔 760 m。

药用野生稻分布的海拔高度:药用野生稻分布海拔极限差异较大,广东、广西的药用野生稻大多分布在 200 m 以下,最低海拔 25 m。而云南省的药用野生稻分布于海拔 520～1 000 m 的高度。

疣粒野生稻分布的海拔高度:疣粒野生稻分布海拔跨度为 50～1 000 m,海南省的疣粒野生稻分布最低海拔是 50 m,最高海拔为 800 m。云南省疣粒野生稻分布海拔最低为 425 m,大多数为 600～800 m,分布海拔最高可达 1 000 m 以上。

3.1.2.3　古今野生稻分布区域的比较与原因分析

从图 3.5 可以看出,中国古书记载的野生稻分布与 1982—1987 年全国野生稻普查、考察获得的野生稻的分布存在很大差异:古代野生稻分布地域比现代狭小而偏北;现代野生稻分布以华南为主,而古书记载野生稻的分布都偏于长江、淮河流域。战国时代《上海经・海内经》(公元前 3 世纪以前)记述:"西南黑水之间(相当于现在华南珠江流域),有都广之野,爰有膏菽、膏稻、膏黍、膏稷,百谷自生,冬夏播琴(殖)",这是 2 000 多年前有关华南地区有自生野生稻分布的唯一记载。华南地区不见或少见记载,但不能据此认为古代华南没有野生稻。因为古代我国南方常被人为属蛮夷之地,官员和学者较少涉足南方,史料记述往往偏于北方,南方记载较少。

古书中有关野生稻的文字记载,不能与我国现存的野生稻分布等同起来,原因非常复杂,可能与气候、人类活动以及人类的认知水平有关。在气候条件方面,宋代以后的气温明显下降,年平均气温较现在的低 2 ℃左右,而野生稻适宜于在温暖条件下生存繁衍,所以长江流域可能因为温度降低而不适宜野生稻的生长;在人类活动方面,自唐宋以后,北方人口不断南迁,

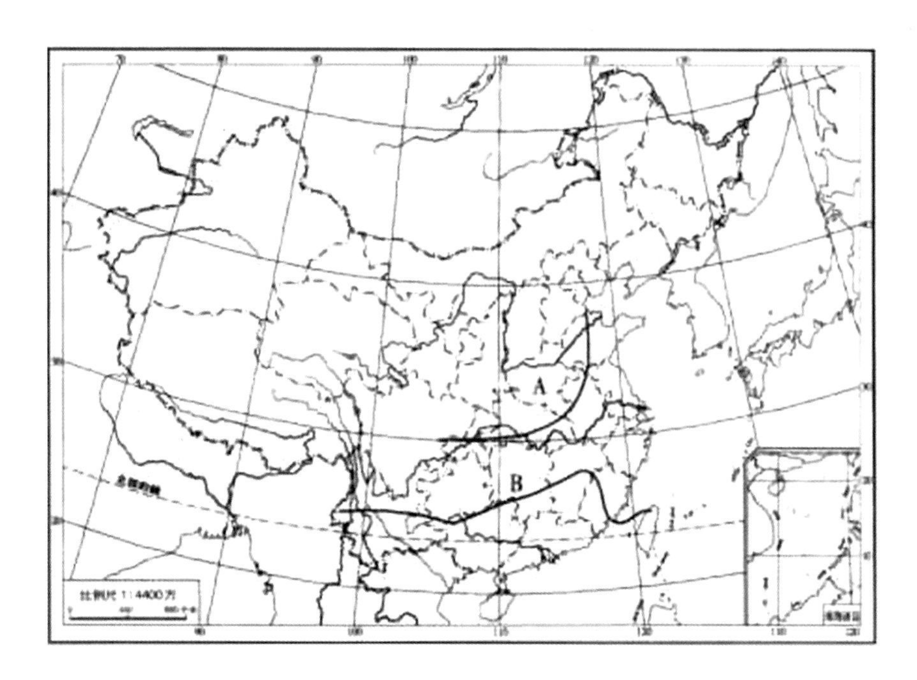

图 3.5　古代野生稻分布(A)和现代野生稻分布(B)最北界示意图(游修龄)

经济中心南移至长江流域，粮食需求剧增，农业开发、复种指数增加，使野生稻的生境不断受到破坏，分布范围缩小，野生稻生存受到抑制；此外，分布于江苏北部的穞稻、安徽巢湖一带的塘稻等都具有落粒性强、自生自灭的特点，目前其分类地位尚不清楚，是否古书中记载的野生稻也无从考证，所以，现代野生稻分布范围与古书记载上的差异具体原因尚需进一步研究。

3.1.3　中国野生稻的特征特性

3.1.3.1　中国野生稻的生态学特性与生态环境

野生稻是喜高温多湿的植物，分布在我国南方，这是共性，但不同种的野生稻对各种生态环境的要求不同，各有其特性。

1. 普通野生稻的生态学特性与环境分布特点

(1)生态学特性

①喜高温　我国南方的广东、海南、广西、云南、江西、湖南、福建、台湾等 8 个省(自治区)都有普通野生稻分布，特别是海南、广东、广西 3 个省(自治区)分布最多。海南省的乐东、三亚、陵水三县(市)年平均气温为 24～25 ℃，最低气温为 6～8 ℃，无霜期为 365 d。两广大陆区的年平均气温都在 20 ℃以上。据资料显示，在广西分布有普通野生稻的 42 个县的年平均气温都在 20 ℃以上，年最低气温为 0.36～3.4 ℃，霜期仅 0～4.5 d，普通野生稻发育良好，生长繁茂。普通野生稻分布的桂林地区，年平均气温为 18.8～19.1 ℃，最低气温为 −3.2～4.6 ℃，无霜期为 344.3～350.6 d，总体来看，普通野生稻生长没有其他县(市)的繁茂，但在夏季生长茂盛。江西东乡普通野生稻处于北纬 28°14′，年平均气温最低为 −8.5 ℃，无霜期为 269 d，冬季有时积雪，但普通野生稻能正常生长，在冬季植株地上部分枯死时，靠匍匐茎宿根在地下或水下越冬，翌年 2～3 月春暖后从地表部分的根节发蘖生长。

②喜光、感光性强、短日照　各地发现的普通野生稻都生长在阳光充足、无遮蔽的地方，对光较敏感，感光性强。普通野生稻无论是靠种子萌发还是靠宿根繁殖，都要在8月下旬以后才能抽穗，抽穗期与所处的纬度有关。北纬25°以上的，如江西东乡、湖南茶陵的普通野生稻在8～9月抽穗，以9月初抽穗最多；两广大陆区的普通野生稻以9月下旬至10月中旬抽穗占多数；海南的普通野生稻是10月下旬至11月下旬抽穗；云南景洪普通野生稻于10月中旬至11月上旬抽穗。在广东、广西有些地下蘖芽，在冬季前萌发，冬春时长成大苗，已达短日照的要求，在来年春夏间抽穗、开花、结实。也有个别的植株变异类型在6～7月抽穗的，这可能是栽培稻与野生稻串粉杂交后代的植株。

③喜湿、多年生　普通野生稻喜欢湿生，水生特性很强，对水的要求很严，大多数分布在山区、丘陵、平原的山塘、河流两岸、山涧、水沟、河滩、排水渠道、水库、沼泽地、荒田等地。这些地方夏秋有浅水层，冬季土壤湿润，适宜普通野生稻的生长繁殖。在深水或急流处则很少有普通野生稻的分布，在水深超过80 cm以上的地区普通野生稻就难以形成连片生长。普通野生稻如果生长在干干湿湿的生境，有时因竞争不过干湿生长的杂草，致使其生长不良。因此，普通野生稻最适合在静止的浅水层生境中生长，这也是它生长繁殖的重要条件之一。

④对土壤的广谱适应性　普通野生稻对土质要求不严，一般生长在微酸(pH6～7)的土壤中。它具有广泛的适应性，既能在酸性土壤上生长，又能在碱性土壤上生长，在重土、沙壤土、烂泥田、鸭屎中也能生长。据吴妙燊(1981)在广西考察142个普通野生稻分布点的结果表明，生长在黏土上的占29.6%，沙壤土上的占28.9%，壤土上的占22.5%，黏壤土上的占7%，沙土上的占7%。在肥沃土中生长很繁茂，在极为贫瘠的黏土中也能生长繁殖，只是生长不太茂盛。

(2)生态环境分布特点及其伴生植物　普通野生稻是喜高温、喜光、喜湿的植物，多分布于热带、亚热带地区，阳光充足，高温多湿。当处在深水中时，它具有随水涨而茎伸长的特点，但生长不好。只有在静止的浅水层的生态环境中才能生长良好。据考察，凡适于浅水层生长的沼泽植物均能与普通野生稻资源混生在一起，其中最常见的伴生植物群落有：李氏禾(*Leersia hexandra*)、柳叶箬(*Isachne globosa*)、三角草(*Scinpus grossus*)、假马蹄(*Scirpus funcodes*)、硬骨草(*Panicum repens*)、稗草(*Echnochioa crusgalli* (L.) Beauv)、肉草(*Aneilerma nudiforum* L.)、野慈姑(*Sagittaria sagittifolia* L.)、菱笋(*Zizania caduciflora*)、水禾(*Hygroryza aristata*)、水蓼(*Polygonum hydropiper*)、假蔗草(*Fuirena unbellata*)、金鱼藻(*Ceratophyllum demeusum*)和水莲(*Nelumbo nucifera*)等植物的优势居群，以及一些莎草属的植物。普通野生稻资源原生地的伴生植物居群极为多样，且随着环境不同而有所差异。目前普通野生稻仍然是保护区优势物种，其他伴生植物短期内无法与之竞争，但是野茭白、水葫芦在其他分布点形成优势种群影响野生稻生长也是不争之事实。

2. 药用野生稻的生态学特性与环境分布特点

(1)生态学特性　药用野生稻具有普通野生稻的喜温暖、短日照、宿根越冬、多年生的特性，但也有不同的个性，表现为喜温湿但宜阴凉，喜湿但不宜深水，耐肥而宜微酸性等，它对生态环境要求比较严格，因而它只有在特异生态环境中才能生存。

(2)生态环境分布特点及伴生植物　药用野生稻分布点的气温变幅为20～25 ℃，最低温度为0.6～6 ℃，年无霜期为335～365 d，雨量充足，多分布于群山环抱的大山区，生长在两山峡谷的山坑中下段的小沟旁，这些山坑常有溪水流过，小气候温和湿润。凡在较大的河流、水渠边，向阳、有水层或过于干燥的地方，都不宜生长。在药用野生稻栖生地四周一般由灌木、乔木、杂草等笼罩，所处的环境太阳不易直射，日照时数少，细水长流，荫蔽潮湿，腐殖质丰富，土壤肥沃。据广西的考察结果，生长在沙壤土上的药用野生稻占51.2%，沙土上的占22%，壤土上的占20.7%，黏壤土上的占6.1%。药用野生稻较适宜生长在pH5.5～6.5的红壤或沙壤土上，一般是零星分布在山冲水溪旁的积土深处，极少有连片密生形成一定面积的分布点。药用野生稻一般于9～10月抽穗，10月成熟，出穗成熟延续时间较长，与纬度有关，高纬度抽穗偏早，低纬度抽穗偏迟。主要的伴生植物有水东哥（*Saurauia tristyla* D. C.）、水虱草（*Fimbristylis miliacea* L. Vahl）、芒草（*Miscanthus sinensis* Anderss）、川谷（野薏米）（*Coix lacryma jobi* L.）、斑茅（*Sacharum arundinaceum*）、莎草（*Cyperus rotundus* L.）、两耳草（*Pasplum conjugatum* Bergius）等。

3. 疣粒野生稻的生态学特性与环境分布特点

（1）生态学特性　疣粒野生稻的生态特性是旱生，耐旱性强，但不宜阳光直射，是耐旱、耐阴的植物，对生态环境的要求较为严格。全国只有海南省、云南省与台湾省有分布，在海南省仅分布于中南部的尖峰岭至雅加大山、鹦哥岭至黎母山、大本山至五指山、吊罗兰至七指岭等。云南省集中分布在哀牢山脉以西的滇西南的澜沧江、怒江、红河、李仙江、南汀河等几条河流下游地段的山坡上。疣粒野生稻感温性强、感光性弱。在4～10月，如果得到适当的温、光条件疣粒野生稻便能生长、抽穗、开花、结实；在温室内疣粒野生稻一年四季都能开花结实。

（2）生态环境分布特点与伴生植物　疣粒野生稻分布于高山或山坡的灌木、乔木、竹林下或其他树林边缘地带，有时分布在阳光散射、荫蔽的山坡上，背北向南的山坡分布较多，分布比较分散，与杂草共生，在同一环境内，变异类型不多。它要求较高的温度，海南省有疣粒野生稻分布的县年平均气温22～25 ℃，最低温度为6～8 ℃，年无霜期为365 d；云南省有疣粒野生稻分布的县日平均气温大于10 ℃，夏季日平均气温大于30 ℃，冬季最冷的月平均气温在7 ℃以上。它对土质要求严格，适宜生长在pH值6.0～7.0、有机质丰富、肥力较高的中性土。在有机质丰富、肥力高的地方，茎叶生长繁盛，穗长、粒多；相反在肥力低的条件下则矮小、穗短、粒少。主要伴生植物除周围乔木、灌木、竹林、橡胶林、铁刀木林和其他人工经济林外，还有白茅草（*Inperata cylindrical* Beauv.）、芒穗鸭嘴草（*Ischaemum sristatum* L.）、铁芒箕（*Dictanpteris* Linearis）、两耳草（*Paspalum conjugatum* Bergius）、雀稗（*Paspalum thunbergii Kunth* L.）、芒草（*Miscanthus sinensis* Anderss）、紫茎泽兰（*Eupatorium ademophorum*）、飞机草（*Eupatorium odoratum*）等。

3.1.3.2　中国野生稻的植物学特性

通过现场考察和野生稻圃种植观察结果，我国3种野生稻在植物学特征方面有它们的共性和异性，共性即都属多年生宿根越冬植物，异性就是不同种野生稻都有它本身的特性。

1. 普通野生稻的植物学特征

由于普通野生稻分布范围广，所处的生态环境复杂，因此不同类型形态特征各异。普通野生稻植物学特性如下：

（1）根　普通野生稻具有强大的须根系，除地下部长根外，地上部接近地面或水中的节也能长出不定根，在原产地冬季能宿根并安全越冬。

（2）茎　根据生长习性可分为匍匐（茎倾斜不超过60°以至完全匍匐于地面）、倾斜（茎倾斜30°～60°）、半直立（茎倾斜15°～30°）和直立（茎倾斜不超过15°）4种类型。据庞汉华（1992）对原产于广东（包括海南）、广西、云南、江西、福建、湖南6个省（自治区）的5 570份普通野生稻材料统计结果显示(表3.3),上述4种类型分别占总数的59.37%、28.11%、9.25%和3.24%,表明匍匐型占的比例最高,是基本的、典型的类型。茎的类型与生长环境、水流、混生物和风向等都有一定的关系,靠近水稻田的类型多且复杂。茎不具有明显的地下茎,且有随水涨而伸长的特性,具有高位分枝,接近地面的茎节有须根。株高60~300 cm,多为100~250 cm。1996年在广西田东县祥州乡百渡村绿角山沟分布的普通野生稻株高多数约50 cm,而在田阳县那满镇治塘村的山弄发现1株与杂草共生的普通野生稻,株高达414 cm,这是迄今收集到的最高的普通野生稻。茎秆粗细不一,直径一般0.3~0.5 cm。1996年在广西南宁市江西中学校门前的铁路边收集到的普通野生稻茎特别粗,直径达0.5~0.8 cm,这非常少见。茎地上部有6~12个节,一般为6~8个节,近水面的茎节间较长,在深水条件下茎具有浮生特性;茎基部节间坚硬,横切面呈椭圆形,常露节,茎基部受阳光及其他因素影响,其颜色深浅不一,有紫色、淡紫色、青绿色;分蘖力强,一般有30~50个蘖并集生为一丛。

表3.3 6个省(区)普通野生稻生长习性类型调查(庞汉华,1992)

类型	广东和海南/份	广西/份	云南/份	江西/份	福建/份	湖南/份	合计/份	所占的比例/%
匍匐	1 245	1 845		72	67	98	3 327	59.50
倾斜	731	596		69	3	167	1 566	28.01
半直立	288	140	14	26	19	30	517	9.25
直立	91	31		34	3	22	181	3.24
合计	2 355	2 612	14	201	92	317	5 591	100

(3)叶 叶片狭长,披针状,一般长15~30 cm,宽0.6~1 cm;叶耳呈黄绿色或淡紫色,具有茸毛;叶舌膜质,顶尖二裂,无茸毛,有剑叶,叶舌长0.4~1 cm,下部叶舌长1.3~2.7 cm;叶枕无色或紫色,基部叶鞘色为紫、淡紫或绿色,而以淡紫色居多;剑叶角度较大(90°~135°),剑叶较短,长12~25 cm,宽0.3~0.5 cm;倒三叶较长(30~50 cm),最长的可达123 cm;在成熟后期,茎叶衰老较迟且慢。

(4)穗 属圆锥花序,穗枝散生,穗颈较长(6~20 cm),枝梗较少,一般无第二枝梗。着粒疏,每穗20~60粒,多的可达100粒以上(多见于直立型且具有第二枝梗)。外颖顶端紫红色,开花时内外颖淡绿色,成熟时灰褐色或黑褐色。外颖披针状,顶端尖,一般长0.19~0.3 cm。花药较长,为5~7 mm,柱头紫色或无色,外露呈羽毛状。具有坚硬的红长芒(占90%以上),少量无芒。谷粒狭长,长7~9 mm,宽2~2.7 mm。结实率有高有低,育性有高不育或半不育,极易落粒,边成熟边落粒。种皮多呈红色、红褐色或虾肉色。

(5)繁殖方式 在自然条件下,大多数普通野生稻结实率在50%左右,可进行有性繁殖。宿根越冬,再生性和分蘖性强,无性繁殖占优势,因此普通野生稻在原分布点,无性和有性繁殖并存,以无性繁殖为主。

还有其他一些较为复杂的类型,其中最明显的是半野生型,既有野生稻的特性也有栽培稻的特性,可分直立、半直立和匍匐等类型。有些植株高大,直立不倒;而有些则矮小,叶片较宽大,叶展开角度有大有小。穗型有集、中、散之分,育性有高度不育、半不育。有无花粉型、花粉败育型,也有花粉正常,结实率高、穗大粒多、长芒、中芒、短芒或无芒等类型。谷粒有狭长、椭圆、阔卵、长大的。颖壳更是多种多样，有黑褐色、黄色、斑褐色等。种皮有红色、白色、赤色等。米粒腹白有大有小，米质有优有劣。

2. 药用野生稻的植物学特征

(1)根　具有发达的纤维根，能宿根越冬。

(2)茎　具有明显的合轴或复轴地下茎，地下部有5～18个茎节，一般为12～15个节，有5～11个伸长节间，茎秆坚硬而散生，分蘖力弱，一般为10～30个，大多数无地上高位分枝，也有个别在茎的中部节长出1～2个分枝，也能成穗。植株高大，一般为200～300 cm，但也存在特殊类型。广东发现1株药用野生稻株高高达480 cm，广西发现1株高达467 cm，云南耿马县孟定发现植株高仅有93 cm。

(3)叶　叶片比较宽大、阔长，倒数第二、第三叶最长，可达123 cm，叶宽一般为2～4 cm，最宽的有4.6 cm。剑叶较短，一般为14～40 cm，宽1.2～2.5 cm，着生角度90°～135°。叶耳不发达，呈黄绿色。叶舌短，为0.1～0.5 cm，呈三角形或圆顶形，叶枕无色。基部叶鞘多数呈绿色，个别呈淡紫色。

(4)穗　穗颈特长(21～70 cm)，最长的可达142 cm，穗直立，穗枝散生。主轴基部节枝梗轮生，上部互生。一般只有第一次枝梗，穗大粒多，穗长一般为30～40 cm，每穗有10～16枝梗，每穗200～300粒，多的可达1 000多粒，广西有记录每穗达1 181粒，广东的最多达2 000多粒。结实率中等，最高可达97%。穗上部小穗具短芒或顶芒，芒长0.4～1.2 cm，下部小穗一般无芒，谷粒宽短而小、略扁，长0.4～0.5 cm，宽0.2～0.26 cm。内外颖开花为青绿色或间有两条紫色条纹，颖壳外缘有茸毛。颖尖紫色或淡紫色，柱头紫色外露，成熟后颖壳为灰褐色或灰黑色。易落粒，有边成熟边落粒的特征。种皮红色，米粒坚硬无腹白，米质优。总体来看，药用野生稻的植物学特征比普通野生稻单一，未发现药用野生稻与栽培稻天然杂交类型，这可能与药用野生稻生态环境远离稻田，与栽培稻染色体组不同类型有关。

(5)繁殖方式　药用野生稻在自然条件下多数结实率高，种子易落粒，具备有性繁殖条件。发达的纤维根能宿根越冬，也具备无性繁殖能力，因此在原分布点有性繁殖和无性繁殖并存，以无性繁殖为主。

3. 疣粒野生稻的植物学特征

(1)根　须根，具有明显地下茎，根群不发达。

(2)茎　茎纤细、圆形，近基部实心。茎基部节间粗密、平滑无毛，具有6～8个节，茎节似竹子。分蘖从地上茎基部和地下茎节长出，也能从地上节的叶鞘内长出。在地下茎长出的分蘖顶部尖，基部特别粗，如竹笋状。植株矮小，丛状散生，株高为40～110 cm，一般为50～60 cm，高矮与土壤和伴生植物有关。土壤肥沃、伴生植物多而密集，则植株较高；土壤贫瘠，伴生植物稀少时，则植株矮小。

(3)叶　叶短呈披针形，叶长20～30 cm，宽约1.7 cm。叶色深绿，叶片光滑、无茸毛。叶鞘无色或略带紫色。剑叶短小，长约10 cm，宽1 cm。叶舌短而平，近半圆形。叶耳不明显，叶枕无色。

(4)穗　穗轴和穗枝短，穗颈细长(3～12 cm)，穗直无枝梗，小穗紧贴穗轴而生，形成简单的圆锥花序。穗长5～11 cm，着粒密，粒数少，一般每穗10粒左右，最多也只有20粒左右，自然群落中每穗6～12粒。花药与柱头白色，柱头外露。小穗倒卵形，护颖小，颖壳光滑无茸毛，无芒，颖面有不规则的疣粒状突起，这是疣粒野生稻的典型特点。谷粒成熟前呈青绿色，成熟后呈黑褐色，易落粒，结实率高，谷粒长 0.5～0.6 cm，宽 0.2～0.3 cm，米粒多为红色，米质优。

(5)繁殖方式　在实地考察中，发现很多苗是实生苗，但也有老根苗，说明在原产地种子和种茎繁殖并存。在异地种子萌发率较低，很难发芽，因此异地以种茎繁殖为主。

3.2 中国野生稻资源的保护

随着农业生产的发展和人口的急剧增加，为了满足人们的生活需要，促使农村经济建设快速发展，农民把野生稻赖以生存的沼泽地、池塘、水沟填平，开垦为稻田；或者建住房、工厂，修公路、铁路等，使野生稻生态环境受到严重或彻底的破坏，导致野生稻原生地环境恶化；或者是由于农事活动，干旱时间过长；或改为旱地，杂草丛生，致使伴生植物发生变化，野生稻在竞争中处于劣势，其结果使野生稻生存繁衍日渐困难，群落减少直至灭绝。其中以育种利用价值最大的栽培稻祖先种普通野生稻濒危程度最高，其次是药用野生稻、疣粒野生稻，因此保护我国野生稻资源已刻不容缓。

目前，野生稻保护有异位保存(ex-situ conservation)和原生境保护(in-situ conservation)两种方式。异位保存也称为异地保存、迁地保存、移地保存、非原生境保存等，有长期库、中期库保存、种茎保存 3 种方法。原生境保护也称为就地保护、原位保护、原地保护等，有物理隔离和主流化两种保护方式。

3.2.1 中国野生稻资源的异位保存

野生稻的异位保存，是防止已收集到的野生稻宝贵种质资源丢失的一项重要措施。建立现代化种质库和田间种质圃非原生境保存种质，是国际上通用的基本方法。目前我国采用种子保存和种茎保存两种方式同时进行，种子在北京国家种质库长期保存，种茎保存在广东、广西两个国家野生稻种质圃中。

3.2.1.1 种质库保存

1. 种质库保存技术

(1)古老简易的种子保存技术　古农书《氾胜之书》写道："取麦种，候熟可获，择穗大强者，斩，束之场中之高燥处，曝使极燥，无令有白鱼(注：白鱼是一种小虫)，辄杨治之，取艾杂藏之，麦一石，艾一把，藏以瓦器或竹器。""种，伤湿郁热，则生虫也。"可见早在古代西汉(公元前 1 世纪末)就有人著书总结了当时贮藏种子的经验。后来逐渐摸索到在酒坛、瓦罐等容器底部垫铺山石灰，上铺一层纸，把晒干的种子放在其上，盖上盖密封保存，待石灰粉化后，换新石灰。干燥器保存则是对上述种子保存方式的改进，在其底部放硅胶或氯化钙、生石灰等干燥剂，上面放种子，密封保存。这些方法的优点是简便易行，就地取材，价格便宜，经济实用，可经常频繁使用。虽然上述方法的缺点是保存时间较短，保存份数和种子量较少，保存的成本高，在繁种过程中还可能产生混杂和天然串粉，逐渐发生遗传变异，降低保存种子的质量，但是，这已是现代种质库保存的雏形，随着现代温湿度控制技术的发展，种质库保存技术已日臻完善。

(2)现代低温干燥长期保存技术　为了妥善保存,确保收集到的资源不损失,既要避免遗漏,又要防止过多地重复保存;既要保持资源的良好生活力,又要保持种子固有的遗传特性。自20世纪70年代末期以来,我国加强了种质的收集和保存,先后在中国农业科学院建成了两座国家低温种质资源库,有条件的省(自治区)也相应建成了一定规模的低温库。根据保存需要和任务,低温库分长期库和中期库。长期库保存种质时间一般在50年以上,库温为－18 ℃左右,相对湿度小于57%;中期库保存种质时间为10～15年,库温为－10～0 ℃。低温干燥保存要求在保存期尽可能将种子的呼吸强度控制在最低限度,以免种子在长期保存中呼吸消耗过多,种子变劣,保证种子高活力和种子固有遗传特性。为保证种质能长期安全贮存,种子入库一般包括下面几项工作:

①种子接收登记　进行质量和数量的验收和基础资料的登记,对种子的纯度、净度、健康状况(有无病虫害)、数量等是否符合种质库所制定的标准进行检验。基础资料包括全国统一编号、保存单位号、名称、学名(拉丁文)、产地、来源地、供种单位和繁种年代等。

②查重去重　避免种质库重复保存相同的种质样品,增加不必要的工作量。查重包括两方面内容:检查新接收种质材料本身是否有重复,与原进库贮存材料是否有重复。重复种子材料应取出退回原供种单位,并把查重的结果做好记录并存入管理档案。

③种子的清选和熏蒸　当种质材料接纳登记之后,对种子进行清选,剔除那些受病虫害感染或者没有生活力的种子以及混杂材料,使入库贮存材料能高质量保存。

④种子初始生活力检测　入库种子初始质量的优劣对种子耐贮性影响很大,特别是种子的生活力。因此,去重后的种子必须进行初始发芽率检测,达不到入库最低标准的材料就不能入库。

⑤编库号　经去重、清选和初始发芽率检测合格的入库种子,在入库前进行编号,即每一份材料给一个库号。

⑥种子干燥　在植物种质资源的保存中,低温和种子低含水量是延长种子贮藏寿命的主要因素。因此,对入库种子进行干燥是处理及保存种子的关键。种子干燥就是在不损害种子生活力的情况下把种子的含水量降到适于贮藏的程度。种子干燥方法主要有下面4种:空气或太阳干燥法、冷冻干燥法、吸收类型干燥法和热空气干燥法。目前种质库普遍采用热空气干燥箱进行种子干燥,在采用此方法时,首先要确定干燥温度和时间,可通过试验和经验确定。技术人员应随时观察干燥箱的湿度与温度,有问题应及时处理。种子干燥之后,应把干燥温度、含水量测量记录存入管理档案。

⑦含水量的测定　种子含水量的微小变化对种子贮藏寿命有很大影响,因此,对每份种子可能达到的贮藏寿命作相应的预测,掌握其含水量是相当重要的。含水量测定主要应用于种子干燥过程中,其测定方法是采用《中华人民共和国标准——农作物种子检验规程》的含水量测定方法。

⑧种子包装　将干燥之后含水量符合贮藏标准的种子放入容器中,如种子盒、铝箔袋和玻璃瓶子等,进行种子包装。在种子包装前,必须逐个检查包装容器的质量,如种子盒密封性能的好坏、铝箔袋是否漏气等,对不符合标准的容器绝对不能使用。然后取合格的容器进行种子包装,并立即密封,贴上种质库号标签,并核对种子库号与种子盒(袋、瓶)上库号是否一致,绝不能有差错。同时,包装间的温度应保持在23～25 ℃,相对湿度40%以下,并在3 h内包装完

毕。种子包装后应对每份种子材料称重并记录。

⑨入库定位　种子包装称重之后，应及时把种子放入低温库房贮藏，在种子入库定位之前，管理人员预先对低温库房的种子架、排架、筐的顺序进行编号，所编号码即称之为库位号，把种子放在规定的库位号上，并记录入库存放的时间、份数和库位号。

⑩贮存材料的监测和繁殖更新　当种子放入低温库房贮藏后，随着贮藏时间的延长，种子生活力会缓慢下降，每份种子的贮存量因生活力监测和分发也将会减少。因此，在种子长期贮藏过程中，种子生活力和数量都必须监测，准确地掌握贮藏中每份材料的种子生活力和数量，为适时进行繁殖更新做出准确的判断。

随着贮存时间的延长，种子生活力会下降，种子就会发生遗传变化，从而改变种质材料的遗传特性。因此，种质库必须根据不同材料的遗传特点，制定繁殖更新标准。当贮存材料的生活力和数量下降到更新标准之下时，就应取出进行繁殖。有关繁殖地点、株数、种植间距、是否要隔离等都要记入档案。

2. 种质库保存现状

(1)中期库保存　2002 年竣工投入使用的“国家农作物种质保存中心”(简称中期库)，其贮藏温度(−4±2) ℃，相对湿度≤50%，保存容量为 40 万份以上，种子贮藏寿命在 10～20 年左右，基本满足 30 年内我国发展的需要。国家中期库也是交换和提供利用的窗口，各中期库除向长期库提供贮存种子外，还可随时给科研、教学及育种单位提供材料，用于研究及国际交换。中期库野生稻种质的繁种入库工作从 2002 年开始进行，将分散保存在各省、市、自治区中期库的野生稻种质集中在国家中期库保存，建立起由国家中期库支撑的野生稻交换、提供研究和利用的平台，不仅克服了分散保存的弊端，还可以避免由于人事变动造成的野生稻资源损失，同时也使国家种质库种质资源为我国作物育种和生产发挥更大的作用。到 2010 年 6 月底，入国家中期库保存的野生稻种质 3 200 份。

(2)长期库保存　1986 年 10 月在北京中国农业科学院建成了第一个国家种质长期库，其贮藏温度(−18±2) ℃，相对湿度≤50%，保存容量为 40 万份，用于长期保存全国农作物种质资源，包括农家种、育成品种和野生近缘材料等。通常情况下长期库可以保持种子生命力 30～50 年，为妥善保存收集和引进的野生稻种质提供了可靠保障。长期库向各中期库提供更新用种。据统计，到 2010 年初，我国长期库保存野生稻种质资源 5 896 份，其中国内普通野生稻 4 602 份、药用野生稻 880 份、疣粒野生稻 29 份、国外野生稻 385 份。进库野生稻种子每份要求 500 粒以上且无病虫害、籽粒饱满、充分干燥。

3.2.1.2　种质圃保存

1. 种质圃保存技术

种质圃保存即在野生稻的主要分布区，选择气候、土壤、环境适宜野生稻生长的地方，建立种质资源圃，把从各原生地采集的种茎，种植于种质圃内保存。我国异位保存野生稻种质资源，除现代低温干燥保存种子的方法外，野生稻圃保存种茎也是重要的保存方法，特别是那些低育性或感光性强、无法收获种子的材料，种茎保存显得更为重要。为妥善安全保存种茎，保持野生稻资源遗传的稳定性，必须对野生稻圃的种茎实行科学的管理。

(1)根据不同野生稻种对光、温、水的要求，采取相应的技术措施。如药用野生稻喜阴凉、喜湿，不宜深水，在夏季不宜烈日晒，在圃内应种些小灌木或搭棚遮住强光，实行湿润灌溉，有利其生长；疣粒野生稻也是忌高温烈日和水淹，只有种在弱光、潮湿、排水良好的旱地，才能生长良好；普通野生稻喜温、喜光、喜湿，应种在阳光充足、灌溉方便、浅水湿润的水池或盆中。

(2)将各种野生稻分类排队。对耐冷性弱的材料，在入冬前就应移到温室。冬季温度低可直接盖上塑料薄膜或灌水，以保水温，也会收到良好效果。

(3)保持土壤良好的理化性状。水泥地或盆内的土 2～4 年换一次，施一些有机肥，增加土壤有机质，提高植株素质，增加植株的抵抗力。

(4)每年检查野生稻保存圃是否缺苗，如果缺苗要立即补上。入冬前要适时割去老种茎，留茬高 10 cm，让其早发壮苗，增强植株的耐冷性。

(5)种植及田间管理。扦插规格为 75 cm×67 cm 或 75 cm×75 cm，每份种茎插 10～15 苗。施肥以有机肥为主，氮、磷、钾和微量元素适当搭配，合理排灌。

(6)防止机械混杂和错乱。充分做好插植前的准备工作，种茎要挂好塑料牌，田间也要插好木牌。种茎生长过于茂盛时，割去四周过多的种茎，同时及时割稻茎，防止抽穗结种子掉到盆里或水泥池中，互相混杂。

(7)病虫害防治。特别注意防治叶蝉、褐稻虱和其他病虫害以及病毒病，发现病株要及时拔除，避免继续蔓延传播，并及时喷药彻底防治。

(8)建立完全的资源保存档案。对每份种植材料的农艺性状、主要病虫害抗性、耐寒性、宿根越冬性、资源丢失及补种以及管理情况等，都要记录清楚或输入管理数据库。

2. 种质圃保存现状

由于野生稻感温、感光性很强，特别是药用野生稻和疣粒野生稻，要求特异的生态环境，在种植时容易造成低育甚至不育，很难收到种子；另一方面野生稻多数柱头外露，异交结实率高，在繁种时很容易造成基因漂移，使种子发生遗传变化，从而改变种质的遗传特性，使目前尚未认识的优异基因丢失，因此，种茎保存能较好地保持野生稻原有的种性，保持野生稻的遗传稳定性。据此，在广东省农业科学院水稻研究所(广州)和广西农业科学院作物品种资源研究所(南宁)建立了 2 个国家野生稻种质资源圃，收集野生稻种茎入圃保存。至 2010 年 6 月底，已入圃保存的野生稻种茎 9 916 份，其中广州圃保存 4 300 份，南宁圃保存 5 616 份。此外，湖南、海南、云南、江西、福建等省在将其省内野生稻送入国家种质库和种质圃的同时，还建立有自己的种质圃，保存从省内收集的野生稻资源。

我国通过国家种质库、种茎野生稻资源异地圃保存的野生稻资源，不论种类、类型或数量在世界上都是最多的，而且技术也是较先进和成熟的。采取各种妥善保存的措施，为的是把已收集到的野生稻资源持久地保存，充分研究和利用这些宝贵的资源是造福人类的一项伟大事业，其科研价值、经济效益和社会效益都是难以估量的。

3.2.2 中国野生稻资源的原生境保护

原生境保护即通过在原生地建立保护区(点)或采取其他措施，保持野生稻群体生存繁衍的原有自然生态环境，使野生稻得以正常繁衍生息而不致因环境恶化或人为破坏而灭绝。野生稻资源具有的丰富优良特性，是野生稻与自然环境相互作用而产生的自然进化的结果，这种自然进化使野生稻的遗传特性不断加强。异位保存只能根据科学家的直观判断选取不同类型的种子或种茎，而生物界本身的复杂性和科学技术水平的局限性使得所收集的材料无法代表野生稻群落丰富的遗传多样性，而正是这些遗传多样性可能蕴藏着许多目前尚未认知的优异基因，只有在原生地完整地保存这些遗传多样性才能使科学家在未来的研究中源源不断地发掘其潜在的利用价值。所以，野生稻的原生境保存较异位保存具有更多的优越性。

农业部于2001年启动了野生稻原生境保护工作，但由于我国野生稻分布点较多，如何利用有限的经费保护急需保护的野生稻资源是选择保护点的关键。在综合多次野外生态学考察和分析研究的基础上，制定了如下选点原则：

(1)野生稻分布集中，面积大，遗传多样性丰富；

(2)分布区特殊或能代表某一特殊的生态系统；

(3)致濒因素复杂，濒危状况严重；

(4)农民和地方有一定的生物多样性保护意识，积极配合野生稻保护工作；

(5)保护点建成后能够长期维持，并对未来的生物多样性保护有积极的推动作用。

依据上述5条选点原则，2001—2010年，农业部先后在江西、广东、广西、云南、湖南、福建、海南建立了21个野生稻原生境保护点，根据每个保护点野生稻的分布现状、分布区周围环境、居群生态学特征、破坏程度和破坏原因，采用围墙、围栏、植物篱笆和农民参与性保护等多种形式的保护方法，有效地保护了野生稻的生存环境，防止了野生稻宝贵种质资源丢失。这些保护点的具体分布见图3.6。

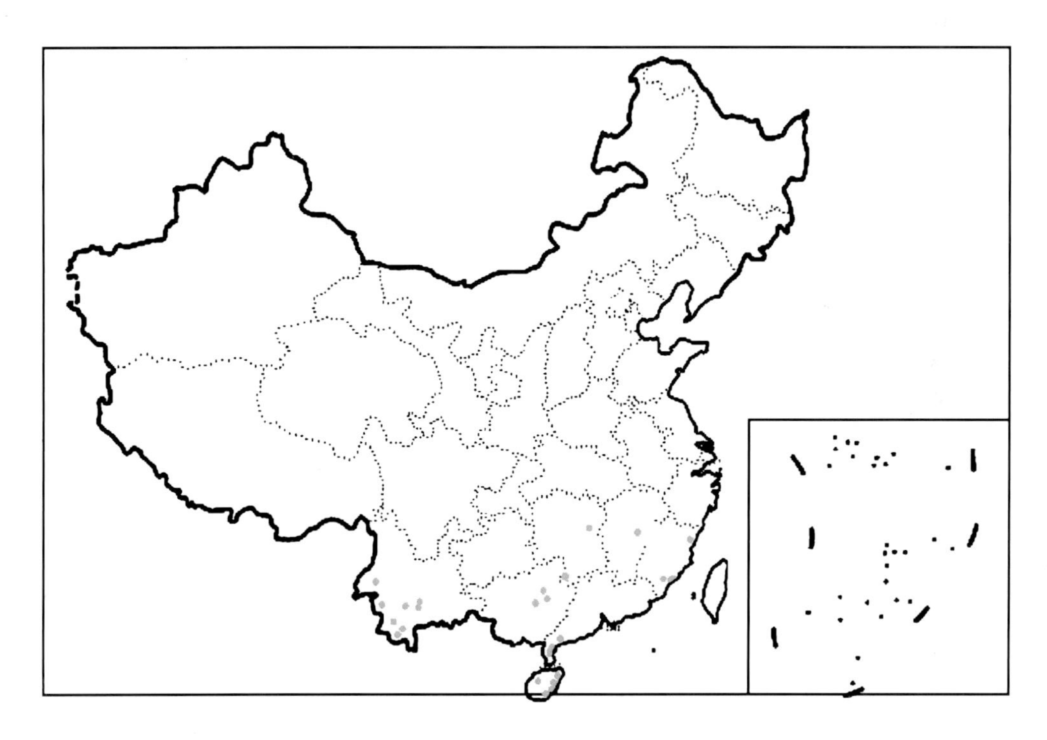

图3.6 野生稻原生境保护点分布图(至2010年底)

3.2.2.1 物理隔离保护方式

物理隔离保护方式是原生境保护的一个重要方面，即采用围墙、铁丝网围栏等隔离设施或用生物围栏(带刺植物)将野生稻分布地区及周边环境保护起来，防止人和畜禽进入产生干扰，保证野生稻的正常生存繁衍。物理隔离式保护区一般可分为核心区和缓冲区2个区域。核心区，也称隔离区，是保护区(点)内野生稻分布比较集中、未受到人为因素破坏的区域；缓冲区是对核心区起保护作用的缓冲地带，此区域可供野生稻自然繁衍以及从事科学研究和观测活动。缓冲区的宽度因地制宜划分，一般为 100 m 以上，不能种植栽培稻，以防止栽培稻花粉对野生稻产生影响；在不影响野生稻生长条件下可以种植其他农作物。如果核心区周围为自然水体、山崖等天然屏障，或非稻类作物种植区，可将这些天然屏障或耕作区全部作为缓冲区范围，此时可将隔离设施建在核心区和缓冲区之间。

目前，物理隔离保护方式在野生稻保护方面发挥了积极作用，通过使之与生产用地相隔离、赔偿农民损失、建立屏障（围墙、篱笆）等措施，将这些地区的野生植物隔离起来以远离农业生产所带来的威胁，有效地保护了野生稻资源。然而，这种保护方式也存在一些问题，主要表现在：

(1)保护点建成后，需对所建造的物理屏障（围栏等）进行不定期的维护，这种方式需要连续的经费投入。

(2)最终，只有一小部分保护点可以真正被这些物理屏障所保护。随着保护面积的增加，后续的建设和维护的花费都会增加，这种方式失败的可能性也会增加。

(3)受保护的土地不允许进行农业生产，保护与农民利益之间的矛盾较为突出，且这种方式是土地单一利用的典型，是资源严重缺乏国家最不适宜采用的。

(4)物理隔离后保护点内的物种会出现消长，物种消长结果是否对野生稻正常生存繁衍有利尚无确切证据，很难保证物理隔离是否能够真正促进保护，也许低强度的耕作反而对野生植物有利。

(5)尽管农民会因为丧失土地得到赔偿，但这种方式没有让农民参与到保护中来，他们对保护野生植物的意愿会越来越差。

目前农业相关部门已经意识到这些缺陷，尽管仍然计划建立更多物理隔离的保护点，但寻找可持续的、可共享的方法是非常重要的。

3.2.2.2 主流化保护方式

保护区的建立，是人类为了维护自身长远利益所采取的政策措施。自然资源的保护，尤其是植物的保护，必定要占用原驻地民众的土地，也限制了他们原来的生产与活动，这种国家的长期利益与民众的短期利益矛盾在一定时间内将会显得很突出，因此主流化保护方式，即农民参与的开放性保护方式在未来野生稻保护方面将起到重要作用。

农民是野生稻保护的主体，如果依靠他们的自觉行动能消除引起资源遭受破坏的因素及根源，可选择农民参与性的开放式保护方式。2007 年开始，农业部与全球环境基金合作，在中国选择了 3 个野生稻分布点进行主流化保护方式的保护。主要通过下列活动，使当地农民积极参与到野生稻的保护中来，从而达到长期保护的目的。

(1)开展各种宣传、教育和培训活动，使当地农民首先认识到野生稻对于国计民生的重要性，提高他们的保护知识和意识。

(2)在各野生稻保护点建立“以政策法规为先导，以生计替代为核心，以资金激励为后盾，以意识提高为纽带”的激励机制模式，在约束当地农民行为的同时，提高他们的生产生活水平，实现野生稻保护与农民脱贫致富的协调统一。

(3)建设农民田间学校，使农民不出村庄就能够接受到来自专家的技术指导，解决其生产生活中的现实问题，甚至直接由掌握一技之长的农民培训农民，实现农民的共同富裕。

(4)成立各种农业专业合作组织，将野生稻保护纳入其专业合作组织章程，农民在分享到专业合作组织带来的利益的同时，增强了保护野生稻的责任感，真正实现野生稻保护在农民生产生活中的主流化。

通过实施主流化保护方式，3个野生稻保护点农民的生产生活水平显著提高，保护野生稻的意识明显增强，村容村貌和农民精神面貌大为改观，当地的野生稻资源不仅得到了很好的保护，而且显现出可持续的保护前景。

参考文献

[1]卢宝荣，葛颂，桑涛，等．稻属分类的现状及存在问题．植物分类学报，2001，39(4)：373-388.

[2]庞汉华．中国野生稻资源考察、鉴定和保存概况．植物遗传资源科学，2000，1(4)：52-56.

[3]全国野生稻资源考察协作组．我国野生稻资源的普查与考察//野生稻资源研究论文选编．北京：中国农业出版社，1990：3-9.

[4]游修龄．中国古书中记载的野生稻探讨．古今农业，1987(1)：1-6.

[5]陈成斌，庞汉华．广西普通野生稻资源遗传多样性初探：Ⅰ．普通野生稻资源生态系统多样性探讨．植物遗传资源学报，2001，2(2)：16-21.

[6]陈成斌，李杨瑞，王启德．玉林野生稻种质资源鸢尾保护区生态学初探(续)．广西农学报，2006，21(1)：14-16.

[7]钱韦，谢中稳，葛颂，等．中国疣粒野生稻的分布、濒危现状和保护前景．植物学报，2001，43(12)：1279-1287.

[8]曹永生，方沩．国家农作物种质资源平台的建立和应用．生物多样性，2010，18(5)：454-460.

[9]徐志健，陈成斌，梁云涛，等．野生稻种质资源安全保存技术．中国农学通报，2010，2(12)：301-305.

[10]刘旭，曹永生，张宗文，等．农作物种质资源基本描述规范和术语．北京：中国农业出版社，2008.

[11]吴妙桑．浅淡广西野生稻的分布；遗传，1981，3(3)：36-37.

[12]庞汉华．中国普通野生稻种资源若干特性分析．作物品种资源，1992，4：6-8.

[13]杨庆文，张万霞，贺丹霞，等．中国野生稻原生境保护方法研究．植物遗传资源学报，2003，4(1)；63-67.

[14]张万霞，杨庆文．中国野生稻收集、鉴定和保存现状．植物遗传资源学报，2003，4(4)：369-373.

[15]戴陆园，黄兴奇，张金渝，等．云南省野生稻资源保存保护现状．植物遗传资源科学，2001，2(3)：45-48.

[16]庞汉华，戴陆园，赵永昌，等．云南省野生稻资源现状考察．种子，2000(1)：39-40.

第二部分

中国稻种资源核心种质的构建

第4章

核心种质的理论及方法体系

种质资源又称遗传资源或基因资源，泛指在作物遗传改良上具有利用价值或潜在利用价值的各种栽培植物及其野生、近缘种，以及人工创造的变异类型的总称。种质资源是作物新品种培育及育种研究最重要的物质基础，纵观作物育种的发展历史，每一次重大突破均无一不得益于关键性种质材料的发掘与利用。种质资源的根本价值在于其所蕴藏的丰富的遗传多样性，这促使世界各国及有关机构通过各种渠道尽可能全面地收集和保存各种来源的种质材料，以避免遗传资源的丢失和遗漏。据统计，目前世界范围内征集到的种质资源已达 610 万份。如此巨大的种质资源数量使得育种工作者很难对其进行深入研究并加以有效利用。为了解决这一难题，澳大利亚学者 Frankel 于 1984 年首次提出核心种质的概念，其含义是指采用一定方法，从某种作物种质资源的总收集品中遴选出能最大程度代表其遗传多样性而数量又尽可能最少的种质材料作为核心收集品(core collection)，即核心种质，以方便种质资源的保存、管理及进一步的评价、利用。而核心种质以外的其他材料则作为保留收集品(reserve collection)，也即保留种质。之后，Frankel 与 Brown 等就核心种质的基本特征，以及核心种质构建的有关原理、方法及步骤等作了进一步的论述(Frankel and Brown，1984；Brown，1989a，1989b；Basigalug et al，1995)。由于核心种质理论的提出与建立顺应了当今种质资源及育种研究发展的需求，可以有效地克服和缓解庞大的资源收集量所带来的相应困难和压力，提高其研究、利用的效率，故备受人们关注。1992 年在巴西首次召开了有关核心种质研究的国际会议，目前国外已分别在水稻(Yan et al，2007；Zhang et al，2011)、小麦(Zeuli et al，1993；Hao et al，2006)、大麦(Hintum et al，1994；Igartua et al，1998)、大豆(Brown，1989a，1989b)、高粱(Grenier et al，2001)、玉米(Li et al，2004；Coimbra et al，2009)、花生(Jiang et al，2008)、秋葵(Hamon et al，1989)、苜蓿(Diwan et al，1995)、扁豆(Erskine，1991)等 30 多种作物上建立了相应的核心种质，将在全球作物育种改良和粮食安全生产中发挥重要作用。

我国是世界上作物种质资源最丰富的国家之一。据目前的统计，我国收集保存的种质资源已达 36 万份之多，不管是数量还是种类均位居世界前列。鉴于我国现阶段经济发展的水平及需要，资源收集数量的增多与其研究、利用效率之间的矛盾显得尤为突出，因而核心种质的构建也更为迫切。

4.1 核心种质概念的提出与界定

丰富的遗传资源为遗传研究及育种工作提供了大量的材料，然而，如此众多的资源给保存、评价、鉴定及利用带来了困难。人们开始寻求解决这一矛盾的方法。Harlan(1972)曾提出为方便资源的保存、评价和利用而建立整个资源库的亚库，称为活动收集品(active collection)。澳大利亚的Frankel于1984年提出了核心种质的概念，并与Brown(1989)将其进一步发展。它是用一定的方法选择整个种质资源的一部分，以最小的资源数量和遗传重复最大程度地代表整个遗传资源的多样性，未包含于核心种质中的种质材料并不被遗弃，而是作为保留种质，从而方便于种质的保存、评价与利用。他同时指出了建立核心种质最重要和一般的标准，其组成应表现和包括当前多样性的主要和大部分类型。概括起来核心种质应具有以下特征：

(1)异质性　核心种质是从现有遗传资源中选出的数量有限的一部分材料，彼此间在生态和遗传上的相似性尽可能小，最大限度地去除遗传上的重复。

(2)多样性和代表性　核心种质应代表本物种及其近缘种主要的遗传组成和生态类型，包括了本物种尽可能多的生态和遗传多样性，而不是全部收集品的简单代表和压缩。

(3)实用性　由于核心种质的规模急剧减小，与备份的保留种质间存在着极为密切的联系，因此，极大地方便了对种质资源的保存、评价与创新利用，更容易找到所需特性或特性组合的特殊资源材料。

(4)动态性　核心种质是满足当前及未来遗传研究和育种目标需要的重要的材料来源，因此，应该在核心种质与保留种质之间保持材料上的动态交流与调整。

首先，核心种质的英文术语有两个，即core collection和core set，不过，前面一个是常用英文术语。在中文的翻译中相对混乱一些，多数称核心种质，但也有核心样品(魏兴华等，2001)、核心收集品(张秀荣等，1998)等说法。这些翻译的中文术语应该说都没有原则性的问题，但是，作为大规模种质资源的一个有代表性的样本，笔者认为“核心种质”更贴切一些。

其次，与核心种质功能有关的概念。由核心种质的原始定义可以得到核心种质的两个基本功能，即多样性(遗传代表性)和实用性(利于保存、评价和研究)，其中更强调多样性。一些所谓的抗旱核心种质、磷高效核心种质等虽然实用性更强了，但是，多样性的问题却被忽视了。当然，很多育种家担心，核心种质强调了多样性，其实用性尤其对于育种的实用性就会受到限制。于是，李自超等(1999)在核心种质973项目研究过程中，提出了应用核心种质、专用核心种质或功能核心种质的概念。核心种质不应该是一个孤零零的种质库，应该成为一个体系，首先包括通用核心种质即兼顾多样性和实用性的最初的核心种质概念，同时建立专用核心种质即方便于某特定实用性的核心种质。

第三，核心种质包含材料的范围。目前所建立的核心种质多数只是单一物种甚至更低层次的核心种质，很少见到包括了一个作物种及其近缘种的核心种质。其实，对于一个栽培的物种来说，其多样性以及实用性都是和他们的近缘种，尤其是其近缘野生种分不开的。因此，完整的核心种质应该包括作物种及其近缘种(尤其是其近缘野生种)，而且，在构建时最好考虑到各自的遗传信息。诚然，两者考虑的重点可能不同，栽培种可能需要重点考虑实用性尤其是综合表现，而野生近缘种则重点考虑其丰富的多样性。已经建立的水稻核心种质包括普通野生稻、地方种、现代育成种以及国外引进稻种资源。除建立了整个中国稻种资源的核心种质外，贵州、浙江、云南等省份也建立了本省水稻资源的核心种质。

第四，核心种质的数量。这一问题涉及核心种质的功能和范围。首先应将核心种质看作一个体系，包括作为保留资源的原始库（不同物种或材料的）核心种质以及应用核心种质等，必要时甚至还包括一些其他级别的核心种质，即应该有不同物种的核心种质以及不同级别的核心种质等。由此，核心种质应该包含不止一个库，确切地说应该不止一个种质信息库。水稻核心种质体系中包括了原始库、初级核心种质、核心种质、微核心种质和专用核心种质。

最后，核心种质的动态性。这一问题是指核心种质的组成和规模是否可以改变。从构建核心种质的过程以及核心种质的功能看，回答是肯定的。因为，在构建核心种质时我们不可能掌握每个个体的所有信息，而且，随时都会有新的遗传资源被发现或创制，因此，所选择的材料必然只能保证一定的代表性。在保存、育种和研究的实践过程中，核心种质体系中的每一个层次的材料规模和组成都应该随着实际情况做出相应的变化，即核心种质应该是动态的。

4.2　建立核心种质的理论依据

有三方面的理论支持核心种质的建立，并对核心种质的构建有指导意义。首先，从统计取样上考虑，如果核心种质中包括了整个资源中等位基因丰度的绝大部分，而仅有较少数的变异丢失，那么核心种质就会对整个遗传资源具有令人信服的代表性。其次，从整个植物群体尤其是种质资源的遗传结构上考虑，核心种质可以代表整个遗传资源的大多数遗传多样性。假设育种者在需要时，可以通过杂交选择来恢复所需要的等位基因，那么，从理论上讲，人们只需要保存等位基因的一个拷贝就可以了。另外，核心种质的构建有助于种质资源的有效管理与应用。

种质资源中等位基因分为一般广泛性（common widespread）、一般局域性（common localised）、稀有广泛性（rare widespread）和稀有局域性（rare localised）4 种类型。一般广泛性基因在取样时几乎确定包括在核心种质中，不用进一步考虑。稀有局域性基因要包括于核心种质中有一定的偶然性，对于稀有广泛性应放入中性理论中考虑。而一般局域性基因则放入另一种模型中考虑，这种模型考虑了植物遗传多样性的非均等分布，即遗传多样性理论模型。

4.2.1　中性突变理论模型

根据中性突变理论，在一个无限大的群体（N_e）中，若基因的突变率为 u，则预期基因频率位于 p 与 q（$0<p<q<1$）之间的等位基因数（n_a）为

$$n_a=\theta\int_p^q (1-x)^{\theta-1}x^{-1}\mathrm{d}x$$

据公式，在 θ（$\theta=4N_e u$）一定的情况下，当核心种质样品数为 1 000～3 000 时所包含的不同等位基因的数码的增加便产生了边缘效应。在一个含有 3 000 份样品的样本中，含有基因频率在 $p=0.0001$ 内的等位基因数目已经与整个资源在同样水平上的等位基因数目非常接

近。在大约95%置信区间内，在$\theta=1.0$的变异水平下，在一个占原始群体10%的核心种质中，对于任何单一基因位点，有95%的把握在样本中至少包含原始群体所有等位基因数的20%，即与原始群体相比，其等位基因丰度增加1倍；而对大多数位点来说，则会包含的更多，如对于100个多态位点来说，至少包含了其中的70%，其丰度增加了6～7倍。当样本规模小于10%时，随规模的减小等位基因丢失的速率明显增加；当规模再大后，则随规模的减小等位基因的丢失速率趋缓。因此，可以得出结论，对于广泛稀有基因来说，当预期要在样本中保留一定数目的等位基因n时，可以通过选择合适的样本数N来实现。

4.2.2 遗传多样性的分层结构模型

Brown的中性突变理论模型仅适用于广泛分布的等位基因。事实上，资源中变异的分布是不均匀的，往往某些变异局限于资源中的一小部分，然而，这些广泛而局域性的基因是应用上非常重要的一类，它包含某些病虫抗原和特殊生态类型。如果按随机取样，由这种某些变异局部集中分布的资源中所得的核心种质多样性水平会降低。并且，某些同工酶位点也不是中性的，因为种质中的材料间并非随机杂交，因此，平衡状态的假定也是不成立的。高度局域化的基因包括于核心种质中的可能性较小，可以在设计核心种质时将整体数量保持在可接受的范围内而将这一部分基因成分最大化。取样时，通过保证将主要的地理、生态区及形态不连续性包括在内，可以在核心种质中将这一部分基因包括进来。当然，某些在生产上非常需要的优良基因可能仅存在于一两个样品中，在核心种质中难免漏掉，人们仍然不得不到保留种质中去寻找。然而，在我们为增加资源在育种上的利用而构建核心种质的策略中，这种极端的情况不能作为考虑的主要问题。因此，对于局域化分布的等位基因应放于Yonezawa(1995)等所建议的模型中讨论。

在多样性分层结构理论模型中，主要考虑了资源群体的遗传结构，同时考虑了种质的复壮扩繁中遗传结构的改变和各种投入的多少，认为核心种质的有效性与遗传冗余度、等位基因分布、投入参数及种质保留时间有关，对于遗传冗余度在0.2～0.9之间的群体，其最佳取样比例为20%～30%。

4.3 核心种质的构建

建立核心种质基本包含4个步骤：

(1)数据的收集整理　建立核心种质的第一步是收集整个种质中现有的数据，包括种质库现有的基本数据、尽可能多的性状评价鉴定数据、特征数据，如同工酶、种子蛋白等生物化学，分子标记等数据。

(2)收集数据的分组　根据现有的数据，把具有相似特点的种质材料分组，可以根据分类学、地理起源、生态分布、遗传标记和农艺性状等数据来进行。

(3)样品的选择　把种质科学地分组后，以合理的取样方法及取样比例选取核心种质。

(4)核心种质的管理　选出一套核心种质后，要建立完善的繁种、供种及管理体制，以保证核心种质的有效利用。

构建核心种质需要确定的两个最基本的问题包括总体取样比例和合适的取样策略。在确定合适的取样策略时,根据是否有可用信息分为完全随机取样和系统取样,系统取样又根据是否有分组信息分为分组取样和不分组取样,如果分组需要确定分组间的取样比例、数据信息利用及分析方法。

4.3.1 核心种质构建的总体取样比例

根据中性理论模型,Brown(1989a)指出:核心种质一般占整个种质资源的5%~10%,或总量不超过3 000份。Diwan等(1994)指出10%以内并不可靠。Yonezawa等(1995)则在多样性分层模型的基础上,指出对于D_r值在0.2~0.9之间的群体,其最佳取样比例为20%~30%。由于生物进化及人类对驯化作物干预的复杂性,对于总体取样比例的确定不能简单化,具体到某种作物应视其遗传多样性而定。李自超等(2000)提出中国云南省栽培稻初级核心种质的取样比例为16%。张洪亮等(2011)在研究中国稻种资源的总体取样比例时提出,总体取样比例为1.66%。

4.3.2 核心种质构建中的取样策略

取样策略是指从资源中提取部分样品作为核心种质的策略。总体来说分为两种,即随机取样和系统取样。在实际工作中常把二者结合起来。在有些作物核心种质的构建中,在随机取样的基础上最后又人为进行补充。当然,在数据信息不全的情况下,运用人工定向取样可以利用所有可以利用的信息,因此有利于核心种质的构建。但是在构建核心种质时一般种质数量都很大,完全人工取样是不可能的。

1. 随机取样

R策略:R策略即完全随机策略(completely random sampling strategy),是在整个资源的基础上对所有材料同等对待,完全在整个资源中随机取样。Brown(1989)曾指出,为获得种质资源所期望的最基本的遗传变异,随机取样可以考虑。然而,在实际中,很少有人用完全大随机的方法,仅仅在几个研究中作为方法比较时有人用过。Spagnoletti(1993)提出随机取样可以获得对整个资源的无偏样本。但是,核心种质构建强调的是它对整个遗传资源多样性的代表性及在生产育种中的利用,显然,随机的方法对一些在整个资源中占较小比例而变异性较大的材料则缺乏足够的有效性,同时大随机方法所构建的核心种质对整个资源的代表性也较差。

2. 系统取样

实际上,资源的遗传多样性分布并非是均匀的,不能对所有的资源同等对待,应给予不同权重。不同等位基因在总资源中的重复次数也是不同的,所以对核心种质的选择应采取系统的方法,使得在所构建的核心种质减少重复高的等位变异数,而增加稀有等位基因的比例。因此,系统取样在分组的基础上关键是确定在分组水平上的取样方法,根据种质资源的特性及所拥有的数据不同概括为C、P、L、S、G、H及M共7种策略(这些策略属于系统取样中确定组内取样比例的方法)。

4.3.3 材料的分组

在构建核心种质时，必须充分考虑生物多样性的遗传层次结构，将整个材料分为互不重叠的小组，然后在组内选择有代表性的材料。具体分组标准与方法因具体种质特征及数据的有无而异。常见的分组标准及方法有按地理及农业生态分组、按分类体系分组、按育种体系分组和多数据组合分组等。①分类体系：植物的分类体系是植物学家在长期对某个植物类群的观察及对其进化史研究的基础上得出的，比较科学地反映了植物在自然条件下的遗传结构。因此，对一些由多个种组成的遗传资源一般首先按分类体系进行分类，然后再在组内选择。②地理及生态：地理起源可以为多样性提供间接根据，由于对不同环境条件的适应，可以认为来自同一地方的材料与不同地方的材料相比，在一定程度上有共同的遗传背景。来自相似的生态环境的材料同样反映了相似的遗传背景，从而对取样有指导性作用。③植物育种：植物育种是在自然进化及驯化的一些过程处于人为控制下，改变了分化的速率。有些育种技术增加了作物的多样性，如突变、杂交及基因转入等；另外，有些方法则减少了多样性，如自交系及杂交种的生产，大多数适应高投入农业的育种等。鉴于这种情况，对于不同材料应根据其特点给予不同的处理方法，即对由不同类型材料组成的资源建议首先按育种体系分类。④单一性状：根据入库资源的编目性状分组，然后对各性状的各相对性状按比例取样，该分组方法对于编目性状较全的资源效果较好。

4.3.4 分组间取样比例

组内取样比例应视其组内数据情况具体而定。主要包括以下几种：

C 策略(constant strategy)：指不管每个组有多少材料，在每个组中随机取同样多的材料，作为本组的代表。显然这种策略的适用范围非常小，只有当各个组的材料数量相近，而且其多样性也相近时才能得到比较满意的结果。

P 策略(proportional strategy)：是指各个组在核心种质中的取样比例与组内的材料总数占整个资源总数的比例一致。当各个组材料数量相差很多，且多样性与资源数量一致时，这一策略比较有效。

L 策略(logarithmic strategy)：是指组内取样比例由整个组内资源份数的对数值占各组对数值之和的比例来决定。Brown(1989b)认为当原始种质资源分组内遗传变异未知时对数取样的方法是有效的，经对数处理，使得占比例大的组取样比例变小了，而占比例较小的组的取样比例变大了，从而，可以部分修正核心种质中多样性的偏离。

S 策略(square root strategy)：是指组内取样比例由整个组内资源份数的平方根占各组平方根之和的比例来决定。该策略与 L 策略基本相同。

G 策略(genetic diversity-dependent strategy)：是指分组的取样量由组内多样性占整个资源多样性的比例确定。当可以获得种质资源中每个分组的遗传变异或形态多样性的信息时，根据相对多样性来确定整个种质资源及各个分组中的取样比例是最为可靠的方法。

H 策略(h strategy)：也是 G 策略的一种具体形式，它是指每个分组的取样量由组内 $\theta=4uN_e$ 的估计值占各组估计值的总和的比率确定。这种方法是由分子标记方法发展来的，但是在理论上可以推广应用到由数量性状遗传变异得到的信息。

M 策略(maximisation strategy):以上策略根据一定标准确定在某组内的取样比例,然后再组内聚类或随机选择。M 策略目的在于用一系列遗传标记鉴定既具有高丰度等位基因又成对差异(低冗余)的材料,并确定在组内如何合理分配这些材料。这种策略建立于这样一种假设上,即将核心种质中的标记等位基因最大化,就等于将目标等位基因最大化了。因此称这种策略为 M 策略。满足条件的组合通常有几个,可根据在几个组合中目标等位基因平均保留度(target allele retention averaged)考察其有效性。很显然,这种策略需要很大的计算量,需要有方便的计算程序。

4.3.5 构建核心种质时对不同数据的利用

用于建立核心种质的数据有 3 种类型:基本数据、特征数据和评价鉴定数据。

(1)基本数据是指有关材料收集地、起源地的生态地理状况或育种体系、分类体系等有关信息。在核心种质的构建中对基本数据的应用最为广泛,并证明与其他数据结合更为有效。

(2)特征数据是指包括形态、生化、分子标记在内的表征某材料特征的数据。有些作物种质资源中,部分特征数据是比较齐全的,在构建核心种质的研究中应用也较多。Hamon 等在构建秋葵核心种质时除利用了已有的基本数据外,还用了包括多个质量性状(如茎色、叶形、果位等)和数量性状(如株高、开花期、节数等)在内的形态特征数据。生化水平上的同工酶、储藏蛋白及 DNA 分子标记等一类的特征数据因受环境影响较小,多态性高,检测迅速,而且评价遗传多样性时更直接,更易理解生物的进化,并且由于生物技术的快速发展,其花费越来越低,因此在核心种质研究中的应用也越来越多。

(3)评价鉴定数据包括一些产量、品质及抗耐性等在内的农艺性状。在一些鉴定工作做得比较深入的作物上,建立核心种质时运用了诸如农艺性状、抗性等鉴定评价数据,其中产量性状应用较多。

以上对数据的分类仅仅是为了研究上的方便,在实际应用中往往是对种质资源中的数据进行综合利用。综合运用特征评价鉴定与基本数据所建立的核心种质比仅仅利用基本数据对整个种质资源具有更大的代表性,不同类型数据间可以提供互补的信息。

4.3.6 数据分析方法

在核心种质的构建中要对大量数据进行分析,如数据标准化、分类、相关分析,检验数据在多样性分析中的有效性等。在数据分析中除一般的平均、方差分析及卡方检验外,需要对大量多维数据采用多变量分析,如聚类分析、主成分分析、因子回归、典型及逐步判别分析和典型变量分析等。其中,常用的有聚类分析、主成分分析和判别分析等。聚类分析可有效地根据性状相似性将材料归类。主成分分析对于像自交、无融合生殖及无性繁殖等具有高遗传冗余的群体尤其有效,可以扩大多样性和减少由于性状间相关而造成的遗传冗余。线性判别分析是应用最广的分类方法之一。根据所研究资源的性状及数据情况可以将 3 种方法及其他方法结合起来分析,这样各种方法间可以相互弥补或验证,效果会更好。聚类分析用于对材料分类,主成分分析对聚类结果进行补充和验证，判别分析用于验证核心种质分组与原分组的符合情况，三者结合对检验自然界中存在的遗传多样性起到了相辅相成的作用。

4.4 核心种质的检验与评价

选出一套核心种质后，要建立完善的繁育、供种和管理等一系列体制，以保证核心种质的有效利用，为生产育种提供有利的资源。采用何种方法和指标有效地检验和评价核心样品对整个种质资源多样性的代表性是核心种质研究中的又一重点和难点。根据核心种质的基本特征，检验核心种质的遗传代表性(genetic representativeness)就是检验核心种质是否保留了种质资源的主要遗传类型、多数遗传变异以及较高的遗传多样性。笔者认为：检验核心种质的有效性一方面要检验核心种质对整个种质资源遗传多样性的代表性，即对其遗传多样性进行评价；另一方面要对其在生产上实用性进行评价。

4.4.1 遗传多样性的评估

核心种质要求将遗传多样性最大化，因此，多样性的评估对于核心种质的取样策略及检验都很关键。遗传多样性和遗传分化是遗传多样性的不同表达方式，遗传多样性可以理解为组内遗传物质的差异程度；遗传分化则表示组间遗传物质的差异程度。另外，遗传相似性也是遗传多样性研究的基础。植物的遗传多样性表现在多个方面，如系谱关系、基因多样性和杂合度等，并由多个水平反映出来，如形态多样性、地理生态多样性、系统分化与发育及酶与分子水平的多样性等。根据所用数据类型的不同，提出了不同的植物多样性的评估方法。

(1)系谱分析　系谱关系表现了材料间的亲缘关系，从而可以作为评估遗传多样性的指标。常用个体间的共祖度(r)表示。系谱分析已经用于描述作物的遗传基础、时间发展及预测杂种的表现。

(2)遗传标记与质量性状　用于多样性研究的遗传标记包括形态标记、储藏蛋白、酶标记和各种分子标记(如 RAPD、RFLP、AFLP、SSR 等)。这些遗传标记及质量性状大多数受环境影响较小，有明显的等位基因或性状类别。对这类数据多样性的估计有多重方法。常用量度值有等位基因频率及其分布、Nei's 多样性指数(H)、Shannon and Weaver's 信息指数(I)。常用表征遗传分化的量为 Gst。

(3)数量性状　数量性状的遗传基础复杂，环境因子影响显著。因此数量性状不适于多样性研究，而应用于鉴定相似的适应性。群体内多样性的量度值通常有标准误和变异系数。群体间的分化常用平均数和方差成分分析量度。

4.4.2 利用统计参数对核心种质遗传多样性的评价

目前，国内外研究者大都根据所利用的不同性状数据的平均数、标准差、变异系数、方差、极差及遗传多样性指数等作为核心种质的检验指标进行评价。如果核心样品与整个样品在平均数及变幅上存在显著差异的性状的百分率均少于 30%，且核心样品各性状变幅占整个资源群体变幅的平均比率高于70%，则可以认为该核心种质基本代表了原资源群体的遗传多样性。

从本质上来说，核心种质就是总体保存资源遗传结构优化的一个副本。因此，构建核心种质的核心问题是，找到可以获得总体保存资源在遗传结构上优化的一个副本的取样方法。要比较采用某种方法所获得核心种质的遗传结构是否优化，需要设立可以灵敏反映各种方法所得核心样品与原始库间遗传结构上差异的参数指标。而且，核心种质的概念指出，核心种质应以最小的资源份数代表所研究物种最大的遗传多样性，从而解决遗传资源保存与利用间的矛盾。因此，检验核心种质的遗传多样性和实用性是核心种质研究中非常重要的环节。但是，目前对核心种质取样方法的比较及有效性的最终检验方法缺乏一致性认识。李自超等(2000)在云南稻种资源核心种质研究中认为，表型方差、表型频率方差、变异系数、多样性指数及表型保留比例等5种参数是检验核心种质较为理想的指标。胡晋等(2001)提出用方差、极差、均值和变异系数等参数作为核心种质的检验指标进行评价，核心种质各性状的方差和变异系数应不小于原群体的方差和变异系数，而极差与均值则应基本保持不变。张洪亮等(2003)运用中国作物品种资源库编目的50 526份地方稻种资源作为原始材料，结合材料分组方法和确定分组内取样比例的方法两个水平上的取样策略，分组原则上确定丁颖分类体系(简写为DY，共24个组)、中国稻作生态区划(EZ，6组)、中国稻作生态区内分籼粳两亚种(EZ-IJ，12组)、中国行政省或自治区(PR，31组)、中国行政省或自治区内分籼粳两亚种(PR-IJ，51组)、单一性状(ST)等6种分组原则和不分组的大随机；在分组后确定组内取样量时，采用了按组内个体数量的简单比例(P)、平方根比例(S)、对数比例(L)和多样性比例(G)等4种方法；组内取样方法采用随机方法，最终确定了24种核心种质的取样方案(图4.1)。研究选择了多样性指数(Shano-Waver指数)(I)、表型方差(VPV)、变异系数(CV)、表型频率方差(VPF)、表型保留

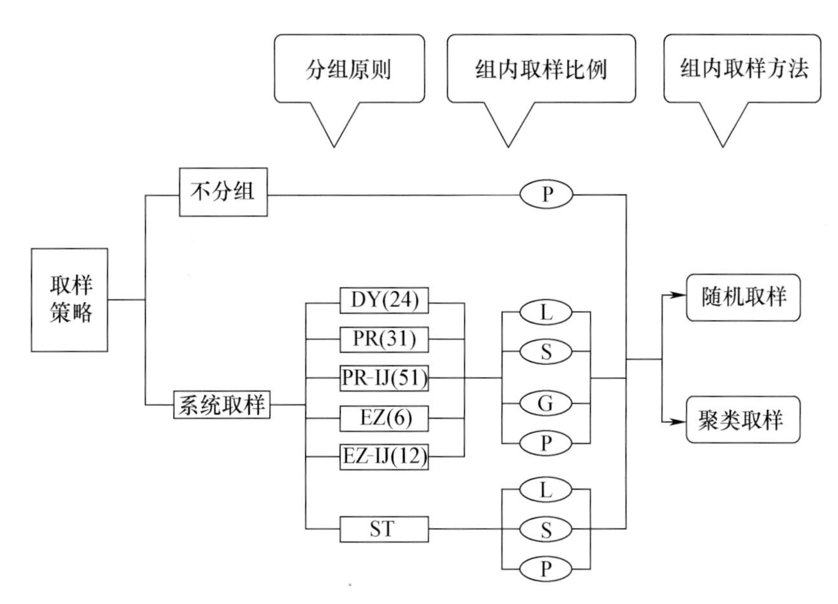

图4.1　中国稻种资源初级核心种质取样方案示意图

注：分组原则：DY-丁颖分类体系(共24个组)、PR-中国行政省或自治区(共30组)、EZ-中国稻作生态区划(共6组)、EZ-IJ-中国稻作生态区内分籼粳两亚种(共12组)、PR-IJ-中国行政省或自治区内分籼粳两亚种(共51组)、ST-单一性状；组内取样比例：P-数量的简单比例、S-平方根比例、L-对数比例、G-多样性比例。

比例(RPR)、平均数离差(D_{mea})、最大值离差(D_{max})和最小值离差(D_{min})等 8 个参数作为初选指标,对这些核心种质研究中常用的几种参数做一比较,以期为核心种质研究中检验和评价指标的选择提供参考。

各参数计算公式见下:

表型保留比例(ratio of phenotype retained,RPR):

$$RPR=\frac{\sum_{i}M_{i}}{\sum_{i}M_{i0}}$$

表型频率方差(variance of phenotypic frequency,VPF)

$$VPF=\frac{\sum_{i}\frac{\sum_{j}(P_{ij}-\overline{P_{i}})^{2}}{M_{i}-1}}{N}$$

遗传多样性指数(index of genetic diversity,I)

$$I=\frac{-\sum_{i}\sum_{j}P_{ij}\lg P_{ij}}{N}$$

变异系数(coeffecient of variantion,CV)

$$CV=\frac{\sum_{i}\frac{\frac{\sum_{j}(X_{ij}-\overline{X_{i}})^{2}}{M_{i}-1}}{\overline{X_{i}}}}{N}$$

表型方差(variance of phenotypic value,VPV)

$$VPV=\frac{STD_{i}\left[\sum_{i}\frac{\sum_{j}(X_{ij}-\overline{X_{i}})^{2}}{M_{i}-1}\right]}{N}$$

最大值离差(deviation of phenotypic maximum,D_{max})

$$D_{max}=\frac{STD_{i}(Max_{i}-Max_{i0})}{N}$$

最小值离差(deviation of phenotypic minimum,D_{min})

$$D_{min}=\frac{STD_{i}(Min_{i}-Min_{i0})}{N}$$

平均值离差(deviation of phenotypic mean,D_{mea})

$$D_{mea}=\frac{STD_{i}(|Mea_{i}-Mea_{i0})}{N}$$

其中,M_{i0} 为原始库中第 i 个性状的表现型个数;M_{i} 为所得核心样品第 i 个性状的表现型个数;

Min_{i0} 为原始库中第 i 个性状的最小表型值;Min_{i} 为核心样品第 i 个性状的最小表型值;

Max_{i0} 为原始库中第 i 个性状的最大表型值;Max_{i} 为核心样品第 i 个性状的最大表型值;

Mea_{i0} 为原始库中第 i 个性状的平均表型值；Mea_i 为核心样品第 i 个性状的平均表型值；

STD_i 示对第 i 个性状做标准化处理；N 为计算过程中所涉及的性状总数；

P_{ij} 为第 i 个性状第 j 个表现型的频率；X_{ij} 为第 i 个性状第 j 个材料的表型值；

P_i 为第 i 个性状各表型频率的平均；X_i 为第 i 个性状各表现型的平均值。

分别统计了 24 种取样方法所得核心种质的 8 种参数，对其进行了 t 检验和方差分析以考察各参数在检测取样方法有效性时的灵敏程度。并利用白雪梅(2000)介绍的一种方法对所用 8 种检测参数进行了对比，结合前面的检验结果确定可用于对比核心种质取样方法优劣的参数。结果表明，参数 PRP 可以检测出 96%的取样方法与原始库间存在显著差异。参数 CV、VPF 和 VPV 可以检测出 60%以上取样方法与原始库间存在显著差异。参数 I 可以检测出 58%的取样方法与原始库间存在显著差异。参数 D_{mea}、D_{max} 和 D_{min} 可以检测出与原始库间存在显著差异的取样方法都不大于 50%。以上分析表明，I、VPV、VPF、CV 和 RPR 可用于检测各种取样方法所得核心样品与原始库间的差异。对 24 种取样方法进行差异显著性分析表明，参数 D_{min} 无显著差异，参数 D_{max} 差异显著，其余 6 个参数均差异极显著。由方差分析可见，所比较的 8 个参数中 D_{min} 和 D_{max} 不能将不同核心种质取样方法有效区分开。各检测参数的保类性及保序性分析结果表明：CV、VPV、VPF、I 4 个参数均具有很强的保序性，其中以 VPV 为最强，而 D_{mea} 的保序性非常差。因此，认为在所比较的 8 个检测参数中，多样性指数、表型方差、表型频率方差及变异系数为对比不同核心种质取样方法间优劣的有效参数；而表型保留比例是检验核心种质最终有效性和取样比例必不可少的参数。其他 3 个参数表型平均数离差、最大值离差和最小值离差则仅可用于检验核心种质的参考指标。

总而言之，在选择检测参数对核心种质的优劣进行评价时，主要掌握两个原则：遗传多样性和实用性。遗传多样性是指种内不同个体间或一个群体内不同个体间的遗传变异的总和，对遗传多样性的量度包括变异的丰度(richness)和变异的均度(evenness)(Brown,1983)；实用性是指在所选核心种质中是否包含了生产上需要的优异变异，能否为当前的生产应用提供服务。

在把握以上两个原则的基础上，有人认为，初步的评价可以从对比所得核心种质与原始库间平均数、变幅、分布频率和方差等几个方面着手，而对于像质量性状(或分子标记)一类的数据，则采用变异的数量和综合多样性指数加以比较。

下面对各个参数分别一一介绍如下：

平均值离差(D_{mea})：根据平均数的性质和核心种质及遗传多样性的概念，D_{mea} 可以在一定程度上表现核心种质的均度。当原始库中某性状为正态分布时，如果所得核心种质中该性状的 D_{mea} 小，表明核心种质中该性状仍为正态分布，其均度较原始库增加；否则，表明所得核心种质中该性状的均度小。但是，当原始库中某性状为非正态分布时，情况则恰好相反。因此，运用 D_{mea} 的前提是对原始库中各性状的分布已经进行详细分析，然后才能得到正确的结果，否则可能会得出相反的结果。但是，即便是比较详尽分析，在涉及的样品数极大时仍会出现许多偏差。本研究结果也表明各种取样方法与原始库间的 Z 检验结果表现出部分显著性，位序等级相关系数很低。由此分析结果可以认为，D_{mea} 不能作为比较各种取样方法间优劣的有效参数。

最大、最小值离差(D_{max}、D_{min})：D_{max}、D_{min} 表示核心种质性状极值与原始库极值的离差，表明了的变异范围，可以用作核心种质实用性的参考。D_{max}、D_{min} 越小，表明核心种质中各性状的极值越接近原始库中的极值，则可能包含了育种家所需的特殊遗传变异。t 检验、方差分析和保类性分析均表明，此两个参数均不能灵敏地区分各种方法间的差异，不是取样方法检测的有效参数。但是，这两个参数反映了核心种质的变幅，因此，可用于核心种质研究中的参考指标。

表型保留比例(*RPR*)：*RPR* 表示核心种质中所保留表型值的数量与原始库中表型总量的比例，在一定程度上表现了所保留变异的丰度。核心种质的 *RPR* 越大，表明在核心种质中包含的变异越丰富，那么对育种家越有利。在各种取样方法与原始库的 t 检验中，除以分组方法 ST 为基础的各种方法因人为因素保留了与原始库相同的表型外，其他方法均与原始库间存在显著差异，在保类性分析中表现较差。说明各种方法只要没有人为干扰，核心种质都会出现部分表型的丢失。不过，李自超等(2000)在构建云南地方稻种核心种质时，取样比例由 5%增加到 10%，使 *RPR* 上升了两个百分点，即由 96%上升为 98%；而构建普通野生稻核心种质时，取样比例由 5%增加为 15%，却使 *RPR* 上升了 10 个百分点，由 86%上升为 96%。可见，不能把 *RPR* 作为核心种质取样方法间优劣比较的有效参数，但是在确定核心种质的取样比例时，对于不同收集群体或不同规模 *RPR* 这个参数的表现是不同的，而为了保证核心种质中保留足够的变异，用 *RPR* 这个参数做最终的检测是必不可少的。

表型方差(*VPV*)和变异系数(*CV*)：*VPV* 和 *CV* 在一定程度上表现了各种表现型的分布情况，显示了材料的异质性，因此可以估计群体的均度。*VPV* 和 *CV* 越大，表明所得核心种质中各性状的分布越均匀，遗传冗余(degree of genetic redundancy)(Brown，1989)越小。t 检验、方差分析和保类、保序性分析的结果表明，各种取样方法所得核心种质与原始库间以及各种取样方法所得核心种质间在两参数上存在显著差异，保类和保序性强，因此可以作为比较不同核心种质取样方法间优劣的有效参数。

表型频率方差(*VPF*)：*VPF* 同样用于估计群体的均度，其表现与 *VPV*、*CV* 正好相反，所得值越小，所代表的方法越好。t 检验、方差分析和保类、保序性分析表明，此参数在各种取样方法间存在显著差异，保类和保序性强，为比较不同核心种质取样方法间优劣的有效参数。

Shanno-Waver 多样性指数(I)：I 为多样性估计的综合性参数，不仅考虑了群体中变异的丰度，同时考虑了群体中变异的均度。所得核心种质中变异类型越丰富，变异的均度越高，I 值越大。因此，它不仅估计了遗传多样性的大小，而且还能够估计核心种质的实用性。t 检验、方差分析以及保类性和保序性分析的结果表明，I 在各种取样方法间存在显著差异，保类和保序性强，因此为对比不同核心种质取样方法间优劣的有效参数。

4.4.3　核心种质在生产上的实用性和动态性

实用性是核心种质的显著特点，同时也是建立核心种质的初衷。与整个品种资源相比，核心种质的规模急剧减小，极大提高了对品种资源的保存、评价与利用的效率。目前，对于核心种质的检验工作做得最多的是对于表型性状的检验。由于多数植物的核心种质还处于刚建立阶段，对其在生产上的实用性评价的研究还很少，很多评价指标还待发展和完善。

核心种质只是整个遗传资源的一部分，它是研究、利用该植物遗传资源的一个便捷的途径。核心种质只是尽可能代表整个遗传资源的遗传多样性，数量远小于原贮存种质(约 10%) ，不能替代贮存种质总体，没有入选的种质被称为保留种质。随着研究的深入、对资源认识的加深以及应用的新需求，核心种质的内容和结构需要进一步调整。从核心种质中去除重复材料，将之转至保留种质之中，在保留种质发现稀有材料转到核心种质当中。核心种质和保留种质处于不断交流与调整的动态体系之中，更便于整个遗传资源的管理和利用。李自超提出，为便于种质资源的保存与研究利用，种质资源应具有动态的层次结构，核心种质是这种动态结构的一个活跃的层次。

4.5 核心种质的应用

建立核心库的最后一步是核心库入选样品的处理。入选的核心种质样品仍然保存在原来的总基因库内，只是在数据库中进行注释，标明哪些样品属于核心种质。选出一套核心种质后，通过评价可以发现不同性状的供体，提供育种家利用，或将具有优良农艺性状的遗传资源直接在生产中加以利用。核心种质的利用者也应将核心种质的效果和其他有用信息反馈给管理者，以便进一步增加核心种质的信息量。此外，应建立完善的繁种、供种及管理体制，以保证核心种质的有效利用。

4.5.1 核心种质在种质资源鉴定评价中的应用

因为具有丰富的多样性和高度的遗传代表性，稻种资源核心种质可成为稻种资源鉴定和评价的模式群体，从而提高种质资源的鉴定和评价的效率。曾亚文等(2001)通过对856份云南稻种核心种质的再生力与籼粳、水陆和粘糯的关系的分析，从不同类型的云南稻种核心种质中选出了具有强再生力的品种。通过对云南827份核心稻种资源的结实率进行分析，筛选出占原群体31.7%的262份抗旱品种。另外，云南农科院在云南稻种资源核心种质的耐冷性、矿质元素含量、土壤养分的利用、耐热性等方面也开展了深入研究(申时全等，2005；曾亚文等，2006a)。国内外对其他作物的核心种质也进行了比较系统和深入的农艺性状评价，证明核心种质是资源评价和鉴定的有效手段，如法国多年生黑麦草、花生、甘蓝、豇豆等。由中国农业大学承担的二期973项目，正在与中国农业科学院作物所、中国水稻研究所、华中农业大学等单位合作，开展中国稻种资源核心种质重要形态和农艺性状的鉴定和评价工作，并以此为基础建立多个重要性状的专用核心种质。目前，正在构建的专用核心种质涉及的目标性状包括高蛋白、高直链淀粉、氮高效、磷高效、耐冷、抗白叶枯和纹枯病等。此外，在对300多份中国稻种资源微核心种质进行了大量多点表型鉴定和评价以及300对SSR多样性分析的基础上，对其他重要农艺性状的专用核心种质的构建工作正在进行之中。这一系列专用核心种质的构建，在近几年内将促进我国稻种资源在育种和遗传研究中的利用，为水稻重要性状、复杂农艺性状和生物学性状的选育以及遗传机理研究提供帮助。

4.5.2 核心种质在育种上的应用

核心种质含有丰富的遗传变异，成为扩大育种材料的遗传基础和获得更多优异变异的首选资源。中国农业大学在前期建立的中国稻种资源核心种质的基础上，正以核心种质日本晴为轮回亲本，创建了各种重要农艺性状数千个渗入系和近等基因系。这些渗入系和近等基因系出现了大量的分离，可为选育综合表现好的水稻优良品种提供丰富的材料。同时，水稻的专用核心种质，为这些重要农艺性状的育种提供了基因源。胡兰香等(2005)利用国际水稻研究所提供的127份核心种质资源作为供体亲本，与籼型优良恢复系752为受体亲本作杂交回交，构建了3 300份近等基因系。研究结果表明，在近等基因系中可以筛选到许多有利基因，如抗稻瘟病、耐低磷和耐旱等，且其中95%的导入系对野败籼型不育系具有良好的恢复能力，表现出较强的杂种优势。因此，利用核心种质资源改良当地的优良亲本，可以培育出符合生产目标的水稻优良新品种。另外，周少川等(2005)提出将水稻育种学与水稻种质资源学相结合，建立核心种质育种平台，促进水稻优良新品种的选育，且已经开始了相关研究的探索。

4.5.3　核心种质在基因发掘和基因功能研究中的应用

获得高产、优质、高效的新品种是我国粮食安全的重要保证，然而，传统育种存在许多无法克服的问题，如育种年限长、优良变异选择的非直接性和不可预见性等。20世纪末以来迅速发展的分子生物学和基因组学为育种提供了一项快速、有目的选育新品种的技术——分子设计育种技术，其前提是获得各种性状的优良基因和紧密连锁的分子标记。目前，一些控制重要农艺性状的基因已经被克隆，如水稻株高、穗粒数、抽穗期、分蘖等。但是，这些基因大多是通过利用两个在某个性状上存在明显差异的品种克隆获得。利用单一的群体研究一个性状只能反映与该性状有关的基因在两个研究亲本间的差异情况，所检测到的等位变异或许不是控制该性状的最优状态，即我们或许没有找到控制该性状的某个位点上的优势等位基因。更为重要的是，很多重要的农艺性状是一些连续变异的复杂性状，它们多数由多个基因控制，利用单一群体检验所得的只是控制这些性状的一部分基因，无法获得控制该性状的最优基因型组合，即得不到优势基因型。实际上，在丰富的种质资源中还存在着许多这些基因的等位基因以及不同的基因型。如何发现和获得这些基因无疑是复杂性状相关基因发掘和鉴定的关键所在，而如何利用好我国拥有的6万多份水稻种质资源是人们非常关心的问题。目前，我国已经建立了中国6万多份水稻种质资源的核心种质及微核心种质，入选核心种质及微核心种质的材料不仅保留了大量的优异农艺性状，而且存在较大的遗传变异。因此，核心种质和微核心种质是等位基因分析和复杂性状基因的发掘和鉴定的一个非常好的材料平台。由种质资源发掘和鉴定优势等位基因和优势基因型的重要技术之一是等位基因分析和关联分析，利用多样性丰富的中国稻种资源核心种质，综合运用分子生物学、生物信息学及统计学知识对控制水稻重要农艺性状的功能基因进行等位及关联分析，不仅可以找到控制某个基因功能的最关键变异，发掘表型效应最明显的优势新等位基因和基因型，而且可以开发基于功能基因序列的SNP、InDel标记，为水稻分子设计育种提供基因及标记资源，这有助于重要性状形成和进化机理的研究。

4.6　中国稻种资源核心种质的逐级分层构建体系

在核心种质的取样中，最有效的方法是利用某些数据反映出的信息来确定入选材料。构建核心种质所用的数据包括基本数据(passport data)、特征数据(character data)和鉴定评价数据(evaluation data)等3类。基本数据是指有关材料收集地、起源地的生态地理状况或育种体系、分类体系等有关信息。特征数据是指包括形态、生化、分子标记在内的表征某材料特征的数据。多数作物种质资源中,形态特征数据是比较齐全的,在构建核心种质的研究中应用也较多。生化水平上的同工酶、储藏蛋白质及 DNA 分子标记等一类的特征数据因其受环境影响较小,多态性高,检验迅速,而且评价遗传多样性时更直接,更易理解生物的进化,但是由于其花费较高等一些原因,前一段时期在核心种质的研究中应用较少,但是,目前对其利用已经逐渐增多。在对大豆核心种质的研究中就采用了同工酶方法进行了多态性分析(Perry et al, 1991)。Singh 等(1991)认为多数品种同工酶和分子标记能够表现一致。评价鉴定数据包括一些产量、品质及抗耐性等在内的农艺性状。在一些鉴定工作做得比较深入的作物上,建立核心种质时运用了诸如农艺性状、抗性等鉴定评价数据,其中产量性状应用较多。人们一直在关心,对于一个规模巨大的资源群体,有可能获得如此系统的数据吗? 如果没有系统的数据,如何利用现有数据来构建核心种质呢?

现在已经发展了大量有关核心种质取样的方法策略,总结起来无非是分群或不分群,在此基础上再分随机或聚类。但是,不管是分群还是不分群取样,也不管是随机还是聚类,已经报道的取样方法均是在原始群体的基础上进一步建成的。然而,目前种质资源的一个显著特点是,原始数据库(有的资源甚至连基本的数据信息都没有,也就无所谓数据库了)中的数据信息要么少得可怜,要么残缺不全。即便有些数据库有相当的数据信息,也基本都属于形态性状一类的数据信息,而育种家所关心的农艺性状、生物学家所关心的生理生化性状基本没有记载。鉴于这种现实,如何能够选取一个理想的包含了多方面遗传变异的核心种质一直是一个令核心种质研究人员头痛的问题。需要强调的一点是,即便我们有某个方面比较全面的数据,但是,根据这些性状建立的核心种质对其他方面的代表性如何? 李自超(2001)在研究利用形态性状和同工酶性状以及二者结合进行核心种质取样时发现,利用一种数据进行取样时,虽然其效果要优于随机取样,但是,很难对没有用到的性状有最佳的代表性。可见,取样时利用足够量的数据信息很重要。然而,事实上我们是无法从一开始就能够得到各种各样的数据信息的。鉴于此,不妨提出一种逐级取样的取样体系。在此体系中,通过在不同级别的核心种质中逐步丰富数据信息,在最终所获得的核心种质中得到对不同性状足够的代表性。

张洪亮(2004)设计了一个分三级进行取样构建核心种质的方案,通过利用随机以及不同数据信息进行聚类,研究了分级取样以及通过不同取样方法所得核心种质的有效性。研究群体为来自中国地方稻种资源核心种质的 1 527 份材料,利用多种数据,包括共计 24 个形态农艺性状、18 个同工酶位点和 36 个 SSR 位点的数据。形态性状又分为形态质量性状和形态数量性状,原始群体中形态质量性状共有表型状态 141 个,同工酶等位变异共计 62 个,SSR 等位变异共计 641 个。取样设计从 3 个方面着手:①不同分级;②不同取样比例(在文中将这两个方面称为取样途径);③不同数据的利用(在文中称取样方法)。

该方案中把第一次取样所得取样群体称为初级核心种质,第二次取样所得群体称为二级核心种质,最后得到核心种质。最终共获得初级核心种质 9 个,二级核心种质 32 个,核心种质(具有相同的取样量,即全部为 153 份材料)53 个。

利用作者自行编制的核心种质信息处理系统软件包,统计了所得到的各级核心种质的形态质量性状、同工酶和 SSR 数据的变异数、相对原始群体的变异保留比例、Nei's 多样性指数,以及形态数量性状的最大值、最小值、变异系数、方差,并据此计算了其相对于原始群体的变幅保留比例、相对原始群体的方差。

4.6.1 逐级取样不同取样方法所得核心种质的多样性指数

图 4.2 列出了通过不同级别利用不同取样方法所得 53 个核心种质各自的平均多样性指数。首先比较一下通过相同取样途径，即相同的级别，同样的取样比例，但是利用不同的数据(包括随机取样)所得核心种质间多样性指数的大小。由图 4.2 可以看出，同样途径获得的核心种质中，随机取样(图中绿色柱子，编号为 RAN×××者，下同)得到的多样性除一级取样途径外，均低于其他方法所得核心种质；而第一级取样中为随机，在随后的二、三级取样中采用聚类取样所得核心种质(图中红色柱子，编号为 RAC×××者，下同)明显高于全程随机取样，但是，略低于全程聚类取样。再来看一下相同取样方法、不同取样途径间的多样性情况。由图 4.2 可以看出，一步压缩到 10%的核心种质(图中最右侧编号为×××004 的部分)除采用形态数量性状和同工酶聚类压缩还表现稍好(但是都低于逐级压缩非随机取样)外，其他均与逐级随机取样类似，甚至更低。相同取样方法的逐级取样中，分两级取样均低于分三级取样：同样分两级取样时，第一级取样比例越低，其所得多样性越高；同样分三级取样时，第一级和第二级取样比例越低，其所得多样性越高。另外，从图 4.2 我们还可以看出，第一级和第二级取样比例较高时，虽然不一定最终可以获得最高的多样性，但是，其不同方法间效果相对接近，即所得结果稳定性和可靠性要稍好于开始就大比例压缩的取样途径。

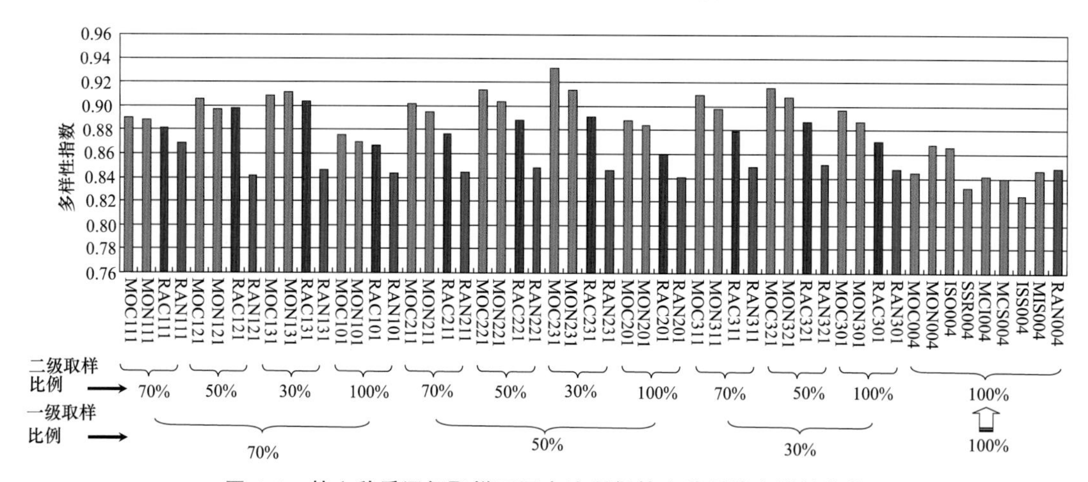

图 4.2 核心种质逐级取样不同方法所得核心种质的多样性指数

注：图中横坐标为不同取样方法所得核心种质的编号。其中，前面 3 个字母为聚类所用数据类型或取样方法，moc—形态质量性状，mon—形态数量性状，iso—同工酶标记，ssr—微卫星标记，mci—形态质量性状＋同工酶标记，mcs—形态质量性状＋微卫星标记，iss—同工酶标记＋微卫星标记，mis—形态质量性状＋同工酶标记＋微卫星标记，rac—初级核心种质采用随机取样而现在采用聚类，ran——直采取随机取样；后面 3 个数字分别代表一级、二级和三级取样的比例代号，1 表示 70%，2 表示 50%，3 表示 30%，0 表示相应级别没有做处理，下同。

由以上分析可以看出，逐级取样要比不分级取样更有利于获得多样性高的核心种质。全程随机取样是不可取的，但是，在开始实在没有数据可供利用的情况下，也可以先随机获得初级核心种质，然后对初级核心种质再进行详细的性状鉴定和评价，最终再利用所得数据聚类取样，其取样效果要明显优于全程随机取样。

4.6.2　逐级取样不同取样方法所得核心种质的变异及其变幅保留比例

图 4.3 列出了通过不同级别利用不同取样方法所得 53 个核心种质各自的平均变异保留比例。同样途径获得的核心种质中，随机取样(图中绿色柱子)得到的变异保留比例除一级取样途径和一个第一级取样比例为 50%的二级取样途径外，均低于其他方法所得核心种质；而第一级取样中为随机，在随后的二、三级取样中采用聚类取样所得核心种质(图中红色柱子)明显高于全程随机取样(除一个第一级取样比例为 50%的二级取样途径外)，甚至有时高于全程聚类取样，当然，其间差异不显著。再来看一下相同取样方法、不同取样途径间的变异保留比例情况。由图 4.3 可以看出，一步压缩到 10%的核心种质(图 4.3 中最右侧编号为×××004 的部分)除采用形态数量性状、形态质量性状和同工酶聚类压缩高于 78%外，其他均不足 78%，而全程聚类取样所得核心种质以及在第一级随机取样然后聚类取样所得核心种质几乎都高于 78%。相同取样方法的逐级取样中，除第一级取样 50%的情况外，分两级取样基本低于分三级取样；同样分两级取样时，第一级取样比例越低，其所得变异保留比例越高；同样分三级取样时，第一级和第二级取样比例越低，其所得变异保留比例越高。另外，从图 4.3 我们还可以看出，第一级和第二级取样比例较高时，虽然不一定最终可以获得最高的变异保留比例，但是，其不同方法间效果相对接近，即所得结果稳定性和可靠性要稍好于开始就大比例压缩的取样途径。只压缩一步就得到核心种质的一级取样途径中采用不同数据进行聚类压缩时所得核心种质间的变异保留比例差异要比逐级取样途径中不同方法所得核心种质的变异保留比例大。

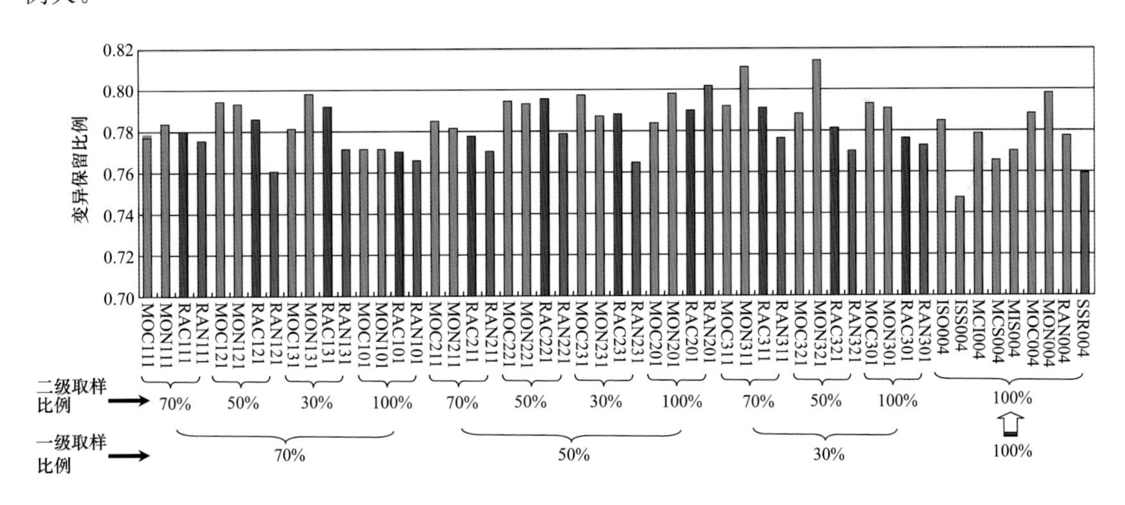

图 4.3　核心种质逐级取样不同方法所得核心种质的变异保留比例

注：图中横坐标为不同取样方法所得核心种质的编号。

图 4.4 列出了通过不同级别利用不同取样方法所得 53 个核心种质各自数量性状的平均变幅保留比例。由图 4.4 可以看出，变幅保留比例与变异保留比例间在不同途径以及不同取样方法间的变化趋势基本一致。只是，相对于变异保留比例而言，变幅保留比例在聚类取样上比全程随机取样的优势更加明显；第一级取样比例比较大的取样途径的稳定性较第一级取样比例较小的情况下更强；分三级取样比分二级取样更容易保留更多的极值材料。另外，在第一

级取样比例为 50%和 30%的三级取样中,第一级随机取样然后聚类取样所得核心种质的变幅保留比偶然性增强了。

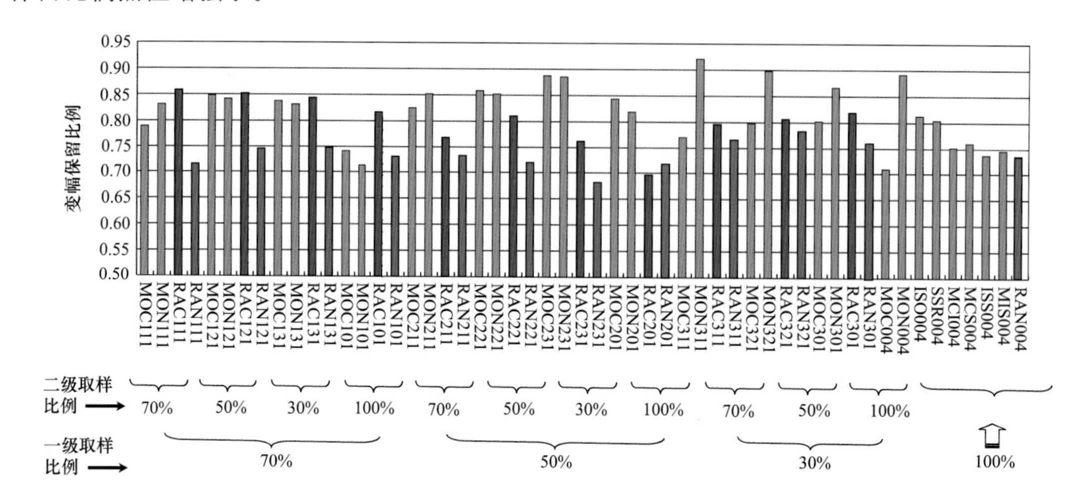

图 4.4 核心种质逐级取样不同方法所得核心种质的变幅保留比例

注:图中横坐标为不同取样方法所得核心种质的编号。

逐级取样要比不分级取样更有利于在核心种质中保留较多的遗传变异类型;全程随机取样是不可取的,但是,在开始实没有数据可供利用的情况下,也可以先随机获得初级核心种质,然后对初级核心种质再进行详细的性状鉴定和评价,最终再利用所得数据聚类取样,其取样效果要明显优于全程随机取样;逐级取样另一个优点是,可以降低因选取了某个代表性不强的性状或位点聚类对其他性状或位点的负面影响,即逐级的取样的稳定性高。

4.6.3 逐级取样不同取样方法所得核心种质的变异系数和方差

图 4.5 列出了通过不同级别利用不同取样方法所得 53 个核心种质各自形态数量性状的

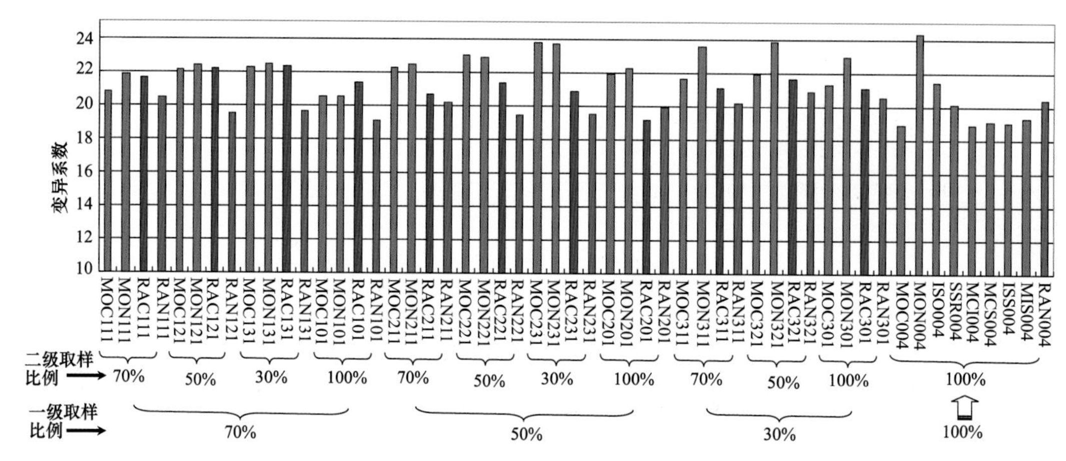

图 4.5 核心种质逐级取样不同方法所得核心种质的变异系数

注:图中横坐标为不同取样方法所得核心种质的编号。

平均变异系数。由图 4.5 可以看出，同样途径获得的核心种质中，随机取样（图中绿色柱子）得到的变异系数除一级取样途径和一个第一级取样比例为 50％的二级取样途径外，均低于其他方法所得核心种质；而第一级取样中为随机，在随后的二、三级取样中采用聚类取样所得核心种质（图中红色柱子）的变异系数明显高于全程随机取样（除一个第一级取样比例为 50％的二级取样途径外），甚至在个别情况下高于全程聚类取样，当然，其间差异不显著。再来看一下相同取样方法，不同取样途径间的变异系数大小。由图 4.5 的图中可以看出，一步压缩到 10％的核心种质（图中最右侧编号为×××004 的部分）中，除采用形态数量性状和同工酶聚类压缩方法高于或接近某些逐级聚类取样方法外，均无法获得比逐级聚类取样高的变异系数。尤其需要注意的是，采用数量性状聚类所得核心种质的变异系数最高，彰显了利用同类数据可以去除同类数据更多遗传重复的作用。相同取样方法的逐级取样中，分两级取样全部低于分三级取样；同样分两级取样时，第一级取样比例越低，其所得变异系数越高；同样分三级取样时，第一级和第二级取样比例越低，其所得变异系数越高。另外，从图 4.5 我们还可以看出，类似于前面讨论过的多样性指数、变异保留比例及变幅保留比例，第一级和第二级取样比例较高时，虽然不一定最终可以获得最高的变异保留比例，但是，其不同方法间效果相对接近，即所得结果稳定性和可靠性要稍好于开始就大比例压缩的取样途径。同样，只压缩一步就得到核心种质的一级取样途径中采用不同数据进行聚类压缩时所得核心种质间的变异保留比例差异要比逐级取样途径中不同方法所得核心种质的变异保留比例大得多。

图 4.6 列出了通过不同级别利用不同取样方法所得 53 个核心种质各自数量性状的平均相对方差。由图 4.6 可以看出，相对方差在不同途径以及不同取样方法间的变化趋势与变异系数完全一致。由以上分析可以看出，逐级取样要比不分级取样更有利于在核心种质中去除遗传重复，使各种类型和级别的变异分布更加均匀。其他情况类似多样性指数的变化。

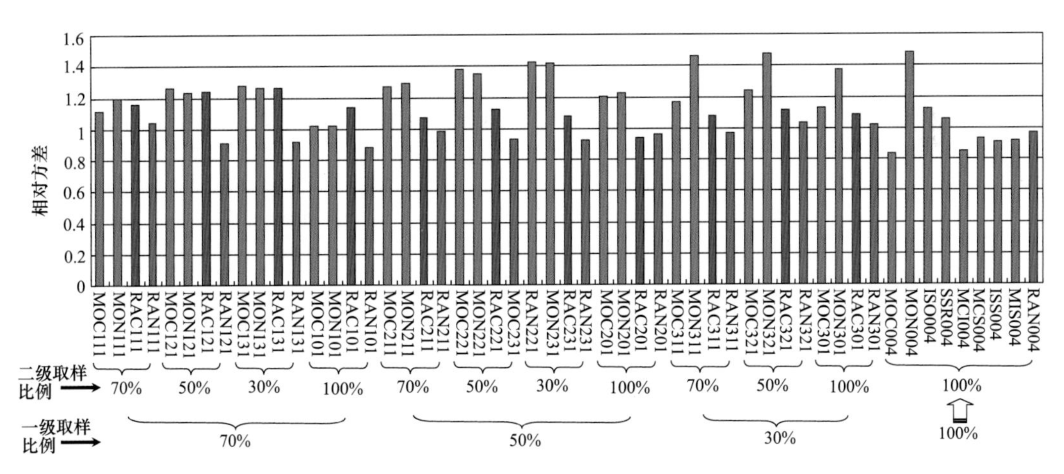

图 4.6　核心种质逐级取样不同方法所得核心种质的相对方差

注：图中横坐标为不同取样方法所得核心种质的编号。

以上分析可以看出，与不分级的取样方法相比，逐级取样的多样性指数更高，变异保留比例和变幅保留比例更大，其变异系数以及方差也更大。可见，逐级取样有利于在核心种质中保留较多的遗传变异类型和去除遗传重复。全程随机取样的效果比聚类取样明显效果差，多样性小、变异类型丢失严重、变异系数和方差小，因此，全程随机取样即便是分级也是不可取的。

但是，前面的分析中发现，如果在第一级取样中采用随机取样，而在接下来的二级和三级取样中采用聚类取样，照样可以获得比较好的结果。这样，在开始实在没有数据可供利用的情况下，也可以先随机获得初级核心种质，然后对初级核心种质再进行详细的性状鉴定和评价，最终再利用所得数据聚类取样。可见，逐级取样的一个优点是，可以在没有足够数据信息可以利用，并且又在时间和物力上无法采集更多数据的情况下，先随机和利用现有数据信息取样，然后，逐步利用压缩的群体获取更加全面的信息，最终获得核心种质，这样，可以降低因选取了某个代表性不强的性状或位点聚类对其他性状或位点的负面影响，即逐级取样的稳定性高。

4.6.4 中国稻种资源核心种质逐级分层构建体系

基于以上分析，中国稻种资源核心种质是基于逐级分层体系（stepwise hierarchical system of core collection）构建的（图 4.7），该体系不同于现有的核心种质一步构建（即直接由基础种质到核心种质），要点包括：①取样逐级实现，即从基础种质到初级核心种质、核心种质、微核心种质，最后建立专用核心种质，其功能由注重多样性到注重实用性；②每一级取样均通

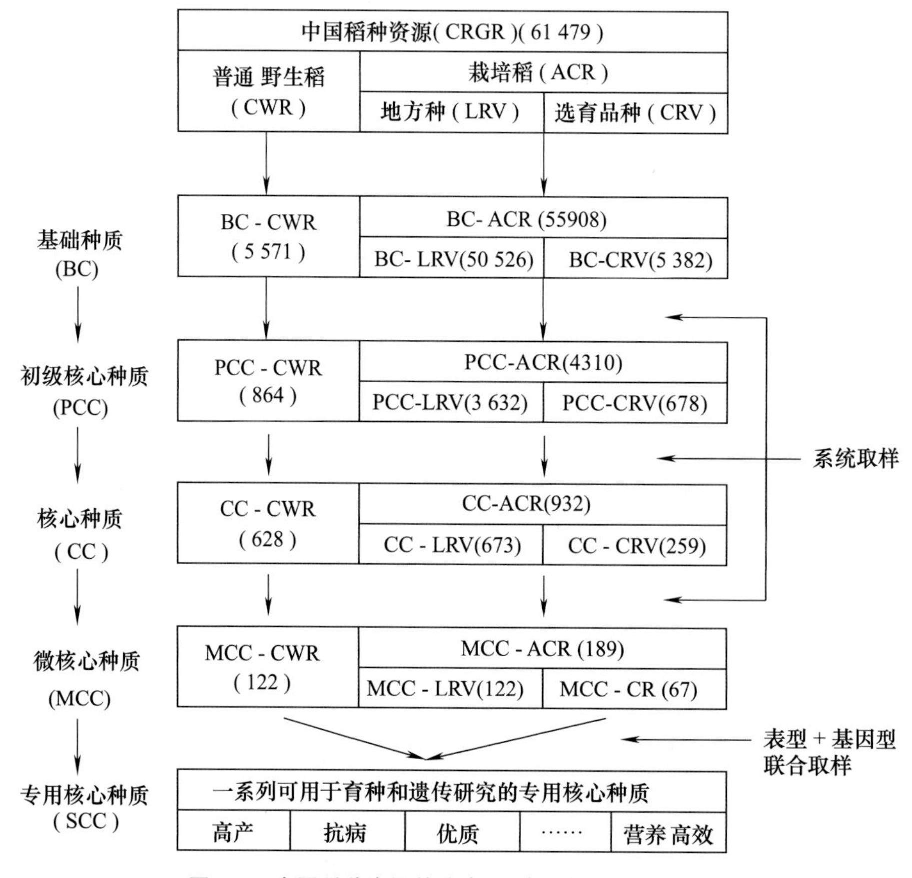

图 4.7 中国稻种资源的分类、逐步分级核心种质体系

注：BC 代表基础种质，PCC 代表初级核心种质，CC 代表核心种质，MCC 代表微核心种质，SCC 代表专用核心种质，CWR 代表普通野生稻，CRGR 代表中国稻种资源，ACR 代表亚洲栽培稻，LRV 代表地方稻种，CRV 代表育成品种。

过系统取样；③随着不同级别核心种质的构建，获得更详细和可靠的数据信息，并用于下一级别取样的依据。在建立中国稻种资源核心种质的过程中，首先，利用现有表型数据由基础种质构建了初级核心种质；然后，利用SSR数据由初级核心种质建立了核心种质和微核心种质。每一个级别中，使其对上一级别（核心）种质的遗传代表性均不低于90%。中国稻种资源的核心种质体系中，除上述基础种质、初级核心种质、核心种质和微核心种质外，为促进核心种质在育种和遗传研究中的利用，还可针对需要进一步构建一系列的专用核心种质，以满足特定育种目标和遗传研究。专用核心种质依据DNA数据和为特定目标鉴定的农艺性状而构建，根据基因型和表现型进行联合筛选取样。

参考文献

[1] 白雪梅，赵松山．多种综合评价方法的优劣判断研究．统计研究，2001，7：45-48.

[2] 胡晋，徐海明，朱军．保留特殊种质材料的核心库构建方法．生物数学学报，2001，16：348-352.

[3] 胡兰香，肖叶青，邬文昌，等．恢复系752近等基因导入系构建与初步利用研究．分子植物育种，2005，3：659-662.

[4] 李自超，张洪亮，孙传清，等．植物遗传资源核心种质研究现状与展望．中国农业大学学报，1999，4：51-62.

[5] 李自超，张洪亮，曾亚文，等．云南地方稻种资源核心种质取样方案研究．中国农业科学，2000，33：1-7.

[6] 李自超．中国地方稻种资源核心种质取样策略和表型及同工酶遗传多样性研究：博士学位论文．北京：中国农业大学，2009，22-39.

[7] 邱丽娟，曹永生，常汝镇，等．中国大豆（*Glycine max*）核心种质构建取样方法研究．中国农业科学，2003，36：1442-1449.

[8] 申时全，曾亚文，普晓英，等．云南地方稻核心种质耐低磷特性研究．应用生态学报，2005，16：1569-1572.

[9] 魏兴华，汤圣祥，余勇汉，等．浙江粳稻地方品种核心样品的构建方法．作物学报，2001，27：324-328.

[10] 曾亚文，李绅崇，普晓英，等．云南稻核心种质孕穗期耐冷性状间的相关性与生态差异．中国水稻科学，2006，20：265-271.

[11] 曾亚文，李自超，杨忠义，等．云南地方稻种籼粳亚种的生态群分类及其地理生态分布．作物学报，2001，27：15-20.

[12] 张洪亮，李自超，曹永生，等．表型水平上检验水稻核心种质的参数比较．作物学报，2003，29：252-257.

[13] 张洪亮．稻种资源核心种质研究及其信息处理系统骨架的建立：博士学位论文．北京：中国农业大学，2004，47-56.

[14] 张秀荣，郭庆元，赵应忠，等．中国芝麻资源核心收集品研究．中国农业科学，1998，31：49-55.

[15] 周少川，李宏，黄道强，等．水稻核心种质育种．科技导报，2005，23：23-26.

[16] Basigalup D H, Barnes D K, Stucker R E. Development of a core collection for perennial Medicago plant introductions. Crop Sci, 1995, 35: 1163-1168.

[17] Brown A H D. A practical approach to genetic resources management. Genome, 1989a, 31: 818-824.

[18] Brown A H D. The case for core collections// Brown A H D, et al. The use of plant genetic resouces. Cambridge Univ. Press, Cambridge, England, 1989b, 136-156.

[19] Casler M D. Patterns of variation in a collection of perennial ryegrass accessions. Crop Sci, 1995, 35: 1169-1177.

[20] Coimbra R R, Miranda G V, Cruz C D, et al. Development of a Brazilian maize core colection. Genet Mol Biol, 2009, 32: 538-545.

[21] Diwan N, Mcintosh M S, Bauchan G R. Methods of developing of annual Medicago species. Theor Appl Cenet, 1995, 90: 755-761.

[22] Erskine W, Muehlbauer F J. Allozyme and morphological variability, outcrossing rate and core collection formation in lentil germplasm. Theor Appl Cenet, 1991, 83: 119-125.

[23] Frankel O H. Genetic perspectives of germplasm conservation // Arber W, Llinmensee K, Peacock W J, et al. Genetic Manipulation: Impact on Man and Society. Cambridge: Cambridge University Press, 1984, 161-170.

[24] Frankel O H, Brown A H D. Plant genetic resources today: a critical appraisal // Holden J H W, Williams J T. Crop Genetic Resources: Conservation and Evaluation, Allen and Unwin, London, UK, 1984, 249-257.

[25] Grenier C, Hamon P, Bram el-Cox P J. Core colection of sorghum: Ⅱ. Comparison of three random campling strategies. Crop Sci, 2001, 41: 241-246.

[26] Hamon S, Van-Sloten D H. Characterisation and evaluation of okra // Brown A H D, Frankel O H, Marshall R D, et al. The use of plant genetic resources. Cambridge: Cambridge University Press, 1989: 173-196.

[27] Hamon S, Noirot M, Anthony F. Developing a coffee core collection using the principal components core strategy with quantitative data // Hodgkin T, Brown A H D, Hintumvan T H L, Morales EAv. Core collections of plant genetic resources. International plant genetic resources institute (IPGRI), A Wiley-Sayce Publieation, 1995.

[28] Hao C Y, Zhang X Y, Wang L F, et al. Genetic diversity and core collection evaluations in common wheat germplasm from the northwestem spring wheat region in China. Mol Breed, 2006, 17: 69-77.

[29] Harlan J R. Crops and Man. American Society of Agronomy, Madison, Wisconsin, 1972.

[30] Hintum U L. Comparison of marker systems and construction of a core collection in a pedigree of European spring barley. Theor Appl Cenet, 1994, 89: 991-997.

[31] Igartua E, Gracia M P, Lasa J M, et al. The Spanish barley core collection. Genet Resour Crop Evol, 1998, 45: 475-481.

[32] Jiang H F, Ren X P, Liao B S, et al. Peanut core colection established in China and compared with ICRISAT mini core collection. Acta Agron Sin, 2008, 34: 25-30.

[33] Li Y, Shi Y S, Cao Y S, et al. Establishment ofa core collection for maize germplasm preserved in Chinese National Genebank using geographic distribution and characterization data. Genet Resour Crop Evol, 2004, 51: 845-852.

[34] Li Zichao, Zhang Hongliang, et al. Studies on sampling stratyges for establishment of core collection of rice landrace in Yunnan, China. Genetic Resources and Crop Evolution, 2002, 49: 67-74.

[35] Nei M. Analysis of gene diversity in subdivided populations. Proceedings of the National Academy of Sciences, USA, 1973, 70: 3321-3323.

[36] Perry M C, Meiniosh M S, Stoner A K. Geographical patterns of variation in the USDA soybean germplasm collection I. Morphological traits. Crop Sci, 1991a, 31: 1350-1355.

[37] Singh P S, Gutierrez J A, Molina A. Genetic diversity in cultinated commin bean: II. Marker-based analysis of morphological and agronomic traits. Crop Sci, 1991, 31: 23-29.

[38] Spagnoletti Zeul P L, Qualset C O. Evaluation of five strategies for obtaining a core subset from a large genetic resource collection of durum wheat. Theor Appl Genet, 1993, 87: 295-304.

[39] Yan W G, Rutger J N, Bryant R J, et al. Development and evaluation of a core subset of the USDA rice (*Oryza sativa* L.) germplasm collection. Crop Sci, 2007, 47: 869-878.

[40] Yonezawa K, Nomura T, Morishima H. Sampling strategies for use in stratified germplasm collections of plant genetic resources. IPGRI, John Wiley & Sons, Baffins Lane, Chichester, UK, 1995: 35-54.

[41] Zeuli P L S, Qualset C O. Evaluation of five strategies for obtaining a core subset from a large genetic resource collection of durum wheat. Theor Appl Genet, 1993, 87: 295-304.

[42] Zhang H L, Zhang D L, Wang M X, et al. A core collection and mini core collection of *Oryza sativa* L. in China. Theor Appl Genet, 2011, 122: 49-61.

第5章

中国稻种资源初级核心种质的构建

对于具有7万份中国稻种资源的群体，在信息量比较少的情况下，如何获得比较理想的核心种质？经过多年研究，提出了分类、分层逐渐构建核心种质的体系。即最初在信息量比较少的情况下，首先获得一个规模较大代表性比较大的初级核心种质，然后，在逐渐增加信息量的情况下，逐渐压缩得到比较理想的核心种质。据此，首先构建了中国稻种资源的初级核心种质，包括普通野生稻、地方种和育成品种，总计5 000余份。

5.1 中国普通野生稻资源初级核心种质的构建

普通野生稻在我国稻种资源库中占有较大的份额，总份数为5 771。由于它是栽培稻的近缘祖先，有效利用这些资源对解决当前生产上的栽培稻品种遗传基础狭窄，发掘重要抗逆等优良基因有重要意义，但由于农业生产体系的现代化，人口的膨胀和迅速的都市化，野生稻自然生境正处于濒危毁灭之中，野生稻数量急剧减少，合理保护利用野生稻资源已成为急需解决的问题。

余萍等(2003)对5 571份普通野生稻，来自广东(2 145份)、广西(2 591份)、湖南(317份)、海南(211份)、云南(14份)、江西(201份)、福建(92份)8个省份，1991年版的《中国稻种资源目录》(野生稻种)和1996年的增补资料中的基础数据。涉及的性状有生长习性、叶鞘色、叶舌形状、芒性、柱头色、花药长度、谷粒长、谷粒宽、长宽比、内外颖色、种皮颜色、百粒重，及是否感染苗瘟、白叶枯、白背飞虱、褐稻虱、纹枯病、细条病、稻瘿蚊共19项。其中数量性状质量化时以0.5个标准差为间距分级。

首先，将在普通野生稻的总体取样比例上设定3个量，即5%、15%和25%；分组原则有4个，包括省、生长习性、纬度、单一性状，另外有全部材料不分组的大随机；在分组后确定组内取样比例时采用了按组内个体数量的简单比例(P)、平方根比例(S)、对数比例(L)和多样性比例(G)4种方法；组内取样方法采用聚类和随机2种方法(图5.1)。最终，得到180个候选初级核心种质。将这180个候选核心种质的表型保留比例进行比较(表5.1)。当总体取样比例为

5%时,随机选取的核心种质平均表型保留比例为 76.2% ,聚类选取的为 81.9%;当取样比例达到 15 %时,随机选取的平均表型保留比例为 86.0%,聚类所得的核心种质为 90.2%;而当取样比例增加到 25 %时,随机选取的种质库为 89.4%,聚类选取的种质库为 93.0%,表型保留比例增加甚微。核心种质的最高原则是以最小的量最大限度地代表该物种的多样性,基于这个考虑,我们认为 15%的总体取样比例较为合适。另外,从表 5.1 还可以看出,相同的取样比例下,不同的取样方案间表型保留比例差异很大。

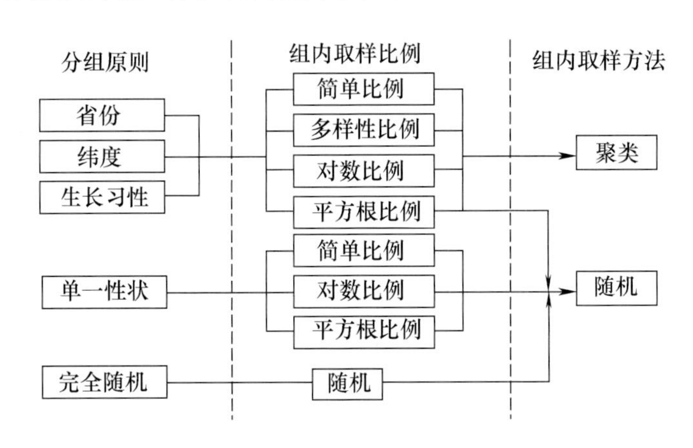

图 5.1 普通野生稻的取样方案

表 5.1 普通野生稻初级核心种质不同总体取样比例下的表型保留比例比较(符合度)

取样比例/%	随机取样			聚类取样		
	初级核心种质个数	平均值/%	变幅/%	初级核心种质个数	平均值/%	变幅/%
5	48	76.2	68.0～80.3	12	81.9	78.7～83.6
15	48	86.0	82.8～89.3	12	90.2	88.5～92.6
25	48	89.4	87.7～90.2	12	93.0	91.0～95.0

接下来,对 15%比例下的 16 个随机取样方案在 SAS 系统下进行差异显著性分析表明,各候选核心样品在分组间只有变异系数差异达极显著,表型方差和多样性指数在分组原则间差异不显著(表 5.2) 。在 4 种取样比例间变异系数、表型方差、多样性指数这 3 个参数差异均达极显著水平。最大和最小离差值在所有层次中均不显著,因此选择变异系数、表型方差、多样性指数这 3 个参数作为检验各取样方案优劣的指标。

表 5.2 随机取得的 16 个候选核心种质 3 种检验参数的差异显著性分析

检验参数	变异来源	自由度	平方和	均方	*F* 值
变异系数	分组原则	2	6.918 57	3.459 29	32.18**
	取样比例	3	2.715 26	0.905 09	8.42**
	互作	6	8.502 75	1.417 13	13.18**
	误差	24	2.580 29	0.107 51	

续表5.2

检验参数	变异来源	自由度	平方和	均方	F 值
表型方差	分组原则	2	0.357 84	0.178 92	3.1
	取样比例	3	3.915 15	1.305 05	22.58**
	互作	6	0.462 37	0.077 06	1.33
	误差	24	1.387 37	0.057 81	
多样性指数	分组原则	2	0.000 41	0.000 20	1.92
	取样比例	3	0.012 12	0.004 04	38.29**
	互作	6	0.001 63	0.000 27	2.58*
	误差	24	0.002 53	0.000 11	

注：** 表示在1%水平上差异显著；* 表示在5%水平上差异显著。

5.1.1 分组原则的比较

3个层次组合成28个取样方案，将这28个方案在变异系数、表型方差、多样性指数这3个检验参数中的排序号(秩数)进行平均(表5.3)。16种随机方案中的优劣顺序为单一性状>生长习性>省份>纬度>不分组；12种聚类方案的优劣顺序为省份>生长习性>纬度；将结果进行总平均，最终得到省份>生长习性>纬度>单一性状>不分组，而其中省与生长习性差异不明显。不论是随机还是聚类，分组的方案都优于不分组的方案。

表5.3 用3个检验参数对28个取样方案优劣排序(秩数)汇总

项目	方法	省地	生长习性	纬度	单一性状	不分组	平均
组内随机	S	20.7	20.3	19	17.7		19.4
	L	15.3	11.7	14.3	14		13.8
	G	28	25.7	23.3			25.7
	P	26	23.7	17.7	21.7	25	22.8
	平均	22.5	20.4	24.8	17.8	25.0	22.1
组内聚类	S	2.3	6	6			4.8
	L	2	2.7	4.3			3
	G	6.3	9.7	13.7			9.9
	P	6.3	10	12.3			9.5
	平均	4.2	7.1	9.1			6.8
总平均		13.4	13.8	17.0	17.8	25.0	14.5

5.1.2 组内取样比例的确定

从 28 种取样方案综合比较来看，无论是组内随机还是聚类，无论是哪一个分组原则，L 始终表现最优，而且多重比较分析的结果也表明 L 与另 3 种方法差异显著，这可能是因为在普通野生稻种质库中存在大量重复所致。

5.1.3 组内取样方法

从表 5.1 可以看出，随机选取的核心种质其表型保留比例变幅均大于聚类方法而平均值却都小于后者，表 5.3 表明不管是在相同的分组原则下，还是相同的确定组内取样比例方法下，在组内取样的方法上聚类法均明显优于随机法。因此，在分组原则和组内取样比例一定的前提下，组内采用聚类的方法取样具有较好的效果。本文在这一点上得到了同前文(4.6)一样的结果。

5.1.4 初级核心种质的确定

综合以上分析，提出中国普通野生稻核心种质最佳取样比例为 15% ，最佳取样方案是按省分组，组内按对数比例聚类取样。根据这一原则在计算机上编程取样，选取了 860 份材料作为中国普通野生稻的初级核心种质重要部分，在表型上代表了原始资源库的 90.2%。原始库和核心库的 shannon 多样性指数分别是 1.010 5 和 1.101 5 ，变异系数分别是 13.09 和 16.87，表型方差分别是 0.543 3 和 0.854 6。3 个检测参数值都有明显的提高，所得到的核心库较大程度地消除了原始库中的遗传重复，符合最初设定的核心种质构建目标。考虑到育种工作的需要，根据普通野生稻的形态和农艺性状鉴定结果，人工定向添加计算机取样中漏掉的极值材料、抗病及抗逆材料共 60 份。最终建立了 920 份材料的普通野生稻初级核心种质。

5.2 中国栽培稻资源初级核心种质的构建

中国国家种质资源库编目入库的稻种资源 8 万余份，中国稻种资源不仅数量多，而且类型复杂，是公认的水稻遗传多样性中心之一和稻作起源中心之一，因此，开展中国稻种资源核心种质研究具有重要的理论意义和实践应用价值。

李自超等(2003)运用中国作物品种资源库编目的 50 526 份稻种资源作为原始材料，以《中国稻种资源目录》的记录为基本数据，建立了中国栽培稻资源初级核心种质。所用性状包括籼粳、早中晚、水陆、粘糯等 4 级丁颖分类性状；以及米色、芒长、颖尖色、颖壳色、粒形状、株高、糙米率、精米率、蛋白质含量、赖氨酸含量、总淀粉含量、直链淀粉含量、糊化温度、胶稠度、抗苗瘟、抗白叶枯病、抗褐飞虱、抗白背飞虱、芽期耐寒、苗期耐旱、耐盐等 26 个数量性状和质量性状。多数质量性状按《稻种资源观察调查项目及记载标准》进行了整理与规范，记载过细的颖壳色归并为黄、金黄、红、紫、花 5 个级别；数量性状质量化时则以 0.5 个标准差为间距分为 10 级。

取样策略研究分3个层次，即分组原则、组内取样比例的确定、组内取样方法。应用丁颖分类体系(简写为DY，共24个组)、中国稻作生态区划(EZ，6组)、中国稻作生态区内分籼粳两亚种(EZ-IJ，12组)、中国行政省或自治区(PR，30组)、中国行政省或自治区内分籼粳两亚种(PR-IJ，51组)、单一性状(ST)6种分组原则和不分组的大随机；分组后的组内取样量，采用了按组内个体数量的简单比例(P)、平方根比例(S)、对数比例(L)和多样性比例(G)4种方法；组内取样方法均用随机方法。以上3个层次共组合成24种取样策略(详见表5.4)。每种取样策略所取初级核心种质份数相同，约占中国地方稻种的10%。为减少随机取样的偶然性，24种取样策略均取了3个重复，最终得到中国地方稻种资源核心种质72个。为避免主要生物类型的遗漏，每个分组内保证至少有一份样品入选。在研究总体取样量时，选择了5%、10%和15%三个取样水平，其中5%和15%各有18种取样策略。

表5.4 24种取样策略的秩次平均

取样策略	变异系数(*CV*)	遗传多样性指数(*I*)	表型频率方差(*VPF*)	表型方差(*VPV*)	秩次平均
DY-L	1	1	1	1	1.00
DY-S	3	3.5	3.5	2.5	3.13
ST-L	5	2	3.5	2.5	3.25
PR-JI-L	3	3.5	3.5	4.5	3.63
EZ-JI-L	3	9.5	3.5	4.5	5.13
PR-JI-S	7	9.5	9	6	7.88
EZ-JI-S	9	6	6.5	8	7.38
EZ-L	7	6	6.5	9.5	7.25
PR-L	7	6	9	11.5	8.38
PR-S	10	9.5	11	9.5	10.00
ST-S	12	9.5	12	7	10.13
EZ-S	11	12	9	11.5	10.88
PR-G	16	18.5	14	13	15.38
PR-JI-G	16	18.5	13	15	15.63
DY-P	16	18.5	17	18.5	17.50
DY-G	21	18.5	15.5	18.5	18.38
PR-P	16	18.5	18.5	15	17.00
EZ-JI-G	21	18.5	15.5	21.5	19.13
EZ-P	16	18.5	18.5	18.5	17.88
Non-grouping	16	18.5	21	15	17.63
EZ-G	16	18.5	23.5	18.5	19.13
PR-JI-P	21	18.5	21	21.5	20.50
EZ-JI-P	23.5	13	21	23.5	20.25
ST-P	23.5	24	23.5	23.5	23.63

根据核心种质的概念，选择了多样性指数(Shano-Waver 指数，*I*)、表型方差(*VPV*)、变异系数(*CV*)、表型频率方差(*VPF*)、表型保留比例(*RPR*)5 个参数作为初选指标。

5.2.1　取样策略比较

将 24 种取样策略的变异系数、遗传多样性指数、表型频率方差和表型方差的秩次平均数进行比较(表 5.4)，从表中可以看出，排列靠前的策略主要是以对数或平方根比例结合丁颖分类体系或利用部分分类性状(籼粳)分组的组合，以对数或平方根比例取样的策略全部排在前列，以简单比例取样的策略几乎都排列在后。排列前两位的策略是 DY-L 和 DY-S，是最佳分组原则和取样比例的组合，故最终确定以丁颖分类体系分组、组内以对数比例取样的策略。

5.2.2　分组原则比较

由表 5.5 可知，变异系数、遗传多样性指数、表型频率方差和表型方差的秩次平均值在各分组原则的排列顺序为丁颖分类体系＞省份＋籼粳＞单一性状＞稻作生态区＋籼粳＞省份＞稻作生态区＞不分组。以丁颖分类体系分组效果最好，其次为以省和籼粳分组，不分组的完全随机效果最差。总之，将原始材料分组后在组内取样，较不分组的随机取样效果好；以水稻的分类体系进行分组，优于以生态区划或行政省区分组，这可能是分类体系考虑到了资源本身的遗传结构所致。

表 5.5　24 种取样策略中分组原则和组内取样比例秩次平均

项目		变异系数(*CV*)	遗传多样性指数(*I*)	表型频率方差(*VPF*)	表型方差(*VPV*)	秩次平均
分组原则	丁颖 DY	1.0	1.0	2.0	1.0	1.25
	省份＋籼粳 PR-U	2.0	2.5	2.0	3.0	2.38
	单一性状 ST	4.0	2.5	5.0	2.0	3.38
	生态区＋籼粳 EZ-IJ	4.0	4.0	1.5	4.0	3.38
	省 PR	5.0	5.5	5.0	5.5	5.25
	生态区 EZ	5.0	5.5	5.0	5.5	5.25
	不分组 NG	7.0	7.0	7.0	7.0	7.00
组内取样比例	对数比例 L	1.0	1.0	1.0	1.0	1.00
	平方根 S	2.0	2.0	2.0	2.0	2.00
	多样性比例 G	3.0	3.5	3.0	3.0	3.13
	简单比例 P	4.0	3.5	4.0	4.0	3.88

5.2.3 组内取样比例的确定

表 5.5 还对 L、S、G、P 等 4 种确定组内取样比例的方法进行了秩次平均值由小到大的排列，顺序为 L＞S＞G＞P，其中对数比例和平方根比例效果较好，简单比例效果最差。以对数和平方根比例取样能够在数量较大的组内相对降低取样比例，而在数量较少的组内能够相对增加其取样比例，有效地降低了大组的遗传重复，因此，获得了较好的结果。

5.2.4 总体取样量比较

由表 5.6 可以看出，在 5%、10%、15%取样比例下，遗传多样性指数、表型频率方差、变异系数和保留比例 4 个检验指标存在一定差异，但差异并不大。从表 5.6 可以看出，在 DY-L 取样策略，多样性指数、表型频率方差和变异系数都有较好的结果，且明显优于完全随机策略及 24 个策略的平均值。其中在 10%的总体取样量下，多样性指数(1.422 5)和变异系数(31.103 9) 达到最好效果；在 5%的总体取样量下，表型频率方差(0.031 6) 最好，多样性指数(1.419 8) 和变异系数(31.052 7)仅次于 10%的结果；从保留比例看，5%、10%和 15%的总体取样量下可分别达到原来总样本的 97.01%、97.67%和 98.13%，说明在中国地方稻种资源的大群体中，3 个总体取样量对核心种质的质量影响不大，所以根据核心种质的概念，5%的取样量可能为最佳选择。

表 5.6 不同总体取样量间 4 个检验参数的比较

取样策略	多样性指数(*I*)			表型频率方差(*VPF*)			变异系数(*CV*)			保留比例(*RPR*)		
	5%	10%	15%	5%	10%	15%	5%	10%	15%	5%	10%	15%
DY-L	1.419 8	1.422 5	1.419 1	0.031 6	0.040 7	0.033 8	31.052 7	31.103 9	31.029 1	0.968 8	0.974 5	0.979 8
PR-IJ-L	1.402 4	1.402 9	1.402 8	0.047 0	0.047 1	0.047 3	30.400 0	30.288 7	30.344 9	0.976 2	0.978 0	0.985 3
EZ-IJ-L	1.399 3	1.381 0	1.397 1	0.044 9	0.049 2	0.045 1	30.155 2	29.747 1	30.271 8	0.959 7	0.967 0	0.985 3
PR-L	1.368 2	1.385 3	1.379 7	0.052 0	0.052 5	0.053 6	29.645 5	29.660 9	29.667 7	0.968 8	0.976 2	0.983 5
EZ-L	1.368 9	1.381 6	1.378 4	0.052 3	0.048 8	0.049 6	29.334 3	29.624 4	29.549 7	0.968 8	0.976 2	0.981 7
ST-L	1.420 4	1.417 9	1.414 6	0.050 1	0.050 5	0.050 7	30.345 8	30.131 8	30.083 3	1.000 0	1.000 0	1.000 0
DY-G	1.340 1	1.345 6	1.345 5	0.057 7	0.057 4	0.057 3	28.670 4	28.706 5	28.720 4	0.965 2	0.974 3	0.974 3
PR-IJ-G	1.345 2	1.347 1	1.349 1	0.057 0	0.056 9	0.056 9	28.733 1	28.707 5	28.864 9	0.965 2	0.970 7	0.972 5
EZ-IJ-G	1.347 7	1.345 9	1.345 0	0.056 6	0.057 1	0.057 3	28.701 5	28.770 3	28.712 6	0.961 5	0.978 0	0.976 2
PR-G	1.342 7	1.338 7	1.336 6	0.058 4	0.058 6	0.059 2	28.641 0	28.538 3	28.451 2	0.968 8	0.972 5	0.981 7
EZ-G	1.337 5	1.342 9	1.339 6	0.058 4	0.058 1	0.058 8	28.648 5	28.163 9	28.481 7	0.968 8	0.970 7	0.978 0
DY-P	1.338 7	1.338 1	1.341 2	0.058 6	0.058 8	0.058 7	28.580 3	28.538 5	28.492 9	0.961 5	0.972 5	0.970 7
EZ-IJ-P	1.341 5	1.342 5	1.339 7	0.058 7	0.058 4	0.058 7	28.589 3	28.592 9	28.510 6	0.959 7	0.970 7	0.983 5
PR-IJ-P	1.336 1	1.343 6	1.339 2	0.059 0	0.058 7	0.058 7	28.514 3	28.566 1	28.595 2	0.963 3	0.968 8	0.978 0
PR-P	1.341 8	1.341 1	1.340 8	0.058 0	0.058 4	0.058 7	28.704 8	28.592 5	28.530 5	0.968 8	0.972 5	0.987 2
EZ-P	1.342 2	1.342 9	1.338 2	0.057 8	0.058 2	0.058 7	28.480 3	28.167 5	28.447 2	0.967 0	0.979 8	0.972 5
ST-P	1.338 8	1.339 8	1.333 9	0.060 3	0.060 5	0.061 0	28.510 3	28.410 0	28.406 0	1.000 0	1.000 0	1.000 0
Random	1.342 4	1.321 2	1.341 7	0.058 6	0.059 0	0.058 4	28.659 1	28.603 5	28.575 3	0.968 8	0.974 3	0.972 5
Average	1.359 7	1.360 0	1.360 1	0.054 3	0.054 9	0.054 6	29.131 5	29.050 8	29.096 4	0.970 1	0.977 6	0.981 3

5.2.5 初级核心种质取样量的确定

在国内外不同植物核心种质库构建中，核心种质的比例为该物种全部收集品的5%～30%，一般为10%左右。资源份数最多的是美国的花生，共7 432份，核心种质为831份；其次是巴西的木薯，共4 132份，核心种质为1 200份。物种的群体相对较小，构建的核心种质份数一般也相对较少。到目前为止，前人的研究并没有提供一个合理的取样比例和合适的核心种质规模，因此在开展水稻核心种质研究时，取样比例的大小还需要进一步研究和探讨。作者的初步研究认为，核心种质所占总资源的比例应根据总资源群体的大小来决定，总资源多的物种其核心种质所占的比例可小一些，反之其核心种质所占比例可相对大一些。根据中国地方稻种资源和云南地方稻种资源的取样策略初步研究，认为10%的初级样品均可在表型上达到97%以上的保留比例，5% 的初级样品可达到96%的保留比例，并且遗传多样性指数明显比总资源增大。参考国内外核心种质研究的结果，在充分保证没有明显遗传多样性丢失的情况下，在计算机上以6% 的比例提取中国稻种资源初级核心种质3 008份，从统计结果看，各种策略在表型上均保留了原始资源多样性的96%以上。此外，通过人工定向取样，增加优异种质和极值材料约2%，使初级核心种质总数达4 310份，约占总资源的8%。

5.3 中国云南稻种资源初级核心种质的构建

在植物核心种质研究中，取样策略研究是首要环节。取样策略研究有两方面的内容：一是指全部收集品中提取部分样本作为初级核心种质的取样方法，包括分组原则、组内取样比例的确定和组内取样方法；二是从全部收集品中提取多大的比例才能达到以最少的遗传重复而最大限度地代表该物种遗传多样性。云南是我国最大的水稻遗传多样性中心，优异资源异常丰富，目前已经收集保存稻种资源6 000多份。云南栽培稻核心种质是我国最早建立的主要作物类核心种质，本部分主要介绍构建云南稻种资源核心种质的取样方法，通过比较不同的分组原则、组内取样比例及组内取样方法等，选取最佳取样方案用于提取云南地方稻种资源的初级核心种质。并比较了检测遗传多样性的方法，以便确定在云南地方稻种资源核心种质研究中检测遗传多样性的有效方法，并为其他作物核心种质的研究提供参考。

本研究所用云南地方稻种资源共6 121份，基础数据来自《云南省稻种资源目录》（油印，1984），包括籼粳、早中晚、水陆、粘糯等4级丁颖分类性状，及第5级分类中的米色、芒长、颖尖色、颖壳色、粒形状、分蘖力、出穗整齐度、叶片色、叶片茸毛、叶片弯直、剑叶角度、茎集散、穗形、穗枝集散、颖毛、穗茎长短等16个等级性状，粒宽、粒长度、长宽比、剑叶宽、株高、剑叶长、穗长、每穗总粒数、空秕率、着粒密度、千粒重等11个称量性状。多数等级性状按《稻种资源观察调查项目及记载标准》进行了整理与规范，记载过细的颖壳色归并为黄、金黄、红、紫、花5个级别；称量性状质量化时则以0.5个标准差为间距分为10级（李自超，2000；2001；Li zichao，2002）。

整个取样方案的研究分3个层次进行，即分组原则、组内取样比例的确定、组内取样方法。分组原则上确定丁颖分类体系（简写为DY，共24个组）、程-王分类体系（程侃声等，1984）（CW，7）、云南稻作生态区划（EZ，6）、云南行政地区（AD，18）、单一性状（ST）5种分组原则和不分组的大随机；在分组后确定组内取样量时，采用了按组内个体数量的简单比例（P）、组内个体数量的平方根比例（S）、组内个体数量的对数比例（L）和组内多样性比例（G）等 4 种方法；组内取样方法采用聚类和随机两种方法。共确定了 36 种取样方案。为减少随机取样的偶然性，36 种取样方案中组内采取随机取样的 20 种方案均取了 3 个重复；聚类采用欧氏类平均距离，人工挑选。最终得到云南稻种资源核心样品 76 个，所有核心样品份数相同，约占云南地方稻种的 16%。为避免主要生物类型的遗漏，每个分组内保证至少有 1 份样品入选。

根据核心种质的概念，构建核心种质时要选择有代表性、异质性和多样性大、类型齐全的样本作为核心种质。为了检测核心种质选择了多样性指数（*I*）、表型方差（*VPV*）、变异系数（*CV*）、表现型分布频率方差（*VPF*）、表型保留比例（*RPC*）、最大值离差（D_{max}）及最小值离差（D_{min}）等 7 个参数作为检验 36 种取样方案的初选指标，具体公式见第 4 章。

5.3.1 检验指标的筛选

对非聚类取样的 20 种方案进行差异显著性分析（表 5.7）表明，各核心样品在分组间（5 个分组原则和 1 个不分组）变异系数、表型频率方差、多样性指数、保留比例、表型方差等 5 个参数差异均达极显著水平，说明这 5 个参数在不同的分组原则下所得核心样品是有差异的。在 4 种取样比例间的变异系数、表型频率方差、多样性指数、表型方差等 4 个参数差异均达极显著水平，保留比例也接近显著水平。最大值离差和最小值离差在所有方案中均不显著。因此，本文选择变异系数、表型频率方差、多样性指数、保留比例、表型方差等 5 个参数作为检验核心种质质量的指标。

表 5.7 20 种非聚类核心样品的 7 种检验参数的方差分析

指标	变因	*DF*	*SS*	*MS*	*F* 值	$P_r>F$
变异系数	分组原则	5	0.729 8	0.145 964	6.22	0.000 2**
	取样比例	3	0.308 9	0.102 968	4.39	0.009 2**
	互作	11	0.337 4	0.030 677	1.31	0.255 7
	误差	40	0.938 2	0.023 454		
	总计	59	2.314 3			
表型频率方差	分组原则	5	0.000 3	0.000 063	145.02	0.000 1**
	取样比例	3	0.000 1	0.000 021	47.35	0.000 1**
	互作	11	0.000 4	0.000 034	77.33	0.000 1**
	误差	40	0.000 01	0.000 000		
	总计	59	0.000 8			
多样性指数	分组原则	5	0.001 9	0.000 377	28.53	0.000 1**
	取样比例	3	0.000 2	0.000 082	6.17	0.001 5**
	互作	11	0.001 5	0.000 138	10.46	0.000 1**
	误差	40	0.000 5	0.000 001		
	总计	59	0.004 2			

续表5.7

指标	变因	*DF*	*SS*	*MS*	*F* 值	$P_r>F$
保留比例	分组原则	5	0.004 1	0.000 823	20.23	0.000 1**
	取样比例	3	0.000 3	0.000 109	2.68	0.059 7
	互作	11	0.000 3	0.000 028	0.68	0.750 5
	误差	40	0.001 6	0.000 041		
	总计	59	0.006 4			
表型频率	分组原则	5	75.139 5	15.027 907	7.77	0.000 1**
	取样比例	3	24.785 8	8.261 922	4.27	0.010 4*
	互作	11	18.848 6	1.713 511	0.89	0.560 8
	误差	40	77.332 7	1.933 318		
	总计	59	196.106 7			
最大值离差	分组原则	5	44.815 1	8.963 027	2.08	0.088 5
	取样比例	3	6.528 7	2.176 223	0.50	0.681 6
	互作	11	68.806 0	6.255 094	1.45	0.189 6
	误差	40	172.643 9	4.316 098		
	总计	59	92.793 8			
最小值离差	分组原则	5	31.683 6	6.336 718	1.69	0.159 5
	取样比例	3	26.774 7	8.924 884	2.38	0.084 0
	互作	11	25.191 2	2.290 113	0.61	0.808 8
	误差	40	50.066 2	3.751 656		
	总计	59	233.715 7			

注：** 表示在1%水平上差异显著；* 表示在5%水平上差异显著。

以 Duncan 多重检验为基础，比较各分组间和取样比例间 5 个检验指标的差异，用相同秩数表示无差异，不同的秩数表示有差异并由小到大表示其优劣，其结果列于表 5.8。把所有 36 种取样方案及原始库的 5 个检验指标的秩数列于表 5.9，各方案的秩数平均值汇总于表 5.10。

5.3.2 分组原则比较

从表 5.8 可知，20 种非聚类取样方案中各分组原则间以单一性状分组效果最好，其次为丁颖和程-王分类体系，按稻区和地区分组及不分组的完全随机效果最差。表 5.10 的 36 种取样方案的排列结果与表 5.8 结果基本一致，非聚类方案中的优劣顺序为单一性状>丁颖>程-王>稻区>地区>不分组；在 16 种聚类方案中，其优劣顺序为丁颖>程-王>稻区>地区。

表 5.8　20 种非聚类取样方案中各分组原则和取样比例的秩数和

检验指标	分组原则						取样比例			
	单一性状	丁颖体系	程-王体系	稻区	地区	不分组	L	S	G	P
多样性指数	1	2	2	3	4	3	1	1	2	2
变异系数	1	2	2	2	2	2	1	1	2	2
表型频率方差	3	1	2	5	6	4	1	1	2	2
表型方差	1	2	2	2	2	3	1	1	2	2
保留比例	1	2	2	2	2	2	1	1	2	1
总计	7	9	10	14	16	14	5	5	10	9

总之，将原始材料分组后在组内取样，较不分组的完全随机取样效果好；在非聚类情况下，以按单一性状分组后取样效果较好，这种方案可以取到所有的表现型，但是，明显比其他分组原则的聚类方案差（表 5.10）；不管是组内聚类取样还是组内随机取样，以水稻的分类体系进行分组，都优于以生态区划或行政地区来分组的原则。

以上的结果表明，按两种分类体系进行分组是比较好的原则。其中按丁颖分类体系进行分组的原则优于按程-王分类体系进行分组的原则。主要原因是，植物的分类体系是植物学家经长期对某个植物类群的观察及对其进化史研究的基础上得出的，比较科学地反映了植物在自然条件下的遗传结构。由于数据的限制，丁颖分类体系共 5 级，用到第 4 级，而程-王分类体系也是 5 级，仅用到第 2 级，这可能是造成按丁颖分类体系比程-王分类体系的取样效果表现较好的原因。

按云南省稻作生态区对材料进行分组的效果虽不如按两种分类体系进行分组，但是却优于按行政地区进行分组的效果。可能主要是因为按生态环境对材料进行分组虽没有考虑材料的系统遗传结构，但是，生态环境是生物遗传和分化的外部条件，可以从侧面反映材料的遗传结构，而且考虑到了材料对生态的适应性。而行政地区却没有从生物的角度对材料进行考虑，因而不反映任何生物遗传结构的信息，不存在生物遗传结构上的差异。所以按云南省稻作生态区进行分组的效果优于按行政地区分组的效果。

可见，对材料进行分组是系统取样的基础，合理的分组反映了研究对象的遗传结构。对材料进行合理的分组，然后在保证每个分组都有材料入选的情况下取样才不易丢掉某种遗传类型。一般来说，按研究对象的生物分类体系进行分组是比较理想的分组原则。

5.3.3　组内取样比例的确定

在组内非聚类取样情况下，对 S、L、G、P 等 4 种确定组内取样比例的方法进行了分析，结果表明（表 5.8），S 和 L 、P 和 G 方法各自间基本无差异，但是 S 和 L 法明显优于 P 和 G 法。

所有 36 种方案一起比较的结果（表 5.10）表明，非聚类方案中的结果与表 5.8 完全相同，聚类方案中的结果表现较为复杂，除 S 法表现较好外，其他 3 种方法差异不大。此外，从表 5.7 和表 5.10 还看出，S、L、G、P 等 4 种决定组内取样比例的方法与不同分组原则间存在一定的互作，因此，选择组内确定比例的方法时要以合理的分组为前提，否则会得到与期望相反的结果。如在组内聚类取样情况下，S 和 L 法在两种分类体系分组中效果较为理想，但是，在非聚类情况下，在按地区分组中表现较差。

5.3.4 组内取样方法

该研究中组内取样方法包括随机和聚类两种。由表 5.9 可以看出，无论哪种分组原则和确定组内比例的组合，组内聚类的取样方法几乎全部排列在前；表 5.10 表明，不管是在相同的分组原则下，还是在相同的确定组内取样比例方法下，在组内取样的方法上聚类均明显优于随机，而且有明显差异。

表 5.9 所有取样方案的 5 种检测指标的秩数排序

方案	平均排序	表型频率方差	多样性指数	变异系数	表型方差	保留比例
丁颖 C-S	2.8	2	1	2	1	8
丁颖 C-L	3.2	1	2	1	4	8
程-王 C-S	5	5	4	6	5	5
稻区 C-P	6.4	7	5	9	6	5
程-王 C-L	6.6	3	6	10	9	5
稻区 C-G	6.8	8	3	12	8	3
地区 C-P	7.2	9	7	8	10	2
稻区 C-S	8	14	9	5	7	5
丁颖 C-P	8.2	18	8	4	3	8
丁颖 C-G	8.6	20	10	3	2	8
地区 C-S	10.2	16	14	7	12	2
程-王 C-P	10.2	11	11	13	11	5
地区 C-G	11.4	12	12	15	13	5
程-王 C-G	11.6	13	12	15	13	5
稻区 C-L	12.4	19	15	11	14	3
单一 L	13.4	17	16	17	16	1
丁颖 L	15.2	4	18	23	21	10
单一 S	15.2	21	19	18	17	1
地区 C-L	16	31	17	14	15	3
程-王 S	17	15	21	19	20	10
程-王 L	17.2	10	22	21	23	10
丁颖 S	17.6	6	20	33	18	11
丁颖 P	20	26	23	22	22	7

续表5.9

方案	平均排序	表型频率方差	多样性指数	变异系数	表型方差	保留比例
单一 P	22	33	28	24	24	1
稻区 S	22	32	25	26	19	8
程-王 G	22.6	24	24	27	29	9
原始库	22.8	28	26	29	30	1
地区 P	23.8	25	31	30	27	6
稻区 P	24.2	30	32	25	26	8
地区 G	24.4	23	29	31	31	8
稻区 L	24.6	35	35	20	25	8
丁颖 G	24.8	27	33	28	28	8
完全随机	25.6	22	27	34	36	9
稻区 G	27	29	30	35	33	8
程-王 P	28.4	34	34	36	34	4
地区 S	29.4	36	36	32	32	11
地区 L	31.4	37	37	37	35	11

表 5.10　取样方案的排序比较

取样方法	程-王	稻区	地区	丁颖	单一性状	完全随机	平均
S	17	22	29.4	17.6	15.2		20.24
L	17.2	24.6	31.4	15.2	13.4		20.23
G	22.4	27	24.4	24.8			24.65
P	28.4	24.2	23.8	20	22	25.6	24
平均	21.25	24.45	27.25	19.4	16.87	25.6	22.47
C-S	5	8	10.2	2.8			6.5
C-L	6.6	12.4	16	3.2			9.55
C-G	11.6	6.8	11.4	8.6			9.6
C-P	10.2	6.4	7.2	8.2			8
平均	8.35	8.4	11.2	5.7			8.412 5
总平均	14.8	16.425	19.225	12.55	16.87	25.6	

4 种确定组内取样量的方法中，以 S 和 L 两种方法较好。构建核心种质的最高原则是最少的重复和最大的遗传多样性，而确定组内取样比例的方法调整了组内取样的比例。其中，S 和 L 都不同程度地降低了规模较大组内的取样量，因而可以不同程度地降低规模较大的分组内因含有较多复份材料而造成的重复性。G 在理论上是较为理想的确定取样比例的方法，但

是本研究中G表现较差，值得进一步探讨。P和不分组的大随机取样没有区别，显然不会是理想的确定组内取样比例的方法。

按聚类的方法选取组内的材料明显好于随机选取组内材料的方法。聚类的方法综合考虑了材料的所有已知性状，按材料的相似程度将相似的材料聚在一起。选择时，根据所确定的取样量，将材料再分成亚组，亚组内材料具有比亚组间更大的相似性，每一亚组内任选一份材料组成核心种质。由此组成的核心种质一方面选择了最多的类型，另一方面，避免了材料的重复。

5.3.5 取样的方案

上述结果表明，S、L、G、P等4种决定组内取样比例的方法与不同分组原则间存在有一定的互作。因为对材料进行分组以建立合理的遗传结构为目的，而确定组内取样比例的方法改变了各遗传结构中材料的比例。因此，选择组内确定比例的方法时要以合理的分组为前提，否则会得到与期望相反的结果。因此，确定取样方案时要考虑到分组原则和取样比例间的互作问题。两者之间的互作模式也是需要进一步研究的内容之一。

通过以上研究认为，在由分组原则、组内取样比例及组内取样方法等3个层次所组成的共36种取样方案中，以按丁颖分类体系分组、按平方根或对数比例和组内聚类取样的取样方案为云南地方稻种资源核心种质初级样品的最佳取样方案。

在充分保证没有明显遗传多样性丢失的情况下，以上各种方案所得初级样品均约为原始资源数量的16%，从统计结果看，各种方案在表型上均保留了原始资源多样性的96%以上，因此，在16%的总取样比例下几乎没有遗传多样性的丢失。通过以上取样方案的研究，选定丁颖分类体系下以平方根法决定取样比例和聚类取样的取样方案，选择出云南地方稻种资源998份。经检测这998份核心样品在表型上代表了整个云南地方稻种资源97.8%的多样性。

5.3.6 核心种质多样性的检验指标

根据取样方案比较研究的综合结果，比较各检验指标与综合结果的相关，多样性指数($r=0.9842$)、表型方差($r=0.9629$)、变异系数($r=0.9359$)和表型频率方差($r=0.8442$)4个指标与综合评价结果的相关系数达极显著水平，保留比例($r=0.3312$)也达显著水平，因此，以上5个指标除可联合用于评价核心种质外，还可独立用于全部资源与其核心种质的一致性和代表性的评价，特别是多样性指数、表型方差和变异系数的效果更好。

根据核心种质的概念，要求核心种质以最小的资源数代表最大的遗传多样性，有尽可能小的群体和尽可能大的遗传多样性，因此在选择检测参数对核心种质的优劣进行评价时，主要从两个方面加以考虑：遗传多样性和实用性。遗传多样性是指种内不同个体间或一个群体内不同个体间的遗传变异的总合（胡志昂，王洪新，1994），对遗传多样性的量度包括变异的丰度(richness)和变异的均度(evenness)（Brown and Weir，1983）；实用性是指在所选核心种质中是否包含了生产上需要的优异变异，能否对当前的生产应用提供服务。

最大、最小值离差(D_{max}、D_{min})：D_{max}、D_{min}表示核心种质性状极值与原始库极值的离差，表明了的变异范围，可以用作核心种质实用性的参考。D_{max}和D_{min}越小，表明核心种质中各性状的极值越接近原始库中的极值,则可能含有育种家所需的特殊遗传变异。t 检验、方差分析和相关分析均表明,此两个参数均不能灵敏地区分各种方法间的区别,不是取样方法检测的有效参数。

表型保留比例(RPC):RPC 表示核心种质中所保留原始库中表型总量的比例,在一定程度上表现了变异的丰度。核心种质的 RPC 越大,表明在核心种质中包含的变异越丰富,那么对育种家越有利。在各种取样方法与原始库的 t 检验中,除以分组方法 ST 为基础的各种方法因人为因素保留了与原始库相同的表型外,其他方法均与原始库间存在显著差异。说明各种方法只要没有人为干扰,核心种质都要有部分表型的丢失。方差分析中表现为差异显著,说明各种方法间在此参数上有不同效应。但是在相关分析中,RPC 与秩数和相关不显著,因而不能把 RPC 作为核心种质检测的有效参数。

表型方差(VPV)和变异系数(CV):VPV 和 CV 在一定程度上表现了各种表现型的分布情况,显示了材料的异质性,因此可以估计群体的均度。VPV 和 CV 越大,表明所得核心种质中各性状的分布越均匀,遗传冗余度(degree of genetic redundancy)(Brown,1989)越小。t 检验、方差分析和相关分析的结果表明,各种取样方法所得核心种质与原始库间以及各种取样方法所得核心种质间在两参数上存在显著差异,且两参数均与秩数和存在显著相关,因此可以作为核心种质检测的有效参数。

表型频率方差(VPF):VPF 同样用于估计群体的均度,其表现与 VPV、CV 正好相反。t 检验、方差分析和相关分析表明,此参数在各种取样方法间存在显著差异,为检测核心种质的有效参数。

Shanno-Waver 多样性指数(I):I 为多样性估计的综合性参数,不仅考虑了群体中变异的丰度,同时考虑了群体中变异的均度。所得核心种质中变异类型越丰富,变异的均度越高,I 值越大。因此,它不仅估计了遗传多样性的大小,而且还能够估计核心种质的实用性。t 检验、方差分析和相关分析的结果表明,I 在各种取样方法间存在显著差异,与秩数和存在显著相关,因此为核心种质检测的有效参数。

以上分析表明,参数 D_{ave}、D_{max}、D_{min} 和 RPC 仅可作为核心种质的参考参数,而且在检验核心种质的实用性时,D_{max}、D_{min} 和 RPC 必不可少;参数 VPV、VPF、I 和 CV 可以作为检测不同核心种质取样方法间优劣的有效参数。单独用参数 VPV 可以估计不同确定组内比例的方法的优劣。

参考文献

[1] 程侃声,王象坤,等. 云南稻种资源的综合研究与利用:Ⅱ. 亚洲栽培稻分类的再认识. 作物学报,1984,10:271-280.

[2] 胡志昂,王洪新. 研究遗传多样性的原理和方法//中国科学院生物多样性委员会. 生物多样性研究的原理和方法. 北京:科学出版社,1994:118-122.

[3] 李自超,张洪亮,曾亚文,等. 云南稻种资源表型遗传多样性研究. 作物学报,2001,27:832-837.

[4] 李自超,张洪亮,曾亚文,等. 云南地方稻种资源核心种质取样方案研究. 中国农业科学,2000,33(5):1-7.

[5] 李自超,张洪亮,曹永生,等．中国稻种资源核心种质取样策略研究．作物学报,2003,29(1):20-24.

[6] 云南省农业科学院稻作研究室．云南省稻种资源目录(油印本).1984.

[7] 余萍,李自超,张洪亮,等．中国普通野生稻初级核心种质取样策略．中国农业大学学报,2003,8:37-41.

[8] 中国农业科学院品种资源所稻作研究室．稻种资源观察调查项目及记载标准．1984.

[9] Brown A H D,Weir B S. Measuring genetic variability in plant populations//Tanksley S D,Orthon T J. Isozymes in Plant Genetics and Breeding,Part A. Amsterdam,Netherlands:Elsevier,1983.

[10] Brown A H D. The case for core collections//Brown A H D,et al. The use of plant genetic resouces. Cambridge Univ. Press,Cambridge,England,1989:136-156.

[11] Li Zichao,Zhang Hongliang,et al. Studies on sampling stratyges for establishment of core collection of rice landrace in Yunnan, China. Genetic Resources and Crop Evolution,2002,49:67-74.

第6章

中国稻种资源核心种质及微核心种质的构建

6.1　中国栽培稻的核心种质及微核心种质构建

中国稻种资源初级核心种质合计 4 310 份材料，其中 3 632 份地方品种，604 份现代纯系品种和 74 份三系杂交亲本，其对原始种质库在表型水平的保留比例约为 95%（李自超等，2003）。显然，很难将如此大规模的种质群体用于实际应用中。因此，在对初级核心种质开展大量表型鉴定和评价、SSR 标记检测的基础上，构建了中国栽培稻的核心种质。初级核心种质分别于 2001 年和 2002 年种植于杭州和三亚，对 50 个性状进行调查和评价。田间每个材料种植 4 行，每行 6 株。对于数量性状调查 10 个重复，最后取平均值。各性状按照国际水稻研究所建立的《稻种资源形态农艺性状鉴定方法》的调查标准。考察的性状包括：叶鞘色、叶片色、倒二角、倒二叶叶耳色、叶片茸毛、叶舌色、叶舌形状、叶枕色、剑叶曲度、剑叶角度、茎秆粗细、茎秆角度、抗倒性、茎节包露、茎节色、节间色、茎集散、穗类型、穗伸出度、柱头色、颖尖色、颖壳色、颖壳茸毛、护颖长度、护颖色、最长芒长、芒色、芒分布、种皮色、柱头外露、谷粒形状、落粒性、穗立形状和叶片衰老共 34 个以离散型数据记载的质量性状；以及倒二舌长度、倒二叶长度、倒二叶宽度、剑叶长度、剑叶宽度、植株高度、抽穗天数、穗长度、有效穗数、单株穗重、一次枝梗数、二次枝梗数、谷粒长度、谷粒宽度、千粒重和结实率共 16 个以连续型数据记载的数量性状。

张洪亮等（Zhang et al,2011）随机选取了分布于水稻 12 条染色体上的 36 对 SSR 标记对栽培稻初级核心种质进行了基因型分析。利用这些信息，进一步建立了更加有效的核心种质和更具可操作性的微核心种质，为进一步从事自然变异（包括复杂性状的表型和在 DNA 水平的多样性的基因型等）的深入研究以及育种利用提供一个合理的框架。

6.1.1 核心种质的取样策略

中国栽培稻核心种质的构建方法分以下几个方面进行研究。首先分为不分组策略和分组策略(也叫分层策略)(图 6.1)。不分组策略对材料的选取按照以下 4 个方面:①随机选取,3 次重复;②采用聚类的方法,如对所有材料进行聚类,按照所需类数每一类内随机选取 1 份,两次重复;③通过 Powercore 程序进行取样;④通过 Mstrat 程序进行取样,3 次重复。这 4 种基于不分组策略所得的候选核心种质分布被称为 NG-R、NG-CR、NG-PC 和 NG-M。分组策略包括 3 个步骤:首先对初级核心种质进行分组,然后确定每组材料数,最后从每个分组中选取核心材料(图 6.1)。

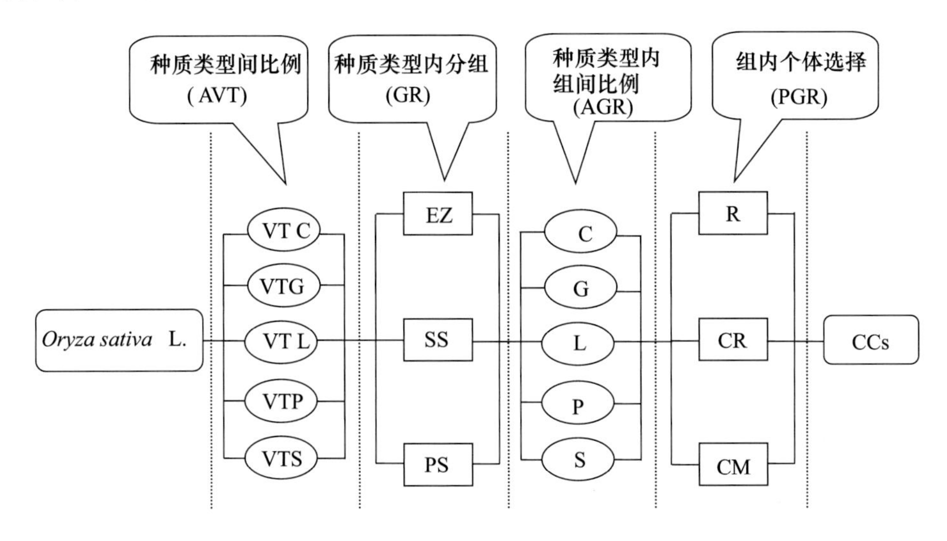

图 6.1 中国栽培稻核心种质基于分组方法的取样策略

注:VTC、VTG、VTL、VTP 和 VTS 指 3 种种质间取样比例:C,恒定材料数;G,分组的取样量由各组 Nei's 多样性指数占各组资源多样性之和的比例来确定;L,由各组资源份数的对数值占各组对数值之和的比例来确定;P,由各个组的材料总数占整个资源总量的比例来确定;S,由组内资源份数的平方根值占各组平方根值之和的比例来确定。EZ、SS 和 PS 是指各类型种质内的分组方法:EZ,根据稻作生态区进行分组;SS,根据亚种进行分组;PS,根据群体结构进行分组。C、G、L、P 和 S 是指各分组组间取样比例。R、CR 和 CM 是指组内取样方法:R,随意取样方法;CR,聚类后类内随机取样的取样方法;CM,聚类后选取最有代表性材料的取样方法。CCs,核心种质。

分组策略中设计了分层分组策略。分组包含两个层次,第一层只设计一种分组方法,即按照品种的育成年代和育种方法分为地方品种(LV)、现代纯系品种(MPV)和三系杂交亲本(PTH);第二层在每种种质内按照 3 种方法进行分组:①地理生态区(EZ);②亚种(SS);③遗传结构(PS)。每个层次都设置了 5 种组内取样比例策略:①C 策略,不管每个组有多少材料,在每个组中随机取相同材料数;②G 策略,分组的取样量由组内 Nei's 多样性指数占整个资源多样性的比例来确定;③L 策略,由组内资源份数的对数值占各组对数值之和的比例来决定;④P 策略,各个组的取样比例与组内的材料总数占整个资源总量的比例一致;⑤S 策略,组内取样比例由组内资源份数的平方根值占各组平方根值之和的比例来决定。最后,针对如何取出各组内所需数量的个体材料设置了 3 种方法:①根据分组结果,每组内随机选取所需材料份数,两次重复(R);②采用聚类的方法对所有材料进行聚类,按照所需材料数对组内材料进行分类,每一类内随机选取一份，两次重复(CR)；③采用聚类的方法对所有材料进行聚类，按照所需材料数对组内材料进行分类，每一类内选取最具有代表性的材料(CM)。基于以上分组策略，共有225个取样方案。这225个取样方案可以被4个以短线连接的符号来命名：第一个符号代表第一个水平分组每种种质的取样比例；第二个符号代表每种种质内的分组方法(共3种方法)；第三个符号代表第二个水平下的各分组的取样比例(共5种方法)；第四个符号代表第二个水平下各组内的取样方法(共3种方法)。例如，VTC-EZ-C-R代表3种种质间按恒定材料数取样(VTC)，每种种质内按地理生态区进行分组(EZ)，各地理生态区间的取样比例按照恒定材料数取样(C)，每个生态区的材料随机选取(R)。通过方差分析、成对样本的 t 检验、对原始种质的代表性及Nei's基因多样性指数 H_e 比较不同的取样策略，以选择最佳的取样方案。

选取上述不分组的取样和分组取样中的最佳分组和组内取样比例方案，对其3种个体选取方法进行了比较，这3种个体取样方法包括随机、聚类随机和M策略(Gouesnard et al, 2001)。该M策略由Mstrat程序完成。不分组方法分别被命名为NG-R、NG-CR和NG-M；分组的方法分别被命名为G-R、G-CR和G-M。我们以SSR等位变异保留比例和Nei's基因多样性指数为指标，未涉及的SSR位点是指在聚类分析和MSTRAT分析中未使用的位点。

大量高频率等位变异的遗传冗余是影响一个样本等位变异保留比例的主要影响因子(Crossa et al,1993)。本研究中等位变异频率的对数呈正态分布，因此，我们可以依据等位变异的频率将等位变异划分为4种类型，我们将其分别命名为优势等位变异(predominant alleles, PA, $P>0.1$)、普通等位变异(common alleles, CA, $0.1\geqslant P>0.01$)、稀有等位变异(rare alleles, RA, $0.01\geqslant P>0.001$)和劣势等位变异(inferior alleles, IA, $0.001\geqslant P$)。在核心种质构建中，将充分考虑不同类型等位变异的分布。

6.1.2 核心种质规模的确定

确定核心种质大小和评价核心种质的有效性，首先要知道原始种质库蕴含的遗传变异程度和遗传变异与群体大小的关系。因此，利用4 310份初级核心种质通过修正后的MMF模型(Morgan et al,1975)对整个原始种质库的等位变异进行了预测(式6.1)——“基于M的预测”。根据这个预测，在55 909份原始种质中包含644个等位变异(表6.1)，平均每个位点17.9个，仅比初级核心种质(16.8个)高6%。

$$y=\frac{-465.0799+665.4138x^{0.4581}}{4.2190+x^{0.4581}} \tag{6.1}$$

表6.1 不同核心种质的群体规模和遗传变异

种质类型		材料数	保留比例/%		等位变异数	保留比例/%	
			占初级核心种质	占原始基础种质		占初级核心种质	占原始基础种质
微核心种质	野生稻	122	14.12	2.19	668	82.98	77.23
	栽培稻	189	4.39	0.34	444	73.39	68.94
	合计	311	6.01	0.50	716	84.14	76.74

续表6.1

种质类型		材料数	保留比例/%		等位变异数	保留比例/%	
			占初级核心种质	占原始基础种质		占初级核心种质	占原始基础种质
核心种质	野生稻	628	72.69	11.27	799	99.25	92.37
	栽培稻	932	21.62	1.66	547	90.41	84.94
	合计	1 560	30.15	2.53	836	98.24	89.60
初级核心种质	野生稻	864	—	15.51	805	—	93.06
	栽培稻	4 310	—	7.71	605	—	93.94
	合计	5 174	—	8.42	851	—	91.21
基础种质库	野生稻	5 571	—	—	865	—	—
	栽培稻	55 908	—	—	644	—	—
	合计	61 479	—	—	933	—	—

正如预期,利用不同大小群体进行等位变异的预测显示(图 6.2),使用小群体对原始种质等位变异的预测偏低。然而,群体大小从 100 增至 300,其预测能力快速升高。当用 3 000 大小的群体时,可以给出一个近乎无偏的估计。然而,无偏估计的 90%可以用 200～600 的群体获得,而无偏估计的 95%可以用 700～1 500 的群体获得。

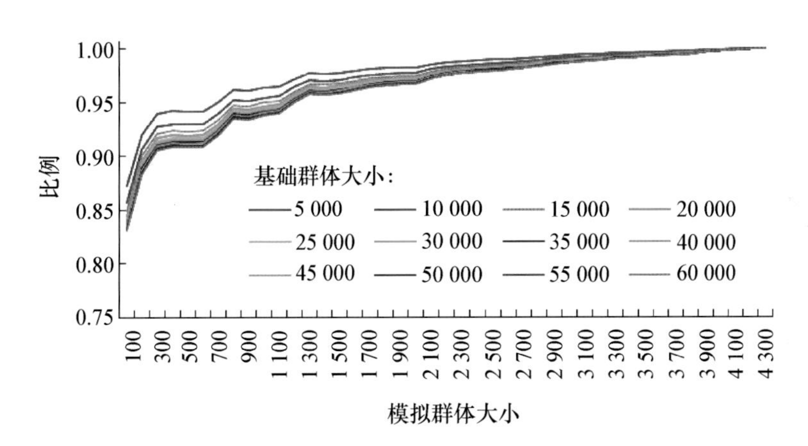

图 6.2 利用不同大小模拟群体预测不同大小基础群体的等位变异数时的稳定性

注:纵坐标为某规模模拟群体所预测指定大小基础群体的等位变异数占利用栽培稻初级核心种质(4 310 份材料)预测同样大小基础群体的等位变异数的比例。

利用 Crossa 的基于 A 的估计和基于 G 和 M 的估计,对不同样本大小在 36 个 SSR 位点和存在较高连锁不平衡位点的等位变异数进行了预测(图 6.3A),同时通过 5 个随机取样的样本统计在 36 个位点和高连锁不平衡位点的真实等位变异数。将统计的等位变异数与预测进行比较,结果显示:基于 M 的预测最稳定,与真实值最接近,基于 G 和 A 的预测偏低,尤其是对那些杂合度较高的位点(图 6.3B)。基于 A 的预测低于基于 G 的预测,尤其是对高杂合度的位点和高连锁不平衡位点(图 6.3B)。对于 2 000 份以下的群体,如果位点的杂合性低于

10%，则基于G的估计和基于A的估计两者对等位变异预测的一致性达到99%以上，但如果位点的杂合性高于90%，则一致性仅有50%。以上基于A、基于G和基于M的比较显示：基于M的估计能够准确地预测一定大小群体的等位变异数，或达到一定等位变异保留比例时需要多大的群体。

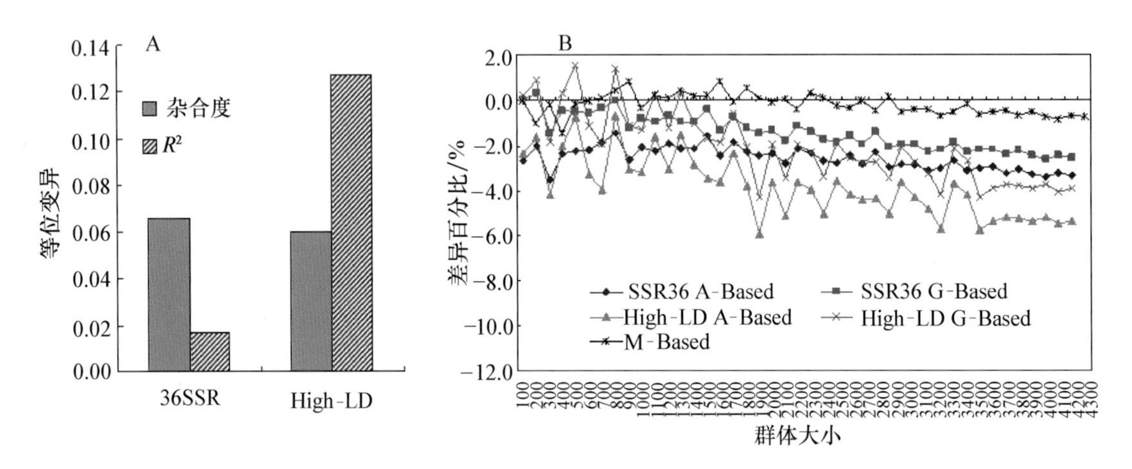

图6.3 在随机取样中具有不同杂合度及连锁不平衡程度(以R^2量度)的SSR标记(A)在不同群体中不同变异数的估计方法的一致性(B)

注：B中的纵坐标表示估计值相对随机取样的差异百分比，正值表示相对实际随机取样高估，负值表示相对实际随机取样低估。估计方法包括，利用36对SSR标记基于A(SSR A-Based)、利用高LD的SSR标记基于A(High-LD A-Based)、利用36对SSR标记基于G(SSR G-Based)、利用高LD的SSR标记基于G(High-LD G-Based)和基于M(M-Based)。

图6.4的曲线显示，等位变异的增长率并非线性增长。随着群体规模的增大，等位变异的即时增长率(*IRI*：每增加一份材料增加的等位变异数)逐渐降低，遗传冗余逐渐增大。根据等位变

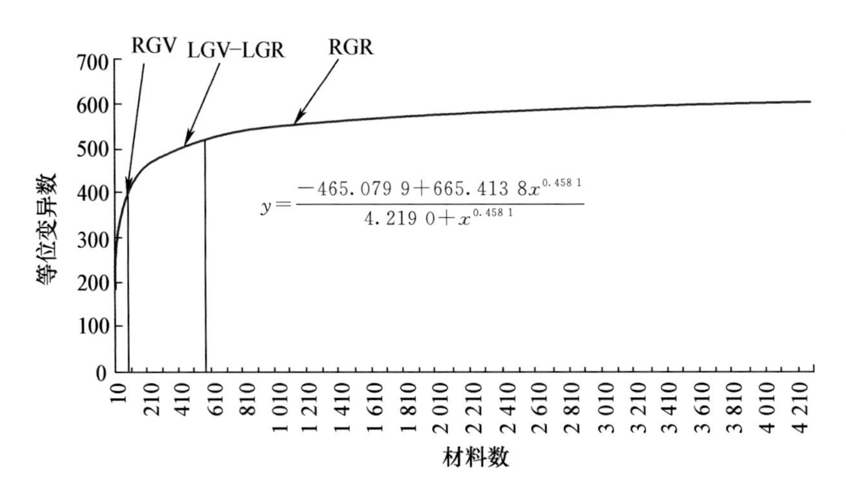

图6.4 遗传变异及遗传冗余随群体大小的变化趋势

注：RGV为仅有轻微遗传冗余的遗传变异快速增长期(*IRI*≥1)；
LGV-LGR为遗传变异(1>*IRI*≥0.05)和遗传冗余的缓慢增长期；
RGR为遗传变异仅有轻微增长(*IRI*<0.05)而遗传冗余的快速增长期。

异的即时增长率，我们将等位变异和遗传冗余的变化划分为三个阶段：仅有轻微遗传冗余的遗传变异快速增长期（RGV）（*IRI*≥1）；遗传变异（1＞*IRI*≥0.05）和遗传冗余的缓慢增长期（LGV-LGR）；遗传变异仅有轻微增长（*IRI*＜0.05）而遗传冗余的快速增长期（RGR）。为了确定核心种质的大小，必须要在最少遗传冗余和最大变异数间折中，即在遗传变异和遗传冗余间找到一个取样效率较高的点。因此，我们认为从 LRV-LGR 向 RGR 转折的点所对应的群体规模将是我们期望的核心种质大小，此时，群体大小为 932 份材料，等位变异的即时增长率为每增加 100 份材料可以增加 5 个新的等位变异（图 6.4）。为了获得更高的取样效率，建议构建一个微核心种质。微核心种质的大小可以取从 RGV 向 LGV-LGR 转变时对应的群体大小，即 82 份材料，等位变异的即时增长率为每增加 100 份材料可以增加 100 个新的等位变异。

从初级核心种质中随机选取不同大小的群体来分析 4 种类型等位变异的保留比例，结果显示：当取样量达到 189 时，能够保留 100%的 PA 和 95%的 CA（图 6.5）。然而，如果想保留 95%的 RA，则群体规模需要达到 900 份；如果要保留大部分的 IA 则需要更大的群体，例如，要保留 90%的 IA 需要群体规模达到 3 000 份以上。根据不同类型等位变异的分布和保留比例，我们建议核心种质取样量的第二个标准：核心种质应包含大部分的 PA、CA 和 RA；而微核心种质应包含大部分的 PA 和 CA。

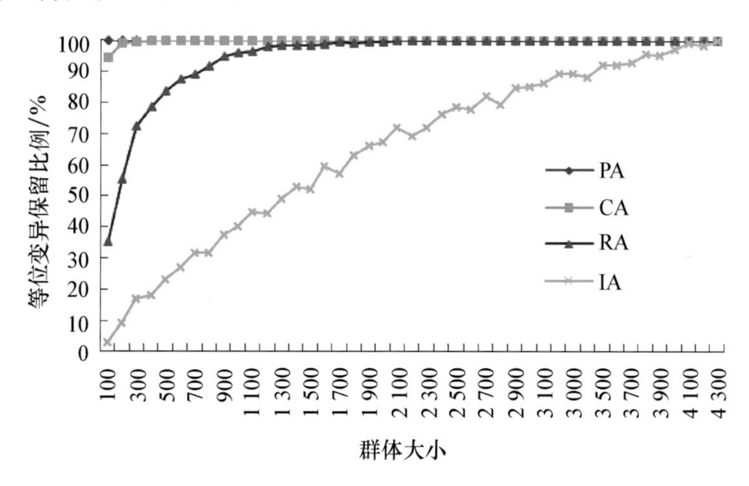

图 6.5 不同类型等位变异在不同大小群体的保留比例

最终，依据两个原则来确定核心种质和微核心种质的大小。第一条是关于取样效率，即要找到一个遗传变异与遗传冗余的折中点；第二条是关于取样的有效性，即应包含主要类型的等位变异。这两个原则设置了不同的群体大小（对于微核心种质分别是 82 和 189；对于核心种质分别是 930 和 900）。为了满足这两个条件也为了能尽可能包含更多的等位变异，我们取较大的群体规模。最终，建议微核心种质和核心种质的取样量分别为 189 份和 932 份，分别占原始种质资源数量的 0.3%和 1.66%（表 6.1）。利用 PowerCore 软件模拟选出的核心种质为 174 份，无论是群体大小还是多样性指数（0.78）都与建议的微核心种质相似。Mstrat 软件分析显示等位变异的增长达到平台期，并且当群体大小接近 932 份材料时，随机取样和最佳取样无明显差异。

6.1.3 不同取样策略对核心种质保留比例和基因多样性的影响

取样策略对核心种质的保留比例(RT)和 Nei's 基因多样性(H_e)有显著影响(表 6.2、图 6.6 和图 6.7)。不同种质间 5 种取样比例(AVT,包括 VTC、VTG、VTL、VTP 和 VTS)中,

表 6.2 不同取样策略所得核心种质变异保留比例和基因多样性的方差分析

变因	多样性指标	平方和	*df*	均方	*F*	显著性
品种类型间比例(AVT)	RT**	0.005 727	4	0.001 432	28.44	1.37E-17
	He**	0.001 420	4	0.000 355	66.15	3.75E-32
品种内分组(GR)	RT**	0.012 654	2	0.006 327	125.70	8.70E-33
	He**	0.001 071	2	0.000 536	99.81	2.74E-28
品种内分组间比例(AGR)	RT**	0.001 413	4	0.000 353	7.02	3.31E-05
	He**	0.000 324	4	0.000 081	15.08	2.19E-10
分组内取样(PGR)	RT**	0.009 559	2	0.004 779	94.95	2.27E-27
	He**	0.008 799	2	0.004 399	819.93	1.76E-81
AVT×GR	RT**	0.001 515	8	0.000 189	3.76	4.80E-04
	He**	0.000 254	8	0.000 032	5.91	1.40E-06
AVT×AGR	RT	0.000 908	16	0.000 057	1.13	3.35E-01
	He	0.000 085	16	0.000 005	0.99	4.73E-01
AVT×PGR	RT	0.000 537	8	0.000 067	1.33	2.31E-01
	He**	0.000 609	8	0.000 076	14.19	2.82E-15
GR×AGR	RT**	0.001 201	8	0.000 150	2.98	3.96E-03
	He**	0.000 618	8	0.000 077	14.40	1.80E-15
GR×PGR	RT**	0.001 456	4	0.000 364	7.23	2.36E-05
	He**	0.000 326	4	0.000 081	15.19	1.90E-10
AGR×PGR	RT	0.000 285	8	0.000 036	0.71	6.84E-01
	He*	0.000 099	8	0.000 012	2.31	2.31E-02
AVT×GR×AGR	RT	0.001 183	32	0.000 037	0.73	8.46E-01
	He	0.000 212	32	0.000 007	1.23	2.01E-01
AVT×GR×PGR	RT	0.000 706	16	0.000 044	0.88	5.97E-01
	He**	0.000 444	16	0.000 028	5.17	1.58E-08
AVT×AGR×PGR	RT	0.000 979	32	0.000 031	0.61	9.50E-01
	He	0.000 046	32	0.000 001	0.27	1.00E+00
GR×AGR×PGR	RT	0.000 826	16	0.000 052	1.03	4.33E-01
	He	0.000 093	16	0.000 006	1.08	3.75E-01
AVT×GR×AGR×PGR	RT	0.002 517	64	0.000 039	0.78	8.68E-01
	He	0.000 148	64	0.000 002	0.43	1.00E+00
误差	RT	0.007 550	150	0.000 050		
	He	0.000 805	150	0.000 005		
总计	RT	0.049 017	374			
	He	0.015 352	374			

注:* 和 ** 分别代表在 0.05 和 0.01 水平达到显著或极显著差异。

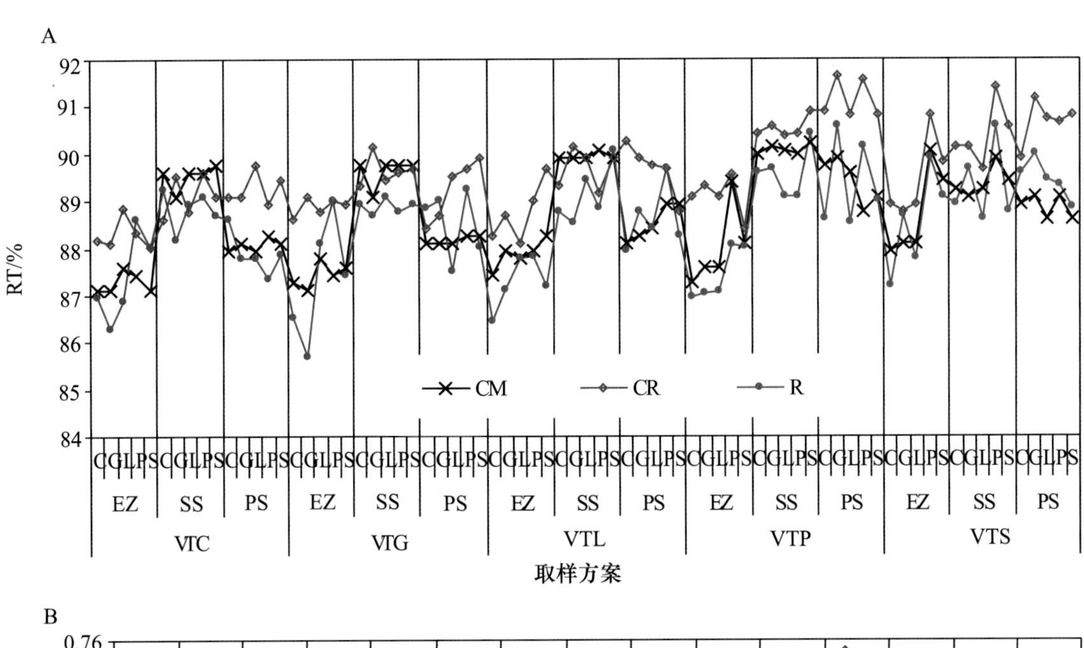

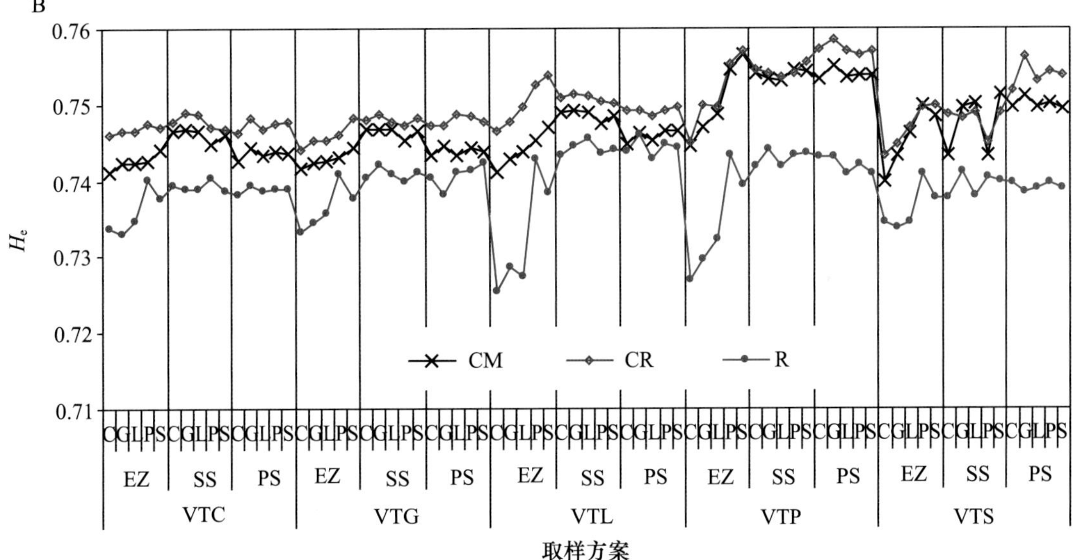

图6.6 基于分组策略所得225个候选核心种质的等位变异保留比例(RT(%))(A)和Nei's基因多样性指数(H_e)(B)

注:VTC、VTG、VTL、VTP、VTS代表3种种质间按C(恒定材料数)、G(多样性比例)、L(对数比例)、P(材料数比例)和S(平方根比例)的取样比例;EZ代表按照稻作生态区分组,SS代表按照籼粳亚种分组,PS代表按照群体结构分组;CM代表采用聚类的方法对所有材料进行聚类,按照所需材料数对组内材料进行分类,每一类内选取最具有代表性的材料;CR代表采用聚类的方法对所有材料进行聚类,按照所需材料数对组内材料进行分类,每一类内随机选取一份;R代表根据分组结果,每组内随机选取所需材料份数。

P策略(VTP)下,除每种种质内按稻作生态区分组并组内随机选取材料的方案外,大部分方案都能包含显著高的等位变异和基因多样性。那些例外的方案主要是由于各种质类型间的取样比例(AVT)、种质类型内的分组方法(GR)及组内取样方法(PGR)间的互作引起的。种质类型内的 3 种分组方法中(GR,包括 EZ、SS 和 PS),按 EZ 分组的方案所得等位变异保留比例和基因多样性明显低于按 PS 和 SS 分组的方案。由于种质类型内分组方法(GR)与种质类型间取样比例(AVT)、种质类型内各组间取样比例(AGR)与组内取样方法(PGR)存在互作,因此,各种质类型内按照 PS 分组和 SS 分组的两种方法的主效应在等位变异保留比例和基因多样性上彼此差异不显著,主要依赖于 AVT、GR 和 PGR,但是最佳的方案都来自于按 PS 的分组方法。在种质间的 5 种取样比例中(AGR,包括 C、G、L、P 和 S)P 策略和 S 策略可以取得较高的等位变异保留比例和基因多样性,但这也与其他因素有关,如分组方法,因为这两者间存在互作(图 6.6)。G 方案可以获得最高的等位变异保留比例和基因多样性(图 6.6)。在 3 种组内个体取样方法中(PGR,包括 CM、CR 和 R),聚类后随机取样方法(CR)比聚类后取最有代表性的材料的方法(CM)要好,可以取得更高的等位变异保留比例和基因多样性;而 CM 方法又显著优于随机取样的方法(R)(图 6.6)。因此,225 个取样方案中的最佳取样方案是 VTP-PS-G-CR,即 3 种类型的种质间采用 P 策略,每种种质内采用遗传结构的分组方法,各组间取样比例采用 G 策略,组内材料的选取采用聚类后随机选取的方法。

显而易见,许多科学家对于低频率的等位变异非常感兴趣。我们对 4 种类型的等位变异的分析结果显示:所有的取样策略都能够 100%的保留 PA 和 CA,但对 RA 和 IA 的保留比例存在一定差异。通过聚类的取样方法(CM 和 CR)比随机的取样方法(R)能够显著提高这两种类型等位变异的保留比例,而聚类后随机取样的方法(CR)又显著高于聚类后取最有代表性材料的方法(CM)(图 6.7)。根据亚种和群体结构的分组方法比根据稻作生态区分组的分组方法在对低频率等位变异的保留比例上显示出更高的效率(图 6.7)。

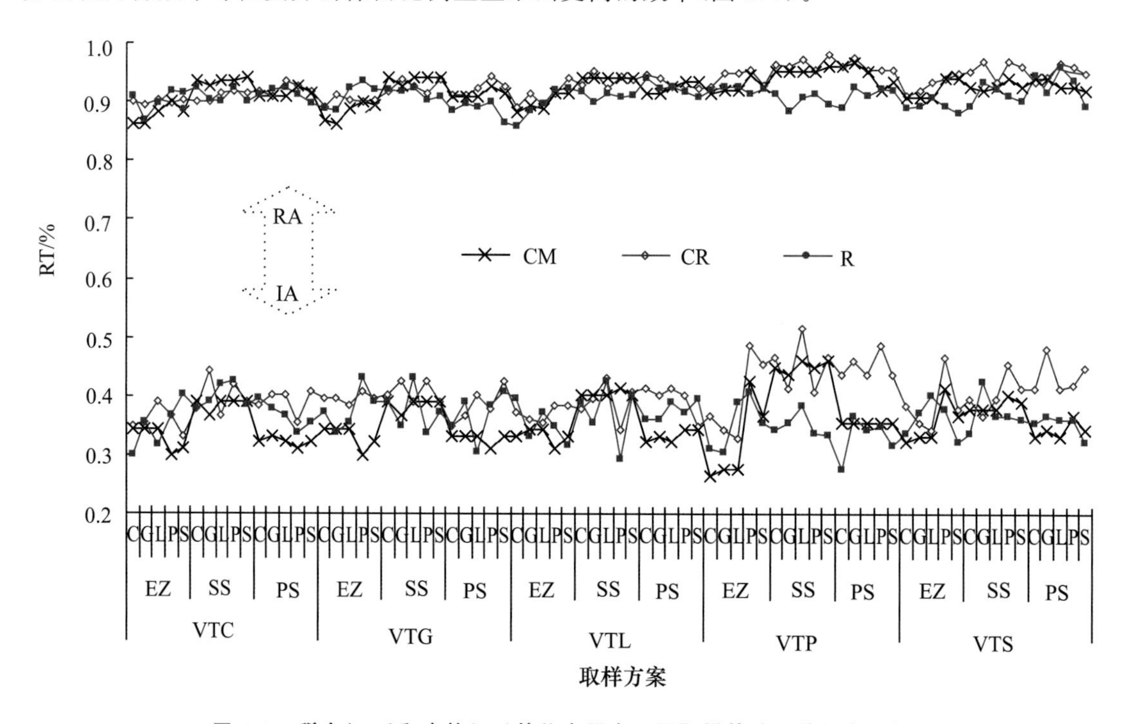

图 6.7 稀有(RA)和劣势(IA)等位变异在不同取样策略下的保留比例

6.1.4 未知遗传多样性的捕捉

理想的核心种质取样方法应包含多的遗传变异、低的遗传冗余，尤其是未知的遗传变异。因此，我们统计了不同取样方法构建的候选核心种质的等位变异保留比例（RT，表6.3）和遗传多样性（H_e，表6.4）。比较各取样方案对未知遗传变异的捕捉，结果显示G-CR（VTP-PS-G-CR）是225个取样方案中的最佳取样方案，比其余方法（包括两个基于M策略的方法）保留了更多的等位变异（较高的等位变异保留比例，RT），去除了较高的遗传冗余（即更高的遗传多样性，H_e）。通过最佳取样策略（VTP-PS-G-CR）构建的核心种质和微核心种质在聚类使用位点（24个SSR位点）、未知位点（12个SSR位点）和全部36个位点间无明显差异（图6.8）。

表6.3 不同取样方法间保留比例的 t 检验

取样方法	RT	NG-R	G-CR	NG-CR	G-M	G-R	NG-M
NG-R	0.906	—	NS	NS	NS	NS	NS
G-CR	0.906	0.001	—	NS	NS	NS	*
NG-CR	0.903	0.176	0.355	—	NS	NS	NS
G-M	0.900	0.336	0.552	0.322	—	NS	NS
G-R	0.894	1.043	0.620	0.525	0.328	—	NS
NG-M	0.886	1.122	2.294	1.865	1.435	0.439	—

注：t 值标注于对角线的下方，显著性值标于对角线的上方。NS代表差异不显著。NG-R，NG-CR，NG-M，G-R，G-CR和G-M中，G代表分组，NG代表不分组；R代表随即取样；CR代表基于聚类后的随机取样；M代表基于M策略的取样。

表6.4 不同取样方法间基因多样性指数的 t 检验

取样方法	He	G-CR	NG-CR	G-M	NG-R	G-R	NG-M
G-CR	0.752	—	NS	**	**	**	**
NG-CR	0.748	0.490	—	NS	NS	NS	NS
G-M	0.748	2.896	0.002	—	NS	*	*
NG-R	0.746	4.773	0.209	1.415	—	NS	NS
G-R	0.745	3.929	0.363	2.323	1.405	—	NS
NG-M	0.743	3.453	0.511	2.351	1.736	1.616	—

注：t 值标注于对角线的下方，显著性值标于对角线的上方。NS代表差异不显著。NG-R，NG-CR，NG-M，G-R，G-CR和G-M中，G代表分组，NG代表不分组；R代表随即取样，CR代表基于聚类后的随机取样；M代表基于M策略的取样。

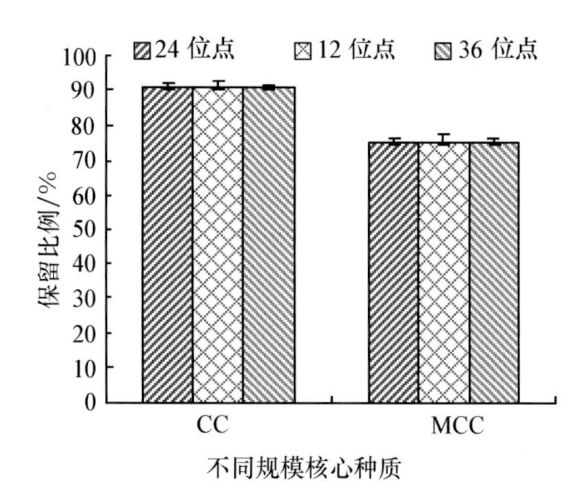

图 6.8 通过最佳取样策略构建的核心种质和微核心种质在聚类使用位点(24 个 SSR 位点)、未知位点(12 个 SSR 位点)和全部 36 个位点构建的核心种质和微核心种质的保留比例

6.1.5 中国栽培稻核心种质的建立

以上分析结果显示:VTP-PS-G-CR 是构建中国栽培稻核心种质的最佳取样方案。因此,采用这种方案构建了核心种质和微核心种质。核心种质(932 份材料,详见附表 1)包括 133 份地方品种、41 份现代纯系品种和 30 份三系杂交亲本,对初级核心种质的等位变异保留比例为 91.24%,对原始种质库的等位变异保留比例为 85.71%(表 6.5)。微核心种质(189 份材料,详见附表 1)包括 133 份地方品种、41 份现代纯系品种和 30 份三系杂交亲本,对初级核心种质的等位变异保留比例为 75.21%,对原始种质库的等位变异保留比例为 70.65%(表 6.5)(说明:根据聚类结果和曾在育种及生产实践的应用状况,定向增加了 15 份重要资源,因此,微核心种质实际为 204 份)。分析不同类型等位变异的保留结果显示:核心种质和微核心种质都保留了全部的优势等位变异(PA)和普通等位变异(CA),核心种质保留了 95%的稀有等位变异(RA)和 55%的劣势等位变异(IA),微核心种质保留了 55%以上的稀有等位变异(RA)(图 6.9)。

表 6.5 不同水平核心种质的群体规模及其在表型和 SSR 水平的变异保留比例

核心种质	群体规模			SSR 变异			表型变异		
	数量	%①	%②	数量	%①	%②	数量	%①	%②
MCC	189	4.39	0.34	457	75.49	70.96	144	84.97	80.72
C500	500	11.60	0.89	521	86.07	80.90	155	91.60	87.02
CC	932	21.62	1.66	548	90.50	85.09	158	93.37	88.70
C1000	1 000	23.20	1.79	550	90.93	85.40	159	94.14	89.43
C1500	1 500	34.80	2.68	569	94.03	88.35	160	94.50	89.77
C2000	2 000	46.40	3.57	584	96.53	90.68	161	95.33	90.56

注:%①代表占中国稻种资源初级核心种质的比例;%②为占中国稻种资源原始库种质的比例。MCC 代表微核心种质;CC 代表核心种质;C500 代表群体规模为 500 的核心种质(C1000、C1500 和 C2000 类似)。

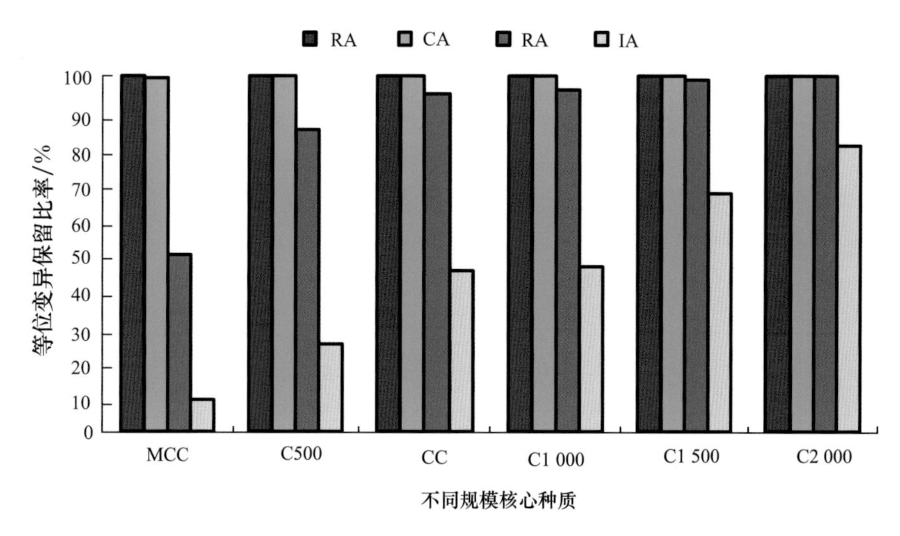

图 6.9　不同水平核心种质对不同频率等位变异的保留比例

除 SSR 遗传多样性外，还检验了核心种质和微核心种质的表型多样性。结果显示，核心种质对表型变异的保留比例为 92.31%（表 6.5），遗传多样性指数为 0.795 7，高于初级核心种质。由此表明核心种质不仅保留了较高的遗传变异同时去除了较高的遗传冗余。16 个数量性状的检验显示，除倒二叶叶宽、穗长度和植株高度的变异系数和方差低于初级核心种质外，其他 13 个性状的变异系数及表型方差均高于初级核心种质，表明核心种质具有很好的异质性。数量性状的变幅保留比例显示，8 个性状的变幅保留比例达到 95%以上；4 个性状的变幅保留比例为 90%～95%之间；仅有 4 个性状的变幅保留比例低于 90%，但都高于 85%；16 个性状的平均变幅保留比例为 93.94%。综合表型连续型和离散型数据的代表性，核心种质对初级核心种质的表型性状的保留比例为 93.12%。而初级核心种质对整个栽培稻种质资源的保留比例在 95%以上（李自超等，2003），因此，核心种质对整个稻种资源的表型保留比例约为 88.47%，略高于 SSR 水平的等位变异保留比例。可见，利用 SSR 标记构建的核心种质在表型性状上也表现出了较好的代表性。

最终，核心种质建立了一个有代表性的种质收集品，保留了大多数等位变异；微核心种质建立了一个具有很强操作性、规模很小的群体，使得种质资源在育种和科学研究方面能够更加有效地得以利用。然而不同的研究者出于不同的目的，对不同大小和代表性的种质有不同的需求，因此，构建了一个继承性分层核心种质体系，包括初级核心种质（PCC）、2 000 核心种质、1 500 核心种质、核心种质（CC）、500 核心种质和微核心种质（MCC）（表 6.5，图 6.9）；而且，这一系列动态核心种质，规模较大的群体全部包含规模较小群体的材料。动态核心种质在群体规模和代表性上都呈现逐渐增大的动态变化，可以满足具有不同研究和保存能力的研究单位的要求。

6.1.6　决定核心种质规模的原则

核心种质的大小是影响种质资源中遗传变异利用的关键。前人对核心种质的群体大小和取样比例也提出了一些建议。例如，Brown（1989a）建议核心种质的取样量为原始种质库大小的10%，或不超过3 000份。Yonezawa等(1995)认为从原始种质中选取20%～30%的材料是在多数情况下都适用的核心种质规模。然而，不同的研究建议的核心种质规模差异较大，取样量从占原始种质的0.3%到50%，材料数从10份到2 500份(Hintum et al,2000)。显而易见，一个简单的数字或一个固定的比例太过于武断，不可能适合所有情况。因此，该处建议核心种质大小的确定需要遵循以下两条原则：第一条是关于取样效率，即在遗传变异的获得与降低遗传冗余两者间取一个折中点；第二条是关于取样的有效性，即找到一个合适的群体大小以包含主要类型的等位变异。在实践中，这两个原则应相互平衡，不同的研究者可能强调的重点不同。

而微核心种质，目的是为满足于一般育种家和遗传工作者的要求。因此，首要原则就是较高的取样效率。因此，这个取样规模应接近遗传变异的快速增长期(RGV)向遗传变异和遗传冗余缓慢增长期(LGV-LGR)转变的转折点(图6.5)。栽培稻在这个点对应的群体大小为82份材料(图6.5)，在如此小的群体中包含所有变异是不可能的，尤其是稀有等位变异。但主要的遗传变异，如PA($P>0.1$)和CA($0.1\geqslant P>0.01$)类等位变异应该被尽可能保留。因此，群体大小应满足第二个原则：至少保留95%的CA($0.1\geqslant P>0.01$)类等位变异，即样本大小为189份材料。以上结果表明，这两个原则设置了不同的群体大小(82和189)。采纳了189，取样比例为原始种质的0.3%，因为这时仍然有较高的取样效率($IRI=0.38$)，同时能尽可能包含多的等位变异。随机取样的方法构建的微核心种质对原始种质的等位变异保留比例约为70%。小群体有许多优点，它有利于研究者进一步深化田间试验和实验室研究。然而这个比例可能不能满足另一些研究者的需求。对于核心种质，则强调第二条原则，设置了更高的水平，即保留95%的RA($0.01\geqslant P>0.001$)。根据这个原则，对应的群体大小为900。根据第一个原则，建议核心种质的大小应接近从LGV-LGR向RGR转变的转折点(图6.5)，则群体大小应为932。与微核心种质类似，采用较大的群体规模，即932份材料，占原始种质的1.7%(表6.2)。显而易见，本研究中的取样比例极显著的小于10%，但仍保留了如此大规模的原始种质70%左右的等位变异。

以上两个原则是通过遗传变异随群体大小变化的模拟分析而来。当然，对于非常大的种质资源做上万份材料是不可能的，因此，对于中国栽培稻，采取分两步走的取样策略。首先，构建了初级核心种质，保留了原始种质90%～95%的表型变异(李自超等，2003)。然后，在本研究中，根据数学模型利用初级核心种质进行模拟。如果没有建立初级核心种质，以上结果显示：一个拥有700～1 500份材料(自花授粉作物)的群体便足以进行这种模拟。尽管遗传变异和群体大小之间的关系在知道基础种质基因频率或基因型频率时可以采用Crossa等提出的基于A的估计或者我们基于G的估计，但这两种方法的预测都偏低于真实值，尤其是那些位点间存在较高程度连锁不平衡的位点。当杂合度高于10%时，基于A的估计比基于G的估计值偏低。更重要的是，通常无法获得如此大规模原始种质的基因频率或基因型频率。因此，根据数学模型(本研究中采用的是MMF模型)基于M的估计分析遗传变异和群体大小间的关系是可靠和可行的，这种方法可以应用于其他资源的类似研究中。

6.2 中国普通野生稻的核心种质及微核心种质构建

中国是栽培稻起源地之一，拥有丰富的野生稻资源，到 1995 年为止收集到的普通野生稻材料超过了 5 000 份，随着收集工作的不断进行，中国普通野生稻资源的数量仍然在快速地增加，因此在普通野生稻遗传资源的保存管理以及高效利用方面也面临着资源数量庞大的问题。中国稻种资源不仅数量多，而且类型复杂，是普通野生稻世界遗传多样性中心之一。因此，进行中国普通野生稻核心种质的构建和评价具有重要的理论意义和实践应用价值。

与栽培稻类似，对入选中国普通野生稻初级核心种质的 889 份材料选取 SSR 标记进行了基因型分析。889 份材料分别来源于海南(88 份)、云南(25 份)、广东(268)、广西(256)、福建(59 份)、湖南(107 份)、江西(86 份)等 7 个省份。按生长习性分为匍匐野生稻(420 份)、倾斜野生稻(255 份)、半直立野生稻(126 份)和直立野生稻(63 份)。所用的 SSR 标记位点与栽培稻核心种质构建分析中完全相同。

6.2.1 中国普通野生稻等位变异的分布规律

王美兴等(2008)利用 36 对 SSR 引物从 889 份中国普通野生稻的初级核心种质中共检测到 805 个等位基因，每个位点的等位变异数从 9～53 个不等，平均每个位点的等位变异数是 22.36 个。平均基因多样性指数为 0.80。所检测得到的等位基因频率分布范围在 0.000 6～0.842 之间，为了更清楚地描述等位变异频率的分布情况，将基因频率按 10 倍的数量级分为 4 类(表 6.6)。其中 0.01～0.1 和 0.001～0.01 两个频率段是等位基因的主要分布区域，分别占总等位基因数的 49.1%和 36.1%。频率在 0.1 以上和 0.001 以下的等位基因所占比例较小。

表 6.6 中国普通野生稻等位变异的频率段分布

频率范围	等位变异数	百分比/%
0～0.001	36	4.50
0.001～0.01	291	36.10
0.01～0.1	395	49.10
0.1～1	83	10.30

普通野生稻资源包含多少等位变异，并且频率是怎样分布的，用直接检测的手法是非常困难的。但是总等位变异数及频率分布对检验构建核心种质的代表性是至关重要的。在随机取样的情况下普通野生稻群体所包含的等位变异数量随着群体材料数量的逐渐增大而增大，在群体材料数较少时等位变异数量增长速度较大，当群体的材料数较大时候其等位变异的增加速度较为缓慢(图 6.10)。本研究根据普通野生稻群体大小和其包含的等位变异数量与现有数学模型进行拟合计算。结果表明群体大小与其所具有的总变异数之间符合 MMF 模型(Morgan et al,1975)，$y=\dfrac{ab+cx^d}{b+x^d}$并且达到了极显著相关的水平($s=4.260\ 3$、$r=0.999\ 4$)，

其中，$a=-125.0174$、$b=6.6494$、$c=914.0080$、$d=0.6025$。可以认为在随机取样的情况下，收集到的普通野生材料数和其包含的等位变异数之间的关系可以用MMF模型表示。因此，可以根据MMF模型对普通野生稻总资源的等位变异数量进行预测。结果表明，5 571份普通野生稻在36对SSR位点上的等位变异数大约为877个。等位变异的频率大小对等位变异被捕获的时期也有明显的影响，如图6.11所示，随着取样群体的增大，被丢失等位变异的最大频率是逐渐降低的。尽管根据预测结果普通野生稻资源中的少数等位变异没有被包含在初级核心种质内，但是我们可以推断这些丢失的等位变异是以小频率等位变异为主。因此，可以推断普通野生稻初级核心种质等位变异频率的分布可以代表整个遗传资源内普通野生稻等位变异的频率分布，即整个普通野生稻资源的SSR等位变异的频率分布也是以0.001～0.1频率段为主的。因此该频率段对于考察核心种质的代表性有重要的意义，应当尽量包含在核心种质内。

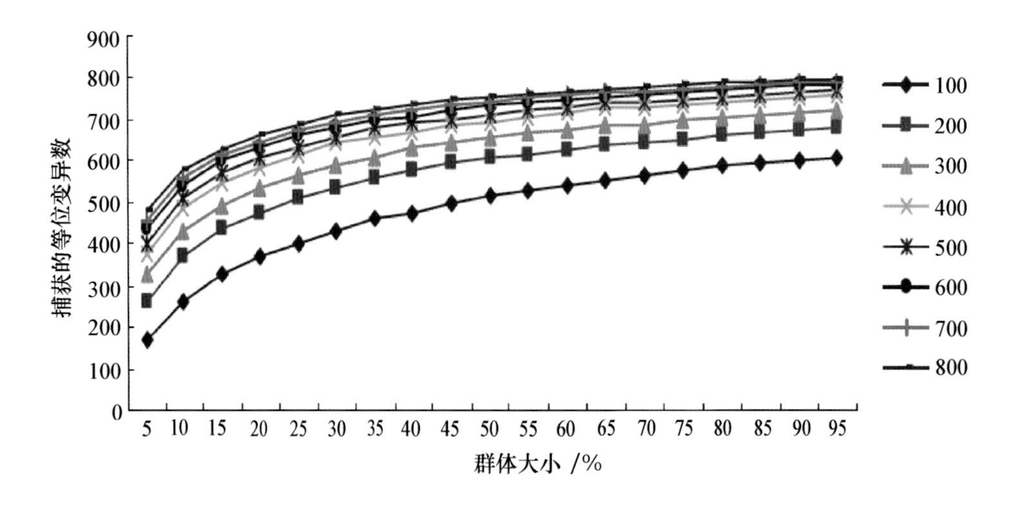

图6.10 群体的材料数量与被捕获等位变异数量间的关系

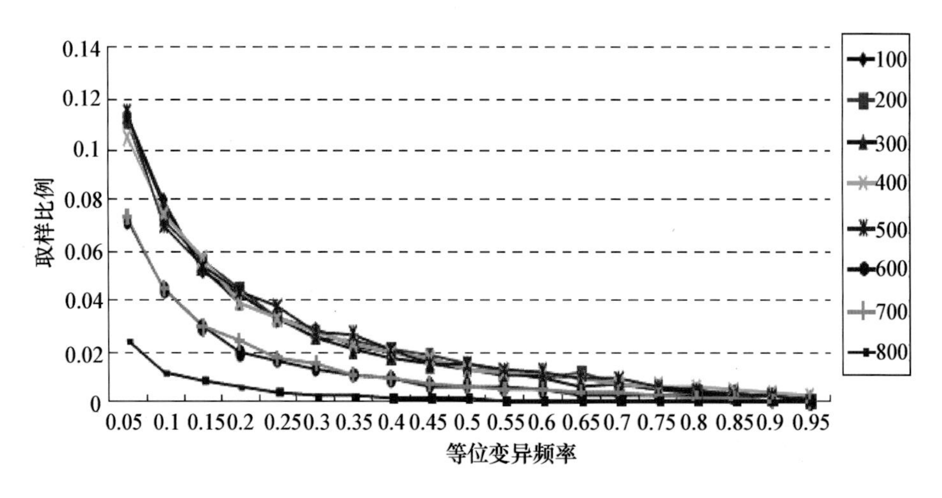

图6.11 普通野生稻丢失等位变异的频率

6.2.2　取样策略及取样量的确定

首先，利用随机方法生成规模不同的群体，然后，再利用随机取样和聚类取样两种方法从模拟群体中进行不同比例的取样。考察两种方法得到的取样群体的基因多样性和等位变异保留比例发现，随机和聚类两种取样方法所获得的取样群体的等位变异保留比例都是随着取样比例的增大而逐渐增加（图 6.12）。经过对随机群体和聚类群体的等位变异数（表 6.7）的 t 检验发现，这两种取样方法所产生的取样群体的等位变异数之间差异不显著（$P=$ 0.449 1）。但是在随机取样和聚类取样两种的情况下，所得到的取样群体之间的基因多样性有较大的差异（图 6.12）。对两种方法生成的取样群体的基因多样性指数（表 6.7）的 t 检验结果表明，随机取样群体的基因多样性指数和聚类取样群体的基因多样性指数有显著的差异（$P=3.33E-09$）。在随机取样的情况下，取样群体的基因多样性指数在取样比例逐渐增大过程中有较大的波动，当取样比例较大时这种波动幅度有所减小，逐渐趋于平缓。因此，利用随机取样的方法不能获得基因多样性最大的取样群体。利用聚类方法取样时，随着取样群体的增大其基因多样性指数则是先升高后降低。聚类取样时，取样群体基因多样性的这种变化规律表明，在取样群体较小时，随着取样量的增大，更多的遗传变异被引入；当到达一定的阶段，随着取样量的继续增大，引入取样群体的不仅是遗传变异，此时也引入了大量的遗传重复，从而导致取样群体的基因多样性的下降。因此利用聚类的方法可以获得较高基因多样性。

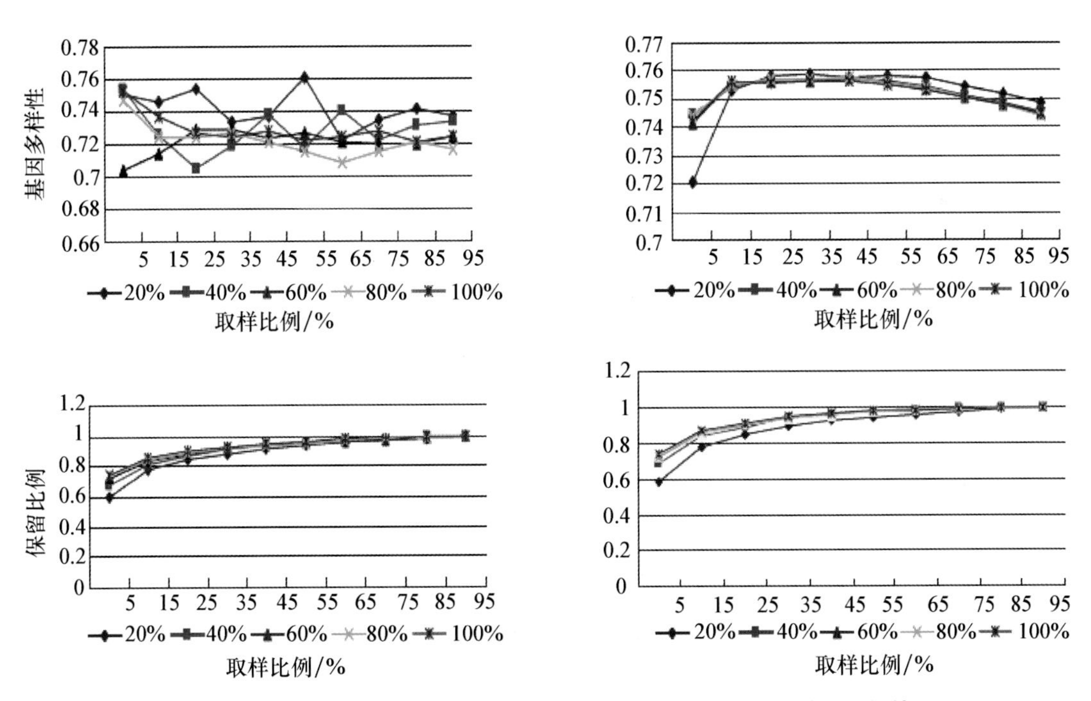

图 6.12　随机（左侧）和聚类（右侧）两种取样方法对取样群体基因多样性（上）和等位变异保留比例（下）的影响

表 6.7　随机取样群体和聚类取样群体的基因多样性指数、等位变异数的比较

材料数	基因多样性指数		等位变异数		材料数	基因多样性指数		等位变异数	
	聚类	随机	聚类	随机		聚类	随机	聚类	随机
9	0.727 0	0.767 1	239	256	346	0.794 0	0.806 5	738	760
27	0.785 8	0.806 8	423	452	400	0.791 2	0.803 5	750	770
62	0.798 9	0.816 6	547	580	453	0.793 4	0.799 6	766	772
80	0.791 1	0.811 8	532	616	506	0.794 3	0.795 0	773	772
98	0.800 6	0.809 1	617	621	36	0.780 6	0.809 1	445	490
116	0.796 0	0.805 7	618	628	107	0.791 4	0.827 6	605	662
134	0.791 4	0.802 9	642	650	178	0.796 8	0.822 4	663	700
151	0.794 9	0.802 0	663	665	249	0.800 0	0.815 6	709	732
169	0.795 3	0.798 2	669	673	320	0.805 9	0.812 1	739	751
18	0.741 1	0.782 6	352	349	391	0.797 6	0.807 6	745	768
53	0.782 7	0.818 0	545	552	462	0.798 8	0.806 9	761	778
89	0.784 5	0.821 5	609	628	533	0.799 2	0.804 7	771	785
125	0.789 0	0.817 3	649	662	604	0.800 0	0.802 3	776	790
160	0.793 0	0.812 6	645	687	675	0.800 0	0.799 4	786	790
196	0.793 5	0.810 2	684	708	44	0.771 9	0.803 4	456	511
231	0.791 5	0.804 1	706	723	133	0.789 6	0.826 5	616	665
267	0.795 4	0.800 4	701	728	222	0.802 5	0.822 3	702	713
303	0.792 6	0.797 7	728	734	311	0.796 7	0.816 6	732	745
338	0.794 2	0.793 7	740	736	400	0.800 9	0.811 6	746	766
27	0.780 1	0.794 1	397	422	489	0.798 6	0.809 1	774	784
80	0.780 7	0.817 6	596	608	578	0.797 0	0.806 6	780	792
133	0.791 2	0.823 3	640	678	667	0.798 0	0.804 8	787	804
187	0.795 3	0.817 8	684	702	756	0.800 0	0.801 9	798	805
240	0.798 0	0.813 5	716	721	845	0.798 2	0.799 3	803	805

从等位变异随着群体增大而变化的趋势(图 6.10)也可以看出,当群体增大到一定的程度,等位变异的增长速度减小。由于在随机取样和聚类取样两种方法获得取样群体的等位变异的差异不明显,本研究根据 MMF 模型和利用随机群体得到的模型参数来研究材料数量和等位变异保留比例、等位变异捕获效率的关系。如表 6.8 所示,等位变异的捕获效率随着群体的增大逐渐减小。当取样数量达到 398 份的时候被捕获的等位变异数量达到了 751 个,等位变异的保留比例相对于整个普通野生稻资源达到了 85%以上。此时取样群体的基因多样性已经达到最高点,而处于相对稳定的阶段。如果继续降低等位变异的捕获效率,取样群体的基

因多样性指数开始下降，导致遗传重复的增加。另外，根据预测的结果，利用聚类的方法进行了实际取样试验。如图 6.13 所示，频率在 0.1～1 区段的等位变异在群体较小的时候就可以全部获取；0.01～0.1 区段的等位变异的保留比例在取样群体材料数大于 102 时达到了 95％以上；0.001～0.01 和 0～0.001 这两个频率段的等位变异保留比例随着群体的增大有较明显的变化，其中当取样群体的材料数达到 398 份的时候 0.001～0.01 区段的等位变异保留比例为 89.5％；0～0.001 频率段的等位变异保留比例为 60％，相对于整个资源等位变异的保留比例达到 83％以上。当取样群体的材料数达到 600 份时 0.001～0.01 频率段的等位变异保留比例达到了 95％以上，0～0.001 频率段的等位变异保留比例也达到了 88.5％，相对于整个遗传资源其等位变异保留比例达到 86％以上。在实际取样试验中，尽管当取样群体的材料数为 398 时，其基因多样性达到最大，但是普通野生稻最主要的频率段的等位变异类型没有完全被捕获。当材料数为 600 份时，普通野生稻的主要的等位变异类型已经几乎全部被捕获。因此综合等位变异类型的组成、基因多样性的变化规律以及相对于整个普通野生稻遗传资源的等位变异的保留比例，本研究认为 600 份是中国普通野生稻核心种质的最佳取样量。如果继续增加取样，捕获到的只是小频率等位变异和引入大量的遗传重复，虽然遗传变异数会有小幅增加，但是所获核心种质的异质性明显降低，这将给种质资源高效率的保存和利用带来不便，失去了构建核心种质的意义。

表 6.8　根据 MMF 模型推测普通野生稻等位变异的捕获效率、保留比例的变化趋势

捕获效率	材料数	等位基因数	保留比例	取样比例
0.005	4 630	867.401	0.995 9	0.831 1
0.01	2 950	855.553	0.982 3	0.529 5
0.05	1 029	813.662	0.934 2	0.184 7
0.1	644	786.552	0.903	0.115 6
0.2	398	751.871	0.863 2	0.071 4
0.3	299	727.636	0.835 4	0.053 7
0.4	243	708.264	0.813 2	0.043 6
0.5	206	691.227	0.793 6	0.037
0.51	203	690.221	0.792 4	0.036 4
0.52	200	688.664	0.790 7	0.035 9
0.9	132	642.27	0.737 4	0.023 7
0.95	127	637.647	0.732 1	0.022 8
0.96	126	636.694	0.731	0.022 6
0.97	125	635.732	0.729 9	0.022 4
0.98	124	634.759	0.728 8	0.022 3
0.99	123	633.776	0.727 6	0.022 1
1	121	631.78	0.725 4	0.021 7
1.51	102	609.7	0.7	0.018 3

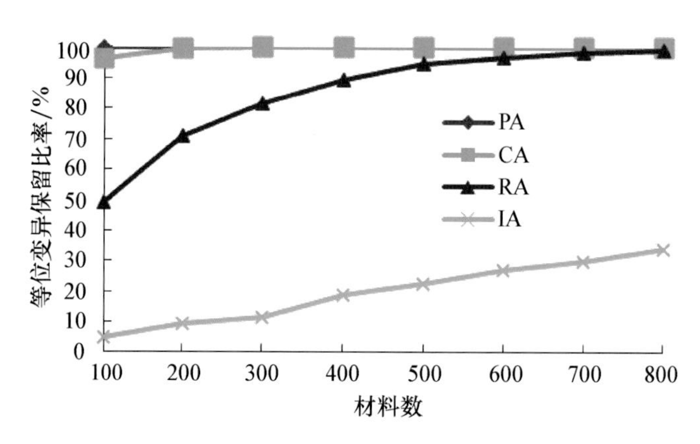

图 6.13　4 种频率等位变异保留比例的变化趋势

6.2.3　分组策略的确定及核心种质的建立

分组是大多数核心种质构建的必要步骤。其目的就是使得核心种质对不同的遗传类群都有较高的代表性。在已报道的研究中，95％以上的分组是根据材料的地理分布进行的，也有部分是根据材料的表型性状进行分组。在本书前面的章节中，通过 STRUCTURE 分析确定了中国普通野生稻的遗传结构。该部分内容对以生长习性、省份和遗传结构为依据的 3 种分组策略以及不分组时的聚类取样结果进行比较。在得知遗传多样性分布的前提下，各组之间的取样比例分配以遗传多样性在各组分布的比例为最佳取样策略，因此，在本研究中不同分组策略都采遗传多样性比例法。表 6.9 是普通野生稻不同分组策略下每个组的遗传多样性分布及每组内应当抽取的材料数。

表 6.9　不同分组方式下的核心种质组间分配比例

分组方式	组	遗传多样性	材料分布比例/%	材料数
生长习性	半直	0.141 0	14.21	91
	匍匐	0.507 6	51.13	329
	倾斜	0.277 3	27.93	180
	直立	0.066 8	6.73	43
省份	福建	0.059 1	6.44	41
	广东	0.296 4	32.28	208
	广西	0.283 9	30.92	199
	海南	0.101 8	11.09	71
	湖南	0.103 4	11.27	73
	江西	0.065 5	7.13	46
	云南	0.008 0	0.87	6

续表6.9

分组方式	组	遗传多样性	材料分布比例/%	材料数
遗传结构	FJ	0.040 4	4.50	29
	JX-HuN1	0.110 8	12.33	79
	GX2	0.043 5	4.85	31
	HuN2	0.036 1	4.02	26
	YN	0.006 7	0.74	5
	HN	0.131 4	14.63	94
	GD-GX1	0.529 7	58.94	380

不同的分组方式所获得的取样群体有不同的代表性，这种代表性的差异主要体现在取样群体的组成上。如表 6.10 所示，在不分组和以生长习性为分组依据的情况下，材料出现了偏分布。云南省的材料在这两种分组方法中都没有被包含在取样群体中。并且 JX-HuN1 这种遗传类群所占比例偏小。由于中国普通野生稻的遗传结构和省份之间有较强的相关性，所以

表 6.10 利用不同分组方式获得的核心种质的材料分布

项目		不分组	省份	生长习性	遗传结构
省份	福建	11	41	34	40
	广东	80	208	252	236
	广西	30	199	201	172
	海南	252	71	77	77
	湖南	199	73	58	78
	江西	71	46	20	36
	云南	0	6	0	4
生长习性	半直	95	99	91	102
	匍匐	309	306	329	306
	倾斜	199	192	180	196
	直立	40	46	43	43
遗传结构	FJ	16	24	20	29
	JX-HuN1	44	76	35	79
	GX2	30	28	34	31
	HuN2	36	29	29	26
	YN	0	5	0	5
	HN	87	89	96	94
	GD-GX1	430	392	428	380

这两种分组方法之间没有比较明显的差异。通过比较利用各种分组方法得到的取样群体，发现在不分组或分组的情况下各种方法所得群体的遗传多样性、等位变异数都差异不大(图 6.14)。在取样数量为 600 份时均能得到保留比例较高的核心种质。从比较结果来看，分组对核心种质的影响不是表现在等位变异保留比例和遗传多样性上，而是所得到的核心种质是否真实反映了原始种质资源的遗传结构。因此分组策略越接近遗传资源的遗传结构越合理。本研究最后将根据普通野生稻的遗传结构进行分组，各组之间的材料数按各组间基因多样性比例进行分配，利用聚类取样方法得到的取样群体作为中国普通野生稻核心种质，材料数为 600 份，相对于整个普通野生稻资源，等位变异保留比例为 88.6%，基因多样性指数为 0.802 6。

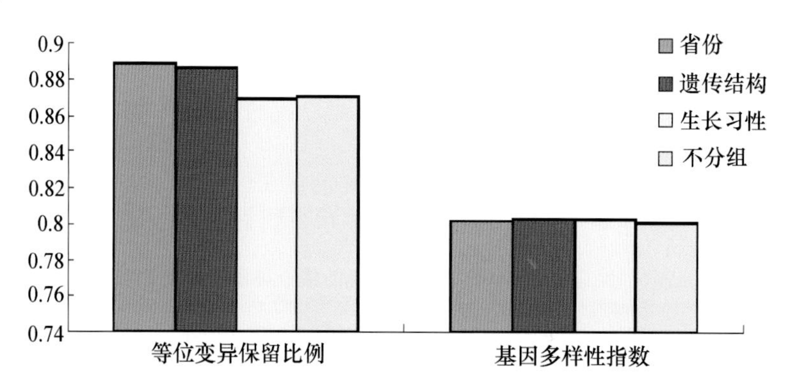

图 6.14 分组策略对取样群体等位变异保留比例、基因多样性的影响

采用与栽培稻微核心种质类似的两个确定了普通野生稻微核心种质的规模，即取样效率和取样有效性。为了体现微核心种质在应用上的高效性，其材料应具有极高的代表性，遗传冗余极低。因此，选择理论上无遗传冗余向有遗传冗余的转折点(即时变异增长速率 $IRI \geqslant 1$)作为确定规模的第一原则。随机取样时，该转折点处普通野生稻的规模为 122 份。第二个原则为，微核心种质要保留全部优势等位变异(PA，$P > 0.1$)和 95%以上的普通等位变异(CA，$0.1 \geqslant P > 0.01$)，随机取样时满足该原则的普通野生稻取样规模为 120 份。两个确定的取样量非常接近，普通野生稻微核心种质的取样量确定为 122 份。采用与野生稻核心种质相同的取样方法，即最终根据普通野生稻的遗传结构进行分组，各组之间的材料数按各组间基因多样性比例进行分配，聚类取样选取了普通野生稻 122 份作为微核心种质(其清单见附表 2)。该微核心种质取样量占其初级核心种质的 14.12%、占整个中国收集保存普通野生稻种质资源的 2.19%；保留了其初级核心种质 82.98%的等位变异、整个中国收集保存普通野生稻种质资源 77.23%的等位变异；另外，普通野生稻所特有变异的保留比例达 67.48%。

参考文献

[1] 李自超，张洪亮，曹永生，等．中国地方稻种资源核心种质取样策略研究．作物学报，2003，29：20-24.

[2] 王美兴．中国普通野生稻遗传多样性及核心种质构建：博士学位论文．北京：中国农业大学，2008，46-57.

[3] Brown A H D. A practical approach to genetic resources management. Genome, 1989a, 31: 818-824.

[4] Brown A H D. The case for core collections// Brown A H D, et al. The use of plant genetic resouces. Cambridge Univ. Press, Cambridge, England, 1989b: 136-156.

[5] Crossa J, Hernandez M, Bretting P, et al. Statistical genetic considerations for maintaining germplasm collections. Theor Appl Genet, 1993, 86: 673-678.

[6] Gouesnard B, Bataillon R M, Decoux G, et al. MSTRAT: an algorithm for building germplasm core collections by maximizing allelic or phenotypic richness. J Hered, 2001, 92: 93-94.

[7] Hintum Th J L van, Brown A H D, Spillance C, et al. // Hintum Th J L van et al. Core Collections of Plant Genetic R esources. IPGR I, Rome, Italy, 2000, 28-30.

[8] Morgan P H, Mercer L P, Flodin N W. A general model for nutritional responses of higher organisms. Proc Natl Acad Sci USA, 1975, 72: 4327-4331.

[9] Yonezawa K, Nomura T, Morishima H. Sampling strategies for use in stratified germplasm collections of plant genetic resources. IPGRI, John Wiley & Sons, Baffins Lane, Chichester, UK, 1995: 35-54.

[10] Zhang H L, Zhang D L, Wang M X, et al. A core collection and mini core collection of *Oryza sativa* L. in China. Theor Appl Genet, 2011, 122: 49-61.

第三部分

中国稻种资源的遗传结构、多样性及其系统演化

第7章

中国栽培稻种资源的遗传结构及其系统演化

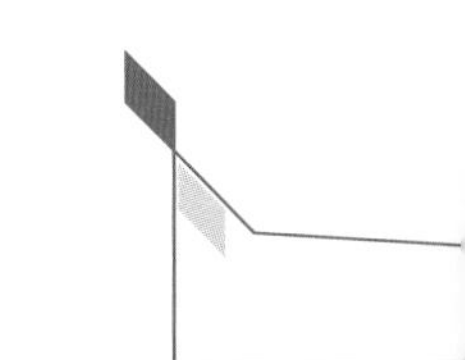

中国作为亚洲栽培稻(*Oryza sativa* L.)的起源地之一,拥有丰富的稻种资源,截止2010年,我国共编目水稻种质资源82 386份,其中野生稻种、地方稻种、选育稻种、国外引进稻种、杂交稻资源、遗传材料分别为7 663份、54 282份、6 660份、11 717份、1 938份和204份,分别占编目总数的9.30%、65.89%、8.08%、14.22%、2.35%和0.15%。育成种是优良基因的综合体,然而,由于大面积推广育成种的遗传背景相对单一,造成其遗传多样性比地方稻种明显降低。因此,育成种虽可以作为优良品种选育的骨干亲本,但是,可供利用的优良新基因相对匮乏。地方稻种是普通野生稻向现代选育品种演化的中间状态(Londo et al,2006),是在数千年稻作栽培中,在不同生态环境下形成的基因综合体,不仅数量多,而且类型复杂多样,对原产地的栽培条件与耕作制度具有高度适应性;因其蕴含丰富的遗传变异,携带许多优良或特殊性状,是现代品种遗传改良的重要遗传基础。因此,地方稻种的群体结构的形成是人类稻作活动和自然环境综合作用的结果。作为栽培稻的直接祖先,普通野生稻在长期适应多样化的自然环境的过程中,保留了大量抵御和耐受各种生物和非生物逆境的优良基因,显然是栽培稻遗传改良的重要基因库。另外,普通野生稻在完全自然的环境生长,其群体结构反映了非人为因素对稻属群体分化的作用。总之,研究育成种、地方稻种和普通野生稻的群体结构和遗传多样性,对品种选育、栽培稻的起源和演化具有重要的理论意义和应用价值。本章分析了中国栽培稻的群体结构及其与普通野生稻的演化关系。

7.1 中国水稻现代选育品种的遗传结构及品种演化

根据系谱资料,我国栽培稻现代选育品种(简称育成种)籼稻类型主要源于矮仔占、南特号、低脚乌尖、胜利籼、竹粘等品种,粳稻类型则主要来自于爱国、农垦58、桂花黄、银坊主、石狩白毛等品种,亲缘背景单一,遗传基础狭窄。然而,由于品种选育的过程持续时间长、过程复杂,系谱资料很难反映品种间真实的遗传关系。齐永文等利用36个SSR标记和栽培稻核心种质中的 512 份育成种材料，研究了育成种的群体结构和分化，其主要结果如下。

7.1.1 中国水稻现代选育品种的遗传结构

利用 36 个 SSR 标记的基因型和群体结构分析软件 STRUCTURE 2.1，分析了来源于中国六大稻区的 512 份品种的群体结构。从 α 和 ln$P$(D)参数的变化趋势上看，在 K=4 和 8 时都有一个明显的转折点(图 7.1)，说明选育品种中存在 4 个相对集中的类型和 7 个相对独立的亚群(图 7.2a)，各亚群间的遗传距离见表 7.1。

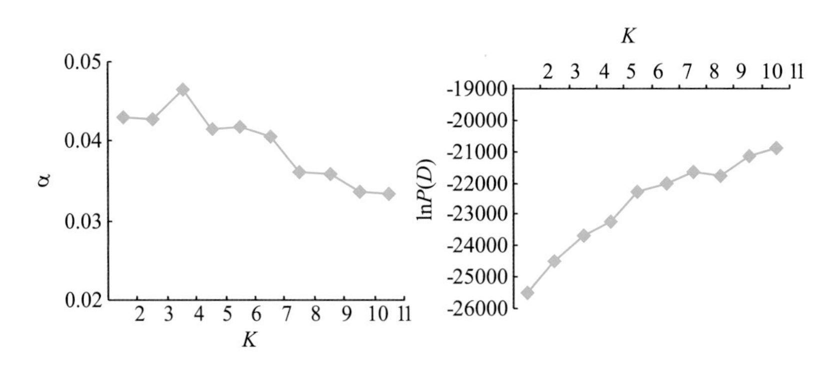

图 7.1 不同 K 值分组下的 α 和 ln$P$(D)参数变化

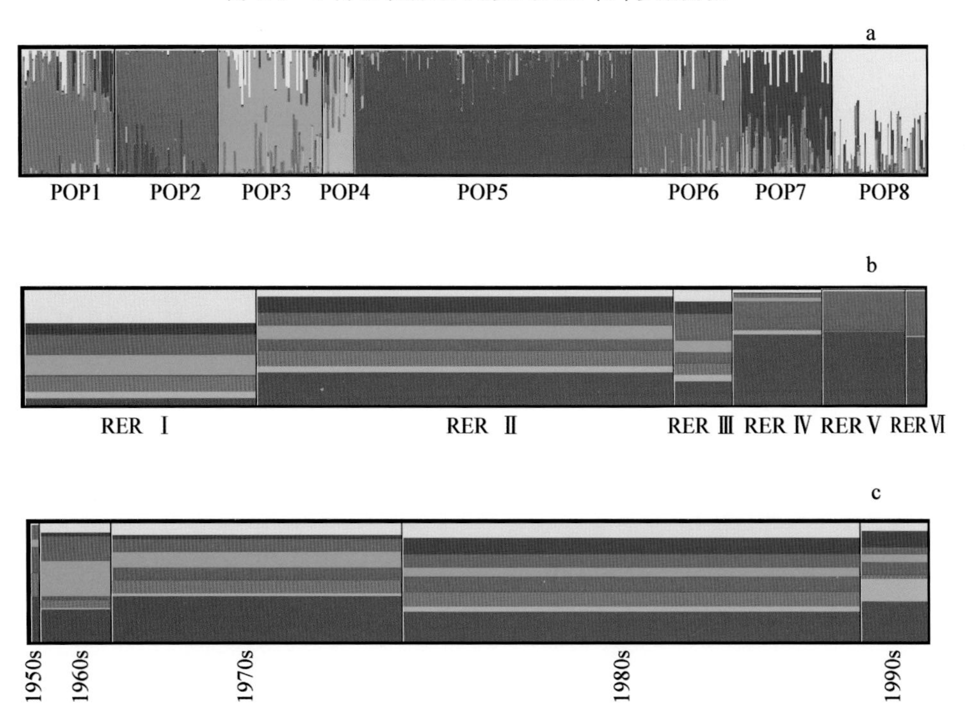

图 7.2 Structure 2.1 分类结果及各亚群在稻区、年代中的分布

注：POP 为 STUCTURE 2.1 划分的几个亚群；RER Ⅰ-RER Ⅵ 分别为华南稻区、华中稻区、西南稻区、华北稻区、东北稻区、西北稻区。

表 7.1 **8 个亚群间遗传距离(Nei,1973)**

	POP1	POP2	POP3	POP4	POP5	POP6	POP7
POP1	—						
POP2	0.325 8	—					
POP3	0.102 7	0.409 1	—				
POP4	0.117 7	0.402 5	0.066 4	—			
POP5	0.323 3	0.081 0	0.394 6	0.385 8	—		
POP6	0.110 5	0.353 9	0.112 6	0.096 5	0.366 8	—	
POP7	0.078 6	0.327 5	0.099 7	0.093 1	0.312 1	0.112 9	—
POP8	0.107 4	0.391 4	0.068 4	0.075 9	0.375 8	0.106 0	0.074 1

在 8 个亚群中,POP1、POP3、POP4、POP6 、POP7、POP8 中几乎都是籼稻,而 POP2、POP5 中几乎都是粳稻(表 7.2)。该结果表明,现代选育品种没有明显的籼粳中间类型群体,这点与张冬玲等(2007a,2009)利用同样标记在贵州和整个中国的地方种质资源遗传结构分析的结果不同。其 N-J 聚类分析和 UPGMA 聚类也都获得了相似结果(图 7.3 和图 7.4)。

表 7.2 ***K*=8 分组下各亚群中的材料组成**

	POP1	POP2	POP3	POP4	POP5	POP6	POP7	POP8
籼稻	52	1	60	18	16	59	49	52
粳稻	1	58	0	0	140	2	3	1
全部	53	59	60	18	156	61	52	53

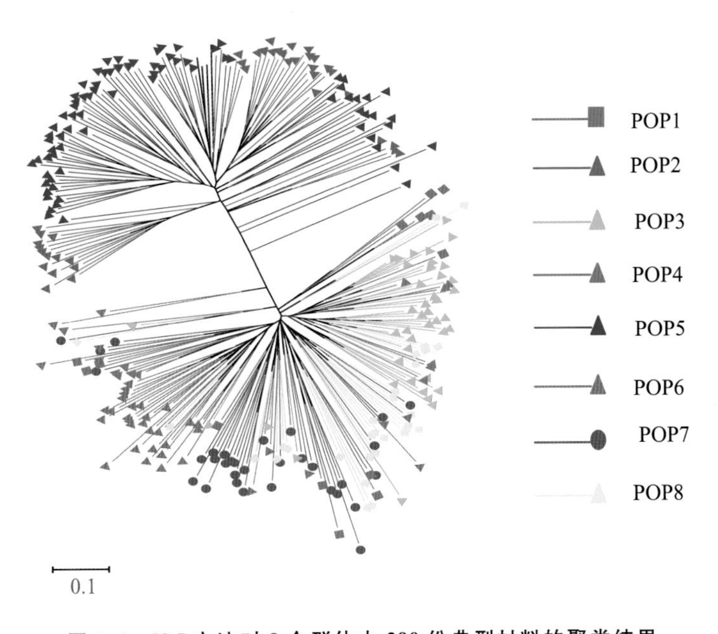

图 7.3 **N-J 方法对 8 个群体中 290 份典型材料的聚类结果**

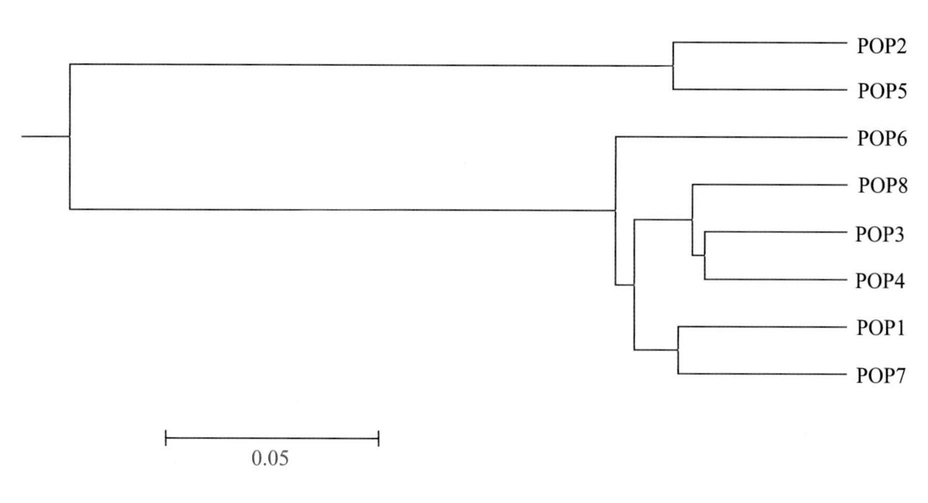

图 7.4 **UPGMA 方法对 8 个群体的聚类结果**

分析 8 个亚群与光温生态型的关系及其稻区分布发现，POP1、POP3 主要为早籼稻，POP4、POP6、POP7 以中籼为主包括一定的早籼或晚籼，POP8 中以晚籼为主，主要分布于华南稻区(图 7.2b)。在粳稻中的两个亚群中，POP2 主要以北方地区的粳稻为主，而 POP5 中各种类型的粳稻品种都有分布。8 个亚群材料构成说明亚种间的遗传差异是决定选育品种遗传结构的最主要因素，其次是光温等生态因素。

7.1.2 中国水稻现代选育品种的系谱及其年代演变

对 290 份各亚群的典型材料(即 STRUCTURE 分析总 $Q \geqslant 0.9$ 的材料，部分系谱不祥的品种除外)的系谱分析表明，POP1 和 POP7 主要为引进的 IRRI 系列籼稻品种及其后代，POP1 同时含有矮脚南特及其衍生品种的后代；POP3、POP4、POP6 中类型复杂，各种矮源如矮脚南特、矮仔占及花龙水田谷、低脚乌尖的衍生后代都有，但以矮脚南特和矮仔占为主，IRRI 引进品种的后代极少；而 POP8 中主要是由矮仔占衍生而来。与籼稻相比，中国的粳稻的遗传来源比较狭窄，南方的粳稻 POP5 主要由桂花黄、农垦 58、农垦 57、老虎稻等亲本选育而来，北方的粳稻 POP2 主要由国外引进的旭为、坊主、爱国、丰锦等品种衍生而来。这几个亚群的系谱来源与 UPGMA 聚类结果基本吻合，由此可见 SSR 标记在品种划分、系谱来源分析中稳定可靠。

20 世纪 50～90 年代包含的遗传结构显示，50 年代的类型最少，籼稻中主要是 POP1、POP3、POP6 和少数的 POP8。在 60 年代随着矮秆资源矮脚南特和矮仔占更广泛的应用，由这两个矮源育成的品种所占比例更大(POP3 和 POP6)，出现了 POP4 与 POP7。20 世纪 70 年代以后随着 IRRI 系列品种在我国育种的应用，POP7 的比例增加很快，在 80 年代和 90 年代中所占的比例与别的类型基本持平。由此可见我国水稻选育品种的遗传结构初步形成于 20 世纪 60 年代，70 年代是一个过渡期，最终形成于 80 年代。表 7.3 表明不同年代 SSR 和表型多样性分布结果非常相似($r=0.828$, $p=0.083$)，两种水平上都是 50 年代的遗传多样性指数最高，此后逐渐降低，80 年代最低，90 年代多样性又有显著提高。在 SSR 等位基因数上 90 年代最高，60 年代最低。而 80 年代的材料数多于 60 年代和 70 年代，但是表型变异数却低于 60 年代和 70 年代，这可能与 80 年代推广的品种表型相似性较高有关。

表 7.3　不同年代品种的 SSR 等位基因数、Nei's 指数、表型变异数和 Shannon 指数

年代	品种数	SSR		表型性状	
		等位基因数	Nei's 指数	变异数	Shannon-Weiner 指数
1950	31	282	0.706 4	142	0.955 7
1960	39	260	0.705 5	158	0.954 9
1970	58	297	0.695 5	162	0.903 5
1980	67	300	0.692 7	157	0.869 1
1990	62	306	0.703 9	173	0.952 8

由遗传结构的年代演变结果表明，水稻选育品种的遗传结构不仅受亚种、生态因素影响，同样也受水稻育种中主要亲本源的影响。总体看来，我国水稻选育品种的遗传结构最初形成于 60 年代，最终形成于 80 年代，但是选育品种的遗传结构并不是一成不变的，它会随不同亲本来源及生态因素而变化。

近年来选育品种的遗传多样性是否在下降也是人们很关注的问题。以上结果显示从 20 世纪 50 年代到 80 年代中国选育品种遗传多样性指数一直下降。这一现象与中国水稻品种利用和生产的实践十分一致，在 50 年代和 60 年代初，中国推广的品种多为地方品种或者从地方品种纯系中选择而来，这一时期推广的水稻品种数量多、单个品种种植面积小；据统计(熊振民和蔡洪法，1990)，在 50 年代年推广面积在 100 万亩以上的仅有 38 个品种中，由地方种系选而来的就占到了 27 个，而由杂交育种选出的品种仅 11 个。其后，杂交育种广泛应用，选育的品种推广面积逐渐增大，品种单一化趋势明显，如在 80 年代育成杂交稻中，仅汕优 63 的累积种植面积达就高达 9.2 亿亩。据统计，20 世纪 80 年代，在年推广 100 万亩以上的 47 个常规品种中，由纯系选择而来的仅有 4 个，而由杂交育种而来的占到了 38 个，其他 5 个来自诱变育种，在杂交育种过程中少数国内的优良骨干亲本得到广泛应用，品种相似性增加，多样性逐渐降低。20 世纪 80 年代，一方面育种家们意识到品种遗传多样性降低的问题，另一方面中国逐渐加强了国际交流，从国外引进了许多优异的种质资源，使得所选育的品种亲本来源多样化，所以 90 年代的品种遗传多样性有了显著提高。由此表明，在现代育种工作中，育种家们应该根据本地区的水稻育种目标，在选育过程中注意丰富育种途径、增加亲本来源的多样化，提高水稻品种的遗传多样性。

7.2　中国水稻地方品种的遗传结构与演化

籼粳分化是亚洲栽培稻遗传分化和遗传结构的主要形式。形态、生化和分子水平上的一系列研究均支持这一观点。然而，一些研究显示有些品种在气候生态型、土壤水分生态型、或是地理生态型上具有明显的分化，而有些研究认为地理分化可能先于早中晚的气候生态型分化。Garris 等(2005)通过基于模型的结构分析，将亚洲栽培稻划分为 5 个结构清晰的类群：籼稻、奥斯、aromatic、温带粳稻和热带粳稻。这些研究显示，除籼粳分化之外，在栽培稻的演化过程中还存在一些其他的分化。中国的栽培稻地理分布广泛、籼粳类型丰富，因此，研究中国栽培稻的遗传结构有助于明确栽培稻的遗传演化和驯化。

虽然，中国杂交稻的研究和利用目前处在国际领先水平，但是，在水稻杂种优势群研究和利用方面进展不大。尽管水稻中籼、粳亚种间杂种优势的利用已得到广泛的关注，但是，由于存在 F_1 代半不育等诸多问题，亚种间杂种优势一直难以直接利用。因此，亚种内不同生态类型间的杂种优势利用已成为育种家的共识，需要建立合理、可行的亚种内生态型的分类体系，以便指导杂种优势群的研究和利用。

水稻地方品种是普通野生稻向现代选育品种过渡的类型，其群体结构反映了栽培稻演化和驯化的历时和机制。张冬玲等(2009)选取中国稻种资源初级核心种质中的地方品种 3 024 份材料，其中，籼稻 1 552 份，粳稻 1 472 份，在表型性状上对中国地方稻种资源达到了 95%以上的代表性，研究了中国栽培稻的群体结构及各类群间的遗传关系以及籼粳亚种内的遗传演化和分化。其主要结果如下：

根据国家种质资源信息系统记载的丁颖的 5 级分类体系(籼、粳亚种—早、中晚气候生态群—水、陆土壤水分生态型—粘、糯生态型—品种)，表 7.4 列示了 3 042 份研究材料在前三级分类的分布。在 36 个 SSR 位点上共检测到 543 个等位变异，每位点的等位变异数为 2～31 个，平均 15.1 个，其中，等位变异数高于平均数的位点有 16 个。36 个位点的遗传多样性指数差异较大，为 0.122 7～0.942 8，平均遗传多样性为 0.728 8，高于形态、同工酶及其他分子标记上的平均多样性水平，表明在微卫星标记上中国地方稻种资源具有较高的遗传变异和多样性。

表 7.4　3 024 份材料在丁颖分类体系中的分布

生态型	亚种		合计
	粳稻	籼稻	
早稻			
水稻	214	327	541
陆稻	93	70	163
中稻			
水稻	344	408	752
陆稻	168	91	259
晚稻			
水稻	403	448	851
陆稻	235	167	402
未知	15	41	56
合计	1 472	1 552	3 024

7.2.1　中国稻种资源的籼粳亚种及其生态型分化

7.2.1.1　中国栽培稻种的遗传结构

利用基于模型的群体结构分析软件 STRUCTURE(Pritchard et al，2000)，分析了中国栽培稻的群体结构，结果显示：Ln$P(D)$ 在 K 从 1～15 的过程中一直增大，没有出现波动(图 7.5 A)，表明中国栽培稻的遗传结构比较复杂。

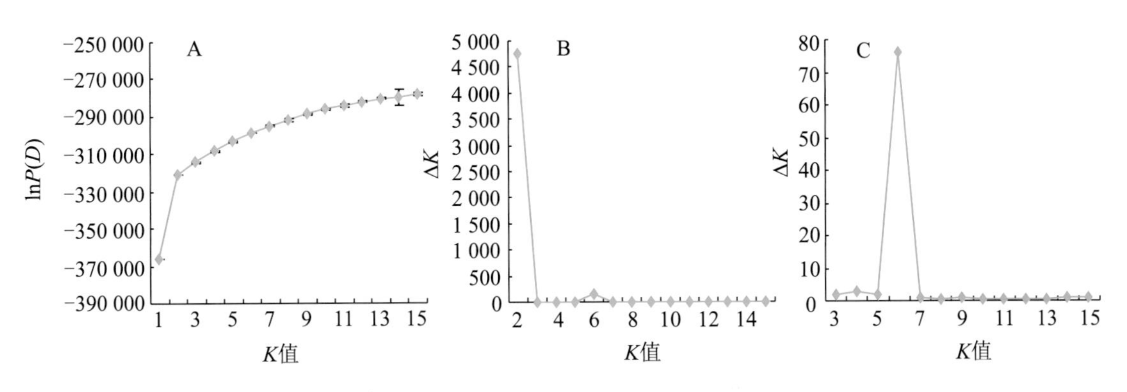

图 7.5 基于模型的 STRUCTURE 分析中 ln$P$(D)与 ΔK 值

对每一个 K 值做了 10 个重复，在 K 从 2～6 的过程中，各重复间有较好的一致性；当 $K>6$ 后，各重复间的一致性较低。采用 Evanno 等(2005)提出的检测自然群体聚类数的方法，分析表明(图 7.5B、C)：ΔK 在 $K=2$ 时有个明显的峰值，在 $K=6$ 时有个小的峰值。分析 K 从 2～6 时，基于模型的遗传结构所得各个类群与预先已知性状的关系发现(图 7.6)：当 $K=2$ 时，籼、粳亚种两个类群首先被分开；当 $K=3$ 时，粳稻亚种内被分为两个类群，一个类群主要分布于水稻群体中，另一个类群主要分布于陆稻群体中，即两个土壤水分生态类群，表明粳稻亚种内出现水陆的土壤水分生态型间的分化；当 $K=4$ 时，籼稻亚种内被分出一个类群，但在预先定义的水陆、早中晚群体间均匀分布，故称之为籼亚种内的中间型；当 $K=5$ 时，粳稻亚种内由原先的水、陆类群中均分出一部分材料组成一个新的类群，这一类群在预先定义的水陆、早中晚群体间也没有出现极端分布，故将其称之为粳亚种内的中间型；当 $K=6$ 时，籼稻亚种被分为被分为两个类群，与预先定义的群体比较，发现一个类群主要分布于早、中稻群体中，另一个类群主要分布于中、晚稻群体中，即两个气候生态类群，表明籼稻亚种内出现早、中、晚的气候生态型间的分化。

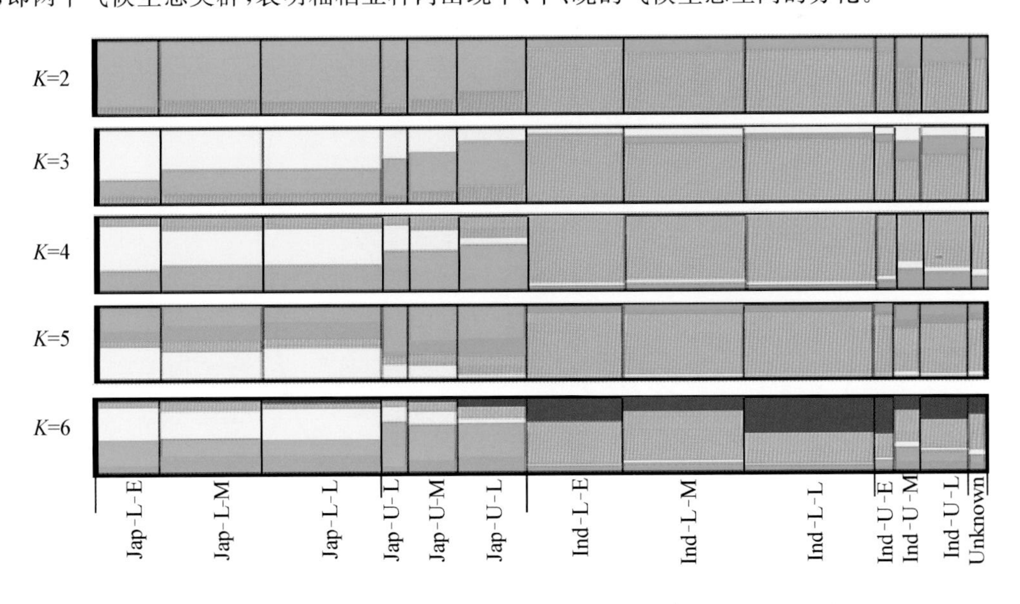

图 7.6 基于模型的群体与预先定义的群体之间的关系($K=2$～6)

注：下面的字母 Jap 代表粳稻；Ind 代表籼稻。中间的字母 L 代表水稻；U 代表陆稻。上面的字母 E 代表早季稻；M 代表中季稻；L 代表晚季稻；Unknown 代表原始分类未知。

由于 ΔK 在 $K=6$ 时出现的峰值较 $K=2$ 时要低，因此，对 $K=2$ 时的籼、粳两个类群进一步的亚结构分析发现，籼粳两个类群均在 $K=3$ 时，ΔK 出现峰值(图 7.7)。分析 $K=3$ 时各类群的特征发现与图 7.6 中 $K=6$ 时的结构一致。

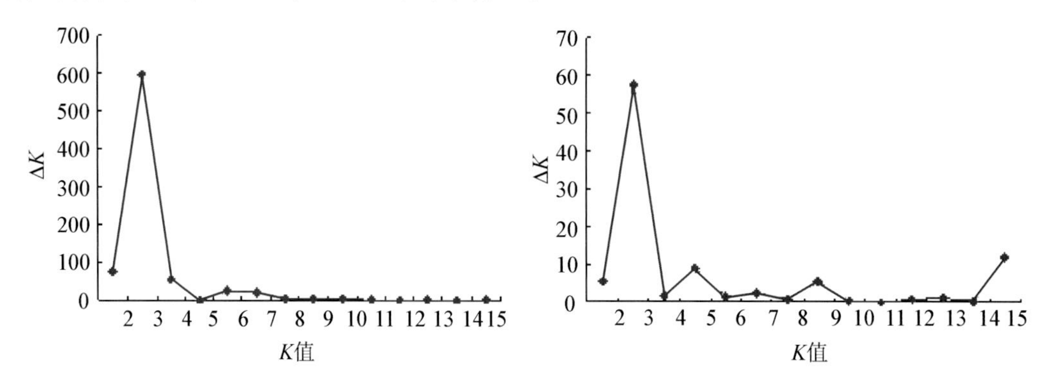

图 7.7　籼稻(左)和粳稻(右)内基于模型的遗传结构分析中 **ΔK** 值

基于 Nei's 遗传距离构建 N-J 聚类图(图 7.8)表明，栽培稻被分为两个群，分别对应于籼、粳两个亚种；而籼、粳两个群又可分别分为 3 个群。将 N-J 聚类所示结构与基于模型的 STRUCTURE 分析结构相比较，二者基本一致，即整个中国栽培稻地方品种可划分为 6 个类群，分别为粳-水型(Jap-L)、粳-陆型(Jap-U)、粳-中间型(Jap-M)和籼-早型(Ind-E)、籼-晚型(Ind-L)、籼-中间型(Ind-M)。

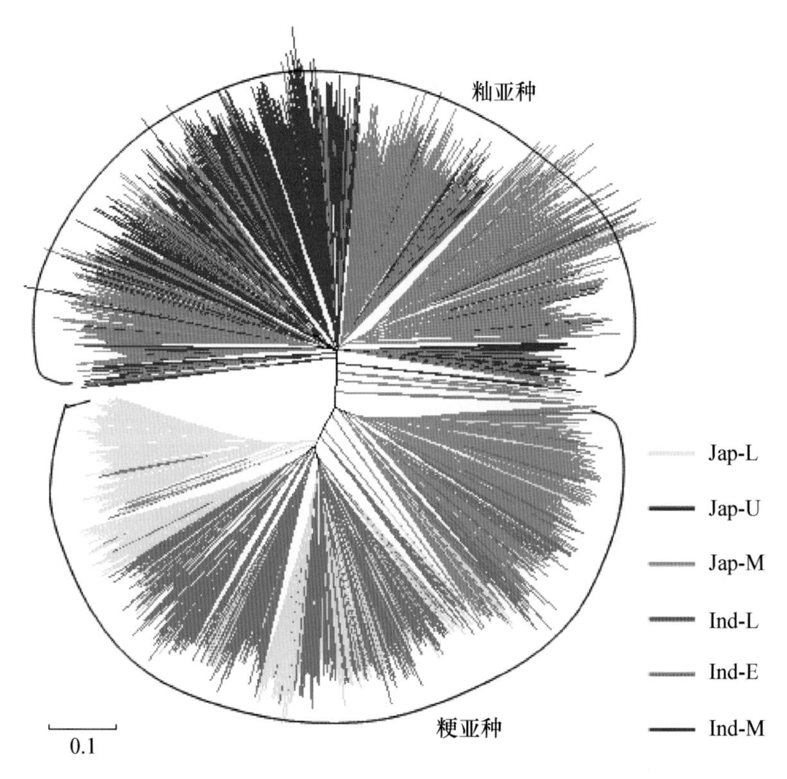

图 7.8　**3 024 份材料基于 Nei's 遗传距离的 N-J 聚类图**

注:不同颜色代表基于模型分析的 6 个群体。

7.2.1.2　各群体结构的遗传分化

AMOVA 分析显示(表 7.5),群体内的遗传多样性约占 85.72%,而大约 14.28%的遗传多样性是由于 6 个主要类群间的遗传差异引起。其中,9.75%是由于籼、粳亚种间的遗传差异引起的,占类群间遗传多样性的 70%。粳亚种内类群间的遗传多样性高于籼稻亚种内各类群间的遗传多样性,表明粳稻的遗传分化水平高于籼稻。产生这一结构的原因可能是粳稻在中国被广泛种植,从亚热带到寒温带,自然环境差异较大,因此不同类群间的分化程度较高。而籼稻仅生长于中国南方,分布范围较为有限,适应性较低,不同类群所处的自然环境差异较小,因此不同类群间的分化程度也较低。

表 7.5　各类群间的 AMOVA 分析

类群	主要生态型	次级生态型	36 位点/%	
			主要类群间	次级类群间
粳稻	3	16	5.47	13.98
中间型		4		6.21
陆粳型		6		7.82
水粳型		6		13.07
籼稻	3	9	4.66	8.23
早籼型		4		5.77
中间型		3		3.79
晚籼型		2		1.87
总计	6	25	14.28	19.51

7.2.2　中国水稻地方品种生态型内的地理生态群及其演化

上述中国地方稻种资源的遗传结构分析结果表明:地方稻种首先被划分为籼、粳两个亚种,而后在籼粳亚种内,籼稻亚种主要被划分为早、晚和中间型 3 个生态群;粳稻亚种内主要被划分为水、陆和中间型 3 种生态型。由于其 ln$P(D)$值在 K 值从 1～15 的过程中一直增大,表明在每种生态型内可能还存在亚结构。

7.2.2.1　籼稻亚种下各生态型内的群体结构及演化

1. 籼稻亚种下各生态型内的群体结构

依据 Evanno 等提出的 ΔK 值分析每个生态型内的亚群体结构数(图 7.9)显示,早籼稻生态型在 $K=4$ 时有个明显的峰值,晚籼稻在 $K=2$ 时有个明显的峰值,中间型生态型在 $K=3$ 时有个明显的峰值。

每种生态型内划分的群体与预先已知的信息比较显示它们与地理分布有密切关系,每一个生态型类群内都有不同数量的地理生态亚群,表明在每个类群内都存在不同程度的地理分化(图 7.10,图 7.11,图 7.12)。早籼稻生态型被分为 4 个地理生态群:类群 1 主要分布于长江中下游地区,类群 3 主要分布于长江中上游地区,类群 4 主要分布于西南地区,类群 2 分布较

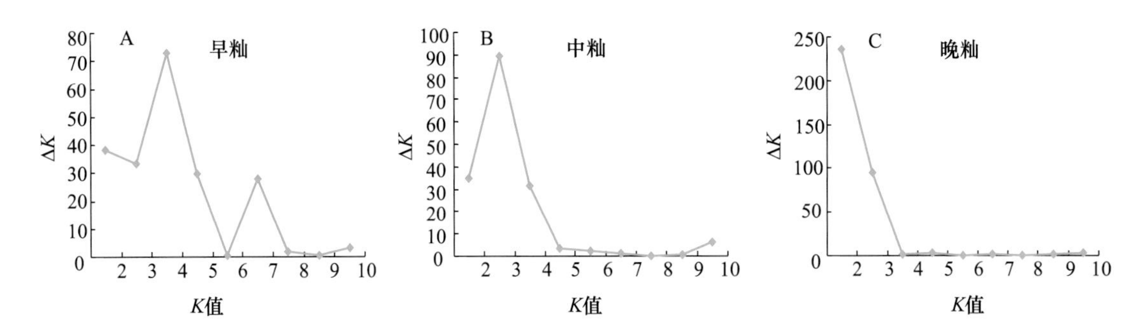

图 7.9 基于模型的 STRUCTURE 分析中 ΔK 值

散,没有明显的地域分布规律。早籼稻的 4 个类群分别命名为长江中上游型、长江中下游型、西南型及分散型。晚籼稻生态型被分为 2 个地理生态群:类群 1 主要分布于华南地区,类群 2 主要分布于长江中下游地区,将晚籼稻的 2 个类群分别命名为华南型和长江中下游型。中间型生态型被分为 3 个地理生态群:类群 1 主要分布于长江中下游地区,类群 2 主要分布于西南地区,类群 3 主要分布于长江中上游地区,将这 3 个类群分别命名为长江中上游型、长江中上游型和西南型。基于 Nei's 遗传距离构建 N-J 聚类图对 3 个生态型内亚群的划分与基于模型的 STRUCTURE 分析结果基本一致(图 7.13)。

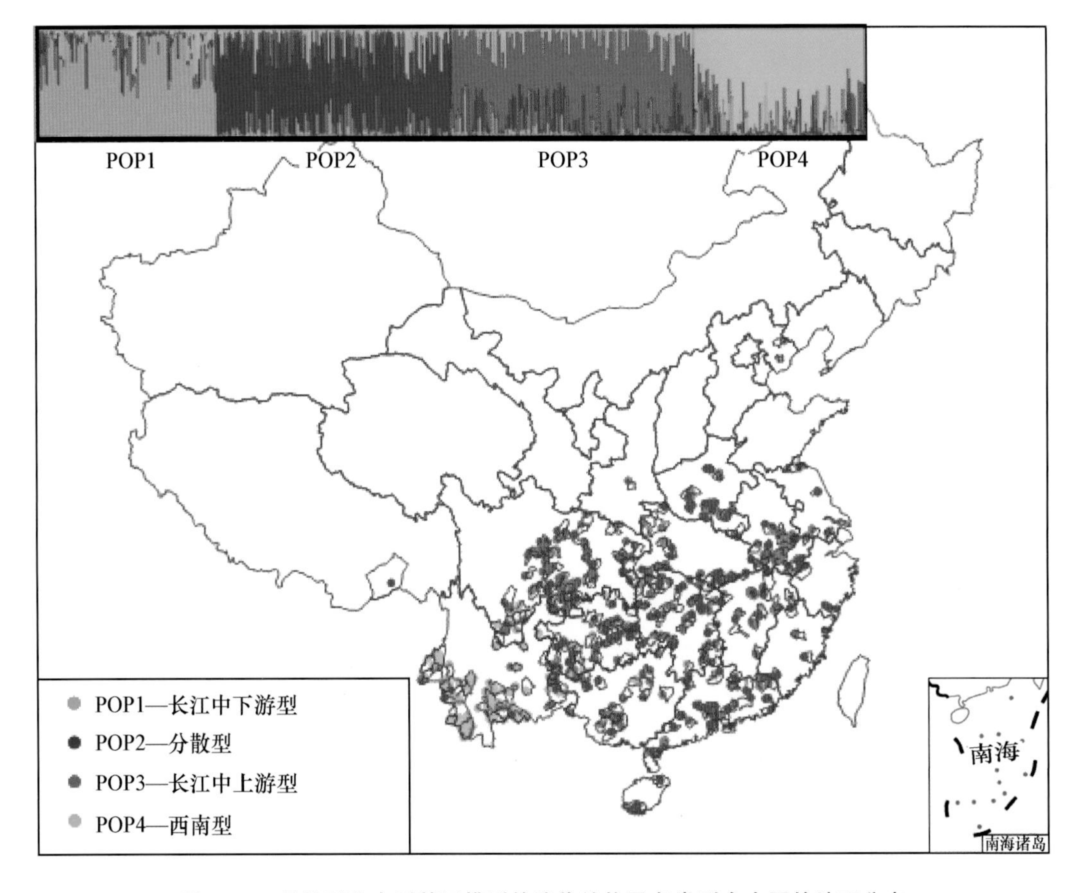

图 7.10 早籼稻生态型基于模型的遗传结构及各类型在中国的地理分布

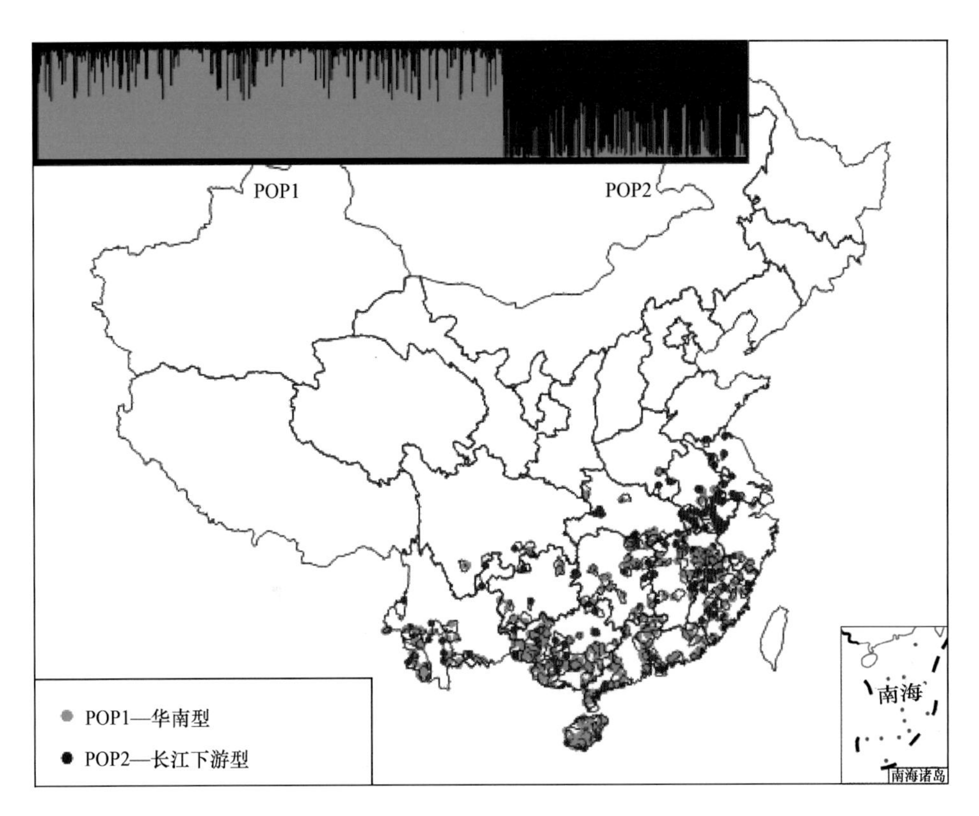

图 7.11 晚籼稻生态型基于模型的遗传结构及各类型在中国的地理分布

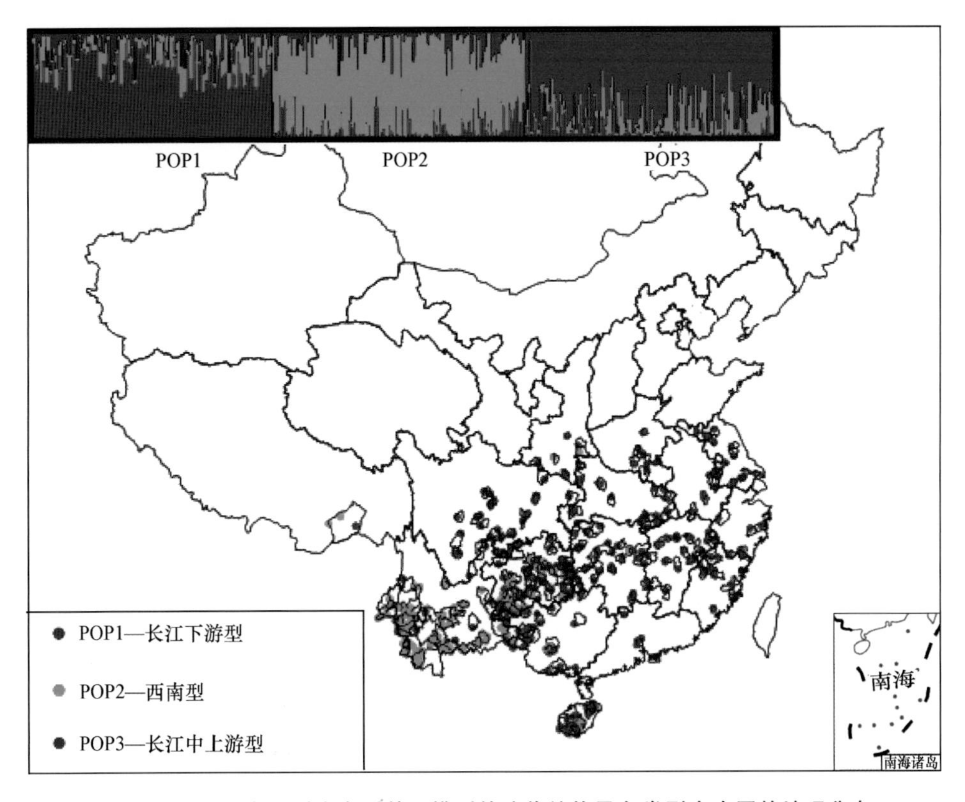

图 7.12 籼稻中间型生态型基于模型的遗传结构及各类型在中国的地理分布

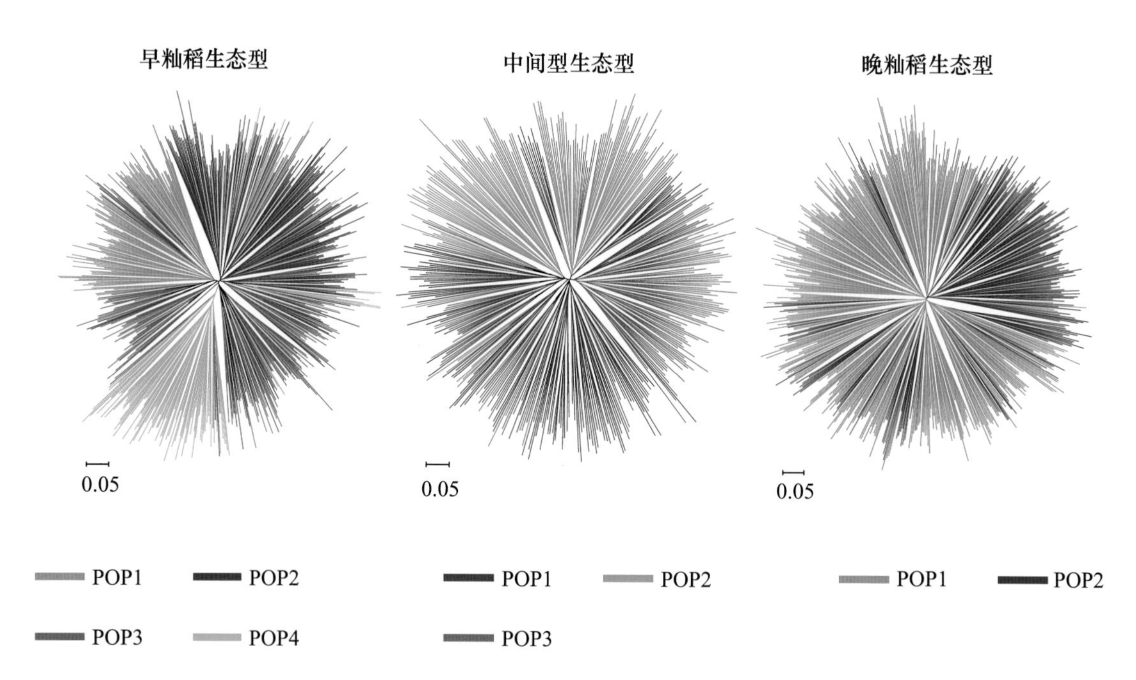

图 7.13 籼稻 3 种生态型基于 Nei's 遗传距离的 neighbor-joining 系统发生树

注：不同颜色的线条代表 STRUCTURE 分析的各个类群。

2. 籼稻亚种下各生态型的地理分化

各类群间的分化系数和遗传距离表明(表 7.6)，中间型与早、晚籼生态型间的遗传距离较远，除早籼稻生态型内的西南型地理生态群外，均为生态型内各地理生态群间的遗传距离较近，而不同生态型的地理生态群间遗传距离较远，分化系数较高。在早籼稻生态型内，POP2(分散型生态群)由于材料在地理上的分布较为分散，与其余 3 种地理生态群间的遗传距离较近。AMOVA 分析显示，约 8.23%的遗传多样性是由于各群体间的遗传差异引起，其中，早籼稻生态型内各地理生态群间的遗传多样性较大，为 5.77%；晚籼稻生态型内各地理生态群间的遗传多样性较小，为 1.87%；中间型生态型内各地理生态群间的遗传多样性为 3.79%。

表 7.6 生态型内各类群间的 Nei's 遗传距离和成对 F_{st}

	早籼稻				中间型			晚籼稻	
	POP1	POP2	POP3	POP4	POP5	POP6	POP7	POP8	POP9
	长江中下游型	分散型	长江中上游型	西南型	长江中下游型	西南型	长江中上游型	华南型	华中型
POP1		0.069 3	0.054 9	0.078 4	0.142 9	0.139 5	0.119 4	0.140 9	0.073 9
POP2	0.082 0		0.033 6	0.076 7	0.107 7	0.115 3	0.096 0	0.065 0	0.070 4
POP3	0.086 5	0.059 0		0.079 7	0.142 3	0.133 5	0.096 3	0.120 9	0.117 1
POP4	0.139 6	0.071 8	0.106 2		0.126 2	0.078 4	0.125 0	0.113 5	0.114 9
POP5	0.194 5	0.159 8	0.198 2	0.190 6		0.043 3	0.045 5	0.093 7	0.098 0
POP6	0.198 3	0.165 2	0.189 5	0.139 6	0.083 8		0.058 9	0.106 8	0.112 3

续表7.6

	早籼稻				中间型			晚籼稻	
	POP1	POP2	POP3	POP4	POP5	POP6	POP7	POP8	POP9
	长江中下游型	分散型	长江中上游型	西南型	长江中下游型	西南型	长江中上游型	华南型	华中型
POP7	0.173 1	0.137 0	0.133 3	0.179 7	0.078 2	0.090 6		0.139 2	0.136 7
POP8	0.131 4	0.105 8	0.108 2	0.113 6	0.120 2	0.148 8	0.155 2		0.038 8
POP9	0.097 6	0.111 1	0.150 4	0.147 9	0.148 3	0.170 8	0.196 0	0.067 2	

注：群体间遗传距离在斜对角线的下方；成对 F_{st} 位于斜对角线的上方。

籼稻遗传分化与地理参数的关系表明(图 7.14)，不同纬度间纬度差与分化系数以及地理距离与分化系数则均呈现极显著的正相关，且地理距离与分化系数间的显著程度更高，可见环境、空间隔离是导致稻种资源在地理上分化的主要原因。

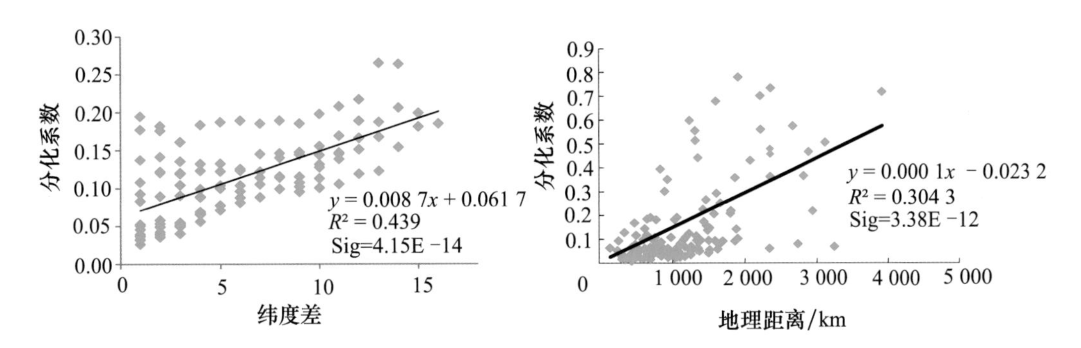

图 7.14　籼稻的遗传分化系数(G_{st})与地理参数(纬度差和地理距离)间的关系

7.2.2.2　粳稻亚种下各生态型内的群体结构和演化

1. 粳稻亚种下各生态型内的群体结构

与前述结构分析一样，依据 Evanno 等(2005)提出的一种检测自然群体聚类数的方法来确定每种生态型内的亚群体结构的数目，结果如图 7.15 所示。水粳稻生态型在 $K=6$ 时有个明显的峰值，陆粳稻在 $K=6$ 时有个明显的峰值，中间型生态型在 $K=4$ 时有个明显的峰值。

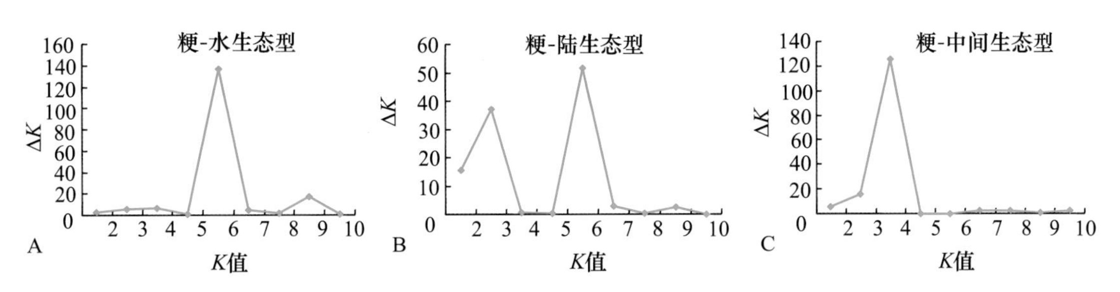

图 7.15　基于模型的 STRUCTURE 分析中 ΔK 值

与籼稻一样，粳稻每一个生态型类群内都有不同数量的地理生态亚群，表明在每个类群内都存在不同程度的地理分化（图 7.16，图 7.17，图 7.18）。根据每个亚群在地理上的分布规律，粳水型生态型的 6 个类群分别命名为东北早粳Ⅰ群、东北早粳Ⅱ群、华北早粳群、长江下游晚粳Ⅰ群、长江下游晚粳Ⅱ群、南方晚粳群。粳陆型生态型的 6 个类群分别命名为东北早粳群、华北早粳群、西南高原晚粳Ⅰ群、西南高原晚粳Ⅱ群、西南热带晚粳群及一个较为分散的类群。粳中间型生态型的 4 个类群命名为南方型、长江中上游型、西南型和分散型。

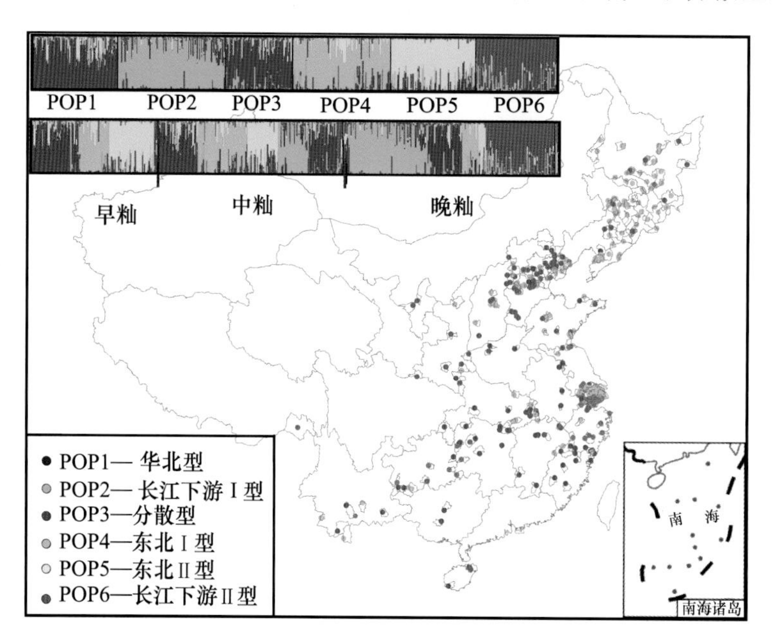

图 7.16 水粳稻生态型下基于模型的遗传结构及各类型在中国的地理分布

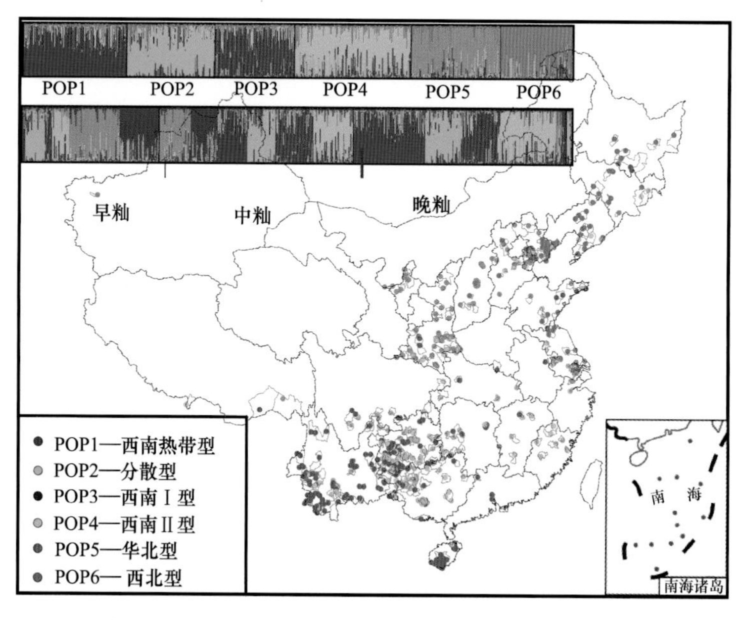

图 7.17 陆粳稻生态型下基于模型的遗传结构及各类型在中国的地理分布

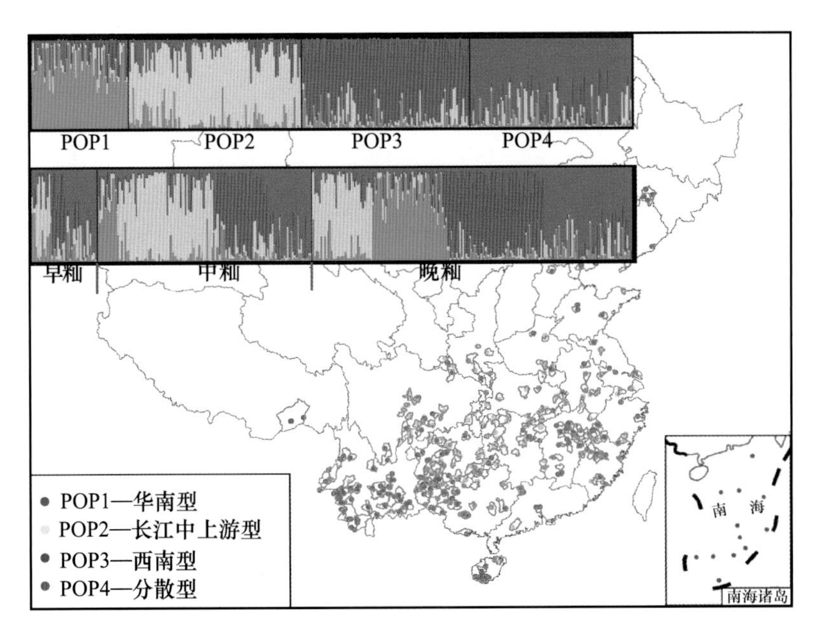

图 7.18 中间型生态型下基于模型的遗传结构及各类型在中国的地理分布

2. 粳稻亚种下各生态型内的地理分化

各类群间的分化系数和遗传距离表明(表 7.7),各地理生态群间存在显著分化。在粳水型生态型内,长江下游Ⅰ型和长江下游Ⅱ型地理群间遗传关系最近;在粳陆型生态型内,西南Ⅰ型西南Ⅱ型地理群间遗传关系最近;东北型地理群与其他地理群间的遗传距离较大。

表 7.7 生态型内各类群间的 Nei's 遗传距离和成对 F_{st}

生态型	生态地理群		POP1	POP2	POP3	POP4	POP5	POP6
粳水型	POP1	华北型		0.120 7*	0.059 7*	0.127 5*	0.139 3*	0.101 7*
	POP2	长江下游Ⅰ型	0.147 9		0.058 9*	0.230 6*	0.243 6*	0.038 0*
	POP3	分散型	0.114 3	0.133 0		0.041 8*	0.117 4*	0.074 2*
	POP4	东北Ⅰ型	0.134 3	0.200 6	0.148 6		0.110 8*	0.205 5*
	POP5	东北Ⅱ型	0.153 8	0.215 7	0.102 1	0.111 9		0.200 9*
	POP6	长江下游Ⅱ型	0.125 7	0.091 3	0.118 0	0.192 1	0.178 6	
粳陆型	POP1	热带型		0.086 2*	0.040 7*	0.091 3*	0.081 6*	0.100 9*
	POP2	分散型	0.119 2		0.064 8*	0.073 9*	0.075 4*	0.128 5*
	POP3	西南Ⅰ型	0.087 8	0.116 6		0.031 8*	0.062 0*	0.097 0*
	POP4	西南Ⅱ型	0.118 0	0.100 7	0.087 1		0.059 8*	0.163 4*
	POP5	华北型	0.124 1	0.133 3	0.120 4	0.100 8		0.126 9*
	POP6	东北型	0.139 4	0.150 4	0.146 8	0.155 3	0.125 0	
粳中间型	POP1	华南型		0.063 1*	0.094 4*	0.088 1*		
	POP2	长江中上游型	0.103 6		0.071 2*	0.072 1*		
	POP3	西南型	0.121 0	0.104 9		0.067 4*		
	POP4	分散型	0.125 1	0.111 2	0.103 7			

注:群体间遗传距离在斜对角线的下方;F_{st} 位于斜对角线的上方。* 表示差异显著(α=0.05)。

尽管中国粳稻的群体结构与稻区划分不完全一致，但仍表现出一定的地理聚集现象。中间类型主要分布于长江中上游和西南地区，旱稻类型主要分布于我国西南地区，而水稻类型主要分布于长江下游和华北。另外，群体类型的丰富程度呈现出明显从南到北减少的趋势。

此外，以 5 个纬度为一个区域，统计了不同纬度区域的 4 个等位变异频率的等位变异分布（图 7.19），结果显示，在各个区域比例最高的是频率 0.01～0.1 的变异；随纬度升高，频率高于 0.01 的变异比例逐渐增大，而低频率的比例逐渐减少，表明高纬度地区经历过比较强的选择。

对中国 22 个省份粳稻聚类分析表明（图 7.20），粳稻资源在地理上明显分为两类，即华北

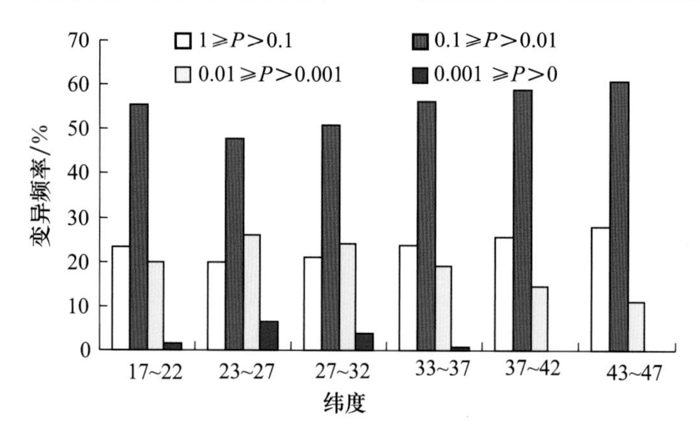

图 7.19　不同频率 SSR 变异随纬度的分布

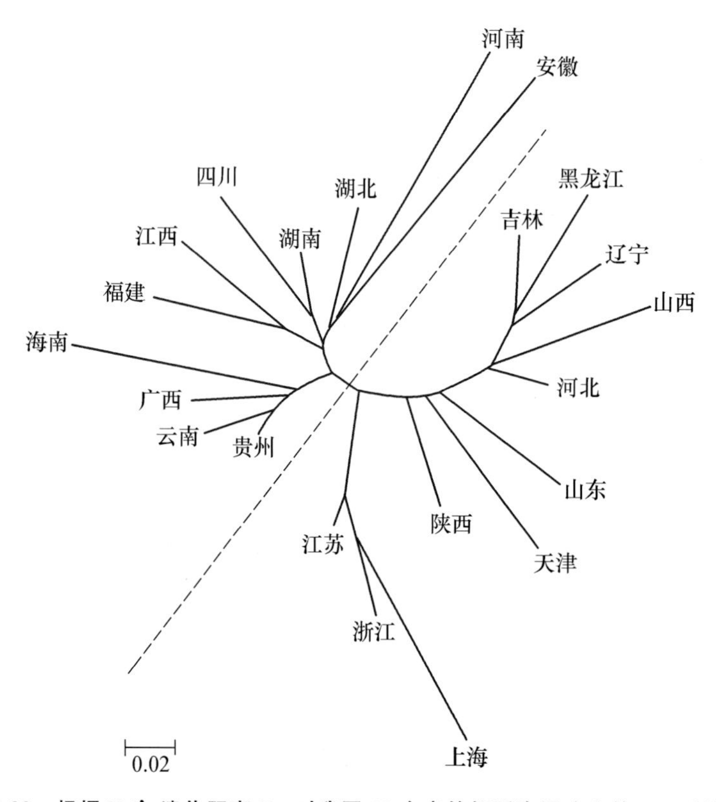

图 7.20　根据 Nei's 遗传距离 D_A 对我国 22 个省的粳稻资源建立的 N-J 系统树

和华南类型。其中,华南类型包括我国南方11个省份,如果以云南和贵州为中心,则其遗传关系向东向北逐渐变弱;而华北型包括我国北方11个省份,如果以江苏和浙江为中心,则其遗传关系向西向北逐渐变弱。

7.2.3 中国栽培稻遗传结构的形成及分类

籼粳的分化是亚洲栽培稻分化的主流,形态、分子水平上的一系列研究都已达到了比较一致的认识。然而栽培稻的其他可能的结构或分类却一直是争议的焦点。在中国,主要有两种分类体系:丁颖的五级分类体系(丁颖,1957)和程-王五级分类体系(程侃声等, 1984)。由于这两种分类体系均为基于表型性状和育种者的经验所得,因此易受环境和主观的影响,它们可能并不能真正反映栽培稻的遗传结构或演化历程。

利用分子标记所做基于模型和基于遗传距离的遗传结构分析的结果表现一致,表明籼粳分化是中国栽培稻遗传分化的主流,与前人研究结果一致。然而在籼粳亚种类群内部,其亚结构类群与丁颖、程-王等研究存在较大差异。首先,在粳稻亚种类群中,土壤水分生态群间的分化水平高于籼稻亚种;然而另一方面,在籼稻亚种类群中,气候生态群间的分化程度高于粳稻亚种。其次,籼粳亚种内的不同遗传结构模式与其地理分布、栽培环境和耕作制度有着紧密联系,即不同的选择压会影响籼粳亚种内形成不同的亚结构。众所周知,粳稻主要分布于温带地区,如日本、韩国和中国北部(主要分布于北纬32°以上),而籼稻主要分布于热带、亚热带地区。因此,人们一般也将籼稻称之为热带水稻,将粳稻称之为温带水稻。在中国,粳稻主要分布于长江以北和长江以南的高海拔地区,而籼稻主要分布于长江以南。除此之外,籼稻一般多生长于河谷,粳稻多生长于山地。如云南省,籼稻主要生长于海拔1 400 m以下;粳稻多生长于海拔1 800 m以上;海拔1 400~1 800 m之间为籼粳交错区。籼、粳亚种对自然环境(光、温、水分等)的适应性不同,导致其在地理上的分布有较大差异。而这种差异又直接影响每个亚种内部朝向不同的方向分化。

中国南部的低海拔地区,光、热资源丰富,雨量充沛,以栽培水稻为主,因此对于适应于此环境条件的籼稻亚种基本不存在水分胁迫,不需要向高水分利用效率——陆稻方向演化,水分条件很难成为籼稻分化的重要动力;但是,在籼稻的主要分布区种植制度相对复杂,尤其在过去,经常可以种植2~3季,因此,日照的长短便成为籼稻分化的主要动力,从而形成了不同的气候生态型。

然而,粳稻由于其更加广泛的适应性,对于分布在高纬度、高海拔的稻种资源,不存在比较复杂的种植制度,多数只能种植单季,因此,体现在光照上的季节因素不会成为粳稻分化的主要动力;并且,粳稻一般与陆稻有着紧密的联系。如泰国、缅甸、印度和南亚国家的旱地种植的品种总是表现出粳稻的表型特征。Glaszmann (1987)的分析也显示大部分的陆稻品种被分为粳稻类群。而且,Kochko (1987)利用同工酶对非洲的地方品种分析表明:生长于旱地的品种倾向于表现出粳稻的基因型。与陆稻有关的基因型在粳稻的水、陆分化中起着重要作用。甚至在栽培稻的籼粳分化中也起着重要作用,粳稻的起源演化可能与土壤水分胁迫和对水分匮缺环境的适应性密不可分。因此,在自然和人工选择下,这些地区水分的相对短缺使得人们因地制宜地种植粳型水稻或陆稻,从而形成了比较明显的水陆分化,即形成了不同的土壤水分生态型。有限的光、热资源限制了粳稻内部产生清楚的季节生态型的分化,但这种气候生态型的分化依然存在,且更倾向于反映在地理分布上。例如,中国南部的粳稻多为晚稻类型,而中国北部的粳稻多表现为早稻类型。

基于以上分析，推断栽培稻及籼粳亚种的亚种内遗传演化是：籼、粳亚种可能是独立起源的，籼稻可能在水分条件充沛的热带环境中被驯化而来；而粳稻可能在水分条件匮缺的温带环境中演化而来。在热带地区，复杂的耕作制度和充足的光热资源使得籼稻亚种内产生了清晰的早、中、晚的气候生态型分化；相反，在温带或高海拔地带，简单的种植制度和水资源的匮乏使得粳稻亚种形成了明显的水陆分化，而在早、中、晚方面表现较弱的分化。在云南、贵州栽培稻分析时，也得到了类似结果(Zhang et al，2007b；Zhang et al，2007a)。

除水陆、早中晚的分化外，每种生态群内还显示出地理分化。各类群间遗传距离与地理距离的衰退分析表明，随着两类群间地理距离或纬度差的增加，它们间的遗传距离也逐渐增大。在中国辽阔的幅员内，稻作北起黑龙江省漠河(53°27′N)，为全球水稻种植最北端，南到海南省崖县(18°02′N)；东起黑龙江省虎林县(132°09′E)，西至新疆喀什地区(75°09′E)，在地理分布上跨越了寒带、中温带、暖温带、亚热带和热带 5 个温度带。稻区的最高地理高度位于云南省宁蒗县，海拔 2 695 m。粳稻亚种在地理上的分化较籼稻亚种复杂，其分化程度也较高，表明粳稻的适应性较籼稻更强、其分布也更广，从亚热带到寒温带，自然环境有着极大的差异。由此可见，空间隔离、当地的生态环境和耕作制度是产生地理分化的主要动力。

一个科学而有效的栽培稻分类体系有助于种质资源的管理，是扩大现代品种遗传改良的多样化基础。而随着超高产育种研究的展开，亚种间杂种优势利用成为当前水稻杂种优势利用的主要途径。程侃声等 (1984) 认为栽培作物的分类系统在亚种一级的水平上应该尽可能和植物学的分类保持一致，而在亚种以下的各级，就应力求满足农学上的需要。在他的栽培稻五级分类体系中，第四级水平为地理生态型，但由于研究材料的限制，并没有能够明确中国栽培稻存在多少种地理生态型。分子水平的群体结构显示，中国栽培稻种可划分为 25 个地理生态群，由于粳稻中的东北Ⅰ和 Ⅱ、长江下游Ⅰ和 Ⅱ、西南高原Ⅰ和 Ⅱ型两两间的自然生态环境较为相似，遗传距离也表现为较近(表 7.7)，为便于农业生产应用，将这些地理生态型合二为一；另外，两个亚种中的分散型不宜作为独立的地理生态群。因此，中国栽培稻存在 18 种地理生态群(图 7.21)。根据以上

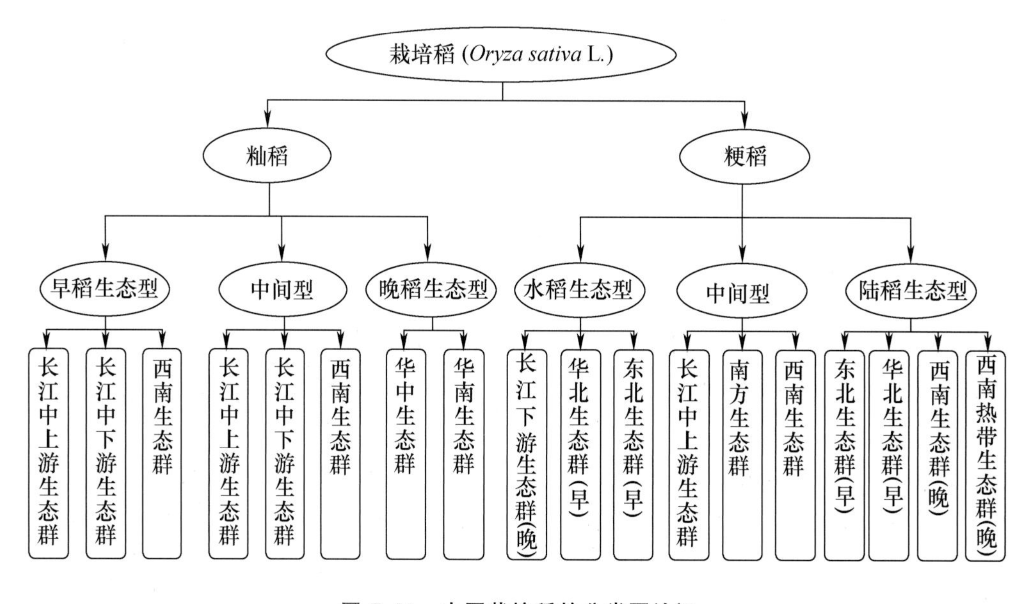

图 7.21　中国栽培稻的分类再认识

结果，籼粳亚种内存在明显不同的生态型和地理生态群的分化，可以将丁颖及程侃声等提出的中国栽培稻的五级分类体系修正为：①种(亚洲栽培稻)；②亚种(籼亚种和粳亚种)；③生态型(籼稻亚种下为早、晚生态型；粳稻亚种下为水、陆生态型)；④地理生态群；⑤品种。

7.3 中国栽培稻内各类群的SSR分子鉴别方法

在前述利用SSR分析了中国栽培稻群体结构的基础上，本节将着重分析中国栽培稻各群体的SSR分子特征，明确各类群的分子鉴别方法，以便用于进化演化、育种等应用中对材料类型的鉴别。

7.3.1 水稻籼粳亚种的分子特征及其鉴别方法

7.3.1.1 中国栽培稻微核心种质亚种的形态鉴别

利用程氏的6个性状的形态指数(包括叶毛、稃毛、抽穗时的壳色、籽粒长宽比、第一二穗节长、酚反应；程侃声等，1984)法可以将204份栽培稻品种划分为0～24共25个籼粳等级类型。其中，将0～8归为典型籼稻群，9～13归为偏籼群，14～17是偏粳群，17～24是典型的粳稻群。204份微核心种质中有126份为籼稻，78份为粳稻。其中，属于典型籼稻群的有101份材料，属于典型粳稻群的有51份材料。在水稻种质资源目录中，对稻种资源的籼粳属性已有记载。因此，将以上结果与前人鉴别相比较(图7.22)，发现鉴别结果与前人记载存在一定差异。其中，有21份材料前人记载为粳稻，而该试验鉴别为籼稻；有7份材料前人记载为籼稻，而该试验中鉴别为粳稻。

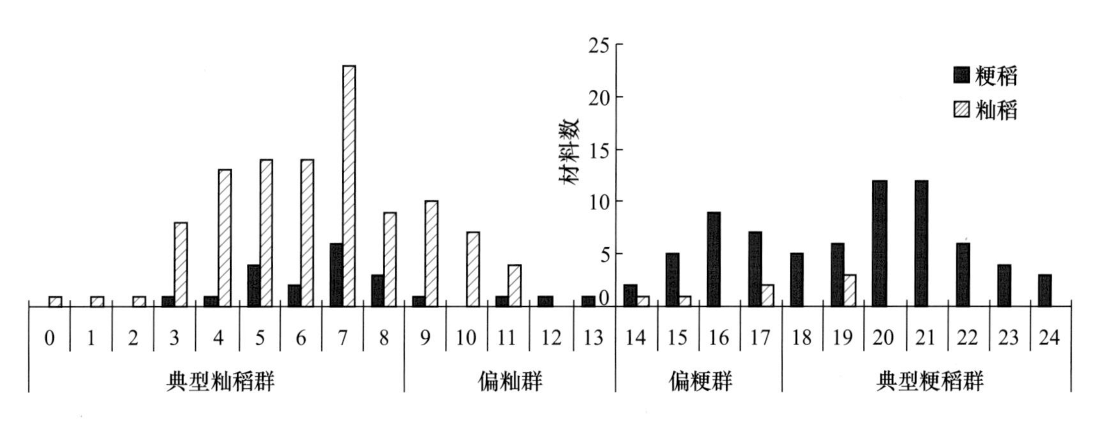

图7.22 微核心种质籼粳形态指数(横坐标)与前人籼粳性状记载(图中以实心柱和斜线柱表示)的比较

7.3.1.2 籼粳鉴别的SSR标记法

水稻微核心种质的群体结构分析也表明，204份材料被明显分为两个类群，这两种类群间仅有较少的遗传交流。比较这两种类群与预先定义的群体表明，类群1主要为籼稻亚种，类群2主要为粳稻亚种。基于群体结构分析所划分的籼粳与本研究中利用形态指数法判别的籼粳有着高度的一致性，但仍然存在一些差异。在形态指数判别为粳稻的 78 份材料中，有 17 份材料基于模型的群体结构分析判别它们含有更多的籼稻成分；在形态指数判别为籼稻的 126 份材料中，有 5 份材料基于模型的群体结构分析判别它们含有更多的粳稻成分。在这 23 份籼粳属性存在分歧的材料中，有 16 份为地方稻种，6 份为现代选育品种，剩余 1 份为三系中的不育系材料。从地理上看，这些材料主要分布于我国的西南地区尤其是云贵两个省，而该地区的栽培稻被认为在进化程度上比较原始，籼粳分化不明显。可见，这些籼粳属性并不十分明确的材料确实在遗传组成上比较复杂。

以上结果表明，利用 SSR 标记进行籼粳鉴别研究是可行的。但是，以上全基因组的 SSR 标记分析表明，籼粳分化在水稻 DNA 水平广泛存在，并且存在一些分化程度较高的特异位点，究竟选用多少位点即可对籼粳亚种进行有效鉴别？利用 15、10、5 和 3 对籼粳分化程度最高的 SSR 引物对籼粳鉴别效果进行了比较。

在利用 SSR 进行籼粳鉴别时，采用分子指数（molecular index，*MI*）作为鉴别指标。*MI* 的获取方法为：①根据每个位点上变异在籼粳亚种间的分布特点，将每个位点的等位变异分为两个类群：籼稻型和粳稻型；②根据各变异的籼粳特性将粳稻型赋值为 1，籼稻型赋值为 −1，该赋值成为分子型值；③根据每份待鉴别材料的 SSR 等位变异，给予这份材料以新的分子型值；④将用于籼粳鉴别位点的分子型值相加得到每份待鉴别材料的 *MI*，*MI* 大于 0 则判为粳稻，小于 0 则判为籼稻。

根据上述方法获得了 204 份材料的 *MI* 值，与形态指数鉴别的籼粳做一比较。结果表明，当选用 15 对引物时，两者之间的符合率为 98%，有 2 份形态鉴别为粳稻的品种，微卫星鉴别为籼稻；有 2 份品种形态鉴别为籼稻的品种，而微卫星鉴别为粳稻（图 7.23）。判别存在分歧的 4 份材料中 2 份为地方稻种，2 份为选育品种，并且这 4 份材料的微卫星指数值都处于籼粳稻的中间水平，可见其籼粳分化程度比较低。

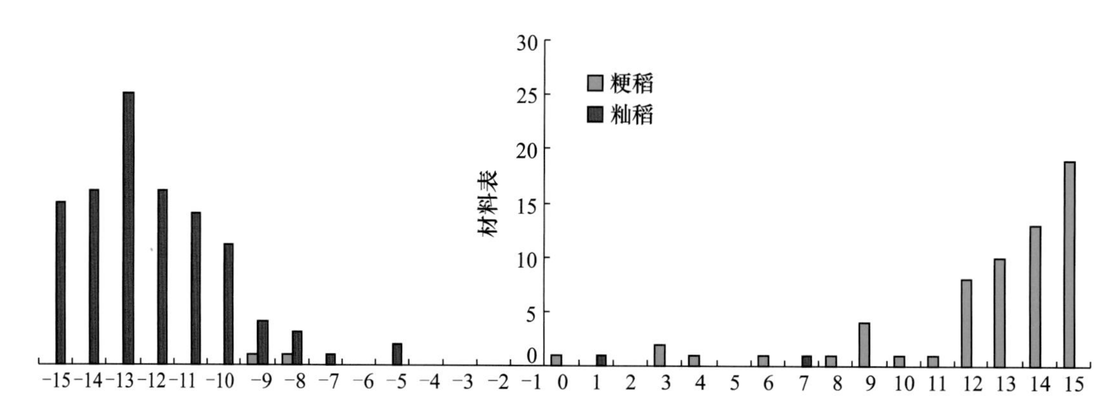

图 7.23　选用 15 对微卫星位点鉴别的籼粳（横坐标）与形态指数鉴别籼粳（不同颜色）间的比较

当选用 10 对引物、5 对引物甚至 3 对引物时（图 7.24），仍然得到了与 15 对引物鉴别效果相同的结果，即有 2 份形态鉴别为粳稻的品种，微卫星鉴别为籼稻；有 2 份品种形态鉴别为籼稻的品种，而微卫星鉴别为粳稻。

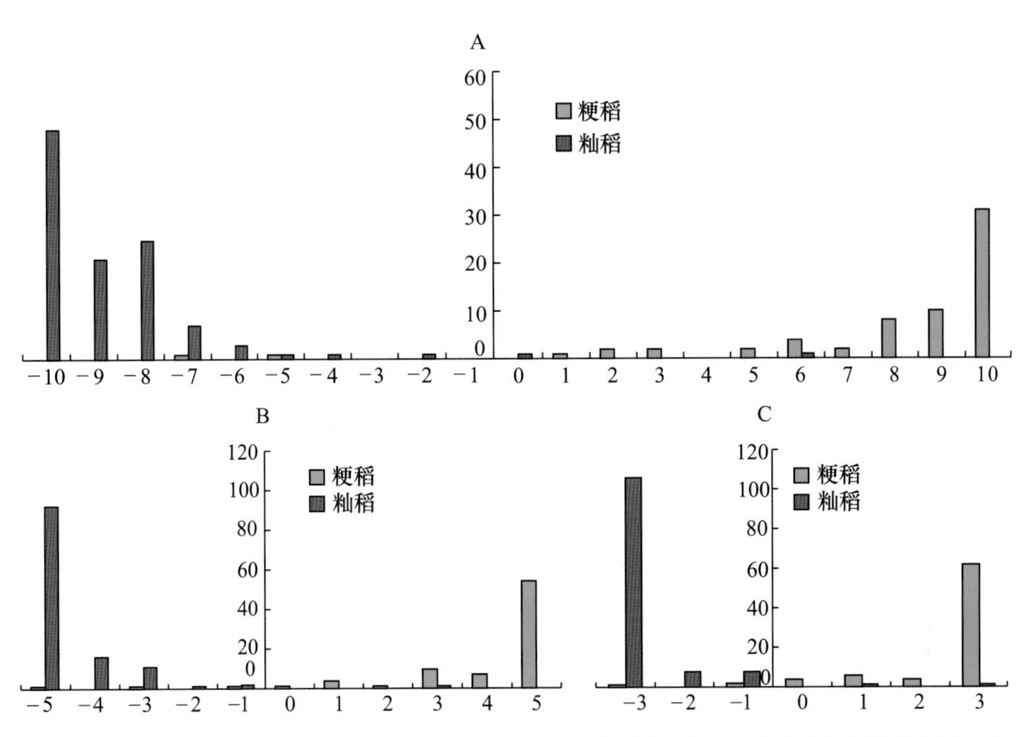

图 7.24　选用 10 对(A)、5 对(B)和 3 对(C)微卫星位点鉴别的籼粳与形态指数鉴别籼粳间的比较

7.3.2　籼稻各生态型和地理生态群的分子特征及鉴别方法

为鉴定籼亚种下各生态型及地理生态群在 DNA 水平的分子特征，选取每种类群内 STRUCTURE 输出的 Q(来自同一祖先血缘)≥95%的 431 份材料组成典型群体进行分析，结果表明各等位变异在不同生态群中的频率差异较大。如图 7.24 所示，一些等位变异主要出现在某一特定的生态群，而在其他生态群中的出现的频次较低。将频率大于 0.5，并且在某一生态型中出现的频次占在总体中频次的 50%以上的等位变异定义为该生态型的特征等位变异(图 7.25)(Zhang et al,2013)。

为了更好地应用于育种生产，利用典型的特征等位变异，并根据该特征等位变异在这一生态型中出现的频次与在总体中频次的比值建立了一种快速鉴别各生态群的微卫星指数法。用特征等位变异的频次比值乘以 1 或 0(对材料进行 SSR 扩增，出现特征等位变异的记为 1，不出现的记为 0)，然后相加，最后将和值再除以该生态型特征等位变异的频次比值的和。籼稻的 3 个生态型的典型特征等位变异如图 7.25A 所示。对材料进行 SSR 扩增，出现特征等位变异的记为 1，不出现的记为 0，然后品种类型(variety identity，*VI*)依据每个品种隶属于每个类群的判别指数(discriminant index，*DI*)相对大小进行判别。根据 Microsoft Excel 中的内嵌函数，将判别公示表示如下：

$$VI(\mathrm{A,B,C})=INDEX(\{\text{“A”},\text{“B”},\text{“C”}\},0,MATCH(\max(a,b,c),\{a,b,c\},0))$$

其中，*INDEX*(array，row_num，[column_num])为数列索引函数，将返回数列 array 中指定位置的元素值。A、B、C 代表类群，分别代表本研究中的早籼稻生态型、中间型和晚籼稻生态型。*a*、*b*、*c* 代表判别指数。*MATCH*(lookup_value，lookup_array，[match_type])为匹配函

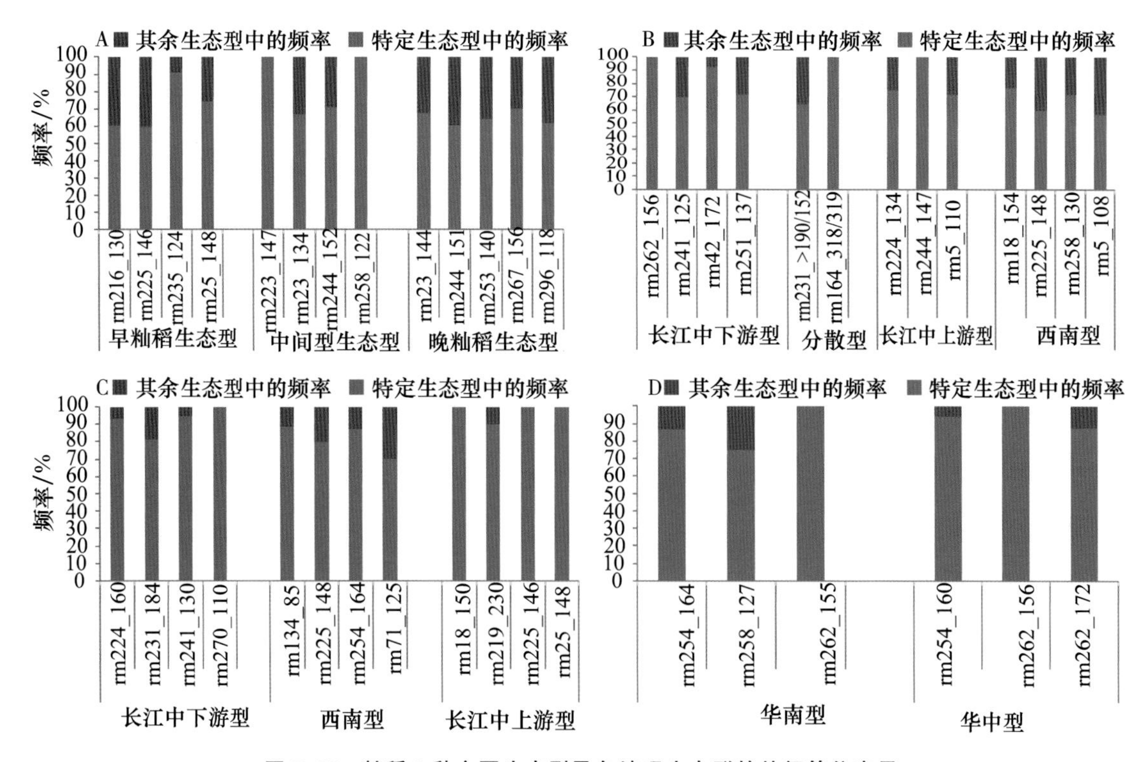

图 7.25　籼稻 3 种主要生态型及各地理生态群的特征等位变异

注：A 是籼稻 3 种主要生态型的特征等位变异；B 是早籼稻生态型内各地理生态群的特征等位变异；C 是中间型生态型内各地理生态群的特征等位变异；D 是晚籼稻生态型内各地理生态群的特征等位变异。

数，将返回搜索数列 lookup_array 中与匹配值 lookup_value 精确匹配的数列元素的位置，max()为取最大值函数，match_type＝0 表示精确匹配。即如果 $a>b$ 和 c，则这一材料属于 A 类群；如果 $b>a$ 和 c，则这一材料属于 B 类群；如果 $c>a$ 和 b，则这一材料属于 C 类群。而

$$a=(0.6\times rm216\_130+0.59\times rm225\_146+0.91\times rm235\_124+0.74\times rm25\_148)/2.84$$

$$b=(1\times rm223\_147+0.67\times rm23\_134+0.51\times rm244\_152+1\times rm258\_122)/3.18$$

$$c=(0.6\times rm244\_151+0.64\times rm253\_140+0.7\times rm267\_156+0.61\times rm296\_118+0.67\times rm23\_144)/3.22$$

以公式 a 为例：其中，rm216_130、rm225_146、rm235_124 和 rm25_148 代表特征等位变异，其中 rm216 等代表引物名称，下划线后的数字代表该引物特征等位变异的分子量大小。特征等位变异前的数字代表该生态型中出现的频次与在总体中频次的比值。例如，0.6 是 rm216_130 特征等位变异在该生态型中出现的频次与在总体中频次的比值，同样 0.59、0.91 和 0.74 分别是 rm225_146、rm235_124 和 rm25_148 特征等位变异在该生态型中出现的频次与在总体中频次的比值。除号下的数字是该类型所有特征等位变异在该生态型中出现的频次与在总体中频次的比值的和值。例如 a 中 2.84 是 0.6＋0.59＋0.91＋0.74 和值，b 和 c 中依此类推。

采用这一判别公式对 431 份材料的典型群体进行鉴别，与基于模型的群体进行比较，结果见表 7.8。两者间的符合度达到 82%以上，其中，对晚籼稻生态型的鉴别与基于模型的群体间一致性达到了 97.69%。

表 7.8 利用微卫星指数法得到的群体与基于模型的群体间的比较

生态型	早籼稻生态型[a]	中间型生态型[a]	晚籼稻生态型[a]	小计
早籼稻[b]	131	13	3	147
中间型[b]	3	82	1	86
晚籼稻[b]	25	4	169	198
小计	159	99	173	
符合度	82.39%	82.83%	97.69%	

注:[a] 代表基于模型的群体;[b] 代表采用判别公式得到的群体。

采用同样的原理,提出了籼稻 3 种生态型下各地理生态群的特征等位变异(图 7.25B、C、D)及判别公式(表 7.9)。同样,与基于模型的群体结构进行比较(表 7.9),结果表明,其中,对早籼稻生态型下的 3 个地理生态群以及晚籼稻生态型下的西南地理群的鉴别两者间的一致性达到了 100%。

表 7.9 籼稻各地理生态群的微卫星指数鉴别法及与基于模型的群体比较的符合度

生态型	品种类型判别式	地理生态群	判别指数	符合度
早籼稻	*VI*(D, E, F, G)	D:长江中下游型	*d*=(1.0×rm262_156+0.7×rm241_125+0.92×rm42_172+0.71×rm251_137)/3.33	100.00%
		E:分散型	*e*=(0.64×rm231_>190/152+1.0×rm164_318/319)/1.64	58.33%
		F:长江中上游型	*f*=(0.75×rm224_134+1.0×rm244_147+0.71×rm5_110)/2.46	100.00%
		G:西南型	*g*=(0.77×rm18_154+0.59×rm225_148+0.71×rm258_130+0.57×rm5_108)/2.64	100.00%
中间型	*VI*(H, I, J)	H:长江中下游型	*h*=(0.93×rm224_160+0.8×rm231_184+0.94×rm241_130+1.0×rm270_110)/3.67	72.41%
		I:西南型	*i*=(0.88×rm134_85+0.8×rm225_148+0.7×rm254_164+1.0×rm71_125)/3.38	100.00%
		J:长江中上游型	*j*=(1.0×rm18_150+0.9×rm219_230+1.0×rm225_146+1.0×rm25_148)/3.9	92.86%
晚籼稻	*VI*(K,L)	K:华南型	*k*=(0.87×rm254_164+0.75×rm258_127+1.0×rm262_155)/2.62	87.88%
		L:华中型	*l*=(0.94×rm254_160+1.0×rm262_156+0.87×rm42_172)/2.81	89.47%

VI(D,E,F,G)=*INDEX*({"D","E","F","G"},0,*MATCH*(max(*d*,*e*,*f*,*g*),{*d*,*e*,*f*,*g*},0))

VI(H,I,J)=*INDEX*({"H","I","J"},0,*MATCH*(max(*h*,*i*,*j*),{*h*,*i*,*j*},0))

VI(K,L)=*INDEX*({"K","L"},0,*MATCH*(max(*k*,*l*),{*k*,*l*},0))

7.3.3 粳稻各生态型内地理生态群的分子特征及鉴别方法

与籼稻亚种内各生态型及地理生态群的鉴别方法类似，采用同样的原理，提出了粳稻亚种内3种生态型及各地理生态群的特征等位变异（图7.26）及其鉴别方法（Zhang et al，2012）。粳稻亚种内3种主要生态型的特征等位变异如图7.25A所示，其判别指数如下所示：

$$DI(\mathrm{VI}|\mathrm{A}',\mathrm{B}',\mathrm{C}')=\max(a',b',c');$$

其中，A′、B′、C′代表类群，分别代表水粳稻生态型、中间型和陆粳稻生态型；a'、b'、c'代表决定系数，即决定这一材料属于3个类群中的哪一类群，如果$a'>b'$和c'，则这一材料属于A′类群；如果$b'>a'$和c'，则这一材料属于B′类群；如果$c'>a'$和b'，则这一材料属于C′类群；依此类推。而

$$a'=(0.93\times \mathrm{rm335\_115}+0.87\times \mathrm{rm5\_114}+0.84\times \mathrm{rm81a\_116})/2.64$$

$$b'=(0.99\times \mathrm{rm223\_155}+0.82\times \mathrm{rm253\_140}+0.99\times \mathrm{rm258\_127/130})/2.8$$

$$c'=(0.84\times \mathrm{rm42\_165}+0.89\times \mathrm{rm255\_150}+0.85\times \mathrm{rm134\_85})/2.58$$

同样以公式a'为例：其中，rm335_115、rm5_114和rm81a_116代表特征等位变异，其中rm335等代表引物名称，下划线后的数字代表该引物特征等位变异的分子量大小。特征等位变异前的数字代表该生态型中出现的频次与在总体中频次的比值。例如，0.93是rm335_115特征等位变异在该生态型中出现的频次与在总体中频次的比值，同样0.87和0.84分别是rm5_114和rm81a_116特征等位变异在该生态型中出现的频次与在总体中频次的比值。除号后的数字是该类型所有特征等位变异在该生态型中出现的频次与在总体中频次的比值的和值。例如a中2.64是0.93+0.87+0.84的和值，b'和c'中依此类推。

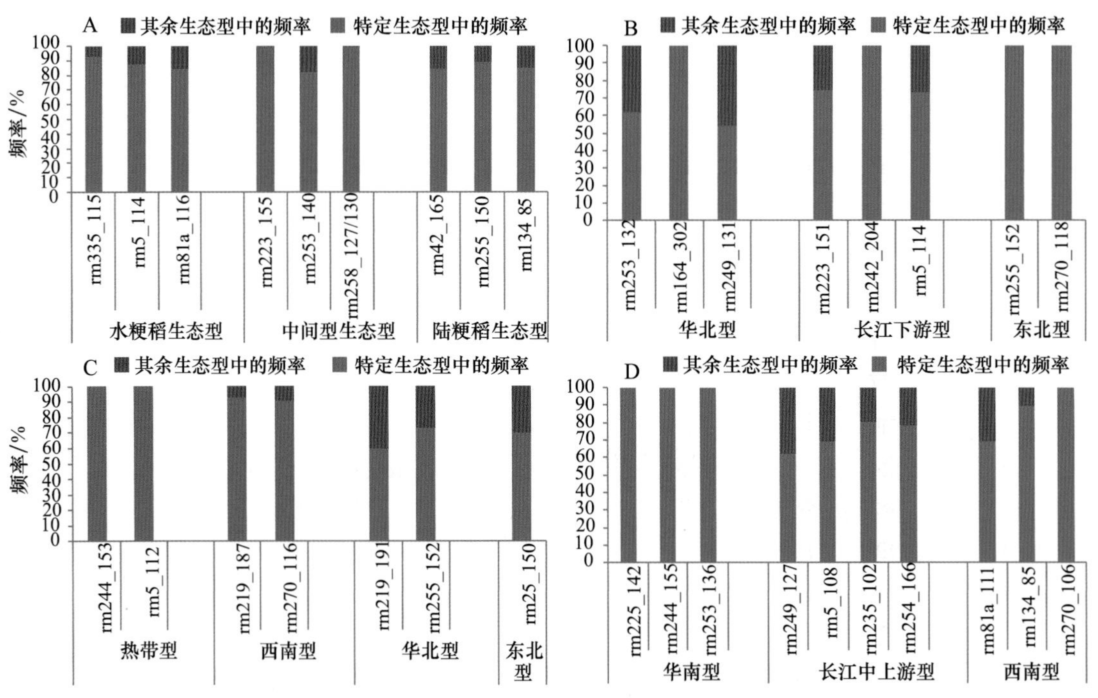

图7.26 粳稻亚种内3种主要生态型及各地理生态群的特征等位变异

注：A是粳稻亚种内3种主要生态型的特征等位变异；B是早籼稻生态型内各地理生态群的特征等位变异；C是中间型生态型内各地理生态群的特征等位变异；D是晚籼稻生态型内各地理生态群的特征等位变异。

采用这一判别公式对421份粳稻亚种内的典型材料群体进行鉴别，与基于模型的群体进行比较，结果见表7.10。两者间的符合度达到82%以上，其中，对水粳稻生态型和中间型生态型的鉴别与基于模型的群体间一致性达到了95%以上，仅陆粳稻生态型较低。

表7.10 利用微卫星指数法得到的群体与基于模型的群体间的比较

生态型	水粳型[a]	中间型[a]	陆粳型[a]	小计
水粳型[b]	174	3	18	195
中间型[b]	0	106	5	111
陆粳型[b]	3	2	110	115
小计	177	111	133	
符合度	98.31%	95.50%	82.71%	

注：[a] 代表基于模型所得的群体；[b] 代表基于微卫星指数判别法所得的群体。

7.3.4 形态标记与分子标记分类法的比较

亚种栽培稻的籼粳差异及分化表现在多个方面，如在地理分布上，籼稻主要分布在低纬度的热带和亚热带，粳稻主要分布在高纬度的温带或热带、亚热带的高海拔地区。在进行栽培时，粳稻一般比较抗寒、耐肥，要求密植，易感叶稻瘟病而较抗白叶枯病；而籼稻则抗寒力弱，适应较粗放的栽培，较抗叶稻瘟病而易感穗茎瘟病和白叶枯病。籼稻和粳稻在形态、细胞和分子水平上还存在大量差异。在形态水平上，至少已发现有数十个性状在籼粳间存在差异，如剑叶开度、叶色、稃毛多少、胚乳属性、花青素原和小穗密集性等性状在籼粳间都不一致。但在这么多存在籼粳差异的性状中，通常仅有少数几个性状可有效鉴别籼粳。

程氏指数由程侃声等在1984年提出，程氏指数所涉及的6个性状在典型的籼粳品种间区别明显，分析起来具有一定的稳定性和重演性，因而得到广泛的应用。这6个性状从典型籼到典型粳之间都表现有不少变异，而给每个性状记5个等级，主要是依靠经验判断，难免会发生各种误差。钱前等(2000)观察到抽穗时颖壳色、穗轴第1～2节长和籽粒长宽比在DH群体中呈现连续分布，表现出数量性状的遗传特点；而叶毛、稃色和酚反应表现为双峰分布，表明这些性状的表现主要受主效基因控制。梁耀懋等(1993)分析广西的稻种资源时发现，50%的陆籼叶毛是少或无的，酚反应呈无色或极浅色，表现出粳稻的性质。而在谷粒长宽比上，约有20%粳稻的长宽比大于2.41。粳稻品种中约有31%的酚反应呈黑色或浅黑色反应。抽穗时的颖壳色要求区分者必须具有一定的经验。约10%的籼稻节间距较长，表现出偏粳型的特征。本研究的结果也显示，不同调查者对同一份材料的性状判别很可能出现差异，从而引起材料的籼粳属性出现分歧。

梁耀懋等(1993)研究表明，海拔、温度等外界生态环境对稃毛、抽穗时颖壳色、谷粒长宽比、穗轴第1～2节间距和酚反应6个性状均有不同程度的影响。对于某些性状(如稃毛、抽穗时壳色和谷粒长宽比)，高海拔条件可促使其向粳型特性进化，而对于另一些性状(如酚反应和穗轴第1～2节间距)，高海拔条件却促使其向籼型特性进化。由此表明，形态性状易受环境、调查者经验等各种外界因素的影响。本研究室对相同材料在不同生态环境的调查结果也观察到了类似的结果。所以，在对稻种资源进行分类分析时，仅仅适用程氏指数来确定水稻的籼粳类型,会有一定的误差出现。

王建平等(1998)表明形态指数法和同工酶法的分类结果一致性较好。形态指数法简便迅速,但经验性的东西较多。同工酶法虽然客观可靠,但是随取样的时间和部位的不同,其结果不一致。分子标记研究的是 DNA 水平的遗传变异,而 DNA 通常比较稳定,不受取样时间和部位的影响,比同工酶更加稳定可靠。并且 SSR 标记具有多态性高、共显性、在染色体上的位置已被定位等特点。由于其分布广泛、两侧翼序列在近缘种间的保守性,尤其适用于自然群体的遗传结构和遗传演化研究。因此,采用 SSR 标记研究籼粳分化是非常理想的。

许多研究都提出微卫星标记能够应用于水稻分类,但是这些研究大多是采用聚类分析或者筛选几个特异等位基因,由于聚类分析要使用许多与已知材料的分子数据,而基于少数材料获得特异等位基因也很难在更多的材料上应用,这些缺点限制了微卫星标记在鉴定籼粳上的应用。

该研究利用 SSR 标记对栽培稻的籼粳鉴别分类结果,与程氏的 6 个形态性状对品种的籼粳分类结果有着较好的一致性,两者的相符程度为 97.5%,即大部分品种的籼粳属性几种方法得到的结果完全一致,仅少数几份品种的籼粳特性存在一些分歧。因而对大部分品种来说,用分子标记或是用程氏的形态指数都可以有效地鉴定其籼粳属性。

籼粳分化是一个长期复杂的过程,在彻底明白其过程之前,人们提出的鉴定方法都是来源于所观察到的不同现象,因此不同方法之间必然存在差异,而且由于籼粳间存在部分可育,目前还没有找到一个能够完全将籼粳亚种分开的方法,综合利用几种方法会得到更准确的结果。与前人提出的方法相比,微卫星鉴别方法非常简单,不受调查者主观及个人经验的影响。并且分析不受外界生态环境及植物生长周期的影响,可使用任何部位(种子、叶片等)。随着分子生物学的快速发展,其技术体系已非常完善,试验费用也不断降低,因此,具有很强的应用性。当然,微卫星鉴别方法和表型鉴定之间还存在少许差异,尤其是在一些过渡性材料上。因此,可将微卫星标记和表型性状结合起来将会得到更准确的结果。

7.3.5 籼粳亚种内生态型及地理生态群的划分与杂种优势群利用

张冬玲等(2009)通过对中国地方稻种资源的遗传结构分析认为,籼稻存在更明显的光温生态型分化,而粳稻存在更明显的土壤水分生态型分化(具体参见 7.2 节)。本节的结果发现,在两个亚种各自的生态型下存在明显的地理生态群分化。而生态型下各地理生态群的分布与稻作生态区划有一定的一致性。中国西南、华南由于纬度的升高,热量、水分、日照等均存在一定差异;长江下游到上游由于海拔的升高,同样热量、水分、土壤等也存在很大差异。因此,我们推断各地不同的气候生态环境及耕作制度是造成地理分化的主要原因。另外,对地理距离与遗传分化系数的分析结果表明空间隔离是引起地理分化的另一个重要原因。亚种下生态型及其生态地理群的划分为水稻杂种优势的利用提供了分类框架。

进入 20 世纪 80 年代以来,中国杂交稻的育种遇到一定的瓶颈。由于亲本的遗传基础狭窄,杂交籼稻产量徘徊不前。而中国杂交粳稻的增产优势在实际应用中仅为 10%左右,不如杂交籼稻的杂种优势强,其主要原因是,一方面,在粳稻中很难找到恢复系;另一方面,典型籼粳间杂交虽具有较强的杂种优势,但是,其后代高度不育不能直接利用籼稻的恢复基因。因此,充分利用和挖掘不同类型、不同来源、地理上远距离材料,拓宽杂交稻亲本间的遗传差异,在一定程度可以提高组合的优势强度。然而,在众多的遗传资源中,如何根据不同地区的生态条件及品种的生态类型，进行有效地选择是杂交稻发展的当务之急。

近年来，作物杂种优势群或优势生态型的筛选及其划分，建立杂种优势模式，减少组配的盲目性日益受到重视。杂种优势群在玉米上的研究较多，并形成了一些著名的优势配对模式。但是，水稻杂种优势群的研究相对落后。为了改善现有三系杂交水稻遗传基础狭窄的现状，利用分子标记技术对中国水稻杂种优势群作出进一步的系统划分，建立新的杂种优势群及杂种优势模式，已成为今后水稻杂交育种发展的必然趋势。陈立云等(1992)研究了早籼、中籼、晚籼与早粳、晚粳不同生态型之间的杂种优势配对模式；孙传清等(1999)主要采用培矮 64S 等几个光敏核不育系，通过大量的测交，筛选得到一些有价值的两系杂交稻的优势生态型，但这种方法筛选得到的优势生态型只是针对某个不育系，而且主要是两系不育系，局限性较大。20 世纪 70 年代育成的杂交稻南优 2 号以及 80 年代育成的广适性强恢复系明恢 63 就是利用地理、生态远缘的亲本杂交选育而成的(谢华安等，2004)。罗小金等(2006)对类群间和群内所配组合进行的优势分析表明，群间组合优势强于群内组合。刘炜等(2005)利用 9 个不同生态类型的 50 份材料研究了粳型水稻杂种优势生态型与杂种优势模式，结果表明不同地理来源的生态型间表现出较高的杂种优势。由此可见，对水稻粳亚种内生态群进行合理划分，将为水稻杂种优势群的研究提供依据。程侃声(1984)提出亚种内再分成生态群、生态型等，提出粳稻内可分为海南型、云贵型等地理生态型。这些地理生态型的提出多是基于表型性状和育种者的经验所得，受环境和人为等因素的影响，而且，表型性状上的形态分化不一定能真实反映 DNA 水平的遗传演化。近年来，利用分子标记评价水稻种质资源的遗传多样性进行水稻杂种优势生态型及优势组配模式的研究已成为现阶段水稻育种的热点。该节采用现代科学统计方法，从 DNA 水平利用 SSR 标记系统分析了中国籼稻和粳稻的遗传结构，在此基础上，提出了亚种内的分类体系，能够有效帮助水稻杂种优势群的划分。并明确了各生态群间基因型的差异，同时，对各生态型及地理生态群特征等位变异及鉴别方法的研究有助于人们简单快速对水稻籼亚种内生态群进行合理划分，通过微卫星指数法可以有效选择典型性或非典型性材料进行杂种优势群研究或杂交育种的亲本选配研究。

两个亚种下的中间型生态型将为籼粳亚种间杂种优势利用以及加强粳稻杂种优势利用提供理想的亲本材料。为解决亚种内偏低的杂种优势问题，尤其是在发展粳稻杂交稻时，生产上通常采用“籼粳架桥”技术获得中间材料，以利用籼稻恢复基因的同时利用籼稻的广适性、抗逆性等优良有利基因。利用“籼粳架桥”技术时，获得的中间材料的籼粳成分必须适度，籼型成分过低又达不到扩大双亲间的遗传差距从而扩大杂种优势的目的，而籼型成分过多则难以适应粳稻区的生态条件。前人研究的结果表明，栽培稻中存在一些籼粳分化不明显的中间类型材料，常用“偏籼”或“偏粳”等模糊概念来描述，这些方法不仅不能确定中间材料的分类地位问题，而且阻碍了中间材料的充分利用。利用 DNA 水平的 SSR 标记分析籼、粳稻内的遗传结构，发现无论是籼稻亚种还是粳稻亚种内都存在一个中间的生态型类群，这一类群在遗传多样性、微卫星的分子量大小、频率分布以及地理分布等都与早、晚籼稻生态型有较大差异，并且与粳稻的遗传距离及分化系数显著小于早、晚籼生态型(Zhang et al，2009)。从地理上看，籼稻的中间类型主要分布于长江流域和云南西南部山区，属于籼粳交错区，所适应的生态环境兼具籼粳亚种的特点。由此可见，不管是从遗传还是其适应的生态条件上，籼稻的中间类型均具备作为籼粳杂种优势中间材料的潜力。该研究中给出了判别籼稻中间类型的 SSR 分子特征和分子判别式，通过 SSR 分子判别式选择籼稻的中间类型开展籼粳杂种优势研究或许是突破籼粳杂种优势利用障碍和加强粳稻杂种优势利用的理想途径。

参考文献

[1] 陈立云，戴魁根，李国泰，等．不同类型籼粳杂种 F_1 比较研究．杂交水稻，1992，4：35-38.

[2] 程侃声，周季维，卢义宣，等．云南稻种资源的综合研究与利用Ⅱ．亚洲栽培稻分类的再认识．作物学报，1984，10：271-280.

[3] 丁颖．中国栽培稻种的起源及其演变．农业学报，1957，8：246-260.

[4] 梁耀懋，黎坤爱，何聪，等．广西稻种的系统分类研究Ⅰ. 六项形质综合鉴别籼粳稻的研究．广西农业科学，1993，2.

[5] 刘炜，史延丽，马洪文，等．根据杂种优势值划分粳型水稻杂种优势生态型．西北植物学报，2005，25：64-69.

[6] 罗小金，贺浩华，付军如，等．利用 SSR 分子标记划分籼型水稻杂种优势群．杂交水稻，2006，21(1)：61-64.

[7] 钱前，何平，郑先武，等．籼粳分类的形态指数及其 6 个鉴定性状的遗传分析．中国科学(C)，2000，30(3)：305-310.

[8] 孙传清，陈亮，李自超，等．两系杂交稻优势生态型的初步研究．杂交水稻，1999，14：34-38.

[9] 谢华安，王乌齐，陈炳焕，等．超级杂交稻恢复系"航 1 号"的选育与应用．中国农业科学，2004，37(11)：1687-1692.

[10] 熊振民，蔡洪法．中国水稻．北京：中国农业出版社，1990：50-200.

[11] 王建平，孙传清，李自超，等．两套水稻 DH 群体的形态指数和同工酶的籼粳分类研究．中国农业科学，1998，31(1)：8-15.

[12] 余萍，李自超，张洪亮，等．中国普通野生稻初级核心种质取样策略．中国农业大学学报 2003，8(5)：37-41.

[13] Evanno G, Regnaut S, Goudet J. Detecting the number of clusters of individuals using the software Structure: a simulation study. Molecular Ecology, 2005, 14: 2611-2620.

[14] Garris A J, Tai T H, Coburn J, et al. Genetic structure and diversity in *Oryza sativa* L. Genetics, 2005, 169: 1631-1638.

[15] Glaszmann J C. Isozymes and classification of Asian rice varieties. Theoretical and Applied Genetics, 1987, 74, 21-30.

[16] Khush G S. Origin, dispersal, cultivation and variation of rice. Plant Molecular Biology, 1997, 35: 25-34.

[17] Kochko A D. Isozyme variability of traditional rice in Africa. Theoretical and Applied Genetics, 1987, 73: 675-682.

[18] Kovach M J, Sweeney M T, McCouch S R. New insights into the history of rice domestication. Trends in Genetics, 2007, 23: 577-587.

[19] Liu K, Muse S. PowerMarker: New Genetic Data Analysis Software, Version 2.7 (http://www.powermarker.net/), 2004.

[20]Londo J P,Chiang Y C,Hung K H,et al. Phylogeography of Asian wild rice,*Oryza rufipogon*, reveals multiple independent domestications of cultivated rice, *Oryza sativa* L. Proceeding of the National Academy Sciences,2006,103:9578-9583.

[21] Pang H H, Chen C B. *Oryza rufipogon* Griff. Germplasm Resource in China. Science and Technology Publishing Company of Guangxi Province Press: Nanning,2002.

[22] Pritchard J K, Stephens M, Donnelly P. Inference of population structure using multi-locus genotype data. Genetics,2000,155:945-959.

[23] Zhang D L, Zhang H L, Wei X H et al. Genetic Structure and Diversity of *Oryza sativa* L. in Guizhou, China. Chinese Science Bulletin,2007a,52:343-351.

[24] Zhang H L, Sun J L, Wang M X et al. Genetic structure and phylogeography of rice landraces in Yunnan, China revealed by SSR. Genome,2007b,50:72-83.

[25]Zhang D L, Zhang H L,Qi Y W, et al. Genetic structure and eco—geographical differentiation of cultivated *hisen* rice (*Oryza sativa* L. subsp. *indica*) in China revealed by microsatellites. Chinese Science Bulletin, 2013, 58(3): 344—352.

[26]Zhang D L,Zhang H L, Wang M X, et al. Genetic structure of differentiation of landrace rice (*Oryza sativa* L.) in China revealed by microsatellite. Theor Appl Genet, 2009, 119: 1105-1117.

[27] Zhang D L,Wang M X,Qi Y W,et al. Genetic structure and eco-geographical differentiation of cultivated keng rice(*Oryza sativa* L. subsp. *japonica*)in China revealed by microsatellites. Journal of Integrative Agriculture,2012,11(11):1755-1766.

第8章

中国栽培稻的遗传多样性

遗传多样性的研究可以揭示一个物种种群间的遗传结构和遗传关系，揭示种群与环境及地理分布之间的相关性，因而对种质资源的保存、核心种质的构建及遗传多样性中心的确定具有重要的指导意义。另外，对于种质资源遗传多样性的研究，对指导育种实践具有重要意义。一方面，有助于了解种质资源多样性状况，了解品种的遗传背景、遗传结构及品种间的亲缘关系，为种质资源的利用与开发提供帮助，为育种材料的选择提供信息；另一方面，有助于对种质资源进行区划，进而制定合理的开发利用方案和育种方案，为不同地域或生态环境间的相互引种或驯化提供指导。

8.1 遗传多样性分析方法概述

8.1.1 遗传多样性的概念及其意义

遗传多样性是生物多样性的一部分。生物多样性 (biodiversity)是所有生物种类及种内遗传变异和它们的生存环境的总称，包括生物的遗传多样性及生物与生存环境形成的复杂的生态系统多样性和景观多样性。遗传多样性可用来描述种群遗传变异和维持变异的机制，是生物多样性的基础和核心。

遗传多样性(genetic diversity)可以定义为在一个植物群体中的可遗传物质的差别程度，广义上是指种内或种间表现在分子、细胞、个体 3 个水平上的遗传变异；狭义上则主要是指种内不同群体和个体间的遗传多态性程度。从某个意义上讲，遗传多样性是指种内基因的变化，包括种内显著不同的居群间和同一居群内的遗传变异。遗传多样性也称基因多样性，是用一个种、变种、亚种或品种的基因变异来衡量一个种内变异性的概念。遗传分化是植物群体间可遗传物质的差别程度。其实，遗传多样性是以遗传相似性为基础的。比较不同生物的可遗传物质，可以发现许多碱基序列为所有生物所共有。尽管相似性很大，对于遗传学家和植物育种学家来说，可遗传物质的差异，才是他们要考虑的。

遗传多样性的研究具有重要的理论和实际意义。首先，物种或居群的遗传多样性大小是长期进化的产物，是其生存(适应)和发展(进化)的前提。一个居群(或物种)遗传多样性越高或遗传变异越丰富，对环境变化的适应能力就越强，越容易扩展其分布范围和开拓新的环境。理论推导和大量实验证据表明，生物居群中遗传变异的大小与其进化速率成正比。因此，对遗传多样性的研究可以揭示物种或居群的进化历史(起源的时间、方式)，也能为进一步分析其进化潜力和未来命运提供重要资料，尤其有助于物种稀有或濒危原因及过程的探讨。其次，遗传多样性是保护生物学研究的核心之一。不了解种内遗传变异的大小、时空分布及其与环境条件的关系，就无法采取科学有效的措施来保护人类赖以生存的遗传资源(基因)，来挽救濒于绝灭的物种，保护受威胁的物种，对珍稀濒危物种保护方针和措施的制订，如采样策略、迁地或就地保护的选择等等，都有赖于对物种遗传多样性的认识。再次，对遗传多样性的认识是生物各分支学科重要的背景资料。对遗传多样性的研究无疑有助于人们更清楚地认识生物多样性的起源和进化，尤其能加深人们对微观进化的认识，为动植物的分类、进化研究提供有益的资料，进而为动植物育种和遗传改良奠定基础。

要理解遗传多样性，知道造成差异的原因和这些过程怎样影响遗传多样性结构，是很重要的。遗传多样性是进化、驯化和植物育种的结果。自然环境造就了自然群体的遗传多样性。驯化造成了野生种一小部分遗传多样性进一步分化，使之更符合人类的需要。植物育种扩大了驯化种的遗传多样性，并使之适应现代农业系统。在使作物适应现代农业系统的过程中，广大地区的遗传多样性变得非常狭小。

8.1.2 遗传多样性检测的手段

遗传多样性检测的难度在于，个体或群体间的遗传差异的评价必须通过间接的手段，用肉眼难以直观感觉到。由于生物的遗传差异是通过不同途径逐渐表现出来的，因此，采用不同手段对遗传多样性进行探测，会因其表现水平的不同而可能得到不同的结果。因此，遗传多样性的研究中对数据信息的利用非常重要。目前，有多种多样的遗传多样性的检测手段，可从不同角度和层次来揭示物种的变异性，总体上可以分为形态学水平、细胞学水平和分子水平 3 个层次，这 3 个层次依次更加接近真实遗传差异，当然，在利用中各有优缺点。

1. 形态学水平的多样性检测

形态标记是指生物特定的肉眼可见的外部特征特性，如植物的株高、叶形、果实颜色等。从广义上讲形态标记也包括与色素、生殖生理特性、抗病抗虫性等有关的标记。由于简单直观，容易观察记载，长期以来，对物种的分类及资源鉴定都是以形态标记为主要的或初步的指标。由于形态水平的差异是由遗传因素和环境因素共同作用的结果，因此，形态水平尤其是数量性状主要反映的是生物个体对环境的适应性以及人们长期选择的结果。其遗传表达有时不太稳定，有时很容易受环境条件及基因显隐性的影响。不过，人们在长期利用形态水平的差异进行遗传多样性的研究中发现，很多形态水平的结果是和其他水平的结果有着一定的一致性的，当然，也存在不一致的情况，这些性状可能与生物的适应性太密切了，以至于造成了与多数为中性的分子标记间存在一定差异。

2. 细胞学水平的多样性检测

显微镜技术的改进，不仅使人类认识到微观世界的生物多样性，并且建立了染色体核型和带型分析技术来鉴别宏观物种的分类及核型演化。核型是指把动植物、真菌等的某一个体或某一分类群的体细胞内整套染色体显微摄影后，按照染色体相对长度、臂指数、着丝粒指数、染色体臂数等 4 个参数将所有染色体作系统排列，可代表一个物种的染色体特征。染色体分带技术是将某物种染色体制片用不同物化手段处理，再用不同染料染色，在荧光激发下染色体臂会显示出不同的带数，如 G 带(giemsa banding)、C 带(constitutive heterochromatin banding)、N 带(nucleolar organizer region banding)等，可明确鉴别许多物种核型中的任一条染色体，包括小麦、黑麦在内的主要作物都有一套标准的染色体分带模式图。此外，染色体结构变异如缺失、易位，非整倍体如缺体、单体、三体等都各有其特定的细胞学特征，也可作为一种细胞标记。显然，细胞学标记的数目也很有限。对于染色体数目相同的物种，用细胞学标记很难区别。

3. 分子水平的多样性检测

20 世纪 60 年代初出现了同工酶标记。可从蛋白质水平来反映生物的遗传变异。从研究的蛋白质种类来讲，植物主要是种子蛋白和各种酶的等位酶，而其中等位酶的研究更为普遍。同工酶是指具有同一底物专一性的不同分子形式的酶，具有组织、发育及物种的特异性。其基本原理是根据电荷性质差异，通过蛋白质电泳或色谱技术和专门的染色反应显示出同工酶的不同形式，从而鉴别不同基因型。由于凝胶上的带是蛋白质(酶)基因的表现型而不是基因本身，因此只有通过对它们的正确判断，才能确定哪些带是代表着等位基因，哪些带代表着一个基因位点。由于其比较经济方便，易于操作，受到了广泛应用。特别是在品种质量和纯度鉴定以及动植物群体遗传结构研究中，同工酶电泳分析已成为常规技术。Prakas 等提出了把同一基因位点的不同等位基因所编码的一种酶的不同形式叫做“等位酶(Allozyme)”，是借助于特定的遗传分析方法确定的一种特殊的同工酶，把它从广义的“同工酶”的概念中分了出来。由于其通常以共显性方式遗传，在生物界中广泛存在；且材料来源丰富、实验技术简单、结果易于比较，使其成为一种十分有效的遗传标记。但是生化标记分析结果随动植物不同发育时期、器官及环境而变化，可以利用的遗传位点数量比较小，对电泳分析的样品要求较高。

DNA 的多态性是遗传多样性的本质内容，它具有以下优点：直接以 DNA 的形式出现，没有上位性效应，不受环境和其他因素的影响；多态性几乎遍及整个基因组；表现为中性标记；不影响目标性状的表达，与不良性状无必然连锁；有许多分子标记为共显性；部分分子标记可分析微量 DNA 和古化石样品。1980 年美国 Botstein 提出 DNA 限制性酶切片断长度多态性(RFLP)可以作为遗传标记，开创了直接应用 DNA 多态性发展遗传标记的新阶段。1992 年由 Zebeau 和 Vos 发展起来的扩增片段长度多态性(AFLP)技术被认为是迄今为止最有效的分子标记，既有 RFLP 的可靠性，又有 RAPD 的方便性。现在 DNA 标记技术已有数十种，它们被广泛应用于遗传多样性分析、作物遗传育种、基因组作图、基因定位、植物亲缘关系鉴别、基因库构建、物种起源演化等方面。主要包括：①基于分子杂交技术的分子标记，如限制性片段长度多态性(restriction fragment length polymorphism，RFLP)、数目可变串联重复多态性(variable number of tandem repeats，VNTR)；②基于 PCR 技术的分子标记，如随机扩增多态性 DNA (random amplified polymorphism DNA，RAPD)、简单重复序列(simple sequence repeats，SSR)、锚定简单重复序列(anchored simple sequence repeats，ASSR)、扩增片段长度多态性(amplified fragment length polymorphism，AFLP)；③其他新型的分子标记技术，如单核苷酸多态性(single nudeotide polymor-phism,SNP)、缺失插入多态性(InDel)和表达序列标签(expressed sequenle taq,EST)等。

8.1.3 常用遗传多样性的测度指标

Hardy-Weinberg 定律是种群遗传学研究的基础,在种群遗传学和进化研究中如果测量出的数据与 Hardy-Weinberg 定律预测的结果不一致,说明该种群的繁殖方式不是随机交配的,或基因成分发生了变化。根据这个基本原理,遗传学家设计出了许多公式和指标来衡量种群的遗传学结构及其变化。常用的表示种群内变异水平或等位基因丰度的指标主要有:

多态位点的百分数 P(percentage of polymorphic loci):多态位点的百分数 P 是反映遗传多态性的重要指标之一。所谓“多态位点”即最常见的等位基因出现的频率小于或等于 0.99 的位点。

平均每个基因位点的等位基因数 A(mean number of alleles per locus):即各位点等位基因之和除以所测定的位点的总数。

平均每个位点的有效等位基因数 A_e(mean effective number of alleles per locus):平均每个位点的等位基因数 A 反映不出每个等位基因的频率及其在种群中的重要性,如果等位基因的数目很多,但频率都极低,它们在种群遗传结构中的重要性并不大,平均等位基因数目却很大;而一个种群的平均每个位点的有效等位基因数,则可以较好地反映在种群中起作用的等位基因的数目。

平均每个位点的预期杂合度 H_e(mean expected heterozygosity per locus):只要位点存在着等位基因,它们就会按 Hardy-Weinberg 定律自由组合形成许多杂合位点,反过来说,从杂合位点的百分数(H_e)就可以了解等位基因的多少,即反映了种群的遗传变异性的大小,它可以用小数或百分数表示。因为 H_e 值的大小与位点变异(等位基因)的多少成正比,所以又称“基因多样度指数”(index of gene diversity)(Nei, 1973)。

平均每个位点的实际杂合度 H_o(mean observed heterozygosity per locus):即实际观察到的比例(Nei, 1973)。

基因分化系数 G_{ST}(coefficient of gene differentiation):$G_{ST}=D_{ST}/H_T=(H_T-H_S)/H_T$,要计算 G_{ST},首先要计算 H_S 和 H_T,计算方法和上述计算预期杂合度的计算公式一样。

8.2 水稻遗传多样性研究中 SSR 标记的选择

核心种质的取样以及评价均需要可以检测遗传材料遗传多样性和遗传结构的工具。传统的遗传多样性检测方法费力、主观性强而且实验条件不稳定,与此相比,近几十年发展起来的分子技术提供了许多可以用于遗传材料亲缘性、系统发生和遗传评价的信息量丰富、简单、快速有效的分子标记。作为分子标记的一种,微卫星(也叫简单重复序列,SSRs)是一种短的DNA 片段,其中长度为 1～6 个碱基的特定 motif 可以重复最多达 60 次。微卫星数量丰富,广泛分布于多数植物的整个基因组中,而且其多态性水平比其他多数遗传标记高。SSRs 标记已用于多个方面的研究中,如品种鉴别、遗传模式分析、系统发生等。在这些研究中,标记的位点数从最少的 4 个(Kikuchi, 2002)到最多的 83 个(Lu, 2001)不等。一些学者也做过了相关研究,想知道在不同的研究目标下如何选择遗传标记。上述研究表明,无法提出一个适用于所有物种的适宜标记数量。不同的生物、研究目的和标记类型,应该采用不同的策略。

该节利用来自中国地方稻种资源核心种质中的358份材料和72个SSRs位点,分析了SSRs位点选择与群体遗传多样性评价和核心种质取样间的关系,以期确定水稻遗传多样性评价和核心种质构建中SSRs位点的选择策略。

总群体由来自中国地方稻种资源核心种质的358份材料组成,其中212份来自华南的广西,此地兼具籼粳亚种且遗传多样性丰富;其他来自华北的4个省份(包括黑龙江、吉林、辽宁和河北),此地只有粳亚种且遗传多样性比较贫乏。其类型组成为:140份籼稻,218份粳稻;163份水稻,185份陆稻。根据材料所属亚种(籼稻对粳稻)、地理(南方对北方)和生态型(水稻对陆稻),可以将总群体分为6个亚群:籼-南-水、籼-南-陆、粳-北-水、粳-北-陆、粳-南-水和粳-南-陆。不同亚群的材料分布列于表8.1。

表8.1 不同类型和分组内的材料数

地区	籼			粳			合计
	水稻	陆稻	小计	水稻	陆稻	小计	
南方	60	80	140	43	29	72	212
北方	—	—	—	60	86	146	146
合计	60	80	140	103	105	218	358

所用72个SSRs位点随机选自12条水稻染色体上。用于遗传多样性分析和核心种质取样的SSRs包括44套位点组合和所有72个位点本身。这44套位点组合由位点数和位点类型组成(表8.2)。位点数以6个为间隔,包括从6到66的11个水平;根据不同标准设了4种位点类型,包括最高多态性类型、最低多态性类型、最具代表性类型(或称为核心类型)和随机选择类型(分别以字母h、l、c和r表示)。核心类型位点的选择标准为:以72个SSR位点对整个群体聚类分析,根据聚类结果,将群体分为k($k=2,3,\cdots,29,30$)类;剔除一个SSR位点后,利用剩余71个位点再对整个群体聚类,同样将群体分为k类;将剔除某位点后聚类所得分类结果中可以正确归入原始k类材料的比例作为此位点的一致性系数;以1减去某位点的一致性系数作为此位点能够正确揭示个体间在k类中的遗传关系的贡献率;在不同k类中平均贡献率最大的位点即为最有代表性的位点。

表8.2 不同位点组合中的等位变异数

位点类型	位点数										
	6	12	18	24	30	36	42	48	54	60	66
c	61	141	206	275	342	410	501	598	696	794	886
h	175	296	403	495	577	649	718	780	830	872	909
l	19	56	98	148	210	279	351	433	525	632	753
r	75	189	213	309	334	450	537	634	728	755	851
平均	82.5	170.5	230.0	306.8	365.8	447.0	526.8	611.3	694.8	763.3	849.8
SD	66.1	100.1	126.8	143.4	153.3	153.2	150.8	142.5	126.8	100.1	68.8

利用一个由 Adam Liedloff 开发的小程序 Mantel Nonparametric Test Calculator 2.0，通过 mantel test 计算了由 72 个 SSR 位点所估算的总群体中 358 份材料间的遗传相似(dice 相似系数)阵与由每套位点组合所估算总群体中材料间的遗传相似阵的相关系数(记为 CR-AL)。利用 TFPGA 软件，分别以每套位点组合和 72 个 SSR 位点所估计 Nei's 遗传距离作为聚类分析的距离，对总群体中的 6 个亚群做了 UPGMA 分析(图 8.1)；以 72 个位点所估计 Nei's 遗传距离作为聚类分析的距离，同样对每个核心种质中的 6 个亚群做了 UPGMA 分析。然后，通过 mantel test 计算了由 72 个 SSR 位点所估算总群体中 6 个亚群间的遗传距离阵与由每套位点组合所估算总群体中亚群间的遗传距离阵的相关系数(记为 CR-GL)，以及由 72 个 SSR 位点所估算总群体中 6 个亚群间的遗传距离阵与每个核心种质中亚群间的遗传距离阵的相关系数(记为 CR-GC)。利用 Piry 和 Bouget 开发的程序 POP100GENE(1999)统计了不同核心种质中 72 个 SSR 位点上的等位基因数和 Nei's 基因多样性指数(H_a)。以核心种质和原始群体中的等位基因数之比作为核心种质中的等位基因保留比例(RT)。

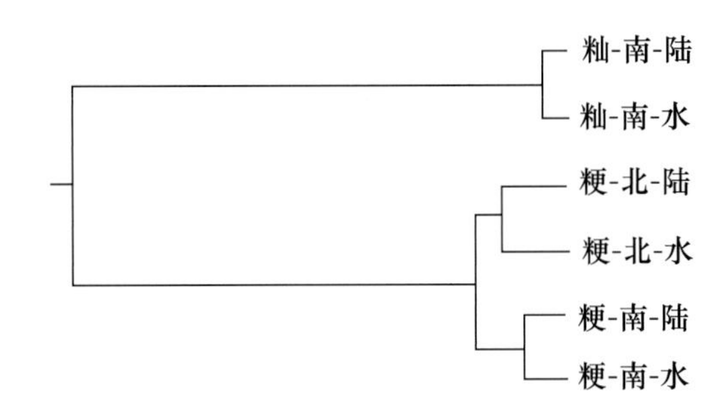

图 8.1 用 72 个 SSR 位点所估计的总群体中 6 个分组的系统树

8.2.1 遗传相似性与 SSR 位点选择

图 8.2 列出了总群体中 6 个亚群间的遗传距离阵与由每套位点组合所估算总群体中亚群间的遗传距离阵的相关系数(CR-GL)。此图表明，随位点数从 6 增加到 18，CR-GL 迅速增大。在此区段内，高多态性位点组合表现为 CR-GL 起点低(r=0.857 1)增大快(从 0.857 1 到 0.988 0)；而低多态性位点组合表现为 CR-GL 起点高(r=0.979 0)增大慢(从 0.979 0 到 0.994 8)；核心位点和随机选择的位点组合 CR-GL 的变化趋势处于高低多态性位点组合之间，但接近低多态性位点组合。在位点数达到 18 以后，随位点数的增加 CR-GL 虽仍在增大但是非常缓慢。在此区段内，低多态性位点组合的 CR-GL 比其他类型位点组合高，但是不同位点组合间差异极小(最大仅为0.008 6)。

总群体中 358 份材料间的遗传相似(dice 相似系数)阵与由每套位点组合所估算总群体中材料间的遗传相似阵的相关系数(CR-AL)列示于图 8.3。图中显示，随位点数的增加 CR-AL 表现出与 CR-GL 类似的趋势。但是，要使 CR-AL 达到 0.9，核心位点和低多态性位点所需位点数仅为 12 个，随机选择的位点需要 18 个，而高多态性位点需要 36 个；如果要使 CR-AL 达到 0.95，低多态性位点以及核心位点和随机选择位点所需位点数仅为 24 个，而高多态性位点需要 42 个。

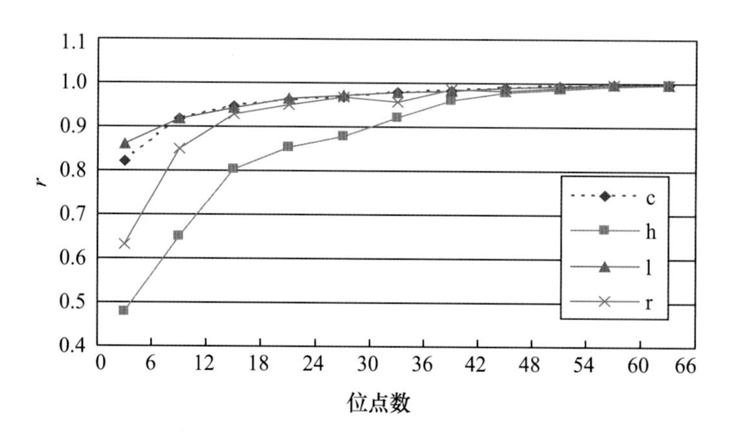

图 8.2　总群体中 6 个亚群间的遗传距离阵与由每套位点组合所估算总群体中亚群间的遗传距离阵的相关系数(CR-GL)

注:c 表示核心标记;h 表示高多态性标记;l 表示低多态性标记;r 表示随机选择标记。

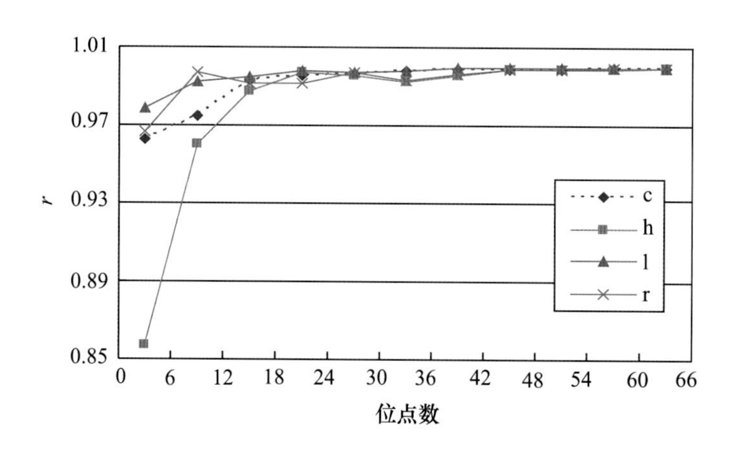

图 8.3　总群体中 358 份材料间的遗传相似(dice 相似系数)阵与由每套位点组合所估算总群体中材料间的遗传相似阵的相关系数(CR-AL)

注:c 表示核心标记;h 表示高多态性标记;l 表示低多态性标记;r 表示随机选择标记。

8.2.2　个体鉴别与 SSR 位点选择

以可区分个体数对位点数和等位基因数的回归发现,可区分个体数与位点数以及等位基因数间符合倒数模型、倒数对数模型或 Harris 模型(表 8.3)。通过相应的模型计算发现,要将群体中所有或 99%的个体完全区分开所需要的位点数和等位基因数与位点属性有关。要将群体中 99%的个体完全区分开,所需高多态性的位点数最少(约 7 个),但所需等位基因最多(约 206 个);低多态性的位点数最多(约 26 个),等位基因约数 176 个;核心选择的位点数约 11 个,等位基因数最少(约 122 个);随机选择的位点数约 12 个,等位基因数 156 个。所得各种模型均表现为,随可以区分个体数的增加所需的位点以及等位基因数的增加先慢后快,当可以区分的个体数接近100%时，随可以区分个体数的增加所需的位点以及等位基因数增加的幅度会急剧增大。此时，高多态性位点数和等位基因数的增加均最大，核心位点数和等位基因数均明显较小，低多态性位点数增加最小，但等位基因数的增加大于随机和核心位点，随机位点数和等位基因数居中。这是因为，当可以区分个体数达到99%以后所剩余的个体间遗传差异已经非常小，此时要找到可以将其区分开的位点越来越困难。高多态性位点虽然所需位点数少，但是所需等位基因多，增加了检测的难度，增加了试验误差的发生机会；低多态性位点所用位点数明显增加，会显著增加实验的投入；核心位点虽然所需位点数和等位基因数都较少，但获得这些位点要建立在对大量位点筛选的基础上，并且其增益相对随机选择的位点来说并不明显。可见，采用随机位点是可以满足需要的。此处，仅需要随机选择12个位点，平均每个位点等位基因数达到13个即可。

表8.3　可区分个体数(NDI)与位点数、等位基因数间的回归曲线拟合

项目	位点数与NDI的回归				等位基因数与NDI的回归			
	c	h	l	r	c	h	l	r
模型	RM	RM	HM	RM	RLM	RLM	RLM	HM
S	1.117 6	1.740 5	2.599 9	0.211 2	14.305 2	39.631 9	14.822 7	21.906 2
CoC	0.963 7	0.879 1	0.981 8	0.998 7	0.958 5	0.891 5	0.989 6	0.952 0
99%	11	7	26	12	122	206	176	156
$D_{0.98-0.99}$	0.425 6	0.867 3	0.616 0	0.597 8	2.646 0	14.970 2	8.601 8	6.821 6
$D_{0.98-1.00}$	0.461 5	1.133 0	0.640 2	0.666 1	2.734 3	17.297 7	9.418 0	7.441 6

注：c表示核心标记；h表示高多态性标记；l表示低多态性标记；r表示随机选择标记；*S*为回归曲线拟合符合度的标准误；*CoC*为回归曲线拟合符合度的相关系数；RM为倒数模型($y=1/(ax+b)$)；HM为Harris模型($y=1/(a+bx^c)$)；RLM为对数倒数模型($y=1/(a+b\ln(x))$)；$D_{0.98-0.99}$，$D_{0.98-1.00}$分别表示将98%的材料区分开与将99%的材料区分开所需引物数和等位基因数的差异，将99%的材料区分开来所需引物和等位基因数与将全部材料区分开所需引物和等位基因数的差异。

8.2.3　水稻遗传多样性评价中的标记数目与多态性

在总群体中不同位点组合间存在明显的遗传差异，相同位点数的不同类型位点组合间等位基因数和基因多样性指数也存在明显差异。用72个SSR位点所估计此群体中6个亚群的系统关系树符合中国稻种资源的真实遗传结构。在诸如材料鉴定、遗传相似性和系统发生等研究中，标记的选择受到很多生物学家的关注。需要考虑的问题包括标记或位点在染色体上的位置、标记或位点能够检测到的多态性以及标记/等位基因的数量等。植物上，很多研究表明遗传相似性和系统发生的估计受标记或位点在染色体上的位置影响不大(Virk，2000；Le，2001；Le，2002)。本研究只考虑后面两个问题，即SSR位点的多态性和位点/等位基因的数量。

8.2.3.1　标记的多态性由研究目标和研究对象决定

本研究中，如果要估计总群体中个体及亚群间的遗传相似性，低多态性位点的效果优于高

多态性位点，核心和随机选择的位点则居于高、低多态性位点之间，并接近低多态性位点。显然，要估计一个群体的遗传结构，高多态性位点将群体的遗传差异放大了，高多态性位点所表现出的差异会对我们理解一个群体遗传结构的本质产生某种程度上的干扰作用；而低多态性位点则压缩了群体的差异，更有助于我们抓住群体遗传分化的本质。与高多态性位点相比，核心和随机选择的位点可以更好地揭示群体的遗传结构，并在位点数达到 18 个后接近低多态性位点。该研究结果与 William (1997)和 Le (2001)等的研究结果一致。他们认为没有适合所有物种的适宜等位基因数，对于不同生物、研究目的和不同类型标记，具有不同的选择策略。本研究中，位点的多态性对遗传多样性研究中各参数的影响力不如位点数大。适宜数量的随机选择的位点足可以满足遗传多样性研究的需要。包含大量等位基因的高多态性位点难于计数，而且占据更多的电泳胶空间；核心位点需要预先进行大量的筛选工作。权衡对大量标记进行分析所花费的时间和财力给遗传多样性和核心种质分析所带来的较小收益，因此，没有必要刻意去选择核心和高多态性位点。

8.2.3.2 遗传多样性研究中应着重位点数的选择而不是等位基因数

确定 DNA 标记的数量时，可以考虑的标准包括位点数和等位基因数。对于诸如 RAPD 和 AFLP 之类的标记，其位点多数未知，引物数和标记(带)数(相当于位点数和等位基因数，但无法区分)都有人采用。但是，对于像 SSR 一类的标记，其位点可以区分。Fanizza (1999) 和 Kalinowski (2002)认为，选取具有大量等位变异的少数几个位点或选取大量位点具有少数几个等位变异的位点其结果是等价的。他们以及其他学者(Zhang, 2002; 王彪等, 2003)倾向于以等位基因数作为选择的标准。不过，上述观点在应用中存在一定问题。首先，在检测前我们无法预知每个位点的等位基因数。其次，这些结论基于这样一个假设，即这些等位变异是彼此独立的。但是，人们发现，在人类(Diego, 1997)、动物(Marie-Claude, 2002)和植物(Li, 1999; Li, 2000)等许多生物中，RAPD(Li, 1999)和微卫星(Diego, 1997; Li, 2000; Marie-Claude, 2002)等多种类型标记中，位点内和位点间的关联是广泛存在的。由于这些关联的存在，在评价一个群体的遗传相似性和遗传结构时，等位基因数量就不能作为一个选择标记的有效标准了。因此，应该通过位点数量来选择标记。

另外，根据不同类型和数量位点选取核心种质的结果表明，随位点数从 6 增加到 18，总的等位基因数在增加，总群体和核心种质中的遗传参数变化非常明显。此后，虽然位点数和总的等位基因数仍在增加，但是，各参数要么趋于一致，要么差异极小。不同位点组合的 CR-GL 趋于一致；低多态性、核心和随机选择的位点的 CR-AL 增加到 0.9，此后，相互之间的差异极小；而且，高多态性位点的 CR-GL 和 CR-AL 均低于相同位点数下的其他类型位点组合。根据不同位点组合所得核心种质的基因多样性指数几乎达到最高值，此后，彼此差异极小，而且，根据高多态性位点所得核心种质的基因多样性指数均低于相同位点数下的其他类型位点所得核心种质。根据不同位点组合所得核心种质的等位基因保留比例均达到 0.97 以上。尽管这些参数与相同类型位点的等位基因数呈明显的正相关关系，但是，相同位点数的不同类型位点间等位基因数的差异极其明显。在位点数高于 12 以后，利用具有明显等位基因数差异的相同数量的位点可以得到类似的结果。显然，这些参数的表现实质上与位点数有关，而不是等位基因数。

总之，根据研究的目的和对象的不同，需要从不同的角度来考虑标记的选择。在评价遗传差异和构建核心种质时，其效果不能简单认为和等位基因数有关，而实质上是和位点数相关。要取得较好的结果，位点数必须达到一定的水平。高多态性位点需要通过增加位点数来消除许多稀有等位变异(这些稀有变异往往由进化和演化过程中的一些偶然事件造成)所造成的对遗传多样性评价和核心种质取样的干扰作用。低多态性位点需要通过增加位点数来增加检测某些进化事件的敏感度。随机选择的位点需要通过增加位点数来减少其不确定性，以便洞察到绝大多数重要进化事件。核心位点需要一定数量的位点来增加其对重要进化事件的代表性。要精确估计群体的遗传多样性以及选取一个有代表性的核心种质，建议随机选择 18～24 个 SSR 位点。尽管采用更多的位点可以增加取样和评价的稳定性和效果，但是，权衡花费和增益，不提倡位点数超过 36 个。

8.3　中国栽培稻的 SSR 多样性

中国是世界上水稻大国，稻作面积占全国粮食播种面积的 1/3。稻作历史悠久、地域分布辽阔，全国都有种植。朱英国(1985)分析了 466 份我国品种的酯酶同工酶，认为云南、两广品种的酯酶同工酶谱比长江流域品种丰富。黄燕红等(1996)对 700 份中国栽培稻地方品种的 9 个多态性同工酶基因位点进行了遗传多样性分析，认为我国栽培稻的平均基因多样性以云南最大，淮河上游次之。提出中国栽培稻有 4 个遗传多样性中心：云南、淮河上游、长江中下游和华南地区。汤圣祥(2002)等研究中国栽培稻种质 4 408 份的 12 个多态性同工酶基因位点的等位基因酶谱，认为西南稻区尤其是云南稻区是一个遗传多样性中心，长江中下游是我国稻种另一遗传多样性中心之一。

该节利用与 8.2 节相同的材料和 SSR 标记，分析了中国栽培稻的遗传多样性。统计每个微卫星位点的等位变异数、各个变异的频率及平均每个位点的等位变异数。多样性分析采用 Nei's 遗传多样性指数 He，其公式为(Nei，1973)：$H_e = 1 - \sum p_i^2$。计算亚种间分化的遗传分化系数 G_{ST} 为(Nei，1977)：$G_{ST} = D_{ST}/H_T = (H_T - H_S)/H_T$。群体间的聚类采用 TFPGA 软件分析，材料间聚类分析采用 SPSS 软件分析。

8.3.1　亚种及生态型的遗传多样性

在微卫星标记上中国地方稻种资源具有较高的遗传变异和多样性(具体见 8.2 节)。利用等位基因数、基因型数、等位变异丰度、基因多样性指数和多态性信息含量共 5 个指标来分析各个基于模型类群(第 7 章)的遗传多样性(表 8.4)，与籼稻亚种相比，粳稻亚种显示出较高的变异丰度，但杂合度和多态性信息含量较低。在粳稻亚种内，水稻类群的遗传多样性显著低于陆稻类群($t=2.044$，$P<0.05$)；在籼稻亚种内，早稻类群的遗传多样性极显著低于晚稻类群($t=3.331$，$P<0.01$)。

表 8.4　各类群的遗传多样性

生态型	N	N_a	N_g	R_s	H_{sk}	PIC
水粳型	477	10.4	21.0	8.415 4	0.551 7	0.525 1
陆粳型	603	12.4	25.4	8.345 7	0.601 8	0.575 8
粳-中间型	362	11.6	17.3	8.379 5	0.635 6	0.609 8
早籼稻	583	12	27.2	8.380 2	0.624 9	0.594 1
晚籼型	583	12.6	25.4	8.370 5	0.680 8	0.649 7
籼-中间型	416	12.0	25.2	8.344 6	0.663 7	0.635 8
总计	3 024	15.1	29.3	8.427 1	0.728 8	0.702 8

注：N 为材料数；N_a为平均等位变异数；N_g为平均基因型数；R_s 为等位变异丰度（Hurlbert，1971）；H_{sk}为 Nei's 无偏基因多样性指数（Nei，1978）；PIC 为多态性信息含量。

8.3.2　地理生态群的遗传多样性

同样利用中国稻种资源初级核心种质中的 3 024 份材料，对第 7 章的结构分析提出的各生态型内的地理生态群进行了遗传多样性分析。

籼稻各地理生态群的遗传多样性结果显示（表 8.5）：在早籼稻生态型内，西南型地理生态群在等位变异丰度、遗传多样性指数和多态性信息含量上均为最高；在晚籼稻生态型内，华南型地理生态群的各种指数均为最高；在中间型生态型内，西南型地理生态群的遗传多样性最高。中间型生态型的标准分子量显著小于早籼和晚籼稻生态型。比较各地理生态群，中间型生态型内的长江中上游和西南型地理生态群的分子量显著小于其余地理生态群。

表 8.5　籼稻各地理生态群的遗传多样性参数

生态型		N_a	R_s	H_{sk}	PIC	SMW
早籼稻生态型	长江中下游型	7.9	8.24	0.573 3	0.539 9	0.407 4
	分散型	9.8	8.18	0.615 8	0.585 1	−0.152 4
	长江中上游型	8.7	8.36	0.552 0	0.517 5	0.147 8
	西南型	8.8	8.36	0.624 7	0.592 5	−0.201 3
	总体	12	8.38	0.624 9	0.594 1	0.430 6
中间型	长江中下游型	9.7	8.18	0.649 5	0.617 5	−0.314 4
	西南型	10.3	8.28	0.669 0	0.640 9	−0.551 3
	长江中上游型	9.2	8.26	0.597 8	0.567 5	−0.600 4
	总 体	12	8.34	0.663 7	0.635 8	−0.064 5
晚籼稻	华南型	11.8	8.4	0.670 2	0.637 7	0.208 9
	华中型	10.1	8.21	0.664 3	0.632 6	0.483 7
	总体	12.6	8.37	0.680 8	0.649 7	0.665 3

注：N_a为平均等位变异数；R_s为等位变异丰度；H_{sk}为 Nei's 遗传多样性指数；PIC 为多态性信息指数；SMW 为平均标准分子量。

粳稻地理生态群的遗传多样性,结果显示(表 8.6):粳水型生态型的基因丰度较高显著高于粳陆型生态型($z=1.69$,$P<0.05$),而粳陆型的遗传多样性又显著高于粳水型生态型($z=1.73$,$P<0.05$)。在粳水型生态型内,华北早粳群的遗传多样性显著高于除分散群外的其余地理生态群($t=2.044$,$P<0.05$);在粳陆型生态型内,西南Ⅰ群的遗传多样性显著高于其余地理生态群($t=3.331$,$P<0.01$)。16 个地理生态群间比较表明:南部类群的遗传多样性显著高于北部类群。分析各地理生态群的标准分子量表明:陆粳型生态型的微卫星分子量显著小于其余两个类型,尤其是西南Ⅱ型地理生态群的分子量显著小于其余地理生态群。

表 8.6 各地理生态群的遗传多样性参数

生态型	类群	N_a	R_s	H_{sk}	*PIC*	*SMW*
粳水型	华北型生态群	6.3	8.27	0.517 2	0.489 4	−0.291 6
	东北Ⅰ型生态群	6.1	8.30	0.458 2	0.429 7	0.116 1
	东北 Ⅱ型生态群	5.9	8.21	0.456 0	0.428 0	−0.042 0
	长江下游Ⅰ型生态群	6.0	8.19	0.433 4	0.403 7	−0.035 5
	长江下游Ⅱ型生态群	5.9	8.13	0.451 6	0.424 8	−0.156 9
	分散型生态群	8.2	7.98	0.610 4	0.585 8	0.207 3
	总体	10.4	8.42	0.551 7	0.525 1	−0.028 9
粳陆型	热带型生态群	8.7	8.2	0.561 4	0.529 4	−0.289 8
	西南Ⅰ型生态群	9.2	8.12	0.639 8	0.610 2	−0.092 2
	西南Ⅱ型生态群	8.4	8.13	0.545 4	0.518 5	−0.304 2
	华北型生态群	6.7	8.15	0.544 2	0.516 1	−0.143 1
	东北型生态群	6.1	8.07	0.485 3	0.456 4	−0.279 7
	分散型生态群	8.2	8.16	0.555 0	0.528 3	−0.259 6
	总体	12.4	8.35	0.601 8	0.575 8	−0.223 3
中间型	华南型生态群	7.4	7.94	0.567 0	0.540 8	0.314 8
	长江中上游型生态群	8.5	8.06	0.568 9	0.540 5	0.562 4
	西南型生态群	9.1	8.36	0.606 1	0.577 2	0.049 1
	分散型生态群	9.4	8.24	0.633 0	0.604 8	0.677 9
	总体	11.6	8.38	0.635 6	0.609 8	0.410 1
	总计	13.6		0.627 2	0.604 2	

注:N_a为平均等位变异数;R_s为等位变异丰度;H_{sk}为 Nei's 遗传多样性指数;*PIC* 为多态性信息指数;*SMW* 为平均标准分子量。

8.3.3 中国栽培稻的地理多样性

中国水稻的稻作区划如图 8.4 所示。分析各稻区地方稻种资源的遗传变异及多样性(表 8.7),无论是等位基因数还是基因多样性指数均呈现出基本一致的规律,即华南>华中>西南>华北,仅在东北和华北两个稻区其等位变异数和基因多样性略有差异。华南双季稻稻作区(Ⅰ)的微卫星多态性最高,共检测出 560 个等位变异,平均每个位点 15.7 个,特有等位变异最为丰富,为 22 个，高于其余稻区；遗传多样性为0.752 5。华中稻区(Ⅱ)检测出 543 个等位变异，遗传多样性为 0.736 3。西南高原单双季稻稻作区(Ⅲ)检测出 520 个等位变异，遗传多样性为0.716 9。Ⅰ、Ⅱ、Ⅲ 3 个稻区无论在等位变异数还是基因多样性上差异不大。华北稻区检测到 421 个。东北早熟单季稻稻作区(Ⅴ)和西北干燥区单季稻稻作区(Ⅵ)的等位变异数和基因多样性指数都较低，未检测到特异的等位变异。这两个稻区位于我国的北部，光、热、水资源相对南方稻区略有不足，因而只能种植粳稻，造成这两个稻区的遗传背景相对一致些，基因多样性较低。因 6 个稻区在材料数上差异较大，故对每个稻区随机选取 100 份材料，进行各稻区间的遗传变异量及多样性的比较分析(数据未列出)。结果显示，在等位变异量上：华南＞华中＞西南＞华北＞东北＞西北稻区；在基因多样性上，呈现了基本一致的规律，即华南＞华中＞西南＞华北＞西北＞东北稻区。这一结果与前面分析一致。即中国地方稻种的遗传多样性随着稻区的由南向北，多样性逐渐降低。

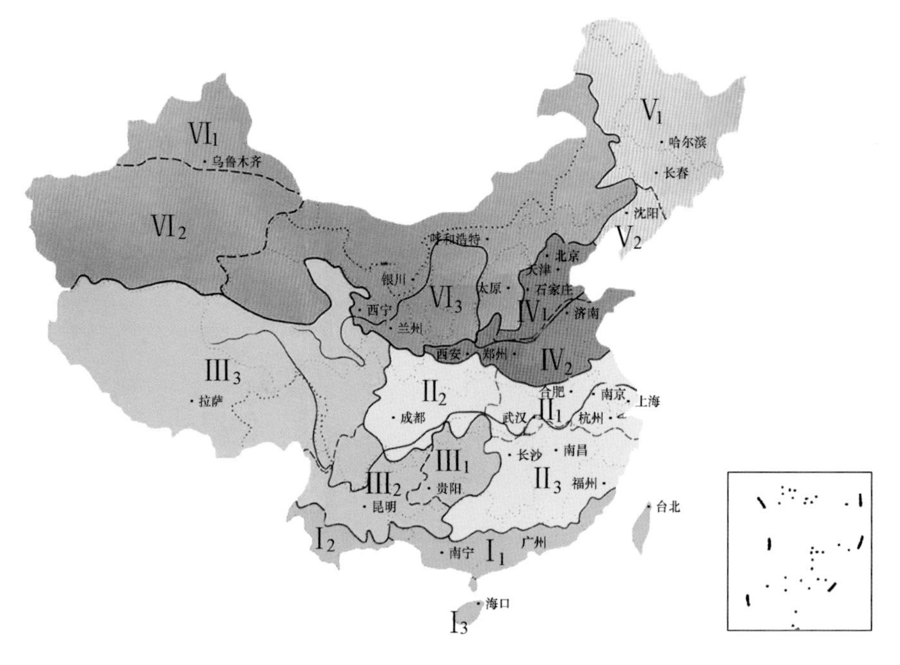

图 8.4　中国稻区及行政省区划图

Ⅰ. 华南双季稻稻作区　Ⅱ. 华中双单季稻稻作区　Ⅲ. 西南高原单双季稻稻作区
Ⅳ. 华北单季稻稻作区　Ⅴ. 东北早熟单季稻稻作区　Ⅵ. 西北干燥区单季稻稻作区

表 8.7　各稻作生态区的材料数、等位变异数及遗传多样性分布

稻作生态区	材料数	等位变异数	特异的等位变异数	Nei's 多样性指数
Ⅰ	1 351	560	22	0.752 5
Ⅱ	1 415	543	18	0.736 3
Ⅲ	977	520	9	0.716 9
Ⅳ	272	421	3	0.684 7
Ⅴ	192	348	0	0.563 8
Ⅵ	103	305	0	0.588 2

比较各个稻区不同频率段等位变异的分布(图 8.5)：6 个稻区中均以 0.01～0.1 频率段的变异为主要类型。在南方稻区(Ⅰ、Ⅱ和Ⅲ)的变异中，其频率主要分布在 0.001～0.1，这两种类型的变异占到总变异的 72%以上。在北方的Ⅳ、Ⅴ和Ⅵ稻区里，高频率(0.1～1)变异比例逐渐增加，低频率(0.001～0.01)等位变异比例逐渐降低，频率小于 0.001 的等位变异彻底消失。如在西北稻区(Ⅲ)，0.01～1 两类变异占了其总变异的 96%。这一点符合地方稻种遗传演化过程中性状的发展规律。那些在栽培和生产应用中处于优势的等位变异会以较高频率存在，而那些在栽培生产应用中没有优势尤其处于劣势的等位变异在选择和遗传漂变的作用下，会以较低频率存在，直至最后消失(Wang，1999)。我国南方稻区的光、热、水等自然资源比北方稻区具有更高的生态多样性，因此积累保留了较多的低频率等位变异类型。

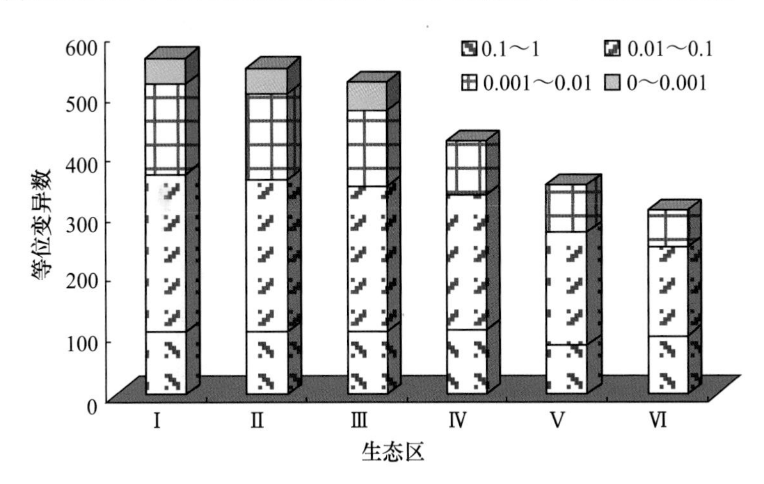

图 8.5　稻作生态区不同频率等位变异的分布

Ⅰ. 华南双季稻稻作区　Ⅱ. 华中双单季稻稻作区　Ⅲ. 西南高原单双季稻稻作区
Ⅳ. 华北单季稻稻作区　Ⅴ. 东北早熟单季稻稻作区　Ⅵ. 西北干燥区单季稻稻作区

分开籼粳亚种后，发现了同样的规律。在粳稻亚种内，6 个稻区对于高频率的等位变异的保留比例较高，频率>0.1 的等位变异在各稻区中的保留比例均为 100%，频率为 0.1～0.01 的等位变异，随着稻区的由南向北保留比例逐渐降低，但仍有较高的保留比例，如西北稻区，这类变异的保留比例为 75%。而粳稻中低频率的等位变异在稻区的由南向北过程显著减少，频率为 0.001～0.01 的等位变异在华南、华中和西南稻区保留比例较高，高于 77%；在华中、东北和西北稻区的保留比例较低，为 30%左右。频率<0.001 的等位变异在华南的比例最高，为 47%，华中和西南稻区约为 35%，北部的华北、东北和西北稻区这类变异显著减少，仅拥有约 4%。在籼稻亚种内，也表现出了与粳稻亚种内相同的分布趋势(图 8.6)。

比较遗传多样性与纬度间的关系，显示随着纬度的升高，稻种资源的等位变异数和遗传多样性都极显著降低，即两者间呈显著负相关(图 8.7)。分开籼、粳亚种后研究遗传多样性随纬度的变化趋势，结果显示：在籼稻亚种中随着纬度的升高，遗传多样性显著降低；而在粳稻亚种中，随着纬度的升高，尽管有降低的趋势，但程度较低，未达到显著水平(图 8.8)。

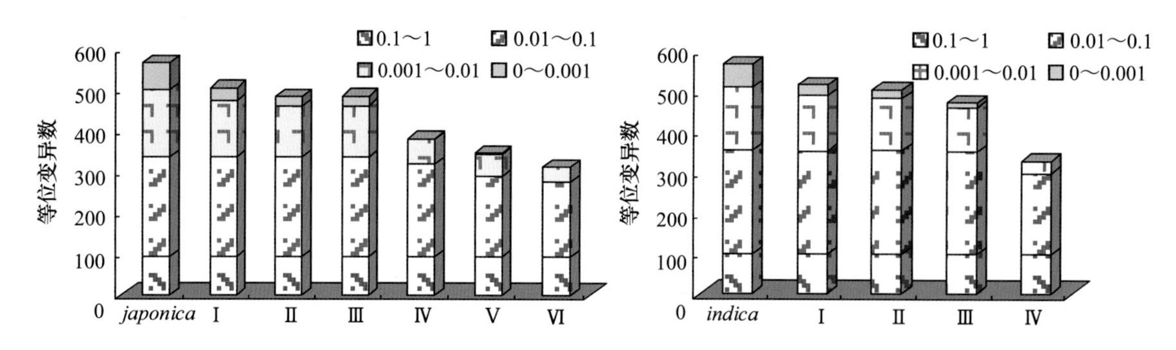

图 8.6　籼(右)、粳亚种(左)各稻区不同频率的等位变异分布

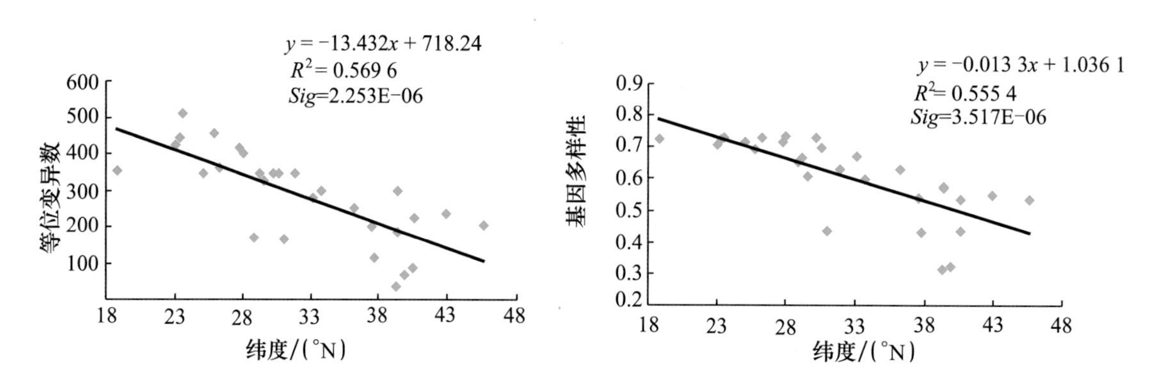

图 8.7　不同纬度与等位变异数(左)和基因多样性(右)间的关系

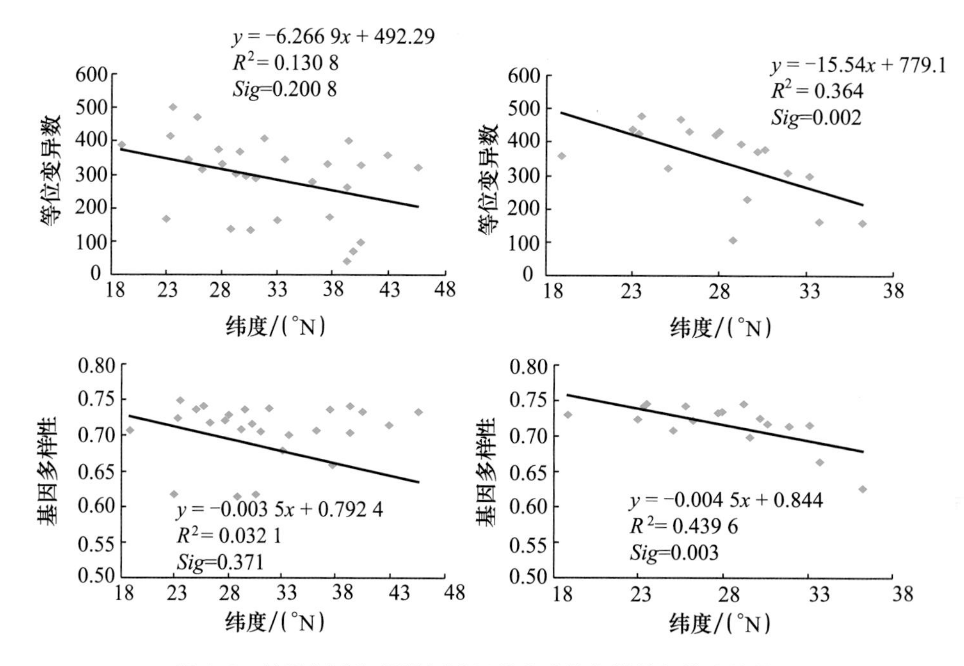

图 8.8　籼稻(左)和粳稻(右)亚种内遗传多样性与纬度的关系

遗传多样性及与纬度间的衰退(图 8.8)表明,中国西南和华南地区的遗传多样性最高,华中地区次之,东北和华北地区的遗传多样性较低。中国地势复杂多样,造成即使一个省内其自

然生态环境也会有较大差异。56 个民族大杂居小聚居，不同的生活习俗对稻种资源有着不同的选择方向和选择压。因此，在一个省内各地区间的遗传多样性也会有较大的差异，如云南(Zhang et al,2007b)、贵州(Zhang et al,2007a)等。因此，以地级市为单位，分析了 29 个省份的 250 个地区及地级市的遗传多样性(图 8.9)。图 8.9 中深绿色区域的遗传多样性最高，包括云南南部、贵州西南、广西西北和海南。与上述地区比邻的地区及长江中下游地区显示了较高的遗传多样性(图 8.9 中的中绿色地区)。

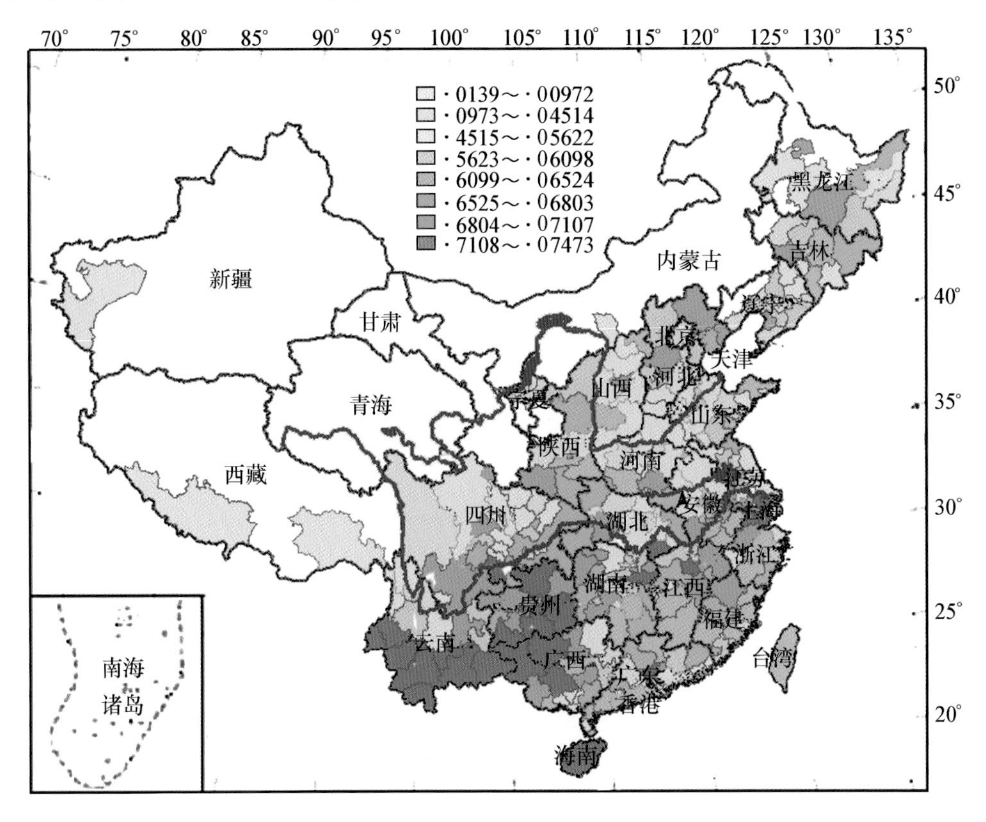

图 8.9　250 个地区及地级市的遗传多样性

8.3.4　中国地方稻种资源遗传多样性中心

中国是亚洲栽培稻的多样性中心和起源地之一。在我国辽阔的幅员内，稻作北起黑龙江省漠河(53°27′N)，为全球水稻种植最北端，南到海南省崖县(18°02′N)；东起黑龙江省虎林县(132°09′E)，西至新疆喀什地区(75°09′E)，跨越了寒带、中温带、暖温带、亚热带和热带 5 个温度带。中国地势复杂，从南到北自然生态环境差异较大。因此，稻种资源的遗传多样性在不同地区有较大差异。即使是在一个省内不同地区的遗传多样性分布也有较大差异(Zhang et al,2007a;Zhang et al,2007b)。尽管从北纬 53°27′到北纬 18°02′ 均有稻种资源的分布，但 50%以上的种质资源分布于中国西南(云南和贵州)和华南(广西和广东)。前人研究认为中国栽培稻可能存在 4 个多样性中心，即云贵中心、华南中心、长江中下游中心和黄淮中心。然而，这些结果多是通过形态或同工酶标记进行分析所得，形态性状和同工酶易受外界自然环境、栽培条件的影响。并且多以省或稻区为单位分析，这样可能会忽视一个省内部各地区的遗传多样性差异。

该节结果显示，随着纬度的升高，或海拔的升高，等位变异丰度和遗传多样性都逐渐降低。西南地区的等位变异最丰富，遗传多样性最高。并且基于模型的遗传结构分析也显示西南地区的稻种资源类型最为复杂。遗传多样性和纬度、海拔间的关系表明，中国栽培稻种资源的遗传多样性由西南向外逐渐降低，遗传距离也逐渐增大。由此表明，复杂的生态环境有利于保留更加丰富的等位变异和较高的遗传多样性。基于以上分析，认为中国西南地区（包括云南南部、贵州西南、广西西北和海南地区）为中国栽培稻的遗传多样性中心，与其比邻的地区为多样性中心的扩散带；其余地区的遗传多样性较低。Harlan(1975)认为，作为遗传多样性中心，应满足以下几个条件：首先，应具有悠久的栽培历史。前人研究显示西南地区拥有 5 000 多年的稻作历史，形成了丰富的地方稻种资源。这些品种对原产地的栽培条件与耕作制度具有高度适应性，携带许多优良或特殊性状。至今，在许多地方仍然被广泛种植。其次，复杂多样的生态环境。中国西南地区跨热带和亚热带气候，澜沧江大峡谷贯穿其中。生态环境错综复杂，具有明显的立体农业生态环境，形成了多种多样的生态类型品种和突出的抗逆、抗病虫性品种。丰富多彩的稻种资源，为省内外育种家和生物遗传研究者们所关注。第三，多彩的人文文化和生活习俗。中国少数民族众多，尤其在中国西南，其少数民族的种类约占全部少数民族的 70%。不同的饮食习惯对稻种资源的选择压不同，如软米、香米、紫米、光壳稻等。最后，要有野生近缘种存在。野生稻广泛分布于云南、广西和海南。基于以上分析可以看出，中国西南地区具备遗传多样性中心的所有条件。但关于是否是稻种资源的起源中心，还有待积累和补充更多的资料。

8.4 云南栽培稻的表型和同工酶多样性

云南稻种资源丰富的遗传多样性很早就引起了人们的关注。丁颖(1957)、柳子明(1975)、程侃声等(1984)和王象坤等(1987)利用形态性状对稻种的起源演化与分类进行了研究，研究认为从形态上看云南无疑是中国最大的遗传多样性中心。从 1979 年，国内开始对云南稻种进行同工酶研究。云南省农科院在 20 世纪 80 年代进行的酯酶同工酶研究结果认为，籼亚种的酶谱类型比粳亚种多，滇西南和滇东南的酶谱变异最丰富(熊健华，1994)。黄燕红(1996)通过对酯酶、氨肽酶和过氧化氢酶等同工酶的研究，分析了中国栽培稻的遗传多样性，认为云南的籼粳稻的遗传多样性大于中国其他地方。孙新立(1996)通过对云南 115 份栽培稻种的研究发现，形态和同工酶所显示出的云南稻种资源的多样性不一致。

李自超等(2002)经过对云南栽培稻的系统分析，建立了由 938 份云南地方稻种资源组成的初级核心种质，它们具有丰富的遗传多样性，而且遗传重复少。对所有材料进行了同工酶多样性检测，结合田间观察和室内考种结果，本节分析了云南地方稻种资源初级核心种质在表型和同工酶水平上的遗传多样性的分布规律。

该云南地方稻种初级核心种质涵盖了云南省昆明、思茅等 17 个地市 5 个稻作生态区(表

8.8)。其中籼、粳分别为379和556份;水、陆分别为642和293份。全部材料于1999年在云南省新平县种植,并在全生育期进行田间观察记载,在收后进行了室内考种(田间观察与室内考种由云南省农科院品种资源所完成)。本研究采用的形态及农艺性状有株高、有效穗数、茎蘖数、穗长、1～2茎节长、实粒数、秕粒数、总粒数、结实率、着粒密度、千粒重、粒长、粒宽、粒厚、长宽比、护颖长、护颖宽、米长、米宽、米厚、剑叶长、剑叶宽、全生育期、秥糯、颖尖弯直、落粒性、颖毛、叶片色、出穗整齐度、米色、米味、粒形状、穗形、穗枝集散、分蘖力、叶片弯直、茎集散、苗瘟、白叶枯、穗颈瘟、叶稻瘟等41个。经田间观察和室内考种,淘汰掉一些混杂材料后,共获得成熟的种子938份,对938份材料全部进行了同工酶分析。所分析的3种酶为酯酶(Est)、氨肽酶(Amp)、过氧化氢酶(Cat)。云南省5个稻区(蒋志农,1995)及其代号分别为滇中一季粳籼稻区、滇南单双季稻区、南部边缘水陆稻区、滇西北高寒粳稻区和滇东北高原粳稻区(表8.9)。

表8.8 不同地区籼粳品种数量分布

地区	粳	籼	总计
昆明	8	2	10
东川	1	1	2
昭通	28	32	60
曲靖	25	3	28
玉溪	26	24	50
思茅	129	64	193
临沧	114	52	166
保山	27	33	60
丽江	17	6	23
文山	30	25	55
红河	39	37	76
西双版纳	44	42	86
楚雄	8	3	11
大理	13	2	15
德宏	30	37	67
怒江	10	5	15
迪庆	5	0	5
未知	2	11	13
总计	556	379	935

表 8.9 表型和同工酶研究中不同稻区和籼粳稻的数量分布

稻区	粳	籼	总计
滇中一季粳籼稻区	104	62	166
滇南单双季稻区	169	118	287
南部边缘水陆稻区	224	149	373
滇西北高寒粳稻区	30	34	64
滇东北高原粳稻区	27	5	32
未知	2	11	13
总计	556	379	935

该研究中对于称量性状选用了变异系数和方差分布，等级性状则统计了各性状的等级频率分布及多样性指数，多样性指数采用 Shannon 指数 I。

$$I=-P_i \times \lg(P_i)$$

其中，P_i 为某性状第 i 个等级的频率。

根据 Nei's 分化系数计算了形态性状在各群体间的分化系数 D_r：

$$D_r=(I_t-I_a)/I_t \text{或} D_r=(CV_t-CV_a)/CV_t$$

其中，I_t为某性状的总的多样性指数，I_a为某性状各群体间的平均多样性指数，CV_t为某性状的总的多样性指数，CV_a为某性状各群体间的平均多样性指数。

统计了 3 种同工酶各位点在籼粳间、各地区间以及各生态区间的等位基因数以及等位基因频率的分布，并求各群体的基因多样性指数(Nei，1973)、群体间的遗传分化系数，遗传分化系数采用了 Nei's 分化系数 G_{st}。

8.4.1 亚种水平上的多样性

云南地方稻种资源初级核心种质在同工酶位点上表现出了较高的多态性。在 5 个同工酶中共发现 13 个等位变异，其中酯酶有 5 个，其他酶均有 2 个。

与其他禾本科作物比较，在分类上水稻最大的特点是，在栽培稻种下分化演变出籼粳两个亚种。研究籼粳两个亚种的遗传多样性对于研究水稻的起源与演化问题具有重要意义。同时人们发现水稻籼粳两个亚种之间表现出了较强的杂交优势，并且，有研究表明籼粳两个亚种遗传距离与杂种优势的强度有一定的相关。因此，考察籼粳两个亚种间的遗传多样性及其分布特点对于研究稻种资源在生产与科学研究上的意义深远。

表 8.10 的结果表明，籼稻 23 个称量性状的平均变异系数(0.215 8)大于粳稻各性状的平均变异系数(0.206 1)，籼粳间的平均遗传分化系数为 0.028 8。与平均遗传分化系数相比，所考察的 23 个性状中，两个亚种间分化较大的性状依次为 1～2 节长(0.125 5)、粒长宽比(0.103 2)、全生育期(0.078 9)、米宽(0.078 2)、粒长(0.076 1)、粒宽(0.054 9)、剑叶宽(0.052 6)米、长(0.036 9)和千粒重(0.032 2)等 8 个性状。8 个分化较大的性状中，除了 1～2 节长和米长表现为籼稻遗传多样性大于粳稻外，其余 6 个性状均表现为粳稻遗传多样性大于籼稻。籼粳两个亚种间在一些主要的产量性状上不存在明显的分化。

表 8.10 称量性状在籼粳两个亚种中的变异(CV_t)系数及其遗传分化系数(D_r)

性状	粳稻	籼稻	CV_t	D_r
株高	0.130 4	0.136 2	0.133 7	0.003 0
有效穗	0.330 0	0.318 5	0.325 2	0.002 9
茎蘖数	0.346 3	0.339 7	0.343 7	0.002 1
穗长	0.114 4	0.122 8	0.118 0	0.005 3
1～2 节	0.367 9	0.435 3	0.459 2	0.125 5
实粒	0.446 1	0.412 6	0.432 3	0.006 9
秕粒	0.539 8	0.536 6	0.539 6	0.002 6
总粒数	0.276 8	0.275 9	0.276 1	0.001 0
结实率	0.342 5	0.297 4	0.324 2	0.013 1
着粒密度	0.236 8	0.248 3	0.241 5	0.004 4
千粒重	0.213 2	0.167 2	0.196 5	0.032 2
粒长	0.095 8	0.093 0	0.102 2	0.076 1
粒宽	0.102 4	0.092 4	0.103 1	0.054 9
粒厚	0.069 4	0.069 4	0.070 2	0.011 1
长宽比	0.144 7	0.136 6	0.156 9	0.103 2
护颖长	0.156 8	0.124 3	0.144 1	0.025 0
护颖宽	0.194 3	0.146 8	0.176 8	0.035 3
米长	0.095 0	0.098 2	0.100 3	0.036 9
米宽	0.106 6	0.086 7	0.104 8	0.078 2
米厚	0.101 5	0.098 6	0.101 5	0.014 4
剑叶长	0.204 4	0.246 9	0.223 5	0.009 4
剑叶宽	0.244 1	0.169 0	0.218 0	0.052 6
全生育期	0.104 9	0.087 4	0.104 4	0.078 9
平均(CV_a)	0.215 8	0.206 1	0.217 2	0.028 8

表 8.11 两个亚种间 18 个等级性状的遗传多样性的分析结果显示，粳稻的平均遗传多样性指数(I=0.396 1)略大于籼稻的平均遗传多样性指数(0.389 1)，两亚种间分化较大的性状依次为颖毛(D_r=0.184 3)、粒形状(0.143 1)、颖尖弯直(0.064 7)、穗形(0.043 4)和叶片色(0.039 6)。其中粒形状和颖毛均为粳稻的遗传多样性指数大于籼稻遗传多样性指数，其他 3 个性状则是籼稻多样性大于粳稻多样性。而籼粳两个亚种间在抗性性状上不存在明显分化。

表 8.11 籼粳两个亚种等级性状的多样性指数(I_t)及群体间的遗传分化系数(D_r)

性状	粳稻	籼稻	I_t	D_r
粘糯	0.285 9	0.248 2	0.273 4	0.023 4
颖尖弯直	0.032 7	0.044 4	0.036 2	0.064 7
落粒性	0.199 8	0.189 3	0.199 8	0.026 1
颖毛	0.269 3	0.089 7	0.220 1	0.184 3
叶片色	0.417 7	0.410 5	0.431 2	0.039 6
出穗整齐度	0.464 6	0.467 5	0.474 5	0.017 8
米色	0.335 1	0.356 4	0.344 7	0.003 2
米味	0.039 1	0.030 5	0.034 3	0.013 9
粒形状	0.451 6	0.365 6	0.476 8	0.143 1
穗形	0.506 0	0.392 6	0.469 7	0.043 4
穗枝集散	0.464 2	0.520 7	0.494 6	0.004 5
分蘖力	0.448 9	0.387 2	0.429 6	0.026 7
叶片弯直	0.519 5	0.580 6	0.547 4	0.004 8
茎集散	0.311 1	0.373 3	0.339 7	0.007 4
苗瘟	0.805 5	0.821 2	0.817 0	0.004 5
白叶枯	0.456 0	0.407 6	0.441 4	0.021 9
穗颈瘟	0.467 4	0.551 6	0.523 5	0.026 7
叶稻瘟	0.655 3	0.767 4	0.710 3	0.001 4
I_a	0.396 1	0.389 1	0.403 6	0.027 1

表 8.12 的结果显示，粳稻在 5 个同工酶位点上的平均基因多样性大于籼稻的平均基因多样性，其中粳稻在 Amp1、Cat1 和 Est13 个位点上的基因多样性大于籼稻的基因多样性，而在 Est2 和 Est10 两个位点上籼稻的基因多样性大于粳稻的基因多样性。籼粳间在 3 种酶 5 个位点上的平均遗传分化系数为 0.082，在位点 Cat1 上的遗传分化系数是 0.314 2。可见，在籼粳间的遗传分化处于较低的水平，其分化主要表现在位点 Cat1 上，在其他 4 个位点上，籼粳间的分化不明显。但是，根据才宏伟、孙新立和黄燕红等对其他水稻材料的研究，不同水稻类型在 Est 10 这个位点上存在明显分化，并指出 Est10-1 这条酶带是粳稻的特征带，Est10-2 这条酶带是籼稻的特征带；在 Est2 这个位点上，Est2-1 为籼稻的特征带，Est2-0 为粳稻的特征带。但是本研究的结果却表明，云南地方稻种资源不存在籼粳间明显的分化，所研究的 5 个位点中，除 Cat1 外不存在明显的特征带与非特征带的分化。因此可以认为云南地方稻种资源处于籼粳分化的初级阶段，这一结果对于人们对于云南是不是亚洲栽培稻的起源中心之一的争议，似乎又提供了一个正面的证据。不过由于本研究所涉及的酶位点较少，可能存在偏差，但是，至少在酯酶的几个位点上是这样的。值得注意的是，同工酶的遗传多样性在籼粳间的分布规律和形态农艺形状的遗传多样性在籼粳间的分布规律相反。

表 8.12　籼粳两个亚种各同工酶位点的平均基因多样性比较

酶位点	等位基因	籼	粳	总计	D_r
Amp1	0	0.182 1	0.185 3	0.182 6	0.057 5
	1	0.225 4	0.476 8	0.379 0	
	2	0.592 5	0.337 8	0.438 4	
	H	0.565 0	0.624 1	0.630 8	
Est1	0	0.971 1	0.963 3	0.966 9	0.009 7
	1	0.011 6	0.019 3	0.016 0	
	2	0.017 3	0.017 4	0.017 1	
	H	0.056 5	0.071 3	0.064 6	
Est2	0	0.479 8	0.691 1	0.609 6	0.015 5
	1	0.358 4	0.125 5	0.218 0	
	2	0.219 7	0.216 2	0.214 6	
	H	0.593 1	0.459 9	0.534 8	
Est10	0	0.589 6	0.648 6	0.627 9	0.013 0
	1	0.190 8	0.181 5	0.182 6	
	2	0.248 6	0.225 9	0.234 0	
	3	0.023 1	0.030 9	0.027 4	
	4	0.020 2	0.027 0	0.024 0	
	5	0.069 4	0.050 2	0.057 1	
	H	0.548 5	0.491 1	0.513 1	
Cat1	1	0.875 7	0.351 4	0.560 5	0.314 2
	2	0.124 3	0.644 8	0.437 2	
	H	0.217 7	0.460 8	0.494 7	
	H_a	0.396 2	0.421 5	0.447 6	0.082 0

注：H 表示酶位点的平均基因多样性，H_a 表示所有酶位点的平均基因多样性。

8.4.2　不同稻作生态区及行政地区的形态及同工酶多样性

23 个称量性状的结果(表 8.13)表明，滇中一季粳籼稻区(CV=0.225 8)最大，其次是滇东北高原粳稻区(CV=0.224 4)，再次是滇南单双季稻区(CV=0.217 9)，最小的是滇西北高寒粳稻区(CV=0.192 6)，但是，各稻区间分化不大(D_r=0.015 8)。

在 5 个稻区间存在较大分化的性状为护颖长(D_r=0.170 5)、米长(0.137 0)、米宽(0.170 7)、粒长(0.128 2)和全生育期(0.123 2)。从这 23 个称量性状上看，5 个稻区间总体上不存在大的分化，只是在与籼粳分化有关的籽粒性状和与熟制有关的生育期上存在明显分化，从而认为，云南省稻作区划反映的是所在地的种植制度和人们的生活习惯。在种植制度灵活的滇中一季粳籼稻区和滇南单双季稻区生育期上存在较大的多样性。

表 8.13 云南不同稻作生态区材料在 23 个称量性状上的变异系数

性状	滇中稻区	滇南稻区	南部边缘稻区	滇西北稻区	滇东北稻区	CV_t	D_r
株高	0.121 8	0.124 5	0.129 7	0.147 8	0.172 2	0.133 7	0.041 2
有效穗	0.307 1	0.322 5	0.341 7	0.289 6	0.316 4	0.325 2	0.029 9
茎蘖数	0.320 7	0.352 6	0.359 4	0.292 3	0.311 9	0.343 7	0.047 5
穗长	0.113 8	0.126 9	0.110 1	0.097 3	0.124 5	0.118 0	0.029 2
1～2 节	0.458 6	0.448 6	0.454 4	0.513 9	0.502 9	0.459 2	0.035 8
实粒	0.465 7	0.467 0	0.388 3	0.381 4	0.404 9	0.432 3	0.025 1
秕粒	0.569 3	0.525 2	0.517 1	0.519 3	0.537 8	0.539 6	0.010 9
总粒数	0.288 3	0.270 7	0.264 1	0.301 4	0.305 8	0.276 1	0.036 3
结实率	0.375 2	0.364 2	0.279 2	0.206 6	0.326 0	0.324 2	0.043 0
着粒密度	0.236 2	0.248 7	0.234 7	0.256 9	0.249 6	0.241 5	0.015 2
千粒重	0.253 1	0.184 8	0.174 5	0.147 0	0.229 2	0.196 5	0.006 2
粒长	0.107 6	0.094 8	0.107 4	0.076 6	0.059 1	0.102 2	0.128 2
粒宽	0.090 4	0.108 7	0.105 8	0.082 6	0.083 9	0.103 1	0.085 4
粒厚	0.061 6	0.072 0	0.071 5	0.068 9	0.080 1	0.070 2	0.008 9
长宽比	0.168 9	0.157 4	0.157 3	0.129 0	0.127 2	0.156 9	0.056 8
护颖长	0.122 5	0.163 9	0.145 6	0.095 5	0.070 4	0.144 1	0.170 5
护颖宽	0.164 5	0.156 9	0.148 5	0.127 5	0.470 8	0.176 8	0.208 5
米长	0.101 4	0.097 8	0.100 2	0.081 1	0.052 4	0.100 3	0.137 0
米宽	0.090 1	0.101 5	0.097 9	0.092 0	0.211 1	0.104 8	0.130 7
米厚	0.109 6	0.103 5	0.093 1	0.090 0	0.085 5	0.101 5	0.050 8
剑叶长	0.227 1	0.221 4	0.225 3	0.182 6	0.215 8	0.223 5	0.040 6
剑叶宽	0.323 1	0.198 8	0.185 0	0.178 0	0.153 1	0.218 0	0.047 6
全生育期	0.115 7	0.100 0	0.098 4	0.072 2	0.071 2	0.104 4	0.123 2
CV_a	0.225 8	0.217 9	0.208 2	0.192 6	0.224 4	0.217 2	0.015 8

由表 8.14 可以看出，5 个稻区间在 18 个等级性状上存在较大遗传分化(D_r=0.051 5)，除了在像颖毛(0.366 7)、叶片色(0.124 4)等与籼粳分化有关的性状上存在较大分化外，在包括米味(0.168 5)、米色(0.118 3)和粘糯性(0.144 8)在内的米质上也表现出了大的遗传分化。另外，穗茎瘟(0.210 6)和苗瘟(0.109)在 5 个稻区间也有较大分化。在滇南单双季稻区含有丰富的穗茎瘟抗性变异，在南部边缘水陆稻区则含有丰富的苗瘟抗性变异。综合上述分析结果，不同稻区间的遗传分化主要与当地的生态环境、人们的生活习惯和种植制度有关。

表 8.14 不同稻区在 18 个等级性状上的遗传多样性指数(I_t)和遗传分化系数(D_r)

性状	滇中稻区	滇南稻区	南部边缘稻区	滇西北稻区	滇东北稻区	I_t	D_r
粘糯	0.251 1	0.284 9	0.277 4	0.297 6	0.060 4	0.273 9	0.144 8
颖尖弯直	0.049 3	0.055 1	0.020 3	0.000 0	0.000 0	0.037 5	0.334 6
落粒性	0.272 9	0.144 1	0.178 8	0.215 2	0.222 2	0.200 5	0.030 6
颖毛	0.119 3	0.198 1	0.280 0	0.000 0	0.101 5	0.220 7	0.366 7
叶片色	0.415 1	0.463 0	0.404 3	0.383 1	0.222 2	0.431 2	0.124 4
出穗整齐度	0.461 8	0.477 1	0.474 9	0.446 7	0.346 5	0.474 4	0.069 6
米色	0.310 5	0.364 1	0.352 7	0.176 4	0.316 8	0.344 9	0.118 3
米味	0.039 3	0.038 0	0.035 8	0.035 0	0.000 0	0.035 6	0.168 5
粒形状	0.424 6	0.455 3	0.498 2	0.469 5	0.412 8	0.476 6	0.051 5
穗形	0.376 8	0.455 2	0.461 5	0.496 3	0.233 9	0.469 6	0.138 0
穗枝集散	0.556 6	0.497 1	0.450 6	0.559 0	0.244 2	0.494 4	0.066 6
分蘖力	0.410 0	0.409 4	0.440 4	0.415 1	0.443 8	0.429 6	0.013 5
叶片弯直	0.549 9	0.543 1	0.480 2	0.460 9	0.391 0	0.547 0	0.113 3
茎集散	0.279 2	0.392 3	0.334 5	0.286 3	0.135 1	0.340 0	0.160 2
苗瘟	0.755 0	0.815 7	0.834 9	0.688 7	0.539 4	0.815 6	0.109 0
白叶枯	0.456 5	0.469 2	0.408 7	0.380 2	0.408 2	0.441 1	0.037 4
穗颈瘟	0.432 1	0.545 1	0.482 6	0.231 3	0.372 9	0.522 9	0.210 6
叶稻瘟	0.675 6	0.666 6	0.703 8	0.753 7	0.417 6	0.709 2	0.092 7
I_a	0.379 8	0.404 1	0.395 5	0.349 7	0.270 5	0.403 6	0.108 2

由表 8.15 可以看出,5 个酶位点在各稻区的平均基因多样性从高到低依次是南部边缘水陆稻区(H_a=0.458 5)、滇南单双季稻区(0.437 2)、滇东北高原粳稻区(0.417 6)、滇中一季粳籼稻区(0.416 3)、滇西北高寒粳稻区(0.405 4)。但是 5 个酶位点在各个稻区的分布规律各异,南部两个稻区(南部边缘水陆稻区和滇南单双季稻区)的 Amp1 和 Est10 两个位点的多样性大于北部稻区在这两个位点上的多样性;Est1 的多样性分布于滇中部和东北部的粳稻区;Est2 的多样性则主要分布于滇西部的两个稻区(南部边缘水陆稻区和滇西北高寒粳稻区);Cat1 在海拔起伏较大的滇东北高原粳稻区和多雨高温的南部边缘水陆稻区具有较大的多样性。

比较不同稻区间在各酶位点平均的遗传分化系数可见,稻区间的分化水平比较低(D_r=0.041 2),其分化主要发生在 Amp1 和 Est2 这两个位点上。而表型性状的变异系数在不同稻区的分布则与同工酶表现不一致。主要是因为同工酶不像形态性状一样要受到生态环境和人们的生活习性和种植制度的影响,而同工酶是中性的,在主要根据生态和种植制度划分的稻区间不会表现出最本质的分布规律。

表 8.15　不同稻区在 5 个酶位点上的等位基因频率及其基因多样性

酶位点	等位基因	滇中稻区	滇南稻区	南部边缘稻区	滇西北稻区	滇东北稻区	总计	D_r
Amp1	0	0.120 0	0.233 3	0.139 6	0.158 7	0.678 6	0.182 6	0.067 7
	1	0.393 3	0.377 8	0.396 0	0.317 5	0.178 6	0.379 0	
	2	0.486 7	0.388 9	0.464 4	0.523 8	0.142 9	0.438 4	
	H	0.594 0	0.651 6	0.608 0	0.599 6	0.487 2	0.630 8	
Est1	0	0.933 3	0.977 8	0.968 7	0.984 1	0.964 3	0.966 9	0.019 9
	1	0.000 0	0.014 8	0.025 6	0.000 0	0.035 7	0.016 0	
	2	0.066 7	0.007 4	0.005 7	0.015 9	0.000 0	0.017 1	
	H	0.124 4	0.043 7	0.061 0	0.031 2	0.068 9	0.064 6	
Est2	0	0.740 0	0.666 7	0.512 8	0.571 4	0.642 9	0.609 6	0.051 8
	1	0.160 0	0.163 0	0.256 4	0.365 1	0.178 6	0.218 0	
	2	0.140 0	0.200 0	0.287 7	0.111 1	0.178 6	0.214 6	
	H	0.407 2	0.489 0	0.588 5	0.527 8	0.523 0	0.534 8	
Est10	0	0.686 7	0.644 4	0.564 1	0.698 4	0.678 6	0.627 9	0.048 3
	1	0.133 3	0.140 7	0.259 3	0.111 1	0.107 1	0.182 6	
	2	0.220 0	0.233 3	0.262 1	0.158 7	0.214 3	0.234 0	
	3	0.006 7	0.029 6	0.031 3	0.031 7	0.071 4	0.027 4	
	4	0.000 0	0.014 8	0.039 9	0.031 7	0.035 7	0.024 0	
	5	0.033 3	0.040 7	0.074 1	0.111 1	0.035 7	0.057 1	
	H	0.461 2	0.507 7	0.537 8	0.460 3	0.474 5	0.513 1	
Cat1	1	0.573 3	0.555 6	0.538 5	0.714 3	0.464 3	0.560 5	0.018 2
	2	0.420 0	0.444 4	0.461 5	0.285 7	0.500 0	0.437 2	
	H	0.494 9	0.493 8	0.497 0	0.408 2	0.534 4	0.494 7	
	H_a	0.416 3	0.437 2	0.458 5	0.405 4	0.417 6	0.447 6	0.041 2

注：H 表示酶位点的平均基因多样性，H_a 表示所有酶位点的平均基因多样性，D_r 表示遗传分化系数。

23 个称量性状在不同地区的变异系数(表未列出)：丽江(0.231 1)、昆明(0.222 8)、保山(0.221 6)、怒江(0.221 6)、文山(0.217 8)、临沧(0.217 2)、曲靖(0.212 6)、楚雄(0.211 9)、思茅(0.210 5)、西双版纳(0.207 7)、红河(0.206 1)、玉溪(0.201 6)、德宏(0.191 8)、昭通(0.190 5)、大理(0.190 5)、迪庆(0.180 1)、东川(0.108 0)，以上结果表明包括产量、籽粒等性状在内的农艺性状在几个生产力比较发达的地区表现出了比较大的遗传多样性。可能的原因是，这些地区在保留了本地区原有的资源的情况下，由于受生产上需求的影响，在人工选择的压力下积累了大量具有高产潜力的资源。而其他一些原来通过考察认为多样性比较大的地区，则因为受到生产力的限制在与产量有关的性状上的变异受到了限制，所以在这些性状上表现出了较低的遗传多样性。因此，在选择育种材料时，要选择具有高产潜力的材料不应到一些传统上认为遗传多样性高的地方寻找，而应着眼于一些生产力较发达的地方。17 个地区间平均的遗传分化系数较大(D_r=0.075 9)，主要在包括粒宽(D_r=0.118)、米长(0.111 7)、茎蘖数(0.154 8)、有效穗(0.126 1)等在内的一些籽粒农艺性状有关的性状上表现出了较大的分化。

18 个等级性状的遗传多样性指数(表未列出)：临沧(0.398 5)、思茅(0.382 5)、西双版纳(0.372 7)、德宏(0.367 2)、保山(0.361 3)、玉溪(0.361 0)、文山(0.355 7)、大理(0.345 8)、昭通(0.345 4)、红河(0.344 1)、曲靖(0.282 3)、楚雄(0.276 7)、怒江(0.270 7)、丽江(0.268 6)、昆明(0.254 6)、迪庆(0.139 5)、东川(0.117 1)。在 18 个等级性状上所表现出的遗传多样性的变化趋势与前人的考察结果基本上是一致的，主要分布于西部山区和西南部环境湿热多山而又多少数民族的地区。各地区间平均遗传分化系数较大(D_r=0.235 7)，在一些包括颖尖弯直(D_r=0.611 5)、颖毛(0.492 2)、茎集散(0.428 9)、叶片弯直(0.300 4)、穗形(0.268 9)和穗枝集散(0.293)等在内的与籼粳分化有关的性状上表现出了地区间大的分化。另外，在穗茎瘟(0.31)和叶稻瘟(0.230 3)上也存在不同地区间的分化。

表 8.16 不同地区在 5 个酶位点上的遗传多样性和地区间的遗传分化

地区	Amp1	Est1	Est2	Est10	Cat1	平均
昆明	0.444 4	0.197 5	0.185 2	0.345 7	0.444 4	0.323 5
东川	0.500 0	0.000 0	0.000 0	0.000 0	0.000 0	0.100 0
昭通	0.589 5	0.033 3	0.539 8	0.463 4	0.410 2	0.407 2
曲靖	0.500 0	0.000 0	0.142 0	0.202 7	0.260 4	0.221 0
玉溪	0.639 8	0.152 8	0.320 3	0.528 6	0.468 8	0.422 0
思茅	0.597 6	0.010 8	0.484 7	0.465 3	0.500 0	0.411 7
临沧	0.649 2	0.025 6	0.562 9	0.512 0	0.499 8	0.449 9
保山	0.532 2	0.197 5	0.489 4	0.565 2	0.331 6	0.423 2
丽江	0.090 7	0.090 7	0.544 2	0.498 9	0.444 4	0.333 8
文山	0.513 4	0.155 7	0.560 9	0.566 3	0.498 0	0.458 9
红河	0.526 9	0.027 8	0.570 3	0.527 5	0.464 2	0.423 3
西双版纳	0.622 2	0.024 7	0.604 1	0.530 3	0.492 2	0.454 7
楚雄	0.512 4	0.000 0	0.429 8	0.405 0	0.297 5	0.328 9
大理	0.497 0	0.000 0	0.142 0	0.142 0	0.497 0	0.255 6
德宏	0.666 0	0.169 9	0.562 0	0.527 6	0.440 9	0.473 3
怒江	0.357 1	0.132 7	0.449 0	0.515 3	0.566 3	0.404 1
迪庆	0.375 0	0.000 0	0.500 0	0.437 5	0.000 0	0.262 5
总计	0.630 8	0.064 6	0.534 8	0.513 1	0.494 7	0.447 6
D_r	0.196 8	0.110 6	0.220 5	0.170 8	0.213 3	0.182 4

由表 8.16 可见，不同地区在 5 个同工酶位点上的平均基因多样性从大到小依次为：德宏(0.473 3)、文山(0.458 9)、西双版纳(0.454 7)、临沧(0.449 9)、红河(0.423 3)、保山(0.423 2)、玉溪(0.422 0)、思茅(0.411 7)、昭通(0.407 2)、怒江(0.404 1)、丽江(0.333 8)、楚雄(0.328 9)、昆明(0.323 5)、迪庆(0.262 5)、大理(0.255 6)、曲靖(0.221 0)、东川(0.100 0)。

以上结果表明，从总体上 5 个同工酶位点的遗传多样性主要分布于西南部的几个地区，而且各稻区间的遗传分化系数较高。但是，在单独考察 5 个位点时，其分布规律有所不同：5 个位点中 Est2、Cat1 和 Amp1 具有较大的分化系数；Amp1 这个位点的多样性主要分布在包括德宏(0.666 0)、临沧(0.649 2)、玉溪(0.639 1)和西双版纳(0.622 2)等在内的西南地区，而在包括丽江(0.090 7)、怒江(0.357 1)和迪庆(0.375 0)在内的西北部地区则表现出了较小的遗传多样性；Est1 整体上的遗传多样性均较低，而且分化水平低；Est2 具有较高水平的遗传分化，其遗传多样性主要分布在包括西双版纳(0.604 1)、红河(0.570 3)、临沧(0.562 9)和德宏(0.562 0)在内的西部地区；Est10 虽总体上具有较高的遗传多样性，但是其遗传分化水平(D_r=0.170 8)却不高；Cat1 在各地区间的遗传分化水平较高，迪庆(0)、东川(0)和曲靖(0.221 0)等地区的多样性水平较低。

8.4.3 关于利用形态性状与同工酶对水稻材料进行分类的探讨

对于籼粳两个亚种的分类研究，最初侧重于形态性状，主要指标有 Oka(1988)的综合判别函数和程侃声、王象坤等(1984)利用形态指数法。后来，随着同工酶技术的发展，经过对亚洲栽培稻的分析，发现了可以辨别籼粳的酯酶、氨肽酶及过氧化氢酶等的特异带，可以有较高的分辨率。本研究通过对含有较少重复和极大遗传多样性的云南地方稻种资源初级核心种质的形态和同工酶标记的研究认为，形态和同工酶标记的遗传多样性在水稻两个亚种中的表现基本一致。但是，同工酶和形态等级性状的遗传多样性在两个亚种上的分布规律与形态上称量性状的遗传多样性在两个亚种上的分布规律不一致，不同同工酶位点在籼粳两个亚种水平上的表现也是不一致的。形态变异一定程度上反映了水稻对生态环境的适应，而同工酶的变异则反映了水稻材料在分子水平上的进化关系。因此认为，丁颖对栽培稻亚种的划分充分反映了栽培稻对环境的适应及其进化关系。但籼粳两个亚种水平上不存在与生产上紧密相关的农艺性状的分化

通过对形态性状、同工酶标记和 SSR 标记的对比研究发现，总体上，形态性状上称量性状和等级性状的表现在籼粳两个亚种、不同稻区和不同地区间不一致；形态性状的等级性状与同工酶在籼粳亚种间、不同稻区间、不同地区间以及形态等级性状、同工酶和 SSR 三者在籼粳两个亚种间、不同稻区间的遗传多样性分布是一致的。但是具体到某个性状、某个酶位点或某个 SSR 引物相互间的分布规律却是不一致的。因此，3 个水平上的多样性联合对资源进行分析是最为理想的方案。但是在没有足够信息可以提供的情况下，对三者之一的遗传多样性分布进行分析，基本上可以了解群体的遗传多样性分布。

8.5　基于SSR标记的云南栽培稻资源系统地理学研究

众所周知，地处我国西南部的云南省是我国栽培稻最大的遗传多样性中心。形态和同工酶水平的多样性研究表明，云南稻种资源具有丰富的变异和优异基因。为方便于资源学家、生物学家和育种工作者更好地理解云南稻种资源的遗传多样性，以及更好地保护、保存、评价和利用这些资源，从1998年开始启动了"云南稻种资源核心种质构建"项目的研究工作，该项目由云南省资助，云南省农科院品种资源站和中国农业大学共同承担。研究建立了3个水平的核心种质，包括初级核心种质、二级核心种质和核心种质。每一级别的核心种质都由一套比上一级规模尽量小和遗传重复尽量少的材料组成。初级核心种质是根据总资源库中的形态和农艺性状而获得的总资源的一个有代表性的样本，二级核心种质根据同工酶信息从初级核心种质取得，最终根据DNA反映出的信息从二级核心种质中获得了核心种质。对每个级别的核心种质进行了形态和同工酶的多样性研究，结果表明，初级核心种质保留了总资源97%以上的形态性状的多态性(Li et al,2002)，二级核心种质保留了初级核心种质同工酶水平上99%以上的遗传变异。

对生物资源的考查、管理和操作均需要能够检测遗传材料的组成、变化和进化演化的工具。相对于传统的费工、主观性和不稳定性强的生物多样性的评价方法，近期发展起来的分子技术为遗传材料亲缘性、系统发生和遗传等研究提供了大量信息量丰富、简单快速和可靠的分子标记。微卫星(microsatellites)(也称为简单序列重复，simple sequence repeats, SSRs)为分子标记的一种，它是一种由1～6个特定碱基片断最多重复60次而组成的短DNA片断，在许多植物基因组中广泛分布，呈现出比其他许多遗传标记丰富的多态性(Tautz and Renz,1984)。先正达公司对水稻的分析发现在水稻基因组中每8 000 bp有一个SSRs标记(Goff et al,2002)。

该节分析了云南地方稻种资源初级核心种质基于PCR的微卫星的多态性。通过其遗传结构、遗传分化和系统地理学的研究，从DNA水平阐述了云南稻种资源籼粳、水陆间的遗传分化以及云南稻种资源地理分布的遗传多样性中心。

所用材料为云南地方稻种资源二级核心种质，包括692份。根据不同的分类分组标准可以将此群体分为不同的同类群(demes)，包括亚种(籼稻对粳稻)、生态型(水稻对陆稻)、5个生态区(滇中籼粳稻区(EZⅠ)、滇南单双季稻区(EZⅡ)、滇西南水边缘陆稻区(EZⅢ)、滇东北高原粳稻区(EZⅣ)和滇西北高寒粳稻区(EZⅤ))和16个行政地区(昆明、迪庆、昭通、曲靖、玉溪、思茅、临沧、宝山、丽江、文山、红河、西双版纳、楚雄、大理、德宏和怒江(图8.10))，其材料数分别为5、4、50、20、34、150、119、42、22、40、43、77、8、9、58和11，亚种下的生态型，不同生态区内的亚种和不同生态区内的生态型。材料所属亚种、生态型、稻区和行政区的信息来自云南省农业科学院作物品种资源站编辑的《云南省稻种资源目录》(1984)。除行政区外各同类群内的材料数列于表8.17中。所有材料种植于温室内，取约30 d的植株叶片提取基因组DNA。

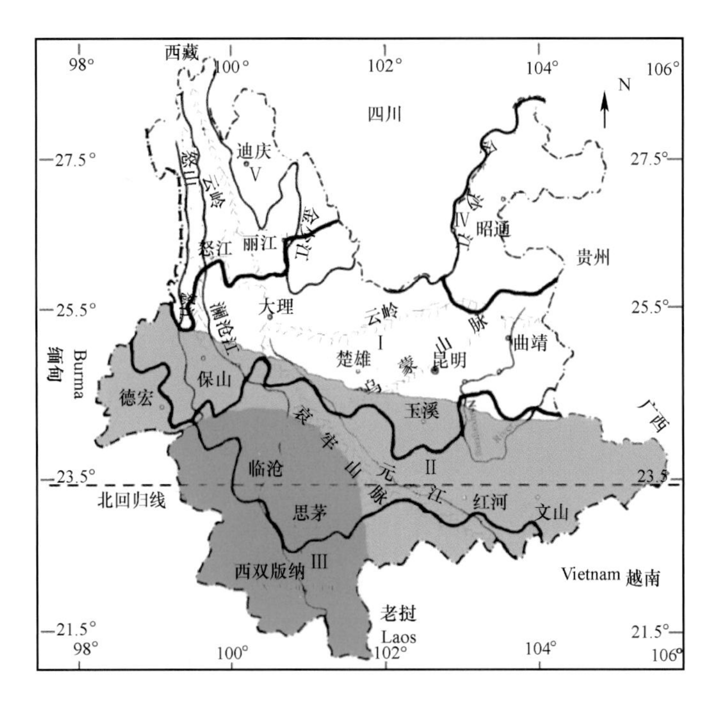

图 8.10　云南省的稻区和行政地区的分布

Ⅰ. 滇中籼粳稻作区(EZⅠ)　Ⅱ. 滇南部单双季稻作区(EZⅡ)　Ⅲ. 滇西南边缘水陆稻区(EZⅢ)　Ⅳ. 滇东北高原粳稻区(EZⅣ)　Ⅴ. 滇西北高寒粳稻区(EZⅤ)

表 8.17　不同同类群中的材料分布

稻作区	籼		粳		合计
	水	陆	水	陆	
EZⅠ	44	4	64	7	119
EZⅡ	83	7	79	52	221
EZⅢ	83	24	55	115	277
EZⅣ	29	0	21	0	50
EZⅤ	3	1	17	4	25
小计	242	36	236	178	692
合计	278		414		

该研究所用 SSRs 引物 20 对,随机分布于水稻的 12 条染色体上(表 8.18)。所有引物的序列信息来自 http://www.gramene.org/microsat/microsats.txt,由上海生工合成。

利用 S Piry and C Bouget 开发的一个程序 POP100GENE (V1.1.03, 1999)统计了每个同类群在每个位点上的等位基因数(N_s);通过软件 FSTAT(Goudet, 2001)统计了每个同类群中的等位基因丰富度(R_s)(Hurlbert, 1971),R_s为当选取 $2n$ 个基因时,所考查位点上不同的等位基因数。设某位点所考查的总基因数为 $2N$,则在一个由 $2n$ 个基因组成的样本中预期不同的等位基因数(R_s)为

表 8.18 不同 SSRs 位点公布信息和二级核心种质中所得信息的比较

位点	染色体	重复单元	变异数		最小分子量		最大分子量		分子量变幅	
			C. C. ***	报道 **	C. C. ***	报道 **	C. C. ***	报道 **	C. C. ***	报道 **
RM18	7	GA	13	4	150	151	172	165	22	14
RM211	2	GA	8	4	142	144	162	163	20	19
RM223	8	GA	17	6	137	139	170	163	33	24
RM224	11	GA*	19	9	124	124	162	158	38	34
RM225	6	GA	13	5	124	125	151	145	27	20
RM232	3	GA	15	6	137	142	164	166	27	24
RM234	7	GA	19	7	110	133	170	163	60	30
RM235	12	GA	19	6	95	96	137	134	42	38
RM241	4	GA	21	5	111	102	148	142	37	40
RM244	10	GA	9	4	149	157	164	165	15	8
RM247	12	GA	28	9	124	130	184	176	60	46
RM249	5	GA	11	7	121	120	166	146	45	26
RM253	6	GA	22	7	98	126	187	144	89	18
RM255	4	GA*	15	5	112	141	159	151	47	10
RM257	9	GA	40	7	123	121	210	173	87	52
RM258	10	GA*	13	6	131	133	152	152	21	19
RM263	2	GA	20	5	149	158	197	198	48	40
RM5	1	GA	11	6	103	108	121	130	18	22
RM60	3	AATT	4	2	160	167	168	171	8	4
RM81A	1	TCT	14	—	101	167	120	171	19	4
Average	—	—	16.6	5.8	125.1	134.2	163.2	158.8	38.2	24.6

* 在 3 个品种(Nipponbare、IR36 和 93-11)的位点中兼有 GA 和 GAG 重复；** http://www.gramene.org/microsat/microstats.txt；*** 二级核心种质。

$$R_s = \sum_{i=1} \left[1 - \binom{2N-N_i}{2n} \Big/ \binom{2N}{2n}\right]$$

式中，N_i 为在 $2N$ 个基因中第 i 个基因出现的数量；n 为某位点在最小同类群中的个体数。

利用张洪亮编写的程序 DIV-ALLELE. PRG，统计了每个同类群中的 Nei's 基因多样性指数(H_{sk})(Nei，1973)，不同类群间的 Nei's 遗传距离(D_{st})和遗传分化系数(G_{st})(Nei，1977)。另外，利用 TFPGA 软件(Miller and Mark，1997)建立了不同稻区中的亚种、不同稻区中的生态型和不同行政地区的算术类平均法(unweighted pair-group method with arithmetic mean，UPGMA)聚类图，聚类所用相似系数为 Reynolds 的共祖系数(Reynolds et al，1983)。为估计某等位基因在某同类群中的特异分布程度，定义了一个参数 DS_{ij}。设群体的大小为 N，d 为群体中包含的同类群数，N_j为第j个同类群中的个体数，A_i为群体中含有第i个等位基因的个体数，a_{ij}为第j个同类群中含有第i个等位基因的个体数，$P_{ij}=a_{ij}/A_i$，$E[P_{ij}]=N_j/N$，则第i个等位基因在第j个同类群中分布的特异度DS_{ij}为

$$DS_{ij}=\frac{P_{ij}(P_{ij}-E[P_{ij}])\lg N_j}{\left[1-\left(\frac{\sqrt{\sum_{j=1}^{d}(P_{ij}-E[P_{ij}])^2}}{d}\right)^{1/d}\right]\lg N}$$

根据对此参数和上述公式中各变量的关系进行模拟，设定了此参数的两个阈值，分别为0.15和0.20，此两个阈值分别代表两个特异度水平，即在一个规模为700份材料的群体中，两个具有相同材料数的同类群中，某基因在某个同类群中有80%和90%的分布。某同类群特异等位基因的数量(A_s)等于该同类群中所拥有的DS_{ij}值大于此两个阈值的等位基因的数量。采用成对t检验和Duncan的多重比较检验了各遗传多样性和遗传分化参数的显著性(Steel and Torrie，1980)。

8.5.1 云南栽培稻资源的SSR总体变异情况

云南地方稻种资源二级核心种质表现出了非常高的多态性。在20个SSRs位点上共计检测到等位基因331个，平均每个位点16.6个，明显高于网站公布的等位基因数(每位点仅5.8个，http://www.gramene.org/microsat/microsats.txt)。从表8.19也可以看出，二级核心种质中几乎所有20个SSRs位点上的等位基因长度的变异幅度均大于报道结果。

图8.11是二级核心种质中单个SSRs位点上有代表性的等位基因分布情况，可以分为3种类型。在20个SSRs位点上比较多的分布是呈现出近似两个峰的连续分布，如图中最左边的RM263，类似这种分布的其他位点还包括RM18、RM223、RM224、RM225、RM232、RM235、RM247和RM257。少数位点呈现单峰的连续分布，如图中中间的RM266，类似情况还包括RM255、RM244、RM253和RM241等位点。还有一部分位点呈现出具有一两个频率特别高的等位基因和多个频率特别低的等位基因的偏分布，如图中右侧的RM211，属于这种情况的位点包括RM211、RM60、RM258、RM249、RM5、RM81A和RM234。但是，不管哪种情况的分布，在大体呈现平滑曲线分布的情况下，总有几个等位基因的频率相对临近大小的等位基因的频率低很多，甚至仅存在于少数几份材料之中。

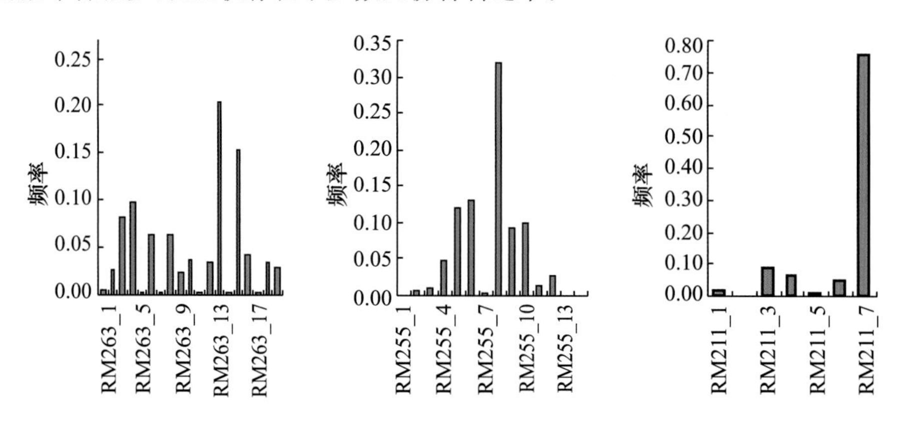

图8.11 二级核心种中在3个SSRs位点上的等位基因频率分布

8.5.2 不同类型群体中的遗传多样性

通过3个参数检测了每个同类群中的遗传多样性，即等位基因数(N_s)、等位基因丰富度(R_s)和基因多样性指数(H_{sk})(表8.19)。对各参数的t检验和Duncan多重比较分别列于表8.20和表8.21。不管是在总体上还是在每个稻区内，粳稻的遗传多样性均高于籼稻。t检验表明，在不分稻区的情况下，粳稻的等位基因数和等位基因丰度均显著高于籼稻，而基因多样性指数差异不显著；除在EZⅣ中的所有稻区中，粳稻的等位基因数均显著高于籼稻，而在除EZⅤ外的所有稻区中，粳稻的等位基因丰度和基因多样性指数虽高于籼稻，但是均差异不显著。

表8.19 不同同类群中的等位基因数、等位基因丰度、基因多样性指数和特异等位基因数

<table>
<tr><th colspan="2" rowspan="2">分群</th><th rowspan="2">N_s</th><th rowspan="2">R_s</th><th rowspan="2">H_{sk}</th><th colspan="2">A_s</th></tr>
<tr><th>$DS_{ij}\geqslant 0.15$</th><th>$DS_{ij}\geqslant 0.20$</th></tr>
<tr><td rowspan="3">籼</td><td>水</td><td>13.55</td><td>10.507 4</td><td>0.746 6</td><td>0</td><td>0</td></tr>
<tr><td>陆</td><td>9.95</td><td>9.950 0</td><td>0.762 4</td><td>7</td><td>6</td></tr>
<tr><td>小计</td><td>14.15</td><td>14.150 0</td><td>0.754 8</td><td>32</td><td>16</td></tr>
<tr><td rowspan="3">粳</td><td>水</td><td>14.35</td><td>11.278 8</td><td>0.753 7</td><td>19</td><td>10</td></tr>
<tr><td>陆</td><td>14.05</td><td>11.212 4</td><td>0.757 8</td><td>22</td><td>12</td></tr>
<tr><td>小计</td><td>15.65</td><td>15.353 8</td><td>0.763 2</td><td>55</td><td>33</td></tr>
<tr><td rowspan="2">生态型</td><td>水</td><td>15.35</td><td>14.699 8</td><td>0.775 3</td><td>13</td><td>3</td></tr>
<tr><td>陆</td><td>14.40</td><td>14.400 0</td><td>0.767 2</td><td>20</td><td>15</td></tr>
<tr><td rowspan="5">EZⅠ</td><td>籼</td><td>9.85</td><td>4.417 9</td><td>0.715 0</td><td rowspan="5">4</td><td rowspan="5">3</td></tr>
<tr><td>粳</td><td>11.20</td><td>4.450 0</td><td>0.733 4</td></tr>
<tr><td>水</td><td>12.25</td><td>5.201 5</td><td>0.751 0</td></tr>
<tr><td>陆</td><td>4.90</td><td>4.137 7</td><td>0.631 8</td></tr>
<tr><td>小计</td><td>12.65</td><td>9.726 2</td><td>0.745 7</td></tr>
<tr><td rowspan="5">EZⅡ</td><td>籼</td><td>11.10</td><td>4.513 0</td><td>0.727 9</td><td rowspan="5">18</td><td rowspan="5">11</td></tr>
<tr><td>粳</td><td>13.10</td><td>4.526 7</td><td>0.735 6</td></tr>
<tr><td>水</td><td>13.05</td><td>5.325 2</td><td>0.756 8</td></tr>
<tr><td>陆</td><td>11.00</td><td>5.159 1</td><td>0.742 0</td></tr>
<tr><td>小计</td><td>14.05</td><td>10.167 6</td><td>0.762 1</td></tr>
<tr><td rowspan="5">EZⅢ</td><td>籼</td><td>11.80</td><td>4.678 1</td><td>0.759 5</td><td rowspan="5">24</td><td rowspan="5">10</td></tr>
<tr><td>粳</td><td>13.70</td><td>4.703 9</td><td>0.772 3</td></tr>
<tr><td>水</td><td>12.85</td><td>5.454 3</td><td>0.779 5</td></tr>
<tr><td>陆</td><td>13.30</td><td>5.385 3</td><td>0.771 7</td></tr>
<tr><td>小计</td><td>14.60</td><td>10.462 7</td><td>0.787 5</td></tr>
</table>

续表 8.19

分群		N_s	R_s	H_{sk}	A_s	
					$DS_{ij}\geq 0.15$	$DS_{ij}\geq 0.20$
EZⅣ	籼	7.50	3.954 2	0.653 0	6	6
	粳	7.55	4.268 7	0.696 0		
	水	9.65	4.846 7	0.713 5		
	陆	—	—	—		
	小计	9.65	8.720 4	0.713 5		
EZⅤ	籼	2.90	2.900 0	0.509 3	1	1
	粳	7.95	4.440 7	0.731 5		
	水	7.80	4.987 5	0.721 4		
	陆	3.40	3.400 0	0.630 0		
	小计	8.40	8.400 0	0.734 5		

多数情况下水稻的遗传多样性高于陆稻，但是在某些特殊情况下，陆稻的遗传多样性会高于水稻。水稻的等位基因数显著高于陆稻(14.4)，在两个亚种内同样是水稻的等位基因数高于陆稻，但是只有在粳稻内差异显著。在每个稻区内，水稻的等位基因数同样高于陆稻，但是，在西南边缘水陆稻区(EZⅢ)差异不显著。不管是总体上，还是在亚种内和稻区内水稻的等位基因丰度均高于陆稻，但是，仅在滇中籼粳稻区(EZⅠ)和滇西北高寒粳稻区(EZⅤ)中差异显著。多数情况下，水稻的基因多样性指数高于陆稻。不过，两个亚种下和滇西南边缘水陆稻区内的陆稻基因多样性指数高于水稻。但是，仅滇中籼粳稻区(EZⅠ)和滇西北高寒粳稻区(EZⅤ)中差异显著。

云南地方稻种资源的遗传多样性呈现出明显的地理分布，总体上，西南部最高，逐渐向北和向东降低。各稻区的等位基因数从高到低依次为 14.60(EZⅢ)、14.05(EZⅡ)、12.65(EZⅠ)、9.65(EZⅣ)和 8.40(EZⅤ)，而且除滇南部单双季稻区(EZⅡ)和滇西南水陆稻区(EZⅢ)之间外，各稻区间均表现出显著差异。各稻区间的等位基因丰度也表现出同样分布趋势，并且除稻区 EZⅠ-EZⅡ间、EZⅡ-EZⅢ间和 EZⅣ-EZⅤ外，其他各稻区间均表现出显著差异。基因多样性指数在各个稻区间的分布表现出了类似等位基因数和等位基因丰度的趋势，但是只有滇西南边缘水陆稻区与其他稻区间差异达到了显著的水平。考察行政地区间的遗传多样性情况发现，类似稻区的地理分布更加明显。根据各地区遗传多样性的大小和多重比较(表 8.21)的结果可以将地区的遗传多样性分为 3 个级别，即由思茅、临沧和西双版纳组成的遗传多样性最丰富的地区，由宝山、文山、昭通和德宏等地区组成的遗传多样性次丰富的地区，以及由剩余地区(包括曲靖、怒江、楚雄、大理、昆明和迪庆)组成的遗传多样性贫乏的地区。由图 8.10 可以看出，遗传多样性最丰富地区所包括的 3 个地区均连续分布稻区 EZⅢ和 EZⅡ内，位于哀牢山以西、努山和云岭山脉以南、澜沧江下游。

表 8.20 不同同类群间遗传多样性参数差异的成对 t 检验

对比类群	t 值			P 值(两尾)		
	N_s	R_s	H_{sk}	N_s	R_s	H_{sk}
籼-粳	2.727*	2.246*	0.332	0.013	0.037	0.743
水-陆	2.139*	0.796	0.518	0.046	0.436	0.610
籼水-籼陆	4.788**	1.388	0.840	0.000	0.181	0.411
粳水-粳陆	0.688	0.268	0.271	0.500	0.792	0.789
EZⅠ-EZⅡ	3.156**	1.552	1.643	0.005	0.137	0.117
EZⅠ-EZⅢ	3.711**	2.906**	3.604**	0.002	0.009	0.002
EZⅠ-EZⅣ	4.807**	2.400*	0.860	0.000	0.027	0.400
EZⅠ-EZⅤ	6.249**	3.274**	0.742	0.000	0.004	0.467
EZⅡ-EZⅢ	1.814	1.988	2.766*	0.086	0.061	0.012
EZⅡ-EZⅣ	5.137**	2.944**	1.384	0.000	0.008	0.182
EZⅡ-EZⅤ	6.850**	3.875**	1.350	0.000	0.001	0.193
EZⅢ-EZⅣ	5.638**	3.717**	2.231*	0.000	0.002	0.038
EZⅢ-EZⅤ	6.744**	5.491**	3.050**	0.000	0.000	0.007
EZⅣ-EZⅤ	2.208*	0.612	0.572	0.040	0.548	0.574
EZⅠ.籼-EZⅠ.粳	2.286*	0.188	0.560	0.034	0.853	0.582
EZⅡ.籼-EZⅡ.粳	3.183**	0.067	0.233	0.005	0.947	0.818
EZⅢ.籼-EZⅢ.粳	2.594*	0.241	0.709	0.018	0.812	0.487
EZⅣ.籼-EZⅣ.粳	0.152	1.555	1.173	0.881	0.137	0.255
EZⅤ.籼-EZⅤ.粳	8.951**	7.387**	6.528**	0.000	0.000	0.000
EZⅠ.水-EZⅠ.陆	7.674**	3.982**	3.649**	0.000	0.001	0.002
EZⅡ.水-EZⅡ.陆	3.604**	1.012	0.687	0.002	0.324	0.501
EZⅢ.水-EZⅢ.陆	1.206	0.582	0.528	0.243	0.568	0.603
EZⅣ.水-EZⅣ.陆	—	—	—	—	—	—
EZⅤ.水-EZⅤ.陆	7.740**	6.309**	3.123**	0.000	0.000	0.006

注:* 95%置信水平上差异显著; ** 99%置信水平上差异显著。

表 8.21 不同地区内的等位基因数、等位基因丰度、基因多样性指数和特异等位基因数及其差异显著性的 Duncan 多重比较

地区	N_s		R_s		H_{sk}		A_s	
	平均	显著性 ($\alpha=0.05$)	平均	显著性 ($\alpha=0.05$)	平均	显著性 ($\alpha=0.05$)	$DS_{ij}\geqslant 0.15$	$DS_{ij}\geqslant 0.20$
迪庆	3.20	a	3.200 0	a	0.609 4	ab	0	0
昆明	3.25	a	3.185 7	a	0.578 0	a	0	0
大理	4.65	ab	3.663 4	ab	0.577 8	a	0	0

续表 8.21

地区	N_s		R_s		H_{sk}		A_s	
	平均	显著性 (α=0.05)	平均	显著性 (α=0.05)	平均	显著性 (α=0.05)	$DS_{ij}\geq 0.15$	$DS_{ij}\geq 0.20$
楚雄	4.90	abc	4.111 5	bc	0.678 2	abc	0	0
怒江	5.40	abc	4.027 0	bc	0.673 5	abc	1	1
曲靖	6.05	bcd	3.804 6	ab	0.650 1	abc	2	
保山	8.40	def	4.163 1	bc	0.684 4	abc	2	2
文山	9.25	efg	4.490 0	bc	0.736 1	bc	8	4
红河	9.60	efg	4.470 3	bc	0.740 5	bc	5	4
昭通	9.65	efg	4.302 5	bc	0.712 2	bc	7	6
德宏	10.35	fg	4.666 7	c	0.768 6	c	3	2
西双版纳	11.30	gh	4.650 3	c	0.762 3	c	11	8
临沧	12.95	h	4.698 9	c	0.759 4	c	22	12
思茅	13.15	h	4.753 1	c	0.770 7	c	22	14

8.5.3 不同类型群体中的特有等位变异分布

作为一个物种内的不同亚群，其间除等位基因数上的差异外，更重要的是等位基因频率分布上的差异。这种等位基因频率的差异由多种因素造成，包括迁移、选择和遗传漂变。对籼粳两个亚种群体不同位点上的等位基因频率的分析发现，在某些位点上，籼粳两个亚种的等位基因分布趋势基本一致（如图 8.12 中的 RM244）。然而，很多 SSRs 位点上（如图 8.12 中的

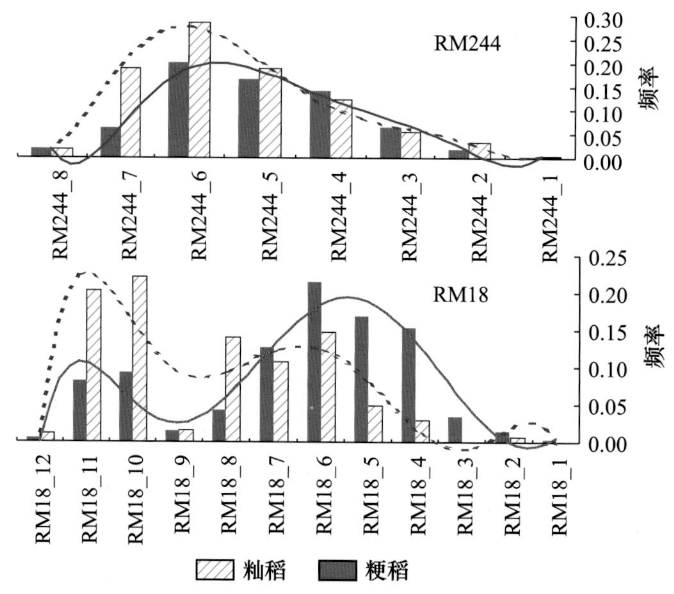

图 8.12 籼稻(In)和粳稻(Ja)在两个位点(RM244 和 RM18)上的等位基因频率分布

注：虚线表示籼稻中等位基因频率分布的趋势线，实线表示粳稻中等位基因频率分布的趋势线。

RM18)等位基因的频率在两个亚种中的分布存在明显的不同。前面对籼粳两个群体等位基因数的研究也发现,两者等位基因数的差异主要由某些出现频率极低的稀有变异造成,真正可以表现出籼粳两个亚种之间差异程度的还是那些在某个亚种分布频率高而在另一亚种分布频率低的等位基因。为表征这些等位基因在某个群体的特异分布情况,提出了一个等位基因分布特异度的评价指标,根据这一指标,可以得到每个同类群中的特异等位基因数。

表 8.19 和表 8.21 列出了每个同类群中的特异等位基因数。在两种特异分布水平上,粳稻的特异等位基因数(在 0.15 和 0.20 水平上分别为 55 和 33 个)均高于籼稻的特异等位基因数(两水平分别为 32 和 16 个);陆稻的特异等位基因数(两水平分别为 20 和 15 个)明显高于水稻的特异等位基因数(两水平分别为 13 和 3 个),在每个亚种内陆稻的特异等位基因数同样高于水稻。考察不同生态和地理上的特异等位基因分布发现,滇西南和滇南部两个稻区的特异等位基因数明显高于其他 3 个稻区,其中尤以滇西南稻区(两个水平上分别为 24 和 10 个)更多;在不同地区中,思茅(24 和 14 个)、临沧(24 和 12 个)和西双版纳(11 和 8 个)等 3 个地区的特异等位基因数明显高于其他地区,其中,尤以思茅和临沧两个地区的特异等位基因数最多;其他在昭通、文山、红河、德宏和宝山也有一定数量的特异等位基因分布,这些地区除昭通位于滇东北外,均与思茅、临沧相邻。可见,特异等位基因的分布也表现出类似遗传分化的由滇西南向北向东按一定层次分布的趋势。

8.5.4 不同类型群体间的遗传分化

为分析同类群间的遗传分化,计算了 Nei's 遗传距离(D_{st})和遗传分化系数(G_{st})。这些参数的平均值列于表 8.22,其显著性 t 检验和 Duncan 氏多重比较分别列于表 8.23 和表 8.24。不管是从总体水平还是在除 EZⅠ和 EZⅣ的稻区内,亚种间的遗传距离和遗传分化均大于生态型间的遗传距离和遗传分化。总体上,亚种间的遗传分化和生态型间的遗传分化差异不明显,稻区内也只有稻区 EZⅢ和 EZⅤ内差异显著。

表 8.22 不同同类群间的遗传距离和遗传分化

对比类群		D_{st}	G_{st}
籼-粳		0.020 9	0.026 8
水-陆		0.008 7	0.011 1
籼	水-陆	0.000 3	0.000 4
	稻区	0.081 9	0.108 5
粳	水-陆	0.007 5	0.009 8
	稻区	0.023 1	0.029 8
水	稻区	0.023 1	0.029 8
陆	稻区	0.073 3	0.095 6
EZⅠ	籼-粳	0.021 5	0.028 8
	水-陆	0.054 3	0.072 8

续表8.22

对比类群		D_{st}	G_{st}
EZⅡ	籼-粳	0.030 3	0.039 8
	水-陆	0.012 7	0.016 6
EZⅢ	籼-粳	0.021 6	0.027 4
	水-陆	0.011 9	0.015 1
EZⅣ	籼-粳	0.038 9	0.054 6
	水-陆	—	—
EZⅤ	籼-粳	0.114 1	0.155 3
	水-陆	0.058 8	0.080 1

表 8.23 不同类群间遗传距离和遗传分化差异的成对 t 检验

对比类群[a]	D_{st}		G_{st}	
	t 值	P 值(两尾)	t 值	P 值(两尾)
IJ-LU	2.10*	0.049 1	1.70	0.104 9
I. LU-J. LU	−0.99	0.332 5	−0.87	0.396 0
I. EZ-J. EZ	5.88**	0.000 0	5.70**	0.000 0
L. EZ-U. EZ	−6.34**	0.000 0	−5.43**	0.000 0
EZI. IJ-EZI. LU	−2.29*	0.033 5	−2.02	0.057 7
EZII. IJ-EZII. LU	1.98	0.061 9	1.69	0.108 0
EZIII. IJ-EZIII. LU	2.92**	0.008 8	2.43*	0.025 3
EZIV. IJ-EZIV. LU	—	—	—	—
EZV. IJ-EZV. LU	2.92**	0.008 8	2.64*	0.016 3

注:[a] I—籼,J—粳,L—水稻,U—陆稻。

表 8.24 籼粳间、水陆间遗传分化和遗传距离在不同稻区间差异显著性的 Duncan 多重比较

稻区	G_{st}				D_{st}			
	籼-粳		水-陆		籼-粳		水-陆	
	平均	显著性 ($\alpha=0.05$)	平均	显著性 ($\alpha=0.05$)	平均	显著性 ($\alpha=0.05$)	平均	显著性 ($\alpha=0.05$)
EZⅠ	0.026 7	a	0.072 4	b	0.021 5	a	0.054 3	b
EZⅡ	0.028 3	a	0.013 0	a	0.021 6	a	0.011 9	a
EZⅢ	0.039 5	a	0.015 4	a	0.030 3	a	0.012 7	a
EZⅣ	0.051 8	a	—	—	0.038 9	a	—	—
EZⅤ	0.171 8	b	0.067 3	b	0.114 1	b	0.058 8	b

粳稻在各稻区间的遗传分化显著低于籼稻在各稻区间的遗传分化，粳稻中水陆间的遗传分化高于籼稻中水陆间的遗传分化，但是两者差异不显著。可见粳稻是云南本地品种，而且具有比籼稻长得多的栽培历史；而且水陆的分化先发生于粳亚种，然后才在籼亚种发生。总体上，位于滇西南的边缘水陆稻区以及南部单双季稻区具有较低的亚种间和栽培型间遗传分化。籼粳亚种间遗传距离和遗传分化最小的稻区为滇中稻区（EZⅠ），紧接着是西南部稻区（EZⅢ），其他从小到大依次为EZⅡ、EZⅣ和EZⅤ。而且西北高寒粳稻区的亚种间遗传分化明显高于其他稻区，这可能和该稻区高海拔的云岭和努山造成的高寒气候，又兼具金沙江、怒江和澜沧江三江并流所造成的低海拔暖湿气候有关，使得该地区的稻种资源在两种温度条件下发生了明显的籼粳分化。水陆生态型间遗传距离和遗传分化最小的稻区为滇西南边缘水陆稻区（EZⅢ），其次为滇南部稻区（EZⅡ），滇中和滇西北两个稻区的显著高于前面两个稻区。

8.5.5 不同类群的聚类分析及系统关系

以20对SSR引物所估计Reynolds氏共祖系数（Reynolds's coancestry coefficient, Reynolds et al, 1983）构建了3个同类群组群的UPGMA聚类图，包括不同稻区内的亚种（图8.13）、不同稻区内的栽培型（图8.14）和16个行政地区（图8.15）。图8.13显示，EZⅡ和EZⅢ两个稻区的粳稻，EZⅠ和EZⅡ两个稻区的籼稻首先分别聚为一类，然后稻区EZⅠ的粳稻和稻区EZⅢ的籼稻分别加入上述两类中。此后，稻区EZⅣ和EZⅤ的粳稻与前面3个稻区的粳稻组成的类聚为一类后，整个5个稻区的粳稻便聚成了一个明显的粳稻群。此后，粳稻群与上述3个稻区组成的一个籼稻群聚合在一起，最终稻区EZⅣ和EZⅤ的籼稻才聚合进来。由此结果可以看出，不管是籼亚种还是粳亚种都在云岭以南的3个稻区之间遗传相似性较大；其中粳稻在EZⅡ和EZⅢ两个稻区内的遗传相似性最大，籼稻在EZⅠ和EZⅡ两个稻区内的遗传相似性较大；粳稻在各稻区间表现出比籼稻低的遗传分化，尤其稻区EZⅣ和EZⅤ的籼稻与其他3个稻区的籼稻间存在较大的遗传分化。不同稻区水陆生态型的UPGMA聚类图（图8.14）显示，稻区EZⅠ和EZⅡ的陆稻、EZⅢ和EZⅡ的水稻首先分别聚为一类，在稻区EZⅢ的陆稻和前面两个稻区的陆稻聚合成的陆稻群聚合后与前面两个稻区的水稻聚合成的水稻群聚为一类，然后依次聚合进此大类的是滇西北稻区的陆稻、滇中部稻区的水稻、滇东北稻区的陆稻和滇西北稻区的水稻。由此结果看出，陆稻相对比水稻在稻区间的遗传分化水平低；陆稻在滇中和滇南部两个稻区间遗传相似性较大，而水稻在滇南部和西南部两个稻区的遗传相似性较大。对16个行政地区的UPGMA聚类分析如图8.15所示，此图显示思茅和临沧间遗传距离最近，其次是他们和西双版纳，距离稍远一点的是文山和德宏（分别位于思茅和临沧两个地区的西部和东部侧翼），再进一步是与思茅和临沧紧密相邻的宝山、红河、玉溪和楚雄，遗传距离再远一点的是分别位于怒江和金沙江畔的丽江、怒江和昭通，虽然曲靖和大理间也表现出一定的遗传相似性，但是，剩余4个地区与上述地区的遗传距离非常远。由此结果不难看出，云南地方稻种资源地理上的遗传分布呈现出明显的层次性：由思茅、临沧和西双版纳组成一个中心，呈现向北向东扩散的趋势；与此中心紧密相邻的文山、德宏、宝山、红河、玉溪和楚雄组成第两个层次；剩余地区组成第三个层次。

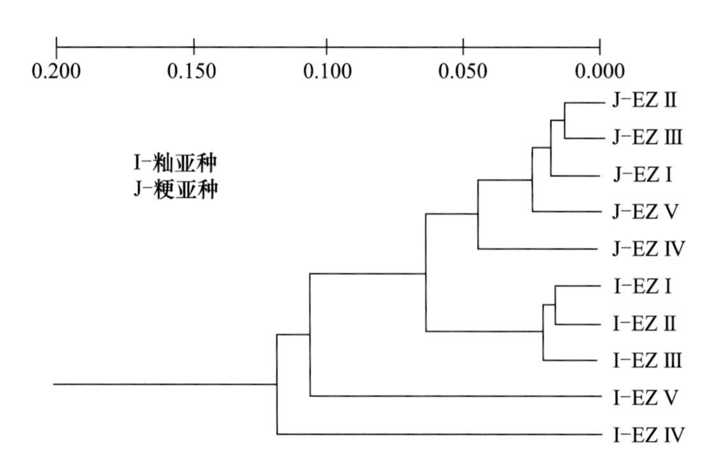

图 8.13　不同稻区内亚种群体的 UPGMA 聚类图

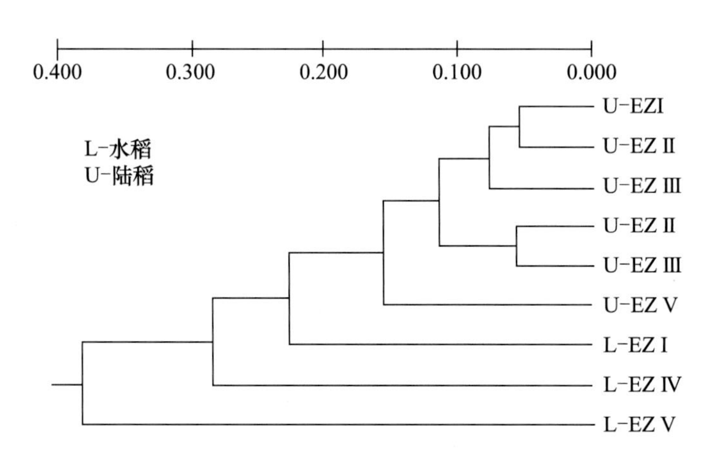

图 8.14　不同稻区内生态型群体的 UPGMA 聚类图

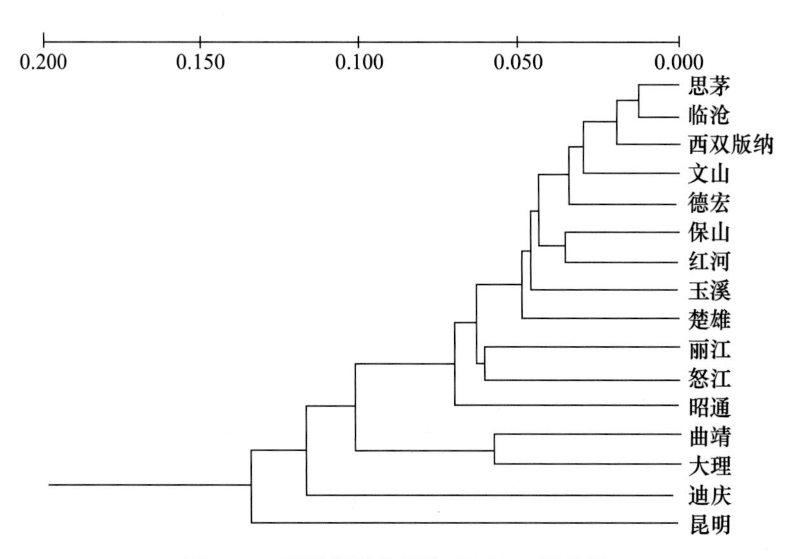

图 8.15　不同行政地区的 UPGMA 聚类图

8.5.6 云南地方稻种资源的地理发生学

尽管云南是否是亚洲栽培稻的起源中心尚存很多争议，但是毫无疑问，云南是稻种资源最大的遗传多样性中心之一(Chang, 1976; Glaszman, 1987; Nakagabra, 1978; Oka, 1988; 张尧忠等, 1989)。然而云南地理和气候非常复杂，其遗传多样性的地理分布具有明显的区域性。到底云南稻种资源的遗传多样性或起源中心在云南的什么地方值得研究。

本研究结果显示，云南地方稻种资源遗传多样性在地理上呈现非常明显的由滇西南向北向东逐渐降低的分布趋势。如果以稻区作为分布尺度，位于滇西南的边缘水陆稻区(EZⅢ)含有突出高的变异和遗传多样性水平，其次是位于滇南部的单双季稻区(EZⅡ)，而位于滇北部的两个稻区(EZⅤ和EZⅣ)遗传变异和遗传多样性明显偏低。位于云岭以南的3个稻区(EZⅢ、EZⅡ和EZⅠ)遗传相似性比较高。尤其值得注意的是，在滇西南和滇南部的两个稻区中特异等位基因要明显高于其他3个稻区。如果以地区作为分布尺度，遗传多样性和遗传相似性的地理分布趋势更加明显。包括思茅、临沧和西双版纳在内的位于滇西南的3个地区既含有比其他地区明显高的遗传多样性和特异等位基因，又相互之间具有强的遗传相似性。其他地区基本上按与这3个地区的距离远近而表现为，距离越远遗传多样性越小，与这3个地区的遗传相似性越小。很明显，这3个地区就是云南地方稻的遗传多样性中心，除西双版纳完全位于滇西南的边缘水陆稻区(EZⅢ)外，思茅和临沧均为西南稻区和滇南部的单双季稻区的一部分。这3个地区在地理上位于努山山脉和云岭以南、哀牢山以西，处于澜沧江的下游两岸。紧临此遗传多样性中心，包括德宏、文山、宝山、楚雄、玉溪和红河等在内的地区构成了云南地方稻种资源的遗传多样性扩散区，这一区域包括了除遗传多样性中心以外的云岭以南的大部分地区。而由其他地区构成了云南地方稻种资源的遗传多样性贫乏区，主要位于气候比较恶劣的滇北部高原粳稻区(EZⅣ)和高寒粳稻区(EZⅤ)(见图8.10)。

在云南地方稻种资源遗传多样性中心区域也呈现出许多可以作为亚洲栽培稻(至少是云南栽培稻)起源中心的特征。首先，在此区域内含有丰富的遗传多样性，尤其是含有大量具有地理特异性的等位基因。当然，遗传多样性最丰富的地方不一定是起源中心。但是，作为受人类活动影响较小的云南，以及多数为中性的SSRs位点来说，由于受到进化和演化过程中奠基者效应(founder effect)的作用，起源中心应该具有比非起源中心更大的遗传多样性。这一点也受到了来自同工酶(Second, 1985)和DNA标记(Dally and Second, 1990; Sano and Sano, 1990; 孙传清等, 2000)研究的支持。其次，在此中心内亚种间和生态型间均表现出较低的遗传分化。由此可以推论，在此中心内的稻种资源比来自中心外的资源在遗传上更加原始。此结果与形态(Li et al, 2001)和同工酶(Oka, 1988)水平上的对云南稻种资源遗传多样性地理分布的某些研究一致。第三，UPGMA聚类分析表明，云南稻种资源以此区域为中心随距离越远，与此中心的遗传相似性逐渐降低。第四，在云南，栽培稻的祖先种普通野生稻全部分布于此区域内，这是栽培稻进化和演化的一个必备条件。上述分析刻画出这样一个云南稻种资源的起源、传播和扩散途径，即云南地方稻种资源首先起源于思茅、临沧和西双版纳地区，然后向北向东逐渐扩散，形成了丰富的云南稻种资源。

此区域丰富的遗传多样性以及起源中心的形成与当地的环境和人文文化有关。首先，此区域内紫外辐射很强，会造成大量自然突变。其次，复杂的地理和气候可以为稻种施加相对多样而又稳定的选择。第三，此地区内丰富的优异稻种资源与此地少数民族多样化的饮食和文化习惯有关。例如，在古代，香米就是作为向皇室进贡的贡品。软米则是当地少数民族饮食习惯与特殊的自然环境相互作用的产物。第四，分布在当地相当数量的光壳稻在某种程度上推动了此区域内稻种间的基因交流。据王象坤等(1984)的研究，光壳稻作为一种比较原始的粳稻，一般都拥有易于籼粳间杂交的广亲和基因。

当然，要确认这个区域是否是亚洲栽培稻的起源中心，还有待于年代较早的考古发现。

8.6 贵州栽培稻的遗传结构及其遗传多样性

水稻是贵州省首要的粮食作物，栽培历史悠久。贵州地处云贵高原的东斜坡面，全境均属山区，具有明显的立体农业生态环境。在复杂多样的生态条件影响下，贵州稻种资源经历了长期的自然演化和人工选择，形成了多种多样的生态类型品种和突出的抗逆、抗病虫性能。丰富多彩的稻种资源，为省内外育种家和生物遗传研究者们所关注。截至1995年，共收集地方稻种资源5 377份，约占全国稻种资源的1/10，仅次于广西、广东、云南，位居第四，但稻种资源的总体利用水平较低。遗传多样性研究是水稻有利基因的发掘、品种选育的基础。前人对中国稻种资源的研究多集中于两广和云南，因此，贵州省稻种资源的多样性研究工作相对滞后，且仍滞留于形态学水平，限制了稻种资源的有效利用。

该研究选用31个表型性状和均匀分布于水稻12条染色体上的36对微卫星标记分析贵州省537份栽培稻，旨在研究贵州栽培稻的遗传结构和遗传多样性，以及遗传多样性在贵州省的地理分布，阐明贵州栽培稻遗传变异特点及分布规律，为稻种资源的遗传多样性保护、有利基因的发掘、稻作生产及新品种的选育提供基础资料和理论参考。

试验材料来自中国栽培稻种初级核心种质中贵州省栽培稻，共537份，其中籼稻249份，粳稻288份。初级核心种质是由中国栽培稻种质资源库经表型性状筛选、聚类而成(李自超等，2001)。对贵州省稻种资源有较强的代表性，覆盖贵州省6个稻作生态区(图8.16)(具体材料分布见表8.25)和76个县、市。

表型性状由杭州水稻所2001年于杭州种植考察，2002年对缺失数据进行补充。田间每个品种种植4行，每行6株。对于数量性状调查10个重复。包括叶鞘色、叶片色、叶舌色、叶枕色、叶舌形状、叶片茸毛、倒二角、倒二耳色、茎节包露、茎节色、节间色、抗倒性、柱头色、颖尖色、颖壳色、颖壳茸毛、护颖色、穗类型、穗形状、芒色、芒分布、种皮色、米色、米香24个质量性状和剑叶曲度、剑叶角度、茎秆粗细、茎秆角度、护颖长度、穗伸出度、最长芒长、谷粒形状8个数量性状，共32个表型性状。各性状按《稻种资源形态农艺性状鉴定方法》和《稻种资源观察调查项目及记载标准》进行了整理与规范，数量性状按照记载标准将其质量化。

均匀选取分布在水稻12条染色体上的36对SSR引物。扩增产物进行8%聚丙烯酰胺凝胶电泳，恒定功率70 W。电泳时间2 h，利用银染法进行染色(Panaud et al，1996)。用invitrogen公司生产的10 bp ladder测定电泳条带的分子量。

形态水平的遗传多样性用Sheldon(1969)修正的Shannon-Weiner遗传多样性指数($I=(-\sum p_i \ln p_i)/\ln N$)表示；微卫星水平的基因多样性用Nei遗传多样性指数($H_e=1-\sum {p_i}^2$)(Nei，1973)表示。群体的遗传结构分析采用Structure2.0软件(Pritchard et al，2000；

图 8.16 贵州省水稻种植区划、行政区划图

注:红色线条为贵州省水稻种植区划;蓝色线条为贵州省行政区划;绿色部分为贵州省栽培稻遗传多样性中心。
Ⅰ.黔中单季稻区 Ⅱ.黔东单双季稻区 Ⅲ.黔西南单季稻区 Ⅳ.黔南单双季稻区 Ⅴ.黔北单双季稻区
Ⅵ.黔西北粳稻区

Falush et al, 2003)进行,3 个重复得到一致的结果,当 K 等于 8 时,$\ln P(D)$值和 α 值出现波动。基于 Nei's 遗传距离 D_A(Nei et al, 1983; Takezaki et al, 1996)的 Neighbor-joining 聚类图采用 Powermarker3.25 软件(Liu et al, 2004)构建。计算各群体的标准分子量(Vigouroux et al, 2003)及群体间分化系数($G_{st}=D_{st}/H_T=(H_T-H_S)/H_T$)(Nei, 1978)。利用 SPSS11.0 进行相关分析与差异性检验。

8.6.1 贵州栽培稻的遗传结构

利用 SSR 标记和 Structure2.0 软件对贵州稻种资源进行遗传结构分析,当 K 值等于 7 时,能够取得最大的 $\ln P(D)$值和比较稳定的 α 值。即贵州省栽培稻的遗传结构可分为 7 种类群(图 8.17A)。对 7 种类群的材料进行分析,结果显示各个稻区内并没有形成相对独立的遗传结构(图 8.17B),而与丁颖分类体系有较大关系(图 8.17C、D)。首先可推断类群 1 和 4 为籼型;类群 2、3、5 和 7 为粳型。类群 1 主要分布于籼亚种下的中、晚生态型,类型 4 主要分布于籼稻下的早、中生态型,因此,推断类群 1 和类群 4 分别是籼亚种下的中偏晚型生态型和中偏早型生态型。类群 2 和类群 3 主要分布于粳亚种下的水稻生态型,分别称为粳-水Ⅰ型、粳-水Ⅱ型;类群 5 和类群 7 主要分布于粳亚种下的陆稻生态型,分别称为粳-陆Ⅰ型、粳-陆Ⅱ型;

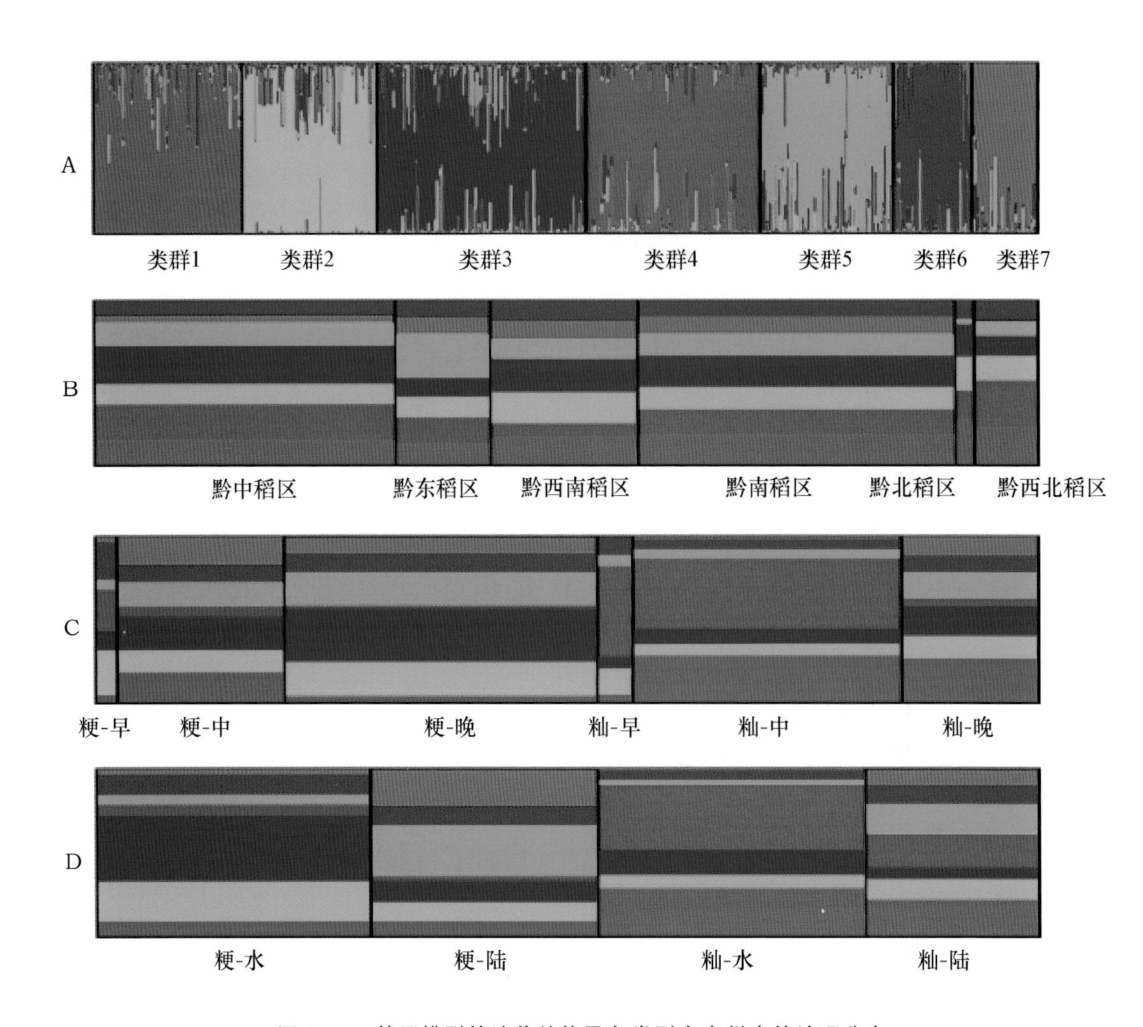

图 8.17 基于模型的遗传结构及各类型在贵州省的地理分布

A. 基于模型的 7 种类群 B. 7 种类群在 6 个稻作区划的分布 C. 7 种类群在籼粳亚种与早中晚生态型的分布 D. 7 种类群在籼粳亚种与水陆生态型的分布

类群 6 在籼粳、早中晚、水陆中均匀分布，推断为中间型。

此外，对 537 份栽培稻基于 Nei's 遗传距离(Nei, 1983)构建 N-J 聚类图(图 8.18)。可以看出，栽培稻被分为两个群，分别对应于籼、粳两个亚种。其中，籼亚种群又可分为两个群，与基于模型的结构分析一致。粳亚种下可分为 3 个群，群体 3 和群体 5 分别对应于基于模型的粳-水Ⅰ型和粳-陆Ⅰ型；群体 4 较复杂，包含了基于模型分析的粳-水Ⅱ、中间型和粳-陆Ⅱ 3 种类群，但 3 种类群的材料各自聚集成群，形成 3 个相对独立的亚群。

基于模型和遗传距离的分析都一致表明，籼、粳亚种具有独立的遗传结构，而且粳亚种的遗传结构更为复杂。在粳稻类中混有的表型性状判定为籼稻的材料数(84 份)明显多于在籼稻类中表型判定为粳稻的材料数(33 份)。AMOVA 分析显示，约 17.5%的遗传多样性是由于各群体间的遗传差异引起，其中籼亚种与粳亚种间的遗传多样性较大，籼亚种内的两种类群间及粳亚种内的 4 种类群间的多样性较低。各群体内的遗传多样性约占 82.5%。

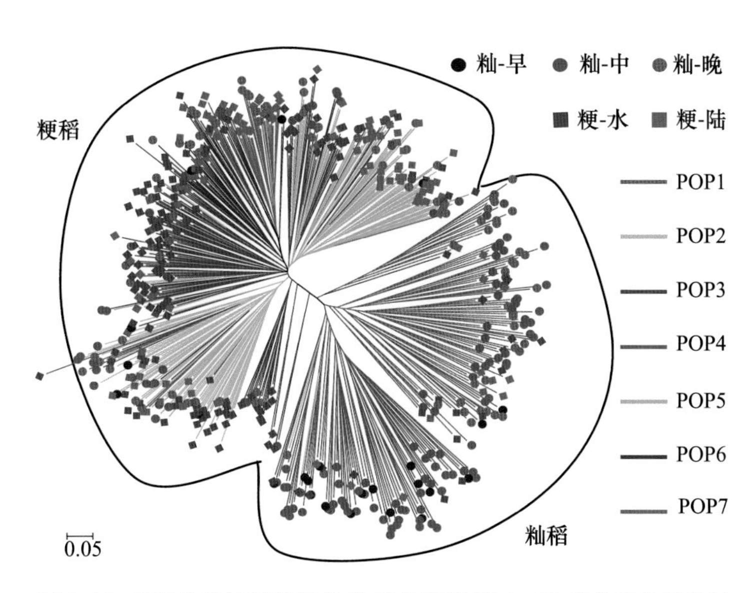

图 8.18 537 份栽培稻基于 Nei's 遗传距离(Nei, 1983)的系统发生树

注:外围符号代表表型性状记载值,内部不同颜色的线条代表 STRUCTURE 分析的 7 个类群。

为了更清楚地研究各类群间的遗传关系,选取每种类群内 Q(来自同一祖先血缘)≥95%的材料组成典型类群进行分化和分子量分析(表 8.25、表 8.26)。典型类群间的遗传距离及分化系数与原类群间的遗传距离、分化系数平均标准分子量相关达到极显著水平(r=0.77,P<0.001;r=0.63,P<0.01;r=0.97,P<0.000 001)。典型材料组成的类群间遗传多样性所占比例较原群体高,为 24.64%。从各类群间的分化系数和遗传距离可以看出,籼-中偏早与籼-中偏晚、粳-水Ⅰ与粳-水Ⅱ、粳-陆Ⅰ与粳-陆Ⅱ类群间的遗传差异最小,而籼、粳类群间的遗传差异最大,籼稻的平均标准分子量大于粳稻。在籼亚种下,中偏晚类群的平均标准分子量小于中偏早类群,分化水平较中偏早类群低。在粳亚种下,两个陆稻类群的标准分子量较两个水稻类群低。水稻Ⅱ类群与各类群间的遗传距离较水稻Ⅰ型近;陆稻Ⅰ类群与各类群间的遗传距离较陆稻Ⅱ型近。中间型类群与粳亚种下 4 种类群间的遗传距离小于与籼亚种下 2 种类群间的遗传距离,推断中间型类群属于偏粳型。

表 8.25 典型材料组成的各类群成对 F_{ST} 和 Nei's 遗传距离(Nei,1983)

类群	籼-中偏晚	籼-中偏早	中间型	粳-水Ⅰ	粳-水Ⅱ	粳-陆Ⅰ	粳-陆Ⅱ
籼-中偏晚		0.239 0	0.470 8	0.535 2	0.375 2	0.455 3	0.490 0
籼-中偏早	0.116 8		0.593 5	0.540 3	0.382 3	0.593 7	0.637 4
中间型	0.310 6	0.377 4		0.368 7	0.252 1	0.385 3	0.299 5
粳-水Ⅰ	0.297 5	0.398 5	0.213 7		0.243 6	0.398 0	0.434 2
粳-水Ⅱ	0.244 6	0.249 1	0.167 9	0.120 9		0.291 1	0.349 7
粳-陆Ⅰ	0.325 5	0.397 9	0.213 3	0.245 7	0.201 0		0.249 5
粳-陆Ⅱ	0.349 8	0.420 3	0.188 6	0.302 3	0.272 5	0.173 6	

注:群体间遗传距离在斜对角线的上方;F_{ST}位于下方。

表 8.26　典型材料组成的各类群平均标准分子量的 t 检验

类群	籼-中偏晚	籼-中偏早	中间型	粳-水Ⅰ	粳-水Ⅱ	粳-陆Ⅰ	粳-陆Ⅱ
籼-中偏晚							
籼-中偏早	4.88**						
中间型	3.86**	7.25**					
粳-水Ⅰ	1.10NS	5.11**	2.39*				
粳-水Ⅱ	3.26**	7.30**	0.39NS	1.81NS			
粳-陆Ⅰ	4.80**	7.66**	1.58NS	3.32**	1.67NS		
粳-陆Ⅱ	6.03**	9.63**	1.96NS	4.17**	2.13*	0.02NS	

注：NS为差异不显著；* 为差异显著($\alpha<0.05$)；** 为差异极显著($\alpha<0.01$)。

本研究通过微卫星标记分析了贵州省栽培稻的遗传结构，基于模型的遗传结构分析和基于遗传距离的聚类分析均表明栽培稻明显被分为籼稻、粳稻和中间型三大类群。但籼、粳亚种内部的遗传结构与前人的研究有较大差异(丁颖，1957)。本研究表明在籼稻中，主要以中偏早类群、中偏晚类群的气候生态型为主，在早中晚生态型下的水陆、粘糯未显示有独立的遗传结构。然而，在粳稻内，并未表现出晚季稻与早、中季稻的气候生态型的遗传结构，而是以丁颖分类体系中的水、陆稻类群的土壤水分生态型为主要的遗传结构。因此，可以推断籼、粳在逐渐驯化的过程中，造成遗传分化的主要选择压不同。籼稻主要分布于低纬度、低海拔的地区，水分供应充足，其栽培以水稻为主，因此，水分条件很难成为籼稻分化的重要动力；但是，在籼稻的主要分布区种植制度相对复杂，尤其在过去，经常可以种植 2～3 季，因此，日照的长短便成为籼稻分化的主要动力，从而形成了不同的气候生态型。粳稻由于其更加广泛的适应性，对于分布在高纬度、高海拔的稻种资源，不存在比较复杂的种植制度，多数只能种植单季，因此，体现在光照上的季节因素不会成为粳稻分化的主要动力；但是，这些地区水分的相对短缺使得人们因地制宜地种植粳型水稻或陆稻，从而形成了比较明显的水陆分化，即形成了不同的土壤水分生态型。本研究室对云南栽培稻种资源的遗传结构进行分析，也显示了同样的规律。分子量显示籼稻类群的分子量高于粳稻类群，晚稻类群的分子量小于中早稻类群，陆稻类群的分子量小于水稻类群，均达到极显著差异，因此推断贵州省栽培稻籼粳亚种间粳稻较籼稻更为原始。在籼亚种内晚稻较中早稻更为原始；在粳亚种内陆稻较水稻更为原始。在云南省栽培稻中也得到一致的规律。

基于模型的遗传结构分析和基于遗传距离的聚类分析对籼粳类群的划分有较高的一致性，而与前人在表型性状的籼粳判别存在一定差异。比较发现，在粳稻类群中混有的表型性状判定为籼稻的材料数明显多于在籼稻类群中表型性状判定为粳稻的材料数。当遗传结构分析来自同一祖先血缘概率大于 95%时，仍有 35 份地方稻种的所属类群与表型记载不一致，其中，23 份表型判定为籼稻的地方稻种属于粳稻类群，12 份表型记载为粳稻的地方稻种属于籼稻类群。前人在籼、粳鉴别时主要以形态性状为主，而贵州省位于亚热带，具有立体气候特点，形成了丰富多彩的表型性状和复杂的生态类型，如光壳稻、旱稻等。如前所述，贵州稻种资源类型间分化程度较低，而且存在许多中间类型，此外，在表型性状中粒型的变化很大，而人们常根据经验把长粒类型划分为籼稻，因此，可能出现这些籼、粳稻鉴别错误。在本研究中，粳稻类群里混杂的表型判定为籼稻的材料中67%为陆稻。由此可见,需要研究一种更加准确、有效、不受环境影响的鉴定方法,对这类稻种资源的籼粳特性进一步确认。

栽培稻的遗传多样性由群体间多样性和群体内多样性组成。通常认为自花授粉作物在没有人为干预的作用下,其遗传多样性主要是由于群体间的差异,而群体内的遗传多样性较低。Garris 等(2005)研究水稻 5 个亚群间的遗传多样性占 37.5%,高于本研究中贵州栽培稻群体间的遗传多样性(17.5%,最高为 19.3%)。分析原因显示,在遗传结构分析中,被推断来自同一祖先的血缘大于 95%($Q>95\%$)的材料仅占 36 %,剩余 64%的材料其分化程度较低。本研究材料在地理上分布集中,因此地区和类群间稻种资源会有较高频率的交流,如引种。引种后的稻种在新的自然选择和人工选择作用下发生变异,以增强适应性。但由于地理距离较近,环境的差异较小,仍然会保留许多原种群的基因信息。因此,贵州省栽培稻各类群间的分化程度较低。

8.6.2 贵州稻种资源的遗传多样性

32 个表型性状共检测出 142 个变异,平均每个性状的多态性为 4.58,变化范围为 2~12,平均多样性指数为0.700 8。36 个微卫星位点共检测出 435 个等位变异(表 8.27),每个位点的等位基因数为 3~22,平均多态性为 12.08,与表型性状变异数的差异极显著($T=9.541\ 9$, $P<0.001$)。平均基因多样性为0.696 0。在形态水平,粳稻的遗传多样性大于籼稻。在微卫星水平,粳稻遗传多样性小于籼稻。由此看出,贵州省栽培稻的籼粳亚种在表型性状和 DNA 分子标记的遗传多样性大小是不一致的。

537 份材料在形态性状上的平均籼粳分化系数为0.032 0,各个性状的籼粳分化系数差异较大(0.000 1~0.229 7)。在微卫星水平的籼粳分化系数为0.025 8,低于形态标记,各个位点的分化系数为0.001 3~0.086 8,由此可知,微卫星水平的籼粳分化系数的大小和变化范围都低于表型水平,而且,从表型和微卫星标记均表明贵州省稻种资源的籼粳分化程度较低。

表 8.27 贵州稻种资源的形态和微卫星的遗传多样性

类型	材料数	表现型		SSR		
		变异数	Shannon-Weiner 多样性指数	等位变异数	特异性等位变异数	Nei's 多样性指数
粳稻	288	133	0.691 2	407	42	0.616 7
籼稻	249	129	0.689 1	391	29	0.696 0
栽培稻	537	156	0.717 8	435		0.696 0

从各稻区的籼粳分化来看(图 8.19),除黔南和黔西北稻区外,其余稻区的籼粳分化程度在表型和 SSR 水平差异不显著,而黔南、黔西北稻区在表型水平上的籼粳分化程度较高,但微卫星标记的分化水平较低,差异达到极显著水平(16.23,7.49;$P<0.01$)。位于乌江上游的黔西南和黔中稻区在表型和 SSR 水平的籼粳分化程度都较低。从整体来看,在 DNA 水平,贵州省南部的籼粳分化程度低于北部;然而在表型水平,乌江河流域的稻区的籼粳分化程度低于其余稻区。

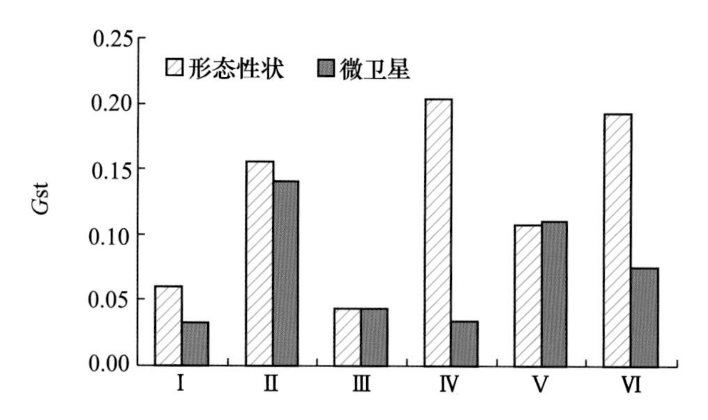

图 8.19 各稻区在形态性状及微卫星标记的籼粳分化系数

注：图中稻区编号见图 8.16。

8.6.3 遗传多样性在贵州省的地理分布

在《中国水稻种植区划》(杨昌达，1989)一书中，主要根据热量、光照和降水条件，按生产现状及发展潜力，将全省划分为 6 个稻作区(图 8.16)。各稻区形态及 SSR 遗传多样性列于表 8.28。

表 8.28 各稻作生态区的形态与 SSR 遗传多样性

稻区	稻区编号	材料数	表现型		SSR		
			变异数	Shannon-Weiner 多样性指数	等位变异数	特异性等位变异数	Nei 多样性指数
黔中单季稻区	Ⅰ	166	145	0.715 7	376	22	0.675 4
黔东单双季稻区	Ⅱ	50	110	0.577 3	290	6	0.679 0
黔西南单季稻区	Ⅲ	93	127	0.647 2	310	10	0.668 1
黔南单双季稻区	Ⅳ	182	144	0.688 8	360	20	0.635 0
黔北单双季稻区	Ⅴ	11	81	0.440 0	175	0	0.639 4
黔西北粳稻区	Ⅵ	35	108	0.631 4	240	3	0.631 4

各个稻区在形态和 DNA 两个水平检测的变异数达到极显著相关($r=0.98$，$P<0.001$)，但遗传多样性指数在两种水平标记的相关不显著($r=0.22$)。在形态水平，Ⅰ和Ⅳ稻区的遗传多样性较高，与其余稻区间差异显著。在 DNA 水平，Ⅱ、Ⅰ和Ⅲ稻区的遗传多样性较高，差异不显著，与Ⅳ、Ⅴ和Ⅵ稻区的遗传多样性差异显著。

对贵州省 9 个行政区划的稻种资源遗传多样性进行分析显示(表 8.29)，形态水平和微卫星水平的遗传变异数及遗传多样性指数的相关均达到显著水平($r=0.95$，$P<0.001$；$r=0.77$，$P<0.05$)。说明以行政区划为单位对贵州省稻种资源进行遗传多样性分析在表性和微卫星水平能够获得较高的一致性。研究表明，黔西南自治州拥有最多的稻种资源，在形态和微卫星水平检测出的遗传变异也最丰富，分别占总变异的 85%、86%。同时，在形态和微卫星水平的遗传多样性也最高。其次，黔南、黔东南自治州和贵阳市的遗传多样性较高。遵义市、铜

仁、安顺、毕节和六盘水 5 个地区的遗传多样性较低。即遗传多样性以黔西南为中心向北、向东遗传多样性逐渐降低。六盘水、毕节虽然与黔西南较近，但这两个地区的海拔较高，稻种资源以粳稻为主，因此遗传多样性较低。9 个地区间地理距离与遗传距离（$r=0.52$，$P<0.01$）、分化系数（$r=0.58$，$P<0.001$）呈极显著相关（图 8.20），表明环境是导致稻种资源在地理上分化的主要原因。从稻种资源的分布来看，黔西南的资源数约占贵州省栽培稻资源总数的 25%，数量众多、类型复杂多样，且分布集中。综上研究，得出黔西南州——包括兴义、册亨、安龙、望漠、兴仁、贞丰、晴隆和普安 8 个县为贵州省栽培稻种资源的遗传多样性中心。

表 8.29　贵州省各行政区划的遗传多样性

行政区划	材料数		表现型		SSR	
	总资源	本研究	变异数	Shannon-Weiner 多样性指数	等位变异数	Nei 多样性指数
安顺市	265	41	100	0.599 1	252	0.619 1
毕节地区	362	25	100	0.640 5	211	0.613 0
贵阳市	273	32	108	0.660 3	259	0.666 0
六盘水市	121	16	83	0.559 6	191	0.611 9
黔东南苗族侗族自治州	794	81	120	0.668 0	320	0.662 1
黔南布依族苗族自治州	712	71	123	0.674 4	298	0.663 4
黔西南布依族苗族自治州	1 215	222	133	0.707 4	374	0.673 3
铜仁地区	364	15	79	0.501 9	189	0.622 1
遵义市	528	34	97	0.570 0	259	0.636 2

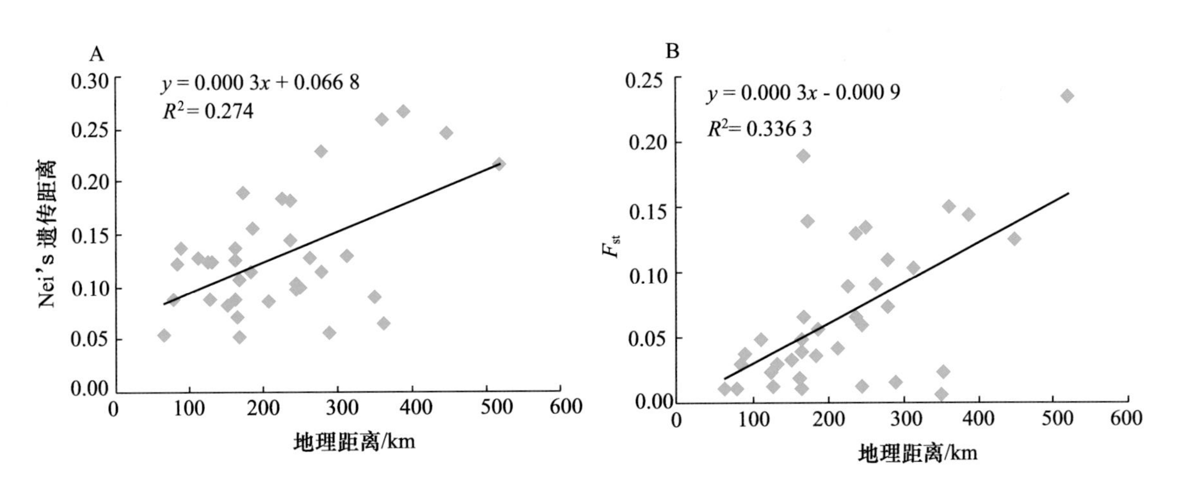

图 8.20　行政区划间地理距离与遗传距离(A)及 F_{st}(B)间的回归关系

8.6.4　形态性状与 SSR 标记多样性的比较

中国西南山区被国内外水稻学者较为一致地认为是亚洲栽培稻的起源地之一和多样性中

心(Glaszman，1987；Oka，1988)。汤圣祥等(2002)利用等位酶分析中国栽培稻的遗传多样性，结果显示西南稻区的等位酶多样性最高。但多数研究认为云南具有较高的遗传多样性。本试验室利用同样36对引物对29个省的栽培稻进行SSR遗传多样性分析表明，位于云贵高原东斜坡面的贵州省同样具有较高的遗传多样性和丰富的等位变异。检测到的等位变异数仅次于云南，多样性指数差异检验与云南、广西等未达到显著水平。贵州省拥有丰富的稻种资源，从20世纪50年代到90年代相继开展了4次水稻品种资源的补充征集工作，共征集79个县(市)的贵州地方水稻4 238份、陆稻743份和禾类资源近400份，选育品种170余份，共计5 548份，从中鉴定出大量的农艺性状优良、多抗的稻种资源，但是，稻种资源在总体上的利用比例较低。遗传结构和遗传多样性的研究有助于人们更有效地利用这些优异的稻种资源，进行新基因的发掘及新品种的选育。

本研究通过贵州省栽培稻形态性状与微卫星标记的遗传多样性，证实微卫星标记比形态性状更适合用于遗传多样性的研究。贵州省栽培稻在微卫星水平检测出更高的多态性，与形态性状的变异量差异显著。SSR体现的是DNA水平上的变异，而形态性状是环境和DNA变异互作的结果。按籼粳分组时，形态性状与微卫星的变异数和遗传多样性大小完全相反；按稻区分组时，形态性状和微卫星的变异数相关达到显著水平，而遗传多样性差异较大；按行政区分组时，形态性状和微卫星的变异数及遗传多样性指数均达到显著相关。由此表明，当研究群体所处生态环境差异较小时，表型水平的遗传多样性与DNA水平的遗传多样性有较高的一致性。当研究群体分布较广、其外界生态环境复杂多样时，表型水平的遗传多样性可能不能真实地反映DNA水平的遗传多样性。

8.7 全球栽培稻的遗传多样性分布

水稻广泛分布在世界五大洲，以亚洲为主。20世纪70年代初，世界主要产稻国家开始重视稻种资源的考察与收集。80年代中后期以来，又对种质丰富的重点地区和边远地区的特殊类型材料加强收集工作，进一步丰富了已收集保存的稻种资源。据FAO统计，到1996年止，全世界已收集和异地保存稻种资源达430 000份，主要保存在6个国家和国际农业研究机构，它们依次是国际水稻研究所占19%、中国占13%、印度占12%、美国占8%、日本占5%以及西非水稻发展协会(WARDA)占4%。

8.7.1 中国水稻引种情况概述

引种是作物品种资源工作的重要组成部分，我国的国外引种历史悠久，一直备受国家重视。20世纪70年代，中国农科院作物品种资源所专门设置国外农作物引种研究室。从国外引进各类优异、特异水稻材料，不仅可以丰富我国水稻的遗传基础，而且对我国的水稻生产及新品种选育产生极大的推动作用。20世纪以来，我国与外国的稻种交换逐渐增多，先后从世界各国引入一批品种供直接和间接利用。从日本引进的粳稻品种“世界一”(农垦58)、金南风(农垦57)、丰锦(农林199)、秋光(农林238)面积均达到300万亩以上，其中金南风最大年推广面积达936万亩，此后我国陆续引入日本水稻品种，推广面积不断增加，特别是1957年从日本引入的粳型水稻——农垦 58,它是我国水稻大面积引种最成功的事例。该稻种高产稳定,品质优良,在长江中下游栽培几十年获得持续增产,年推广面积最大时高达 5 600 多万亩,而且从中选出光敏不育系农垦 58S,其不育基因被广泛地导入现在的两系杂交水稻中。除此之外,引进菲律宾国际水稻所的籼稻品种 IR24 直接推广应用面积达 649 万亩;IR8(国际稻 8 号)矮秆、高产,推广面积达到 1 370 万亩。在培育新品种方面,仅 60～70 年代,利用 94 个国外引进的水稻亲本材料,培育出近 300 个水稻优良品种。其中湘矮早 9 号和浙辐 802 新品种,最大推广面积分别达 1 800 多万亩和 1 900 多万亩。

国外优异种质的引入也为我国水稻育种提供了丰富的亲本材料。我国能在 20 世纪 70 年代短期内实现杂交水稻三系配套的重大突破,使水稻杂种优势大面积应用于水稻生产,并一直居世界领先地位,是与引进和利用国外优质种质分不开的。据统计,我国 1977 年前选育的 1 004个水稻品种系谱中有 289 个品种利用了国外粳稻亲本,41 个品种利用了国外籼稻亲本。在 20 世纪 60～70 年代水稻育种中,曾使用了 4 个国外亲本,培育成功 298 个优良品种。矮仔占是我国最早用于水稻矮化育种的主体矮源,原产南洋群岛,新中国成立前引入我国,通过它作亲本,育成了 156 个品种。巴利拉原产意大利,1958 年引入我国,以它为亲本曾衍生出 68 个品种。IR24 具有矮秆、抗病、丰产等特点,1971 年从国际水稻所引入我国,以它做杂交亲本已育成 31 个优良常规品种,在生产上大面积推广。引进稻种的直接或间接推广利用,促使了我国水稻品种不断地更新换代,进而带动我国水稻产量的不断提高,并对我国籼型杂交水稻的培育和发展起了重大作用。加强国外水稻资源的引入、评价和利用,对于丰富我国稻种资源宝库和增加遗传多样性意义重大,也是应对各国激烈争夺生物资源的战略决策。

8.7.2 全球栽培稻的表型多样性

供试材料来自于中国引进栽培稻初级核心种质和中国栽培稻微核心种质,共1 733份,其中粳稻 809 份,籼稻 906 份,籼粳未知 18 份;水稻1 636份,陆稻 68 份,水陆未知 29 份(表 8.30)。两者是由中国农业大学经表型性状筛选、聚类而成,对全球栽培稻种质资源有较强的代表性,覆盖全球 5 大洲 74 个国家或研究机构。根据全球水稻种植生产情况,按照其不同地理来源分为 9 个地理组,即大洋洲(21 份)、美洲(125 份)、非洲(123 份)、欧洲(115 份)、亚洲(1 349份);其中亚洲材料数量最多。因为,亚洲在栽培稻的起源以及生产上具有重要地位,其材料丰富多样,因此,将亚洲进一步划分为 5 个组:西亚(17 份)、东南亚(411 份)、南亚(312 份)、东亚(406 份)和中国(203 份)。在 9 个组群的基础上,按通常的地理划分将欧洲、美洲和非洲分别分为 3 个(东欧、西欧和南欧)、3 个(北美、中美和南美)和 5 个(中非、西非、东非、南非和北非)地理区,加上大洋洲和亚洲 5 个地理组,合计 17 个地理区。

表 8.30 材料来源与数量

国家/研究机构	总计	籼粳			水陆		
		粳稻	籼稻	籼粳不详	水	陆	水陆不详
日本	272	265	3	4	264	4	4
韩国	33	29	3	1	30	2	1
朝鲜	101	84	11	6	92	2	7

续表8.30

国家/研究机构	总计	籼粳			水陆		
		粳稻	籼稻	籼粳不详	水	陆	水陆不详
越南	71	6	64	1	67	1	3
老挝	20	16	4		20		
柬埔寨	5		5		5		
缅甸	16	2	14		14	2	
泰国	30	8	22		30		
马来西亚	19	5	14		19		
菲律宾	26	7	18	1	24	1	1
印度尼西亚	121	57	64		119	2	
阿富汗	2	1	1		2		
巴基斯坦	29	2	27		28	1	
尼泊尔	20	2	18		20		
印度	199	24	174	1	191	4	4
孟加拉国	36	6	30		34	2	
斯里兰卡	22		22		21	1	
不丹	4		4		4		
伊朗	12		12		11	1	
土耳其	4	4			4		
沙特阿拉伯	1		1		1		
爱尔兰	1	1			1		
法国	9	9			9		
阿尔巴尼亚	12	9	1	2	10		2
保加利亚	11	11			11		
匈牙利	20	17	3		17	3	
罗马尼亚	14	12	2		13		1
前苏联	22	21		1	21		1
前南斯拉夫	5	5			5		
葡萄牙	4	4			4		
意大利	17	15	2		17		
埃及	15	4	11		13		2
科特迪瓦	25	17	8		20	5	

续表8.30

国家/研究机构	总计	籼粳			水陆		
		粳稻	籼稻	籼粳不详	水	陆	水陆不详
塞拉利昂	2		2		2		
多哥	1		1		1		
加纳	1	1			1		
冈比亚	1		1		1		
几内亚	7	3	4		7		
尼日利亚	12	6	6		11	1	
塞内加尔	1	1			0	1	
毛里塔尼亚	5		5		5		
马里	2	1	1		2		
布基纳法索	1		1		1		
刚果	5	2	3		5		
刚果(金)	5	1	4		5		
布隆迪	5		5		5		
坦桑尼亚	5		5		5		
马达加斯加	14		14		14		
乌干达	5	2	3		5		
索马里	2		2		2		
赞比亚	5		5		5		
美国	33	22	11		33		
巴拿马	5	1	4		5		
萨尔瓦多	5	2	3		5		
哥斯达黎加	3	1	2		3		
尼加拉瓜	1		1		1		
墨西哥	5		5		3		2
波多黎各	1	1			1		
多米尼亚共和国	1		1		1		
古巴	28		28		28		
海地	1		1		1		
阿根廷	7	5	2		7		
智利	3	3			3		

续表8.30

国家/研究机构	总计	籼粳			水陆		
		粳稻	籼稻	籼粳不详	水	陆	水陆不详
巴西	9	4	5		8	1	
厄瓜多尔	2		2		1	1	
圭亚那	7		7		7		
委内瑞拉	1		1		1		
苏里南	4		4		4		
哥伦比亚	9	2	6	1	9		
澳大利亚	18	12	6		18		
所罗门群岛	3	3			3		
国际水稻研究所	103	2	101		101	2	
国际热带农业研究所	4		4		4		
中国	203	91	112		171	31	1
总计	1 733	809	906	18	1 636	68	29

2006 年春、夏季，在海南三亚进行重要表型性状田间观察鉴定以及收获后室内考种。2006 年 1 月 16 日播种，2 月 10 日移栽，单株栽插，株距 15 cm，行距 20 cm。供试材料按统一编号顺序种植，每份材料种植 3 行，每行 12 株，田间管理按常规进行。依据《稻种资源形态农艺性状鉴定方法》及《Descriptors for Rice，*Oryza sativa*》考察表型性状，考察的性状包括 15 个质量性状和 19 个数量性状，分别是叶鞘色、叶片色、叶片茸毛、剑叶卷曲度、剑叶角度、茎节包露、柱头颜色、柱头外露、穗立形状、颖壳茸毛、颖尖色、芒色、护颖色、颖壳色、种皮色和生育期、分蘖数、剑叶长、剑叶宽、株高、穗伸出度、谷粒长、谷粒宽、穗长、穗轴 1～2 节长、一次枝梗数、二次枝梗数、护颖长、每穗饱粒数、每穗总粒数、单株有效穗数、结实率、千粒重、着粒密度。

（1）基本统计量计算　19 个数量性状的平均数、最小值、最大值、标准差、变异系数（CV）、方差分析、主成分分析以及相关系数的完成在 Excel、SPSS13.0 统计软件中进行。

（2）15 个质量性状的 Shannon 多样性信息指数大小　以遗传多样性指数（genetic diversity index，*I*）表示，其计算公式为：

$$I=\frac{-\sum_{i}\sum_{j}P_{ij}\lg P_{ij}}{N}$$

其中，P_{ij} 为第 i 个性状第 j 个表现型的频率；N 为计算过程中所涉及的性状总数。

8.7.2.1　总体变异性

栽培稻种质资源 15 个质量形态性状的遗传变异存在很大的差异，这是产生遗传多样性丰富的基础。19 个数量性状的基本统计量结果见表 8.31，变异系数在 9.38%～91.37%，其中穗伸出度具有最高的变异水平，变异系数达 91.37%。除生育期的变异低于 10%外，其余的性状变异均超过 10%。生育期、结实率、千粒重、穗长这些性状在栽培稻种质资源间的变异相对较小，而分蘖数、穗伸出度、二次枝梗数的变异相对较大。以上统计分析表明，栽培稻种质资源材料间的差异非常大，遗传基础广，多样性丰富。

表 8.31 19 个数量性状的平均数、最小值、最大值、标准差、变异系数

性状	平均数	最小值	最大值	标准差	变异系数
生育期/d	122.7	98.0	184.0	11.53	9.39
分蘖数	9.4	2.0	26.2	3.78	40.18
剑叶长/cm	36.4	16.4	82.9	8.06	22.13
剑叶宽/cm	1.5	0.7	2.6	0.32	20.58
株高/cm	79.8	24.7	205.0	24.44	30.62
穗伸出度/cm	4.0	-8.1	24.6	3.66	91.37
谷粒长/mm	7.2	0.6	11.9	2.54	35.24
谷粒宽/mm	2.7	0.2	4.4	0.96	34.81
穗长/cm	22.7	10.1	37.5	4.23	18.59
穗轴 1～2 节长/cm	2.6	0.3	7.4	1.00	38.66
一次枝梗数	8.4	3.0	17.8	2.35	27.84
二次枝梗数	20.3	2.2	66.0	8.75	43.05
护颖长/mm	2.2	0.2	7.7	0.81	36.63
每穗饱粒数	92.6	7.3	299.9	36.52	39.46
每穗总粒数	118.7	19.3	347.8	42.64	35.93
单株有效穗数	7.0	1.3	18.4	2.48	35.54
结实率/%	77.7	29.7	96.6	11.60	14.92
千粒重/g	22.0	10.4	39.8	3.69	16.73
着粒密度/(粒/cm)	5.1	1.5	12.9	1.39	27.17

8.7.2.2 籼粳亚种的表型多样性

亚种间 19 个数量性状的平均数比较结果表明(表 8.32)，除护颖长的差异不显著外，其余 18 个性状的差异均达极显著水平，具有较大的遗传变异。极值反映了各性状的变异幅度。有 10 个性状的极值表现为粳亚种与总体一致，分别是剑叶宽、谷粒长、谷粒宽、穗长、一次枝梗数、二次枝梗数、护颖长、每穗饱粒数、每穗总粒数、千粒重。籼亚种与总体 3 个性状一致，分别是生育期、穗轴 1～2 节长、结实率。如果把 2 个亚种中各性状变异的幅度与总群体相应性状的变异幅度相比，求百分比的平均，称为亚种与总体的极差符合率(张洪亮等，2003)。那么粳亚种的极差符合率是 96.5%，籼亚种是 90.2%，表明粳亚种的变异幅度明显大于籼亚种。变异系数和表型方差往往表明性状的异质性大小。变异系数和表型方差大，表明该性状的异质性大，表型值分布比例均匀(均度)。粳亚种中有 14 个性状的变异系数大于籼亚种，分别是生育期、分蘖数、剑叶长、剑叶宽、株高、穗长、一次枝梗数、二次枝梗数、每穗饱粒数、每穗总粒数、单株有效穗数、结实率、千粒重、着粒密度。同样，粳亚种中剑叶长、剑叶宽、株高、谷粒宽、穗长、一次枝梗数、二次枝梗数、护颖长、每穗饱粒数、每穗总粒数、结实率、千粒重和着粒密度等 13 个性状的表型方差大于籼亚种。因此，从这两个指标看，栽培稻种质资源 19 个数量性状粳

表 8.32 栽培稻种质资源 2 个亚种数量性状的平均数、极值、变异系数、方差

性状	平均数			极值		变异系数/%		方差		F 值	P 值
	粳	籼	显著性	粳	籼	粳	籼	粳	籼		
生育期/d	120.6	124.9	**	60.0	86.0	9.31	9.13	126.21	130.00	59.166	<0.001
分蘖数	7.3	11.3	**	20.5	23.4	38.67	31.32	8.02	12.55	651.701	<0.001
剑叶长/cm	34.1	38.6	**	66.3	53.7	23.01	19.72	61.55	58.06	147.485	<0.001
剑叶宽/cm	1.5	1.6	**	1.9	1.8	23.19	17.53	0.12	0.08	65.776	<0.001
株高/cm	73.4	85.8	**	173.2	178.2	33.65	26.53	610.52	518.10	115.353	<0.001
穗伸出度/cm	4.8	3.3	**	31.6	29.0	71.77	113.71	11.64	13.88	72.359	<0.001
谷粒长/mm	6.8	7.5	**	11.3	10.5	34.49	35.39	5.53	7.14	35.831	<0.001
谷粒宽/mm	2.9	2.6	**	4.2	4.0	33.14	35.39	0.95	0.82	74.463	<0.001
穗长/cm	20.7	24.6	**	27.4	22.8	21.07	12.66	19.09	9.69	444.565	<0.001
穗轴 1～2 节长/cm	3.1	2.1	**	5.4	7.2	25.92	41.18	0.66	0.72	724.247	<0.001
一次枝梗数	7.7	9.1	**	14.8	12.8	32.50	21.69	6.30	3.91	161.707	<0.001
二次枝梗数	17.5	23.0	**	63.9	50.0	49.28	35.11	73.95	65.03	186.113	<0.001
护颖长/mm	2.3	2.2	NS	7.5	6.2	36.71	36.87	0.68	0.65	2.164	0.141
每穗饱粒数	78.9	105.4	**	292.6	259.3	44.15	31.61	1 213.821	109.38	255.592	<0.001
每穗总粒数	102.9	133.5	**	328.5	285.1	41.43	27.82	1 817.641	379.18	249.393	<0.001
单株有效穗数	5.9	8.0	**	15.8	16.4	35.69	30.20	4.44	5.77	347.730	<0.001
结实率/%	76.7	78.7	**	63.8	66.8	15.89	13.86	148.71	119.08	12.330	<0.001
千粒重/g	22.4	21.7	**	29.3	25.7	18.37	14.85	16.99	10.40	16.230	<0.001
着粒密度/(粒/cm)	4.8	5.4	**	11.1	10.3	29.04	24.54	1.97	1.77	79.032	<0.001

亚种的异质性和均度要大于籼亚种。

表 8.34 列出了 2 个亚种 15 个质量性状的多样性指数(I)，从表中可以看出，各性状的多样性指数因不同亚种而不同。粳亚种剑叶角度、穗立形状、颖尖色、芒色和护颖色 5 个性状的多样性指数比籼亚种高；其他 10 个性状，包括叶鞘色、叶片色、叶片茸毛、剑叶卷曲度、茎节包露、柱头颜色、柱头外露、颖壳茸毛、颖壳色和种皮色的多样性指数以籼亚种高。I 值反映了不同亚种的表型多样性。15 个质量性状的多样性指数平均(表 8.33)，籼亚种(0.616 3)显著高于粳亚种(0.562 1)。从两个亚种的比较结果看，籼稻表型多样性比粳稻大的主要原因可能是前者形态性状明显比后者变异大所致。

表 8.33 栽培稻种质资源 15 个质量性状的多样性指数

质量性状	粳	籼	大洋洲	美洲	非洲	欧洲	西亚	东南亚	南亚	东亚	中国
叶鞘色	0.175 0	0.404 8	0.000 0	0.189 1	0.153 1	0.147 5	0.000 0	0.222 0	0.307 0	0.055 3	0.825 6
叶片色	0.708 3	0.867 4	0.187 7	0.739 6	0.796 9	0.716 5	0.616 7	0.839 6	0.855 3	0.685 6	0.579 6
叶片茸毛	0.638	0.918	0.542 4	0.983 2	0.985 8	0.169	0.635 6	0.938 7	0.906 2	0.238 4	0.835 6
剑叶卷曲度	0.712 7	0.902 6	0.316 2	0.583 3	0.690 9	0.448 5	0.512 7	0.650 2	0.714 7	0.386 9	0.833 5
剑叶角度	0.809 3	0.788 1	0.380 7	0.763 2	0.831 3	0.789 6	0.501 5	0.939 3	0.717 6	0.635 2	0.862 1
茎节包露	0.614 7	0.920 9	0.297 5	0.373 3	0.497 6	0.735 5	0.936 7	0.850 2	0.999 8	0.332 0	0.968 6
柱头颜色	0.379 2	0.533 6	0.297 5	0.532 1	0.413 8	0.362 1	0.000 0	0.441 8	0.573 5	0.148 6	0.746 9
柱头外露	0.243 3	0.385 3	0.000 0	0.345 1	0.069 1	0.403 8	0.000 0	0.157 4	0.370 4	0.029 7	0.778 7
穗立形状	0.780 0	0.092 6	0.000 0	0.110 5	0.064	0.84	0.000 0	0.042 4	0.000 0	0.928 3	0.476 2
颖壳茸毛	0.504 3	0.719 9	0.774 3	0.799 9	0.568 4	0.221	0.684 3	0.637 4	0.582 1	0.148 9	0.982 7
颖尖色	0.615 7	0.489 1	0.143 4	0.366 2	0.244 1	0.437 6	0.507 9	0.590 2	0.668	0.461 1	0.746 2
芒色	0.742 6	0.585 7	0.498 9	0.494 5	0.447	0.662 6	0.867 4	0.699	0.676 7	0.718 5	0.567 6
护颖色	0.459 8	0.304 3	0.000 0	0.213 7	0.146 8	0.302 1	0.227 5	0.435 4	0.471 4	0.264 8	0.716 4
颖壳色	0.463 5	0.592 4	0.253 3	0.383 9	0.475 9	0.360 8	0.546 9	0.562 4	0.673 8	0.198 0	0.798 5
种皮色	0.585 8	0.740 3	0.000 0	0.121 8	0.236 4	0.054 1	0.240 7	0.359 3	0.642 7	0.037 1	0.537 2
平均	0.562 1	0.616 3	0.246 1	0.466 6	0.441 4	0.443 4	0.418 5	0.557 7	0.610 6	0.351 2	0.750 4

8.7.2.3 表型多样性在 9 个地理组和 17 个地理区的分布

植物学性状的 Shannon 多样性信息指数(I)是反映种质间变异的一个重要的指标。栽培稻种质资源在各地理组的多样性指数越高,表明该地理组表型性状的多样性越丰富。表 8.34 显示,按平均多样性指数从大到小排列依次为中国(I=0.750 4)>南亚(I=0.610 6)>东南亚(I=0.557 7)>美洲(I=0.466 6)>欧洲(I=0.443 4)>非洲(I=0.441 4)>西亚(I=0.418 5)>东亚(I=0.351 2)>大洋洲(I=0.246 1),以中国的平均多样性指数最高,其次是南亚和东南亚,说明中国、南亚和东南亚栽培稻的遗传资源较为丰富,变异类型较多。东亚和大洋洲的平均多样性指数较小,变异类型较少,其中大洋洲材料的柱头全部为无外露习性,穗立形状全为下垂类型,叶鞘色全为绿色,护颖色全为秆黄色,种皮色全为浅黄色。

在 15 个质量性状中(表 8.34),中国以叶鞘色、剑叶卷曲度、柱头颜色、柱头外露、颖壳茸毛、颖尖色、护颖色、颖壳色共 8 个质量性状的多样性指数最大;南亚以叶片色、叶片茸毛、茎节包露、种皮色等 4 个性状的多样性较大;东南亚以叶片色、叶片茸毛、剑叶角度、茎节包露等 4 个性状的多样性较大;美洲以叶片色、叶片茸毛、剑叶角度、颖壳茸毛等 4 个性状的多样性较大;欧洲以叶片色、剑叶角度、茎节包露、芒色等 4 个性状的多样性较大;非洲以叶片色、叶片茸毛、剑叶卷曲度、剑叶角度等 4 个性状的多样性较大;西亚以叶片色、叶片茸毛、颖壳茸毛、芒色等 4 个性状的多样性较大;东亚以叶片色、剑叶卷曲度、穗立形状、芒色等 4 个性状的多样性较大;大洋洲则以叶片茸毛、颖壳茸毛、芒色等 3 个性状的多样性较大。

从表 8.34 可以看出,粳稻的多样性由大到小的地理组依次是中国(I=0.734 3)>东南亚(I=0.624 1)>南亚(I=0.604 6)>欧洲(I=0.431 5)>美洲(I=0.406 7)>东亚>(I=

0.336 8)>非洲(I=0.305 6)>大洋洲(I=0.177 6)>西亚(I=0.152 7);籼稻的多样性由大到小的地理组依次是中国(I=0.689 8)>南亚>(I=0.603 5)>东南亚(I=0.482 0)>非洲(I=0.465 2)>美洲(I=0.456 6)>西亚(I=0.427 0)>欧洲(I=0.421 4)>大洋洲(I=0.278 2)>东亚(I=0.237 4)。从9个地理组的一致结果来看,中国、南亚、东南亚表型多样性较大,是栽培稻种质资源表型多样性中心,而大洋洲表型多样性较小;东亚、西亚、欧洲、非洲在两个亚种中差异较大,而美洲则没有差异,这主要是由所用的材料和性状变异不相同造成的。

表8.34 栽培稻种质资源洲际区划及其亚种多样性

洲际区划	材料数	粳	籼	平均多样性指数
大洋洲	21	0.177 6	0.278 2	0.246 1
美洲	125	0.406 7	0.456 6	0.466 6
非洲	123	0.305 6	0.465 2	0.441 4
欧洲	115	0.431 5	0.421 4	0.443 4
西亚	17	0.152 7	0.427 0	0.418 5
东南亚	411	0.624 1	0.482 0	0.557 7
南亚	312	0.604 6	0.603 5	0.610 6
东亚	406	0.336 8	0.237 4	0.351 2
中国	203	0.734 3	0.689 8	0.750 4

栽培稻5大洲17个地理区质量性状的表型多样性分布如表8.35所示。亚洲有5个地理区,东亚(不包括中国)90%以上是粳稻;南亚、东南亚和西亚以籼稻材料居多,也有少量热带粳稻分布;中国微核心种质籼粳几乎均匀分布,材料数量相差不多。粳稻以中国(I=0.734 3)、南亚(I=0.604 6)、东南亚(I=0.624 1)多样性指数较高,籼稻以中国(I=0.689 8)和南亚(I=0.603 5)多样性指数最高。东亚(不包括中国)虽然以粳稻材料为主,但是其粳稻和整体多样性指数不高,粳稻资源代表性差或遗传背景单一。欧洲分出3个地理区,初级核心种质取材115份,以粳稻分布为主,粳稻占104份,其中东欧粳稻材料数最多有75份;在3个地理区中,同样东欧粳稻(I=0.430 8)、整体(I=0.441 9)多样性指数最高,值得注意的是东欧籼稻材料,数量虽仅有6份,但是其籼稻多样性指数(I=0.400 0)却很高,说明东欧籼稻表型变异异常丰富。非洲有5个地理区,粳稻主要分布在西非,籼稻则主要分布在西非、东非和北非;籼稻多样性高于粳稻,籼稻以东非(I=0.478 5)和西非(I=0.401 8)多样性较高;西非粳稻材料数最多(29份),可是其多样性并不高,说明粳稻代表性差;非洲整体表型多样性指数以东非最高(I=0.469 8)。美洲分北美(33份)、中美(50份)和南美(42份)3个地理区,北美偏粳稻分布,中美和南美偏籼稻分布,粳稻多样性以北美(I=0.431 0)最高,籼稻则以北美(I=0.517 1)和南美(I=0.510 1)较高。相比北美和南美,中美虽然籼稻数量最多,但其籼稻多样性(I=0.327 2)显著低于北美和南美。大洋洲初级核心种质取材少(21份),地理来源不广泛(澳大利亚和所罗门群岛),没有地理区,所以其整体表型多样性很低(I=0.246 1)。

表 8.35 不同地理区的材料分布和平均表型多样性

大洲	地理区	材料分布				表型多样性		
		粳稻	籼稻	籼粳未知	总体	粳稻	籼稻	总体
亚洲	中国	91	112		203	0.734 3	0.689 8	0.750 4
	东亚其他	378	17	11	406	0.336 8	0.237 4	0.351 2
	南亚	35	276	1	312	0.604 6	0.603 5	0.610 6
	东南亚	103	306	2	411	0.624 1	0.482 0	0.557 7
	西亚	4	13	0	17	0.152 7	0.427 0	0.418 5
欧洲	西欧	10			10	0.357 3		0.357 3
	东欧	75	6	3	84	0.430 8	0.400 0	0.441 9
	南欧	19	2		21	0.375 9	0.233 8	0.397 8
非洲	北非	4	11		15	0.243 0	0.306 4	0.332 2
	西非	29	33		62	0.261 6	0.401 8	0.364 0
	中非	3	7		10	0.186 6	0.366 3	0.371 3
	东非	2	29		31	0.077 2	0.478 5	0.469 8
	南非		5		5		0.373 1	0.373 1
美洲	北美	22	11		33	0.431 0	0.517 1	0.507 1
	中美	5	45		50	0.269 6	0.327 2	0.333 0
	南美	14	27	1	42	0.285 0	0.510 1	0.494 8
大洋洲	澳大利亚、新西兰和美拉尼西亚	15	6		21	0.177 6	0.278 2	0.246 1

8.7.2.4 不同国家的表型多样性

1. 亚洲

从表 8.36 可知，栽培稻亚洲表型多样性较高的国家是中国(I=0.750 4)、南亚的孟加拉国(I=0.629 2)和印度(I=0.613 2)以及东南亚的马来西亚(I=0.625 6)和印度尼西亚(I=0.594 0)等国，而表型多样性较小的国家或国际机构主要是土耳其、IRRI、老挝，此外，西亚的沙特阿拉伯和南亚的阿富汗在表型性状上则没有表现出多样性，这可能主要与取材有关。

粳稻平均表型多样性较高的国家依次是中国(I=0.734 3)、印度(I=0.613 1)、印度尼西亚(I=0.591 1)、越南(I=0.576 9)等国，IRRI、尼泊尔等表型多样性较小，阿富汗则没有表现出多样性。印度、印度尼西亚和越南等国以籼稻种植为主，粳稻资源相对于日本粳稻资源非常少，而多样性却比日本的粳稻多样性(I=0.304 6)高出很多，这说明日本的粳稻资源背景单一、遗传基础狭窄，相反，印度、印度尼西亚和越南等国虽然粳稻数量少，但是粳稻代表性强、多样性高，应该加以适当利用、评价以期拓宽目前粳稻狭窄的遗传背景。相对粳稻来讲，中国(I=0.689 8)、孟加拉国(I=0.616 3)、印度(I=0.604 6)、印度尼西亚(I=0.550 8)、马来西亚(I=0.547 2)等国的籼稻平均表型多样性较大，韩国、日本、老挝、朝鲜等国的表型多样性较小。相比于印度、印度尼西亚，孟加拉国和马来西亚的籼稻材料数量较少，但表型多样性水平很高，说明孟加拉国和马来西亚籼稻很有代表性，在以后的籼稻引种利用中应加以考虑投入到育种生产中，丰富籼稻的资源多样性。

表 8.36　亚洲不同国家或研究机构的材料分布和平均表型多样性

地理区	国家或研究机构	材料分布				表型多样性		
		粳稻	籼稻	籼粳未知	总体	粳稻	籼稻	总体
西亚	伊朗		12		12		0.383 5	0.383 5
	沙特阿拉伯		1		1		0.000 0	0.000 0
	土耳其	4			4	0.152 7		0.152 7
东南亚	越南	6	64	1	71	0.576 9	0.454 0	0.496 0
	老挝	16	4		20	0.216 8	0.212 2	0.287 1
	柬埔寨		5		5		0.405 1	0.405 1
	缅甸	2	14		16	0.308 7	0.440 9	0.488 8
	泰国	8	22		30	0.417 4	0.409 6	0.499 9
	马来西亚	5	14		19	0.534 5	0.547 2	0.625 6
	菲律宾	7	18	1	26	0.473 7	0.424 7	0.480 2
	印度尼西亚	57	64		121	0.591 1	0.550 8	0.594 0
	国际水稻所	2	101		103	0.060 5	0.239 4	0.256 9
南亚	阿富汗	1	1		2	0.000 0	0.000 0	0.000 0
	巴基斯坦	2	27		29	0.152 3	0.472 6	0.470 6
	尼泊尔	2	18		20	0.068 4	0.504 9	0.520 3
	不丹		4		4		0.398 3	0.398 3
	印度	24	174	1	199	0.613 1	0.604 6	0.613 2
	孟加拉国	6	30		36	0.329 9	0.616 3	0.629 2
	斯里兰卡		22		22		0.381 5	0.381 5
东亚	朝鲜	84	11	6	101	0.381 8	0.217 4	0.418 8
	韩国	29	3	1	33	0.305 2	0.064 1	0.303 1
	日本	265	3	4	272	0.304 6	0.190 8	0.303 2
中国	中国	91	112		203	0.734 3	0.689 8	0.750 4

2. 欧洲

如表 8.37 所示，欧洲来源引进栽培稻表型多样性较高的国家有东欧的罗马尼亚（$I=0.5397$）和保加利亚（$I=0.4272$）、南欧的葡萄牙（$I=0.4695$）。尽管这 3 个国家的材料数量不多，只有十几或几份，但是其总体平均表型多样性仍然很高，表明初级核心种质对欧洲材料的选取还是很有代表性的。欧洲水稻多数分布于地中海附近，西欧、南欧主要是亚热带地中海气候，以温暖、干燥、晴朗为主，水稻生长季节长；而东欧绝大部分地区主要是比较温和的大陆性气候，水稻生长季节比西欧短得多，主要分布种植粳稻。所以今后应该重点加强对其粳稻的分析、评价和育种利用。

表 8.37 欧洲不同国家或研究机构的材料分布和平均表型多样性

地理区	国家或研究机构	材料分布				表型多样性		
		粳稻	籼稻	籼粳未知	总体	粳稻	籼稻	总体
西欧	爱尔兰	1			1	0.000 0		0.000 0
	法国	9			9	0.330 7		0.330 7
东欧	阿尔巴尼亚	9	1	2	12	0.276 0	0.000 0	0.294 0
	保加利亚	11			11	0.427 2		0.427 2
	匈牙利	17	3		20	0.295 5	0.130 8	0.288 8
	罗马尼亚	12	2		14	0.468 4	0.225 3	0.539 7
	前苏联	21		1	22	0.326 1	0.000 0	0.322 5
	前南斯拉夫	5			5	0.332 8		0.332 8
南欧	葡萄牙	4			4	0.469 5		0.469 5
	意大利	15	2		17	0.260 3	0.233 8	0.312 4

3. 非洲

如表 8.38 所示，非洲表型多样性最高的国家是东非的马达加斯加（$I=0.507\ 3$），而且其材料来源全部是籼稻；其余国家表型多样性普遍不高，甚至西非国家中很多都没有表现出多样性。马达加斯加是非洲东南部印度洋上的一个岛国，位于南纬 11°57′～25°38′，面积 58.7 万 km^2。东部沿海地区高温多雨，属热带气候，年平均气温 20～25 ℃，年降雨量 3 000～4 000 mm。岛中部为海拔 1 200～1 400 m 的高原，雨量较少，温度较低。总之，马达加斯加的气候适宜种植水稻，稻作历史已有 2 000 多年。所以，对引进非洲的稻种资源，首先应该对马达加斯加的籼稻材料进行评价、合理利用，以期丰富我国栽培稻资源的多样性。

表 8.38 非洲不同国家或研究机构的材料分布和平均表型多样性

地理区	国家或研究机构	材料分布				表型多样性		
		粳稻	籼稻	籼粳未知	总体	粳稻	籼稻	总体
北非	埃及	4	11		15	0.243 0	0.306 4	0.332 2
西非	科特迪瓦	17	8		25	0.250 9	0.261 9	0.286 2
	塞拉利昂		2		2		0.101 9	0.101 9
	多哥		1		1		0.000 0	0.000 0
	加纳	1			1	0.000 0		0.000 0
	冈比亚		1		1		0.000 0	0.000 0
	几内亚	3	4		7	0.141 1	0.312 1	0.365 1
	尼日利亚	6	6		12	0.205 1	0.247 9	0.289 0
	IITA		4		4		0.158 7	0.158 7
	塞内加尔	1			1	0.000 0		0.000 0
	毛里塔尼亚		5		5		0.283 6	0.283 6
	马里	1	1		2	0.000 0	0.000 0	0.199 2
	布基纳法索		1		1		0.000 0	0.000 0

续表8.38

地理区	国家或研究机构	材料分布			表型多样性			
		粳稻	籼稻	籼粳未知	总体	粳稻	籼稻	总体
中非	刚果	2	3		5	0.169 0	0.181 8	0.216 6
	刚果(金)	1	4		5	0.000 0	0.330 7	0.365 1
东非	布隆迪		5		5		0.121 6	0.121 6
	坦桑尼亚		5		5		0.307 5	0.307 5
	马达加斯加		14		14		0.507 3	0.507 3
	乌干达	2	3		5	0.077 2	0.221 4	0.243 7
	索马里		2		2		0.206 8	0.206 8
南非	赞比亚		5		5		0.373 1	0.373 1

4. 美洲

如表 8.39 所示，美洲表型多样性较高的国家有北美的美国(I=0.507 1)、中美的哥斯达黎加(I=0.433 0)以及南美的苏里南(I=0.465 0)，其余国家表型多样性不高或没有表型变异。从材料以及表型多样性分布看，美洲北美(仅包括美国)籼粳均有普遍种植，而中美和南美则以籼稻居多，整体上美洲是籼多粳少。美国大部分位于北美大陆，从北大西洋西经 65°至阿拉斯加的国际日回归线的 Aleutian 岛，从热带中心北纬 20°的夏威夷岛至位于北纬 65°北极圈的阿拉斯加，位于大陆的 48 个州包括了温带、亚热带气候。水稻在美国有 3 个主要地区：处于大平原和密西西比河三角洲的阿肯色、路易斯安那、密西西比和密苏里州；墨西哥海岸的佛罗里达、路易斯安那、德克萨斯州；位于北纬 38°～40°的加利福尼亚州的萨克拉门托河谷。水稻生长季节，气候变化范围从降雨量少于 50 mm 的加利福尼亚州到降雨量 700～1 000 mm 的潮湿的亚热带气候的墨西哥海岸佛罗里达州、路易斯安那州和得克萨斯州。水稻种植生产在美国只有 300 多年的历史。所以，对引进美洲的稻种资源，应该根据表型多样性加以分析、合理评价、区别对待，更好地补充到我国的栽培稻资源中来，服务于我国的新品种选育。

表 8.39　美洲不同国家或研究机构的材料分布和平均表型多样性

地理区	国家或研究机构	材料分布				表型多样性		
		粳稻	籼稻	籼粳未知	总体	粳稻	籼稻	总体
北美	美国	22	11		33	0.431 0	0.517 1	0.507 1
中美	巴拿马	1	4		5	0.000 0	0.227 8	0.217 2
	萨尔瓦多	2	3		5	0.125 0	0.128 9	0.261 2
	哥斯达黎加	1	2		3	0.000 0	0.384 2	0.433 0
	尼加拉瓜		1		1		0.000 0	0.000 0
	墨西哥		5		5		0.280 4	0.280 4
	波多黎各	1			1	0.000 0		0.000 0
	多米尼亚共和国		1		1		0.000 0	0.000 0
	古巴		28		28		0.232 2	0.232 2
	海地		1		1		0.000 0	0.000 0

续表8.39

地理区	国家或研究机构	材料分布				表型多样性		
		粳稻	籼稻	籼粳未知	总体	粳稻	籼稻	总体
南美	阿根廷	5	2		7	0.171 7	0.172 8	0.244 3
	智利	3			3	0.149 4		0.149 4
	巴西	4	5		9	0.132 9	0.441 6	0.390 3
	厄瓜多尔		2		2		0.289 0	0.289 0
	圭亚那		7		7		0.308 1	0.308 1
	委内瑞拉		1		1		0.000 0	0.000 0
	苏里南		4		4		0.465 0	0.465 0
	哥伦比亚	2	6	1	9	0.125 0	0.212 6	0.260 5

5. 大洋洲

如表 8.40 所示，大洋洲材料有 21 份，粳稻 15 份，籼稻 6 份；分布于澳大利亚的有 18 份、所罗门群岛 3 份；大洋洲无论是籼粳还是整体表型多样性指数都不高。从澳大利亚籼粳材料、多样性指数分布看，籼稻材料数是粳稻的一半，而籼稻（I=0.278 2）的表型多样性要明显高于粳稻（I=0.157 0），这也表明对引进澳大利亚的材料，应该多加留意、分析、发掘利用其丰富多样性的少量籼稻资源。

表 8.40 大洋洲不同国家或研究机构的材料分布和平均表型多样性

地理区	国家或研究机构	材料分布				表型多样性		
		粳稻	籼稻	籼粳未知	总体	粳稻	籼稻	总体
大洋洲	澳大利亚	12	6		18	0.157 0	0.278 2	0.244 1
	所罗门群岛	3			3	0.026 2		0.026 2

8.7.2.5 全球栽培稻表型多样性的综合表现

在 15 个质量性状中，颖壳色、颖尖色和芒色的变异类型较多，说明栽培稻材料间性状的遗传变异存在很大的差异，这也是产生遗传多样性丰富的基础。质量性状的平均多样性指数表明，粳亚种剑叶角度、穗立形状、颖尖色、芒色和护颖色 5 个性状的多样性指数比籼亚种高；其他 10 个性状，包括叶鞘色、叶片色、叶片茸毛、剑叶卷曲度、茎节包露、柱头颜色、柱头外露、颖壳茸毛、颖壳色和种皮色的多样性指数以籼亚种高，籼亚种（I=0.616 3）显著高于粳亚种（I=0.562 1）。从两个亚种的比较结果看，籼稻表型多样性比粳稻大的主要原因可能是前者形态性状明显比后者变异大所致。在不同地理来源之间，以叶鞘色、剑叶卷曲度、柱头颜色、柱头外露、颖壳茸毛、颖尖色、护颖色、颖壳色共 8 个质量性状的多样性指数最大；南亚以叶片色、叶片茸毛、茎节包露、种皮色等 4 个性状的多样性较大；东南亚以叶片色、叶片茸毛、剑叶角度、茎节包露等 4 个性状的多样性较大；美洲以叶片色、叶片茸毛、剑叶角度、颖壳茸毛等 4 个性状的多样性较大；欧洲以叶片色、剑叶角度、茎节包露、芒色等 4 个性状的多样性较大；非洲以叶片色、叶片茸毛、剑叶卷曲度、剑叶角度等 4 个性状的多样性较大；西亚以叶片色、叶片茸毛、颖壳茸毛、芒色等 4 个性状的多样性较大；东亚以叶片色、剑叶卷曲度、穗立形状、芒色等 4 个性状的多样性较大；大洋洲则以叶片茸毛、颖壳茸毛、芒色等 3 个性状的多样性较大。

在 19 个数量性状中，平均数比较结果表明，除护颖长的差异不显著外，其余 18 个性状的差异均达极显著水平，并具有较大的遗传变异。极值反映了各性状的变异幅度。有10个性状的极值表现为粳亚种与总体一致，分别是剑叶宽、谷粒长、谷粒宽、穗长、一次枝梗数、二次枝梗数、护颖长、每穗饱粒数、每穗总粒数、千粒重。籼亚种与总体3个性状一致，分别是生育期、穗轴1～2节长、结实率。生育期、结实率、千粒重、穗长这些性状在栽培稻种质资源间的变异相对较小，而分蘖数、穗伸出度、二次枝梗数的变异相对较大。以上统计分析表明，栽培稻种质资源材料间的差异非常大，遗传基础广，多样性丰富。在19个数量性状中，主成分分析揭示了剑叶宽、穗长、一次枝梗数、二次枝梗数、每穗饱粒数、每穗总粒数和着粒密度等7个性状是解释栽培稻种质资源多样性的重要性状。相关性分析给我们的启示是：栽培稻种质资源的每穗总粒数随着每穗饱粒数的提高而提高，着粒密度提高，一次枝梗数和二次枝梗数也相应提高。以上这些结果对栽培稻种质资源优异基因的发掘和应用具有参考价值。

从地理组来看，按平均多样性指数从大到小排列依次为中国（I=0.750 4）＞南亚（I=0.610 6）＞东南亚（I=0.557 7）＞美洲（I=0.466 6）＞欧洲（I=0.443 4）＞非洲（I=0.441 4）＞西亚（I=0.418 5）＞东亚（I=0.351 2）＞大洋洲（I=0.246 1），以中国的平均多样性指数最高，其次是南亚和东南亚，说明中国、南亚和东南亚栽培稻的遗传资源较丰富，表型变异类型较多，是亚洲栽培稻资源的表型多样性中心地区。在表型多样性的地理区分布中，亚洲的中国、南亚和东南亚，欧洲的东欧，非洲的东非，美洲的北美和南美等地理区表型多样性指数较高；在表型多样性的国家分布中，中国、印度、孟加拉国、马来西亚、印度尼西亚、罗马尼亚、马达加斯加、美国等国的表型多样性指数较高，其中中国（I=0.750 4）、南亚的印度（I=0.613 2）和孟加拉国（I=0.629 2）、东南亚的马来西亚（I=0.625 6）等国表型多样性指数最高，是亚洲栽培稻的表型多样性中心。粳稻多样性的地理分布以中国（I=0.734 30）、印度（I=0.613 1）、印度尼西亚（I=0.591 1）、越南（I=0.576 9）、马来西亚（I=0.534 5）、葡萄牙（I=0.469 5）、罗马尼亚（0.468 4）等国最高；籼稻则以中国（I=0.689 8）、孟加拉国（I=0.616 3）、印度（I=0.604 6）、印度尼西亚（I=0.550 8）、马来西亚（I=0.547 2）、尼泊尔（I=0.504 9）、马达加斯加（I=0.507 3）、美国（I=0.517 1）等国的表型多样性指数最高。

8.7.3　全球栽培稻的SSR多样性

采用与全球栽培稻表型多样性分析相同的材料，对世界5大洲74个国家或研究机构的1 733份栽培稻（*O. sativa* L.）进行遗传多样性分析，以期评价国家种质库栽培稻种质资源的遗传多样性，以及遗传多样性在全球的地理分布规律，探讨栽培稻的起源和传播，为稻种资源的遗传多样性保护、水稻新品种的选育和遗传基础拓展提供科学依据。

本实验选用了分布于水稻1～12号染色体上的29对微卫星引物（microsatellite primer）。所用引物及所在的染色体和序列信息来自网址 http://www.gramne.org/microsat/microsats.txt，引物由北京赛百盛基因技术公司合成（表8.41）。

SSR引物数据采用PowerMarker Ver3.25（http://www.powermarker.net）统计平均等位基因数（N_a）、稀有等位基因数（N_r）、Nei's基因多样性指数（H_e）、多态信息含量（PIC）以及Nei's遗传距离（GD），构建基于Nei遗传距离的非加权配对算术平均法（Unweighted pair-group method using an arithmetic average，UPGMA）系统聚类图（Nei，1973）。基于每一位点等位基因的差异，采用ARLEQUIN Ver3.0（Excoffier et al，2005）软件中的AMOVA (ananlysis of molecular variance)程序计算 F 统计量(F-statistics, F_{st}),分析栽培稻种质资源的遗传分化,采用 Excoffier 等(1992)的非参数置换方法(nonparametric permutation approach,3 000 次)F_{st}显著性检验。利用 Excel 和 SPSS13.0 进行相关分析与差异性检验。

8.7.3.1 全球栽培稻 SSR 变异概况

1 733 份供试材料中,29 对 SSR 引物均显示出多态性,多态性位点百分率为 100%,共检测出 369 个等位基因(表 8.41),分子量变异范围 85~320 bp。每个位点等位基因数变幅为 2(RM134)~30(RM251),平均 12.7;各 SSR 位点 Nei's 基因多样性指数变幅从 0.265 0(RM60)到 0.887 5(RM219)不等,平均为 0.696 9;29 对 SSR 位点多态信息含量(PIC)平均为 0.668 1,以 RM60(0.232 9)最低,RM219(0.876 8)最高。Nei's 基因多样性指数(H_e)和多态信息含量(PIC)值大小取决于检测到的等位位点数以及位点频率,而与后者的关系更为密切,因此具有较高 Nei's 基因多样性指数(H_e)和多态信息含量(PIC)的 SSR 位点(如 RM219)就具有较高的检测效率。

基因频率是检测遗传多样性的重要尺度,一个特定群体遗传多样性的变化通常是通过描述其基因频率变化来实现的。本研究以 10 倍数量级为间隔,将每个等位变异在栽培稻种质中的频率分为:$0<P\leqslant0.000\,1$、$0.000\,1<P\leqslant0.001$、$0.001<P\leqslant0.01$、$0.01<P\leqslant0.1$ 和 $0.1<P\leqslant1$ 共 5 种类型,分析了 1 733 份栽培稻检测出的 369 个等位变异的频率分布(图 8.21)。SSR 等位变异的频率范围是 0.000 3~0.844 1,可见栽培稻各位点之间的多态性存在较大差异,高频率的等位基因数量较少,还含有大量低频率等位变异,等位变异频率≤0.05 的约占总数的 67.48%。从图 8.22 看出栽培稻 SSR 等位变异主要分布频率段在0.1~0.001 之间,频率≤0.000 1 的等位变异数为零。

8.7.3.2 籼粳亚种的 SSR 遗传多样性

从图 8.23 和表 8.41 可以看出,在 906 份籼稻中检测到了 360 个等位基因,每个位点的等位基因数为 2(RM134)~ 29(RM251),平均每个位点 12.4 个等位基因;在 809 份粳稻中检测到了 332 个等位基因,每个位点的等位基因数为 2(RM134)~27(RM247),平均每个位点 11.5 个等位基因。籼稻的多态性高于粳稻的多态性。在 29 个 SSR 位点上,16 个位点上籼稻的等位基因数大于粳稻的等位基因数,12 个位点上籼稻的等位基因数等于粳稻的等位基因数,仅有 1 个位点(RM255)粳稻的等位基因数大于籼稻的等位基因数。有的位点上籼稻和粳稻的等位基因数相差很大,如 RM251 位点上籼稻比粳稻的等位基因数多 7 个,占检测到的该位点的全部等位基因数的 25%。总的来看,籼稻的等位基因数多于粳稻的等位基因数。对 29 个位点籼粳稻平均每个位点的等位基因数进行显著性检验,结果表明,籼稻($N_a=12.4$)与粳稻($N_a=11.5$)平均等位基因数的差异极显著($t=3.266$,$P<0.01$)。

将只在一个亚种中出现另一个亚种中不出现的等位基因视为该亚种的特异等位变异。在籼稻中检测到了 131 个特异等位变异,在粳稻中检测到 90 个特异等位变异,它们在 29 个 SSR 位点的具体分布见图 8.24。籼稻在 19 个位点上特异等位变异数比粳稻多,相差范围为 1~5 个,但是 rm251、rm235 位点尤其突出,籼稻与粳稻特异等位变异数相差多达 8 个;而粳稻仅在 6 个位点上特异等位变异数比籼稻多,相差范围也就是比籼稻多 1~2 个,但是 rm247 位点特殊,粳稻特异等位变异数比籼稻特异等位变异数多 7 个;其余还有 4 个位点籼稻、粳稻的特异等位变异数一样多。比较图 8.23 和图 8.24 可知,籼稻、粳稻的特异等位变异数分布与籼稻、粳稻的等位变异数分布趋势基本一致。无论籼稻、粳稻,等位变异数多的位点,特异等位变异数也越多，但也存在例外，如 rm249、rm247 位点，粳稻与籼稻的等位变异数一样多，但是特异等位变异数粳稻比籼稻分别高出 7 个和 2 个。总体来讲，籼稻、粳稻特异等位变异数相差比等位变异数相差范围要大，籼粳亚种各有自己的特异性。

表 8.41 29 对 SSR 引物的染色体位置、等位基因数、Nei's 基因多样性指数和多态性信息含量

染色体	位点	等位基因数(N_a)			Nei's 基因多样性指数(H_e)			多态信息含量(PIC)		
		粳稻	籼稻	总体	粳稻	籼稻	总体	粳稻	籼稻	总体
1	rm23	7	8	8	0.252 4	0.779 2	0.695 7	0.245 2	0.749 6	0.659 5
1	rm5	14	15	15	0.803 8	0.802 8	0.820 9	0.778 9	0.778 8	0.800 2
2	rm211	4	7	7	0.084 7	0.529 8	0.350 8	0.082 4	0.477 4	0.323 6
2	rm262	7	8	8	0.243 1	0.748 3	0.675 9	0.235 7	0.710 3	0.633 6
2	rm71	7	8	8	0.174 7	0.719 3	0.568 4	0.168 5	0.667 3	0.524 5
3	rm231	12	12	12	0.726 9	0.771 3	0.813	0.699 3	0.750 9	0.789 6
3	rm251	22	29	30	0.459 8	0.901 7	0.797 1	0.449 7	0.894 1	0.785
3	rm60	3	3	3	0.199	0.322 1	0.265	0.180 2	0.275 9	0.232 9
4	rm255	10	8	10	0.666 1	0.518 6	0.697 2	0.624 9	0.501 1	0.658 1
5	rm164	11	11	11	0.703 7	0.773 1	0.768	0.664 2	0.740 4	0.739 9
5	rm249	18	18	18	0.883 1	0.695 6	0.831 9	0.874	0.674 7	0.819 6
5	rm267	12	13	13	0.434 2	0.650 1	0.697 9	0.404 9	0.594	0.643 7
6	rm190	10	11	11	0.703 8	0.756 9	0.805	0.657 3	0.731 4	0.777 9
6	rm225	12	14	14	0.688 5	0.782 3	0.794 7	0.652 6	0.750 3	0.766 2
6	rm253	16	16	17	0.761 4	0.728 2	0.815 9	0.730 2	0.710 8	0.793 3
7	rm134	2	2	2	0.360 8	0.198 3	0.281 8	0.295 7	0.178 7	0.242 1
7	rm18	12	12	13	0.666 2	0.804 4	0.802 3	0.648	0.780 7	0.780 7
7	rm82	4	4	4	0.569 5	0.194 3	0.409 2	0.507 5	0.182 2	0.372 1
8	rm223	15	18	18	0.821	0.736 8	0.838 7	0.801 5	0.721 8	0.823 2
8	rm42	7	7	7	0.532 5	0.585	0.664 4	0.470 9	0.553	0.607 4
9	rm219	14	16	16	0.822 8	0.877 2	0.887 5	0.799 2	0.865 9	0.876 8
9	rm242	14	15	16	0.700 1	0.867 4	0.862	0.662 2	0.855	0.848 3
9	rm296	3	3	3	0.128 2	0.536 4	0.379 4	0.122 1	0.473 4	0.343 2
10	rm258	14	17	18	0.484 8	0.820 1	0.745 3	0.464 1	0.796 3	0.718 5
11	rm224	15	16	16	0.587 2	0.868 4	0.833 5	0.574 8	0.855 4	0.818 9
11	rm254	10	11	11	0.686 5	0.702 8	0.702 2	0.630 4	0.648 2	0.648 4
12	rm235	24	25	25	0.664 6	0.891	0.851 1	0.642 8	0.882 6	0.840 5
12	rm247	27	27	29	0.797 7	0.763 2	0.863 5	0.787 2	0.747 5	0.851 8
12	rm270	6	6	6	0.757 7	0.412 1	0.691 5	0.718 1	0.382 8	0.655 9
平均数		11.5	12.4	12.7	0.564 3	0.680 6	0.696 9	0.537 0	0.652 8	0.668 1

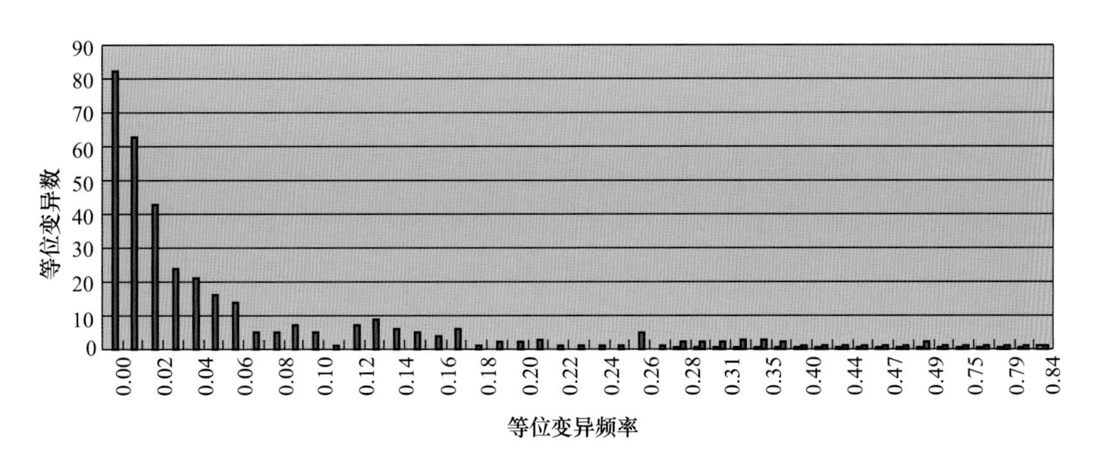

图 8.21　栽培稻等位变异的频率分布

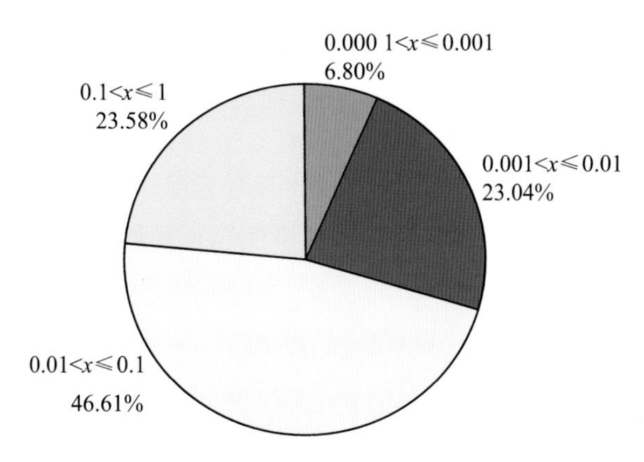

图 8.22　栽培稻等位变异在各频率段的分布比例

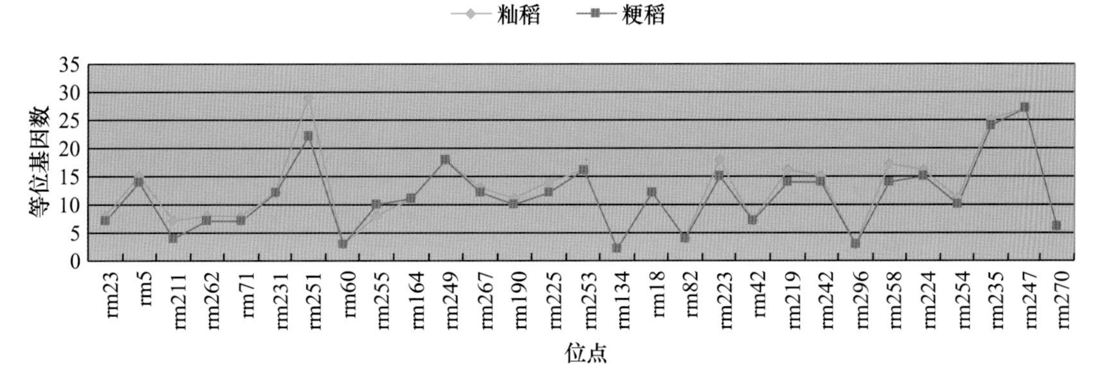

图 8.23　29 个 SSR 位点上的籼、粳的等位变异分布

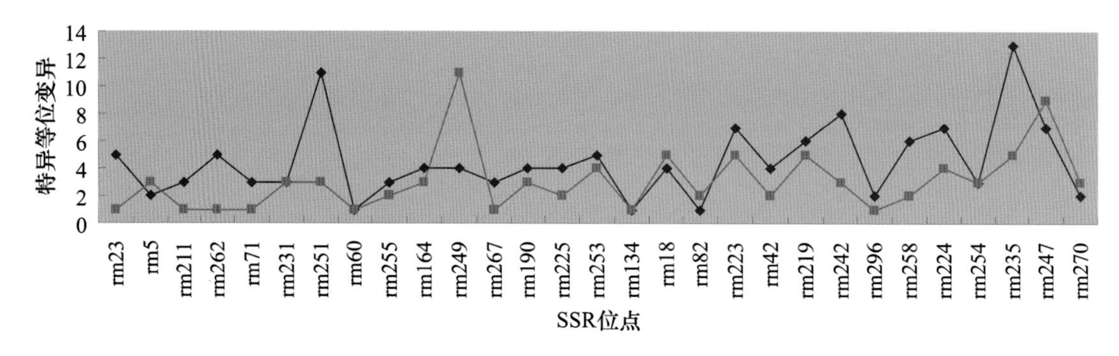

图 8.24　29 个 SSR 位点上的籼、粳的特异等位变异分布

群体的遗传多样性尤其是等位变异数和特异等位变异数会受到材料数的影响，并且本研究中籼稻的材料数（906 份）高于粳稻的材料数（809 份），所以又从频率分布加以分析等位变异，如图 8.25 所示，籼稻等位变异分布在高频率段 $0.1<P\leqslant1$ 和 $0.01<P\leqslant0.1$，并且在此高频率段籼稻等位变异数均高于粳稻；粳稻等位变异主要在 $0.001<P\leqslant0.01$ 低频率段分布，在此频率段粳稻等位变异略高于籼稻；籼稻、粳稻都有极少数等位变异在较低频率段（$0.000\,1<P\leqslant0.001$）分布，并且等位变异数也是籼稻多于粳稻。由此可知，籼稻等位变异分布频率比粳稻相对高，籼稻总等位变异数也比粳稻多，这与前面分析相一致。

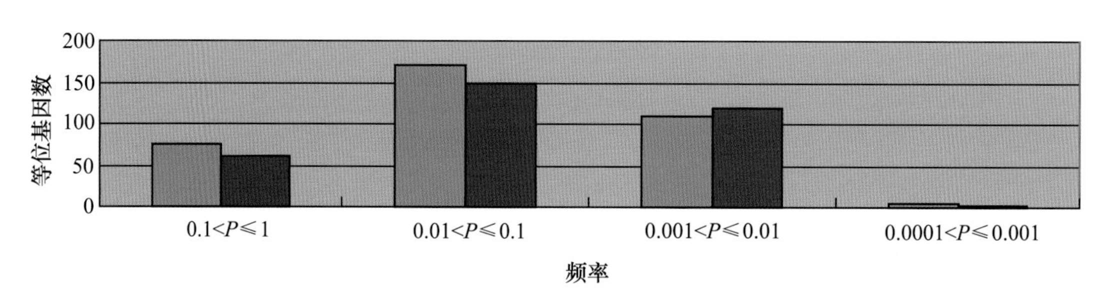

图 8.25　栽培稻籼、粳等位变异在各频率段的分布

从表 8.42 及图 8.26 可以看出，在所分析的 29 个 SSR 位点上，不同位点上的 Nei's 基因多样性指数相差较大，最小的仅为 0.084 7，最大的可达到 0.901 7。在 29 个位点上有 20 个位点籼稻的 Nei's 基因多样性指数高于粳稻的 Nei's 基因多样性指数，9 个位点粳稻的 Nei's 基因多样性指数高于籼稻的 Nei's 基因多样性指数。有的位点上（如 RM253、RM247）籼稻和粳稻的多样性指数都很高且接近，而有的位点上（如 RM23、RM71）籼稻和粳稻的多样性指数高低差别则很大。但是整体而言，籼稻的平均 Nei's 基因多样性指数高于粳稻的 Nei's 基因多样性指数，并且 t 检验结果显示，籼稻的平均 Nei's 基因多样性指数（$H_e=0.680\,6$）显著大于粳稻的平均 Nei's 基因多样性指数（$H_e=0.564\,3$）（$t=2.522$，$P<0.05$）。

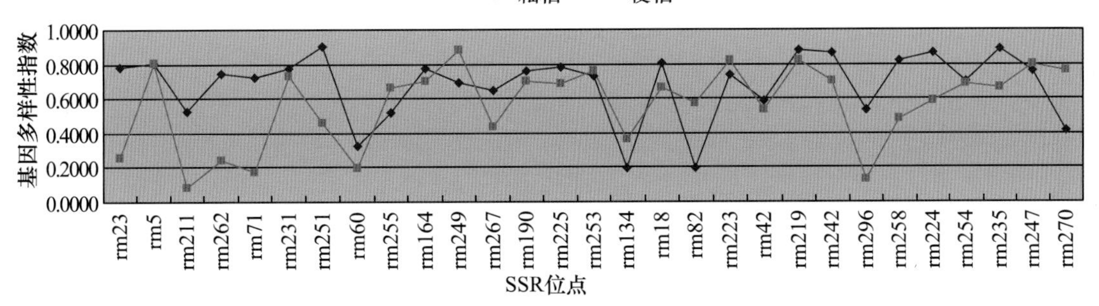

图 8.26 29 个 SSR 位点上籼、粳的基因多样性指数分布

表 8.42 不同地理组等位基因数、稀有等位基因数、Nei's 基因多样性指数和多态信息含量

地理组	样本数	等位基因数 (N_a)	稀有等位基因数 (N_r)	Nei 基因多样性指数 (H_e)	多态信息含量 (PIC)
大洋洲	21	106	36	0.459 2	0.410 6
美洲	125	215	98	0.646 1	0.610 2
非洲	123	226	102	0.649 9	0.612 0
欧洲	115	160	71	0.464 7	0.431 5
西亚	17	126	5	0.554 0	0.511 7
东南亚	411	278	150	0.667 0	0.632 7
南亚	312	278	144	0.669 9	0.640 3
东亚	406	204	133	0.392 2	0.364 4
中国	203	330	186	0.713 4	0.685 9

由表 8.41 得知，在 29 个 SSR 位点上，籼粳多态性信息含量显现出了较大的差异，最高的为 RM251(0.894 1)，最低的是 RM211(0.082 4)，多态性信息含量仅为 0.082 4，其他位点上的多态性信息含量介于 0.082 4 和 0.894 1 之间。总之，籼稻的平均多态性信息含量($PIC=0.652\,8$)显著高于粳稻($PIC=0.537\,0$)($t=2.700$，$P<0.05$)。

综上所述，无论从等位基因数目、基因多样性水平，还是多态信息含量来看，在栽培稻中，籼亚种群体比粳亚种群体具有更丰富的遗传变异和较高的遗传多样性。

8.7.3.3 全球栽培稻地理上的 SSR 遗传多样性

各地理组栽培稻种质资源样本数、所含的等位基因数、稀有等位基因数、Nei 基因多样性指数和多态信息含量，见表 8.42。供试样本数与稀有等位基因数间的相关系数为 0.770，达 5%显著水平，等位基因数与稀有等位基因数间的相关系数为 0.945，达 1%的极显著水平，说明各地理组稀有等位基因数与供试样本数密切相关，稀有等位基因数在各地理组间分布均匀。然而供试样本数与等位基因数间的相关系数为 0.643，供试样本数与 Nei 基因多样性指数间的相关系数为 0.113，供试样本数与多态信息含量间的相关系数为 0.155，均未达到 5%的显著水平，说明各地理组 SSR 等位基因数、Nei 基因多样性指数和多态信息含量差异明显。

用 29 对 SSR 引物对 9 个地理组的 1 733 份材料进行分析(表 8.42)，共检测到了 369 个等位基因，其中中国的等位基因数最大为 330 个，占所有等位基因数的 89%，大洋洲的等位基因数最少，占总等位基因数的 28.7%。结合前面的材料分布可知，东南亚的材料数在 9 个地理组中是最多，西亚的材料数最少。虽然中国的材料数比东亚、南亚、东南亚的材料数都少，但是中国的等位基因数比它们还多，说明中国的栽培稻比东亚、南亚、东南亚的材料含有更多的等位变异。SSR 上的研究结果与表型水平上的研究结果完全相同。原因可能是中国的材料取自微核心种质，对中国栽培稻有很强的代表性，其中籼稻和粳稻材料数比较平衡，而其他 3 个地理组中粳稻材料数都很少。由此可知，籼粳稻的不均衡也可能导致了不同地理组等位基因数的差异。从表 8.42 可以看出，在不同的地理组中不论材料的多少都检测到了该地理组的稀有等位基因，虽然稀有等位基因数的多少和该地理组的材料数有显著相关关系，但同时说明了各个地理组都含有该地理组的稀有等位基因。总之，每个地理组栽培稻稻种资源都有自己的特异性。

从各地理组来看(表 8.42)，等位基因数、Nei's 基因多样性指数以及多态信息含量最高的是中国($N_a=330$，$H_e=0.7134$，$PIC=0.6859$)，等位基因数最低的是大洋洲($N_a=106$)，东亚 Nei's 基因多样性指数和多态信息含量最低($H_e=0.3922$，$PIC=0.3644$)。其中南亚($N_a=278$)和东南亚($N_a=278$)检测到的等位基因数目相同，Nei's 基因多样性指数和多态信息含量南亚($H_e=0.6699$，$PIC=0.6403$)略高于东南亚($H_e=0.6670$，$PIC=0.6327$)，但差异不显著($t=0.170$，$P=0.866$；$t=0.467$，$P=0.644$)。这可能由于等位基因数与 Nei's 基因多样性指数、多态信息含量的差异，主要来自稀有等位基因数(基因频率≤5%)的影响。以上分析从不同侧面揭示了各地理组栽培稻稻种资源的特点。对表型水平分析和 SSR 分析下多样性指数最大的地理组进行对比，发现两种方法虽然分析得到结果不完全一样，但是排在前面的 3 个地理组都是中国、南亚和东南亚，说明这 3 个地理组的多样性的确大于其他地理组。这 3 个地理组是亚洲栽培稻最大的多样性中心，保护这 3 个地理组的栽培稻多样性对于全球的水稻生产非常重要。

对 9 个地理组的遗传多样性指数进行显著性检验，结果表明，无论是等位基因数，还是 Nei's 遗传多样性指数和多态信息含量，其他地理组与中国间差异均达到极显著水平。等位基因数除东南亚和南亚、东亚和美洲以及美洲和非洲间差异不显著外，其余地理组间差异均显著；东南亚和南亚、欧洲和大洋洲以及非洲和美洲之间，Nei's 遗传多样性指数和多态信息含量差异不显著，而其余地理组间差异均显著(表 8.43)。

表 8.43　9 个地理组的 Nei's 基因多样性指数 *t* 检验

地理组	大洋洲	美洲	非洲	欧洲	西亚	东南亚	南亚	东亚
大洋洲								
美洲	4.465**							
非洲	4.907**	0.2320						
欧洲	0.1510	3.763**	3.874**					
西亚	2.570*	3.856**	4.399**	1.8220				
东南亚	4.301**	1.3560	0.7500	3.743**	3.795**			
南亚	4.620**	1.2950	0.9430	3.613**	4.339**	0.1680		
东亚	1.9980	5.730**	5.883**	2.802**	3.565**	5.328**	5.211**	
中国	5.559**	3.416**	2.175*	4.903**	4.774**	2.471**	2.291*	6.705**

注：$t_{0.05}=2.037$，$t_{0.01}=2.724$。

栽培稻遗传多样性的地理差异一直是人们很关心的问题,因此,比较了栽培稻 9 个地理组 SSR 位点上的 Nei's 多样性指数(图 8.27)。由图 8.27 可以看出,中国、南亚和东南亚 3 个地理组在各位点的基因多样性指数比较接近,东亚、欧洲、大洋洲 3 个地理组在 29 个 SSR 位点的基因多样性指数与其他地理组差异较大。东亚和欧洲的材料在所有的 SSR 位点上的基因多样性指数几乎都是较小的,这说明这两个地理组栽培稻的基因多样性指数较低,并不是个别位点造成的,而是在整个基因组上的基因多样性都较低。但是各位点上基因多样性指数的差异程度不同,例如在 RM211、RM60、RM71 位点上,东亚、欧洲地理组栽培稻的基因多样性指数都在 0.1 以下,而中国、南亚、东南亚 3 个地理组在上述位点上的基因多样性指数要比东亚和欧洲高 2～43 倍。由此可见,生存环境可能对栽培稻整个基因组的多态性都有明显的影响,而栽培稻在其传播和适应不同地区自然生态环境条件的过程中积累起来的丰富的遗传变异逐渐丧失,使得栽培稻中的遗传变异变得日益狭窄。

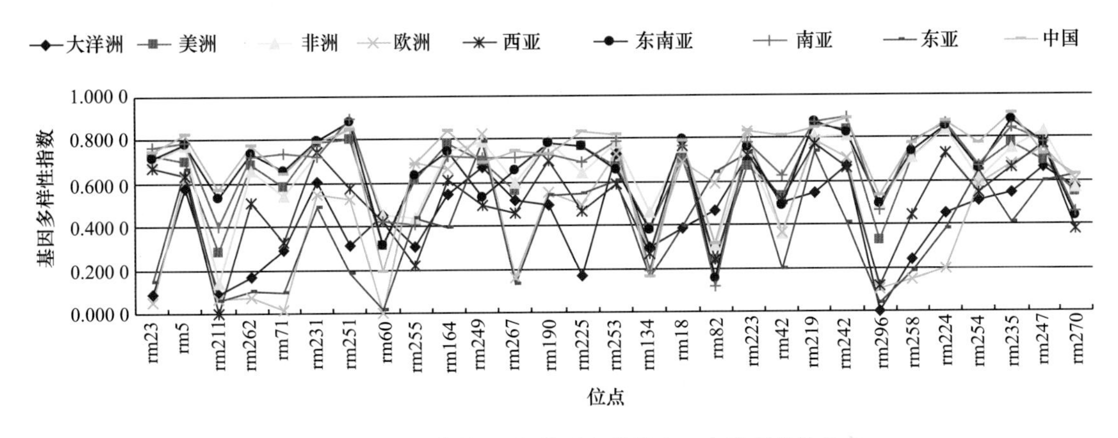

图 8.27 SSR 位点的 Nei's 基因多样性在 9 个地理组的分布

栽培稻 9 个地理组籼粳亚种的遗传变异及多样性分布见图 8.28 和图 8.29。就等位基因数而言,图 8.28 显示,在大洋洲、美洲、非洲、西亚、东南亚、南亚和中国,籼稻的等位基因数大于粳稻的等位基因数;在欧洲和东亚,则是粳稻的等位基因数大于籼稻的等位基因数。并且,在东亚,籼稻与粳稻的等位基因数相差最大为 86;在南亚,粳稻与籼稻的等位基因数相差最大,是 74;而在中国和东南亚,籼稻和粳稻的等位基因数都较多,两者相差也较小,分别为 20 和 44;在大洋洲,则是籼稻与粳稻的等位基因数相差最小,同时两者等位基因数也最少。就 Nei's 基因多样性指数而言,如图 8.29 所示,在大洋洲、非洲、欧洲、西亚、东南亚和东亚中,籼稻的基因多样性指数高于粳稻的基因多样性指数;在南亚,粳稻的基因多样性指数略高于籼稻的基因多样性指数;而在美洲和中国,籼稻的基因多样性指数则等于粳稻的基因多样性指数。总而言之,美洲、南亚和中国、欧洲和东亚的籼粳亚种间的基因多样性指数结果与其等位基因数的结果不相一致,究其原因可能是等位基因及其频率高低存在地理分布的差异造成的。

生物物种等位基因及频率通常存在有地理分布的差异,基因流动、选择、随机漂变、隔离和突变是造成这种地理差异的主要因素。在这些因素影响下,种内等位基因由起源中心或次生变异中心扩散形成地理差异。因此,分析物种基因频率的地理分布,有助于了解传播、自然和

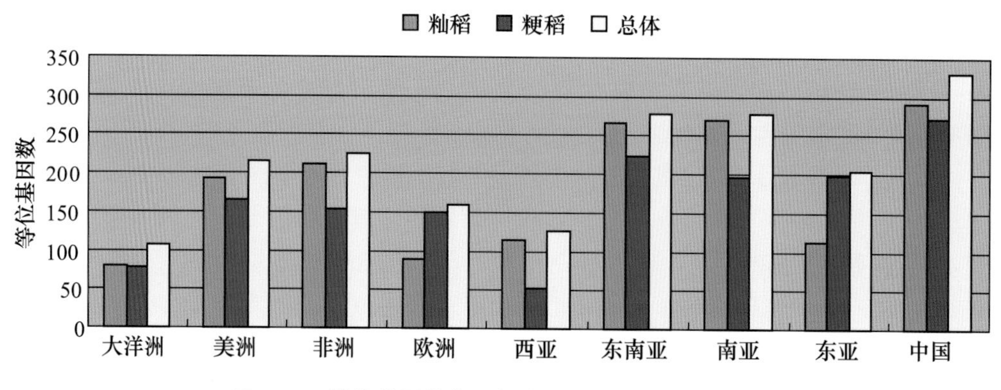

图 8.28 等位基因数在9个地理组籼粳亚种间的分布

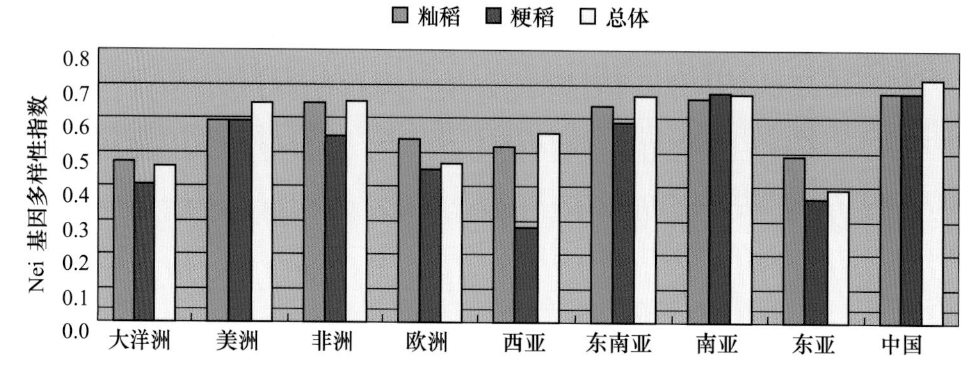

图 8.29 Nei's基因多样性指数在9个地理组籼粳亚种间的分布

人工选择、漂变、地理和社会隔离、突变等因素对该物种的影响,有助于了解该物种的起源和传播(肖春杰等,2000)。

了解生物种等位基因及频率的地理分布,还有助于制定该物种遗传多样性保护策略,以确定应优先保护的资源材料和重点地区,尤其对目前正在广泛研究的核心种质的构建具有重要的指导意义(Brown,1989)。

各地理组不同频率段等位变异的分布见图 8.30。在东亚的变异中,其频率主要分布在0.01～0.1,这两种类型的变异占总变异的75%。在大洋洲、美洲、非洲、欧洲、西亚、东南亚、南亚和中国,其频率主要分布在0.01～1,高频率(0.1～1)变异比例逐渐增加,低频率(0.001～0.01)等位变异比例逐渐降低,其中大洋洲和西亚频率小于0.01的等位变异彻底消失。在亚洲的东南亚、南亚和中国3个地理组中,0.01～1频率段变异占到总变异的81%。这一点符合稻种资源起源和传播过程中性状的发展规律。那些在栽培和生产应用中处于优势的等位变异会以较高频率存在,而那些在栽培生产应用中没有优势尤其处于劣势的等位变异则在选择和遗传漂变的作用下,会以较低频率存在,甚至最后消失。

将籼、粳亚种分开分析发现:在粳亚种内(图 8.31),9个地理组对高频率的等位变异保留比例较高,而低频率段(0.001～0.01)的等位变异除了在欧洲、东南亚、东亚和中国还有部分保留外,其他各组已彻底消失。低频率段(0.001～0.01)的等位变异在东亚的比例最高,为

36%;欧洲、东南亚和中国这种类型变异则显著减少,分别仅占约 8%、6%和 2%。在籼亚种内,低频率为 0.001~0.01 的等位变异在美洲、非洲、东南亚、南亚和中国保留比例较高;其中东南亚、南亚和中国的比例最高,分别约占 25%、15%和 21%,美洲和非洲仅占约 4%。高频率段的等位变异则表现出与粳亚种内一致的分布趋势(图 8.32)。

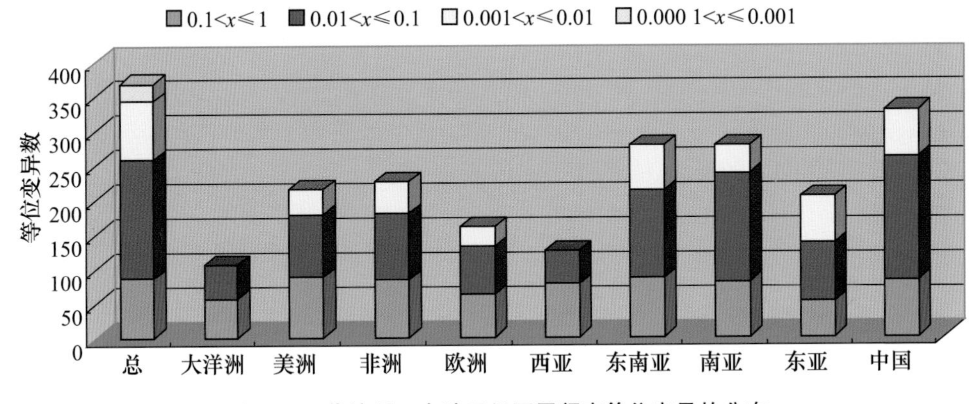

图 8.30 栽培稻 9 个地理组不同频率等位变异的分布

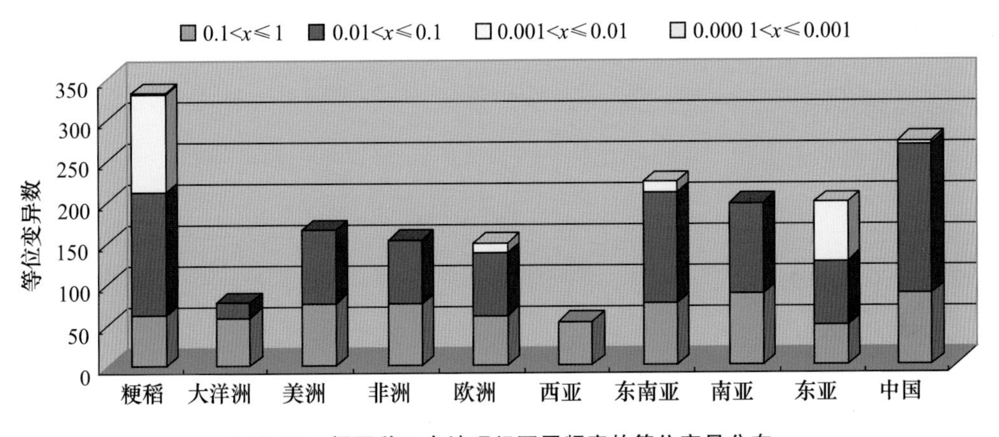

图 8.31 粳亚种 9 个地理组不同频率的等位变异分布

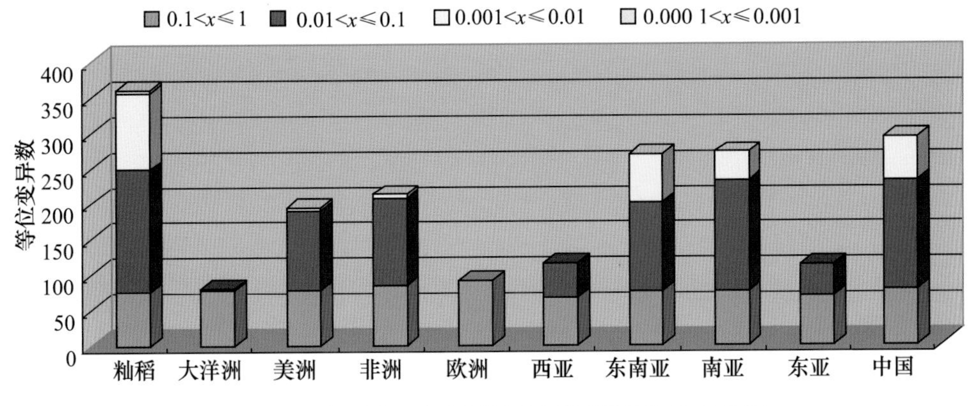

图 8.32 籼亚种 9 个地理组不同频率的等位变异分布

从表 8.44 中可以看出，对 5 个大洲内的材料按地理行政区划分，亚洲 5 个地理区的多样性指数都很高（东亚其他除外），5 大洲各个地理区之间的多样性指数从 0.713 4 到 0.363 6。地区间的多样性指数差异较大，即使同一大洲的不同地区之间的多样性指数的差异也较大，如中国和东亚（包括日本、韩国和朝鲜）都是位于亚洲，但遗传多样性指数相差 0.322 3。从整体上看，SSR 分析结果与各地区在表型水平上的遗传多样性指数的相对大小相似，并且这两种方法分析都是亚洲的中国、南亚和东南亚的遗传多样性指数最高。从地区的多样性指数大小来看，整体上也是亚洲的中国、南亚和东南亚的遗传多样性指数最高，东亚、西欧和南欧的遗传多样性指数偏低。亚洲栽培稻可能存在中国和南亚 2 个起源和演化中心，东南亚是这 2 个中心的交汇区：粳稻起源于中国，籼稻起源于中国和南亚（以印度为中心）。而本实验从表型和 SSR 两种方法上证明中国、南亚和东南亚栽培稻的遗传多样性指数最高。这 3 个地区包括许多地理、气候交错区域，不同的环境可以适应多种水稻品种的生长，形成了丰富的遗传多样性。这 3 个地区也是亚洲种植水稻最大的地区，保持这 3 个地区种植品种的遗传多样性对于全球的水稻生长有着十分重要的意义。

表 8.44　不同地理区的等位基因数、Nei's 基因多样性指数和多态性信息含量

大洲	地理区	样本数	等位基因数	Nei's 基因多样性指数	多态性信息含量
亚洲	中国	203	330	0.713 4	0.685 9
	东亚其他	406	204	0.391 1	0.364 4
	南亚	312	278	0.667 6	0.640 3
	东南亚	411	278	0.665 3	0.632 7
	西亚	17	126	0.519 8	0.511 7
欧洲	西欧	10	80	0.365 8	0.368 9
	东欧	84	150	0.462 5	0.435 3
	南欧	21	93	0.363 6	0.346 0
非洲	北非	15	128	0.549 6	0.548 3
	西非	62	191	0.600 0	0.569 5
	中非	10	94	0.410 4	0.415 4
	东非	31	163	0.617 8	0.598 5
	南非	5	83	0.401 9	0.458 3
美洲	北美	33	164	0.592 5	0.573 7
	中美	50	158	0.525 2	0.502 0
	南美	42	171	0.643 3	0.618 2
大洋洲	澳大利亚、新西兰和美拉尼西亚	21	106	0.435 4	0.410 6

8.7.3.4 不同国家的 SSR 遗传多样性分析

1. 亚洲

由表 8.45 可知，亚洲 5 个地理组 23 个国家或研究机构的等位基因数(N_a)和 Nei's 基因多样性指数(H_e)均有很大差异。中国栽培稻的遗传多样性最高，共检测出 330 个等位变异，基因多样性指数为 0.713 4；南亚的印度检测出 262 个等位变异，基因多样性指数为 0.666 2；东南亚的印度尼西亚检测出 219 个变异，基因多样性指数为 0.620 0。遗传变异及多样性较丰富的国家或研究机构还有：东南亚的越南(N_a=192，H_e=0.600 0)、国际水稻所(N_a=184，H_e=0.544 4)、泰国(N_a=168，H_e=0.631 7)、菲律宾(N_a=166，H_e=0.637 0)和马来西亚(N_a=1 158，H_e=0.634 2)、南亚的孟加拉(N_a=165，H_e=0.617 0)和巴基斯坦(N_a=163，H_e=0.614 2)等。东亚的朝鲜、韩国和日本由于位于亚洲的东北部，光、热、水资源相对中国、南亚和东南亚国家略有不足，较多种植粳稻，因而造成这个地理组的遗传背景相对单一，基因多样性偏低。

表 8.45 亚洲国家或研究机构的等位基因数、Nei's 基因多样性指数和多态性信息含量

地理区	国家或研究机构	样本数	等位基因数	Nei's 基因多样性指数	多态性信息含量
西亚	伊朗	12	110	0.499 7	0.460 5
	沙特阿拉伯	1	22		0.241 4
	土耳其	4	53	0.278 4	0.228 9
东南亚	越南	71	192	0.600 0	0.559 4
	老挝	20	115	0.449 8	0.416 9
	柬埔寨	5	93	0.555 5	0.501 8
	缅甸	16	140	0.583 3	0.547 3
	泰国	30	168	0.631 7	0.597 7
	马来西亚	19	158	0.634 2	0.591 3
	菲律宾	26	166	0.637	0.599 4
	印度尼西亚	121	219	0.62	0.585 1
	国际水稻所	103	184	0.544 4	0.504 8
南亚	阿富汗	2	48	0.327 6	0.245 7
	巴基斯坦	29	163	0.614 2	0.578 9
	尼泊尔	20	146	0.593 8	0.558 7
	不丹	4	70	0.422 1	0.372 4
	印度	199	262	0.666 2	0.635 2
	孟加拉国	36	165	0.617	0.575 9
	斯里兰卡	22	113	0.498 2	0.454 7
东亚	朝鲜	101	164	0.419 9	0.390 2
	韩国	33	125	0.458 1	0.422 8
	日本	272	180	0.363 3	0.335 1
中国	中国	203	330	0.713 4	0.685 9

综上所述，中国、南亚的印度、孟加拉、巴基斯坦和东南亚的菲律宾、马来西亚、泰国、印度尼西亚、越南等国家的栽培稻资源具有丰富的遗传变异和较高的SSR遗传多样性。

2. 欧洲

从表8.46中可以看出，不同国家的栽培稻在SSR水平上的遗传多样性指数相差不大，从0.461 5到0.209 0。其中，罗马尼亚基因多样性指数最高，是0.461 5，前南斯拉夫、葡萄牙由于取材少，基因多样性指数最低，分别为0.242 0、0.209 0。从整体上来看，东欧国家取材广，水稻普遍种植，其遗传多样性指数较西欧、南欧国家偏高。

表8.46 欧洲国家或研究机构的等位基因数、Nei's基因多样性指数和多态性信息含量

地理区	国家或研究机构	样本数	等位基因数	Nei's基因多样性指数	多态性信息含量
西欧	爱尔兰	1	28		0.034 5
	法国	9	76	0.347 6	0.355 0
东欧	阿尔巴尼亚	12	73	0.322 5	0.310 6
	保加利亚	11	89	0.385 8	0.384 7
	匈牙利	20	88	0.376 0	0.358 5
	罗马尼亚	14	100	0.461 5	0.456 3
	前苏联	22	99	0.390 2	0.377 9
	前南斯拉夫	5	57	0.242 0	0.263 2
南欧	葡萄牙	4	53	0.209 0	0.244 5
	意大利	17	88	0.348 8	0.337 6

3. 非洲

从表8.47中可知，不同国家间基因多样性指数相差较大。对材料数大于5份的国家进行统计，多样性最大的前5个国家依次是埃及(H_e=0.549 6)、马达加斯加(H_e=0.537 5)、尼日利亚(H_e=0.492 3)、几内亚(H_e=0.492 0)和科特迪瓦(H_e=0.465 0)。总体看来SSR分析的遗传多样性指数明显高于表型水平上的分析结果(表8.38)。就非洲各国家的相对遗传多样性大小而言，SSR分析的结果和表型分析的结果大体一致，只在遗传多样性最大的国家上出现了显著差异；在表型水平上马达加斯加的表型多样性指数最高，明显高于其他国家，而在SSR水平上，不仅马达加斯加的基因多样性指数高，还有埃及、尼日利亚、几内亚和科特迪瓦的高多样性指数。出现这种结果可能跟材料的组成、数目以及表型水平上环境和人为因素有关，由此说明，用不同的方法(表型、SSR)分析多样性，可能就会得到完全不同的结果。

表 8.47　非洲国家或研究机构的等位基因数、Nei's 基因多样性指数和多态性信息含量

地理区	国家或研究机构	样本数	等位基因数	Nei's 基因多样性指数	多态性信息含量
北非	埃及	15	128	0.549 6	0.548 3
西非	科特迪瓦	25	132	0.465 0	0.448 1
	塞拉利昂	2	43	0.115 3	0.162 7
	多哥	1	8		0.771 6
	加纳	1	27		0.069 0
	冈比亚	1	29	0.000 0	0.000 0
	几内亚	7	98	0.492 0	0.516 2
	尼日利亚	12	107	0.492 3	0.487 6
	IITA	4	58	0.248 9	0.284 9
	塞内加尔	1	29	0.000 0	0.000 0
	毛里塔尼亚	5	41	0.113 4	0.117 8
	马里	2	51	0.185 9	0.277 7
	布基纳法索	1	30	0.008 6	0.012 9
中非	刚果	5	56	0.245 2	0.263 2
	刚果(金)	5	85	0.400 4	0.446 9
东非	布隆迪	5	50	0.178 8	0.190 4
	坦桑尼亚	5	68	0.312 1	0.348 7
	马达加斯加	14	121	0.537 5	0.534 3
	乌干达	5	83	0.421 9	0.468 5
	索马里	2	47	0.155 2	0.232 8
南非	赞比亚	5	83	0.401 9	0.458 3

4. 美洲

从表 8.48 分析可知，SSR 分析的遗传多样性指数明显高于表型水平上的分析结果。对材料数大于 7 份的国家进行统计，SSR 多样性指数最高的国家依次是美国(H_e=0.592 5)、哥伦比亚(H_e=0.532 4)、巴西(H_e=0.479 0)和古巴(H_e=0.415 0)；表型水平上多样性指数较高的国家是美国(I=0.517 1)、苏里南(I=0.465 0)和哥斯达黎加(I=4 330)。SSR 多样性指数较高的哥伦比亚、巴西和古巴，其表型多样性指数偏低，分别是 0.260 5、0.390 3、0.232 2；而表型多样性指数偏高的苏里南、哥斯达黎加，其 SSR 多样性指数又低(H_e=0.350 2，H_e=0.215 6)。这可能一方面与材料间的差异有关，另一方面与 SSR 和表型揭示材料的多态性有关，与表型相比 SSR 分析能够检测出更多的位点，SSR 水平的遗传多样性普遍高于同工酶水平的多样性。从以上 5 个国家的两种方法分析结果来看，选用合适的材料数和遗传标记对遗传多样性分析非常重要，材料或遗传标记的差异可能会得出完全不同的结果。

表 8.48 美洲国家或研究机构的等位基因数、Nei's 基因多样性指数和多态性信息含量

地理区	国家或研究机构	样本数	等位基因数	Nei's 基因多样性指数	多态性信息含量
北美	美国	33	164	0.592 5	0.573 7
中美	巴拿马	5	71	0.341 2	0.381 6
	萨尔瓦多	5	81	0.396 9	0.440 4
	哥斯达黎加	3	55	0.215 6	0.303 4
	尼加拉瓜	1	18		0.379 3
	墨西哥	5	77	0.384 1	0.424 2
	波多黎各	1	26		0.103 4
	多米尼亚共和国	1	28		0.034 5
	古巴	28	99	0.415 0	0.388 8
	海地	1	26		0.245 7
南美	阿根廷	7	75	0.374 5	0.383 0
	智利	3	33	0.039 3	0.048 7
	巴西	9	97	0.479 0	0.487 7
	厄瓜多尔	2	40		0.229 8
	圭亚那	7	66	0.307 2	0.312 8
	委内瑞拉	1	27		0.069 0
	苏里南	4	73	0.350 2	0.416 2
	哥伦比亚	9	109	0.532 4	0.549 0

5. 大洋洲

如表 8.49 所示，大洋洲材料地理来源有限，数量又少，在此不作过多分析。

表 8.49 大洋洲不同国家或研究机构的等位基因数、Nei's 基因多样性指数和多态性信息含量

地理区	国家或研究机构	样本数	等位基因数	Nei's 基因多样性指数	多态性信息含量
澳大利亚、新西兰和美拉尼西亚	澳大利亚	18	99	0.420 5	0.398 3
	所罗门群岛	3	43		0.206 5

8.7.3.5 全球不同类型栽培稻间的遗传分化

亚种间的位点分化结果(F_{st}，表 8.50)表明，两个栽培稻亚种间的遗传分化在不同 SSR 标记上表现差异较大，其 F_{st}在 0.119 7～0.453 1 之间，平均为 0.290 9(表 8.50)。同时，这 29 个标记在亚种间的分化均达到极显著水平($P<0.001$)，表现出很强的籼粳特异性，可以作为籼粳分类标记。分子方差分析(AMOVA)(表 8.51)表明，虽然绝大部分的遗传变异存在于亚种内(85.0%)，在总遗传变异中，亚种间的遗传变异只有 15.0%，但遗传变异水平极显著($P<0.001$)。说明栽培稻种质资源的遗传多样性十分丰富，栽培稻的遗传多样性主要来自亚种内。

表 8.50 各地理组间和亚种间的遗传分化值(F_{st})和显著性值

染色体号	位点	9 个地理组的 F_{st}	9 个地理组的 P 值	各亚种的 F_{st}	各亚种的 P 值
1	rm23	0.306 0	0.000 0	0.440 3	0.000 0
1	rm5	0.174 2	0.000 0	0.187 1	0.000 0
2	rm211	0.180 4	0.000 0	0.250 6	0.000 0
2	rm262	0.302 4	0.000 0	0.440 7	0.000 0
2	rm71	0.243 0	0.000 0	0.360 9	0.000 0
3	rm231	0.207 2	0.000 0	0.252 3	0.000 0
3	rm251	0.251 6	0.000 0	0.338 9	0.000 0
3	rm60	0.223 6	0.000 0	0.239 9	0.000 0
4	rm255	0.271 2	0.000 0	0.340 8	0.000 0
5	rm164	0.222 6	0.000 0	0.249 1	0.000 0
5	rm249	0.226 6	0.000 0	0.255 2	0.000 0
5	rm267	0.341 1	0.000 0	0.447 7	0.000 0
6	rm190	0.208 3	0.000 0	0.264 2	0.000 0
6	rm225	0.210 4	0.000 0	0.243 0	0.000 0
6	rm253	0.213 4	0.000 0	0.273 1	0.000 0
7	rm134	0.208 4	0.000 0	0.264 9	0.000 0
7	rm18	0.212 1	0.000 0	0.258 6	0.000 0
7	rm82	0.195 2	0.000 0	0.226 1	0.000 0
8	rm223	0.155 2	0.000 0	0.206 2	0.000 0
8	rm42	0.394 3	0.000 0	0.453 1	0.000 0
9	rm219	0.140 1	0.000 0	0.173 4	0.000 0
9	rm242	0.225 6	0.000 0	0.287 2	0.000 0
9	rm296	0.170 8	0.000 0	0.225 7	0.000 0
10	rm258	0.308 0	0.000 0	0.379 6	0.000 0
11	rm224	0.227 5	0.000 0	0.306 5	0.000 0
11	rm254	0.106 8	0.000 0	0.119 7	0.000 0
12	rm235	0.244 9	0.000 0	0.300 3	0.000 0
12	rm247	0.222 7	0.000 0	0.285 2	0.000 0
12	rm270	0.273 8	0.000 0	0.365 7	0.000 0

表 8.51 籼粳亚种间分子方差分析

变异来源	自由度	变异成分	变异百分率/%	概率
亚种间	1	1.72	15.0	<0.001
亚种内	1 713	9.79	85.0	
合计	1 714	11.51	100.0	

地理组上的位点分化结果(F_{st},表 8.50)表明,不同 SSR 标记在栽培稻 9 个地理组中遗传分化同样差异较大,其 F_{st} 在 0.106 8～0.394 3 之间,平均是 0.229 9(表 8.52)。同时,这 29 个标记在 9 个地理组间的分化均达到极显著水平($P<0.001$)。分子方差(AMOVA)分析表

明(表 8.52),虽然绝大部分的遗传变异存在于地理组内(84.4%),在总变异中,地理组间遗传变异仅为 15.6%,但是组间遗传变异极显著($P<0.001$)。

表 8.52 地理组间分子方差分析

变异来源	自由度	变异成分	变异百分率/%	概率
地理组间	8	1.23	15.6	<0.001
地理组内	1 724	9.60	84.4	
合计	1 732	10.83	100.0	

各地理区的 AMOVA 分析显示(表 8.53),地理区间的遗传变异约占 15.6%,地理组内的遗传变异约占 84.4%。其中,地理区内约 22.7%的遗传变异来自东南亚,约 17.2%来自南亚,约 13.1%来自东亚(日本、韩国和朝鲜),约 12.3%来自中国,还有约 19.1%的遗传变异来自其他几个地区。进一步分析还发现,国家间所产生的变异占到总变异的 17.99%($P<0.001$),而其他 82.01%($P<0.001$)的变异是由国家内部品种间产生的,即大部分的变异是由国家内部产生的。由此表明,栽培稻的遗传多样性大部分是由东南亚、南亚、东亚和中国 4 个主要地区国家内部的遗传差异引起的,产生这一结果的原因可能是粳稻主要在东亚、中国被广泛种植,从亚热带到寒温带,自然环境差异较大;籼稻则在东南亚和南亚普遍种植,分布范围较为有限,从热带到亚热带;而其他地区的栽培稻资源多是由于历史、社会因素等从以上 4 个地区或引进或传播去的,自然环境的改变,适应性较低,种植范围就有局限性,所以其遗传变异就比较低。

F_{st}值是用来评价同一群体中不同个体间基因的相关性的,是亚群体水平遗传差异的一个测度。种群分化指数(F_{st})常用来表示两个种群间的遗传分化程度,在 0~1 的范围内,F_{st}值越大,两种群的分化程度越高。如果该值为 0,亚群体内所有等位基因的频率是相同的;如果该值为 1,则等位基因均不同。Wright 还提出遗传分化指数介于 0~0.05 之间的种群遗传分化很弱,介于 0.05~0.15 之间的种群遗传分化中等,介于 0.15~0.25 之间的种群遗传分化很大,大于 0.25 表明种群遗传分化极大。按照此标准,东南亚与美洲($F_{st}=0.024\ 6$)、南亚与东南亚($F_{st}=0.025\ 8$)、非洲与美洲($F_{st}=0.026\ 5$)、东南亚与非洲($F_{st}=0.035\ 1$)以及南亚与美洲($F_{st}=0.047\ 6$)具有极弱的遗传分化;而东亚与南亚($F_{st}=0.323\ 1$)、东亚与非洲($F_{st}=0.297\ 4$)、中国与东亚($F_{st}=0.296\ 9$)、东亚与东南亚($F_{st}=0.292\ 7$)、东亚与美洲($F_{st}=0.283\ 1$)、东亚与西亚($F_{st}=0.276\ 0$)具有极大水平的遗传分化;南亚与非洲($F_{st}=0.054\ 1$)等、非洲与大洋洲($F_{st}=0.152\ 2$)等分别具有中等程度和较大程度的遗传分化。不同地理组间的 F_{st}值从 0.024 6 到 0.323 1 不等,均显著大于零(表 8.54),表明 9 个地理组间等位变异显著不同。由于 F_{st}值是群体间两两对应的正交值,各群体间的 F_{st}值大小基本反映在前述描述中,不一一赘述。F_{st}值的大小反映群体间的变异大小,由此可以对应看出 9 个地理组间的群体变异大小的特征。

Nei's 遗传距离代表了组群间的遗传差异,即两个地理组间的遗传距离表示了两者之间的亲缘关系。从表 8.54 可以看出,南亚和东南亚栽培稻之间有最近的遗传距离。美洲和非洲与欧亚大陆板块存在明显的地理位置上的空间隔离,但是其栽培稻资源与东南亚、南亚两个地理组的栽培稻资源之间有比较近的遗传距离。大洋洲作为一个孤立的地理岛屿,其栽培稻和欧洲、东亚两个地理组的栽培稻之间也存在明显的空间隔离,但是从遗传关系上来看,大洋洲栽培稻和欧洲、东亚两个地理组的栽培稻之间仍然有比较近的遗传距离。

表 8.53 各地理区的分子方差分析

变因[a]		平方和	变异百分率/%
群体间	群体间	10 276.476 8	0.156 1
群体内亚群间	非洲	344.705 9	0.005 2
	美洲	319.992 3	0.004 9
	欧洲	92.254 8	0.001 4
亚群内个体间	中非	240.815 9	0.003 7
	东非	1 046.871 5	0.015 9
	北非	461.278 0	0.007 0
	南非	133.450 0	0.002 0
	西非	1 981.010 0	0.030 1
	中美	1 399.216 1	0.021 3
	北美	1 048.808 2	0.015 9
	南美	1 474.744 1	0.022 4
	中国	7 939.903 7	0.120 6
	东亚	8 516.627 9	0.129 4
	东欧	2 097.105 7	0.031 9
	南欧	408.767 5	0.006 2
	西欧	205.044 4	0.003 1
	大洋洲	509.916 2	0.007 7
	南亚	11 220.719 5	0.170 4
	东南亚	14 813.372 2	0.225 0
	西亚	492.207 7	0.007 5
个体内位点间	中非	10.000 0	0.000 2
	东非	13.000 0	0.000 2
	北非	17.000 0	0.000 3
	南非	4.000 0	0.000 1
	西非	69.000 0	0.001 0
	中美	24.000 0	0.000 4
	北美	25.000 0	0.000 4
	南美	24.000 0	0.000 4
	中国	178.000 0	0.002 7
	东亚	110.000 0	0.001 7
	东欧	28.000 0	0.000 4
	南欧	5.000 0	0.000 1
	西欧	4.000 0	0.000 1
	大洋洲	8.000 0	0.000 1
	南亚	115.000 0	0.001 7
	东南亚	159.000 0	0.002 4
	西亚	17.000 0	0.000 3
合计		65 833.288 4	1.000 0

注：[a]中国、东亚、东南亚、西亚和大洋洲等群体内不存在亚群，所以不存在群体内亚群间变异。

表 8.54　栽培稻 9 个地理组之间的 F_{st} 和 Nei's 遗传距离

	大洋洲	美洲	非洲	欧洲	西亚	东南亚	南亚	东亚	中国
大洋洲		0.216 6	0.230 3	0.162 9	0.268 2	0.285 6	0.355 7	0.175 7	0.397 8
美洲	0.141 1		0.053 8	0.226 4	0.171 5	0.050 5	0.090 9	0.230 5	0.250 7
非洲	0.152 2	0.026 5		0.234 4	0.164 9	0.057 9	0.084 8	0.244 3	0.255 5
欧洲	0.123 0	0.193 9	0.206 2		0.210 1	0.281 7	0.345 7	0.060 6	0.356 3
西亚	0.176 1	0.070 7	0.069 8	0.175 7		0.191 0	0.195 9	0.241 6	0.338 4
东南亚	0.185 6	0.024 6	0.035 1	0.216 9	0.079 7		0.048 5	0.285 9	0.228 7
南亚	0.220 3	0.047 6	0.054 1	0.249 7	0.079 4	0.025 8		0.333 8	0.247 4
东亚	0.186 7	0.283 1	0.297 4	0.078 6	0.276 0	0.292 7	0.323 1		0.363 6
中国	0.193 3	0.103 2	0.105 2	0.217 4	0.115 8	0.096 9	0.103 9	0.296 9	

注：下半部分是 F_{st} 值，上半部分是 Nei's 遗传距离(1983)。

采用 PowerMarker Ver3.25 计算不同地理组栽培稻种质资源间的 Nei's 遗传距离，借助 MEGA3.1 的绘图功能获得地理组间聚类图(图 8.33)。从图 8.33 可以看出，从截距 0.132 10 处分割，形成组群Ⅰ和组群Ⅱ；从截距 0.035 50 处更进一步分割，组群Ⅰ下又分成亚组群Ⅰ-1 即大洋洲群、亚组群Ⅰ-2 即东亚和欧洲群；组群Ⅱ下又分为亚组群Ⅱ-1、Ⅱ-2 和Ⅱ-3，亚组群Ⅱ-1 仅由中国资源群组成，亚组群Ⅱ-2 同样仅由西亚资源群组成，亚组群Ⅱ-3 由南亚、东南亚、非洲和美洲 4 个地理组资源组成。聚类图显示，南亚与东南亚资源群间的遗传距离最近，与非洲和美洲资源群间的遗传距离次之，且同属于亚组群Ⅱ-3，表明南亚、东南亚、非洲和美洲 4 个地理组间栽培稻种质资源间的亲缘关系近；中国资源群属于亚组群Ⅱ-1，西亚资源群属于亚组群Ⅱ-2，两者虽与亚组群Ⅱ-3 组群中的南亚、东南亚 2 个资源群同处亚洲大板块，但其资源群间的亲缘关系较远。大洋洲作为一个孤立的地理组，属于亚组群Ⅰ-1，但是从遗传距离上看大洋洲与亚组群Ⅰ-2 即东亚和欧洲群之间仍有比较近的遗传关系。组群Ⅰ与组群Ⅱ间的遗传距离最大，显示不同地理来源栽培稻种质可粗略分为两大群，资源群间存在明显的地理差异。

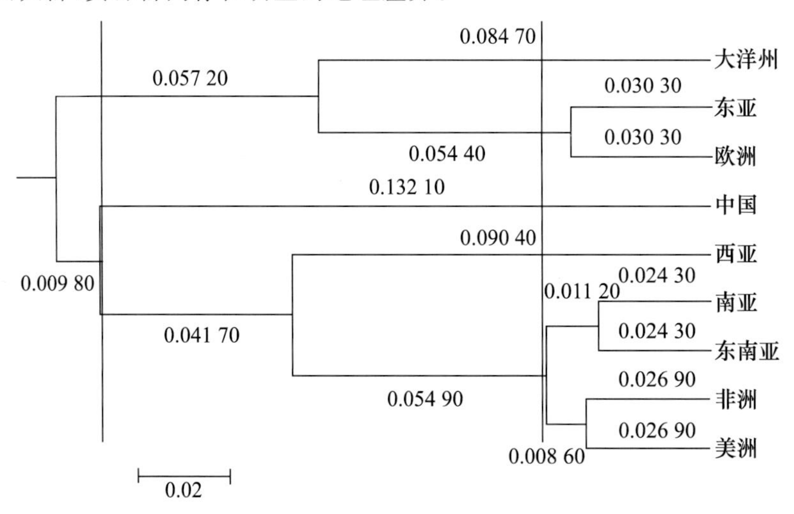

图 8.33　栽培稻 9 个地理组的 UPGMA 聚类图

8.7.3.6 栽培稻遗传多样性的地理分布及其遗传多样性中心

该研究结果表明，栽培稻 9 个地理组的遗传变异及多样性分布是不均等的。总体上来看，中国、南亚和东南亚无论是等位基因数还是基因多样性指数都显著高于其他地理组，即 SSR 的遗传多样性中国＞南亚＞东南亚＞非洲＞美洲＞西亚＞欧洲＞大洋洲＞东亚。东南亚及南亚是亚洲栽培稻的起源地，稻种资源遗传多样性十分丰富。与亚洲栽培稻的另一个起源地——中国相比，该区域栽培稻 Nei 基因多样性指数较低。进一步分析亚洲 5 个地理组 23 个国家或国际机构，结果显示：中国、南亚的印度、孟加拉、巴基斯坦和东南亚的菲律宾、马来西亚、泰国、印度尼西亚、越南等国家的栽培稻资源具有较丰富的遗传变异和较高的基因多样性指数。综合以上分析，验证了中国、南亚和东南亚是亚洲栽培稻的遗传多样性中心，其他地理组为多样性中心的传播扩散带，遗传多样性较低。Harlan(1975)提出，作为遗传多样性中心应满足以下几个条件：首先，应具有悠久的栽培历史。前人研究证明中国、南亚和东南亚拥有7 000多年的稻作历史，形成了丰富的稻种资源，这些稻种对原产地的栽培条件与耕作制度具有高度适应性，并携带许多优良或特殊性状的基因，至今，仍然在许多地方被广泛种植。其次，复杂多样的生态环境。中国、南亚和东南亚跨热带和亚热带气候，以珠穆朗玛峰为屏障，澜沧江贯穿其中，生态环境错综复杂，具有明显的立体农业生态环境，形成了多种多样的生态类型品种并具有突出的抗逆、抗病虫性。第三是多彩的人文文化和生活习俗。中国、南亚和东南亚少数民族众多，尤其在中国西南，少数民族的种类约占全部少数民族的 70%。由于民族不同、爱好不同及用途的差异，出现了大量黑米、紫米、红米、香米品种和类型，从而形成了具有多样性的数以万计的稻种资源。最后，要有野生近缘种存在。中国的云南、广西和海南等省份广泛分布有普通野生稻，南亚和东南亚也分布有普通野生稻、尼瓦拉野生稻和杂草型野生稻等。从以上分析可以看出，中国、南亚和东南亚具备栽培稻遗传多样性中心的所有条件。

参考文献

[1] 程侃声，周季维，卢义宣，等．云南稻种资源的综合研究与利用Ⅱ．亚洲栽培稻分类的再认识．作物学报，1984，10:271-280.

[2] 丁颖．中国栽培稻种的起源及其演变．农业学报，1957，8(3):246-260.

[3] 黄燕红，孙新立，王象坤．中国栽培稻遗传多样性中心的研究//中国栽培稻起源与演化研究专集.北京:中国农业大学出版社，1996:85-91.

[4] 蒋志农，晏一祥，云南稻种遗传资源的多样性.遗传，1998，S1.

[5] 李自超，张洪亮，等.云南稻种资源表型遗传多样性的研究.作物学报，2001，27(6):832-837.

[6] 柳子明.中国栽培稻的起源及其发展，遗传学报，1975，2(1):23-30.

[7] 汤圣祥，江云珠，魏兴华，等．中国栽培稻同工酶的遗传多样性．作物学报，2002，28(3):203-207.

[8] 孙传清，王象坤，吉村淳．普通野生稻和亚洲栽培稻遗传多样性的研究．遗传学报，2000，27(3):227-234.

[9] 孙新立，才宏伟，王象坤.水稻同工酶基因多样性及非随机组合现象的研究。遗传学报，1996，23:276-285.

[10] 王象坤，程侃声，等．云南稻种资源的综合研究与利用:Ⅲ 云南的光壳稻．北京农业大学学报，1984，10(4).

[11] 王象坤，程侃声，黄迺威，等．亚洲栽培稻起源、演化中两个主要稻种类型的研究．遗传学报，1987，14(4)：262-270.
[12] 熊健华. 稻作资源的同工酶研究//蒋志农. 云南稻作. 昆明：云南农业科技出版社，1994：75-80.
[13] 杨昌达．贵州省水稻种植区划//中国水稻研究所. 中国水稻种植区划．杭州：浙江科学技术出版社，1989：98-103.
[14] 张洪亮，李自超，曹永生，等．表型水平上检验水稻核心种质的参数比较．作物学报，2003，29(2)：252-257.
[15] 张尧忠，程侃声，贺庆瑞．从酯酶同工酶看亚洲稻的地理起源及亚种演化．西南农业学报，1989，2(4)：1-6.
[16] 王彪，常汝镇，陶莉，等．分析中国栽培大豆遗传多样性所需 SSR 引物的数目．分子植物育种，2003，1：82-88.
[17] 朱英国，冯新华，梅继华，等. 我国水稻农家品种酯酶同工酶地理分布研究．中国农业科学，1985，1.
[18] 肖春杰，杜若甫，Cavalli-Sforza，等．中国人群基因频率的主成分分析．中国科学(C)，2000，30(4)：434-442.
[19] Brown A H D. Core collections：A practical approach to genetic resources management，Genome，1989，31：818-824.
[20] Chang T T. The origin，evolution，cultivation，dissemination，and diversification of Asian and African rices. Euphytica 1976，25：435-441.
[21] Dally A M，Second G Chloroplast DNA diversity in wild and cultivated species of rice (Genus *Oryza*，section Oryza). Cladistic-mutation and genetic-distance analysis. Theor Appl Genet，1990，80：209-222.
[22] Diego F Wyszynski，Nancy Maestri，Iain McIntosh，et al. Evidence for an association between markers on chromosome 19q and non-syndromic cleft lip with or without left palate in two groups of multiplex families. Hum Genet，1997，99：22-26.
[23] Excoffier L，Smouse P E，Quattro J M. Analysis of molecular variance inferred from metric distances among DNA haplotypes：application to human mitochondrial DNA restriction data. Theor Appl Genet，1992，131(2)：479-491.
[24] Falush D，Stephens M，Pritchard J K. Inference of population structure using multilocus genotype data：linked loci and correlated allele frequencies. Genetics，2003，164：1567-1587.
[25] Fanizza G，Colonna G. The effect of the number of RAPD markers on the evaluation of genotypic distances in Vitis vinifera. Euphytica，1999，107(1)：45-50.
[26] Hurlbert S H. The nonconcept of species diversity：a critique and alternative parameters. Ecology，1971，52(4)：577-586.
[27] Kalinowski S T. How many alleles per locus should be used to estimate genetic distances? Heredity，2002，88：62-65.
[28] Garris A J，Tai T H，Coburn J，et al. Genetic Structure and Diversity in *Oryza sativa* L. Genetics，2005，169：1631-1638.
[29] Glaszman J C. Isozymes and classification of Asian rice vrieties. Theor Appl Genet，

1987,74: 21-30.

[30] Goff S A, Ricke D, Lan T H,et al. A draft sequence of the rice genome (*Oryza sativa* L. ssp. *japonica*). Science,2002,296(5): 92-100.

[31] Goudet J. FSTAT, a program to estimate and test gene diversities and fixation indices (version 2. 9. 3). Available from http://www. unil. ch/izea/softwares/fstat. html,2001.

[32] Harlan J R. Our vanishing genetic resources. Science,1975,188:618-621.

[33] Kikuchi S, Isagi Y. Microsatellite genetic variation in small and isolated populations of magnolia sieboldii ssp. *Japonica*. Heredity (Edinb),2002,88(4):313-321.

[34] Le Clerc V, Briard M, Peltier D. Evaluation of Carrot Genetic Substructure: Comparison of the Efficiency of Mapped Molecular Markers with Randomly Chosen Markers. Acta Hort (ISHS),2001,546: 127-134.

[35] Le Clerc V, Briard M, Revollon P. Influence of number and map distribution of AFLP markers on similarity estimates in carrot. Theor Appl Genet,2002,106(1):157-162.

[36] Li Y C, Fahima T, Beiles A, et al. Microclimatic stress and adaptive DNA differentiation in wild emmer wheat, Triticum dicoccoides. Theor Appl Genet,1999,98: 873-883.

[37] Li Y C, Röder M S, Fahima T,et al. Natural selection causing microsatellite divergence in wild emmer wheat at the ecologically variable microsite at Ammiad, Israel. Theor Appl Genet,2000,100: 985-999.

[38] Li Z C, Zhang H L, Zeng Y W,et al. Studies on phenotypic diversity of rice germplasm in Yunnan, China. Acta Agronomica Sinica,2001,27(6): 832-837.

[39] Li Z C, Zhang H L, Zeng Y W, et al. Studies on sampling schemes for the establishment of core collection of rice landraces in Yunnan, China. Genet Resour Crop Evol,2002,49: 67-74.

[40] Liu K, Muse S. PowerMarker: New Genetic Data Analysis Software, Version 2.7 (http://www. powermarker. net/),2004.

[41] Lu H, Bernado R. Molecular marker diversity among current and historical maize inbreds. Thero Appl Genet,2001. 103:613-617.

[42] Marie-Claude Leclerc, Patrick Durand, Thierry de Meeus,et al. Genetic diversity and population structure of Plasmodium falciparum isolates from Dakar, Senegal, investigated from microsatellite and antigen determinant loci. Microbes and Infection, 2002,4: 685-692.

[43] Miller M P. Tools for population genetic analyses (TFPGA) 1.3: A windows program for the analysis of allozyme and molecular population genetic data. 1997.

[44] Nakagabra M. The differentiation, classification and center of genetic diversity of cultivated rice (*Oryza sativa* L.) by isozyme analysis. Trop Agr Res Ser, 1978, 11: 77-82.

[45] Nei M. Analysis of diversity in subdivided populations. Proc Natl Acad Sci, 1973, 70: 3321-3323.

[46] Nei M, Tajima F A Tateno. Accuracy of estimated phylc- genetic trees from molecular data. J Mol Evol,1983, 19: 153-170.

[47] Oka H I. Origin of Cultivated Rice. Jnp Sci Soc Press, Tokyo: 1988.
[48] Panaud O, Chen X, McCouch S R. Development of microsatellites and characterization of simple sequence repeat polymorphism in rice (*Oryza sativa* L.). Mol Gen Genet 1996, 252: 597-607.
[49] POP100GENE (V1. 1. 03, 1999). http://www. ensam. inra. fr/URLB/pop100gene/pop100gene. html
[50] Pritchard J K, Stephens M, Donnelly P. Inference of population structure using multilocus genotype data. Genetics, 2000, 155: 945-959.
[51] Reynolds J, Weir B S, Cockerham C C. Estimation of the coancestry coefficient: basis for a short-term genetic distance. Genetics 1983, 105: 767-779.
[52] Sano Y, Sano R. Variation of the intergenic spacer region of ribosomal DNA in cultivated wild rice species. Genome, 1990, 33: 209-218.
[53] Second G. Evolutionary relationship in the Satina group of Oryaz baoed on isozyme data. Genet Sal Evol, 1985, 17: 89-114.
[54] Sheldon A L. Equitability indices: dependence on the species count. Ecology, 1969, 50: 466-467.
[55] Steel R G D, Torrie J H. Principles and procedures of statistics. McGraw-Hill Book Company, 1980.
[56] Takezaki N, Nei M. Genetic distances and reconstruction of phylogenetic trees from microsatellite DNA. Genetics. 1996, 144: 389-399.
[57] Tautz D, Renz M. Simple sequences are ubiquitous repetitive components of eukaryotic genomes. Nucleic Acids Res, 1984, 12: 4127-4138.
[58] Vigouroux Y, Matsuoka Y, Doebley J. Directional evolutionary for microsatellite size in maize. Mol Biol Evol, 2003, 20: 1480-1483.
[59] Virk P S, Newbury H J, Jackson M T, et al. Are mapped markers more useful for assessing genetic diversity? Theoretical Applied Genetics, 2000, 100: 607-613.
[60] Wang X K, Sun C Q, Cai H W, et al. Origin of the Chinese cultivated rice (*Oryza sativa* L.). Chinese Science Bulletin, 1999, 44(2): 295-304.
[61] William J Boecklen, Daniel J Howard. Genetic analysis of hybrid zones: Numbers of markers and power of resolution. Ecology, 1997, 78 (8): 2611-2616.
[62] Zhang D L, Zhang H L, Wei X H, et al. Genetic Structure and Diversity of *Oryza sativa* L. in Guizhou, China. Chinese Science Bulletin, 2007a, 52: 343-351.
[63] Zhang H L, Sun J L, Wang M X, et al. Genetic structure and phylogeography of rice landraces in Yunnan, China revealed by SSR. Genome, 2007b, 50: 72-83.
[64] Zhang X Y, Li C W, Wang L F, et al. An estimation of the minimum number of SSR alleles needed to reveal genetic relationships in wheat varieties. I. Information from large-scale planted varieties and cornerstone breeding parents in Chinese wheat improvement and production. Theor Appl Genet, 2002, 106: 112-117.

第9章

中国普通野生稻的遗传变异及群体结构

普通野生稻是亚洲栽培稻的祖先种，蕴含着极其丰富的遗传变异，其抗逆、高产、优质等基因资源在栽培稻遗传改良中有广阔的应用前景。中国作为栽培稻起源地之一，拥有丰富的普通野生稻资源。研究中国普通野生稻的遗传多样性及其群体结构不仅有助于有目标地发掘野生稻丰富的变异，也有助于理解普通野生稻向栽培稻的演化和进化。

9.1 中国普通野生稻的遗传多样性

前人已有诸多关于中国普通野生稻遗传多样性的报道，然而，就前人研究所利用的群体规模及其分布来看，材料的代表性尚有欠缺。一方面是以局部省份的普通野生稻为材料进行研究，例如广西(余萍等，2004)、海南(王效宁等，2007)、江西(李桂花等，2004)和云南(杨庆文等，2004)；另一方面是对来源于不同地区的自然居群进行考察(Gao et al，2000a；Gao et al，2000b；Song et al，2003；Zhou et al，2003；王艳红等，2003)；其中，材料规模最大的仅来自24个县市。显然，相对于中国113个县市的分布来说，对了解中国普通野生稻遗传多样性的全貌具有较大的局限性。获得能代表整个中国普通野生稻资源的取样群体，是了解中国普通野生稻真正遗传多样性规律的关键。余萍等(2003)构建了中国普通野生稻的初级核心种质，用15%的材料代表了整个普通野生稻种质资源90.5%的表型性状的多样性。本研究所用材料包含了中国普通野生稻初级核心种质，利用36对SSR标记进行多样性分析，比较了各省份、各经纬区间、各县(市)普通野生稻的遗传多样性和遗传分化，为进一步研究，开发和保护野生稻资源提供基础资料。

来自中国普通野生稻初级核心种质的864份材料，分布在海南(88)、广东(268)、广西(256)、福建(59)、湖南(107)、江西(86)6个省份(余萍等，2003)，另外25份材料来自云南。上述每份材料均来自同一种茎繁殖的植株。

等位基因数(A_n)、基因多样性指数(GD)、实际杂合度(H_o)、基因型数(G_n)、位点多态性指数(PIC)被用来描述普通野生稻的遗传多样性,上述参数的计算是用 POWERMARKER 3.25 完成的。在本研究中特有等位变异(SA_n)是指只存在于某一个省的等位变异,相关统计在 Excel 中完成。为了考察普通野生稻的遗传多样性在各省的分布,利用 POWERMARKER 3.25 中的 AMOVA 方法计算了遗传多样性在各省内和省间的分布。由于材料在各省的分布是不均匀的,为了消除材料数的影响,利用软件 HP-Rare(Kalinowski, 2005)中所提供的 Rarefaction 方法计算了各省以及各县市普通野生稻的基因丰度。群体间遗传关系的主坐标分析(PCO)在 NTSYS 2.1e 中完成。另外,各省普通野生稻之间的遗传距离(Nei, 1983)以及聚类分析在 POWERMARKER 3.25 中完成。

9.1.1 普通野生稻 SSR 位点的多态性

利用 36 对 SSR 引物从 889 份普通野生稻中共检测到 777 个等位变异(不包括 28 个零等位,表 9.1),3 295 个基因型。单个位点等位变异数 9～53 个,平均每个位点 21.58 个。单个位点的基因型 17～320 个,平均每个位点 91.53 个。基因多样性指数、杂合度、多态性指数的分布范围分别是 0.275 6～0.965 3、0.263 8～0.964 3、0.304 0～0.964 3。平均基因多样性指数、平均杂合度、平均多态性指数分别是 0.800 2、0.357 2、0.782 7。SSR 等位变异的频率范围是 0.000 6～0.842,可见普通野生稻各位点之间的多态性存在较大的差异,并且普通野生稻含有大量的低频率等位变异,等位变异频率在 0.05 以下的约占总量的 74.16%(图 9.1)。

表 9.1 普通野生稻 SSR 位点的多态性

位点	G_n	A_n	GD	H_o	PIC
rm251	320	53	0.965 3	0.547 8	0.964 3
rm296	20	9	0.317 4	0.233 4	0.304 0
rm134	17	10	0.576 6	0.333 3	0.496 6
rm71	69	27	0.598 9	0.442 8	0.564 4
rm216	85	18	0.855 4	0.556 3	0.840 1
rm267	96	20	0.890 5	0.519 2	0.880 9
rm190	22	13	0.418 6	0.328 8	0.374 5
rm270	109	25	0.883 3	0.316 2	0.872 4
rm25	75	16	0.815 5	0.420 6	0.798 4
rm82	39	16	0.661 5	0.345 0	0.603 5
rm60	18	9	0.275 6	0.153 7	0.263 8
rm247	131	23	0.911 1	0.455 3	0.904 6
rm206	186	35	0.951 3	0.301 3	0.949 1
rm18	98	31	0.929 2	0.195 8	0.924 9
rm81a	66	19	0.846 3	0.615 4	0.830 3

续表 9.1

位点	G_n	A_n	*GD*	H_o	*PIC*
rm224	82	21	0.753 1	0.437 9	0.734 7
rm225	106	24	0.917 4	0.418 4	0.911 8
rm235	103	26	0.815 7	0.236 2	0.797 6
rm231	64	18	0.804 1	0.316 2	0.781 8
rm249	152	28	0.946 4	0.335 2	0.943 8
rm219	91	22	0.913 7	0.221 8	0.907 3
rm241	178	33	0.950 2	0.389 0	0.947 9
rm262	35	18	0.869 3	0.035 1	0.855 6
rm164	42	16	0.833 7	0.113 8	0.816 7
rm42	69	15	0.872 2	0.418 7	0.859 0
rm242	71	21	0.706 2	0.293 5	0.681 0
rm244	21	8	0.636 9	0.123 5	0.571 8
rm255	85	23	0.880 9	0.283 5	0.870 4
rm223	95	24	0.882 2	0.274 5	0.873 6
rm23	64	15	0.836 6	0.322 0	0.817 7
rm254	85	23	0.885 1	0.379 4	0.874 3
rm211	67	19	0.767 6	0.476 0	0.746 9
rm335	174	24	0.938 2	0.584 9	0.934 7
rm258	101	22	0.887 4	0.386 4	0.877 9
rm253	157	28	0.936 6	0.538 9	0.932 9
rm5	102	25	0.878 3	0.510 7	0.866 4
平均	91.527 8	21.583 3	0.800 2	0.357 2	0.782 7

注：G_n—基因型数，A_n—等位变异数，*GD*—基因多样性指数，H_o—实际杂合度，*PIC*—多态性信息指数。

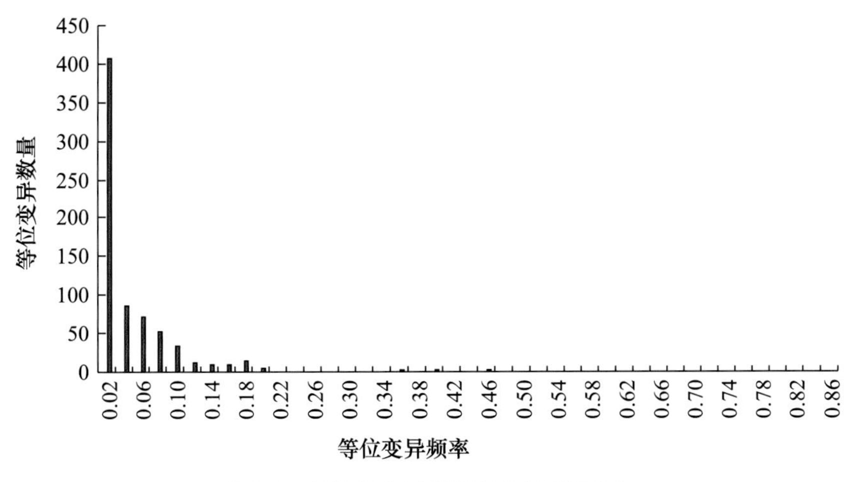

图 9.1 普通野生稻等位变异的频率分布

王象坤等(2004)通过研究中国和其他 8 个亚洲国家的普通野生稻,从多态性位点、等位基因数、平均等位基因数、基因型多态性等几个方面证明中国是亚洲,也可能是世界上普通野生稻最大的遗传多样性中心。该节结果表明中国普野平均每个位点上的变异数为 21.58,变异数最高的达到 53 个,明显大于前人得到的等位变异数(3.1 个(Gao et al, 2002)、10.6 个(Zhou et al, 2003)、5 个(Song et al, 2003)),主要原因可能是本研究所用材料来自中国普通野生稻初级核心种质,分布广泛,涉及 7 个省份的 100 个县市,具有较强的代表性。利用相同的 36 对 SSR 引物在 4 310 份栽培稻中检测到 605 个等位变异,平均每个位点的等位变异数是 16.8 个(未发表)。可见,普通野生稻的等位变异数和基因多样性明显大于栽培稻,人类的驯化过程使栽培稻丢失了大量的遗传信息,普通野生稻遗传资源的利用将大大拓宽栽培稻的遗传基础,这与前人利用其他标记所得到的研究结论一致。

由于野生种生长环境比较复杂,包含的等位变异数量较大,大部分的等位基因的频率较低,中国普通野生稻 SSR 等位变异频率的分布范围是 0.000 6～0.824,约 3/4 的变异频率低于 0.005。但是,在这些变异中可能存在对生物及非生物逆境有一定抗耐性的变异类型。等位变异数量多、频率小是普通野生稻基因资源的两大特点。数量多意味着普通野生稻可以为水稻育种提供大量的有益基因;而频率小则提醒我们,普通野生稻遗传资源虽然丰富但是非常脆弱,如果普通野生稻的生存环境继续恶化,这些小频率等位变异将大量地消失。

9.1.2 各省普通野生稻的遗传多样性

普通野生稻遗传多样性在各省的分布有较大的差异(表 9.2),基因多样性指数、杂合度以及多态性信息指数最高的是海南,其他省份从大到小依次是广东、广西、福建、湖南、江西,最小的是云南。广东是等位变异最多的省份,其他省份从多到少的顺序依次是广西、海南、湖南、福建、江西,最少的是云南。特有等位变异主要分布在广东、广西两省份境内,海南、福建和湖南有少量的特有等位变异,而江西和云南则没有特有等位变异出现。群体的遗传多样性尤其是等位变异数和特有等位变异会受到材料数的影响,基因丰度则受材料数影响较小;各省普通野生稻的基因丰度显示海南是基因丰度最高的省份(表 9.2),基因丰度大小的顺序和基因多样性指数基本一致。AMOVA 计算结果显示,普通野生稻遗传多样性多数存在于以省为单位的群体内部,其中所占比例最大的是广东省,最小的仍然是云南省。仅有 8.53%的遗传多样性存在于各省之间。

图 9.2 所示为各省份在每个 SSR 位点上的多样性指数,由该图可以看出,海南、广东、广西 3 省份的在各位点的基因多样性指数比较接近,云南、江西、湖南 3 省在各位点的基因多样性指数与其他省份差异较大。云南省和江西省的普通野生稻几乎在所有的 SSR 位点上的基因多样性指数都是较小的,这说明这两省普通野生稻的基因多样性指数较低,并不是个别位点造成的,而是在整个基因组上的基因多样性都较低。但是各位点基因多样性的差异程度不同,例如在 RM211、RM296、RM71、RM60 上,云南和江西普通野生稻的基因多样性指数都在 0.1 以下,而海南、广西、广东 3 省份在上述位点上的基因多样性指数要比云南、江西高 4～44 倍。由此可见,生存环境可能对普通野生稻整个基因组的多态性都有明显的影响,而且对少数区段的影响非常巨大。

表 9.2 不同省份普通野生稻遗传多样性的比较

	广东	广西	海南	福建	湖南	江西	云南
N	268	256	88	59	107	86	25
G_n	2 037	1 615	1 118	579	823	397	96
A_n	647	613	537	368	435	275	100
GD	0.787 9	0.785 9	0.823 1	0.710 7	0.682 7	0.541 2	0.185 4
H_o	0.426 9	0.365 9	0.460 5	0.354 9	0.265 3	0.207 9	0.071 1
PIC	0.770 2	0.765 1	0.805 5	0.680 8	0.658 8	0.497 8	0.167 9
$AMOVA$	0.30	0.280 9	0.102	0.059 2	0.102 2	0.065 7	0.006 6
SA_n	67	53	2	4	8	0	0
GR	5.730 0	5.690 0	5.980 0	4.643 3	4.803 3	3.300 0	1.753 3

注：N—材料数；G_n—基因型数；A_n—等位变异数；GD—基因多样性指数；H_o—实际杂合度；PIC—多态性信息指数；$AMOVA$—分子方差分析中遗传多样性在群体内的分布比例；SA_n—特有等位变异；GR—基因丰度。

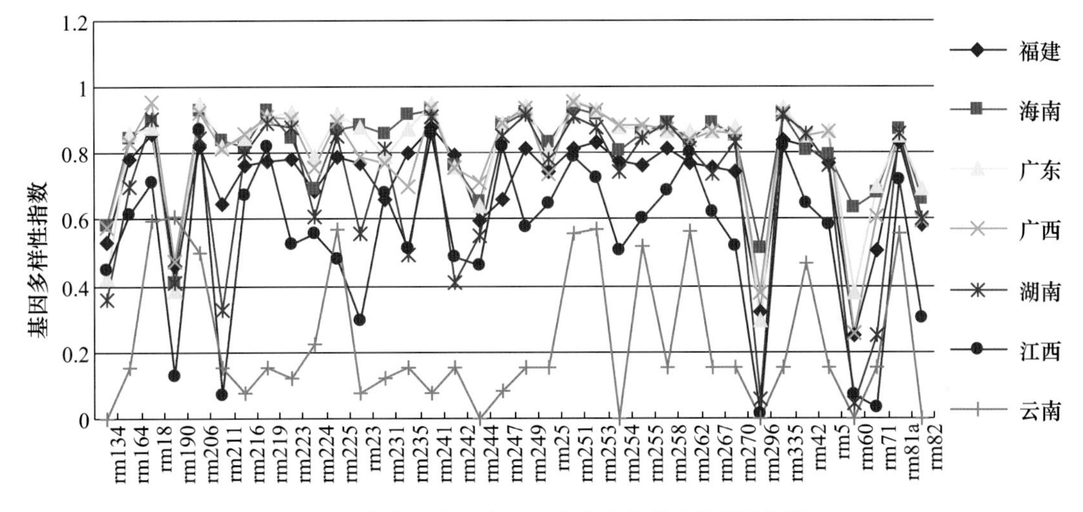

图 9.2 各省份在每个 SSR 位点上的基因多样性指数

9.1.3 各省普通野生稻之间的遗传关系

中国现存普通野生稻分布于 7 个省份，除了在广东和广西两省是连续分布外(没有明显的空间隔离或自然障碍)，云南、福建、湖南、江西的普通野生稻均呈残片状分布，长期处于孤立生存状态。不同地区普通野生稻之间产生了程度不同的遗传分化。图 9.3 是中国普通野生稻个体材料的主坐标(PCO)三维立体图。从图中可以看出分布在中国普通野生稻生存区域西部边沿的云南、东部边沿的福建、北部边沿的江西和湖南的普通野生稻都形成了比较独立的群体。在地理上位于中心位置的广东、广西的普通野生稻之间没有明显的分化。从表 9.3 也可以看出，广东普通野生稻和广西普通野生稻之间有最近的遗传距离。海南作为一个孤立的岛屿，其普通野生稻和广东、广西两个地区的普通野生稻之间存在明显的空间隔离，但是从遗传关系上来看，海南普通野生稻和广东、广西两省的普通野生稻之间仍然有比较近的遗传关系（表 9.3）。图 9.4 是以省为单位，根据 Nei's 遗传距离进行的 UPGMA 聚类结果，显示北方普通野生稻（湖南和江西）之间有较近的遗传关系；除了云南普通野生稻以外，南方普通野生稻（广东、广西和海南）之间也有较近的遗传关系，南北普通野生稻被清晰地划分开。云南普通野生稻则是一个比较特殊的群体，与所有省份的普通野生稻都有最远的遗传关系。

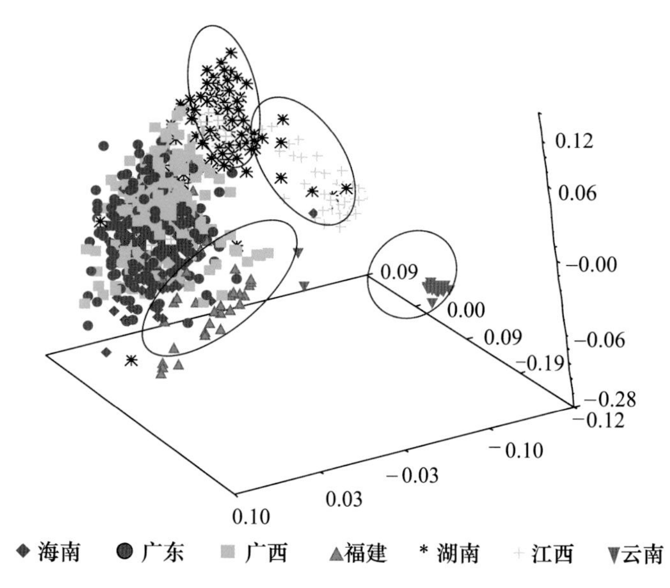

图 9.3　中国普通野生稻个体材料的主坐标（PCO）三维立体图

表 9.3　各省份普通野生稻之间的遗传距离（Nei，1983）

省份	广东	广西	海南	福建	湖南	江西
广西	0.072 1					
海南	0.094 5	0.141 6				
福建	0.181 5	0.197 6	0.241 4			
湖南	0.156 9	0.157 8	0.237 6	0.234 4		
江西	0.282 0	0.293 4	0.353 4	0.335 2	0.236 8	
云南	0.754 5	0.758 6	0.771 8	0.795 3	0.789 8	0.861 4

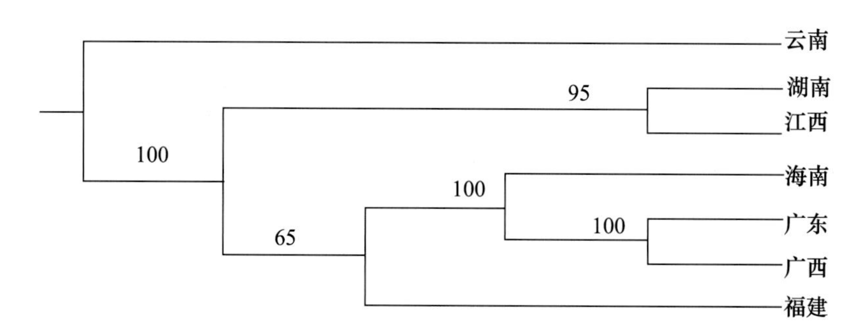

图 9.4　各省份普通野生稻基于 Nei's 遗传距离的 UPGMA 聚类图

表 9.4　普通野生稻遗传多样性在经纬区间内的分布

	经度/(°E)	纬度/(°N)									
		18～19	19～20	20～21	21～22	22～23	23～24	24～25	25～26	26～27	28～29
GD	100～105				0.069 4		0.22				
	105～110	0.76	0.79		0.65	0.74	0.77	0.72	0.5		
	110～115	0.47	0.79	0.79	0.78	0.79	0.78	0.75	0.7	0.62	
	115～120					0.74	0.74	0.71	0.54		0.54
N	100～105			2		25					
	105～110	16	22		12	63	102	9			
	110～115	2	18	32	32	105	119	21	73	48	
	115～120					19	26	59	85		85
G_n	100～105				41		131				
	105～110	349	452		208	604	1 035	235			
	110～115	66	387	556	578	1 147	1 301	394	742	482	
	115～120				404	464	584	395			395
A_n	100～105				44		135				
	105～110	299	365		208	424	504	232			
	110～115	87	344	376	406	555	556	321	439	325	
	115～120					325	352	375	275		275

注：*GD*—基因多样性指数；*N*—材料数；G_n—基因型数；A_n—等位变异数。

9.1.4　中国普通野生稻在不同经纬区间以及县市的遗传多样性

为了研究普通野生稻遗传多样性的地理分布规律，该研究根据经度和纬度将中国普通野生稻所在的地区分成 24 个经纬区间，表 9.4 是中国普通野生稻在不同经纬区间内的材料数、等位变异数、基因型数和基因多样性指数。其中(105°～110°E)×(23°～24°N)、(110°～115°E)×(22°～23°N)、(110°～115°E)×(23°～24°N)3 个区间普通野生稻群体规模、等位变异数和基因型数明显大于其他经纬区间，并且拥有较高的基因多样性。这 3 个经纬区间位于广东和广西两省境内。另外还可以看出，在 23°N 以南的地区，普通野生稻的基因多样性的大小没有明显的变化；而在 23°N 以北，普通野生稻的基因多样性则是随着纬度的升高而降低。

除了按照经纬区间，还考察了普通野生稻遗传多样性在各县市的分布。考虑到各县市材料的分布的不均衡性，采用基因丰度来考察各县市普通野生稻的基因多样性以规避材料数的影响(图 9.5)。在广东、广西两省境内分别有一个普通野生稻基因丰度最高的县市集中分布的区域，广西境内是红河、郁江两河流附近的邕宁，隆安、紫江和贵港等县市及其附近区域；广东境内是东江附近的博罗、紫江、陆丰、海丰、惠东、惠阳等县市。这两个区域都位于在前文所提到的遗传多样性最高的经纬区间内。

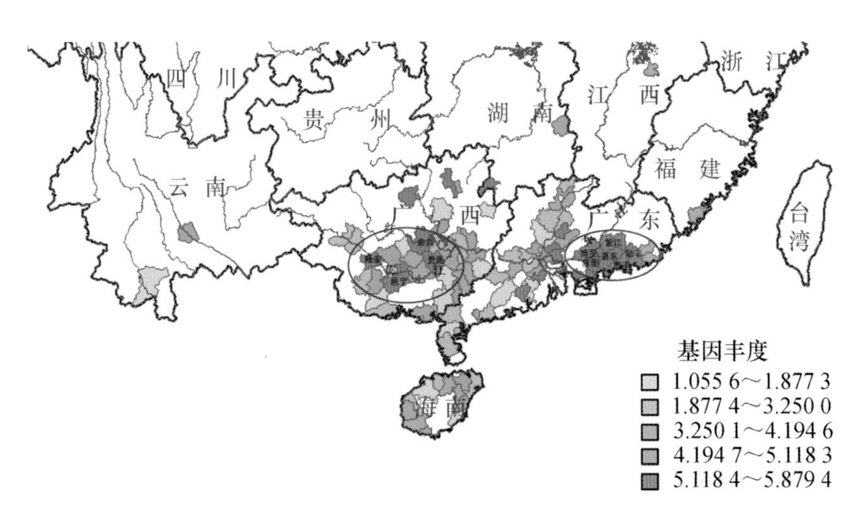

图 9.5　中国普通野生稻基因丰度的分布(以县为单位)

9.1.5　中国普通野生稻遗传多样性的地理分布规律及其遗传多样性中心

中国稻种资源的收集和保存主要以行政区划省为单位。因此，了解普通野生稻在各省的遗传多样性分布，对中国普通野生稻资源的管理、利用和保护工作有重要的意义。广东、广西是中国普通野生稻的主要分布地区，分别收集到了 2 625 份和 2 591 份材料，占中国普通野生稻资源的 86%，特别是北回归线以南和两广的沿海地区。在前人的研究中发现位于生存区域边沿的群体会受到更大的生存压力而表现为材料数量和等位变异的数量都较小，拥有的遗传多样性较低。在中国普通野生稻中也出现了相似的现象。多数研究发现，江西、湖南以及福建各省的普通野生稻的遗传多样性较低，两广地区普通野生稻的遗传多样性最高。该研究结果表明广东有 676 个等位变异，覆盖了所有普通野生稻等位基因的近 84%，其次是广西，对所有普通野生稻等位变异的覆盖率是 80.49%。综合各省份的等位基因数和特有等位基因数以及基因多样性指数等参数发现，广东和广西普通野生稻的遗传多样性最高；但是，如果考虑到群体规模大小，海南的遗传多样性丰富程度最高。各地区普通野生稻的基因多样性大小与其生存地区的纬度有高度的一致性，即随着纬度的升高，普通野生稻的基因多样性指数逐渐降低。海南的绝对等位基因数不多，但是基因多样性最大，造成这种现象的原因有两种可能：①海南普通野生稻可能是中国普通野生稻中比较原始的类群，相对于其他地区的普通野生稻有更长的生存历史，相同数量的材料可以积累更多的等位变异；②海南常年有高温和高湿的环境，更适合野生稻的生存，受到的自然选择的压力较小，大量的等位变异得以保留。

遗传多样性中心应既是遗传多样性较高的地区又是材料数丰富的地区。很多学者曾推断中国普通野生稻的遗传多样性中心位于广东或广西，但没有界定更具体的位置。该研究通过考察普通野生稻初级核心种质材料的遗传多样性在经纬区间内的分布发现(106°～110°E)×(23°～24°N)、(110°～115°E)×(22°～23°N)、(110°～115°E)×(23°～24°N)3 个区间普通野生稻分数量、等位变异数和基因型数明显大于其他经纬区间，并且拥有较高的基因多样性。进一步通过更小的面积单位(县)考察普通野生稻遗传多样性分布发现,中国普通野生稻在广东和广西境内分别有一个遗传多样性相对较高而集中的区域。在广东省位于博罗、紫江、陆丰、海丰、惠东和惠阳;在广西位于邕宁、隆安、紫江和贵港。利用经纬区间为单位和利用县市为单位得到的普通野生稻遗传多样性分布规律是一致的。因此,可以认为上述两个区域分别形成了中国普通野生稻的两个遗传多样性中心。

9.2 中国普通野生稻的群体结构及演化

中国的普通野生稻资源广泛分布在中国中南部的 8 个省份,各省分布不匀,呈残片状分布,广东、广西两省份存在大量的普通野生稻,而其他省份有少量分布,尤其是台湾(已经消失)。野生稻资源的收集保护成为当务之急。遗传结构是种质资源管理、研究利用的基础。本节以中国普通野生稻初级核心种质为对象,利用 SSR 标记研究了中国普通野生稻的遗传结构;中国普通野生稻不同类型之间的遗传演化关系;而且,为了初步考察普通野生稻和地方种之间的遗传关系以及中国普通野生稻是否存在籼粳分化,将野生稻与 410 份来自有中国普通野生稻生存的 7 个省份的地方种(其中籼稻 252 份,粳稻 158 份)进行了对比分析。

9.2.1 中国普通野生稻的遗传结构

利用 STRUCTURE Version 2 (Pritchard et al,2000)软件进行基于模型的群体结构分析方法,对中国普通野生稻的遗传结构进行预测。在预测普通野生稻遗传结构过程中,将其可能存在的群体数 K 值预设为 1~15,Burn-in 和 Length 设置为 100 000,每个 K 值都独立运算了 10 次,并得到了一致的结果。理论上,当 $\ln P(D)$ 获得最大值时此时所对应的 K 值就是遗传结构群体划分的最佳模式。在该研究中 $\ln P(D)$ 随着 K 值的增大而增大,没有出现峰值,根据 $\ln P(D)$ 值不能得到最佳分群模式。随后,通过计算 Evanno(2005)提出的 ΔK($\Delta K = m(|L(k+1)-2L(k)+L(k-1)|)/s(L(k))$)发现,$\Delta K$ 在 $K=2$ 出现了最大值,而且在 $K=7$、9 的时候还有两个较小的峰值(图 9.6),进一步对 $K=2$ 到 $K=9$ 时 STRUCTURE 分析结果的 10 个重复进行了对比,当某个 K 值所对应的分群模式中,如果有一个分群模式出现的概率超过 50%就认为这种分群模式是稳定的,而且普通野生稻在这个 K 值有明显的遗传结构出现。结果表明,当 $K=2$ 和 $K=7$ 时中国普通野生稻都有明显的遗传结构出现。普通野生稻的生长习性和来源的省份都曾经作为普通野生稻材料收集保存或者分类的方法,因此,考察了当 $K=2$ 和 $K=7$ 时普通野生稻的生长习性和材料来源与普通野生稻遗传结构的关系(图 9.7)。结果表明,材料来源的省份和遗传结构之间有较强的相关性,而生长习性和遗传结构之间没有明显的相关。中国普通野生稻在 $K=2$ 时可以分成两个群体,当 $K=7$ 时这两个群体分别可以继续划分成 5 个、2 个亚群。当 $K=2$ 时,这两个群体以南岭山脉为界。根据中国气候带的划分,海南省属于热带气候带,南岭山脉以南到海南岛之间属于南亚热带气候带,南岭以北普通野生稻生存的地区则属于中部亚热带气候带,因此,当 $K=2$ 时中国普通野生稻的这两个推测群体可以分别命名为南亚热带群体(SSP)和中部亚热带群体(MSP)。来自南亚热带

群体材料在 $K=7$ 时，海南、福建和云南的材料分别形成了较为独立的亚群，暂时将它们分别命名为 HN、FJ、YN。在广东、广西境内除了扶绥县的普通野生稻以外大部分材料都被划分在同一个亚群内，称之为 GD-GX1。广西扶绥县的普通野生稻则独自成为一个亚群命名为 GX2。中部亚热带群体只包含了两个亚群，其中来自江西东乡的普通野生稻和来自湖南茶陵的普通野生稻被划分到一个亚群中，来自湖南江永的普通野生稻单独形成一个亚群，这两个亚群分别被命名为 JX-HuN1 和 HuN2。表 9.5 是普通野生稻群和亚群的材料组成。

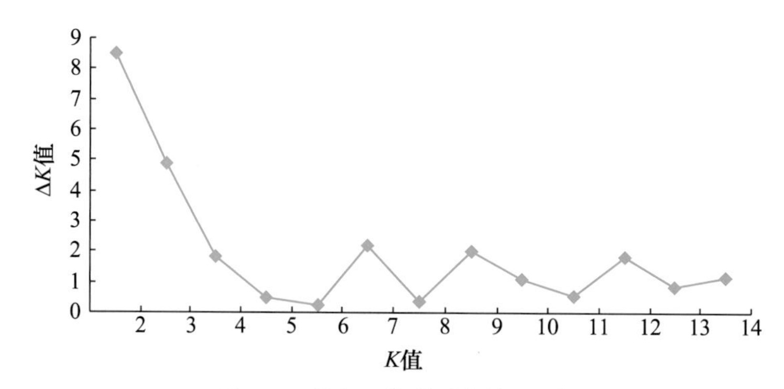

图 9.6 每个 K 值所对应的 ΔK 值

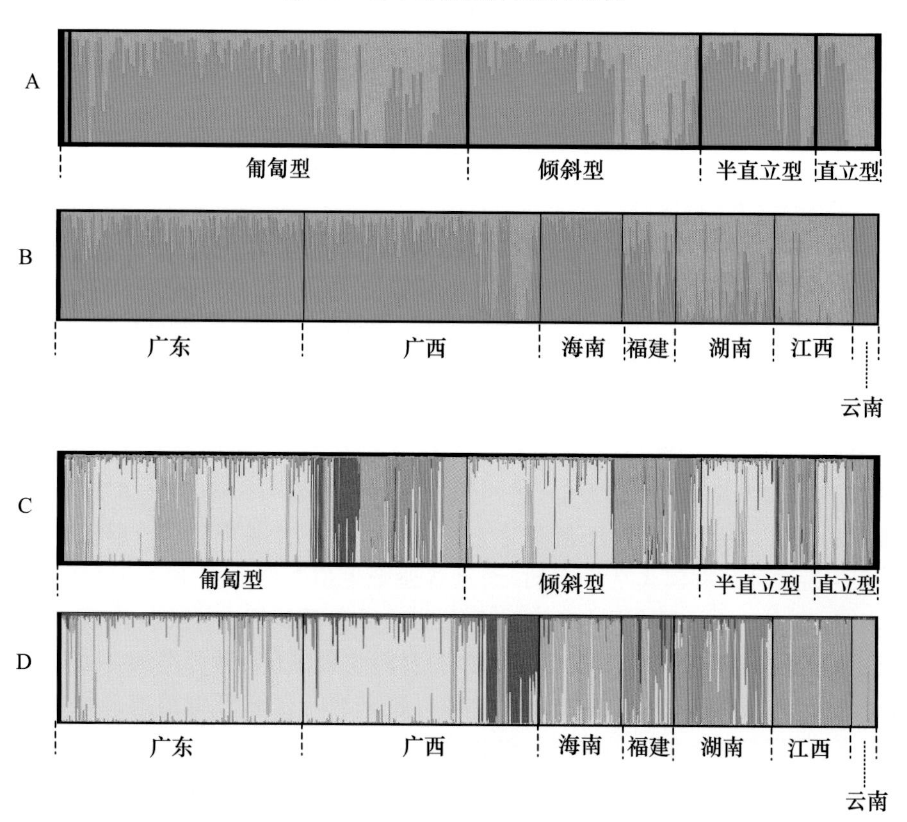

图 9.7 中国普通野生稻在 $K=2$(A、B)和 $K=7$(C、D)时的遗传结构及群体组成

注：A、C 为生长习性，B、D 为来源省份；不同颜色代表基于模型的群体结构所属群体，其中，$K=2$ 时，◯ 为南部亚热带群体，◯ 为中部亚热带群体；$K=7$，◯ HN，◯ GD-GX1，◯ GX2，◯ FJ，◯ YN，◯ HuN2，◯ JX-HuN1。

表 9.5 中国普通野生稻各推测群体材料的地理分布

省份	HN	GD-GX1	GX2	FJ	YN	HuN2	JX-HuN1
海南	75	12					1
广东	21	245		2			
广西	9	191	46	8		2	
福建	8	12	3	36			
云南					25		
湖南	1	16				42	48
江西		3					83
合计	114	479	49	46	25	44	132

中国普通野生稻的地理分布显示不同的推测群体之间多数存在着自然屏障的阻隔或者是广泛的空间隔离(图 9.8),HN 被琼州海峡与其他类群隔开,HuN2 和 JX-HuN1 与 GD-GX1 被南岭山脉隔开,FJ 和 JX-HuN1、GD-GX1 分别被武夷山山脉和乌山山脉隔开。YN 和 GD-GX1、GX2 之间,JX-HuN1 和 HuN2 之间都没有海峡、大山脉的阻隔,但是它们之间存在较远的空间距离。通过遗传距离和空间距离的回归分析也可以发现普通野生稻群体之间的遗传距离和它们之间的空间距离之间存在显著的相关关系(图 9.9)。

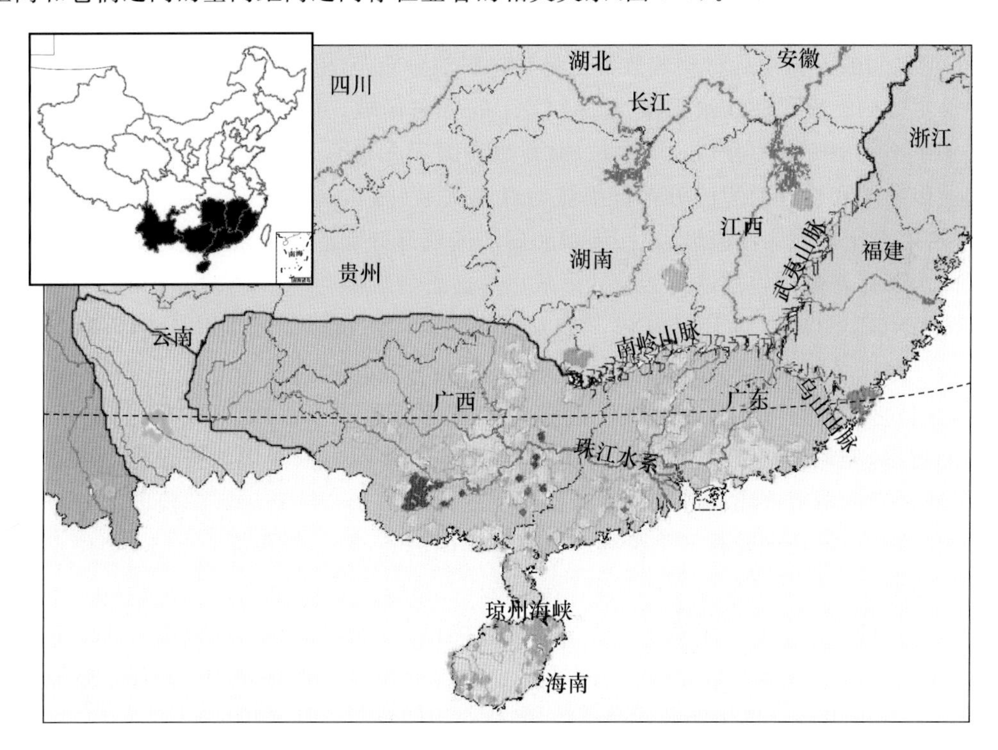

图 9.8 普通野生稻推测群体和亚群的地理分布

注:彩色点对应各预测亚群,彩色背景代表 7 个省份不同水系:□长江水系 □元江水系 □广西南部雷州半岛和海南水系 □澜沧江水系 □珠江水系 □东南沿海水系

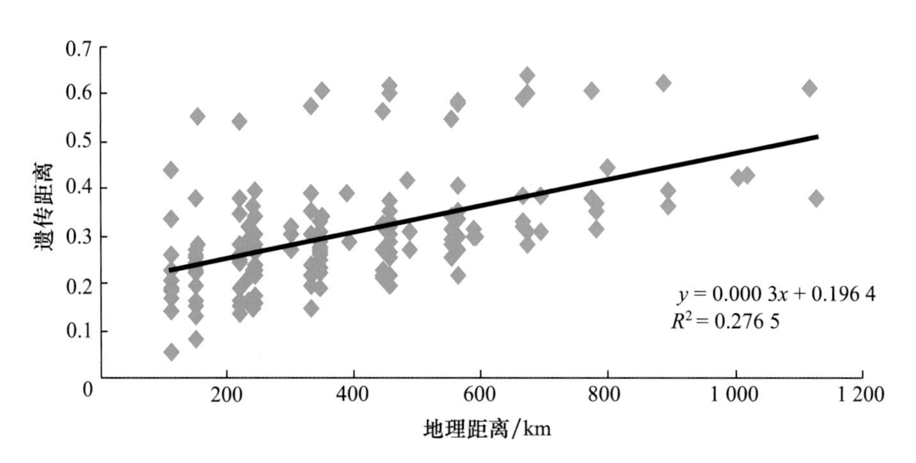

图 9.9　普通野生稻的遗传距离与空间距离之间回归分析

9.2.2　中国普通野生稻的地理分化

普通野生稻亚群的形成除了受到自然障碍和空间隔离的影响，还表现为不同的亚群大部分处于不同的河流流域里（图 9.8）。以 GD-GX1 为例，GD-GX1 分布在北纬 20°～25°、东经 106°～116°之间的。无论从材料的数量还是从材料的分布范围来看 GD-GX1 型都是中国普通野生稻最主要的类群。珠江水系横贯 GD-GX1 的分布区域，并且拥有数量较多的大小支流。以珠江水系不同支流上的县（市）为单位（材料数均大于 5 份），通过聚类分析发现 GD-GX1 群体内的遗传结构和当地的河流分布有很强的对应关系（图 9.10），例如广西境内的柳江流域、郁江流域，广东境内的北江流域、东江流域和田江流域都分别形成了相对独立的更细小的亚结构。因此水系对普通野生稻遗传结构的形成也有显著的影响。

HN、YN、FJ、HuN2 和 JX-HuN1 等普通野生稻群体的形成都可以用自然屏障、空间阻隔以及材料分布区域的水系网络来解释。但是，GX2 是一个比较特别的群体。GX2 被 GD-GX1 包围着，并且它们之间没有明显的天然阻隔，但是却形成了两个迥然不同的独立类群。因此，除了自然屏障、空间距离和水系的影响之外，可能还有其他的因素影响普通野生稻的遗传结构，这可能是当地小生态环境造成的选择作用。利用 Ewens-Watterson 的检验方法考察了这 36 对 SSR 位点上等位变异在 7 个预测亚群群体内的分布情况，结果发现有 16 个位点的等位变异在 7 个群体中出现了偏分布的现象（表 9.6），占总位点数的 44%。HN 和 GD-GX1 在这些受自然选择的位点上有较多数量的等位变异，并且等位变异的频率都较低。而在其他类群中，受选择位点的等位变异数量较少，但是有少数的等位变异频率较高，成为优势等位变异（图 9.11）。显著受到自然选择的这些位点，等位变异的分布规律表明，分布于海南、广东和广西的普通野生稻受到的自然选择压力较小，而分布在其他地方的普通野生稻群体所受到的自然选择压力较大。

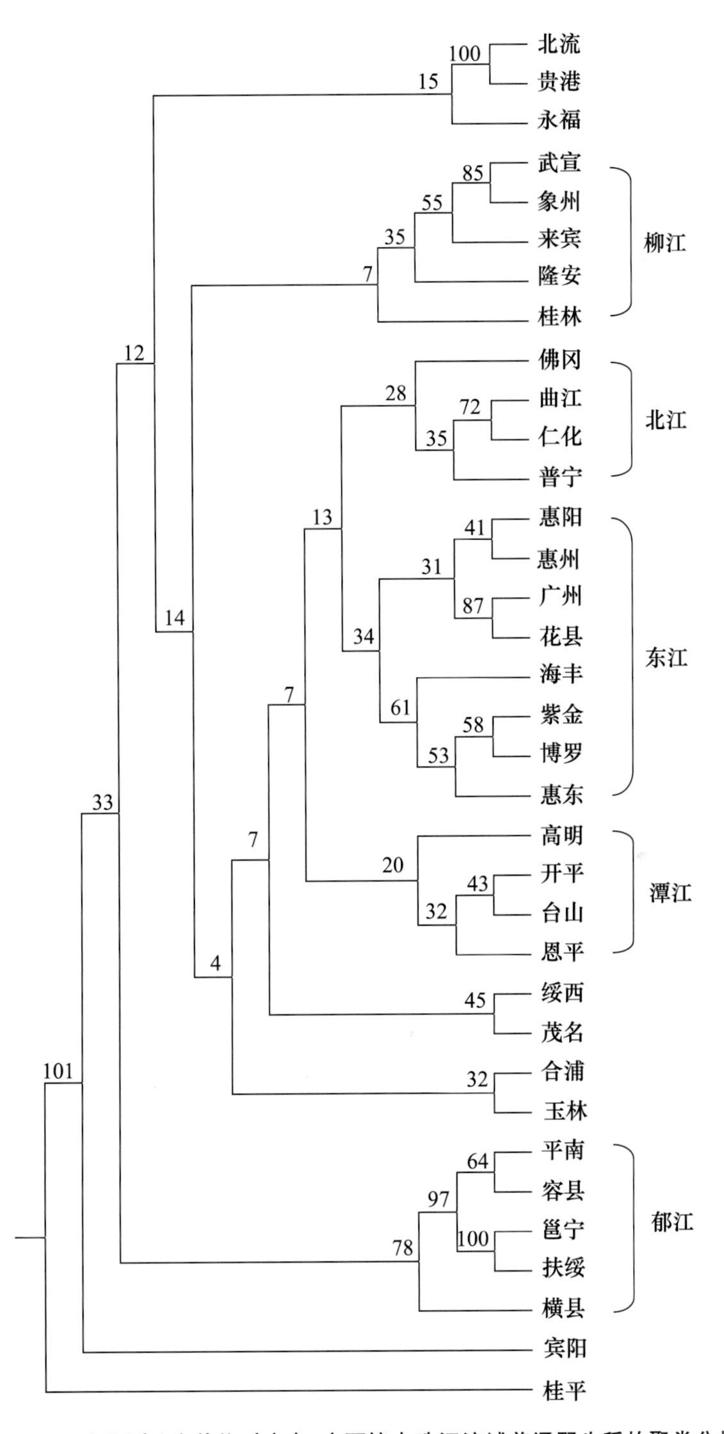

图 9.10 以县(市)为单位对广东、广西境内珠江流域普通野生稻的聚类分析

表 9.6　36 对 SSR 位点上等位变异在各普通野生稻群体内分布的 Ewens-Watterson 检验

标记	实际值	L95*	U95*	标记	实际值	L95*	U95*
rm251#	0.034 7	0.055 5	0.154 0	rm231	0.197 4	0.125 6	0.475 6
rm296	0.682 0	0.210 3	0.846 3	rm249#	0.053 0	0.091 9	0.344 7
rm134	0.423 3	0.199 5	0.803 2	rm219#	0.086 1	0.113 7	0.430 1
rm71#	0.399 0	0.097 4	0.348 1	rm241#	0.049 8	0.082 0	0.263 8
rm216	0.144 4	0.134 3	0.550 3	rm262#	0.130 6	0.134 6	0.525 9
rm267#	0.109 4	0.122 6	0.501 0	rm164	0.165 9	0.143 5	0.622 9
rm190	0.580 7	0.164 1	0.681 3	rm42#	0.127 9	0.155 3	0.601 6
rm270	0.116 5	0.106 8	0.373 9	rm242	0.293 7	0.117 2	0.469 4
rm25	0.184 3	0.142 8	0.605 5	rm244	0.362 8	0.229 4	0.908 8
rm82	0.338 0	0.132 8	0.530 0	rm255	0.118 8	0.092 0	0.333 6
rm60	0.723 9	0.218 7	0.856 0	rm223#	0.090 0	0.095 9	0.353 9
rm247#	0.086 3	0.106 7	0.410 7	rm23	0.158 2	0.151 1	0.655 3
rm206#	0.046 9	0.076 4	0.265 1	rm254	0.114 4	0.104 3	0.393 7
rm18#	0.068 7	0.082 7	0.283 8	rm211	0.231 5	0.124 3	0.517 6
rm81a	0.120 6	0.119 2	0.465 0	rm335#	0.061 7	0.108 9	0.395 2
rm224	0.257 6	0.115 0	0.439 6	rm258#	0.112 9	0.113 1	0.444 6
rm225#	0.082 3	0.109 3	0.448 2	rm253#	0.063 4	0.092 2	0.369 8
rm235	0.184 5	0.101 6	0.378 2	rm5	0.121 7	0.100 9	0.406 9

注：# 表示该标记位点受显著的自然选择；* 概率分布的 95%上下限。

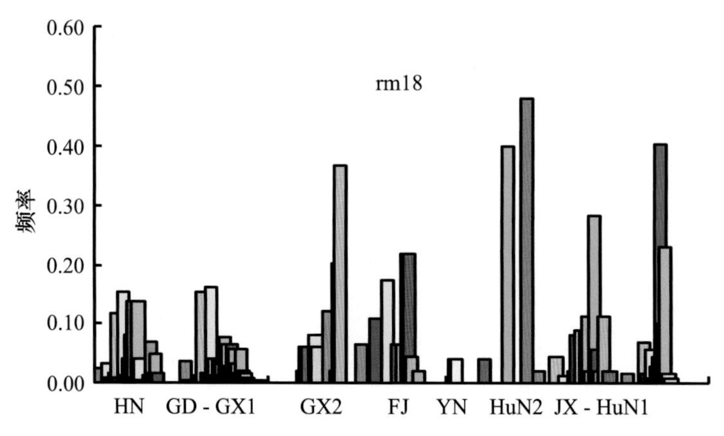

图 9.11　受自然选择的位点上的等位变异在各群体内的频率分布(同一颜色为同一等位变异)

9.2.3　中国普通野生稻群体结构间的遗传差异

表 9.7 是普通野生稻 7 个群体两两之间的遗传距离，HN 和 GD-GX1 之间的遗传距离最

近,GD-GX1 和所有群体的遗传距离都是最近的,而 YN 和所有的群体遗传距离都是最远的。普通野生稻群体之间的 F_{ST} 值从 0.049 7～0.603 4(表 9.8),都达到了显著水平。其中,HN 和 GD-GX1 之间的遗传差异最小,最大的遗传差异存在于 YN 型和 JX-HuN1 之间,GD-GX1 和所有类群都有最小的遗传差异,而 YN 和所有类群都有最大的遗传差异。AMOVA 计算结果显示中国普通野生稻群体之间的遗传多样性只占 16.67%,群体内遗传多样性占 83.33%。

表 9.7 普通野生稻群体之间的 Nei's 遗传距离

	HN	GD-GX1	GX2	YN	FJ	HuN2
GD-GX1	0.120 3					
GX2	0.375 3	0.281 5				
YN	0.792 9	0.784 5	0.844 0			
FJ	0.333 3	0.248 1	0.385 5	0.840 1		
HuN2	0.394 3	0.306 7	0.456 5	0.895 7	0.417 4	
JX-HuN1	0.302 5	0.188 1	0.374 4	0.821 0	0.328 6	0.302 8

表 9.8 普通野生稻群体两两之间的 F_{ST}

	HN	GD-GX1	GX2	FJ	YN	HuN2
GD-GX1	0.049 7*					
GX2	0.183 1*	0.146 3*				
FJ	0.186 5*	0.149 6*	0.297 5*			
YN	0.151 2*	0.142 5*	0.277 7*	0.268 6*		
HuN2	0.184 3*	0.147*	0.284 6*	0.246 1*	0.254 7*	
JX-HuN1	0.434 8*	0.380 8*	0.600 8*	0.603 4*	0.579 5*	0.561 3*

注:P 值为经过 2 100 次重取样估计,调整后的多重比较显著性水平为 0.005。

9.2.4 中国普野生稻的籼粳分化

中国普通野生稻是否存在籼粳分化的现象是已往研究人员较为关注的问题,Second (1982, 1985) 报道中国普通野生稻是偏粳的,孙传清(2002)等通过比较南亚、东南亚和中国的普通野生稻,结果表明中国普通野生稻既有偏粳的类型也有偏籼的类群。才宏伟等(Cai et al,1995)也发现中国南部有部分普通野生稻是偏籼的,但是中国北方的普通野生稻是偏粳的。我们的研究结果表明普通野生稻偏粳的特征从低纬度到高纬度逐渐加强,但是普通野生稻的偏籼特征随着纬度的变化没有明显的变化规律,经度的变化对普通野生稻的偏籼分化没有显著的影响。

本节所用 36 对 SSR 标记在 410 份栽培稻中的等位变异频率不是随机的,通过 χ^2 检验和 G 检验,同时在籼亚种或粳亚种内的偏分布达到显著水平的等位变异有 113 个。其中,有 72 个偏重于在粳稻中出现,有 61 偏重于在籼稻中出现,因此分别称这两种类型的等位变异为粳稻特征等位变异和籼稻特征等位变异。通过 t 检验发现 HuN2 和 JX-HuN1 这两个群体中粳稻特征带的频率要显著的大于籼稻特征带的频率,其他群体中的籼粳特征带的频率差异不显著(表 9.9)。特征带的频率和纬度之间的回归分析表明粳稻特征带的频率随着纬度的增大而显著的增大(P=0.009)(图 9.12);而籼稻特征带的频率除了北纬 26°~27°和 28°~29°两个区间显著(P=0.011 和 P=0.000 48)(表 9.9)小于粳稻特征带以外,其他区间随纬度变化而变化的规律不明显。尽管籼稻特征带和粳稻特征带随经度变化而变化的规律不明显,但是在东经 116°~117°区间内粳稻特征带的频率要显著地大于籼稻的特征带,这是因为该区间的材料绝大多数来自 JX-HuN1 群体。

表 9.9　普通野生稻籼粳特征带频率分布及其差异显著性 t 检验

群体		粳稻特征变异	籼稻特征变异	t 值
推测群体	HN	0.113 9	0.102 9	0.584 2
	GD-GX1	0.122 2	0.118 5	0.154 3
	GX2	0.151 8	0.096 4	1.714 1
	FJ	0.120 3	0.116 7	0.126 6
	YN	0.046 4	0.107 9	−1.444 0
	HN2	0.143 6	0.075 1	2.014 8*
	JX-HN1	0.183 4	0.067 4	3.557 6*
纬度区域	18°-19°N	0.394 9	0.120 6	−1.379 5
	19°-20°N	0.429 5	0.108 2	0.014 1
	20°-21°N	0.429 9	0.128 6	−1.754 5
	21°-22°N	0.462 9	0.121 8	−0.596 3
	22°-23°N	0.467 1	0.132 0	−1.639 9
	23°-24°N	0.498 0	0.114 0	−0.158 3
	24°-25°N	0.525 0	0.118 1	0.232 5
	25°-26°N	0.512 0	0.133 9	−1.477 3
	26°-27°N	0.518 4	0.161 5	−2.601 9*
	28°-29°N	0.534 7	0.192 3	−3.610 4*
经度区域	102°-103°E	0.048 3	0.099 3	−1.254 3
	107°-108°E	0.139 4	0.106 8	1.435 9
	108°-109°E	0.125 9	0.104 9	1.138 4
	109°-110°E	0.116 2	0.120 4	0.133 6
	110°-111°E	0.124 3	0.101 1	1.464 0
	111°-112°E	0.135 0	0.089 5	1.440 4
	112°-113°E	0.118 5	0.111 4	0.654 7
	113°-114°E	0.136 2	0.103 8	1.404 4
	114°-115°E	0.128 3	0.113 3	1.104 6
	115°-116°E	0.137 9	0.120 1	1.128 7
	116°-117°E	0.183 6	0.071 6	3.366 8*
	117°-118°E	0.121 4	0.124 0	−0.097 1

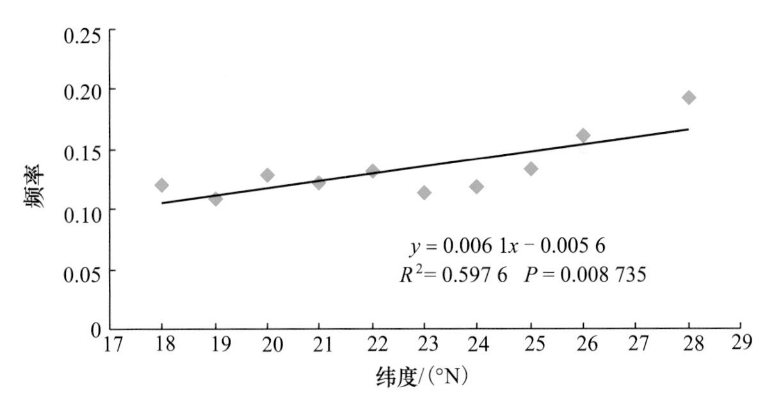

图 9.12 粳特征带频率分布与纬度之间的回归检验

为进一步检测中国普通野生稻的籼粳分化，选用所考察 SSR 标记中籼粳分化最明显的 rm296、rm71、rm267 和 rm25(分化系数均大于 0.3)，考察了由 4 个位点的等位变异组成的单体型在普通野生稻群体内的分布。在野生稻和栽培稻中共发现了 1 287 个单体型，其中 74 个在野生稻和栽培稻中都有出现，47 个只出现在栽培稻中，1 166 个只出现在普通野生稻中。经 χ^2 检验，在野生稻和栽培稻共有的 74 个单体型中，有 38 个偏分布于籼亚种，11 个偏分布于粳亚种，分别被称为籼型单体型(haplotype-I)和粳型单体型(haplotype-J)。如图 9.13 所示，无论是籼型单体型还是粳型单体型，其频率都是南亚热带群高于中部亚热带群。籼型和粳型单

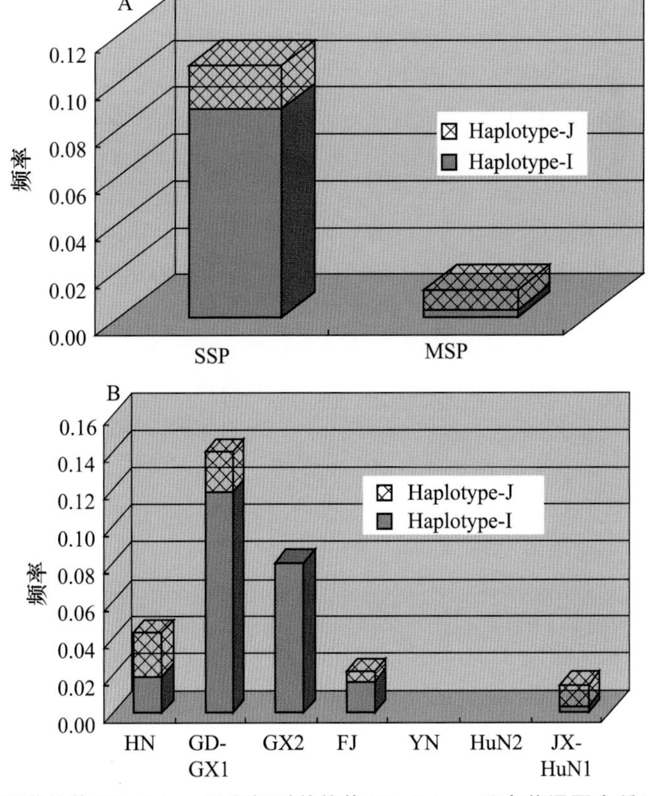

图 9.13 籼型单倍体(Haplotype-I)和粳型单倍体(Haplotype-J)在普通野生稻群体中的分布

体型在亚群中的分布规律是 HN 群含有的籼粳型单体型频率最接近，GD-GX1 籼型单体型的频率最高和较高的粳型单体型频率，GX2 只含有籼型单体型，YN 和 HuN2 不存在籼型和粳型单体型，JX-HuN1 则是粳型单体型的频率要大大的高于籼型单体型的频率，但是粳型单体型在 JX-HuN1 中的频率要小于在 HN 和 GD-GX1 中的频率。综上所述，中国普通野生稻有籼粳分化的现象，中国普通野生稻的偏粳特性随着纬度的升高而得到加强，北回归线以南的普通野生稻表现出较弱的籼粳分化程度，也就是说这些群体同时存在籼稻和粳稻的特征；北回归线以北的普通野生稻群体例如 HuN2 和 JX-HuN1 则表现为偏粳。普通野生稻的籼粳分化和经度没有显著的相关性。

9.2.5 中国普通野生稻群体分化的动力

为了更好地了解作为亚洲栽培稻直接祖先的普通野生稻内的遗传差异、进化、演化关系和更好地保护、利用普通野生稻遗传资源，前人对中国普通野生稻自然群体之间的遗传差异和遗传关系从多个角度进行了研究。但是，关于整个中国普通野生稻资源的遗传结构还不明确。突变、隔离、选择和遗传漂移都可以导致群体之间的遗传分化。到底是哪些因素对中国普通野生稻的遗传结构的形成有影响，在前人的研究中也没有一致的结论。其中争论的焦点是空间隔离是否是造成群体间分化的主要因素，一种观点认为，群体之间的遗传距离和空间地理隔离没有必然的相关关系(Gao et al, 2000a, 2000b)，其研究结果表明存在明显空间隔离的普通野生稻也可以被聚为一类；另一种观点认为，共同生存在同一个地理区域的自然群体有较密切的遗传关系(Zhou et al, 2003)，并得出空间隔离是影响群体间分化的因素而不是普通野生稻群体对当地自然环境的适应造成的。造成前人结论不一致的原因之一可能是他们所利用的材料来源不同，并且这些材料不能代表中国普通野生稻的遗传多样性以至于不能全面地反映中国普通野生稻的遗传结构形成的主要因素。例如在前人对中国普通野生稻的研究中，材料数最多的是来自 21 个自然居群(Gao et al, 2000a)。但是中国普通野生稻广泛地生长在 8 个省(自治区)的 113 个县(市)，并且在每个县市都有至少 1 个自然居群。该研究中共涉及 889 份普通野生稻，其中有 864 份是来自中国普通野生稻的初级核心种质(余萍等，2003)，对中国普通野生稻的整个资源有极强的代表性。这些材料来源于 100 多个县(市)，覆盖了普通野生稻生存地域的 90%左右。

该研究中基于模型基础的 STRUCTURE 分析表明中国普通野生稻的群体结构具有两个层次，中国普通野生稻在 $K=2$ 时有最明显的遗传结构，首先，可以分为 2 个生态群，即南部亚热带群和中部亚热带群。这预示着中国普通野生稻的遗传结构最大的影响因素是生态气候，普通野生稻的遗传分化受到自然选择的影响。这一结论也被中国普通野生稻的籼粳分化规律所证实。其次，空间隔离的确是造成群体间分化的条件，已经被前人多次证明。中国普通野生稻除了 GX2 和 GD-GX1 之外的亚群之间都存在明显的自然屏障或广泛的空间隔离，但是隔离并不能解释所有群体之间的分化现象，如 GX2 和 GD-GX1，以及 JX-HuN1 的形成。因此除了空间隔离以外必定还有其他因素影响中国普通野生稻的群体分化。GD-GX1 广泛分布于广东和广西两省，但该地区的材料却没有产生明显的分化现象，仍然被划分到同一个亚群中。考虑到普通野生稻的生长地点基本是在河流和湖泊的附近，因此可以推断普通野生稻之间的基因交流可能会受到地表径流的影响(庞汉华等，2002)。本节研究结果发现广东和广西境内，处在同一条河流附近的普通野生稻自然群体之间有比较近的遗传关系；中国普通野生稻的 7 个亚群中有 5 个都分别分布在不同的流域，比如，湖南的茶陵和江西的东乡之间有较大的空间隔离，但是这两个县市却处于同一条大河的流域——长江流域，被划分到同一个亚群中也是合理的。河流可以打破不同天然群体之间的隔离，促进不同群体之间的基因交流，因此河流是影响普通野生稻遗传结构形成的另一个重要因素。从本节河流与遗传结构的关系很容易理解为什么前人利用不同来源的材料研究空间隔离时会产生不同的结论和观点。除了隔离和水系以外，还有种现象表明普通野生稻生存地的小生境也可能对群体间的分化产生影响。比如，分布于广西境内扶绥县的普通野生稻与其周围的其他普通野生稻在不存在明显的自然阻碍的情况下分别形成了不同的群体（GX2 和 GD-GX1）。原因可能是扶绥等地区的普通野生稻在每年的 8 月到第二年的 4 月份都处于干旱的环境中，而其他地区的普通野生稻则在其整个生命周期中常年生长在有稳定水源的环境中（陈成斌，私人交流）。前人的关于其他物种的研究中也发现当地的小生境可以导致遗传结构产生（Coulon et al，2008）。综上所述，空间隔离、水系分布是中国普通野生稻遗传结构的前提条件，而自然选择则是造成群体遗传结构的主要动力。

通过了解普通野生稻群体间遗传关系，遗传多样性的分布、SSR 等位变异的平均标准分子量、群体的地理分布以及群体的规模，对中国普通野生稻的群体特点作出如下总结：①广东和广西（GD-GX1）的普通野生稻与其他群体之间拥有最密切的遗传关系，尤其是和海南的普通野生稻（HN）；②广东、广西（GD-GX1）和海南（HN）拥有较大的基因多样性和较多的等位变异数量；③海南（HN）拥有最小的平均标准分子量，云南（YN）的平均标准分子量最大，其他群体平均标准分子量之间的差异不显著；④广东和广西（GD-GX1）是中国最基本的普通野生稻类群，拥有最大的群体规模，并且被云南、福建、江西和湖南等群体包围而处于中心位置。综合上述特点可以得出两个推论：①中国普通野生稻各类群之间的演化途径为从海南型到广东和广西（GD-GX1）型，然后从广东和广西（GD-GX1）型到其他类群。云南（YN）型普通野生稻分子量最大，并且和所有的其他亚群都有最远的遗传关系，从地理分布位置上来看，云南位于中国普通野生稻其他类群和南亚普通野生稻之间，因此云南可能是与其他中国普通野生稻不是相同地点起源的，而是来自南亚普通野生稻。Sun 等（2002）的研究结果也表明云南普通野生稻的确和南亚普通野生稻有更近的遗传关系。分子量以及遗传多样性数据都支持中国普通野生稻起源于海南，但是海南是一个孤立的岛屿，那么普通野生稻是怎样扩散传播的呢？海南岛大约在 100 万年以前和大陆是相连接的，而普通野生稻的出现大约是在 700 万年以前，因此海南岛的形成远晚于普通野生稻的出现，因此这并不能否定普通野生稻起源于海南，然后由海南向大陆扩散的可能性。

参考文献

[1] 李桂花，黎国喜，黄英金，等. 普通野生稻东乡群体等位酶水平的遗传多样性研究. 作物学报，2004，30(9)：927-931.

[2] 李自超，张洪亮，曹永生，等. 中国地方稻种资源初级核心种质取样策略研究. 作物学报，2003,29：20-24.

[3] 庞汉华，陈成斌. 中国野生稻资源. 广西：广西科学技术出版社，2002.

[4] 王象坤，孙传清，才宏伟，等. 亚洲各国普通野生稻分类与遗传多样性研究//中国野生稻研究与利用(第一届全国野生稻大会论文集). 北京：气象出版社，2004：107-117.

[5] 王效宁，韩东飞，云勇，等. 利用 SSR 标记分析海南普通野生稻的遗传多样性. 植物遗传资源学报，2007，8(2)：184-188.

[6] 王艳红，王辉，高立志. 普通野生稻(*Oryza rufipogon* Griff.)的 SSR 遗传多样性研究. 西北植物学报，2003，23(10)：1750-1754.

[7] 杨庆文，戴陆园，时津霞，等. 云南元江普通野生稻(*Oryza rufipogon* Griff.)遗传多样性分

析及保护策略研究. 植物遗传资源学报，2004，5(1)：1-5.

[8] 余萍，李自超，张洪亮，等. 中国普通野生稻初级核心种质取样策略. 中国农业大学学报，2003，8(5)：37-41.

[9] 余萍，李自超，张洪亮，等. 广西普通野生稻(*Oryza rufipogon* Griff.)表型性状和 SSR 多样性研究. 遗传学报，2004，31(9)：934-940.

[10] Cai Hongwei, Wang Xiangkun, Pang Hanhua Isozyme studies on the Hsien-keng differentiation of the commin wild rice (*Oryza rufipogon* Griff.) in china. "Genetical and archaeolongical investigation on the origin of cultivated rice and ancient rice culture in east Asia", saga, Japan, 1995:92-97.

[11] Coulon A, Fitzpatrick J W, Bowmar R. Congruent population structure inferred from dispersal behaviour and intensive genetic surveys of the threatened Florida scrub-jay (*Aphelocoma coerulescens*). Molecular Cology, 2008, 17:1685-1701.

[12] Gao L Z, Chen W, Jiang W Z, et al. Genetic erosion in the Northern marginal population of the common wild rice (Oryza rufipogon Griff.), and its conservation, revealed by the change of population genetic structure. Hereditas, 2000a, 133: 47-53.

[13] Gao L Z, Schaal B A, Zhang C h, et al. Assessment of population genetic structure in common wild rice (*Oryza rufipogon* Griff.) using microsatellite and allozyme markers. Theor Appl Genet, 2002, 106: 173-180.

[14] Gao L Z, Ge S, Hong D Y. Allozyme variation and population genetic structure of common wild rice (*Oryza rufipogon* Griff.) in China. Theor Appl Genet, 2000b, 101: 494-502.

[15] Kalinowski S T. HP-RARE1.0: a computer program for performing rarefaction on measures of allelic richness. Mol Ecol Notes, 2005(5): 187-189.

[16] Kashi Y, King D G. Simple sequence repeats as advantageous mutators in evolution. Trends in Genet, 2006, 22:253-259.

[17] Li YC, Korol A B, Fahima T, et al. Microsatellites: genomic distribution, putative functions and mutational mechanisms: a review. Mol Eco 2002, 11:2453-2465.

[18] Nei M, Tajima F, Tateno Y. Accuracy of estimated phylcgenetic trees from molecular data. Journal of Molecule Evolution, 1983(19): 153-170.

[19] Pritchard J K, Stephens M, Donnelly P. Inference of population structure using multilocus genotype data. Genetics, 2000, 155: 945-959.

[20] Second G Evolutionary relationship in the Satina group of Oryaz baoed on isozyme, data. Genet sal Evol, 1985, 17: 89-114.

[21] Second G. Origin of the genetic diversity of cultivated rice (*Oryza* spp.): study of the polymorphism scored at 40 isozyme loci. Jap J Genet, 1982, 57: 25-57.

[22] Song Z P, Xu X, Wang B, et al. Genetic diversity in the northernmost *Oryza rufipogon* populations estimated by SSR markers. Theor Appl Genet, 2003, 107: 1492-1499.

[23] Sun C Q, Wang X K, Yoshimura A, et al. Genetic differentiation for nuclear, mitochondrial and chloroplast genomes in common wild rice(*O. rufipogon* Griff.) and cultivated rice(*O. sative* L.). Theor Appl Genet, 2002, 104:1335-1345.

[24] Zhou H F, Xie Z W, Ge S. Microsatellite analysis of genetic diversity and population genetic structure of a wild rice (*Oryza rufipogon* Griff.) in China. Theor Appl Genet, 2003, 107: 332-339.

第10章

中国栽培稻与普通野生稻的遗传变异、进化与演化

中国作为亚洲栽培稻(*Oryza sativa* L.)的起源地之一,拥有丰富的稻种资源,截至2010年,我国共编目水稻种质资源82 386份,其中野生稻种、地方稻种、选育稻种、国外引进稻种、杂交稻资源、遗传材料分别为7 663份、54 282份、6 660份、11 717份、1 938份和204份,分别占编目总数的9.30%、65.89%、8.08%、14.22%、2.35%和0.15%。育成种是优良基因的综合体,然而,由于大面积推广育成种的遗传背景相对单一,造成其遗传多样性比地方稻种明显降低。因此,育成种虽可以作为优良品种选育的骨干亲本,但可供利用的优良新基因相对匮乏。地方稻种是普通野生稻向现代选育品种演化的中间状态(Londo et al,2006),是在数千年稻作栽培中,在不同生态环境下形成的基因综合体,不仅数量多,而且类型复杂多样,对原产地的栽培条件与耕作制度具有高度适应性;因其蕴含丰富的遗传变异,携带许多优良或特殊性状,是现代品种遗传改良的重要遗传基础。作为栽培稻的直接祖先,普通野生稻(*O. rufipogon* Griff.)在长期适应多样化的自然环境的过程中,保留了大量抵御和耐受各种生物和非生物逆境的优良基因,显然是栽培稻遗传改良的重要基因库。总之,研究育成种、地方稻种和普通野生稻的遗传变异、分化和演化,对品种选育、栽培稻的起源和演化具有重要的理论意义和应用价值。本章对比分析了栽培稻和普通野生稻的SSR遗传变异及其基因流,微卫星的方向性演化以及亚洲栽培稻与普通野生稻的进化、演化。

10.1 中国栽培稻与普通野生稻的遗传变异及其“得”与“失”

10.1.1 中国普通野生稻及栽培稻的遗传变异及其基因流

通过检测36个SSR位点在包括5 174份中国稻种资源的初级核心种质的多态性,共发现等位变异851个,每个位点等位变异数为9～54,平均23.6个;表10.1及图10.1为不同种质

类型中的等位变异分布。野生稻中变异数最为丰富，有 805 个，占整个稻种资源的 94.6%；选育品种变异数最为贫乏，仅 465 个，占整个稻种资源 54.6%；地方品种具有比选育品种明显多的等位变异，有 588 个，占整个稻种资源 69.1%。在 851 个等位变异中，65.7%同时存在于野生稻和栽培稻中（$A_{CWR+ACR}$），28.9%仅存于野生稻中（A_{CWR}），仅 5%只分布于栽培稻中（A_{ACR}）。在栽野共有的 559 个等位变异中，425 个（占 71%）可同时在地方品种和现代选育品种中检测到，122 个（占 20%）只在地方品种可以检测到，仅 12 个（占 9%）可以在现代选育品种检测到。也就是说，栽培稻 93%的等位变异（605 个中的 559 个）来自于其野生近缘祖先种，现代选育品种 99%的等位变异（465 个中的 460 个）来自地方品种；从另一角度来说，图 10.1 的基因流表明，野生稻的等位变异分别有 68%和 54%被地方品种和现代选育品种所利用，有 74%的地方品种的等位变异被现代选育品种所利用。另外，虽然有 46 个等位变异（占栽培稻总变异 5.4%）为栽培稻所特有，但是有 39 个频率低于 0.01，即这些变异并非广泛存在于栽培稻，属于稀有变异。

表 10.1　中国稻种资源初级核心种质不同种质类型的材料数及 SSR 变异分布

种质类型		材料		SSR 变异		特异变异	
		数量	%[a]	数量	%[a]	数量	%[b]
CWR		864	16.7	805	94.6	246	30.6
ACR	LRV	3 632	70.2	588	69.1	18	3.1
	CRV	678	13.1	465	54.6	5	1.7
	小计	4 310	83.3	605	71.1	46	7.6
CRGR		5 174	100.0	851	100.0	—	—

注：CWR—普通野生稻（Common Wild Rice），ACR—亚洲栽培稻（Asian Cultivated Rice），LRV—地方水稻品种（Landrace Rice Varieties），CRV—商业（选育）水稻品种（Commercial Rice Varieties），CRGR—中国水稻种质资源（Chinese Rice Genetic Resources，包括 CWR 和 ACR），%[a]—占 CRGR 的百分比，%[b]—在初级核心种质中特异变异的百分比。

其他利用 SSR（朱作峰等，2002）、RFLP（Sun et al，2001）和等位酶（Shahi et al，1967）研究野生稻和栽培稻变异认为，栽培稻仅保留了野生稻 60%的变异。然而，这些研究所用材料多在 100～200 份之间，而且，多数为现代选育品种。正如本文所示，其所报道的 60%保留比例一定程度上反应的是现代选育品种所保留野生稻的变异比例（此处约为 58%），而不是栽培稻（此处约为 75%）。从野生稻到地方品种和从地方品种到现代选育品种的基因流分别为约 2/3 和 3/4，后者远低于开放授粉的玉米地方品种向自交种的基因流（约 80%）（Liu et al，2003）。上述结果表明，野生稻和地方水稻品种中有大量潜在遗传变异可用于改良现代选育品种。

10.1.2　中国普通野生稻及栽培稻中遗传变异的频率分布

研究表明，稻种资源等位变异频率的对数呈正态分布（图 10.2A），因此，可以依据等位变异的频率将等位变异划分为 4 种类型，分别命名为优势等位变异（predominant alleles PA，$P>0.1$）、普通等位变异（common alleles CA，$0.1\geq P>0.01$）、稀有等位变异（rare alleles RA，$0.01\geq P>$

0.001)和劣势等位变异(inferior alleles IA，$P\leqslant 0.001$)。从图10.2B可以看出，野生稻和栽培稻中多数都是普通等位变异和稀有等位变异，其前3种频率较高类型的累积百分比分别为80.4%和88.9%。栽培稻中优势和劣势等位变异的数量高于野生稻；栽培稻中优势等位变异比例达16.1%，而野生稻不足10%；栽培稻中劣势等位变异比例也高达19.6%，而野生稻仅为11.1%。

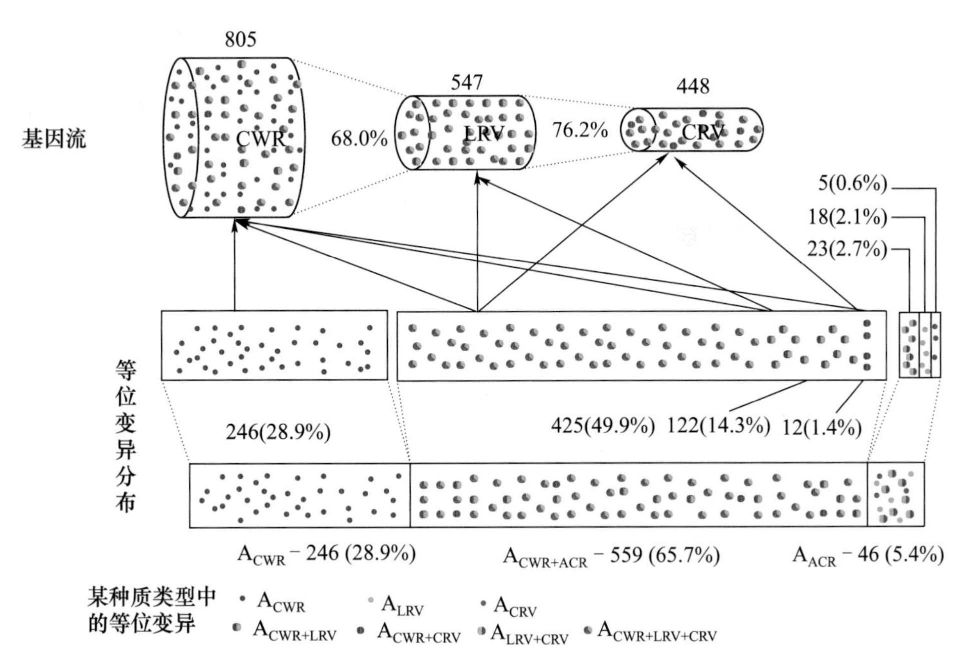

图10.1 中国稻种资源初级核心种质不同种质类型SSR等位变异分布及基因流

注：CWR—普通野生稻(Common Wild Rice)，ACR—亚洲栽培稻(Asian Cultivated Rice)，LRV—地方水稻品种(Landrace Rice Varieties)，CRV—商业(选育)水稻品种(Commercial Rice Varieties)；不同颜色的点表示不同类型种质中的等位变异(比如，同时存在于CWR和LRV中的变异为蓝绿双色点，表示为$A_{CWR+LRV}$)；图中的数字表示变异数，括号外的百分比表示基因流，括号内的数字表示对应种质类型等位变异数占整个资源变异数的百分比。

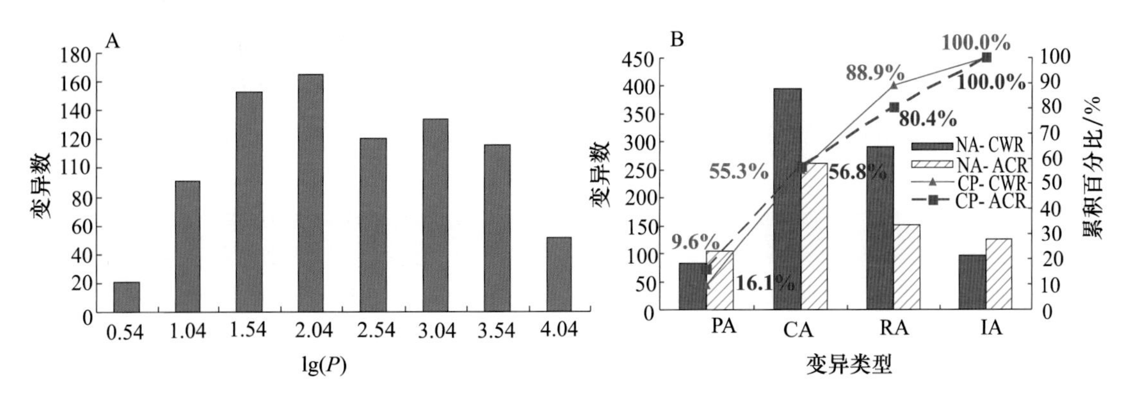

图10.2 中国稻种资源初级核心种质SSR等位变异频率的对数分布(A)及不同频率类型SSR等位变异在中国普通野生稻和栽培稻中的分布(B)

注：PA—优势等位变异，CA—普通等位变异，RA—稀有等位变异，IA—劣势等位变异，NA—等位变异数，CP—累积百分比，CWR—普通野生稻，ACR—亚洲栽培稻。

显然，栽培稻比野生稻拥有更多的优势等位变异和劣势等位变异。栽培稻拥有较高比例优势等位变异不仅可以归因于经历驯化的瓶颈效应后群体规模的迅速增大，而且还有自然选择和人工选择对栽培稻和野生稻的不同作用。Tanksley 和 McCouch(1997)认为，持续不断和有目标的人工选择或特定种植环境下的自然选择致使栽培稻迅速积累更多的高频等位变异，这些变异可能与高产、优质以及其他有利于人类利用栽培作物的性状有关。与此同时，更加单一的种植条件，也对一些不利的等位变异施加了负向选择，从而使得更多基因处于频率比较低的状态。可见，劣势等位变异不仅体现在频率特别低，而且很可能对生产的有用性上也处于劣势，即多数是一些对生产无用甚至有害的等位变异。有些学者(Allard，1992；Frankel et al，1995)也认为那些低频的等位变异或许偶尔会是些与品质或其他性状相关的基因，但是，总体来讲这些基因在未来具有可利用价值的可能性比较小。因此，在构建核心种质或取样时，如果无法在数千份材料的群体中保留某个频率极小的等位变异，我们大可不必可惜。当然，不排除有些等位变异在总体群体中频率偏低，而局部群体中具有较高频率；这些等位变异需要在取样中采取一定的取样方法获得。当然，此处在讨论等位变异频率与基因功能时需要注意到一点，我们所用是 SSR 标记，其具体功能尚未知，或者其本身多数或许没有功能。但是，很多研究表明 SSR 等位变异并非均是功能上中性的，有很多例子证明其同样具有重要的功能(Kashi and King，2006；Li et al，2002)。而且，即便 SSR 等位变异本身没有功能，但是，有些或许反映了与其连锁或关联的某些基因的功能。

10.1.3 普通野生稻丢失等位变异和栽培稻新生等位变异的频率分布

丢失等位变异在各个位点所占比例有较大的差异：丢失比例最高的位点是 RM60，为 70%；丢失比例最低的位点是 RM247，为 3%(表 10.2)。等位变异的丢失比例和该位点上等位变异的数量没有关系，但是基因多样性较低的位点，等位变异大比例丢失的可能性较大。普通野生稻向栽培稻演化的过程中，被丢失等位变异的最大频率是 0.340 3。从 PA 类到 IA 类等位变异，被丢失的等位变异比例逐渐增大(表 10.2)。因此等位变异丢失的可能性和其自身的频率大小关系最为密切，一个位点上小频率等位变异数量越多丢失的比例就可能越大。但是从数量上来讲丢失的等位变异主要集中在 CA、RA 两种类型上，因此普通野生稻中 CA、RA 两种类型的等位变异对拓宽栽培稻遗传基础有重要的意义。

表 10.2 等位变异的频率在野生稻和栽培稻内分布

频率类型	普通野生稻			栽培稻		
	总变异数	丢失变异数	丢失变异比例	总变异数	新生变异数	新生变异比例
PA	36	28	0.777 8	80	19	0.237 5
CA	291	156	0.536 1	148	15	0.108 1
RA	395	69	0.174 7	254	6	0.023 6
IA	83	5	0.060 2	106	0	0

10.2　中国稻种资源中微卫星的方向性演化

微卫星(SSR)是基因组中变异最为丰富的 DNA 序列类型之一。SSR 虽然是一个简单序列位点,但是,研究认为微卫星的进化与演化要比想象中的复杂得多。SSR 位点的变异不仅仅是长度上的变异,也存在序列结构上的变异,而且可能反映了某种进化和演化的过程和机制(Hans Ellegren, 2004)。微卫星位点的进化和变异特性对于我们理解基因组的组织,以及生物的进化和演化具有重要意义。本节主要分析中国栽培稻及普通野生稻中存在的 SSR 方向性演化现象。

10.2.1　普通野生稻丢失变异和栽培稻新生等位变异的分子量分布

被丢失等位变异的分子量的分布规律如图 10.3 所示,等位变异从左到右分子量从大到小排列,被丢失等位变异在分子量上的分布有 4 种类型:①两极分布型,即被丢失等位变异在 SSR 位点上分子量偏大和偏小分布的,这类位点有 12 个;②分子量偏小分布型,这类位点有 13 个;③分子量偏大分布型,这类位点有 2 个;④随机分布型,这类位点有 6 个。总的来看,在 83.3%的位点上,人类的选择活动导致极端分子量等位变异丢失,使栽培稻 SSR 等位变异的分子量范围缩小。综上所述从普通野生稻向栽培稻演化的过程中,被丢失的等位变异有两个特点:①频率主要集中在 0.001~0.1 这个范围内;②等位变异的分子量在 SSR 位点上主要分布在偏大或偏小区域。这是普通野生稻和栽培稻之间分化的主要表现之一。

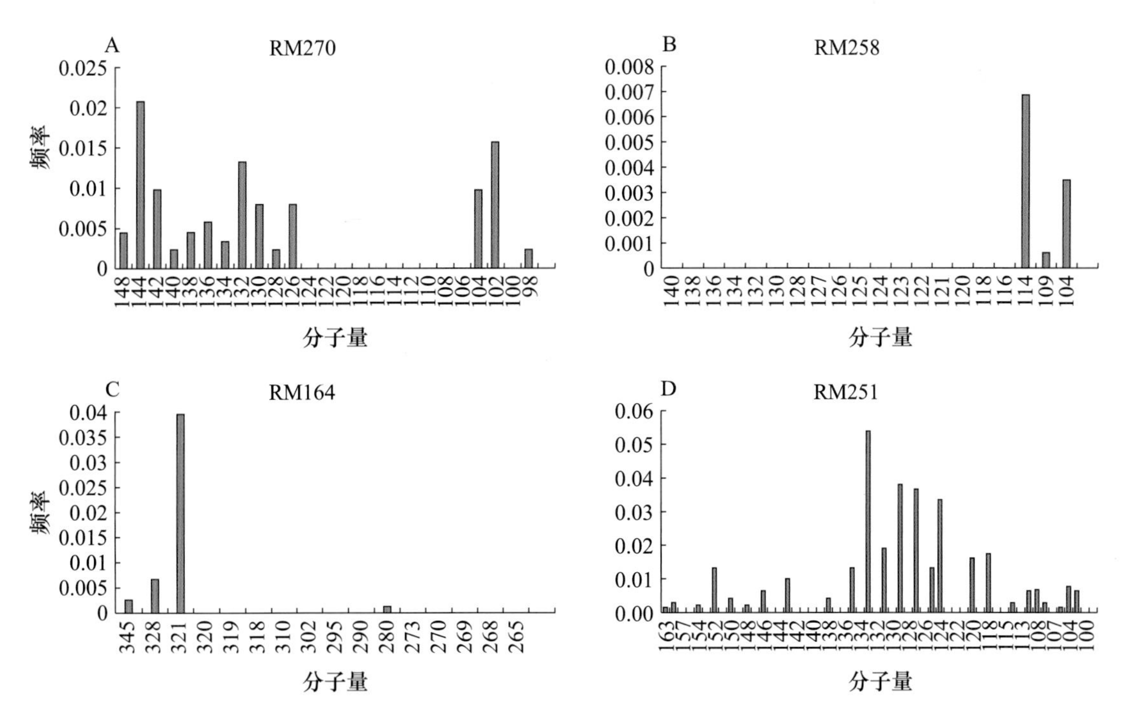

图 10.3　栽培稻丢失等位变异在普通野生稻中的分子量分布

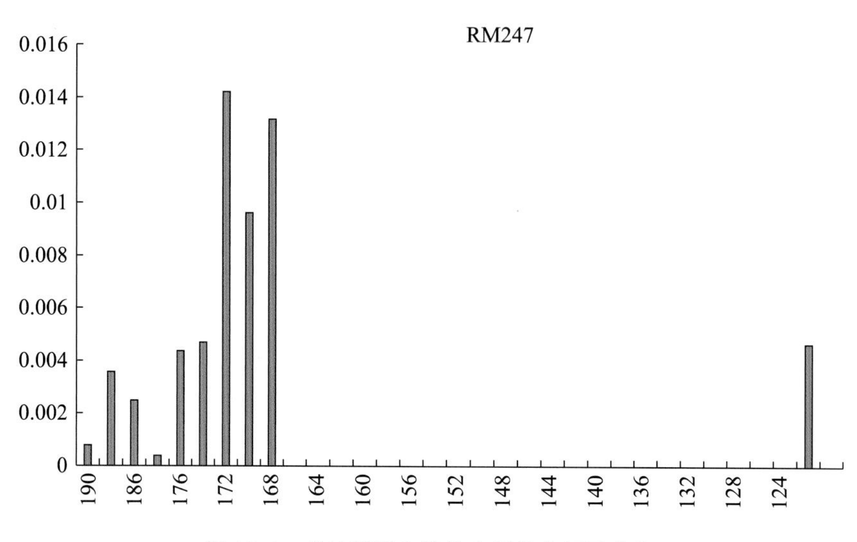

图 10.4　栽培稻新生等位变异的分子量分布

本研究的结果显示栽培稻丢失等位变异主要分布在分子量偏大或偏小的两极，根据SSR形成和演化的机制(Ellegren,2004)，大分子量的SSR是经过多次的延长突变形成的，而小分子量的等位变异则会通过点突变由大分子量等位变异生成。SSR等位变异在这两种突变的影响下保持在一定的分子量范围内。无论大分子量还是小分子量的等位变异都保持了较低的频率，而小频率等位变异在人工选择的时候容易丢失。部分普通野生稻生长在特殊的小环境中，但是往往这些材料含有和适应特殊环境有关的等位变异，使其能够在逆境中正常生存(Allard，1992)，它们所产生的等位变异也是以小频率的形式出现，受到人类选择的机会较少。分子量的偏大和偏小分布与以小频率的形式存在在丢失等位变异中得到了统一，这些等位变异为普通野生稻遗传资源在栽培稻育种中的应用提供了指导方向。核心种质的构建对于这部分等位变异应当给予足够的重视。被丢失等位变异是增加栽培稻遗传多样性的重点考虑对象。

10.2.2　普通野生稻和栽培稻共有的等位变异在频率及分子量上的差异

从普通野生稻到栽培稻不仅发生了等位变异的大量丢失，栽培稻和普通野生稻共有等位变异的频率、分子量分布也存在差异。在等位变异频率上，从普通野生稻到栽培稻，共有等位变异的频率减小的范围是0.000 2～0.710 5，频率增加的范围是0.000 1～0.410 8。等位变异频率变化幅度以0.01～0.1为主，频率减小和增大的等位变异在数量上比较接近(表10.3)。频率的变化量在0.01以上的等位基因数占73.3％。因此在共同享有的等位变异上，栽培稻和野生稻等位变异频率的差异是普遍存在的。栽培稻和普通野生稻最大的不同是栽培稻PA类和IA类等位变异的数量增多，CA类等位变异大幅度减少(表10.3)。因此栽培稻的等位变异正处在一个频率两极分化的过程中。如果这种变化趋势进一步持续，栽培稻等位变异的数量将进一步减少，同时部分等位变异的频率增大，这意味着栽培稻的遗传多样性继续降低。

表 10.3 普通野生稻和栽培稻共有等位变异的频率分布及等位变异频率变化的幅度

	PA (0.1～1)	*CA* (0.01～0.1)	*RA* (0.001～0.01)	*IA* (0～0.001)
普通野生稻等位变异数	78	325	135	8
亚洲栽培稻等位变异数	106	247	132	61
栽培稻中等位变异减少数	26	172	71	15
栽培稻中等位变异增加数	42	160	52	10

普通野生稻和栽培的共有等位变异分子量分布如图 10.5 所示，等位变异的分子量从左到右由大到小排列，用普通野生稻的等位变异频率减去栽培稻对应等位变异的频率，通过分析发现栽培稻的等位变异相对于普通野生稻也有 4 种分布类型(图 10.5)：①栽培稻分子量偏大分布，这一类型位点的数量是 8 个，占总位点数的 22.2%；②栽培稻分子量居中分布，这类位点有 11 个，占 30.1%；③栽培稻中分子量居中的等位变异频率降低，分子量较大和较小的等位变异的频率增加，这类等位变异有 12 个，占总等位变异的 33%；④栽培稻分子量偏小分布，这类等位变异数量较少，有 3 个，占总等位变异的 8.3%。在其余两个位点上，栽培稻和普通野生稻之间等位变异的频率大小是随机分布的，没有明显的分布规律。栽培稻相对于野生稻，等位变异有了分子量的偏分布，这说明栽培稻在人工选择的作用下，由于人类有共同的选择目标，使栽培稻在部分位点上的等位变异向相同的方向变化。这类位点约占 60%(图 10.5 A、B、D)。这种变化的最终趋势是栽培稻等位变异集中在狭小的分子量范围内，遗传多样性降低。由于栽培稻比普通野生稻有更广泛的种植空间，生态环境对栽培稻的等位变异也有较大的影响，在等位变异分子量分布上表现为：在部分位点上栽培稻内部也出现了分子量分化的现象(图 10.5C)。对人工选择不敏感的位点比例较小，约 5%，在分子量分布上表现为随机分布。

虽然栽培稻有 93%以上的等位变异直接来源于普通野生稻，并且普通野生稻有着巨大的应用潜力，但是普通野生稻资源的利用成本较高，改良周期长，因此在野生稻和栽培稻共有基因的利用上应当首先考虑栽培稻。经过人工选择，栽培稻等位变异的频率和分子量分布已经和普通野生稻有了较大的差异。本研究结果表明栽培稻和普通野生稻共有 547 个等位变异，普通野生稻和栽培稻频率都主要分布在 0.00 1～0.1 之间。70%以上的等位基因的频率有较大幅度的升高或降低，基因频率的最大降幅达到 0.710 5，最大升幅达到 0.410 8。栽培稻的等位变异产生了频率的两极分化，这是因为栽培稻在长期的选择过程中，有利等位变异频率增加，而对生产不利或对环境适应能力较差的等位变异频率则逐渐降低或停留在比较低的水平上(Wang et al, 1999)。栽培稻等位变异的分子量分布与普通野生稻相比变化范围明显缩小，并且在 60%左右的位点上栽培稻相对于普通野生稻等位变异的分子量产生了偏分布，甚至在 33%的位点上栽培稻内部也有了分子量的分化现象。在共有等位变异上，栽培稻等位变异频率的两极分化以及分子量范围的减小是普通野生稻和栽培稻最主要的差异。许多带有优良遗传资源的地方种已经被淘汰甚至丢失(Singh ,

1999)，遗传多样性的丢失给稻作生产带来了不稳定因素。中国是稻作历史悠久的国家，数量众多的栽培稻也是水稻育种重要的遗传资源。因此栽培稻的遗传多样性的保护和利用也是当务之急。栽培稻中对遗传多样性影响最大的Ⅱ类等位变异与普通野生稻相比有较大幅度的减少，并且仍然有继续减少的可能。这类等位变异是保护栽培稻遗传多样性和从普通野生稻引进遗传多样性的重点等位变异类型。

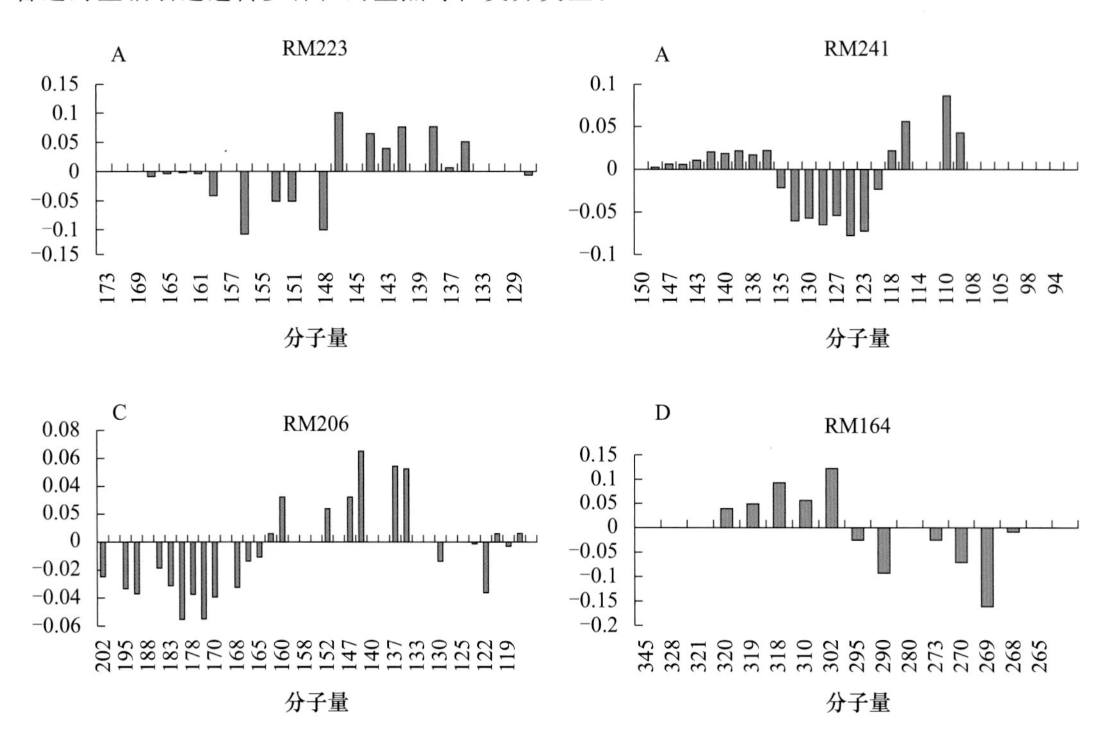

图 10.5 普通野生稻和栽培稻共有等位变异分子量分布

10.2.3 栽培稻微卫星长度的方向性演化

关于微卫星的方向性演化，在动物(Rubinsztein et al，1995)和植物上(Poggio et al，1998；Vigouroux et al，2003)都有过报道。张冬玲等(2009)比较中国栽培稻各类群的平均标准分子量大小显示粳稻的标准分子量极显著小于籼稻的标准分子量($t=9.31$，$P<0.000\,1$)(图 10.6)。然而籼、粳稻亚种内的两个中间型生态群间的标准分子量的差异却未达到显著水平。当单独用选择性位点或中性位点时，也发现了相同的趋势(图 10.7)。

平均等位变异大小与海拔的回归分析表明(图 10.8A)：随着海拔的升高，等位变异的标准分子量呈现极显著的减小，当单独用选择性位点或是单独用中性位点时也得到相同的规律(图 10.9)。与此相似，平均标准分子量与纬度间的关系也显示，随着纬度的升高，等位变异的标准分子量呈显著减小的趋势，尤其在北纬 27～34°的范围内(图 10.8B)。然而，当单独用选择性位点或中性位点分析时，虽然这种趋势仍然存在，但显著性降低(图 10.9)。为了去除籼粳亚种的影响，分别分析了两个亚种内等位变异的大小与海拔或纬度间的关系(图 10.10)。在粳亚种内，随着海拔或纬度的升高，等位变异的大小呈现显著减小。然而，在籼稻亚种内，等位变异的大小随着海拔的升高逐渐减小，但在与纬度间的关系却没有表现出这种规律。而且，比较相同海拔或纬度的籼稻与粳稻群体的等位变异大小，发现粳稻的等位变异大小同样显著小于籼稻的等位变异。

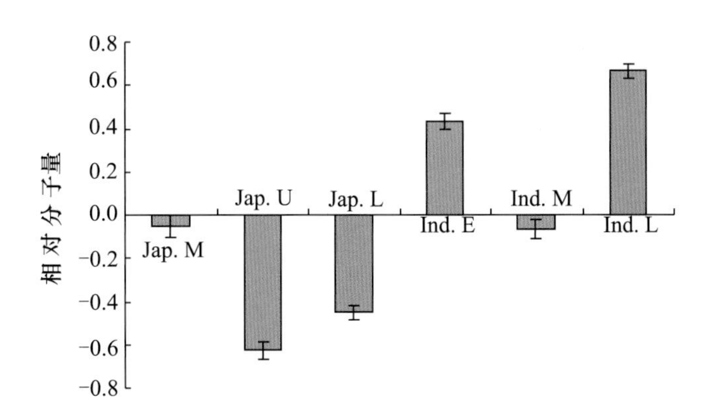

图 10.6　基于模型的 6 个类群的平均标准分子量及标准误

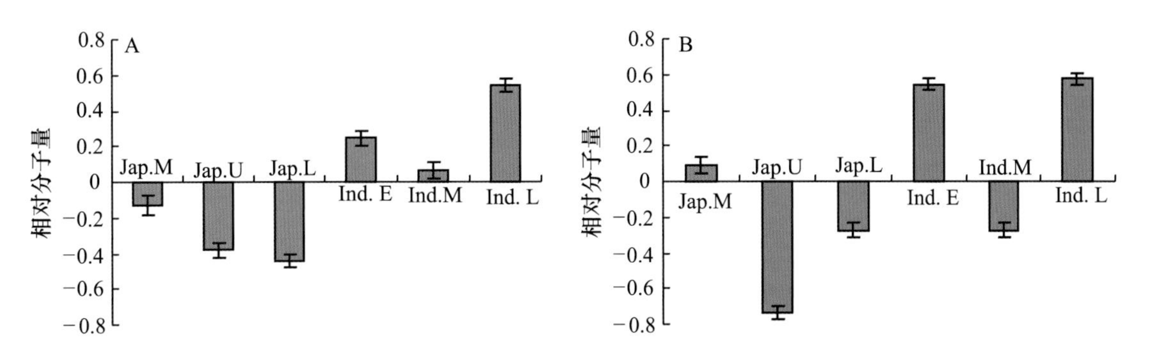

图 10.7　基于模型的 6 个类群的在选择性位点(A)和中性位点(B)的平均标准分子量及标准误

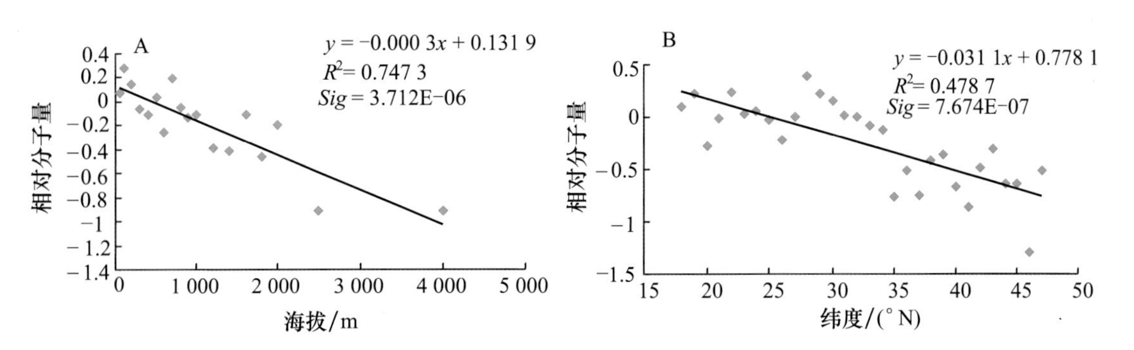

图 10.8　微卫星的大小与海拔、纬度间的回归关系

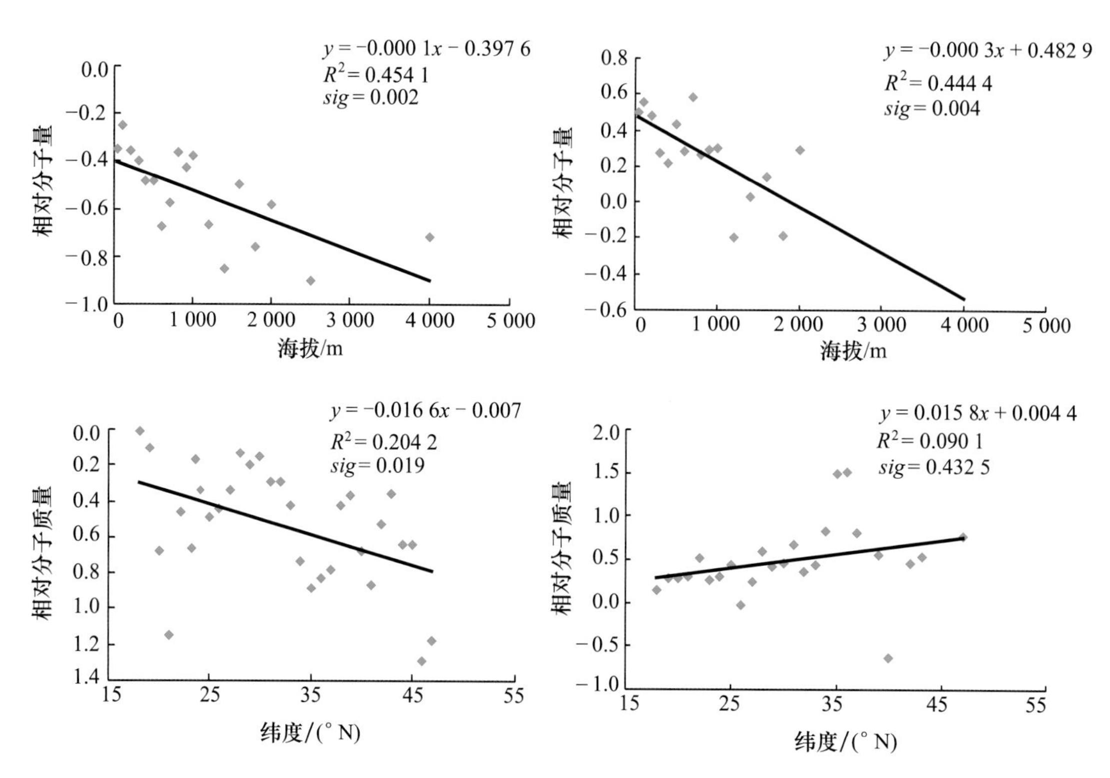

图 10.9 选择性位点(左)和中性位点(右)的等位变异大小与海拔、纬度间的回归关系

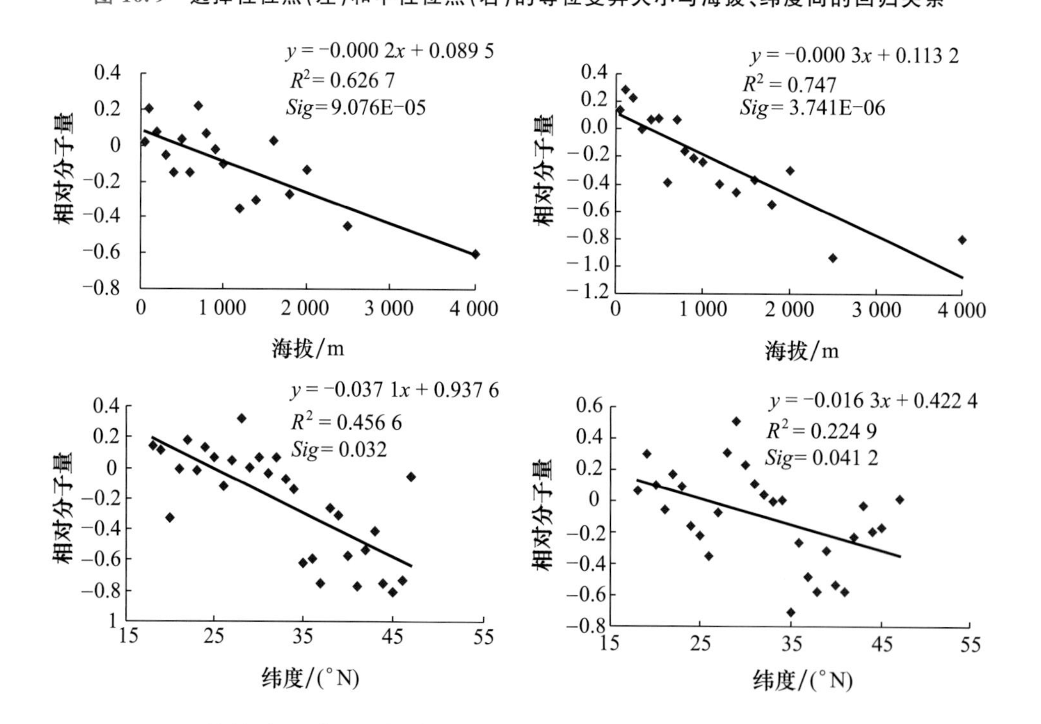

图 10.10 籼稻(左)和粳稻(右)内微卫星的等位变异大小与海拔、纬度间的回归关系

10.2.4　普通野生稻微卫星长度的方向性演化

王美兴等(2008)用与栽培稻相同的36对微卫星标记比较了普通野生稻和栽培稻的微卫星大小，结果显示普通野生稻的等位变异平均标准分子量极显著小于栽培稻的平均标准分子量。比较各类群在逐步变异类型位点(表10.4)上的平均标准分子量(表10.5)发现，海南的普通野生稻(HN)是中国普通野生稻分子量最小的类群，和所有类群都差异极显著；云南的普通野生稻(YN)具有最大的分子量，并且和所有类群差异极显著。其他类群之间标准分子量差异不显著。各群体分子量大小顺序是：YN > FJ > GX2 > HuN2 > JX-HuN1 > GD-GX1 > HN。按SSR方向性演化的理论看，海南型是中国最原始的普通野生稻类型，云南型是与原始类群分化程度比较大的类群，GD-GX1、GX2、FJ、HN2和JX-HuN1则是分化程度较低的中间类群。

表10.4　SSR位点的逐步变异系数

标记	SMI	标记	SMI
rm251	0.623 8	rm231	0.870 4
rm296	1.000 0*	rm249	0.746 5
rm134	0.580 4	rm219	0.527 8
rm71	0.961 8*	rm241	0.528 4
rm216	0.926 5*	rm262	0.648 7
rm267	0.999 4*	rm164	0.703 7
rm190	1.000 0*	rm42	0.644 1
rm270	1.000 0*	rm242	0.980 9*
rm25	0.999 4*	rm244	0.635 4
rm82	0.465 3	rm255	0.652 2
rm60	0.935 8*	rm223	0.993 6*
rm247	1.000 0*	rm23	0.999 4*
rm206	0.600 7	rm254	0.877 9
rm18	1.000 0*	rm211	0.721 6
rm81a	0.589 1	rm335	0.999 4*
rm224	0.769 1	rm258	0.609 4
rm225	0.658 6	rm253	0.986 7*
rm235	0.908 0*	rm5	0.995 4*

注：SMI-SSR位点的逐步变异指数；*代表SMI值高于0.9被认定为属于逐步变异类型的SSR位点。

表 10.5 各群体之间平均标准分子量差异的 t 检验

	HN	GD-GX1	GX2	FJ	YN	HuN2
GD-GX1	−3.274 4**					
GX2	−3.591 5**	−1.044 6				
FJ	−3.012 6**	0.127 8	0.978 0			
YN	−13.850 3**	−20.088 3**	−15.745 2**	−17.172 5**		
HuN2	−3.058 0**	−0.532 4	0.196 8	−0.559 2	12.664 3**	
JX-HuN1	−3.331 6**	−0.171 8	0.907 7	−0.248 3	19.726 1**	0.439 2

注：* 显著性水平为 0.05；** 显著性水平为 0.01。

10.2.5 稻种资源中的微卫星方向性演化的机制

研究表明微卫星的演化总是朝着等位变异增大的方向，该现象在植物（Udupa and Baum，2001；Vigouroux et al，2002）和动物（Amos et al，1996；Primmer et al，1996；Cooper et al，1999）上均有报道。张冬玲等（2009）和王美兴等（2008）用相同的 36 对微卫星标记比较了普通野生稻和栽培稻的微卫星大小，结果显示普通野生稻的平均标准等位变异的大小极显著小于栽培稻的平均标准等位变异大小。而普通野生稻是亚洲栽培稻的祖先已得到全世界的公认。可见，栽培稻与普通野生稻间在 SSR 分子量上的差异体现了 SSR 的方向性演化。另外，本节所述结果表明，粳稻类群的平均标准分子量极显著小于籼稻，在去除自然生态环境的影响后，即在相同海拔或纬度条件下，粳稻类群的平均标准分子量仍然显著小于籼稻。陆粳生态群较水粳生态群的平均标准分子量要小，在陆粳生态群的 6 个地理生态型中，西南高原 Ⅰ 型的平均标准分子量最小。两个亚种及其生态型的 SSR 分子量演化是否也说明了某种演化关系呢？这种演化关系如何解释？

首先，具有较小 SSR 的群体在起源时间上是否早于具有较大 SSR 的群体呢？有很多人给出了肯定的答案（Udupa and Baum，2001；Vigouroux et al，2003；Weber and Wang，1993；Primmer et al，1996；Cooper et al，1999）。然而，笔者认为在栽培稻内，比如亚种和其他一些类型的群体，造成这种 SSR 分子量大小不同的原因有可能不一定是起源时间的差异。普通野生稻是同时具备有性和无性繁殖方式的多年生植物，而且在自然条件下以无性繁殖为主。这样，野生稻在同样的时间内比其演化而成的栽培稻发生演化的世代要少。如果 SSR 变异的分子量增大和减小的比例为 2∶1（Banchs et al，1994；Weber and Wang，1993），则在同一野生稻群体先后在几千年甚至更长的时间内演化而成的两个群体中，后演化出的群体应该具有较先演化出的群体小的 SSR 分子量，而不再是较早起源的群体具有较小分子量。如果该推论正确，则籼稻（具有较大 SSR）在中国的起源时间应该早于粳稻 。这和丁颖先生关于籼粳起源顺序的想法一致；而且，籼稻的确在包括形态、遗传和生长习性上与野生稻具有较大的相似性。不过，本节结果表明两个亚种的分布以及 SSR 分子量均与纬度和海拔相关；籼粳间分子量的差异仅有 30％是由二者进化时间的不同造成的，其他可能在进化事件发生后所处环境等因素造成的，这还需要很多其他证据，比如来自野生稻的证据。

其次，以温度为主的环境因素可能是造成不同群体SSR变异的另一个主要因素。总体宏观进化方式显示，多数较高分类级别的群体起源于高温的热带地区，物种形成的频率从赤道到两极随温度降低而降低。大家认为，高温导致较高突变率(Gillooly,2005)。本节结果也观察到了变异数随纬度和海拔增加而降低的现象，相应分子量较低。玉米上也发现了这种分子量与海拔间的负相关(Vigouroux et al,2003)。

另外，笔者猜想选择也可能是导致SSR方向性演化的因素之一。在高海拔和高纬度比较严酷的条件下，新产生具有较大分子量的变异很难遗传到下一代，因此，相对低纬度和低海拔的群体具有较小分子量。本节遗传多样性地理分布的结果表明，高纬度和高海拔下的遗传多样性明显低于低海拔和低纬度。造成这种结果可能的主要因素包括基础效应和选择效应。高纬度地区表现为变异少、有效群体小，这意味着其较低的遗传多样性主要是由在栽培稻由低纬度向高纬度地区扩散时的基础效应造成的。然而，在高海拔地区，栽培稻群体表现为多样性低、有效群体大，这意味着高海拔地区较低的遗传多样性主要是由更为严酷的自然选择造成的，比如低温、较少的热量和水资源等。很多研究认为，有些SSR的确是选择性而非中性的(Ellegren,2004; Tam et al,2005)。本节的结果显示，有44%的SSR位点在所有生态型间具有明显的非中性特征，生态型内具有非中性特征的SSR位点比例从8%到25%不等。在同时被高立志用于研究野生稻的17个SSR位点中(Gao and Innan,2008)，10个位点具有非中性特征，其中2个同时被鉴定为非中性(rm247 and rm258)、7个仅在本节结果中表现为非中性、1个仅在高立志等的结果中表现为非中性。同一SSR位点在不同研究中表现出的不同中性特征可能是不同群体经历了不同事件的结果。当然，要确定一个位点是否经历了选择还需要更深入研究。

10.3　亚洲栽培稻与普通野生稻的进化与演化

众所周知，亚洲栽培稻(*O. sativa* L.)由普通野生稻(*O. rufipogon* Griff.)进化驯化而来。籼粳的分化是亚洲栽培稻分化的主流，形态、分子水平上的一系列研究都已得到了比较一致的认识(图10.11)。然而，关于栽培稻两个亚种的起源却一直存在争议，主要有两种假设(图10.12)。一种是一元论(Morishima et al,1963;Oka,1988;Chang,1976)；另一种是二元论(周拾禄,1948)。后者认为籼、粳亚种独立起源于印度和中国的普通野生稻，这一观点在同工酶、DNA水平上均有支持证据(Second,1982;Cheng et al,2003;Vitte et al,2004;London et al,2006)。London等(2006)认为籼、粳亚种由不同地方的普通野生稻演化而来，籼稻起源于喜马拉雅山的南部地区，粳稻起源于中国南部。而前面对于栽培稻群体结构的研究发现，栽培稻的籼粳分化程度较高；籼稻类群中仅含有较少的粳稻成分，同样粳稻类群中也仅含有较低的籼稻成分；在等位变异大小上，籼、粳亚种间差异达极显著水平。基于以上分析结果，笔者认为籼、粳亚种的起源时间不同。籼稻不可能由粳稻演化而来，粳稻也不可能由籼稻演化而来。关于籼、粳亚种起源于何处，是否如前人研究认为籼稻起源于印度，粳稻起源于中国呢？笔者所在研究室对中国普通野生稻的研究表明，中国普通野生稻具有向籼稻演化的遗传基础，是否有可能中国的籼稻是中国的普通野生稻驯化而成？为探讨这些问题，笔者利用来自全球的栽培稻微核心种质、普通野生稻微核心种质以及来自南亚和东南亚的普通野生稻，分析了全球亚洲栽培稻及普通野生稻的群体结构和分化。

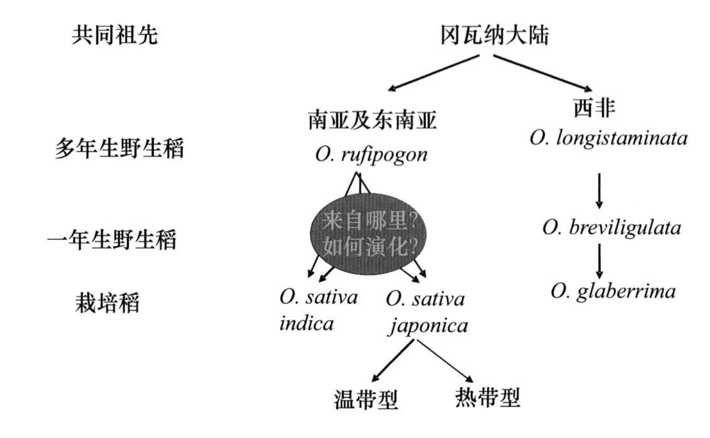

图 10.11 栽培稻的分类与进化

（根据 Chang，1976；Second，1982；Khush，1997）

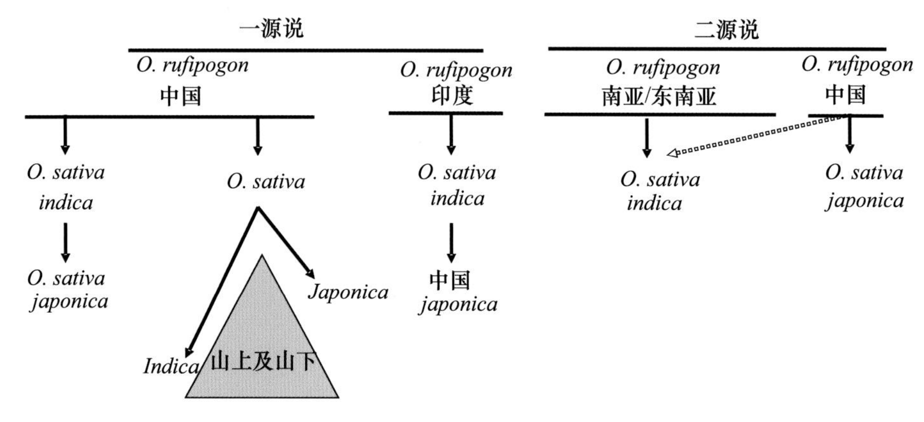

图 10.12 亚洲栽培稻两个亚种驯化演化途径

（根据周拾禄，1948；Second，1982；Londo et al，2006；Zhang et al，2007b；Zhang et al，2009；Sweeney et al，2007；Li et al，2006；Konishi et al，2006）

10.3.1 国内外栽培稻及普通野生稻的群体结构

研究国内外栽培稻及普通野生稻的群体结构所用材料包括，全球栽培稻微核心种质（300份，其中 204 份来自中国、96 份为国外其他国家，见第 6 章）、中国普通野生稻微核心种质（111份，见第 6 章）以及来自南亚和东南亚的 28 份普通野生稻。所用标记为 262 个 SSR 标记（其中 149 个为基因组 SSR，113 个来自 EST 的 SSR）。利用与栽培稻和野生稻初级核心种质群体结构分析相同的方法，分析了 439 份国内外栽培稻及野生稻的群体结构。基于模型的群体结构（利用 STRUCTURE 软件，图 10.13、图 10.14）、N-J 聚类（利用 MEGA4，图 10.14）及主坐标（PCA）分析（利用 NTsys，图 10.14）的结果均显示，中外栽培稻及野生稻可以分为 5 个类群；但是，STRUCTURE 和 PCA 分析均表明，中外栽培稻及野生稻分为 3 个类群时界限最清楚，即野生稻、籼稻和粳稻；而分为 5 个类群时，能比较清晰地将中、外野生稻以及中、外籼稻各自分开（图 10.14）。我们利用基因组 SSR 和 EST-SSR 进行结构分析的结果与上述结果一致。

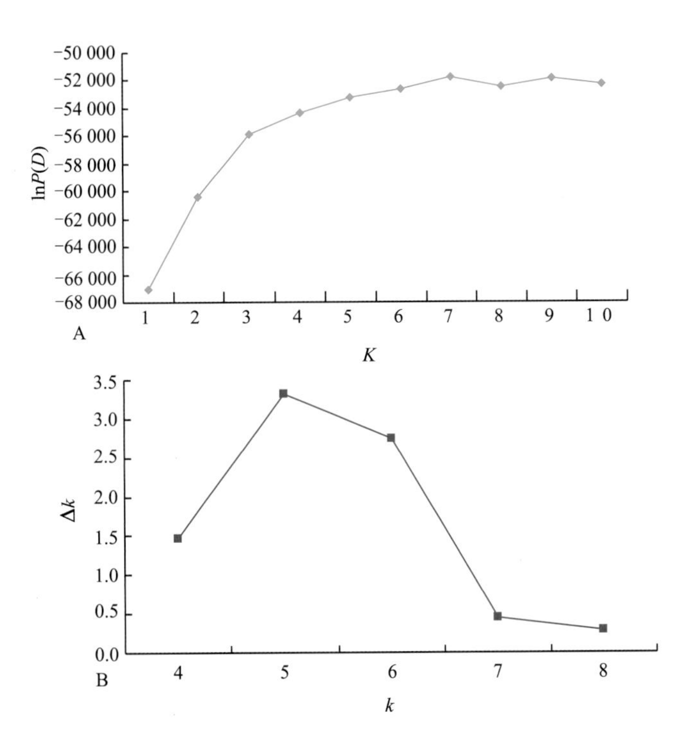

图 10.13 微核心种质群体结构分析所得不同 k 值的 $\ln P(D)$ 和 Δk

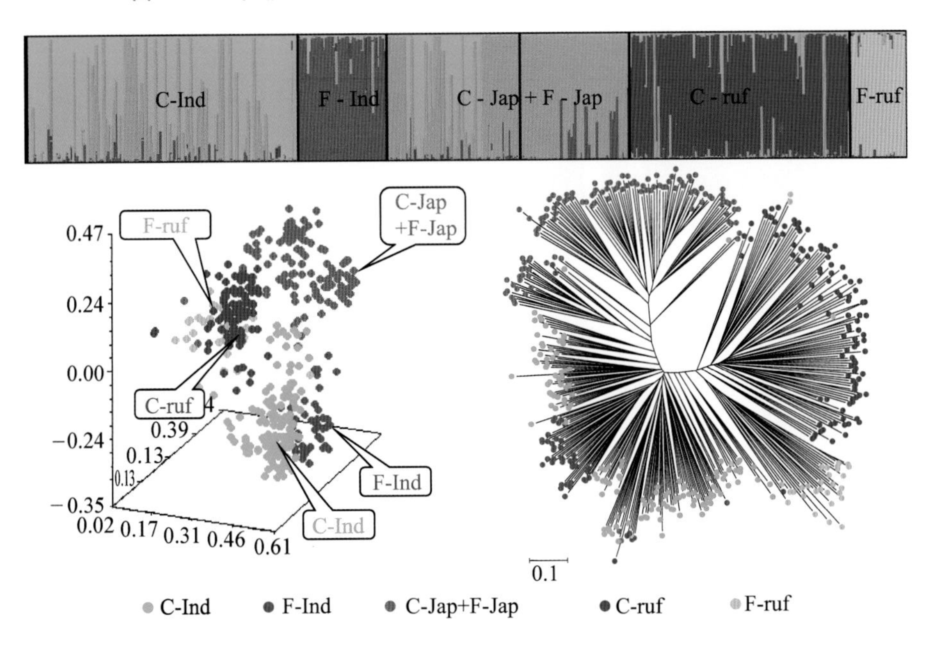

图 10.14 微核心种质群体在 $k=5$ 时的群体结构(图中 C 为中国，F 为国外，Ind 为籼稻，Jap 为粳稻，ruf 为普通野生稻)

群体结构分析表明，栽野间以及籼粳间存在明显的分化。而非相邻变异间的 LD 主要来源是群体分化。因此，我们将 439 份材料分为栽野、栽培稻、野生稻、籼稻和粳稻等 5 个群体，对各群体进行了 LD 分析。结果表明，栽培稻非相邻变异间的 LD 明显高于野生稻，表明栽培稻具有较野生稻强的群体分化(图 10.15);栽培稻整体时比籼和粳独立分析时的 LD 明显高,说明栽培稻较强的 LD 主要是由籼粳分化造成的(图 10.16)。选取 5 个群体中 LD 最高的 10 对位点,作为分析栽野演化以及籼粳演化和分化的目标位点。

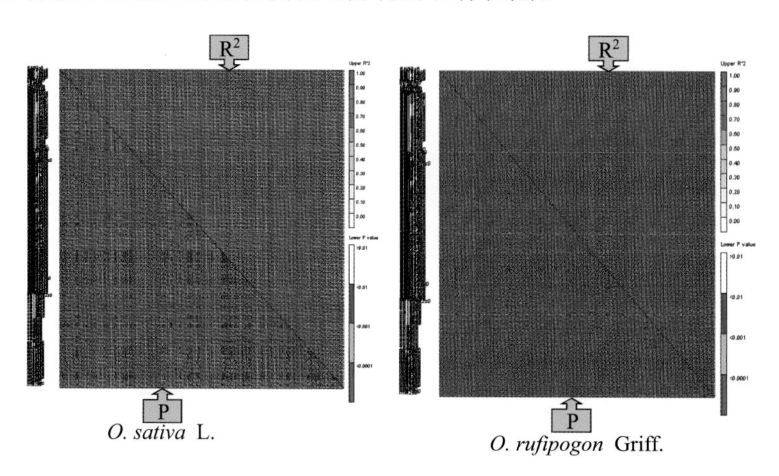

图 10.15 栽培稻(左)和野生稻(右)的全基因组 LD 图谱

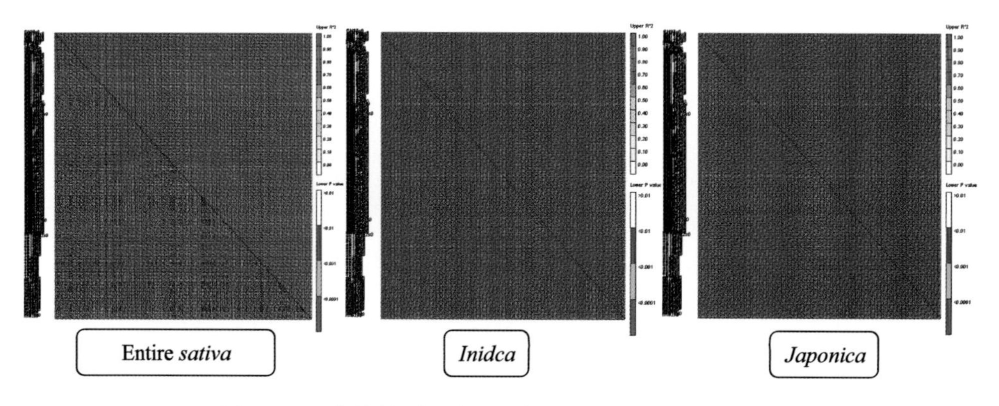

图 10.16 栽培稻(左)、籼稻(中)和粳稻(右)的 LD 图谱

另外,计算了 262 个 SSR 标记的栽野和籼粳分化系数。选取栽野分化系数最高的 20 个位点(均高于 0.4)、籼粳分化系数最高的 25 个位点(均高于 0.6),也作为分析栽野演化以及籼粳演化和分化的目标位点。

上述分析栽野演化以及籼粳演化和分化的目标位点共涉及 66 个 SSR 标记,其中 47 个(70%)为来自 EST 序列的 SSR 标记,40 个位点表现出籼粳两个亚种间等位变异的频率有显著差异。

10.3.2 国内外栽培稻及普通野生稻的籼粳分化

根据群体结构分析的结果,将 439 份材料分为 5 个群体,即中国野生稻、国外野生稻、中国籼稻、国外籼稻和粳稻。分析了在籼粳间等位变异频率有显著差异的 40 个 SSR 位点在 5 个群体中的分布,发现有 4 种分布模式(图 10.17、图 10.18、图 10.19、图 10.20)。在第一种模式中(图 10.17),中国的野生稻与粳稻具有类似等位变异频率分布,国内外的籼稻与国外野生稻具有类似分布;这种模式SSR位点共有4个(RM104、RM7009、TC110和TC39)。在第二种模式中(图10.18),中外野生稻具有相同的变异分布,而且其或者与籼稻具有类似分布,或者与粳稻具有类似分布;这种模式SSR位点共有6个(RM143、RM172、RM267、RM6818、RM6849和TC56)。在第三种模式中(图10.19),籼稻或粳稻均与中国野生稻具有相同的变异分布;这种模式SSR位点共有6个(CN55、RM130、RM3229、RM5300、TC100和TC37)。在第四种模式中(图10.20),籼粳分布与野生稻没有明显关系。另外,在262个SSR标记中仅有7个标记在国内外的籼稻间具有明显的等位变异频率差异,但是,这些位点与中外野生稻均没有明显关系(图10.21)。

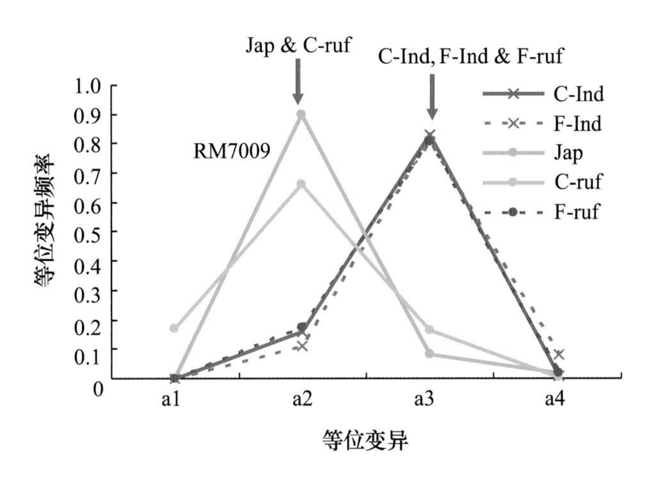

图10.17 中国的野生稻与粳稻具有类似等位变异频率分布、国内外的籼稻与国外野生稻具有类似分布

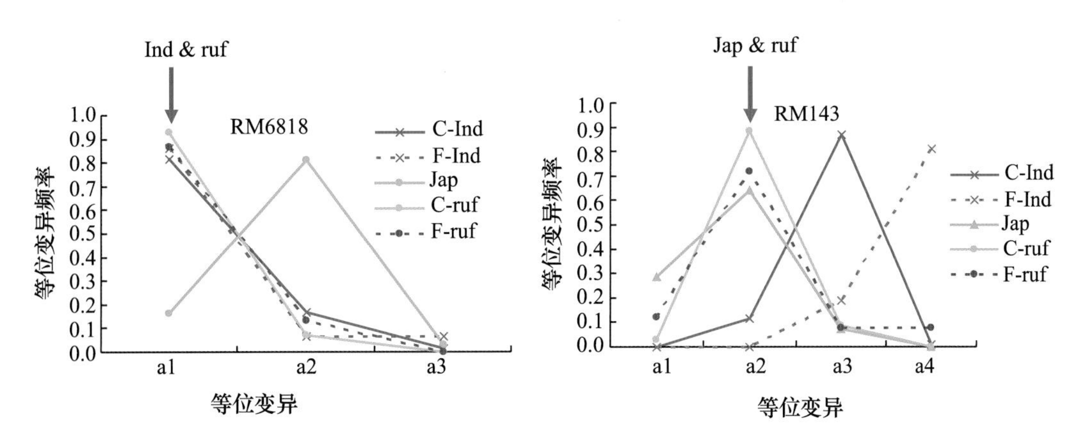

图10.18 中外野生稻均或者与籼稻具有类似分布、或者与粳稻具有类似分布

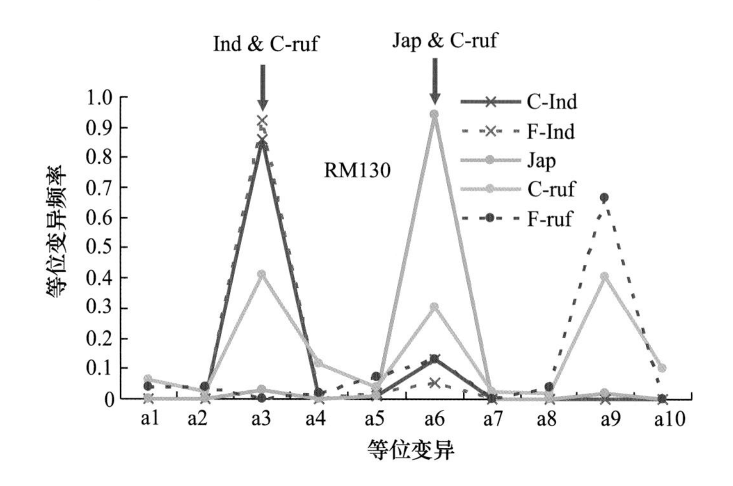

图 10.19　籼稻或粳稻均与中国野生稻具有相同的变异分布

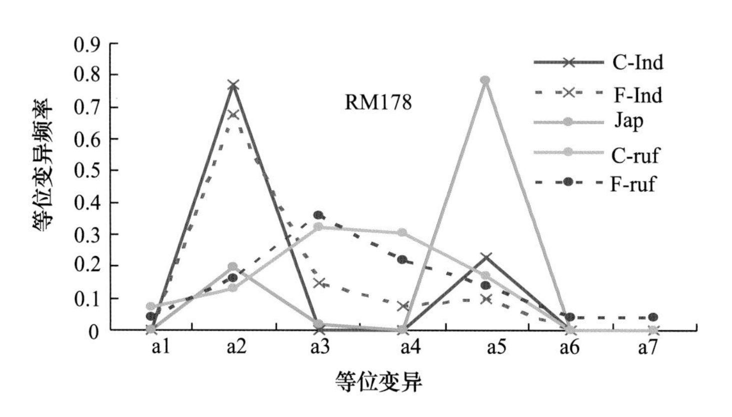

图 10.20　籼粳分布与野生稻没有明显关系

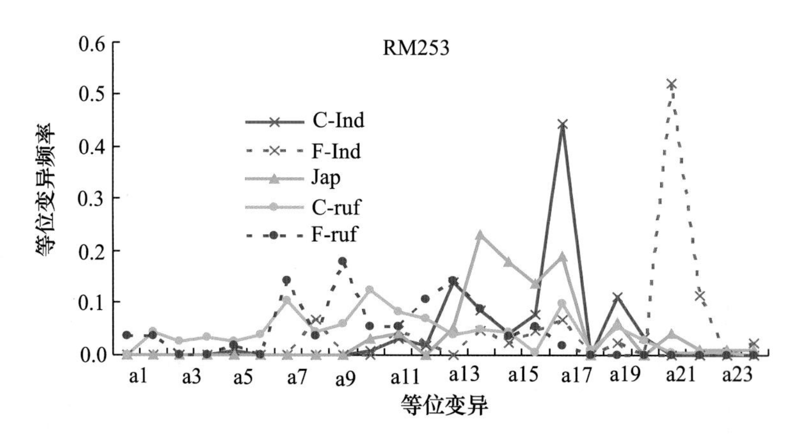

图 10.21　国内外的籼稻间具有明显的等位变异频率差异，但与其在野生稻的分布没有关系

总结上述变异频率分布的模式可以得到如图 10.22 的分布关系，中外野生稻除具有共同的籼稻特有变异外，还各自具有独立的籼稻特有变异；而粳稻特有变异要么中外野生稻共有，要么中国野生稻独有，国外野生稻中不存在独立的粳稻特有变异。

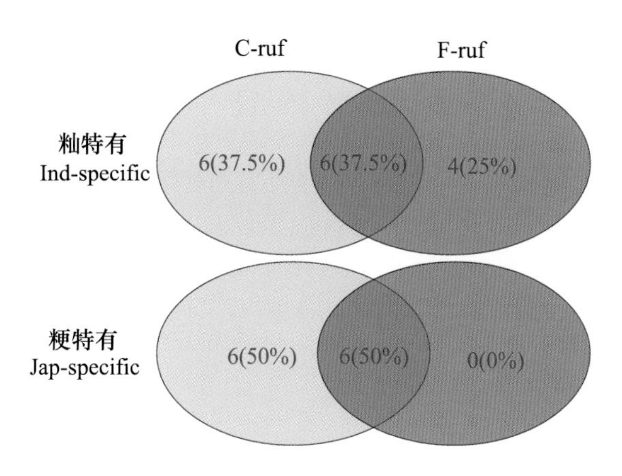

图 10.22　籼粳分化明显的位点在中外野生稻中的分布

10.3.3　亚洲栽培稻的起源

以上结果表明，粳稻起源于中国的野生稻是比较明确的。而籼稻特有变异中，既有中国独有变异，也有国外独有变异；而且，中国的野生稻具有籼粳分化的趋势(Wang et al,2008)。因此，也有可能中国的籼稻由中国的野生稻独立驯化而成，而国外的籼稻由国外的野生稻独立驯化而成(图 10.23)。

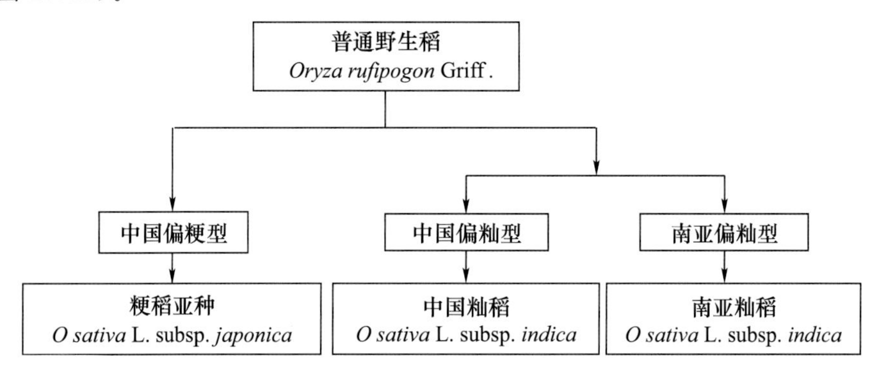

图 10.23　栽培稻籼粳两个亚种可能的演化途径

然而，一些基于驯化性状相关基因的研究结果却令人对籼粳两个亚种的驯化和演化感觉困惑。有些基因仅存在于某个亚种中，显然支持独立起源的说法；而有些重要基因在栽培稻中广泛存在，似乎又支持两个亚种同源的说法。落粒基因 *qSH*1 的研究表明，该基因在籼粳亚种间存在明显分化(Konishi et al,2006)。而落粒基因 *sh*4(Li et al,2006)或 *SHA*1(Lin et al,2007)是控制水稻落粒性的重要基因，对来源不同的野生稻和栽培稻在该基因的多样性分析表明，所有栽培稻含有不易落粒的基因型，而所有野生稻含有易导致落粒的基因型。也就是说，籼稻和粳稻在该落粒基因上不存在分化，其来源相同，即两个亚种起源于同一驯化事件。其实，野生稻中不存在不易落粒的 *sh*4 基因型很难解释，是野生稻受到选择的结果，还是野生稻仅有的一个不易落粒的基因型恰好被人类选择驯化成了栽培稻，还是不易落粒基因型是驯化完成后发生的？如果是野生稻受到选择的结果，很可能的选择作用包括不易落粒的特性与后代发芽力低等有关系或者不易落粒的种子容易成为鸟类等的食物，而最终被淘汰。如果是野生稻仅有的一个不易落粒的基因型恰好被人类选择驯化成了栽培稻，那太不可思议了。如果不易落粒基因型是驯化完成后发生的，而且在栽培稻中仅有该基因型，那只能说明该突变对该基因的功能太关键，以至于即便不是同时起源的两个亚种居然实现了对同一个基因同一个变异的选择。对种皮颜色相关基因的研究表明，*rc* 基因首先产生于粳稻，随后突破遗传和地理等界限，传播并在整个栽培稻中固定(Sweeney et al，2007)。Kovach 等(2007)综合分析不同证据后认为，水稻是多起源的，并伴随一些重要基因在不同群体间的相互渗透。

10.3.4 亚洲栽培稻在中国的起源

籼粳是栽培稻分化的主流已经得到了历代科学工作者的公认(孙传清等，1997)，并且籼粳分化对于研究栽培稻的起源演化也有着重要的意义。从第 9 章的研究结果可以看出，虽然籼粳分化没有成为南亚热带群体(HN、GD-GX1、YN、FJ、GX2)的群体特征，但其籼型和粳型单体型的频率都较高，说明中国南部普通野生稻已经存在了籼粳分化的遗传基础。尽管中部亚热带普通野生稻(JX-HuN1、HuN2)有偏粳的趋势，但是这种趋势的显现不是因为其粳型单体型出现的频率较高，而是籼型单倍体的缺失造成的。因此就普通野生稻籼粳分化的程度来讲，南亚热带群体应当大于中部亚热带群体。

利用来自不同省份的普通野生稻和当地的栽培稻，考察野生稻和当地地方种的遗传距离(表 10.6)，发现栽培稻和普通野生稻之间的平均遗传距离是 0.146 2，各省栽培稻和本地普通野生稻之间的遗传距离并不是最近的，各省栽培稻和广东普野生稻都有最近的平均遗传距离，(0.0974)，其次是广西(0.1002)。从预测的野生稻群体和来自不同省份的栽培稻群体之间的遗传距离(Nei，1983)也可以看出(表 10.7)，GD-GX1 和所有的省份的栽培稻都存在最近的遗传距离，其次是 HN。GD-GX1 和栽培稻的籼粳亚种都有最近的遗传关系还可以从普通野生稻群体的籼型单体型和粳型单体型的频率得到验证。GD-GX1 含有的籼粳单倍体型的频率和其他普通野生稻亚群相比是最高的。由此可见，各省栽培稻不一定都起源于当地普通野生稻，中国栽培稻可能有一个较为集中的起源地。我们可以推测存在于广东、广西境内的 GD-GX1 可能是中国栽培稻最直接的祖先类群。中国普通野生稻不仅有粳稻起源的遗传基础，也有籼稻起源的遗传基础。

表 10.6 不同省份的普通野生稻和栽培稻地方种之间的遗传距离关系

	省份	普通野生稻						
		福建	广东	广西	海南	湖南	江西	平均
栽培稻地方种	福建	0.136 3	0.085 7	0.089 2	0.094 4	0.157 4	0.244 5	0.134 6
	广东	0.152 8	0.109 6	0.113 1	0.118 2	0.187 1	0.280 9	0.160 3
	广西	0.133 5	0.086 7	0.090 0	0.100 5	0.163 9	0.254 3	0.138 1
	海南	0.137 6	0.101 0	0.103 1	0.105 5	0.174 8	0.250 2	0.145 4
	湖南	0.146 5	0.099 2	0.099 6	0.108 8	0.165 5	0.252 5	0.145 3
	江西	0.146 9	0.102 6	0.106 4	0.111 5	0.180 9	0.274 3	0.153 8
	平均	0.142 2	0.097 4	0.100 2	0.106 4	0.171 6	0.259 4	0.146 2

表 10.7　普通野生稻结构群体和栽培稻地方种之间的遗传距离

栽培稻地方种	预测普通野生稻结构群体						
	HN	GD-GX1	GX2	FJ	YN	HuN2	JX-HuN1
粳稻	0.319 9	0.260 0	0.425 4	0.441 4	0.801 3	0.424 5	0.349 4
籼稻	0.340 4	0.264 6	0.453 3	0.446 5	0.797 3	0.500 0	0.442 8
广东	0.450 1	0.317 5	0.526 6	0.575 2	0.836 6	0.598 4	0.511 7
广西	0.400 2	0.273 4	0.500 9	0.537 9	0.819 3	0.527 3	0.448 7
福建	0.405 7	0.270 3	0.509 7	0.539 1	0.812 1	0.538 4	0.454 8
海南	0.459 2	0.368 5	0.518 1	0.564 7	0.832 1	0.578 5	0.492 7
湖南	0.433 2	0.325 9	0.511	0.586 5	0.840 7	0.544 9	0.440 8
江西	0.441 7	0.323 8	0.529 1	0.572 5	0.828 3	0.586 7	0.516 8
云南	0.409 6	0.276 4	0.476 3	0.530 4	0.825 2	0.519 7	0.425 7

中国是亚洲栽培稻的起源中心之一(Khush，1997)。但是关于栽培稻在中国的起源假说众多,最有影响的有丁颖(1957)的华南说、渡部忠世(1975)的云南起源说和严文明(1982)的华南一长江中下游说。王象坤等(1998)通过进一步研究认为长江中下游是中国稻作起源地。上述报道的主要依据是考古学,但是考古发现有一定偶然性。栽培稻和普通野生稻之间的遗传关系是揭示稻种起源的重要依据之一。广东、广西省境内的 GD-GX1 是中国普通野生稻的基本类群,并且和栽培稻的籼粳亚种都有最近的遗传关系。通过普通野生稻和其所在省份的栽培稻之间遗传距离的比较也发现广东、广西两省份的普通野生稻不仅和当地的栽培稻有最近的遗传关系,而且和其他省份的普通野生稻也有最近的遗传关系。而其他省份的普通野生稻和当地的栽培稻之间的遗传关系都较远。另外,笔者所在实验室还有研究结果(未发表)显示,在材料数相同时普通野生稻的遗传多样性由南到北是逐渐减小的,湖南和江西的普通野生稻的遗传多样性都小于栽培稻,不可能为栽培稻提供如此丰富的遗传基础。广东、广西可能是栽培稻的起源地。这个结果与华南起源说比较一致。

关于亚洲栽培稻的起源有两种比较重要的观点:其一是,亚洲栽培稻的籼粳亚种是在同一个地点起源的(丁颖，1957；Oka，1974),其中籼稻首先从中国南方低洼地区的普通野生稻中演化出来,粳稻则是在人类的影响下由被种植在比较干旱、地势较高的籼稻逐渐演化而来;另一个观点是,栽培稻的籼粳亚种分别起源于不同的地区(Second，1982)。Londo 等(2006)发表了一篇关于栽培稻起源的文章,通过考察功能基因基因型在籼粳亚种内及不同地区普通野生稻内的分布得到结论:栽培稻的籼粳两个亚种分别起源于喜马拉雅山山脉的南部山区和中国南方的普通野生稻。但是该研究中所利用的籼稻大部分来自南亚或东南亚,中国栽培稻的数量少,只有 9 份,其中有 5 份是籼稻,4 份是粳稻。然而中国作为稻作起源中心之一,拥有数量相当庞大的地方种和育成种,这 9 份材料是否可以代表整个中国栽培稻的特征还未尝可知。另外如果中国只有粳稻起源,中国粳稻和普通野生稻的遗传距离应当小于籼稻和普通野生稻的遗传距离,但是本研究的结果显示恰恰相反。因此既然中国普通野生稻有产生籼粳亚种的遗传基础,也就有籼粳亚种同在中国起源的可能。

我们的研究结果显示广东、广西境内的 GD-GX1 是中国普通野生稻的基本类群,可能是亚洲栽培稻在中国最直接的祖先类群,并且该普通野生稻类群的籼粳分化不明显,既含有籼亚种的遗传基础又含有粳亚种的遗传基础。籼亚种趋向于生长在低纬度、低海拔，水分充足湿度较大的地区，而粳亚种则趋向于生长在高海拔、高纬度，较为干旱的地区。广东、广西境内的普通野生稻类群 GD-GX1 位于北回归线附近，并且该地区由于存在复杂的地理环境从而导致了其环境的多样性，环境的多样性为籼粳两个亚种的起源提供了必要的条件。另外 GD-GX1 和栽培稻的籼粳亚种都有最近的遗传距离。综上所述中国可能同时存在籼粳两个亚种的起源事件；普通野生稻被引种在低纬度、低海拔的地区，通过人类的选择改良逐渐演化成籼亚种；普通野生稻被引种到高海拔、高纬度的地区在人类的影响下逐渐演变成粳亚种。图 10.24 是对亚洲栽培稻在中国起源方式的推测过程。栽培稻的起源是一个非常复杂的课题，该问题的研究需要涉及多个研究领域。目前粳亚种起源于中国已经得到了大部分研究者的认同。但是籼亚种是否也有部分在中国起源还在争论之中。本研究的结果显示不能排除籼亚种在中国部分起源的可能，但是要充分地证明中国的确有籼亚种起源的现象还需要通过其他试验方法和数据，例如包括来自国外的普通野生稻和栽培稻，或者利用与栽培稻进化演化密切相关的功能基因序列等。

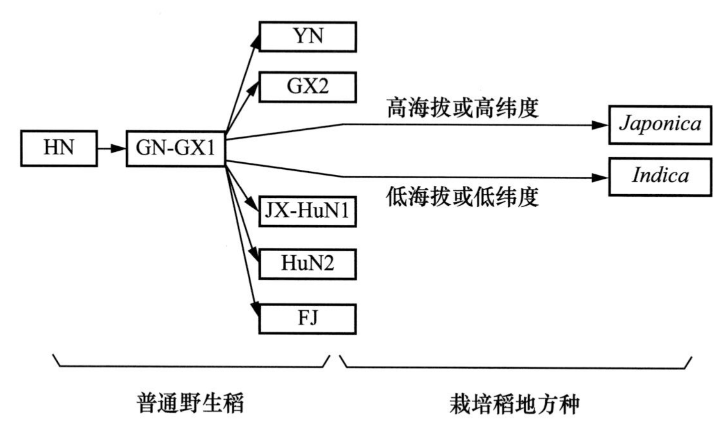

图 10.24　亚洲栽培稻在中国起源的可能方式

参考文献

[1] 丁颖. 中国栽培稻种的起源及其演变. 农业学报，1957，8:246-260.

[2] 渡部忠世. 稻米之路. 东京：日本广播出版协会，1975.

[3] 孙传清，王象坤，等. 普通野生稻和亚洲栽培稻叶绿体 DNA 的籼粳分化. 农业生物技术学报，1997，5:319-323.

[4] 王美兴. 中国普通野生稻的多样性及核心种质构建：博士学位论文. 2008，北京：中国农业大学.

[5] 王象坤，等. 中国栽培稻的起源与演化. 科学通报，1998，11，43(22):2354-2363.

[6] 严文明. 中国稻作农业的起源. 农业考古，1982(1):19-31.

[7] 周拾禄. 中国是稻之原产地. 中国稻作，1948，7 (5):53-54.

[8] 张冬玲. 中国栽培稻的遗传演化及核心种质构建：博士学位论文. 北京：中国农业大学，2008.

[9] 朱作峰,孙传清,付永彩,等. 用 SSR 标记比较亚洲栽培稻与普通野生稻的遗传多样性. 中国农业科学, 2002, 35: 1437-1441.

[10] Allard R W. Predictive methods for germplasm identification//Stalker H T, Murphy J P. Plant Breeding in the 1990's. CAB International, Wallingford, Oxon, UK, 1992: 119-146.

[11] Amos W, Sawcer S J, Feakes R W, et al. Microsatellites show mutational bias and heterozygoteinstability. Nat Genet, 1996, 13:390-391.

[12] Banchs l, Bosch A, Guimera J, et al. New alleles at microsatellite loci in *CEPH* families mainly arise from somatic mtations in the lymphoblastold cell lines. Human Mutation, 1994, 3: 365-372.

[13] Chang T T. The origin, evolution, cultivation, dissemination, and diversification of Asian and African. Euphytica, 1996, 25, 425-441.

[14] Cheng C Y, Motohashi R, Tsuchimoto S, et al. Polyphyletic origin of cultivated rice: based on the interspersion pattern of SINEs. Molecular Biology and Evolution, 2003, 20: 67-75.

[15] Cooper G, Burroughs NJ, Rand D A, et al. Markov chain Monte Carlo analysis of human Y-chromosome microsatellites provides evidence of biased mutation. Proceedings of the National Academy Sciences,1999,96: 11916-11921. .

[16] Ellegren H. Microsatellites: simple sequences with complex evolution. Nature Genetics, 2004, 5: 435-45.

[17] Frankel O H, Brown A H D, Burdon J J. The conservation of plant biodiversity. Cambridge University Press, UK, 1995.

[18] Gao L Z, Innan H. Non-independent domestication of the two rice subspecies, *Oryza sativa* subsp. *indica* and subsp. *japonica*, demonstrated by multilocus microsatellites. Genetics, 2008, 179:965-976.

[19] Gillooly J F, Allen A P, West G B, et al. The rate of DNA evolution: Effects of body size and temperature on the molecular clock. Proceedings of the National Academy Sciences, 2005, 102, 140-145.

[20] Kashi Y, King D G. Simple sequence repeats as advantageous mutators in evolution. Trends in Genet, 2006, 22:253-259.

[21] Khush G S. Origin, dispersal, cultivation and variation of rice. Plant Molecular Biology, 1997, 35: 25-34.

[22] Kovach M J, Sweeney M T, McCouch S R. New insights into the history of rice domestication. Trends in Genetics, 2007, 23, 578-587.

[23] Li C, Zhou A, Sang T. Rice domestication by reducing shattering. Science, 2006, 311: 1936-1939.

[24] Li Y-C, Korol A B, Fahima T, et al. Microsatellites: genomic distribution, putative functions and mutational mechanisms: a review. Mol Eco, 2002, 11: 2453-2465.

[25] Lin Z, Griyth M E, Li X et al. Origin of seed shattering in rice (*Oryza sativa* L.).

Planta, 2007, 226: 11-20.

[26] Liu K J, Goodman M, Muse S, et al. Genetic structure and diversity among maize inbred lines as inferred from DNA microsatellites. Genetics ,2003, 165: 2117-2128.

[27] Londo J P, Chiang Y C, Hung K H, et al. Phylogeography of Asian wild rice, *Oryza rufipogon*, reveals multiple independent domestications of cultivated rice, *Oryza sativa* L. Proceedings of the National Academy Sciences, 2006, 103: 9578-9583.

[28] Morishima H, Hinata K, Oka H I. Comparison of mode of evolution of cultivated forms from two wild rice species, *Oryza breviligulata* and *O. perennis*. Evolution, 1963, 17: 170-181.

[29] Nei M, Tajima F, Tateno Y. Accuracy of estimated phylcgenetic trees from molecular data. Journal of Molecule Evolution, 1983, (19): 153-170.

[30] Oka H I. Experimental studies on the origin of cultivated rice. Genetics, 1974, 78: 475-486.

[31] Oka H I. Origin of cultivated rice. Japan Science Society Press, Tokyo, 1998.

[32] Poggio L, Rosato M, Chiavarino A M, et al. Genome size and environmental correlations in maize (*Zea mays* ssp. *mays*, Poaceae). Annals Botany, 1998, 82: 107-115.

[33] Primmer C R, Ellegren H, Saino N, et al. Directional evolution in germline microsatellite mutations. Nature Genetics, 1996, 13: 391-393.

[34] Rubinsztein D C, Amos W , Leggo J, et al. Microsatellites are generally longer in humans compared to their homologs in nonhuman-primates—evidence for direc tional evolution at microsatellite loci. Nat Genet, 1995, 10: 337-343.

[35] Second G. Origin of the genetic diversity of cultivated rice (*Oryza* spp.): study of the polymorphism scored at 40 isozyme loci. Jap J Genet, 1982, 57: 25-57.

[36] Shahi B B, Morishima H, Oka H I. A survey of variations in perxoidase and phosphatase esterase isozymes of wild rice and cultivated *Oryza* species. Jpn J Genet, 1967, 444: 303-319.

[37] Singh R K. Genetic resource and the role of international collaboration in rice breeding. Genome , 1999, 42: 635-641.

[38] Sun C Q, Wang X K, Li Z C, et al. Comparison of the genetic diversity of common wild rice (*Oryza rufipogon* Griff.) and cultivated rice (*O. sativa* L.) using RFLP markers. Theor Appl Genet, 2001, 102: 157-162.

[39] Sweeney M T, Thomson M J, Cho Y G, et al. Global dissemination of a single mutation conferring white pericarp in rice. PLoS Genetics, 2007, 3: 1418-1424.

[40] Tam S M, Mhiri C, Vogelaar A. Comparative analyses of genetic diversities within tomato and pepper collections detected by retrotransposon-based SSAP, AFLP and SSR. Theor Appl Genet, 2005, 110: 819-831.

[41] Tanksley S D, McCouch S R. Seed bank and molecular maps: Unlocking genetic potential from the wild. Science, 1997, 277:1063-1066.

[42] Udupa S M, Baum M. High mutation rate and mutational bias at (TAA)n microsatel-

lite loci in chickpea (*Cicer arietinum* L.). Molecular Genetics and Genomics, 2001, 265, 1097-1103.

[43] Vigouroux Y, Matsuoka Y. Doebley J. Directiona evolution for microsatellite size in maize. Mol Biol Evol, 2003, 20: 1480-1483.

[44] Vitte C, Ishii T, Lamy F, et al. Genomic paleontology provides evidence for two distinct origins of Asian rice (*Oryza sativa* L). Molecular Genetics and Genomics, 2004, 272: 504-511.

[45] Wang M X, Zhang H L, Zhang D L, et al. Genetic structure of *Oryza rufipogon* Griff. in China. Heredity, 2008, 101:527-535.

[46] Wang Rong-lin, Adrian Stec, Jody Hey, et al. The limits of selection during maize domestication. Nature, 1999, 398(18): 236-239.

[47] Weber J, Wang C. Mutantion of short tandem repeats. Human Molecular Genetics, 1993, 8: 1123-1128.

[48] Zhang D L, Zhang H L, Wang M X, et al. Genetic structure and differentiation of landrace rice (*Oryza sativa* L.) in China revealed by microsatellites. Theor Appl Genet, 2009, 119: 1105-1117.

[49] Zhang D L, Zhang H L, Wei X H, et al. Genetic structure and diversity of *Oryza sativa* L. in Guizhou, China. Chinese Science Bulletin, 2007a, 52: 343-351.

[50] Zhang H L, Sun J L, Wang M X, et al. Genetic structure and phylogeography of rice landraces in Yunnan, China revealed by SSR. Genome, 2007b, 50: 72-83.

第四部分

中国稻种资源的鉴定及其在基因发掘中的应用与展望

第11章

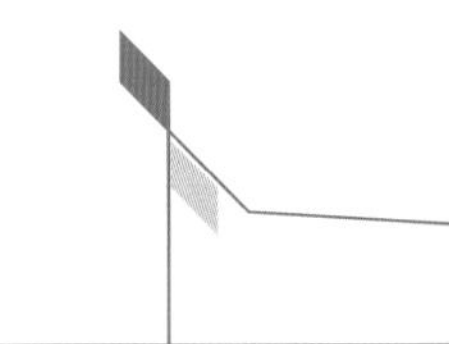

中国稻种资源核心种质的优异种质鉴定和应用核心种质

资源是人类赖以生存的物质基础，世界上丰富的遗传资源为人类的进一步发展提供了一切可能，虽然自从人类诞生以来就没有停止对生物资源的探索和利用，但是被人类充分利用的遗传资源只占其中一小部分，甚至是微不足道的一部分。这不仅仅体现在不同的生物种类上，还体现在人们长期以来赖以生存的为数不多的几种作物上。随着人们对自然界规律的不断认识和改造自然能力的增加，人们驯化出了产量和品质大幅度提高的现代栽培种，大部分古老的农家品种被遗弃，造成这些作物的遗传基础也变得极为狭窄，带来一些不稳定的因素，也正是看到这些不足，人们对遗传资源的收集和利用逐渐重视起来。

二次世界大战以来人们收集到数量庞大的种质资源，然而面对海量的资源数量如何保存评价和利用成为一个瓶颈，核心种质的提出为人们提供了一个很好的想法，核心种质含有丰富的遗传变异，成为扩大育种材料的遗传基础和获得更多优异变异的首选资源。建立核心库的最后一步是核心库入选样品的处理。入选的核心种质样品仍然保存在原来的总基因库内，只是在数据库中进行注释，标明哪些样品属于核心种质。选出一套核心种质后，通过评价可以发现不同性状的供体，供育种家利用，或将具有优良农艺性状的遗传资源直接在生产中加以利用。核心种质的利用者也应将核心种质的效果和其他有用信息反馈给管理者，以便进一步增加核心种质的信息量。此外，应建立完善的繁种、供种及管理体制，以保证核心种质的有效利用。

因为具有丰富的多样性和高度的遗传代表性，稻种资源核心种质可成为稻种资源鉴定和评价的模式群体，从而提高种质资源的鉴定和评价的效率。回顾水稻育种的发展历程，每一次水稻育种的重大突破都与水稻优异种质资源的发掘和利用有着密切的联系。20 世纪 50～60 年代矮秆资源、70 年代野败型不育系等资源、80～90 年代光温敏核不育和新株型资源在水稻育种中的利用，使水稻高产育种有了飞跃的发展。可见，水稻种质资源是水稻育种的关键所在，大量收集和保存稻种资源是挖掘和利用具有重要利用价值的新种质资源的重要前提。曾亚文等(2002)通过对856份云南稻种核心种质的再生力与籼粳、水陆和粘糯的关系的分析，从不同类型的云南稻种核心种质中选出了具有强再生力的品种。申时全等(2001)通过对云南827份核心稻种资源的结实率进行分析，筛选出占原群体31.7%的262份抗旱品种。另外，云南农科院在云南稻种资源核心种质的耐冷性、矿质元素含量、土壤养分的利用、耐热性等方面也开展了深入研究(申时全等，2005；曾亚文等，2006a)。国内外对其他作物的核心种质也进行了比较系统和深入的农艺性状评价，证明核心种质是资源评价和鉴定的有效手段，如法国多年生黑麦草、花生、甘蓝、豇豆等。由中国农业大学承担的二期973项目，正在与中国农业科学院作物所、中国水稻研究所、华中农业大学等单位合作，开展中国稻种资源核心种质重要形态和农艺性状的鉴定和评价工作，并以此为基础建立多个重要性状的专用核心种质。

中国农业大学李自超课题组构建并评价了中国稻种资源微核心种质，在进行大量多年多点表型鉴定以及300对SSR多样性分析的基础上，正在构建一批新重要农艺性状的专用核心种质。专用核心种质的构建，将极大地促进我国稻种资源在育种和遗传研究中的利用，为水稻生物学性状以及重要、复杂农艺的选育以及遗传研究提供有力支持。刘亚、李自超等对281份不同稻种材料进行了耐低磷筛选与鉴定，并选定了具有耐低磷农艺性状的4份品种和3份自选稳定品系。此外，应用《云南稻种资源目录》中记录的数量和质量性状，李自超等对5 285份云南省稻种资源进行了种质多样性的评价研究，研究内容涉及籼粳特点及有色米、糯米、香米等资源的多态性和分布等。

11.1 中国稻种资源核心种质重要数量性状的鉴定及评价

中国稻种资源核心种质共1 560份，其中栽培稻核心种质932份，普通野生稻核心种质628份。为了更好地为水稻育种服务，李自超课题组又进一步对栽培稻核心种质进行了较为详细的表型和重要农艺性状的调查。932份栽培稻核心种质由中国水稻研究所于2001年在杭州种植考察，2002年对缺失数据进行补充。田间每个品种种植4行，每行6株。对于数量性状调查10个重复。所考察的性状包括叶鞘色、叶片色、叶舌色、叶枕色、叶舌形状、叶片茸毛、倒二角、倒二耳色、茎节包露、茎节色、节间色、抗倒性、柱头色、颖尖色、颖壳色、颖壳茸毛、护颖色、穗类型、穗形状、芒色、芒分布、种皮色、米色、米香24个质量性状和植株高度、倒二叶长度、倒二叶宽度、倒二叶舌长度、剑叶长度、剑叶宽度、有效穗数、穗长、一次枝梗数、二次枝梗数、谷粒形状、千粒重12个数量性状，共36个表型性状。各性状按《稻种资源形态农艺性状鉴定方法》和《稻种资源观察调查项目及记载标准》进行了整理与规范，数量性状按照记载标准将其质量化。下面对重要农艺性状分别进行详述。

11.1.1 株高

对栽培稻核心种质进行田间调查分析表明：株高的变幅为58～222 cm，平均值为140 cm。其中，259份选育品种中，株高在120 cm以下的品种约占90%，属矮秆和半矮秆类型，且表现为株型、叶型较好；673份地方稻种中仅有约10%的品种株高在120 cm以下，约90%的材料株型披散。

11.1.2 单株有效穗数

核心种质的单株有效穗数的变幅为3～30，平均值为9.4。有8.1%的品种分蘖力较弱，有效穗数小于5；有56.1%的品种的有效分蘖处于中等水平；有35.8%品种的有效分蘖能力较强，其单株有效穗在10个以上。其中，259份选育品种中，约占2.1%的品种有效穗数小于5；约占32.9%的品种的有效分蘖处于中等水平；有65%品种的有效分蘖能力较强。673份地方稻种中，约有9.6%的品种有效穗数小于5；有62%的品种的有效分蘖处于中等水平；有28.4%品种的有效分蘖能力较强。这些品种主要来源于中国南方省份，包括江苏、安徽、江西、福建、湖北、湖南、四川、云南、贵州和海南等地。

11.1.3 穗长

调查核心种质的穗长结果表明，穗长的变幅为13.6～34.9 cm，平均值为24.1 cm。其中，在20 cm以下的约占11.7%；穗长在20～30 cm的中穗型品种占85.5%；穗长在30 cm以上的长穗型的品种占2.7%。其中，259份选育品种中，在20 cm以下的约占26%；穗长在20～30 cm的中穗型品种占73.6%；穗长在30 cm以上的长穗型的品种占0.4%。673份地方稻种中，在20 cm以下的约占5.5%；穗长在20～30 cm的中穗型品种占90.8%；穗长在30 cm以上的长穗型的品种占3.7%。

11.1.4 千粒重

核心种质的千粒重变幅为12.3～45.6 g，平均值为25.2 g。其中，6.8%的品种千粒重在20 g以下；83.9%的品种的千粒重在20～30 g；有9.3%的品种在的千粒重在30 g以上，属大粒型资源，以来源于中国西南的云南和贵州的品种居多。其中，259份选育品种中，千粒重20 g以下的约占8.98%；千粒重在20～30 g的品种占80.8%；千粒重在30 g以上的大粒型的品种占10.2%。673份地方稻种中，千粒重20 g以下的约占5.89%；千粒重在20～30 g的品种占85.2%；千粒重在30 g以上的大粒型的品种占8.9%。

11.2 应用核心种质的构建

核心种质因其规模小，代表性强，有利于开展种质资源的鉴定和评价，具有较大的实用价值。近年来，国外利用微核心种质对鹰嘴豆避旱性(Kashiwagi et al，2005)、木豆的抗旱性(Upadhyaya et al，2006)、鹰嘴豆对4种病害的抗性(Pande et al，2006)、花生的优质(高油酸/亚油酸比)(Chua et al，2007)和小麦高分子量谷蛋白亚基(HMW-GS)(Zhang et al，2002)等优良性状进行鉴定，已有成功的报道。Bhandari等(2007)用苜蓿核心种质中高产群体进行相互杂交，能产生高比例的高产杂交种。由此证明，核心种质是资源评价和鉴定的有效手段，由中国农业大学承担的二期"973"项目，正在与中国农业科学院作物所、中国水稻研究所、华中农业大学等单位合作，开展中国稻种资源核心种质重要形态和农艺性状的鉴定和评价工作，并以此为基础建立多个重要性状的专用核心种质。目前，正在构建的专用核心种质涉及的目标性状包括高蛋白、高直链淀粉、氮高效、磷高效、耐冷、抗白叶枯和纹枯病等（表 11.1 至表 11.8）。

表 11.1　水稻抗白叶枯病应用核心种质

品种名称	统一编号	材料类型	原产地	抗性（菌系）[1]	备注[2]
水原 300 粒	02-00294	地方种	河北	5533313	多抗
卫国	05-00024	地方种	辽宁	5555511	高抗
木樨球	08-00036	地方种	上海	7335511	多抗、高抗
老虎种	08-00066	地方种	上海	3353331	多抗
有芒早粳	08-00253	地方种	上海	3355331	多抗
铁秆乌	10-00463	地方种	浙江	5337331	多抗
红米三担	12-02850	地方种	江西	7397511	高抗
红旗 5 号	18-04082	地方种	湖南	7777711	高抗
黄皮糯	21-02619	地方种	云南	7777511	高抗
台东陆稻	30-00195	地方种	台湾	5357311	多抗、高抗
台中籼选 2	30-00244	地方种	台湾	3355315	多抗、高抗
培 C122	R0215	恢复系	湖南	7597511	高抗
Jan-76	R0430	恢复系	辽宁	5335333	多抗
特青选恢	R0468	恢复系	湖南	5333317	多抗
桂朝 2 号	ZD-01006	选育品种	广东	7399333	多抗
秀水 115	ZD-01559	选育品种	浙江	5355313	多抗
辽粳 287	ZD-02324	选育品种	辽宁	5355311	多抗、高抗
黄丝桂占	ZD-02431	选育品种	广东	3335333	多抗
金优 1 号	ZD-02605	选育品种	福建	5335333	多抗
湘早籼 7 号	ZD-02715	选育品种	湖南	3357511	多抗

注：[1] 7 个致病菌系包括 JS97-6(BB)、KS-6-6(BB)、JS158-2(BB)、浙 173(BB)、1538(BB)、OS198(BB)、JS49-6(BB)，对其抗谱按 9 级划分标示；[2] 此处所列材料是可以同时抗 4 个及以上菌系的材料，以及高抗最后两个菌系的材料。

表 11.2　水稻抗稻瘟病应用核心种质

品种名称	统一编号	材料类型	原产地	抗性（小种）[1]	备注[2]
闽北晚籼	13-00737	地方种	福建	2.0021E+15	穗瘟免疫
盐水赤	13-01433	地方种	福建	7.01201E+15	
洞庭晚籼	17-00435	地方种	广东	5.60103E+15	穗瘟免疫
木瓜糯	18-03950	地方种	湖南	5.01211E+15	
齐头谷	21-02171	地方种	云南	4.01153E+15	穗瘟免疫

续表11.2

品种名称	统一编号	材料类型	原产地	抗性(小种)[1]	备注[2]
麻谷糯	22-00513	地方种	贵州	5.0104E+15	穗瘟免疫
香糯	22-00570	地方种	贵州	1.01126E+15	穗瘟免疫
寸谷糯	22-02148	地方种	贵州	6.10214E+15	
包协-7B	A0464	保持系	湖南	3.51311E+15	
88B	A0598	保持系	江苏	4.10055E+15	穗瘟免疫
特青选恢	R0468	恢复系	湖南	4.21051E+15	
湘矮早 10	ZD-01402	选育品种	湖南	7.00306E+15	
扬稻 2 号	ZD-01820	选育品种	江苏	6.04011E+11	穗瘟免疫
辽粳 287	ZD-02324	选育品种	辽宁	2.22317E+15	穗瘟免疫
黄丝桂占	ZD-02431	选育品种	广东	2.01702E+14	穗瘟免疫
金优 1 号	ZD-02605	选育品种	福建	2.11112E+14	穗瘟免疫
粳 87-304	ZD-02685	选育品种	湖南	5.20507E+15	穗瘟免疫
当育 5 号	ZD-03115	选育品种	安徽	1.10005E+14	穗瘟免疫
郑稻 5 号	ZD-03525	选育品种	河南	5.00003E+15	穗瘟免疫

注：[1] 16 个致病生理小种包括 A1、A31、A45、A49、A63、B1、B15、B31、C15、D1、D3、D7、E1、E3、F1、G1，对其抗谱按 9 级划分标示；[2] 此处所列材料为对 16 个生理小种抗谱达 80%以上的材料。

表 11.3 水稻耐冷应用核心种质

品种名称	统一编号	材料类型	原产地	耐冷性[1]	备注
高阳淀粉稻大红芒	02-00210	地方种	河北	1 级	孕穗期在冷水胁迫下鉴定
兴 国	06-00035	地方种	吉林	1 级	芽期 5℃低温培养箱处理 10 d;孕穗期在昆明自然低温胁迫鉴定
白毛稻	07-00109	地方种	黑龙江	1 级	发芽期在 14℃条件下处理 14 d
木樨球	08-00036	地方种	上海	1 级	发芽期 14℃处理 14 d;芽期 5℃低温培养箱处理 10 d;幼苗期 12℃冷水池中处理 10 d
老虎种	08-00066	地方种	上海	1 级	幼苗期用 12℃冷水处理 10 d
雷火占	11-00403	地方种	安徽	1 级	孕穗期在冷水胁迫下鉴定
红谷	20-03042	地方种	四川	1 级	发芽期 14℃处理 14d;芽期 5℃低温培养箱处理 10 d;幼苗期 12℃冷水池中处理 10 d;孕穗期昆明自然低温鉴定
木邦谷	21-00785	地方种	云南	1 级	发芽期在 14℃条件下处理 14 d;芽期 5℃低温培养箱处理 10 d

续表11.3

品种名称	统一编号	材料类型	原产地	耐冷性[1]	备注
五子堆	21-01577	地方种	云南	1级	发芽期在14℃条件下处理14 d;芽期5℃低温培养箱处理10 d
冷水谷2	21-01970	地方种	云南	1级	幼苗期用12℃冷水处理10 d
黄皮糯	21-02619	地方种	陕西	1级	芽期5℃低温培养箱处理10 d;幼苗期12℃冷水池中处理10 d
香糯	22-00570	地方种	贵州	1级	发芽期在14℃条件下处理14 d;芽期5℃低温培养箱处理10 d
红壳折糯(2)	22-01843	地方种	贵州	1级	发芽期在14℃条件下处理14 d
京虎B	A0298	保持系	安徽	1级	幼苗期用12℃冷水处理10 d
培C122	R0215	恢复系	湖南	1级	幼苗期用12℃冷水处理10 d
宁恢21	R0337	恢复系	江苏	1级	幼苗期用12℃冷水处理10 d
辽粳287	ZD-02324	选育品种	辽宁	1级	芽期5℃低温培养箱处理10 d;幼苗期12℃冷水池中处理10 d
昆明小白谷	07B501	地方种	云南	1级	孕穗期自然低温及冷水胁迫鉴定
冷水谷	21-03968	地方种	云南	1级	孕穗期自然低温及冷水胁迫鉴定
九月寒	09-01041	地方种	江苏	1级	幼苗期12℃冷水池中处理10 d
冷水糯	16-06526	地方种	广西	1级	幼苗期12℃冷水池中处理10 d
井水糯	18-04397	地方种	湖南	1级	幼苗期12℃冷水池中处理10 d
秋田小町	WD-16815	选育品种	日本	1级	孕穗期自然低温及冷水胁迫鉴定
周安稻	WD-18718	选育品种	韩国	1级	孕穗期自然低温及冷水胁迫鉴定

注:[1] 1级,耐冷性极强。

表11.4　水稻氮素营养应用核心种质

品种名称	统一编号	材料类型	原产地	氮效率[1]	备注[2]
卫国	05-00024	地方种	辽宁	耐低氮	大田低氮处理
丹东陆稻	05-00052	地方种	辽宁	耐低氮	大田低氮处理
老光头83	07-00010	地方种	黑龙江	耐低氮	大田低氮处理
乌壳占	13-01006	地方种	福建	氮敏感	大田低氮处理
一支香	13-01301	地方种	福建	耐低氮	大田低氮处理
白壳花螺	15-03168	地方种	广东	耐低氮	大田低氮处理
七月籼	16-06887	地方种	广西	氮敏感	大田低氮处理

续表11.4

品种名称	统一编号	材料类型	原产地	氮效率[1]	备注[2]
旱麻稻	19-00205	地方种	河南	耐低氮	大田低氮处理
中农 4 号	20-02821	地方种	四川	耐低氮	大田低氮处理
香谷	21-01120	地方种	云南	耐低磷,氮敏感	大田低氮处理
冷水糯	21-01989	地方种	云南	耐低磷,氮敏感	大田低氮处理
紫糯	21-02224	地方种	云南	耐低氮	大田低氮处理
金枝糯	21-03433	地方种	云南	氮敏感	大田低氮处理
半节芒	21-04413	地方种	云南	耐低氮	大田低氮处理
毫虑光粘	22-04574	地方种	贵州	氮敏感	大田低氮处理
老红稻	24-00215	地方种	陕西	耐低磷、低氮	大田低氮处理
台中籼选 2	30-00244	地方种	台湾	氮敏感	大田低氮处理
闷加高 1	31-00032	地方种	海南	氮敏感	大田低氮处理
京虎 B	A0298	保持系	安徽	耐低氮	大田低氮处理
古 154	R0004	恢复系	湖南	氮敏感	大田低氮处理
桂花黄	ZD-00587	选育品种	江苏	耐低氮	大田低氮处理
矮麻抗	ZD-00747	选育品种	四川	耐低氮	大田低氮处理
黑粳 2 号	ZD-01001	选育品种	黑龙江	氮敏感	大田低氮处理
晋稻 1 号	ZD-02277	选育品种	山西	耐低氮	大田低氮处理
郑稻 5 号	ZD-03525	选育品种	河南	耐低氮	大田低氮处理
湘早籼 7 号	6HW014	选育品种	湖南	耐低氮	水培 1
广陆矮 15	6HW016	选育品种	广东	耐低氮	水培 1
红矮糯	6HW163	地方种	广西	耐低氮	水培 1
山酒谷	6HW135	地方种	四川	耐低氮	水培 1
香稻	6HW151	地方种	河南	氮敏感	水培 2
矮密	6HW107	地方种	江西	氮敏感	水培 2

注:[1]大田低氮处理中,以相对 2006 年海南正常氮肥水平的相对千粒重和结实率为筛选指标,每个比值取最高的 10 份材料作为耐低氮种质,比值最低的即为氮敏感种质;[2]水培 1:水培条件下,氮浓度为正常营养液中的 1/10,培养 1 个月,生物学产量达到正常营养条件下的 60%以上;水培 2:水培条件下,氮浓度为正常营养液中的 1/10,培养 1 个月,生物学产量为正常营养条件下的 20%以下。

表 11.5 水稻磷素营养应用核心种质

品种名称	统一编号	材料类型	原产地	磷效率[1]	备注[2]
肥东塘稻	11-00529	地方种	安徽	耐低磷	水培 1
香谷	21-01120	地方种	云南	耐低磷,氮敏感	水培 1
冷水糯	21-01989	地方种	云南	耐低磷,氮敏感	水培 1
寸谷糯	22-02148	地方种	贵州	耐低磷	水培 1
老红稻	24-00215	地方种	陕西	耐低磷、低氮	水培 1

续表11.5

品种名称	统一编号	材料类型	原产地	磷效率[1]	备注[2]
江农早 1 号	A0246	保持系	江西	耐低磷	水培 1
湖恢 628	R0447	恢复系	湖南	耐低磷	水培 1
桂朝 2 号	ZD-01006	选育品种	广东	耐低磷	水培 1
湘晚籼 1 号	ZD-01423	选育品种	湖南	耐低磷	水培 1
粳 87-304	ZD-02685	选育品种	湖南	耐低磷	水培 1
柳沙 1 号	6HW083	选育品种	广西	耐低磷	水培 1
台中籼选 2	6HW099	选育品种	台湾	耐低磷	水培 1
麻麻谷	6HW180	地方种	四川	耐低磷	水培 1
扬稻 2 号	6HW088	选育品种	江苏	磷敏感	水培 2
香稻	6HW151	地方种	河南	磷敏感	水培 2
中农 4 号	6HW167	选育品种	四川	磷敏感	水培 2

注：[1]以低磷下的生物干重为筛选指标；[2]水培 1：水培条件下，磷浓度为正常营养液中的 1/20，培养 1 个月，生物学产量达到正常营养条件下的 60%以上；水培 2：水培条件下，磷浓度为正常营养液中的 1/20，培养 1 个月，生物学产量为正常营养条件下的 20%以下。

表 11.6　水稻籽粒蛋白含量应用核心种质

品种名称	统一编号	材料类型	原产地	蛋白质含量[1]	备注[2]
盐水赤	13-01433	地方种	福建	20.35	2
南雄早油	15-03057	地方种	广东	16.27	1
赤壳糯	15-03586	地方种	广东	19.95	2
洞庭晚籼	17-00435	地方种	湖北	14.67	1
红谷	20-03042	地方种	四川	16.27	1
三颗寸	20-03053	地方种	四川	18.15	2
山酒谷	20-03215	地方种	四川	13.79	1
毫马克(K)	21-00083	地方种	云南	15.4	3
毫补卡	21-00357	地方种	云南	15.14	3
大弯糯	21-01082	地方种	云南	15.9	3
紫米	21-01106	地方种	云南	15.43	123
拉木加	21-02089	地方种	云南	15.43	3
紫糯	21-02224	地方种	云南	14.19	1
鸡血糯	21-03781	地方种	云南	15.09	23
粘壳糯	22-01439	地方种	贵州	19.5	2
红壳折糯	22-01843	地方种	贵州	20.94	2
飞蛾糯 2	22-02356	地方种	贵州	16.3	23
金南特 B	A0016	保持系	湖南	14.75	1

续表11.6

品种名称	统一编号	材料类型	原产地	蛋白质含量[1]	备注[2]
早熟香黑	ZD-02495	选育品种	广西	16.02	123
墨米	ZD-02547	选育品种	广西	15.55	3
湘早籼7号	ZD-02715	选育品种	湖南	13.85	1
早籼240	ZD-03104	选育品种	安徽	14.42	1
四倍体朝6	ZD-03867	选育品种	北京	15.95	3

注：[1]对应地点的蛋白质含量，多个地方都高时以杭州为准；[2] 1：北京高蛋白，2：海南高蛋白，3：杭州高蛋白，123：三地都高，23：杭州和海南高蛋白。

表11.7 水稻籽粒淀粉含量应用核心种质

品种名称	统一编号	材料类型	原产地	链淀粉含量[1]	备注[2]
南雄早油	15-03057	地方种	广东	21.66	三地淀粉含量均高
黑督4	15-03336	地方种	广东	27.49	三地淀粉含量均高
须谷糯	18-01903	地方种	湖南	30.6	三地淀粉含量均高
台中籼选2	30-00244	地方种	台湾	27.76	三地淀粉含量均高
滇瑞409B	A0408	保持系	云南	31.17	三地淀粉含量均高
包协123B	A0430	保持系	湖南	26.18	三地淀粉含量均高
古154	R0004	恢复系	湖南	29.42	三地淀粉含量均高
圭630	R0014	恢复系	湖南	22.65	三地淀粉含量均高
特青选恢	R0468	恢复系	湖南	25.99	三地淀粉含量均高
桂朝2号	ZD-01006	选育品种	广东	27.9	三地淀粉含量均高
湘晚籼1号	ZD-01423	选育品种	湖南	19.97	三地淀粉含量均高
扬稻2号	ZD-01820	选育品种	江苏	28.57	三地淀粉含量均高
黄丝桂占	ZD-02431	选育品种	广东	33.55	三地淀粉含量均高
金优1号	ZD-02605	选育品种	福建	23.47	三地淀粉含量均高
镇籼232	ZD-02944	选育品种	江苏	22.98	三地淀粉含量均高
当育5号	ZD-03115	选育品种	安徽	29.3	三地淀粉含量均高
成农水晶	ZD-03386	选育品种	四川	24.8	三地淀粉含量均高
红旗5号	18-04082	地方种	湖南	11.34	三地淀粉含量均低
老红稻	24-00215	地方种	陕西	10.24	三地淀粉含量均低
寸三粒	09-01361	地方种	江苏	9.1	三地淀粉含量均低
木瓜糯	18-03950	地方种	湖南	11.85	三地淀粉含量均低
山酒谷	20-03215	地方种	四川	10.86	三地淀粉含量均低
寸谷糯	22-02148	地方种	贵州	13.05	三地淀粉含量均低
抚宁紫皮	02-00058	地方种	河北	25.18	北京高含量
宁恢21	R0337	恢复系	江苏	27.88	北京高含量

续表11.7

品种名称	统一编号	材料类型	原产地	链淀粉含量[1]	备注[2]
葡萄黄	29-00010	地方种	天津	24.24	北京高含量
麻谷子	24-00195	地方种	陕西	28.12	北京高含量
郑稻 5 号	ZD-03525	选育品种	河南	26.5	杭州高含量
叶里藏花	02-00295	地方种	河北	23.07	北京高含量
辽粳 287	ZD-02324	选育品种	辽宁	32.57	北京高含量
丹东陆稻	05-00052	地方种	辽宁	28.66	北京高含量
卫国	05-00024	地方种	辽宁	34.08	北京高含量
香谷	21-01120	地方种	云南	25.88	海南高含量
闷加高 1	31-00032	地方种	海南	24.64	杭州高含量

注：[1] 如无特别说明此处指北京的含量；[2] 此处三地指北京、杭州和海南。

表 11.8　水稻高产因子应用核心种质

品种名称	统一编号	材料类型	原产地	表型[1]	备注
三粒寸	15-04016	地方种	广东	29.48	大粒
西什 15	15-04286	地方种	广东	28.78	大粒
毫补卡	21-00357	地方种	云南	41.41	大粒
毫香	21-02851	地方种	云南	29.47	大粒
毫虑光粘	22-04574	地方种	贵州	31.56	大粒
黑芒稻	28-00005	地方种	宁夏	29.66	大粒
四倍体朝 6	ZD-03867	选育品种	北京	34.7	大粒
台山糯	12-02254	地方种	江西	163.5	多粒
霸王鞭 1	17-01470	地方种	湖北	183.33	多粒
加巴拉	26-00008	地方种	西藏	154.36	多粒
湖恢 628	R0447	选育品种	湖南	151.25	多粒
南京 11 号	ZD-00560	选育品种	江苏	155	多粒
矮沱谷 151	ZD-02032	选育品种	四川	171.2	多粒
黄丝桂占	ZD-02431	选育品种	广东	195.58	多粒
金包银	13-00723	地方种	福建	14.14	多穗
七月籼	16-06887	地方种	广西	12.89	多穗
闷加高 1	31-00032	地方种	海南	15.3	多穗
闷加丁 2	31-00042	地方种	海南	12	多穗
蜀丰 101	ZD-00760	选育品种	四川	11.67	多穗
二钢矮	ZD-01108	选育品种	广东	13.3	多穗
湘晚籼 3 号	ZD-02694	选育品种	湖南	11.57	多穗

注：[1] 表型为海南考查的千粒重、穗粒数和有效穗数。

11.3 利用水稻核心种质对产量性状进行关联分析及遗传解析

水稻是人类主要的粮食作物之一，持续不断和稳定地提高水稻的产量是维护全球粮食安全的重要保证。因此，包括水稻在内的农作物的高产、稳产是育种家首要考虑的育种目标。然而，产量是农艺性状中表现最为复杂的性状，产量的形成是多个产量构成因子共同作用的结果，要经历多个营养发育和生殖发育阶段，同时容易受到栽培环境的影响；受多个基因组成的复杂基因网络调控。发掘控制各产量构成因子的基因，明确各基因间及其与环境间的互作关系，对研究生物发育相关基因的功能、水稻高产稳产以及杂种优势的分子机理具有重要意义；同时，也是真正实现水稻的分子设计育种，指导水稻高产、稳产品种的选育的前提。

由于产量性状的复杂性，产量构成因子的相关 QTL/基因间及其与环境间的互作关系尚不明确。产量相关 QTL 已定位了很多(Harjes et al,2008)，截至目前为止，已克隆的产量性状相关基因有 41 个(http://www.ricedata.cn/gene/index.htm)，如 *GW2* (Song et al,2007)、*GS3* (Fan et al,2006)、*GW5*(Wan et al,2005,2008;Wang et al,2008)等。但尚没有育种上成功应用这些基因的案例。主要因为产量性状受多个基因组成的复杂基因网络调控，而目前这些相关基因的克隆主要是通过 QTLs 连锁作图，即利用两亲本构建作图群体，而用两个亲本的分离群体，存在如下问题：①两个亲本的分离群体只能检测到调控网络中少数几个位点的差异；②在不同群体的特定背景下，每个位点的效应和贡献率表现各异，无法获取其最优等位变异，因此，难以评价位点及其变异的育种价值；③无法得知育种上最优等位基因存在于哪个品种之中，难以对其加以利用。目前主要有基于分离群体进行 QTL 定位、克隆的正向遗传学和基于序列信息的反向遗传学两种思路。最终目的都是为了发现优异等位基因的信息，以便加以有效利用。但是，基于有限亲本材料所构建的分离群体的 QTL 定位有可能找不到目标等位基因。比如，常规的 QTL 分析的方法不能鉴定出在分离群体的两个亲本中都存在但没有差异的等位基因。而且，为了找到所需的多态性标记，需要规模巨大的分离群体才能够获得距离很近的位点间的交换事件。另外，对于像产量这样的复杂性状来说，在丰富的种质资源中存在着许多这些基因的等位基因以及不同的基因型。利用有限亲本材料构建的群体无法获得控制该性状的最优等位变异。而且，所检测到的 QTL/基因间也不是控制该性状的最优基因型组合。因此，对于一些由微效多基因控制的复杂性状，或是重组不是很活跃区段内的基因，要想得到基因的精细定位，利用传统的连锁定位显然有很多局限性。

近年来，随着高通量测序技术的发展(Atwell et al,2010;Huang et al,2010)以及生物信息学和生物统计学的迅猛发展(Zhu et al,2008)，应用关联分析方法发掘植物数量性状基因已成为目前国际植物基因组学研究的热点之一(Thornsberry et al,2001)。关联分析(association analysis)，又称连锁不平衡作图(LD mapping) 或关联作图(association mapping)，是一种以连锁不平衡为基础，鉴定某一群体内目标性状与遗传标记或候选基因关系的分析方法。跟连锁分析相比，关联分析具有以下优点：①连锁分析需要构建基于两亲本杂交的 F_1 衍生群体(F_2、BC、RIL 等)，关联分析可用现有的群体，大大缩短研究年限；②连锁分析每次只能分析同一位点的 2 个等位基因，关联分析可以同时分析同一位点的多个等位基因；③关联分析利用自然群体中的历史重组，因此作图的精度可大大提高，甚至达到单基因水平(Thornsberry et al,2001;Zhu et al,2008)；④关联分析费用更低，利用一套群体的基因型数据可对不同环境的鉴定结果进行分析，因而可以有效降低环境误差（Atwell et al,2010）。

本节利用多样性丰富、且极具代表性的一套来自全球的资源群体，随机选取了分布于水稻12条染色体上的275个SSR标记（附表3），对与产量相关的11个产量性状进行了全基因组的关联分析，不仅可以找到控制各产量构成因子的主要QTLs/基因，发掘表型效应最佳的优势等位基因和基因型；而且鉴定出一批包含优势基因型的优异种质，为水稻分子设计育种提供基因/标记或种质资源。利用功能标记进行分子标记辅助选择，一方面可以保证选择的准确性和提高选择的效率；另一方面利用关联分析，可以针对特定的影响性状变异的功能域进行选择，保证了选择的效果，为下一步分子育种奠定基础。

11.3.1 各产量构成因子的表型分析

所用273份栽培稻中，有175份来自于中国栽培稻微核心种质（Zhang et al, 2011），另98份来自于国外引进种质（foreign commercial rice varieties，FCRV）。在中国栽培稻微核心种质中，包括118份地方品种（landrace rice varieties，LRV）和57份现代选育品种（commercial rice varieties，CRV）。根据已记载的籼粳属性，包括籼稻154份，粳稻119份。所有材料的籼粳等基本信息来源于中国农业科学院的中国作物种质信息网。籼粳亚种在每种类型种质中的分布具体见表11.9。

表11.9 不同类型种质中的籼粳分布

种质类型	籼稻	粳稻	小计
地方种	68	50	118
选育种	41	16	57
外来引进种	45	53	98
小计	154	119	273

所有的材料分别种植于以下3个环境：2009年种植于中国农业大学上庄实验站（北京）（09BJ）；2006年种植于海南三亚荔枝沟农场（06HN）；2009年种植于海南三亚南滨农场（09BJ）。田间采用随机区组试验，每个材料种植3行区，每行15株。每区组两次重复。调查与产量相关的性状，包括谷粒长度、谷粒宽度、谷粒厚度、千粒重、二次枝梗数、一次枝梗数、穗长、穗粒数、结实率、有效穗数和单株产量，共11个数量性状。各性状每份材料调查10个重复，然后取其平均值。其中，二次枝梗数、一次枝梗数、穗长和穗粒数均选取单株主茎穗进行测量。各性状按《稻种资源形态农艺性状鉴定方法》和《稻种资源观察调查项目及记载标准》进行了调查和整理。

同一性状在同一年度两个地点间（2009年度北京和海南）、同一地点两个年份间（海南2006年和2009年）均存在显著差异（表11.10），不同性状间的相关程度在同年度不同地点以及同地点不同年度间也具有明显差异（表11.11），说明控制产量性状的基因不仅受环境影响而且与环境存在不同程度的互作。

表 11.10　各性状不同环境间的 t 检验

性状	环境	t	df	P 值(双尾)
谷粒长度	06HN-09BJ	2.439	178	0.016
	06HN-09HN	16.919	242	0.000
	09BJ-09HN	12.688	172	0.000
谷粒宽度	06HN-09BJ	17.970	178	0.000
	06HN-09HN	6.804	242	0.000
	09BJ-09HN	10.704	172	0.000
谷粒厚度	09BJ-09HN	12.298	172	0.000
千粒重	06HN-09BJ	6.525	182	0.000
	06HN-09HN	12.257	248	0.000
	09BJ-09HN	5.089	173	0.000
二次枝梗数	09BJ-06HN	12.598	179	0.000
一次枝梗数	09BJ-09HN	13.849	170	0.000
	09BJ-06HN	26.335	179	0.000
	09HN-06HN	23.415	242	0.000
穗长	06HN-09BJ	4.223	179	0.000
	06HN-09HN	14.105	242	0.000
	09BJ-09HN	6.833	170	0.000
穗粒数	06HN-09BJ	14.196	182	0.000
	06HN-09HN	16.242	247	0.000
	09BJ-09HN	3.304	170	0.001
结实率	06HN-09BJ	5.890	179	0.000
	06HN-09HN	13.365	242	0.000
	09BJ-09HN	6.541	170	0.000
有效穗数	06HN-09BJ	29.115	181	0.000
	06HN-09HN	21.608	246	0.000
	09BJ-09HN	1.848	169	0.046
单株产量	06HN-09BJ	28.514	171	0.000

表 11.11　各性状不同环境间的相关分析

性状	环境	相关系数	P 值(双尾)
谷粒长度	06HN-09BJ	0.799	0.000
	06HN-09HN	0.824	0.000
	09BJ-09HN	0.859	0.000
谷粒宽度	06HN-09BJ	0.704	0.000
	06HN-09HN	0.705	0.000
	09BJ-09HN	0.769	0.000
粒厚度	09BJ-09HN	0.717	0.000
千粒重	06HN-09BJ	0.673	0.000
	06HN-09HN	0.716	0.000
	09BJ-09HN	0.693	0.000

续表11.11

性状	环境	相关系数	P 值(双尾)
二次枝梗数	09BJ-06HN	0.562	0.000
一次枝梗数	09BJ-09HN	0.582	0.000
	09BJ-06HN	0.392	0.000
	09HN-06HN	0.630	0.000
穗长	06HN-09BJ	0.595	0.000
	06HN-09HN	0.675	0.000
	09BJ-09HN	0.664	0.000
穗粒数	06HN-09BJ	0.497	0.000
	06HN-09HN	0.648	0.000
	09BJ-09HN	0.659	0.000
结实率	06HN-09BJ	0.084	0.264
	06HN-09HN	0.064	0.319
	09BJ-09HN	0.115	0.133
有效穗数	06HN-09BJ	0.318	0.000
	06HN-09HN	0.296	0.000
	09BJ-09HN	0.429	0.000
单株产量	06HN-09BJ	0.075	0.330

10个性状的表型变异非常丰富(表11.12),变异最大的是单株产量(2006年海南变异系数为0.481),变异最小的是谷粒厚(2009年海南变异系数为0.070),平均变异系数为0.211。不同类型种质材料的表型比较发现:地方种质的穗长显著高于现代选育种质,而现代选育种质的谷粒长度、谷粒宽度、一次枝梗数、二次枝梗数、穗粒数、结实率和单株产量7个性状上显著高于地方种质;籼稻亚种的谷粒长度、穗长、穗粒数和有效穗数显著高于粳稻亚种;而粳稻亚种的谷粒宽度、谷粒厚度和千粒重显著高于籼稻亚种。

表11.12　各性状在不同环境中的表型变异

性状	环境	平均值±标准差	变幅	变异系数
谷粒长度	06HN	8.06±0.95	5.78～11.85	0.118
	09HN1	8.71±1.04	6.59～11.55	0.119
	09BJ	8.17±0.93	6.39～10.75	0.114
谷粒宽度	06HN	3.13±0.38	1.97～4.38	0.12
	09HN1	2.99±0.4	1.98～4.43	0.132
	09BJ	2.76±0.31	2.06～3.52	0.113
谷粒厚度	09BJ	1.96±0.14	1.58～2.31	0.07
	09HN1	2.07±0.14	1.67～2.51	0.07
千粒重	06HN	21.67±3.85	10.5～41.41	0.178
	09HN1	23.77±3.61	13.77～37.47	0.152
	09BJ	22.61±3.36	15.16～34.23	0.149
二次枝梗数	09BJ	30.16±10.08	11.88～78.5	0.334
	06HN	20.8±8.13	4.78～48.67	0.391

续表11.12

性状	环境	平均值±标准差	变幅	变异系数
一次枝梗数	09BJ	12.53±2.22	6.9～21.6	0.177
	09HN1	10.37±2	5.5～15.4	0.193
	06HN	7.92±1.93	3.5～13.58	0.243
穗长	06HN	22.15±3.25	12.7～32.06	0.147
	09BJ	22.99±3.07	12.99～29.42	0.134
	09HN1	24.44±3.09	14.84～34.28	0.126
穗粒数	06HN	115.26±44.6	0～234.75	0.387
	09BJ	173.53±51.07	51.5～387.9	0.294
	09HN1	158.01±52.44	53.8～419.5	0.332
结实率	06HN	0.72±0.13	0.3～0.94	0.181
	09BJ	0.79±0.1	0.31～0.96	0.123
	09HN1	0.85±0.1	0.42～0.98	0.116
有效穗数	06HN	7.16±2.42	2.2～17.1	0.338
	09BJ	15.12±3.75	7.25～32	0.248
	09HN1	14.81±5.74	4.5～41	0.388
单株产量	06HN	10.19±4.9	3.1～33.24	0.481
	09BJ	33.9±9.79	6.24～68.94	0.289

水稻产量是一个复杂的性状，包含许多不同水平的产量因子，在研究的11个产量性状中，千粒重、穗粒数和有效穗数是水稻产量最主要构成因子。构成千粒重的二级因子包括谷粒长、宽、厚；构成穗粒数的二级因子包含一次枝梗数、二次枝梗数和穗长，但是有效穗数和单株产量不包含二级构成因子。11个产量性状的相关分析(表11.13)表明，千粒重、二次枝梗数、一次枝梗数、穗长穗粒数、结实率、有效穗数和单株产量显著正相关，其相关系数分别为0.227、0.352、0.199、0.338、0.351、0.261、0.448，但单株产量与谷粒长、宽、厚没有相关性。3个主要产量因素彼此之间都是负相关，不过千粒重和穗粒数相关不显著。千粒重分别与二级因子粒长、粒宽、粒厚显著正相关，相关系数分别为0.317、0.387、0.429。在粒重的二级因子中，粒长与粒宽、粒厚极显著负相关，相关系数为－0.550、－0.457，但是粒宽与粒厚却极显著正相关。穗粒数分别与其二级因子一次枝梗数、二次枝梗数、穗长显著正相关，相关系数分别为0.895、0.748、0.558。在穗粒数的二级因子中，二次枝梗数、一次枝梗数和穗粒数彼此正相关。结实率与有效穗数、千粒重及千粒重的二级因子粒厚、粒宽显著正相关，但是却和穗粒数及穗粒数的二级因子负相关。除了穗长，有效穗数与千粒重、穗粒数及其二者包含的二级因子负相关。可见，产量的复杂性不仅在于其涉及的构成因子多，更多是因为各产量因子间具有复杂的相关关系。所以，协调好3个主要产量因素，及其下一级构成因子间的关系对水稻产量育种的突破非常重要，而明确产量各因子间相关性的分子机理可以为分子辅助育种或全基因组选择育种提供理论指导。

表 11.13　11 个产量性状之间的相关分析

性状	X_1	X_2	X_3	X_4	X_5	X_6	X_7	X_8	X_9	X_{10}
GL(X_1)										
GW (X_2)	−0.550**									
GT (X_3)	−0.457**	0.776**								
KGW (X_4)	0.317**	0.387**	0.429**							
SBN (X_5)	−0.011	0.018	−0.043	−0.163*						
PBN (X_6)	−0.083	0.075	−0.043	−0.112	0.646**					
PL(X_7)	0.288**	−0.189*	−0.273**	−0.014	0.582**	0.521**				
GNP(X_8)	−0.043	0.031	−0.026	−0.171*	0.895**	0.748**	0.558**			
SP (X_9)	−0.237**	0.255**	0.217**	0.161*	−0.195**	−0.170*	−0.184*	−0.197**		
PN (X_{10})	0.023	−0.195**	−0.148*	−0.137	−0.116	−0.224**	0.109	−0.245**	0.075	
YPP (X_{11})	0.091	0.054	0.106	0.227**	0.352**	0.199**	0.338**	0.351**	0.261**	0.448**

注：* 显著性水平 0.05，** 显著性水平 0.01；GL—粒长，GW—粒宽，GT—粒厚，KGW—千粒重，SBN—二次枝梗数，PBN—一次枝梗数，PL—穗长，GNP—单株穗粒数，SP—结实率，PN—单株穗数，YPP—单株产量。

为了进一步了解水稻 10 个性状在水稻产量形成中的相对重要性，在相关分析的基础上，进行各性状对产量的通径分析(表 11.14)。在被研究的 10 个性状中，穗粒数和有效穗数对单株产量的贡献最大，这与前人的研究和实践相符。它们的直接通径系数分别为 0.677 0 和 0.631 1。其次起作用的是千粒重和结实率，对总产量的直接作用分别是 0.297 1 和 0.290 0。其余性状对单株产量的影响较小，但一次枝梗数和二次枝梗数由于与穗粒数呈极显著正相关(相关系数分别为 0.748 和 0.895)，因此，一次枝梗数和二次枝梗数通过穗粒数对单株产量的间接作用(分别为 0.310 2 和 0.416 8)反而大大超过其直接作用(分别为−0.022 9 和 0.004 1)。以上 10 个性状的决定系数为 0.999 9，剩余通径系数为 0.011 8，因此这 10 个性状基本涵盖了对单株产量形成影响的要素。

表 11.14　各产量构成因子与单株产量间的通径分析

	直接通径系数	间接通径系数									
		By X_1	By X_2	By X_3	By X_4	By X_5	By X_6	By X_7	By X_8	By X_9	By X_{10}
X_1	0.0997		0.0455	−0.0612	0.0941	0.0004	0.002	−0.0038	−0.0285	−0.0685	0.0142
X_2	−0.0829	−0.0548		0.1037	0.1151	−0.0007	−0.0018	0.0025	0.0207	0.0745	−0.1232
X_3	0.1337	−0.0456	−0.0643		0.1272	0.0015	0.001	0.0036	−0.0172	0.0651	−0.0936
X_4	0.2971	0.0316	−0.0321	0.0572		0.0053	0.0025	0.0003	−0.1079	0.0531	−0.0886
X_5	−0.0359	−0.0011	−0.0015	−0.0056	−0.0442		−0.0156	−0.0076	0.6081	−0.0571	−0.0721
X_6	−0.0240	−0.0083	−0.0062	−0.0058	−0.0305	−0.0233		−0.0069	0.5063	−0.0504	−0.1429
X_7	−0.0130	0.0288	0.0157	−0.0365	−0.0074	−0.021	−0.0127		0.3823	−0.0528	0.0715
X_8	0.6770	−0.0042	−0.0025	−0.0034	−0.0474	−0.0323	−0.0179	−0.0074		−0.0595	−0.1557
X_9	0.2900	−0.0235	−0.0213	0.03	0.0544	0.0071	0.0042	0.0024	−0.1389		0.0455
X_{10}	0.6311	0.0022	0.0162	−0.0198	−0.0417	0.0041	0.0054	−0.0015	−0.1671	0.0209	

注：决定系数＝0.999 9；剩余通径系数＝0.011 8。

11.3.2 关联群体的群体结构及 LD 评价

基于 neighbor-joining 方法的系统进化树采用 Powermarker 3.25 软件构建，遗传距离选用 Nei's 遗传距离 D_A(Nei and Tajima，1983)。均匀选取分布于水稻 12 条染色体上的 60 对 SSR 引物，采用 Structure 2.2 软件的模型评估供试材料的群体结构。K 值设定为 2～10，每个 K 值分别运行 10 个独立的重复，在运行每个 K 值时，参数选取 burn-in time 为 50 000，MCMC 重复次数设为 100 000，亲缘关系模型设为混合模型，等位基因频率模型设为相关模型。运行结果由 Distruct 软件来分析与预先定义群体间的关系。

对每一个 K 值做了 10 个重复。在 K 从 2～6 的过程中，各重复间有较好的一致性；当 $K>6$ 后，各重复间的一致性较低。K 值在从 2～10 的过程中一直呈现上升趋势，未出现曲折拐点(图 10.1A)。Evanno 等(2005)提出了一种检测自然群体聚类数的方法，用这种方法分析表明：ΔK 在 $K=2$ 时有个明显的峰值(图 11.1B)。分析 $K=2$ 时，基于模型的遗传结构所得各个类群与预先已知性状的关系发现(图 11.2)：群体 1 和群体 2 均包括国内种质也包括国外引进种质，既包括地方种也包括现代选育品种。但却分别对应于籼稻和粳稻两个亚种类型。

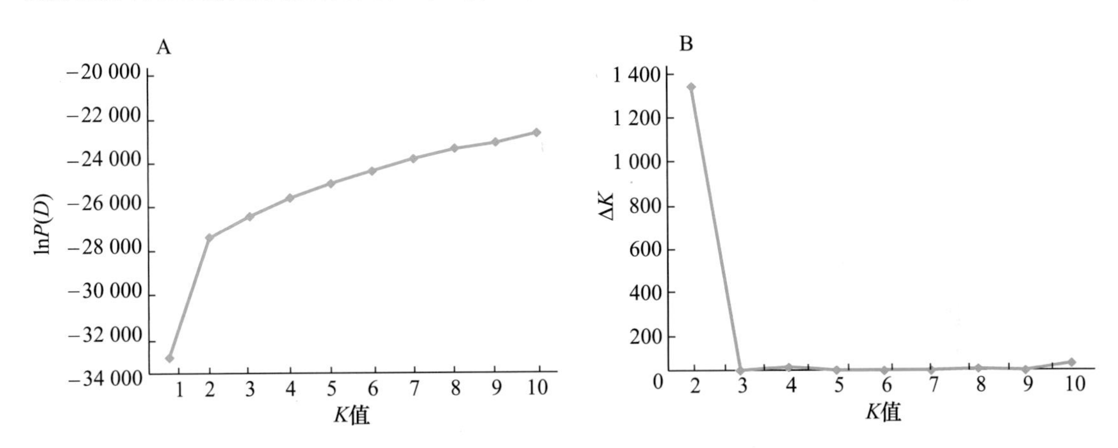

图 11.1 基于模型的 Structure 分析中每一 K 值时 10 个重复的 $\ln P(D)$ 值(A)和 ΔK 值(B)

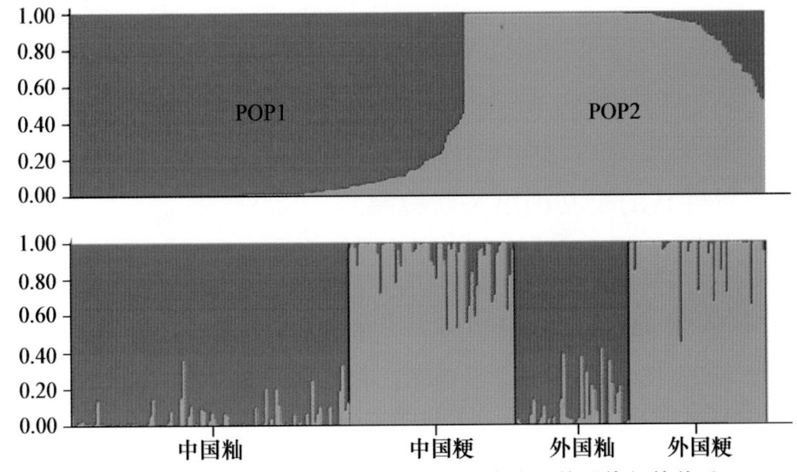

图 11.2 $K=2$ 时基于模型的群体与预先定义的群体间的关系

为评估群体结构对 LD 的影响,采用 TASSEL2.1 中的 LD 分析分别评价全部材料和两个亚群材料在 275 个位点间的连锁不平衡。LD 评价中选择快速模拟方法计算两两多态性位点之间的 r^2 值,模拟次数设为 1 000 次。结果显示,存在结构时水稻基因组中各连锁群内及连锁群间均存在较高程度的连锁不平衡(图 11.3A),所有标记间 r^2 值为 0.062 4±0.086 5(平均值±标准差,下同),物理距离小于 50 kb 的标记间 0.144 3±0.214 9,物理距离 50~150 kb 的标记间为 0.133 2±0.182 9,物理距离 150~500 kb 的标记间为 0.092 6±0.135 3,物理距离 500~1 000 kb 的标记间为 0.062 4±0.076 5,物理距离大于 1 000 kb 的标记间为 0.060 5±0.081 8。与全部材料相比,籼稻(图 11.3B)和粳稻群体内(图 11.3C)的连锁不平衡程度较弱。相对于分群前,近距离的连锁不平衡程度没有明显差异,主要降低了距离大于 150 kb 以及位于不同连锁群的位点间的连锁不平衡程度(表 11.15)。由此可见,亚群的混合使整个群体的 LD 强度显著增强,该群体的关联分析中需要考虑到群体结构的影响,以免由于结构的存在而在关联分析中造成假阳性。

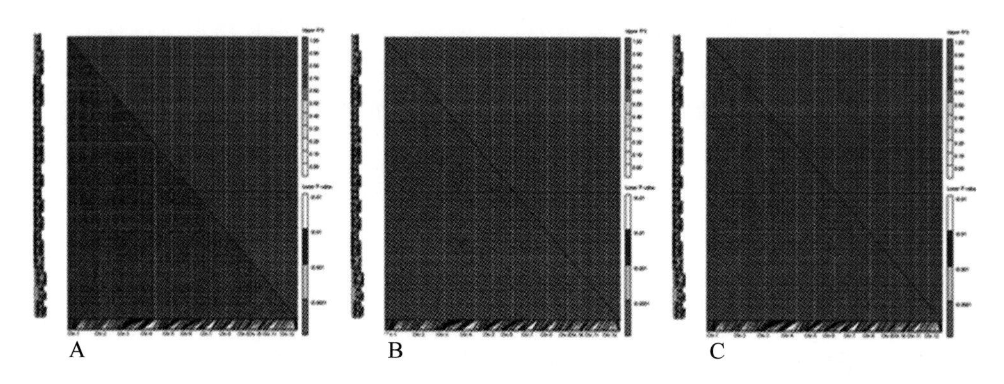

图 11.3 全部材料(A)及籼稻(B)、粳稻(C)亚种内 275 个位点间的 LD 分布

表 11.15 不同类型群体内的连锁不平衡程度(r^2)

区段/kb	总体	籼稻	粳稻
<50 kb	0.144 3±0.214 9	0.138 8±0.213 5	0.181 0±0.320 3
50~150 kb	0.133 2±0.182 9	0.076 1±0.079 6	0.076 0±0.036 8
150~500 kb	0.092 6±0.135 3	0.033 1±0.057 3	0.039 2±0.061 6
500~1 000 kb	0.062 4±0.076 5	0.015 5±0.014 8	0.033 6±0.050 5
>1 000 kb	0.060 5±0.081 8	0.013 4±0.016 5	0.020 1±0.026 1
平均	0.062 4±0.086 5	0.015 4±0.031 1	0.022 2±0.040 9

11.3.3 产量性状的全基因组关联检测

由于 11 个性状都不同程度地受群体结构和系谱关系的影响,因此分别利用 TASSEL2.1 中的 GLM 和 EMMA(Kang et al,2008)3 种方法对 3 个环境中鉴定的 11 个性状进行关联分析。利用 quantile-quantile plots 对 3 种方法进行比较,采用与预期 P 值拟合最接近的方法所得到的关联位点进行后续分析。

利用 275 对 SSR 标记对 11 个与产量相关的性状分别进行了全基因组的关联分析。为了选用适合的关联分析模型，对11个性状均分别采用TASSEL2.1中的GLM、MLM和EMMA(Kang et al,2008)3种方法对每个环境中鉴定的表型进行关联分析。利用quantile-quantile plots对3种方法进行比较，结果显示：所有性状在3种环境下均为GLM(Q)这种方法与该群体的分布最接近，因此，采用考虑结构的GLM模型的方法进行各性状的全基因关联分析，并对其所得到的关联位点进行后续分析。

对11个产量构成因子在3个环境中鉴定的结果分别进行关联分析，共检测到543个QTL(每一个性状的一个显著关联事件为一个QTL)($P<0.01$)，分布在170个关联位点中(表11.16，图11.4)。不同环境中检测到的QTL存在一定差异，在两个以上环境中均检测到的QTL有183个，占QTL总数的29.6%；有360个仅能够在一个环境下检测到，可能是环境特异型QTL，占70.4%。环境特异QTL占11个性状各自总QTL的比例从大到小依次为结实率(93%)、有效穗数(91.4%)、单株产量(90%)、二次枝梗数(83.3%)、一次枝梗数(81.4%)、谷粒厚度(76.6%)、穗粒数(76.2%)、谷粒宽度(61.3%)、千粒重(57.1%)、穗长(54.1%)和谷粒长度(28.8%)(表11.16，图11.4)。所有关联位点中，其中有53.8%的QTLs的贡献率高于10%，最高贡献率为32%(表11.17)。各QTL在染色体上的分布(图11.4)显示：第1、2、3和5号染色体检测到的QTL较多，约占全部位点的50%；第4和第12号染色体检测到的QTL较少，约占全部QTL的8%；同一染色体的不同区段检测到的QTL数差异较大。从关联位点占检测位点比例看，各染色体的检出率相似，即水稻产量性状相关基因在整个水稻基因组中是均匀分布的。但是，对于某个产量因子相关QTL来说，其在基因组的分布具有一定集中性。比如，粒重集中分布的区段有第1染色体；穗粒数集中分布的区域有第1、2和7号染色体；有效穗数集中分布的区段有第1和第6号染色体。这可能主要因为水稻产量由多个因子构成，而且，具有负向相关的性状集中分布容易受到负向选择；而控制同一性状的不同位点在基因组集中分布则利于获得对目标性状较大的选择响应。

表11.16　3个环境中11个性状的关联位点数

性状	1个环境	2个环境	3个环境	总计
谷粒长度	23/18	23/18	34/12	80/48
谷粒宽度	46/22	19/10	10/3	75/35
谷粒厚度	36/18	11/3	0/0	47/21
千粒重	20/11	14/1	1/0	35/12
二次枝梗数	15/9	3/0	0/0	18/9
一次枝梗数	48/24	8/3	3/0	59/27
穗长	46/22	27/13	12/6	85/41
穗粒数	32/15	7/2	3/1	42/18
结实率	53/19	4/2	0/0	57/21
有效穗数	32/16	3/0	0/0	35/16
单株产量	9/2	1/0	0/0	10/2
总计	360/176	120/52	63/22	543/250

注：斜线左边为$P<0.01$水平下检测到的关联位点数；斜线右边为$P<0.001$水平下检测到的关联位点数。

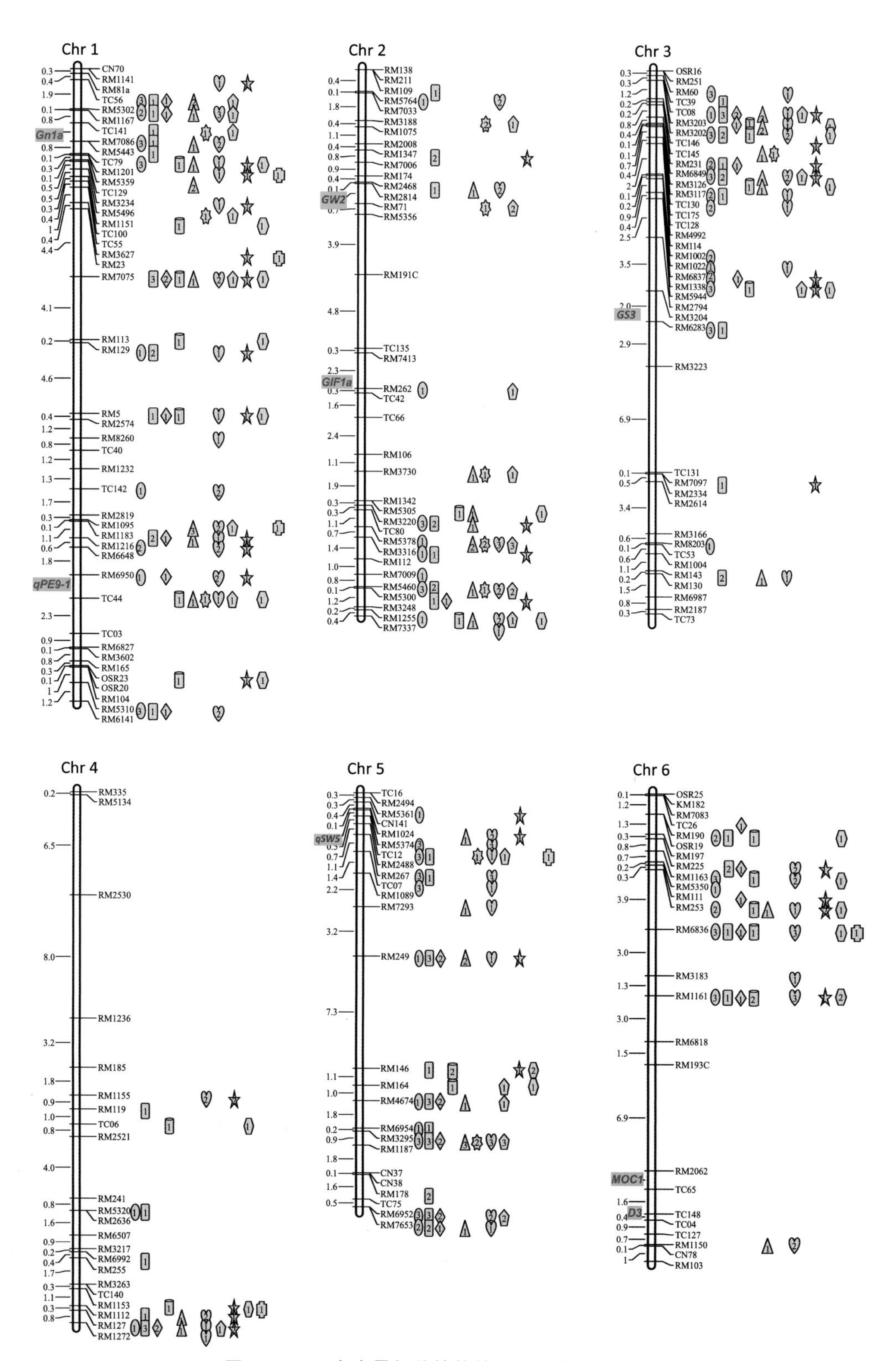

图 11.4　11 个产量相关性状的关联位点($P<0.01$)

注:绿底红字代表已克隆的基因;不同符号代表不同的性状的关联位点;符号中的数字代表环境数。

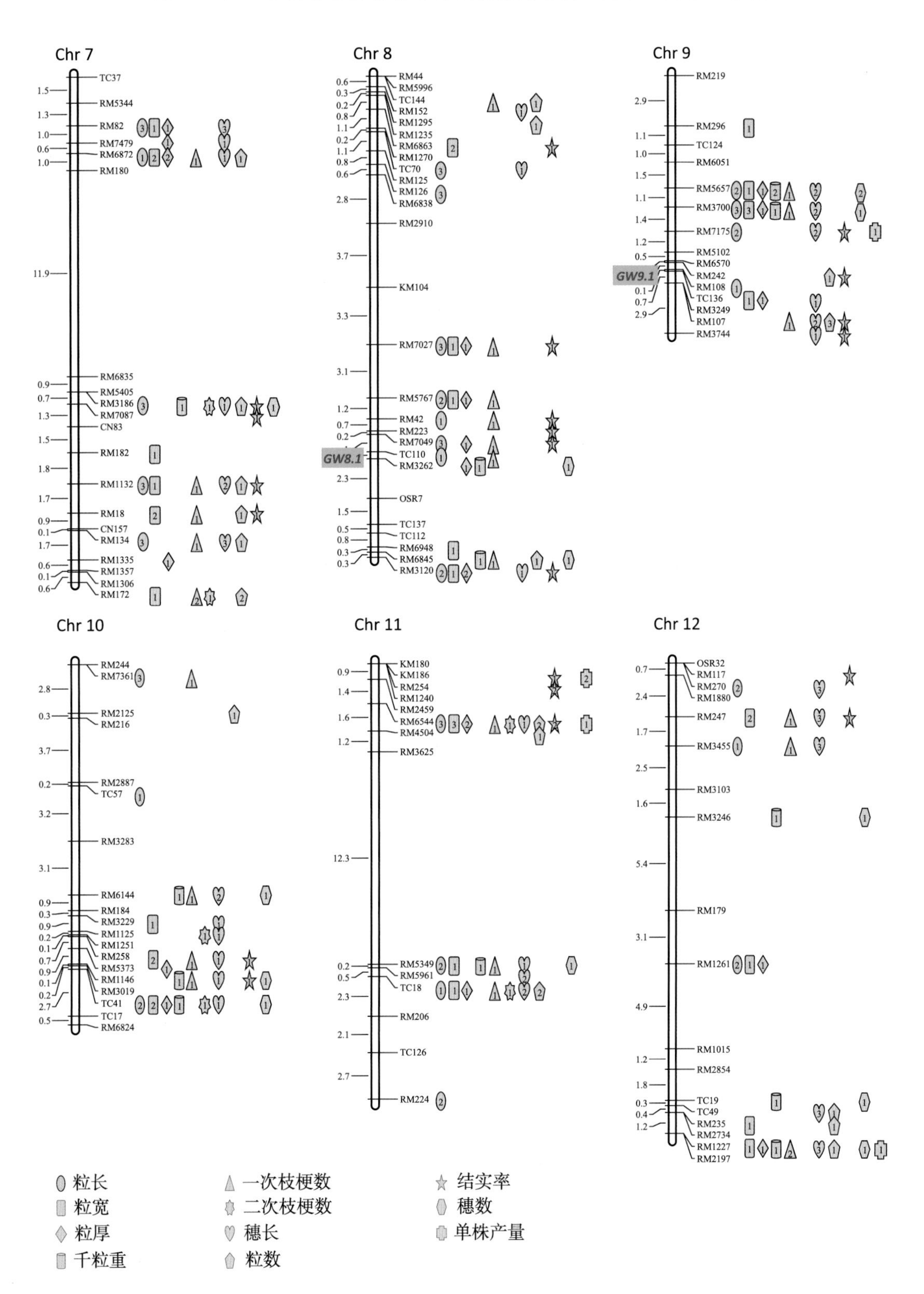

续图 11.4 11 个产量相关性状的关联位点($P<0.01$)

表 11.17 各性状关联位点的贡献率分布

性状	$R^2<0.1$	$0.1<R^2<0.2$	$0.2<R^2<0.3$	$R^2>0.3$
谷粒长度	33/17	44/35	3/2	—/—
谷粒宽度	46/14	23/16	6/5	—/—
谷粒厚度	20/4	22/13	5/4	—/—
千粒重	15/2	19/12	1/1	—/—
一次枝梗数	26/7	25/14	8/6	—/—
二次枝梗数	5/2	7/3	6/4	—/—
穗长	33/10	45/27	6/3	1/1
穗粒数	18/6	19/7	4/5	1/1
结实率	25/3	29/15	3/3	—/—
有效穗数	24/5	9/8	2/3	—/—
单株产量	6/1	3/0	1/1	—/—
总计	251/71	245/150	45/37	2/2

注:斜线左边为 $P<0.01$ 水平下检测到的关联位点数;斜线右边为 $P<0.001$ 水平下检测到的关联位点数。

11.3.4 关联位点的表型效应及水稻品种的演化

选取 $P<0.001$ 水平下与产量性状显著关联的 250 个 QTLs(共 114 个关联位点,图 11.4),分析其中频率大于 0.05 的基因型的表型效应。将表型值显著高于全部材料平均水平($P<0.05$)的基因型作为增效基因型,表型值显著低于全部材料的平均水平($P<0.05$)的基因型作为减效基因型。共有 206 个 QTLs 中可以检测到增效或减效基因型,其中 131 个 QTLs 同时有增效和

表 11.18 各性状的关联位点的基因型效应

性状	基因型数		基因型数	
	增效	减效	环境稳定型	环境敏感型
谷粒长度	51	50	54	14
谷粒宽度	35	44	20	11
谷粒厚度	19	17	4	0
千粒重	8	4	0	0
一次枝梗数	26	15	3	2
二次枝梗数	5	2	—	—
穗长	32	41	26	12
穗粒数	10	13	4	2
结实率	27	13	—	4
有效穗数	6	7	—	—
单株产量	2		—	—

减效基因型，47 个 QTLs 只有增效基因型，28 个 QTLs 只有减效基因型(表 11.18)。上述具有显著增效或减效基因型的 QTL 中，有 67.6%(142 个)是环境特异型 QTL，其他 64 个 QTL 可以在两个以上环境同时检测到。

在这 64 个 QTLs 中，其中的某些 QTL 的同一基因型在不同环境中的表型效应存在一定差异。根据增效基因型或减效基因型的表型效应对环境的敏感程度，可将这部分 QTL 分为环境稳定型和环境敏感型。环境稳定型的 QTL 各基因型的效应在不同环境中差异不显著，占这部分关联位点数的 53%。环境敏感型的 QTL 各基因型的效应在不同环境中差异显著，即效应值随环境发生显著改变，占这部分关联位点数的 47%。11 个性状的环境敏感型位点占各自总 QTL 的比例从高到低依次为，结实率(100%)、一次枝梗数(66.7%)、穗粒数(50%)、穗长(37.5%)、谷粒长度(30.4%)、谷粒宽度(21.4%)、谷粒厚度(0%)(图 10.5，千粒重、二次枝梗数、有效穗数和单株产量在 0.001 水平没有检测到在 2 个或 3 个环境中同时关联的位点)。

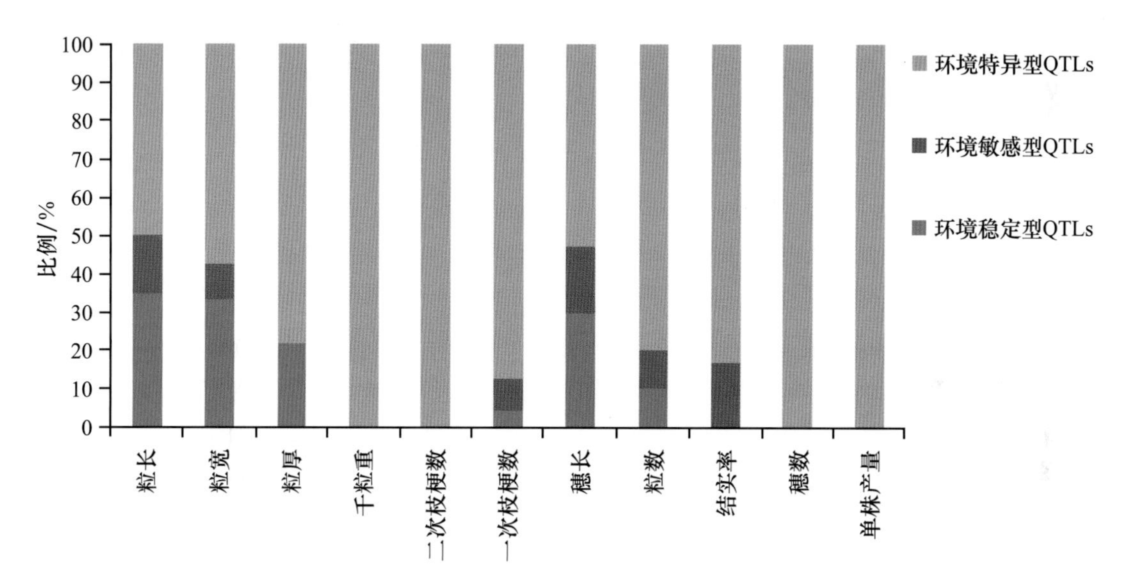

图 11.5 $P<0.001$ 水平下环境特异型、环境敏感型和环境稳定型 QTLs 在各个性状中的分布

高产一直是水稻的重要育种目标，而且产量性状容易鉴定和评价。因此，其相关的基因及其关联的标记的增效基因型将因为受到正向选择而形成频率占多数的优势基因型。考察优势基因型在地方种、中国现代育成种和国外引进种中的频率分布，可以揭示不同位点在水稻品种演化中的作用，为水稻产量相关新基因的发掘和新品种的选育提供依据。因此，依据基因型在地方稻种、现代选育品种以及国外引进种质中的频率分布差异，从品种变迁及其应用角度可以将 206 个具有增减效应的 QTLs 分为 3 种类型。

第一类，在近代中国水稻育种中已受到选择的 QTLs，这类 QTLs 表现为增效基因型在由地方品种向现代选育品种演变的过程中频率明显升高形成优势基因型，而这类 QTL 中的减效基因型则相反。如与一次枝梗数极显著相关的 RM6544 位点，其增效基因型 RM6544-300 在中国现代选育品种中的频率显著高于中国地方种，也高于其他基因型的频率，是明显的优势基因型；而两个减效基因型 RM6544-310 和 RM6544-330 在现代选育品种中频率显著低于在地方种中的频率(图 11.6)。属于这类的 QTL 共有 56 个，占总 QTL 数的 27%。受到明显选择的 QTLs 位点中，有 12 个位点在两种或两种以上环境中同时检测到关联，其中有10个属于环境稳定型，占83%(图11.7A)，正是由于这些位点对环境多数不敏感，所以在育种中易于被选择和应用，这些基因可用于广适性品种的选育。这类位点占11个性状各自关联位点总数的比例从高到低依次为穗粒数(50%)、谷粒长度(45.7%)、二次枝梗数(40%)、谷粒宽度(24.2%)、一次枝梗数(25%)、谷粒厚度(21.7%)、千粒重(20%)、有效穗数(16.7%)、结实率(16.7%)、穗长(11.8%)、单株产量(0%)(图11.7B)。该趋势与11个性状环境稳定型位点比例的趋势基本一致，可见，相关基因对环境敏感可能是穗数、穗长和单株产量等这些性状在育种中不易进行改良的内在原因。另有40个QTL仅在一种环境中检测到关联，这类QTL具有环境特异性，可用于局部适应性品种的选育。

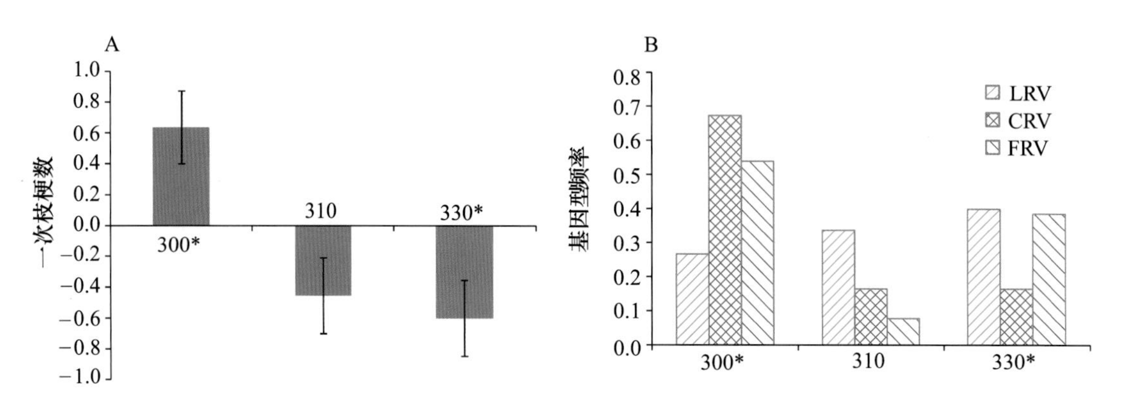

图11.6　与一次枝梗数显著相关的RM6544位点各基因型效应(A)及其在不同类型种质中的频率分布(B)

注：LRV代表地方品种；CRV代表现代选育品种；FRV代表国外引进种质；* 表示显著增效或减效的基因型。

第二类，在近代中国育种中尚未明显受到选择的QTLs，这类QTLs表现为增效基因型在由地方品种向现代选育品种演变的过程中频率没有明显变化，甚至有所降低。如与穗长极显著相关的RM5349位点，其增效基因型RM5349-108显然在现代选育品种中没有形成优势基因型；相反，其减效基因型RM5349-113反而形成了相对于地方品种的优势基因型(图11.8)。属于这类的位点共54个，占总分析位点的26%左右，占11个性状各自QTL总数的比例从高到低依次为有效穗数(50%)、穗长(41.2%)、谷粒宽度(39.4%)、二次枝梗数(40%)、千粒重(40%)、谷粒厚度(34.8%)、穗粒数(20%)、一次枝梗数(16.7%)、结实率(16.7%)、谷粒长度(6.5%)、单株产量(0%)(图11.7C)。该趋势基本体现了现代育种的某些理念，如不一定选择长穗，因为没有一次枝梗增加作为前提，仅仅穗长不会增加水稻的产量水平；也不追求谷粒特别宽的品种，因为谷粒宽的往往米质较差。

第三类，在国外育种中受到选择的QTLs。这类QTLs表现为增效基因型在国外引进种质中的频率较高，而在中国种质中频率较低。如与一次枝梗数极显著关联的RM247位点，其增效基因型RM247-134无论是在中国的地方品种还是选育品种中都没有检测到，仅在国外引进种质中检测到(图11.9B)；又如与穗长极显著相关的RM249位点，其增效基因型RM249-134仅在极少数中国的选育品种中检测到，但在国外引进种质中的频率却很高(图11.10B)。属于这类的位点共96个，约占分析位点的47%。其中，有64%为环境特异型。由此可见，一些优异的高产基因在国外育种中得到了正向选择，但是尚未在中国高产育种中得到应用，是高产育种潜在的基因源。但是，这些基因很多都是环境特异型，需要进一步评价其在中国环境下的育种价值。

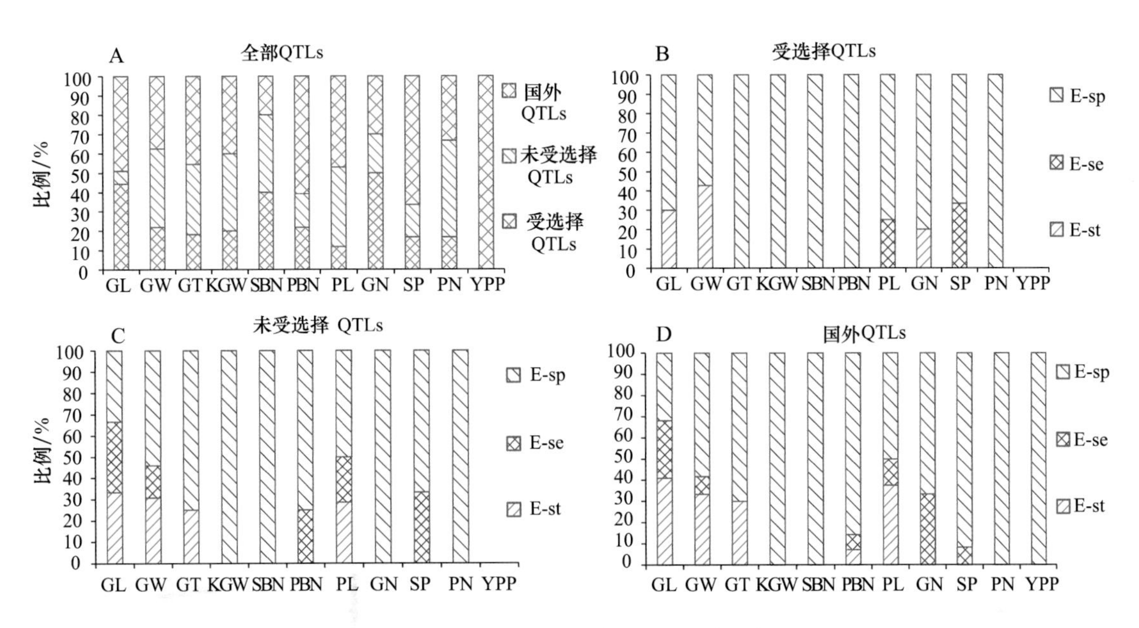

图 11.7　各性状不同类型 QTLs 的分布

注:GL 代表谷粒长度;GW 代表谷粒宽度;GT 代表谷粒厚度;KGW 代表千粒重;SBN 代表二次枝梗数; PBN 代表一次枝梗数;PL 代表穗长;GN 代表穗粒数;SP 代表结实率;PN 代表有效穗数; YPP 代表单株产量;E-sp 代表环境特异型;E-se 代表环境敏感型;E-st 代表环境稳定型。

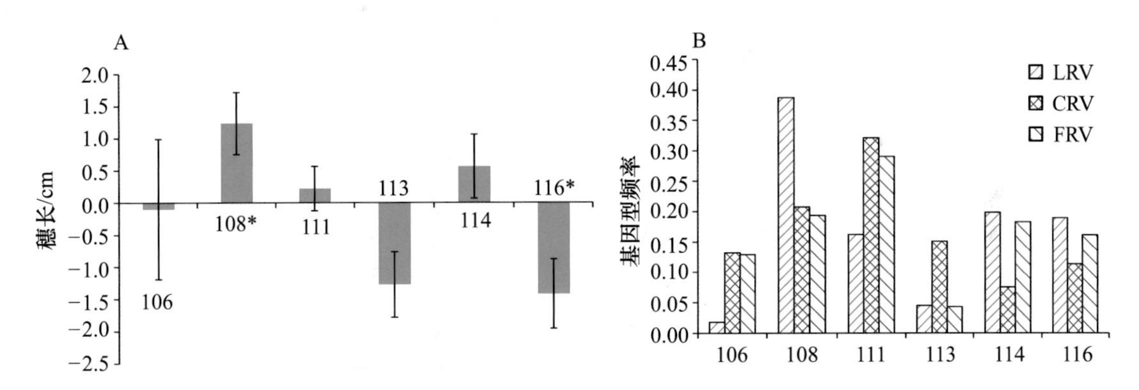

图 11.8　与穗长显著相关的 RM5349 位点各基因型效应(A)及其在不同类型种质中的频率分布(B)

注:* 号代表显著增效或减效的基因型。

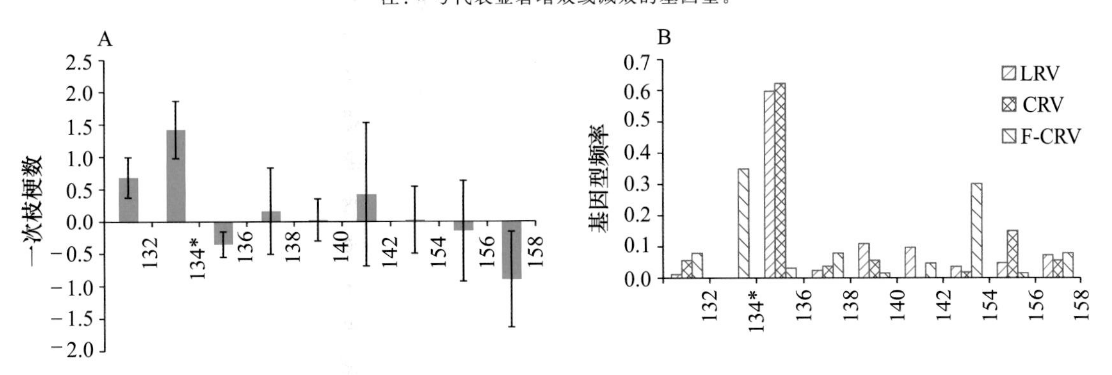

图 11.9　与一次枝梗数显著相关的 RM247 位点各基因型效应(A)及其在不同类型种质中的频率分布(B)

注:* 号代表显著增效或减效的基因型。

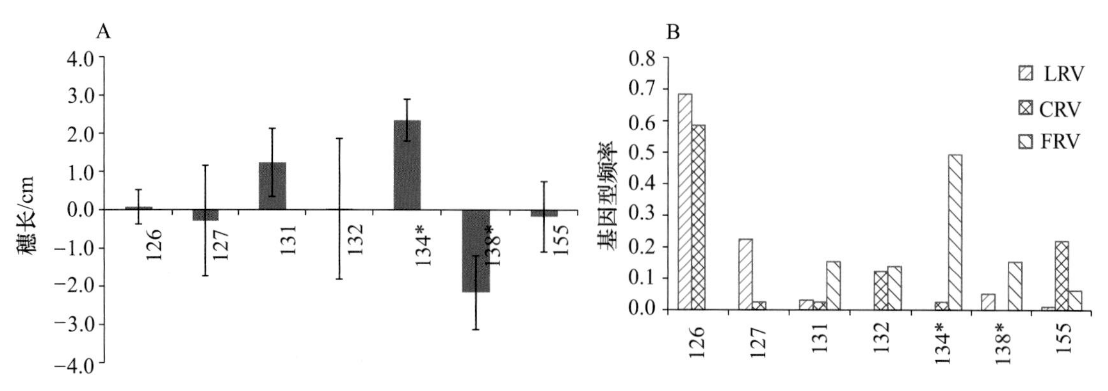

图 11.10　与穗长显著相关的 RM249 位点各基因型效应(A)及其在不同类型种质中的频率分布(B)

注：* 号代表显著增效或减效的基因型。

水稻是我国的一种重要的粮食作物，产量占到世界的 32%～35%。现代品种改良为中国的水稻增产起到了重要作用，在 20 世纪 50 年代早期，半矮秆基因的应用和推广使得我国水稻产量得到极大提高，被称作“第一次绿色革命”；在 70 年代早期，采用细胞质雄性不育基因的三系配套的应用和推广，使得我国水稻产量又跨上一个新台阶，被称为“第二次绿色革命”。使得水稻平均产量从 20 世纪 50 年代的 3.35 t/hm^2 上升到 90 年代的 6.23 t/hm^2。育种家对目标性状的选择同时也是对控制这些性状的基因或 QTLs 的选择，必然会在水稻基因组上留下选择的痕迹。现代水稻高产育种的目标主要是大粒、密穗和多分蘖。本研究的结果也显示，11 个性状的优势基因型中，谷粒长度、穗粒数、有效穗数和单株产量 4 个性状中在现代选育品种中频率较高的优势基因型所占的比例较高(图 11.11A)。这些在育种中被选择的位点在中国地方稻种中的频率也相对较高，这些位点在由地方种向现代选育品种演变的育种过程中受到了强烈选择。经过人工选择的作用，优势基因型在现代育成品种中的频率显著升高。同时，一些减效基因型在选育品种中出现的频率逐渐降低。这类位点相关的基因可能对现代品种产量增加具有重要作用，对这些基因功能及其相互作用的分析，对于理解品种的变迁规律以及产量形成的分子机理具有重要意义。但本研究还显示水稻产量仍然有巨大的增产潜力。尽管选育品种的亲本来源主要是地方稻种，但是已有的研究表明，中国的选育品种遗传基础仍比较狭窄。齐永文分析选育品种的遗传多样性表明，在许多个位点上的等位基因分布都表现出了遗传多样性狭窄的趋势。本研究的结果也显示在众多产量性状的优势基因型中，已利用的优势基因型仅占 38.5%，而潜在的(未被利用的)优势基因型约占 61.5%。由此推断：尽管通过各种育种手段，使得水稻现代选育品种的产量有所提高，某些优异等位变异的频率逐渐升高，但在未来的水稻高产育种中仍有非常大的增产空间，因为在控制产量性状的众多等位基因或 QTLs 中，多数品种中携带的不是最优的等位变异，即许多产量性状基因的最优异等位基因未被充分利用。同时已利用优势基因型和潜在优势基因型的效应值显示：潜在优势基因型的效应值均显著高于已利用优势基因型的效应值(图 11.11B)。这些潜在优势基因型的频率普遍偏低，或者主要存在于国外种质资源中，这是造成这些优势基因型未被利用的主要原因。

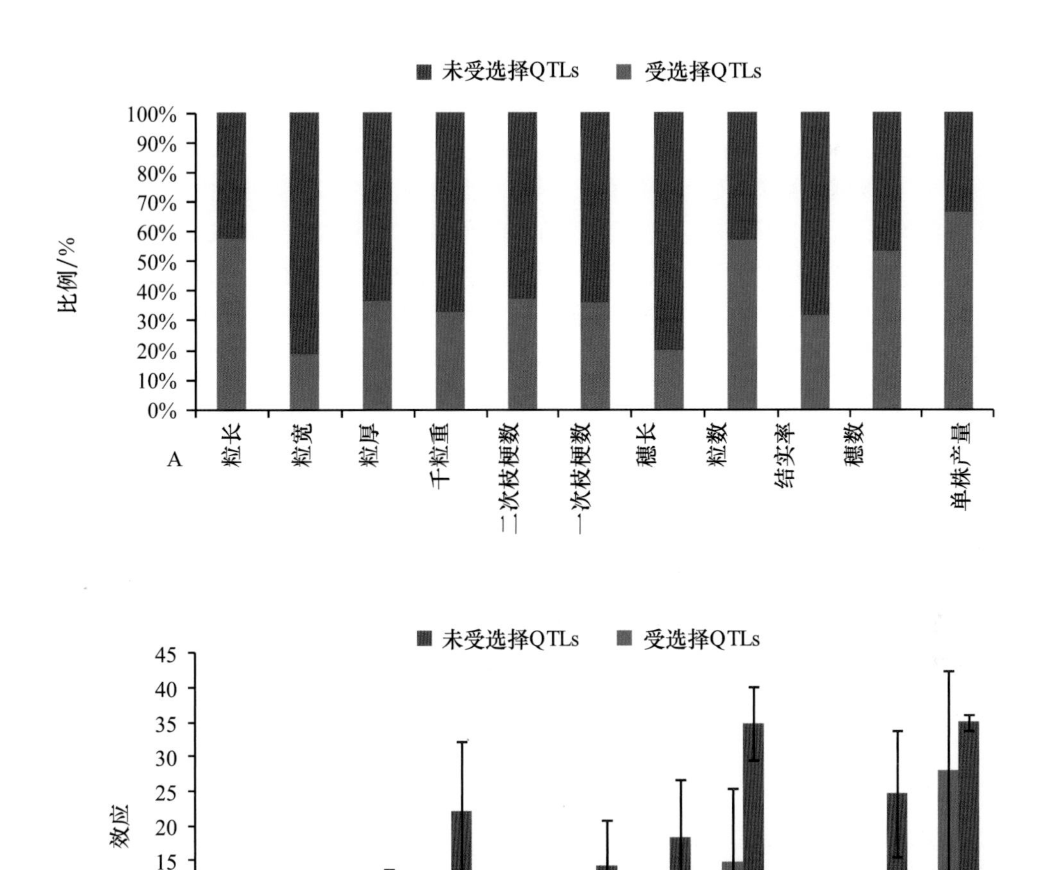

图 11.11 各产量性状已利用优势基因型与未利用优势基因型的比例分布(A)及各自的平均效应(B)

11.3.5 QTLs位点的连锁或一因多效及水稻产量因子间相关性的遗传解释

育种实践以及表型结果表明,多数产量因子间具有不同程度的正向或负向相关。这可能预示着与这些产量因子有关的某些基因具有互作,或紧密连锁(成簇),或处于共同的遗传网络中。明确这些基因的互作或连锁关系或遗传网络中限制不同性状发育的关键或限速节点将有助于解释"一因多效现象",进而指导品种选育中克服性状间的负向相关和有效利用性状间的正向相关。检测到的关联位点中有78.8%的位点同时与两个以上的性状关联。有23%的位点与5个以上的性状关联(表11.19)。复合性状及其构成性性状间具有较高的连锁或一因多效的QTLs比例。单株产量与除籽粒长宽和厚以外的所有性状均显著相关,所有与单株产量关联的位点均与其他性状关联。可见,本研究10个产量构成因子的发育可以决定水稻的单株产量的形成。对于主要受谷粒长度、宽度和厚度影响的千粒重来说,在其检测到的35个极显著关联的位点中有 31 个位点检测到至少与谷粒长度、宽度和厚度之一关联，有 10 个与其中两个性状关联，有 10 个与 3 个性状均关联。即约 10%的千粒重由谷粒大小以外的因子决定，约 2/3 的粒重相关 QTLs 表现为不同性状 QTLs 成簇分布。对于主要受一次枝梗、二次枝梗数及穗长影响的穗粒数来说，在其检测到的 42 个极显著关联的位点中仅有 2 个与上述因子无关，有 17 个与其中两个性状关联，有 6 个与 3 个性状均关联。即所研究 3 个性状解释了 95%以上水稻穗粒数的形成，超过一半的穗粒数相关 QTLs 表现为不同性状 QTLs 成簇分布。另外，非构成性性状间也有 QTLs 聚合或一因多效 QTLs 现象。与其他性状具有共同关联位点最多的性状是穗长，与谷粒长度性状的 47 个 QTL 具有共同关联位点；其次是谷粒宽度，与谷粒长度性状的 41 个 QTL 具有共同关联位点；其他从多到少依次为谷粒长度、一次枝梗数、结实率、谷粒厚度、穗粒数、千粒重、有效穗数；共同关联位点最少的性状是二次枝梗数，与结实率、有效穗数均只有 2 个 QTL 具有共同关联位点。

表 11.19　与多个性状同时检测到关联的位点分布

同时关联性状数	关联标记数
10	1/0
8	3/0
7	11/1
6	10/3
5	17/8
4	23/8
3	19/17
2	50/24
1	36/53
合计	170/114

注：斜线左边为 $P<0.01$ 水平检测到的关联 QTLs 数；斜线右边为 $P<0.001$ 水平检测到的关联 QTLs 数。

11.3.5.1　水稻产量三要素穗粒数、有效穗数和千粒重相关位点的“一因多效”

从关联分析的结果来看，同时控制产量三要素穗粒数、有效穗数、千粒重的位点共 4 个，分别是 RM3186、RM3700、RM7075、TC44，同时控制千粒重和穗粒数的位点共 6 个，同时控制穗粒数和有效穗数的位点个数为 5 个，总共 15 个位点。同时控制千粒重与有效穗数的位点明显较少，部分解释了产量三要素中千粒重虽与有效穗数负相关但不显著的表型结果。对上述 15 个位点每个基因型对产量三要素的表型效应分析的结果表明(图 11.12)，有 3 个基因型对千粒重与穗粒数的效应为反向，分别为 RM3186-129、RM6544-300 和 RM6544-330(图 11.12)，占所有基因型 6.3%；但是，也存在 2 个基因型对千粒重与穗粒数的效应为同向，分别为 RM5302-122 和 TC44-118，占所有基因型总数的 4.2%；另有一些位点的基因型(17 个)仅在某一个性状上表现为正效或负效，而其他性状效应不明显，这类基因型占总基因型的 36.1%；其他基因型不具有明显的效应。在 RM1255-104 和 RM164-113 等的基因型中穗粒数和有效穗数表现为反向，这类基因型占总基因型的 10.6%，但在 RM3186-122 和 RM7075-152 等的基因型为正向效应，这类位点占总基因型的 8.5%。有 3 个基因型对千粒重与有效穗数为反向，分别为 RM3186-129、TC44-118、RM3700-119 没有表现为正向效应的基因型。此结果表明产量三要素之间的相互关系可能是位点基因型效应个数的影响。

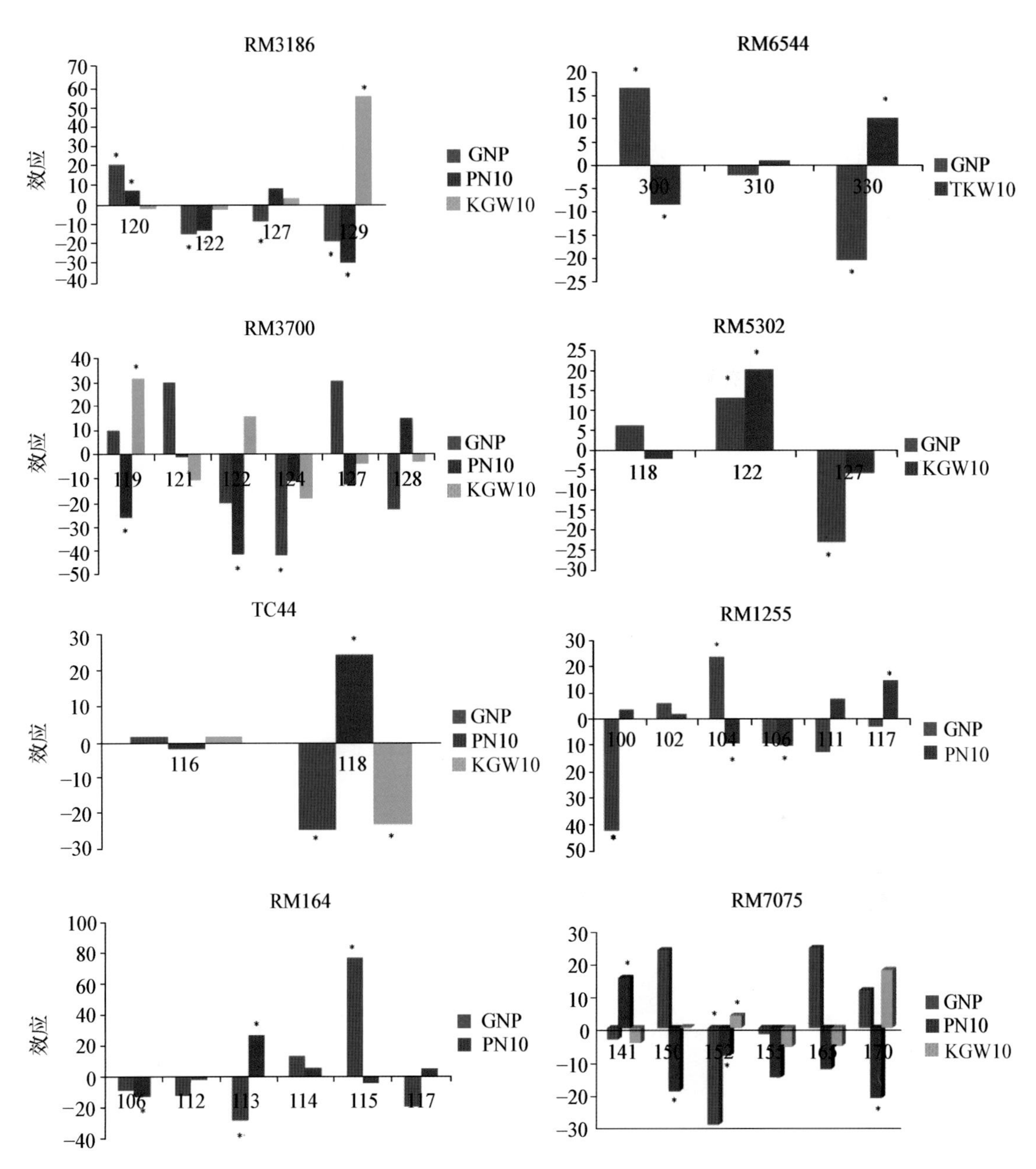

图 11.12 多效位点各基因型在穗粒数、有效穗数、千粒重的效应值

注：* 代表显著增效或显著减效基因型，数字代表表型效应放大的倍数。

11.3.5.2 水稻粒重相关位点的"一因多效"

关联分析的结果显示同时控制 4 个粒重性状（千粒重、粒长、粒宽和粒厚）的位点有 9 个，同时控制千粒重、粒长、粒宽的位点有 4 个，同时控制千粒重、粒宽、粒厚的位点有 5 个，同时控制粒长、粒宽、粒厚的位点有 16 个。对上述 34 个位点每个基因型对粒重相关的表型效应分析的结果表明（图 11.13），同时在 4 个性状上有明显效应的基因型共 3 个，分别是 RM6544-300、-330 和 RM82-114。其中 RM6544-300 和-330 基因型对粒长和其他性状的效应相反，RM82-114 对粒长、千粒重与粒宽、粒厚的效应相反。粒长、粒宽、千粒重上有明显效应的基因型共 1 个,RM6836-148 的基因型对粒长、千粒重与粒宽效应相反。在粒宽、粒厚、千粒重中上有明显效应基因型共 4 个,如 KM186-104 等,3 个性状上效应相同。粒长、粒宽、粒厚有明显效应的基因型共 35 个,如 RM6872-101、TC18-110 等,这类基因型对粒长与粒宽、粒厚效应相反。综上所述,从多效的位点在粒重相关性状的效应来看,粒长和粒宽、粒厚的效应相反,粒长与千粒重为同向效应,约有 75% 的基因型属于这类;粒宽、粒厚与千粒重为同向效应,属于这类位点约为 92.7%,在控制粒宽与粒厚所有的位点基因型中,均表现为同向效应。由此可以得到的结论是:粒长、粒宽、粒厚、千粒重之间表现出来的相关关系主要受多效位点的效应所导致。

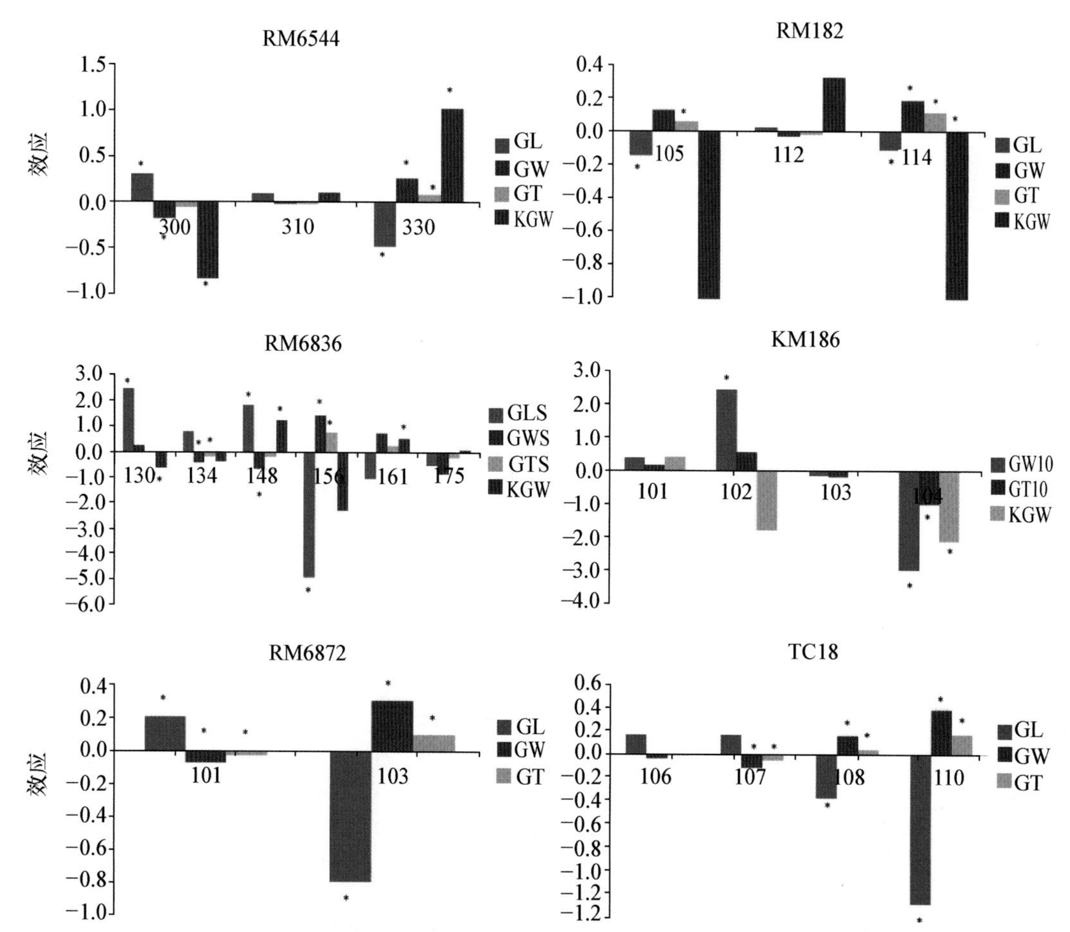

图 11.13　多效位点各基因型在千粒重、粒长、粒宽、粒厚的效应值

注:* 代表显著增效或显著减效基因型,数字代表表型效应放大的倍数。

11.3.5.3　水稻穗粒数相关位点的"一因多效"

同时控制穗粒数、一次枝梗数、二次枝梗数、穗长的位点共 4 个,分别是 RM6544、RM3295、RM5460 和 TC18,同时控制控制其中的 3 个性状的位点数为 12 个,控制其中的两个性状的位点数为 13 个,总共 29 个位点。对上述 29 个位点每个基因型对穗粒数相关位点的表型效应分析的结果表明(图 11.14),4 个性状上有明显效应的基因型共 3 个,均表现为同向效应,如 RM5460-138、TC44-118。一次枝梗数、穗长、二次枝梗数性状有明显效应的基因型共 8

个，一次枝梗数、二次枝梗数、穗粒数有明显效应的基因型共 5 个，如 RM107-108、RM6544-300；没有发现一次枝梗数、二次枝梗数、穗长有明显效应的基因型，在所有多效的位点中，这 4 个性状之间表型效应均为同向。由此可以发现，穗粒数相关性状表现出的相关性是由于这些多效位点基因型在不同性状上效应引起的。

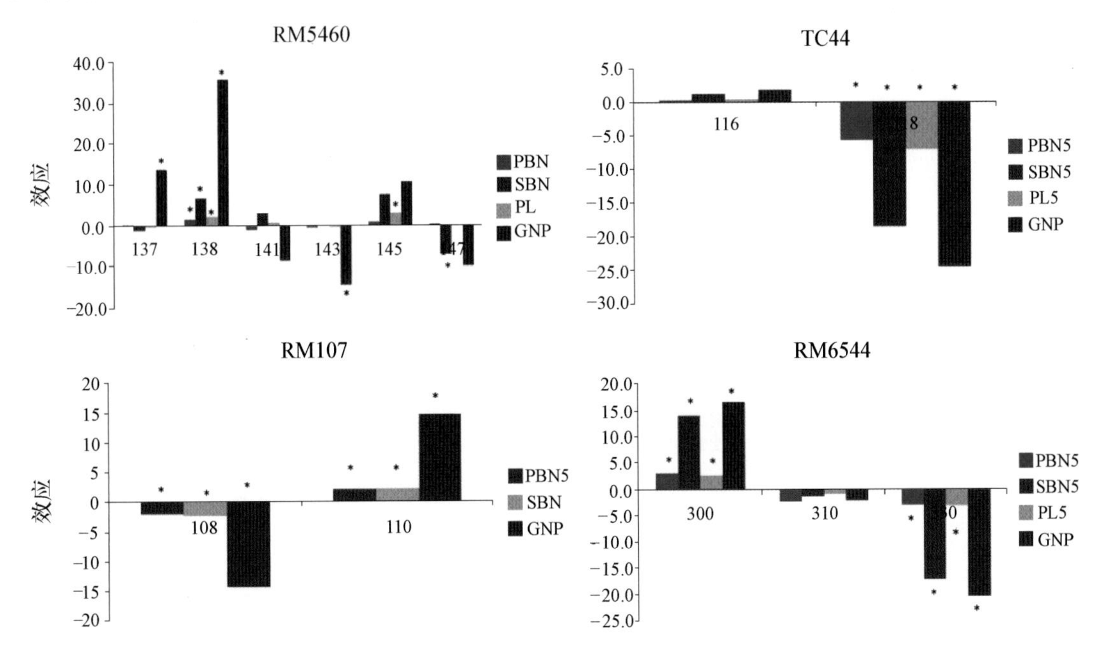

图 11.14 多效位点各基因型在穗粒数、一次枝梗数、二次枝梗数、穗长的效应值

注：* 代表显著增效或显著减效基因型，数字代表表型效应放大的倍数。

上述结果表明，绝大多数产量三要素与其各自的二级构成因子之间以及各二级构成因子之间的表型相关都可以在其共有的多效性关联位点中得到遗传解释。但是，由于受到二级构成因子等多种因素的影响，产量三要素之间的相关性仅可以在部分多效性关联位点中获得遗传解释。发掘这些聚合 QTLs 或一因多效 QTLs 将有助于理解性状间相关和基因多效性的遗传基础，并为育种上打破某些性状间的负向相关和利用正向相关提供理论依据。例如 RM6836 和 TC5 在 $P<0.001$ 水平时(图 11.15)，仍被检测出同时与谷粒长度、谷粒宽度、谷粒厚度和千粒重极显著相关。两个位点 7 种基因型中仅有 RM6836-130 一种基因型在 4 个性状上都表现出同向效应；其余 6 种基因型在谷粒长度和谷粒宽度、厚度均表现出反向效应；谷粒宽度和谷粒厚度在 7 种基因型上均表现为同向效应，且优势基因型同时是两性状增效最大的基因型；千粒重在各基因型的效应同时受谷粒长、谷粒宽和谷粒厚的影响，但主要受谷粒长度的影响，7 种基因型中有 5 种基因型在千粒重与谷粒长度的表型效应均表现为同向，且优势基因型同时是两性状增效最大的基因型。打破该位点粒长与粒宽及粒厚效应上的负向关系，将有助于进一步增加水稻的粒重。RM3295 和 RM5378 在 $P<0.001$ 水平时，仍被检测出同时与二次枝梗数、一次枝梗数、穗长和穗粒数极显著相关(图 11.16)。两个位点的 7 种基因型在 4 个性状上都表现出同向效应，尤其是 RM3295-87 和 RM5378-105 这两个基因型在 4 个性状上都表现出显著的增效。由此可见，充分利用这类 QTLs 对于增加水稻穗粒数，进而提高水稻产量具有重要意义。

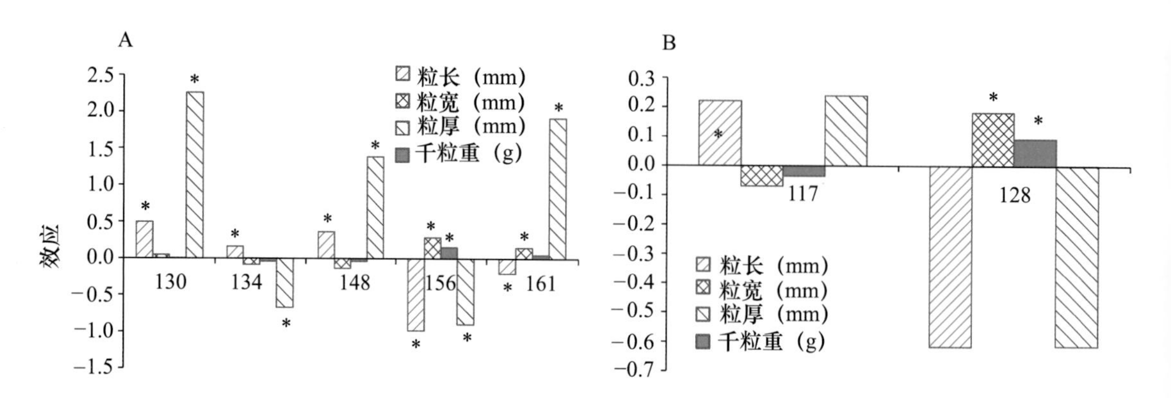

图 11.15 RM6836(A)和 TC56(B)各基因型在谷粒长度、谷粒宽度、谷粒厚度和千粒重的效应值

注：* 号代表显著增效或显著减效基因型。

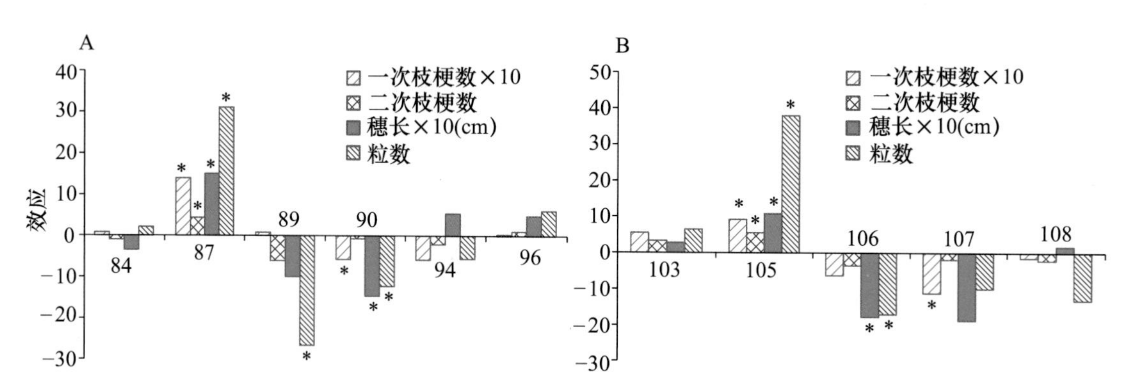

图 11.16 RM3295(A)和 RM5378(B)各基因型在一次枝梗数、二次枝梗数、穗长和穗粒数的效应值

注：* 号代表增效或减效显著的基因型。

11.3.6 利用关联标记筛选广适性和局部适应性品种

分子育种的目标是选择最佳基因型或等位基因，将其组装成在一起培育出理想的品种。然而，以上结果表明有些 QTLs 会受到环境的诱导或在不同环境下表现出不同的效应，有些 QTLs 则能够在不同环境下均稳定表达。通过考察对环境具有不同反应的 QTLs 及其不同数量的增效等位变异的表型效应发现，表型值总体上会随增效等位变异的数目增加而增大，但是，含有环境稳定型 QTLs 的品种和环境敏感型 QTLs 的品种在不同环境下表型的变异系数有明显不同。以粒长为例(图 11.17)，随着环境稳定型 QTLs 增效基因数从 0 增加到 6，品种的粒长不断增长(图 11.17A)；但是，环境敏感型 QTLs 增效基因增加时对粒长的表型效应没有环境稳定型明显(图 11.17B)；而且，含有较多环境稳定型 QTLs 的品种在不同环境间的表型变异明显低于含环境敏感型 QTLs 的品种。显然，含有环境稳定型 QTLs 的品种具有广适性，而含有环境敏感型 QTLs 的品种可以用于培育局部适应性品种。

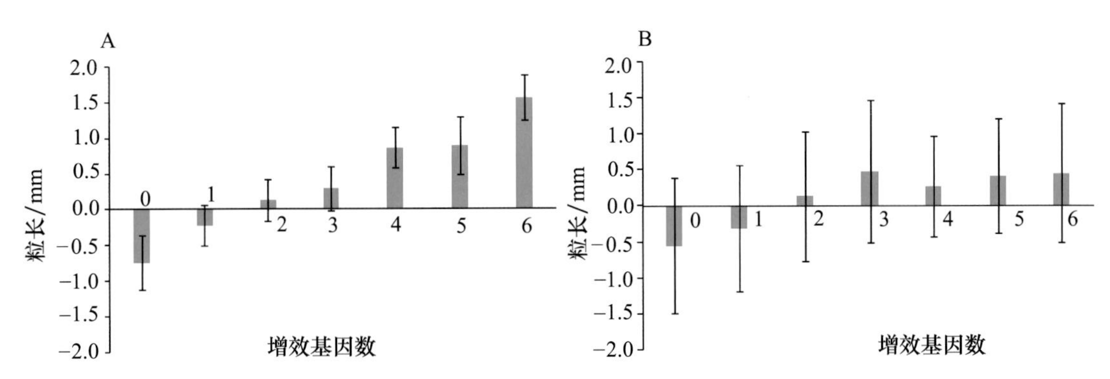

图 11.17　与粒长相关环境稳定型(A)和敏感型(B)QTLs 不同数量增效变异的表型效应

注:误差线表示不同环境下表型效应的标准离差。

11.3.7　通过关联分析定位复杂性状的优势及需要注意的问题

发掘控制作物复杂性状的遗传变异一方面有助于我们理解这些复杂性状的遗传机理,另一方面为将优异变异引进到育种中提供了标记辅助选择的候选标记。连锁定位利用双亲杂交获得家系群体检测遗传标记与控制目标性状的基因间的共分离,从而定位目标基因,一直是最为传统和常见的基因发掘方法。目前,利用该方法在植物中已经鉴定和克隆了大量具有明显效应的基因。作为另一种遗传定位方法,关联等位(也称 LD 作图)基本原理是检测由不相关的个体组成的群体中存在的多个历时重组事件(Myles et al, 2009)。最近,采用该方法已鉴定出大量与植物农艺和环境适应相关的性状(Wilson et al, 2004; Zhang et al, 2005; Breseghello and Sorrells, 2006; Cockram et al, 2010; Huang et al, 2010; Samuel et al, 2010)。

关联定位的第一个被很多人认可的优势是,关联定位可高效鉴别同一遗传网络中的多个 QTLs(Thornsberry et al, 2001; Zhu et al, 2008; Atwell et al, 2010; Clarke,2010; Huang et al, 2010),并提供了人们理解某些染色体区段或 QTLs 或基因所具有的遗传多效性。因为,关联定位的群体具有很高的多样性,包含了控制复杂性状的不同位点的多数变异。本节关联定位的结果证明了关联定位的高效性。利用一个 300 个个体的群体,鉴别出 500 多个与 11 个产量性状相关的 QTLs。这些 QTLs 有 60%～70%与已报道 QTLs 一致,另有 10%为新的 QTLs。由于报道 QTLs 的定位区间非常大(大于 10 cM),有部分 QTLs 无法确认是否与本节结果一致。由于本节关联分析中某些基因组区段标记稀少,也有部分已报道 QTLs 在本研究中没有检测到。如果加大标记密度,这部分 QTLs 预期也会被检测到。所检测到的关联标记中有一部分就在已克隆的重要产量基因附近,比如 *GW*2(RM2468,RM71)、*GS*3(RM6283)、*qSW*5(TC07)和 *DEP*1(RM3700)。由于在同一群体中存在控制同一性状的多个位点,所估计的每个位点对表型的贡献率具有可比性,从而可以评价每个位点的育种价值,据此选择重要的基因克隆或用于育种。

关联分析能够检测到同一群体中控制不同性状的多个 QTL,因而可以找到控制多个性状的多效应区间。在该研究中,利用关联分析方法可以探测到 39 个与 5 个以上性状相关的标记以及一个与 10 个性状相关联的标记。而且,多效应位点是性状间在表型上呈现着正相关或者负相关的关系。如果我们能有效地去除掉与 TC5 关联的 QTL 中调控粒长、粒宽和粒厚度 3

性状间的负相关，就可能培育出粒重更大的新品种；如果能够有效利用 RM5378 标记所检测到的与籽粒数相关性状的正向效应 QTL，也可能培育出籽粒数更多的新品种。

与连锁作图相比，关联作图的另一个优点是来自同一位点的大部分变异都存在于关联群体中。因而，利用自然群体来进行关联检测既帮助我们利用遗传多样性来了解基因的功能，同时可以发现用于植物遗传育种改良的有用等位基因。关联分析方法可用于高通量基因组学研究中，它可以同时分析基因组中的所有基因(Buckler and Thornsberry，2002)。尤其是，关联分析方法能提供某品种类型或个体所具有的等位基因信息。研究结果表明，现有商业品种只利用了不到 1/3 的与产量有关的增效应等位基因，不管是等位基因数量还是其表型效应均在水稻育种具有巨大潜力。

除了以上明显的优点外，关联作图也有一些局限性。其中一个重要的局限性是主要由群体结构和选择而造成的非连锁不均衡产生的假阳性。对具有不同物理距离的标记间的 LD 分析表明，籼粳稻相邻标记 (比如物理距离小于 50kb)间的 LD 没有比整个群体降低；相反地，相离较远的标记(尤其是相距 150kb 以上)间的 LD 会显著降低。上述结果表明，群体结构是造成非连锁不均衡的主要原因；由于在关联分析中整合了群体结构，因而大部分假阳性应该可以被排除掉。

与关联分析有关的另一个重要问题是 LD 大小。LD 大小会影响标记密度和关联标记的有用性。关联作图中并不是 LD 越大就越好。较大 LD 意味着可以在分子标记辅助育种中利用少数的标记而不会丧失遗传分辨率(Rostoks et al，2006)，但其会降低关联标记的有用性。LD 大意味着更多的基因与同一个标记相关联，难以确定候选基因，同时难以排除不同性状间由于关联标记的多效性产生的负效应。幸运的是，栽培稻的 LD 区间不大于 150kb 甚至小于 50kb。Huang 等(2010)认为关联分析的分辨率主要受局部 LD 的影响而随位点变化，一般低于 26kb，覆盖 1～3 个基因。可以预期候选基因在不超过关联标记两侧 150kb 的范围内。当然，可能需要通过连锁和关联作图相结合的办法来增加具有较大 LD 的区间 QTLs 作图的精细度(Lu et al，2010； Hu et al，2011)。

11.3.8 水稻产量的构成因子及遗传解析

水稻是人类主要的粮食作物之一，持续不断和稳定地提高水稻的产量是维护全球粮食安全的重要保证。因此，包括水稻在内的农作物的高产、稳产是育种家首要考虑的育种目标。在本研究中的 11 个产量因子中，粒重、穗粒数和有效穗数是水稻单株产量的主要构成因子，其中，粒重又受谷粒长度、谷粒宽度和谷粒厚度的影响；穗粒数又由一次枝梗数、二次枝梗数和穗长构成。对这 11 个性状在不同环境中的调查结果显示，产量性状有着较高的遗传力，且与环境有着明显的互作。与前人报道相似(Hari et al，2006)，相比地方稻种，选育品种更加高产，其主要归因于二次枝梗数的增加，从而增加密度导致穗粒数的增加。有效穗数与其余两个主要构成因子(粒重和穗粒数)以及他们的亚组成因子呈负相关(除穗长外)。10 个产量构成因子对单株产量的通径分析表明：水稻单株产量能够被这 10 个构成因子所解释。穗粒数和有效穗数对单株产量的贡献最大，这与前人的研究和实践相符。其次起作用的是千粒重和结实率，其余性状对单株产量的影响较小，但一次枝梗数和二次枝梗数由于与穗粒数呈极显著正相关，因此，一次枝梗数和二次枝梗数通过穗粒数对单株产量的间接作用反而大大超过其直接作用。

总之，权衡各个因子以及和环境间的互作是水稻高产育种、解析各因子间正负相关的分子机制和高效分子设计育种的关键。因此，在水稻高产育种中，必须明确各产量构成因子对单株产量影响以及各性状间的相互作用后，才能抓住重点性状，并协调好产量性状的相互影响和制约作用，尽量减少性状间的负面影响。

产量是农艺性状中表现最为复杂的性状，是诸多产量构成因子共同作用的结果，要经历多个营养发育和生殖发育阶段，同时容易受到栽培环境的影响；受多个基因组成的复杂基因网络调控(Samuel et al,2010；Tereza et al,2010)。要想解析一些水稻品种高产的分子机制以及杂种优势的分子机理，首先要解析控制每个产量性状的 QTLs 或基因，以及基因与基因间、基因与环境间的互作。在本研究中，对 11 个产量构成因子在 3 个环境中鉴定的结果分别进行关联分析，共检测到 543 个 QTLs。所有关联位点中，在 $P<0.01$ 水平，有 53.8%的 QTLs 的贡献率高于 10%，有 8.7%的 QTLs 的贡献率高于 20%，最高贡献率为 32%；在 $P<0.001$ 水平，有 75.6%的 QTLs 的贡献率高于 10%，有 15.6%的 QTLs 的贡献率高于 20%。Agrama 等(2007)的研究显示 25 个显著关联的位点中有 7 个其贡献率高于 20%。研究显示更高水平的显著性将会削弱对那些低贡献率 QTLs 的检测能力，但对那些较高贡献率的 QTLs 几乎没什么影响。穗长和谷粒长度检测到的关联位点数最多，而单株产量检测到的关联位点最少。这可能是由于那些聚合 QTLs 或一因多效 QTLs 在某个性状的负向效应和另一个性状正向效应的中和，使得这些位点不能检测到关联。在本研究中，78.8%的位点同时与两个以上性状检测到关联，23%的位点同时与 5 个以上性状检测到关联。尤其是构成因子间，千粒重主要受谷粒长度、宽度和厚度这 3 个因素的影响，相关分析也显示与这 3 个性状相关程度较高；穗粒数主要受一、二次枝梗数及穗长这 3 个因素的影响，相关分析也表现为高度相关。而在关联分析中，检测到的 35 个与千粒重极显著相关的位点中有 31 个位点检测到与谷粒长度、宽度或厚度相关；42 个与穗粒数极显著相关的位点中有 40 个位点检测到与一、二次枝梗数或穗长显著相关。由此可见，同一个标记位点与多个性状相关联可能是性状相关乃至基因多效性的遗传基础。显而易见，一因多效是一种普遍而又重要的现象，在水稻育种以及产量相关基因或 QTL 克隆时应该充分考虑这一现象。另一方面，大多数 QTLs 属于环境诱导型或环境敏感型，即只能在特定环境中诱导表达，或是在不同环境间其表型效应差异较大。在本研究的 11 个产量性状中，穗长、有效穗数和结实率比其他性状显示出更加明显的环境敏感性；而粒重相关性状显示出较好的环境稳定性。

10.3.9　全基因组关联分析在全基因组选择育种中的作用

正如在引言中所述，尽管已经有几百个产量相关 QTLs 被定位(Harjes et al,2008)，也已经有一些基因被克隆如 *GW2* (Song et al,2007)、*GS3* (Fan et al,2006)、*GW5*(Wan et al,2005;2008;Wang et al,2008)等。但尚没有育种上成功应用这些基因的案例。在传统的 QTLs 连锁作图中，那些与 QTLs 或基因连锁的标记通常都是无功能的，因而不能直接用于后代群体中跟踪这些 QTLs(Rafalski,2002)。传统的标记辅助选择通常也只是聚焦于某个区域，而没有考虑基因组上其他的遗传变异。对于像产量性状这样的复杂性状，它是由复杂的遗传网络所调控，控制产量的基因分布于整个基因组，并且应同时考虑基因间的显性或上位性互作。全基因组选择的目标是构建一张生动的基因型图谱，这张图谱能够清楚地描绘亲本来源以及整个基因组上等位基因的组成，以便于理解和利用(Young and Tanksley,1989)。因此，全基因组选择比传统的选择更加精确，尤其是对于一些低遗传力的性状(Meuwissen et al,2001;Calus et al,2008;Buckler et al,2009)。通过对11个产量性状的全基因组关联研究，为全基因组选择提供了非常有力的信息。

首先，全基因组关联能够提供控制产量性状的基因分布的一个轮廓。无论是该研究还是前人的研究都显示:控制产量性状的基因有上百个，分布于整个水稻全基因组，基因与基因间存在复杂的互作(Agrama et al,2007;Huang et al,2010;Tereza et al,2010)。在长期的品种演化过程中，对目标性状的选择在水稻基因组上留下了深深的选择印记。全基因组关联作图选用多样性高的种质群体，能够检测那些印记，从而进一步理解高产的遗传机制，找出阻碍水稻持续增产的抑制因子。该节结果显示现代选育品种仅仅利用了不到1/3的增效基因型，而潜在的(未被利用的)优势基因型约占2/3。由此推断:尽管通过各种育种手段，使得水稻现代选育品种的产量有所提高，某些优异等位变异的频率逐渐升高，但在未来的水稻高产育种中仍有非常大的增产空间，因为在控制产量性状的众多等位基因或QTLs中，多数品种中携带的不是最优的等位变异，即许多产量性状基因的最优异等位基因未被充分利用。同时已利用优势基因型和潜在优势基因型的效应值显示:潜在优势基因型的效应值均显著高于已利用优势基因型的效应值。由此可见，在高产基因的数量和效应上，水稻高产育种仍然有巨大的潜力。

其次，关联分析能够利用同一个群体检测不同性状的QTLs，从而能够发掘出一些多效性的重要区段(Buckler et al,2009;Yan et al,2009;Samuel et al,2010)。表型分析显示各构成因子间均存在不同程度的正相关或负相关，关联分析结果也表明大多数QTLs都呈现出多效性。性状间的相关多数能够被这些多效性的区段或QTLs所解释。以有效穗数和谷粒长度为例，这两个性状在表型分析中呈显著负相关。同时与这两个性状关联的5个QTLs的25个等位变异在这两个性状的表型效应中，12个显示出反向效应，10个显示出同向效应，并且70%的显著增效或显著减效的等位变异显示出反向效应。令人惊讶的是，还发现在正相关的性状中，其共同的关联位点中也存在反向效应。那些有正向效应的QTLs有助于提高选择效率，而那些存在反向效应的可能会阻碍高产品种的选育。因此，解析那些多效性的区段或QTLs将有助于解释一因多效的遗传机制，克服性状间的负向相关，选育高产品种。

第三，关联分析的群体可以在不同环境下鉴定表型数据，从而能够评价各个优势基因型在不同环境中的表型效应，以及基因与环境间的互作(Samuel et al,2010)。根据各个基因在不同环境中的反应以及与环境的互作，可以设计选育广适性和局部适应性的高产品种。

参考文献

[1] 刘亚，李自超，米国华，等. 水稻耐低磷种质的筛选与鉴定. 作物学报，2005,31(2):238-242.

[2] 李自超，张洪亮，曾亚文，等. 云南稻种资源类型遗传多样性研究. 作物学报，2001,27:832-837.

[3] 申时全，曾亚文，杨忠义，等. 云南稻种核心种质不同生态群间分蘖初期耐热性鉴定. 植物遗传资源科学，2001,2(1):18-21.

[4] 申时全，张洪亮. 云南稻种核心种质抗旱性研究. 中国农学通报，2001，5:6-8.

[5] 申时全，曾亚文，李坤崇，等. 应用近等基因系初步定位粳稻孕穗期的耐冷基因. 中国水稻科学，2005，19:217-222.

[6] 曾亚文,李坤崇,普晓英,等. 云南稻核心种质孕穗期耐冷性状间的相关性与生态差异. 2006, 20:265-271.

[7] Agrama H A, Eizenga G C, Yan W G. Association mapping of yield and its components in rice cultivars. Molecular Breeding, 2007, 19:341-356.

[8] Atwell S, Huang Y S, Vilhja'lmsson B J, et al. Genome-wide association study of 107 phenotypes in *Arabidopsis thaliana* inbred lines. Nature, 2010, 465:627-631.

[9] Bhandari H S, Pierce C A, Murray L W, et al. Combining abilities and heterosis for forage yield among high-yielding accessions of the alfalfa core collection. Crop Sci, 2007, 47:665-671.

[10] Breseghello F, Sorrells M E. Association mapping of kernel size and milling quality in wheat (*Triticum aestivum* L.) cultivars. Genetics, 2006, 172:1165-1177.

[11] Buckler E S, Holland J B, Bradbury P J, et al. The genetic architecture of maize flowering time. Science, 2009, 325:714-718.

[12] Buckler E S, Thornsberry J M. Plant molecular diversity and applications to genomics. Curr Opin Plant Biol, 2002, 5: 107-111.

[13] Calus M P L, Meuwissen T H E, Roos A P W, et al. Accuracy of genomic selection using different methods to define haplotypes. Genetics, 2008, 178:553-561.

[14] Chua Y, Ramosa L, Holbrookb C C, et al. Frequency of a Loss-of-function mutation in oleoyl-PC desaturase (ahFAD2A) in the mini-core of the U. S. peanut germplasm collection. Crop Sci, 2007, 47: 2372-2378.

[15] Clarke F R, Clarke J M, Ames N P, et al. Gluten index compared with SDS-sedimentation volume for early generation selection for gluten strength in durum wheat. Canadian Journal of Plant Science, 2010, 90(1): 1-11.

[16] Cockram J, White J, Zuluaga D L. Genome-wide association mapping to candidate polymorphism resolution in the unsequenced barley genome. Proceedings of the National Academy of Sciences of the United States of America, 107, 2010, 21611-21616.

[17] Evanno G, Regnaut S, Goudet J. Detecting the number of clusters of individuals using the software Structure: a simulation study. Molecular Ecology, 2005, 14:2611-2620.

[18] Fan C H, Xing Y Z, Mao H L, et al. *GS3*, a major QTL for grain length and weight and minor QTL for grain width and thickness in rice, encodes a putative transmembrane protein. Theoretical and Applied Genetics, 2006, 112:1164-1171.

[19] Hari R S, Anandakumar C R, Saravanan S, et al. Association analysis of some yield traits in rice (*Oryza sativa* L.). Journal of Applied Sciences Research, 2006, 2: 402-404.

[20] Harjes C E, Rocheford T R, Bai L, et al. Natural genetic variation in lycopene epsilon cyclase tapped for maize biofortification. Science, 2008, 319:330-333.

[21] Hu Guanglong, Zhang Dongling, Pan Huiqiao, et al. Fine mapping of the awn gene on chromosome 4 in rice by association and linkage analyses. Chinese Sci Bul, 2011, 56(9): 835-839.

[22] Huang X H, Wei X H, Sang T, et al. Genome-wide association studies of 14 agronomic traits in rice landraces. Nature Genetics, 2010, 42:961-967.

[23] Kang H M, Zaitlen N A, Wade C M, et al. Efficient control of population structure in model organism association mapping. Genetics, 2008, 178:17-23.

[24] Kashiwagi J, Krishnamurthy L, Upadhyaya H D, et al. Genetic variability of drought-avoidance root traits in the mini-core germplasm collection of chickpea (*Cicer arietinum* L.). Euphytica, 2005, 146: 213-222.

[25] Lu Y L, Zhang S H, Shah T, et al. Joint linkage-linkage disequilibrium mapping is a powerful approach to detecting quantitative trait loci underlying drought tolerance in maize. P Natl Acad Sci USA,2010,107:19585-19590.

[26] Meuwissen T H E, Hayes B J, Goddard M E. Prediction of total genetic value using genome-wide dense marker maps. Genetics,2001, 157:1819-1829.

[27] Myles S, Peiffer J, Brown P J, et al. Association mapping: critical considerations shift from genotyping to experimental design. Plant Cell, 21:2194-2202.

[28] Nei M, Tajima F A,Tateno. Accuracy of estimated phylogenetic trees from molecular data. Journal of Molecular Evolution, 1983, 19:153-170.

[29] Pande S, Kishore G K, Upadhyaya H D,et al. Identification of sources of multiple disease resistance in mini-core collection of chickpea. Plant Dis, 2006, 90: 1214-1218.

[30] Rafalski J A. Novel genetic mapping tools in plants: SNPs and LD-based approaches. Plant Science, 2002, 162:329-333.

[31] Rostoks N, Ramsay L, MacKenzie K, et al. Recent history of artificial outcrossing facilitates whole-genome association mapping in elite inbred crop varieties. Proceedings of the National Academy Sciences USA, 2006, 103:18656-1866.

[32] Samuel A J, Silva J, Oard J H. Association mapping of grain quality and flowering time in elite japonica rice germplasm. Journal of Cereal Science, 2010, 51:337-343.

[33] Song X J, Huang W, Shi M, et al. A QTL for rice grain width and weight encodes a previously unknown RING-type E3 ubiquitin ligase. Nature Genetics, 2007, 39: 623-630.

[34] Tereza C O B, Brondani R P V, Breseghello F, et al. Association mapping for yield and grain quality traits in rice (*Oryza sativa* L.). Genetics and Molecular Biology, 2010, 33:515-524 .

[35] Thornsberry J M, Goodman M M, Doebley J, et al. *Dwarf*8 polymorphisms associated with variation in flowering time. Nature Genetics, 2001, 28:286-289.

[36] Upadhyaya H D, Reddy K N, Gowda C L L, et al. Phenotypic diversity in the pigeonpea(*Cajanus cajan*)core collection. Genet Resour Crop Evol, 2006, 54: 1167-1184.

[37] Wan X Y, Wan J M, Weng J F, et al. Stability of QTLs for rice grain dimension and endosperm chalkiness characteristics across eight environments. Theoretical and Applied Genetics,2005,110:1334-1346.

[38] Wan X Y, Weng J F, Zhai H Q, et al. Quantitative trait loci (QTL) analysis for rice

grain width and fine mapping of an identified QTL allele *GW*5 in a recombination hotspot eegion on chromosome 5. Genetics,2008,179:2239-2252.

[39] Wang M X, Zhang H L, Zhang D L, et al. Genetic structure of *Oryza rufipogon* Griff. in China. Heredity, 2008, 101:527-535.

[40] Wilson L M, Wllitt S R, lbáñes A M, et al. Dissection of maize kernel composition and starch production by candidate associations. Plant Cell, 2004, 16:2719-2733.

[41] Yan W G, Li Y, Agrama H A, et al. Association mapping of stigma and spikelet characteristics in rice (*Oryza sativa* L.). Molecular Breeding, 2009, 24:277-292.

[42] Young N D, Tanksley S D. Restriction fragment length polymorphism maps and the concept of graphical genotypes. Theoretical and Applied Genetics, 1989, 77:95-101.

[43] Zhang H L, Zhang D L, Wang M X, et al. A core collection and mini core collection of *Oryza sativa* L. in China. Theoretical and Applied Genetics, 2011, 122:49-61.

[44] Zhang N, Xu Y, Akash M, et al. Identification of candidate markers associated with agronomic traits in rice using discriminant analysis. Theoretical and Applied Genetics, 2005, 110:721-729.

[45] Zhang X Y, Pang B S, You G X, et al. Allelic variation and genetic diversity at *Glu*-1 loci in Chinese wheat (*Triticum aestivum* L.) germplasms. Agric Sci China, 2002, 1: 1074-1082.

[46] Zhu C, Gore M, Buckler E, et al. Status and prospects of association mapping in plants. Plant Genome, 2008, 1:5-20.

第12章 基于稻种资源的基因发掘及基因多样性

12.1 稻种资源导入系的构建与应用

导入系(introgression lines,ILs)又叫渗入系或染色体片段代换系(chromosome segment substitution lines,CSSLs),是通过多次回交选育而成,其染色体组的绝大部分与轮回亲本相同,仅在1个或少数几个染色体区域导入了供体亲本的染色体片段。理想的导入系只含一个代换片段,并含特定基因时又称为近等基因系。导入系群体不但可以高效地进行QTL的初步定位,导入系之间的相互杂交还可以研究QTL之间的互作;更重要的是导入系只有导入片段与受体亲本不同,其他遗传背景与受体亲本完全一致,遗传背景干扰很小,特别有利于进行基因/QTL的精细定位和克隆;同时,导入系构建的过程也是品种选育的过程。

导入系群体最早在番茄上构建成功,并应用于QTL的精细定位。Paterson等(1990)通过番茄回交后代之间染色体的局部重组和片段重叠,提出了导入系作图,可以进行QTL的精细定位。Eshed和Zamir(1994,1995)通过连续回交和RFLP标记选择构建了一套由50个株系构成的番茄全染色体组重叠系,并用于QTL的定位。目前水稻、玉米、小麦等作物都构建了大量的导入系群体,并应用于基因发掘与分子育种。Yamamoto等(1997,1998,2000)以导入系为研究材料,精确定位了影响水稻抽穗期和株型的QTL,并且通过图位克隆策略成功克隆了水稻抽穗期的QTL *Hd*1和*Hd*6(Yano et al,2000;Takahashi et al,2001);Tan等(2008)通过构建野生稻(*Oryza rufipogon* Griff.)的导入系群体,并利用其中一个系成功克隆了控制野生稻匍匐生长习性的基因*PROG*1,以上研究都充分证明了利用导入系进行基因发掘和QTL克隆的可行性。

黎志康(Li et al, 2005)提出的"全球水稻分子育种计划"征集了全世界水稻主产区的数百份优异种质资源,希望通过大规模杂交、回交和分子标记辅助选择相结合的方法,将这些优异种质资源中的大量优良基因和性状导入亚洲水稻主产国的优良品种中,实现优良基因资源在分子水平上的大规模国际交流，培育一批能广泛适应各种水稻生态环境的优良品种。研究组以来自 34 个国家的 195 个品种为供体，3 个优良高产稻为受体构建了包含 20 000 个系的导入系群体；对其抗旱性的 QTL 分析发现，导入系群体能高效地进行基因的检测，特别适合进行精细定位，确定候选基因，从而克隆重要性状的基因/QTL，还能用于基因的功能和表达研究分析，进一步明确复杂性状的基因网络，更深入全面地了解数量性状的遗传和分子机制。在此基础上提出了在栽培稻上构建大规模的导入系，并应用于水稻复杂性状的遗传和基因组研究。在该计划的支持下，多家国内外科研单位，利用网络征集的优异种质材料为供体亲本与本地优异亲本杂交、回交构建了大量的导入系群体(表 12.1)。

表 12.1　全球分子育种计划项目支持下构建的主要导入系群体

供体亲本	受体亲本	株系数	主要目标性状	参考文献
150 份核心种质资源	珍汕 97B 和 9311	5 000	品质、耐盐、耐旱、磷高效、氮高效利用	余四斌等，2005
188 份品种资源	21 个优良品种	60 000	抗旱、氮磷高效	罗利军等，2005
127 份核心种质资源	恢复系 752	3 300	抗稻瘟病、耐低氮、耐低磷、耐旱性、杂种优势	胡兰香等，2005
100～110 份核心种质资源	成恢 448、川香 29B	5 000	耐低磷、耐干旱、抗稻瘟病和白叶枯病	任光俊等，2005
149 份核心种质资源	中 413	2 500	粒型和耐旱	梅捍卫等，2005
100 份核心种质资源	软米云恢 290	2 510	抗稻瘟病、抗旱、耐寒和蒸煮食味品质	辜琼瑶等，2007
150 份核心种质资源	早籼 14、紫恢 100、M3122	5 700	抗旱、耐低氮、耐低磷、抗寒性和直链淀粉含量	罗彦长等，2005
151 份品种资源	滇粳优 1 号	2 064	耐低氮	汤翠凤等，2010
10 个品种资源	丰矮占 1 号	513	产量性状	周少川等，2005

鉴于导入系在基因定位、克隆、育种方面的优势，国内外研究者利用不同的材料，从生物胁迫、非生物胁迫、株型和产量、品质性状等不同的研究侧重点，构建了大量的导入系/近等基因系材料，用于稻作基因的发掘与分子育种工作，主要构建的群体见表 12.2。

12.1.1　生物胁迫

水稻生产中对产量会造成重大损失的病害有稻瘟病、纹枯病、条纹叶枯病、白叶枯病、细菌性条斑病、稻曲病、胡麻叶斑病和黄矮病等；虫害有稻飞虱、稻苞虫、稻纵卷叶螟等。其中，构建导入系对水稻纹枯病进行遗传的研究最多，其次对稻曲病、白叶枯病、白背飞虱、稻和褐飞虱的导入系研究也有报道。

表 12.2 国内外研究者针对不同性状构建的主要导入系群体

供体亲本	受体亲本	株系数	主要目标性状	参考文献
Lemont	特青	266	抗稻曲病	徐建龙等，2002
BG300 和 BG304	IR64 和特青	43 和 22	抗旱、纹枯病	郑天清等，2007
江西丝苗	蜀恢 527 和明恢 86	49	抗纹枯病	高晓清等，2011
Tarom Molaii 和 Binam	IR64 和特青		优质、抗纹枯病	李芳等，2009
5 个 *O. officinalis*	2 个栽培稻	52	褐飞虱抗性	Jena et al，1992
IRAT109	越富	400	抗旱和耐低磷胁迫	李俊周等，2009
毫格劳	沈农 265	180	抗旱	王向东等，2009
Azucena	IR64	29 个 NILs	根部性状	Shen 等，2001
IR64	Tarom Molaii	85	耐盐	孙勇等，2007
昆明小白谷、粳掉 3 号、丽粳 2 号、半节芒	十和田	24	耐冷性	桂敏等，2005
国内、外 18 个水稻品种*	华粳籼 74		粒型、品质性状	曾瑞珍等，2006
低脚乌尖、窄叶青和小白稻	台中 65	29		刘冠明等，2003
日本晴	珍汕 97B	88	产量杂种优势	陈庆全等，2007
江西东乡普通野生稻	桂朝 2 号	159	产量性状	田丰等，2006
南元江普通野生稻	特青	106	野栽分化性状	谭禄宾等，2004
日本晴	9311	128	产量性状、茎秆长度	徐建军等，2009
非洲野生水稻种 *Q. gulmaepatula*. Steud	Taichung 65	84	花粉育性	Sobrizal 等，1999
IR24	Asominori	91		Kubo，1999
Asominori	IR24	70		Aida，1997

续表12.2

供体亲本	受体亲本	株系数	主要目标性状	参考文献
野生稻 *Oryza glumaepatu* 和 *Oryza meridionalis*	Taichung 65	69 和 78	生育期	Yoshimura 等,2010
Kasalath	Koshihikari	39		Ebitani 等,2005
海南普通野生稻	特青	133	品质性状	郝伟等,2006
杂草稻 Hapcheonaengmi 3	Milyang 23	45		Ahn 等,2002
广恢 122、Bg94-1、原粳 7 号和沈农 89366	丰矮占 1 号	30	抗旱和耐盐	周政等,2010

注:* 苏御糯、IR64、IRAT261、成龙水晶米、Lemont、IAPAR9、Tetep、中 4188、BG367、籽恢 100、Basmati 385、IR58025B、江西丝苗、赣香糯、Katy、南洋占、IR65598-112-2、Starbonnet 99。

徐建龙等(2002)以感病品种特青为母本与抗病品种 Lemont 杂交,以特青为轮回亲本回交,构建了 266 个近等基因导入系。通过性状一标记相关分析和图示基因型重叠,在第 10 和第 12 条染色体上定位到 2 个抗稻曲病的 QTL。郑天清等(2007)以抗旱性较好的 BG300 和 BG304 为供体亲本,IR64 和特青为轮回亲本,创建了两种遗传背景的 BC2 回交抗旱导入系 43 和 22 个,人工接种的方法鉴定纹枯病抗性,发现纹枯病抗性与抗旱性之间可能存在遗传重叠。谢学文等(2008)利用水稻纹枯病菌强致病菌系 RH-9 人工接种 Lemont 和特青,分别构建了 Lemont 导入到特青背景的 213 个近等基因导入系群体和特青导入到 Lemont 背景的 195 个近等基因导入系群体,并分析了水稻抗纹枯病的 QTL 位点及其表达的环境与遗传背景效应。高晓清等(2011)以生产中广泛应用的恢复系蜀恢 527 和明恢 86 为轮回亲本,江西丝苗为供体亲本配制了 BC_2F_2 混合群体,通过逐代人工接种筛选,获得了 49 个 BC_2F_4 抗病导入系,其中 6 个蜀恢 527 和 2 个明恢 86 背景的株系抗病性显著高于轮回亲本,并检测到 12 个抗病显著位点。李芳等(2009)将优质、抗纹枯病的高秆材料 Tarom Molaii 和 Binam 导入半矮秆 IR64 和特青背景,品质性状回交选择构建了 4 个导入系群体 IR64/Tarom Molaii、特青/Tarom Molaii、IR64/Binam 和特青/Binam,单向方差分析,在这 4 个群体中分别定位到影响抗纹枯病病级、相对病斑高度和株高 3 个性状的 QTL 10、8、8 和 6 个。章琦等(2002)以全生育期高度感病的籼稻品种 JG30 为轮回亲本,与携有 Xa23 的抗性供体 H4 杂交,通过回交、自交和株型、农艺性状、接种鉴定,选择出抗性稳定和农艺性状类似其轮回亲本的导入系 BC_5F_4。又利用其构建的 F_2 分离群体,将 Xa23 定位于水稻第 11 染色体,筛选出 3 个与 Xa23 紧密连锁的 AFLP 标记。

刘光杰等(2002)将 Rathu Heenati 的抗白背飞虱基因导入感虫早籼品种浙辐 802,经过多次抗性筛选和回交,构建了与浙辐 802 成对的近等基因系材料"浙抗",RAPD 检测和抗虫性鉴定结果均表明"浙抗"的抗性与 Rathu Heenati 相近。Jena 等 (1992)利用 177 个 RFLP 标记,从 2 个栽培稻与 5 个 *O. officinalis* 的杂交组合中,筛选到 52 个带有 *O. officinalis* 染色体片段的导入系。有些导入片段上带有水稻褐飞虱抗性基因。刘开雨等(2011)通过回交、分子标记辅助选择和接虫鉴定相结合的办法,将抗稻褐飞虱基因 *Bph3* 和 *Bph24(t)* 分别导入了主栽杂交水稻恢复系广恢 998、9311、R15、明恢 63、R29 中,获得了遗传稳定的 Bph3 导入系 32 份和

Bph24(*t*)导入系 22 份,优良聚合系 13 份,SSR 标记分析表明抗性基因导入系、聚合系的遗传背景回复率达到 90%以上。

12.1.2 非生物胁迫

稻作非生物胁迫因子有干旱、盐渍、低温、风害、重金属、臭氧和紫外辐射等,是制约植物生长、提高农作物产量与质量的重要因素。有关作物抗旱、耐盐和耐低温等方面一直是研究的热点,但是,由于植物的耐非生物胁迫大多属于数量性状,采用常规育种技术改良植物胁迫耐性的难度相当大,培育出真正的耐胁迫品种就尤为困难。利用导入系可以从单个基因水平鉴定基因/QTL,对基因/QTL 进行定位和聚合育种。目前,非生物胁迫导入系的构建和研究工作主要集中在抗旱、耐盐、耐冷等方面。

李自超研究组以水稻越富为背景亲本,构建了 271 个旱稻 IRAT109 的旱稻导入系。导入系群体覆盖旱稻 IRAT109 的全基因组,平均每个系有 3.3 个导入片段,导入片段的平均长度为 14.4 cM,导入系的平均背景回复率为 96.7%,85 个系为单片段导入系,146 个系核心导入系可覆盖 99.1%旱稻 IRAT109 的基因组(图 12.1)。在水、旱田和水培环境检测到 43 个根系,发现第 9 染色体稳定存在一个控制根基粗的 QTL *qBRT9a*,利用次级分离群体把 *qBRT9a* 定位在标记 RM24042-RM7390 之间,间距为 2.1 cM。利用这些材料又发现 10 个耐低磷 QTL(基因)集中分布区域,主效 QTL(*qRRS8*)具有耐低磷和抗旱性。该研究组对根基粗、千粒重 2 个主效 QTL 进行了前景选择、轮回亲本基因组的背景选择和表型选择,9 个系入选旱田根基粗主效 QTL brt4.1 的近等基因系,千粒重主效 QTLtgw6.1 的近等基因系有 11 个系入选。

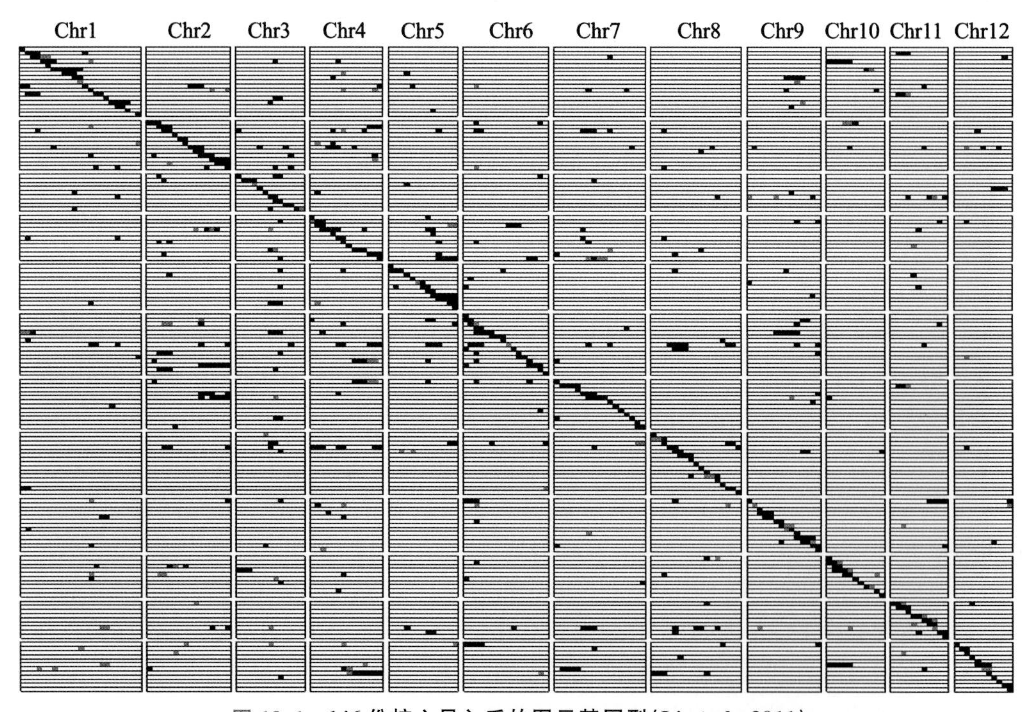

图 12.1 146 份核心导入系的图示基因型(Li et al, 2011)

注:白色代表越富纯合片段,黑色代表 IRAT109 纯合片段,灰色代表杂合片段。

赵秀琴(2007,2008)利用 254 个 Lemon 导入到特青背景的高代回交导入系定位了灌溉与自然降雨环境下影响单株籽粒产量及其穗部相关性状的 32 QTL,并筛选出覆盖供体全基因组的 55 个回交导入系,采用 PVC 管栽培,分析了干旱(胁迫)条件下水稻植株水分状况相关性状与籽粒产量、生物量的相关性,并定位了相关的 QTL。周政等(2010)利用广恢 122、Bg94-1、原粳 7 号和沈农 89366 为供体,导入高产优质籼型品种丰矮占 1 号,经目标性状筛选,创建 BC_3F_5 导入系群体,获得了高产抗旱聚合导入系丰矮占 1 号/广恢 122 和丰矮占 1 号/原粳 7 号,丰矮占 1 号/沈农 89366 和丰矮占 1 号/Bg94-1 高产耐盐聚合导入系,2 个聚合组合的抗旱选择群体分别出现 10.0%和 36.7%耐盐的株系,证明了水稻抗旱和耐盐存在一定程度的遗传重叠。

高欢等(2010)以中 413 为轮回亲本,C418 和粤香占为供体材料分别培育导入系,并进行抗旱筛选,入选株系互相杂交,培育导入系聚合派生株系,经过大田和根管栽培条件下的抗旱性重复鉴定,获得 1 对营养生长期对干旱胁迫具有强耐受力的姊妹系(KH168,KH172)。利用 351 个多态 SSR 标记检测 2 个株系材料的基因型,发现 KH168 和 KH172 分别有 81 个和 77 个导入片段。王向东等(2009,2011)以水稻品种沈农 265 为轮回亲本,以农家旱稻品种毫格劳为供体亲本,通过多代回交和连续自交的方法,构建了一套包含 180 个家系的旱稻导入系。该套导入系覆盖了整个旱稻毫格劳基因组,90.5%的渗入片段长度集中在 10～20 cM 之间,最小渗入片段长度为 1 cM,渗入片段平均长度为 13 cM。在抽穗期检测 6 个根系性状,最长根长、粗根数、总根数、平均最粗根粗、根干重、总干重,共检测到 QTL 38 个。

Shen 等(2001)依据早代用 DH 群体对水稻根部性状 QTL 定位的结果,通过回交和分子标记辅助选择跟踪 4 个目标区段,构建了水稻根部性状的 29 个 NILs。杜兴彬(2010)以广亲和强优势恢复系“中 413”为轮回亲本,以 10 份优良品种为供体亲本进行杂交、2 次回交和 3 次自交,育成一套多亲本导入系群体,常规水田、干旱和低氮条件下种植并筛选,入选导入系相互杂交,F_2代及其派生家系分别在干旱与低氮条件下种植,目测筛选获得 112 份导入系聚合后代株系。单株产量与基因型单向方差分析,定位到 41 个与抗旱和耐低氮相关的 QTL,连锁不平衡(LD)分析发现 11 个产量相关位点表现出对干旱、低氮选择的同时响应,表明针对抗旱性和耐低氮特性的聚合育种效应。

孙勇等(2007)以中等感盐籼稻 IR64 与粳稻 Tarom Molaii 培育的 85 个 BC_2F_8 回交导入系为材料,定位苗期在 140 mmol/L NaCl 胁迫下影响叶片盐害级别、幼苗存活天数、地上部和根部的 K、Na 浓度等 6 个耐盐相关性状的 23 个 QTL。周红菊等(2005)利用珍汕 97 和日本晴杂交、回交构建了导入系,用 88 份导入系作苗期 0.3%氯化钠盐胁迫处理试验,发现 6 份导入系的耐盐性同受体亲本珍汕 97 有显著差异,其中 5 份导入系耐盐,1 份对盐敏感。图示基因型分析表明 5 份导入系中含有少数外源导入片段及耐盐相关的基因。钱益亮等(2009)以籼稻恢复系蜀恢 527 和明恢 86 为轮回亲本,以 ZDZ057 和特青为供体亲本,培育选择了蜀恢 527/ZDZ057、明恢 86/ZDZ057、蜀恢 527/特青和明恢 86/特青 4 个 BC_2F_3 产量选择导入系群体。对 4 个 BC_2F_3 群体的幼苗耐盐等级和幼苗存活天数 2 个性状进行表型鉴定,采用性状—标记间的单向方差分析进行了 QTL 定位,蜀恢 527/ZDZ057、明恢 86/ZDZ057、蜀恢 527/特青和明恢 86/特青分别检测到了 11、15、11 和 6 个控制幼苗耐盐等级和幼苗存活天数的 QTL。

桂敏等(2005)以耐冷性弱的粳稻品种十和田作轮回亲本,耐冷性极强的云南地方品种昆明小白谷、粳稻 3 号、丽粳 2 号、半节芒作供体亲本,培育了 4 套孕穗期耐冷性 NIL 24 份,在低田温冷泉水和嵩明阿子营两种极端冷害条件下进行了孕穗期耐冷性鉴定。周德贵等(2010)对 2 650 份丰矮占 1 号的近等基因导入系进行大田耐低磷、耐低氮筛选,初步筛选出 46 份耐低磷株系和 86 份耐低氮株系，并筛选了具有育种价值的 5 份耐低氮株系和 1 份耐低磷株系。

12.1.3 产量性状

产量性状是典型受多个基因/QTL 共同控制的数量性状，有很强的上位性效应，并受环境的影响而表现不同的基因型×环境互作效应，遗传基础非常复杂。随着分子标记技术、QTL 分析方法的完善和水稻基因组的测序，水稻 *Gn1a*、*GW2*、*GS3*、*Ghd7* 等多个产量性状基因被克隆。导入系是进行大规模产量有利基因发掘的前提从而被研究者大量构建和应用。

张桂权研究组（刘冠明等，2003；李文涛等，2003；何风华等，2005；曾瑞珍等，2006）分别以低脚乌尖、窄叶青和小白稻为供体，台中 65 为轮回亲本，水稻品种华粳籼 74 为受体，国内、外 18 个水稻品种苏御糯、IR64、IRAT261、成龙水晶米、Lemont、IAPAR9、Tetep、中 4188、BG367、籼恢 100、Basmati 385、IR58025B、江西丝苗、赣香糯、Katy、南洋占、IR65598-112-2、Starbonnet 99 为供体。采用杂交、回交和标记辅助选择的方法培育了一批单片段代换系，并利用这些材料对粒型、品质性状进行 QTL 分析。这些 SSSL 的代换片段包含了水稻基因组丰富的等位基因变异，将在基因定位、克隆、功能分析及水稻分子育种中具有重要的利用价值。

张毅等（2006）用恢复系泸恢 17 和 N45 作供体，小穗簇生的突变株 Z1820 作受体亲本，获得了簇生性近等基因系 CI-LH17 和 CI-N45。用形态相似法和 SSR 标记分析发现 LH17 和 C1-LH17 是 1 对近等性理想的簇生性近等基因系，突变株 Z1820 的簇生基因能使穗长、株高负增长，对有效穗、每穗总粒数、结实率等重要性状无显著影响。邓其明等（2008）利用水稻寡分蘖突变体 G069 与广亲和材料 02428 杂交和连续回交，建立了寡分蘖基因在 02428 基因组背景下的近等基因系 02428-ft1，分蘖始期对其分蘖节位的石蜡切片观察表明，寡分蘖基因抑制了水稻侧芽的发生。全基因组表达谱分析表明，共有 136 个 cDNA 克隆的表达在近等基因系中发生了变化，其中 27 个被激活，30 个沉默，受到了寡分蘖基因的明显调控。徐华山等（2007）通过回交程序结合分子标记辅助选择构建了一套以 9311 为背景、导入片段来源于日本晴的代换系群体（125 个系），每系含有单一或少量导入染色体片段，代换系的平均背景回复率为 98.4%，片段平均长度为 20.9 cM，纯合和杂合导入片段分别占水稻基因组的 1.4%和 0.2%。利用该群体，两年共检测到 31 个 QTL 影响水稻穗重、穗长、结实率和秃顶等性状；导入片段 QTL 对穗重和结实率均起减效作用。陈庆全等（2007）以粳稻品种日本晴为供体亲本、籼稻品种珍汕 97B 为受体亲本，经过杂交、回交，结合分子标记辅助选择，构建了 88 个导入系，每个导入系只含有一个或少数粳稻的导入片段，导入片段覆盖整个粳稻的染色体。导入系群体单株产量、有效分蘖数、千粒重和每穗实粒数共检测到 29 个具有显著遗传效应的位点，6 个 QTL 具有正向的加性效应和超显性效应，23 个 QTL 具有负向的加性效应和超显性效应。一些粳稻基因导入到籼稻中能表现出不同程度的增产效应，且超显性效应对水稻籼粳杂种优势起重要作用。

张玉山等（2008）依据珍汕 97 和 HR5 衍生的重组自交系初步定位的结果，利用高世代回交的方法构建了第 7 染色体同时控制抽穗期、株高和每穗颖花数的靶区段近等基因系（BC_4F_2）；利用基于重组自交系群体的杂合区段自交的方法构建了第 8 染色体同时控制抽穗期、株高和每穗颖花数的靶区段近等基因系，并利用两个近等基因系对这两个多效区段的遗传效应进行了准确的评价。王韵等（2009）利用粳稻 Lemont 和籼稻特青相互导入，构建了双向回交导入系群体，在北京和海南分别检测到影响抽穗期和株高的主效 QTL 16 个和 17 个，多数主效 QTL 的表达具有遗传背景特异性。李生强等(2010)构建一套以日本晴为轮回亲本、广陆矮 4 号为供体亲本的水稻染色体片段代换系群体(138 个系),代换片段总长度 334.3 Mb,覆盖整个基因组的 89.8%。利用此代换系群体,在 3 个环境中共鉴定出 11 个株高 QTL,分别位于水稻第 1、3、5、6、7 和 9 染色体上,研究结果为株型性状的分子改良奠定了基础。唐江云(2011)以粳稻楚粳 12 为供体亲本,籼稻蜀恢 527 为受体亲本,采用回交和分子标记辅助选择相结合的方法构建 66 个水稻籼粳交片段导入系群体。利用单标记作图法,共发现正常与低氮胁迫条件下水稻有效穗数、单株产量、株高和生物学产量等性状的 24 个 QTL。

12.1.4 品质性状

稻米品质包括稻米外观、营养和食味品质等性状。随着人们生活水平的提高稻米品质越来越受到人们的关注,但是稻米品质导入系构建和相关基因发掘的研究相对较少。曾瑞珍等(2005)以含不同 Wx 等位基因的 20 个品种(系)为供体亲本,利用回交和微卫星标记辅助选择相结合的方法,建立了 72 个以 Wx 等位基因为(CT)11-G 的"华粳籼 74"为受体的 Wx 复等位基因单片段代换系。这些单片段代换系共包含 12 种 Wx 等位基因,其代换片段长度最短为 2.2 cM,最长为 77.3 cM,平均为 17.4 cM。雷东阳等(2009)利用 252 个 Lemont 导入到特青背景的高代回交导入系,检测到控制垩白度的 3 个 QTL,控制粒长的 QTL 3 个,控制粒宽的 QTL 5 个,控制粒长宽比的 QTL 2 个。

12.1.5 驯化相关性状

水稻是研究谷类作物驯化的良好材料,其中种子落粒性消失、休眠减弱和株型变化是水稻驯化过程中的关键事件,造就了高产、发芽整齐及可密植的现代水稻。研究者通过构建特殊材料的导入系对驯化相关性状进行了基因发掘的研究。孙传清课题组(Lin et al,2007)以云南元江普通野生稻为供体,特青作为受体构建了落粒的导入系,并利用导入系材料克隆了落粒基因 *SHA1*;李海彬等(2010)研究水稻柱头性状影响不育系繁殖与制种产量。利用长药野生稻导入系 T821B 和籼稻保持系 G46B 构建的 F_2 群体,对柱头长、柱头宽、花柱长、花柱和柱头总长、柱头单外露率、柱头双外露率和柱头总外露率进行 QTL 分析。共检测到控制柱头性状的 22 个 QTL。王晓光等(2009)以紫香糯和春江糯 2 号为亲本,利用分离群体对果皮色泽性状进行遗传分析,表明紫香糯果皮的色泽性状由两对互补基因控制,并构建了 7 对果皮色泽近等基因系。陈宗祥等(2011)以剑叶卷曲度不同的 4 个水稻卷叶资源 5408、卷珍 B、YSBR1、培矮 64s 为供体亲本,平展叶品种奇妙香为受体亲本,通过连续回交、自交,获得 BC_7F_3 卷叶株系。发现其卷叶性状由隐性基因控制。

12.1.6 野生稻导入系的构建

野生稻具有丰富的遗传多样性,长期处于野生状态,经历生存竞争和自然选择,积累了大量的栽培稻品种所缺乏的有利基因,水稻高密度分子图谱的构建使从野生稻中发掘新的有利基因成为可能。大量研究者利用野生稻作为供体,将优异资源基因导入到优良品种中,培育出了大量导入系材料。在此基础上大规模地发掘新基因,以期望通过基因的分子标记辅助选择与常规育种相结合，提高育种效率，改良现有栽培品种的遗传狭窄性。Doi 等（1997）以粳稻品种 Taichung 65 为受体，以非洲稻（*Oryza glaberrima* Steud）为供体，通过 3 代回交和 1 代自交，获得了 91 个染色体片段 sL 候选单株。Sobrizal 等（1999）以非洲野生水稻种 *Q. gulmaepatula* Steud 为供体，以栽培水稻 Taichung 65 为受体，通过 4 代回交和 1 代自交，借助 106 个 RFLP 标记，获得 84 个 ILs 候选单株；导入片段覆盖大部分野生水稻的基因组。Ahn 等（2002）用栽培稻 Milyang 23 与粳型杂草稻 Hapcheonaengmi 3 杂交，利用 85 个 SSR 标记，在栽培稻 Milyang 23 的遗传背景上发展了 45 个含有少量杂草稻染色体片段的 ILs 候选单株。所有导入片段覆盖水稻的大部分基因组。这些 ILs 对于研究杂草稻的 QTL 座位及效应特别有用。邓化冰等（2005）以恢复系 9311 为受体和轮回亲本，马来西亚普通野生稻（*O. rufipogon*）为增产 QTL yld1.1 和 QTL yld2.1 的供体进行杂交和连续回交，采用分子标记辅助选择，获得携带野生稻增产 QTL yld1.1 和 QTL yld2.1 及同时携带 QTL yld1.1 和 QTL yld2.1 的 3 套近等基因系（BC_6F_2）。孙传清研究组培育了中国江西东乡普通野生稻的导入系群体，共包括 159 个系，每个系平均有 3 个导入片段，多数导入片段小于 10 cM（图 12.2）。导入系群体 QTL 分析检测到 76 个产量相关性状的 QTL，其中 17 个 QTL 在两个地点都检测到。周少霞等（2006）利用该群体在 30％的 PEG 人工模拟干旱环境，对导入系二叶一心苗期进行抗旱鉴定，共定位了 12 个与抗旱有关的 QTL。此外，该研究组还以特青为受体亲本，构建了云南元江普通野生稻的导入系群体，利用该群体定位了多个野栽分化性状的 QTL，克隆了控制匍匐生长习性的基因。

郝伟等（2006）以特青为轮回亲本，海南的一种普通野生稻为供体亲本，利用分子标记辅助选择技术构建了覆盖绝大部分野生稻基因组的染色体片段替换系（133 个株系），利用这套替换系初步定位了 9 个控制外观及加工品质性状的 QTL，6 个控制理化品质性状的 QTL。Yoshimura 等（2010）以野生稻 *Oryza glumaepatula* 和 *Oryza meridionalis* 为供体亲本，Taichung 65 为受体亲本，分别构建了两材料的导入系群体 69 和 78 个，并对生育期进行了 QTL 分析。肖叶青等（2010）利用 11 个不同地方来源的野生稻为供体，以保持系赣香 B 为受体，通过杂交和回交，构建了 892 份具有不同野生稻遗传背景的近等基因导入系。导入系在生育期、株高、分蘖力、穗型、粒型和芒等性状差异显著。从中筛选到一批抗旱、耐高温、耐低氮、抗稻瘟病、苗期耐淹和抗除草剂的材料，表明野生稻存在许多有利基因，能够在野生稻供体的后代中筛选到大部分目标性状。宋建东等（2010）以粳稻日本晴为受体和轮回亲本，以广西普通野生稻核心种质 DP15 为供体，通过连续回交和 SSR 标记辅助选择构建普通野生稻单片段代换系群体，供体基因型跟踪，在 BC_3F_1 代获得 79 个代换片段，覆盖野生稻全基因组的 98.89％。张晨昕等（2010）通过回交结合分子标记辅助选择构建了片段来源于马来西亚普通野生稻的珍汕 97B 的染色体片段代换系（105 份材料），每系含有一个或少数几个导入片段，所有导入片段相互衔接覆盖野生稻全基因组，代换系的平均背景回复率为 94.6％，平均导入片段长度为 41.7 cM。利用该群体定位到 40 个影响抽穗期、株高、SPAD 值、有效穗数和穗长等农艺性状的 QTL。赵杏娟等（2010）以栽培稻品种粤香占为受体亲本，利用杂交、回交和微卫星标记辅助选择相结合的方法，构建了以高州普通野生稻为供体亲本的水稻单片段代换系群体。9 个单片段代换系分别分布在水稻的第 1、2、3、10 和 11 染色体上，代换片段长度为 8.1～23.8 cM，总长度为 152.7 cM，平均长度为 17.0 cM，代换片段对水稻基因组的覆盖总长度为 136.1 cM，覆盖率为 7.5％。

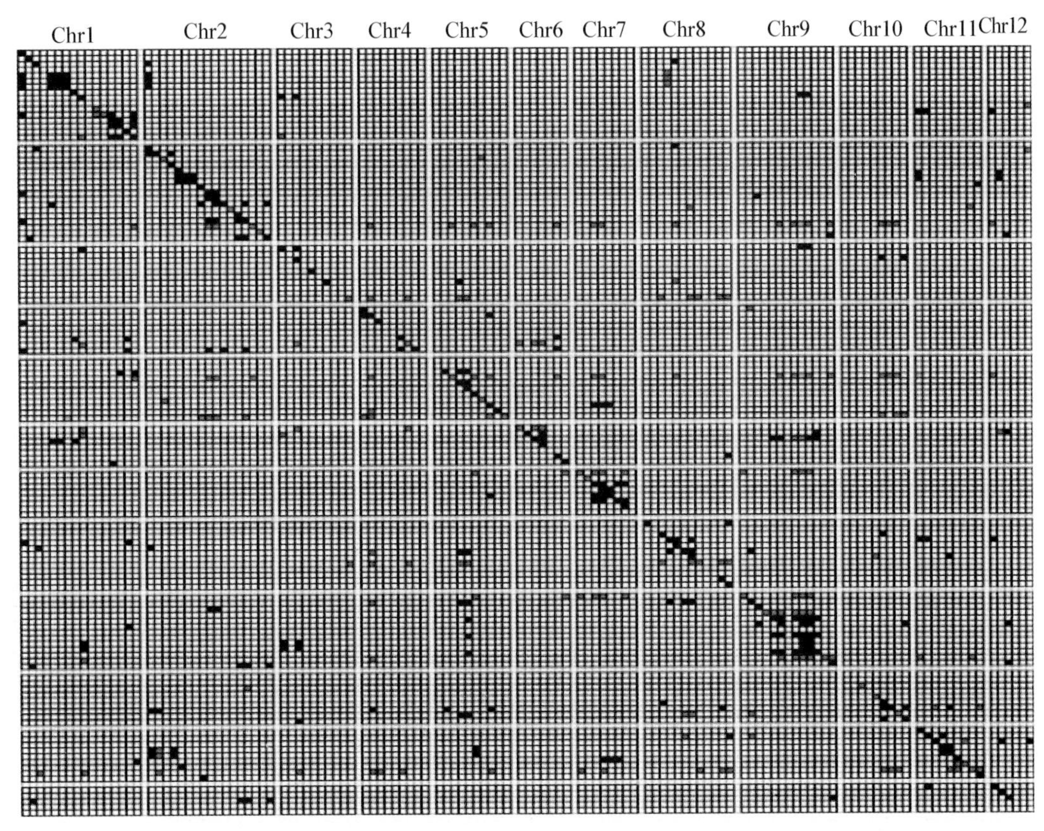

图 12.2 籼稻桂朝2号为遗传背景的东乡普通野生稻导入系全基因组图示基因型(Tian et al, 2006)

注:每一列代表一个SSR位点,每一行代表一个候选导入系。黑色区域代表野生稻纯合片段,灰色区域代表杂合片段。

12.2 基于种质资源分离群体的重要农艺性状基因发掘

随着籼稻9311和粳稻日本晴的基因组测序计划的完成,水稻已经成为禾本科作物开展基因定位、基因克隆、功能验证及其后基因组研究的模式植物,中国及其世界各国的许多科学家在这些方面已取得了重要进展。

目前,世界各国的科学家应用不同的分离群体,对水稻大多数性状进行了QTL定位。根据www.gramene.org网站数据统计,截至2009年,国际上已定位了9大类332种性状共11 000多个水稻QTL(图12.3)。其中,与产量相关的QTL定位最多,有2 877个,占25%,包括粒重QTL定位到287个、穗粒数353个、有效穗数239个、单株产量80个等;与植物生长活力相关的QTL定位到2 286个,占20%,包括株高1 342个、分蘖数238个、根活力13个、种子萌发速度27个等;形态方面的QTL定位了1 684个,包括分蘖角度38个、剑叶长度120个、穗长260个、根长101个、芒长21个、颖壳颜色4个、落粒性26个等;与生长发育相关的QTL定位了1 380个,其中仅抽穗期QTL就有734个,叶衰老定位到210个QTL;与非生物胁迫相关的QTL为1 031个,包括耐冷37个、抗旱55个、磷敏感57个、铁敏感30个、锌敏感20个等等。对比这些结果,我们不难发现,与生产实际意义相关的以及较容易进行田间试验的 QTL 做得定位较多，例如产量和植物生长活力；而需要进行严格实验处理的性状其 QTL 定位的则较少，例如生物化学方面的。

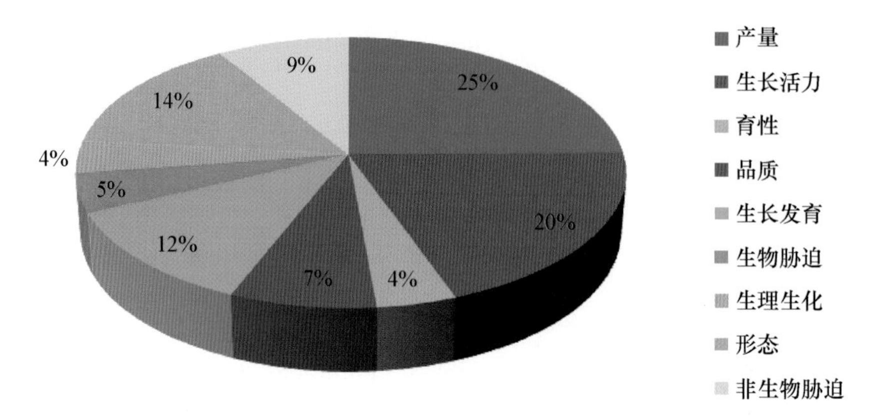

图 12.3　已定位的 9 大类水稻 QTL 分布状况(截至 2009 年)

至今已报道通过图位克隆方式克隆有重要影响力的水稻 QTL 有 23 个(表 12.3)，由我国科学家克隆的有 14 个。这些复杂的重要性状的 QTL 克隆在最近几年得到突破，主要得益于遗传材料的培育。QTL 的鉴定和克隆不仅有利于从分子水平上阐明这些性状的发育和形成机理，而且对于有效开展数量性状分子育种，进一步提高水稻品种的产量、品质和抗性水平等具有重要意义。

表 12.3　截至目前利用水稻种质资源已克隆的重要 QTLs

QTL	性状	染色体	亲本类型	解释变异/%	精细定位群体	作者及发表时间
*Hd*1	抽穗期	6	I/J	66.7	BC_3F_3	Masahiro Yano 等，2000 年
*Hd*6	抽穗期	3	I/J	58.7	BC_3F_3-F_2	Yuji Takahashi 等，2001 年
*Hd*3*a*	抽穗期	6	I/J	79.9	BC_3F_3-F_2	Shoko Kojima 等，2002 年
*Ehd*1	抽穗期	10	W/I	—	BC_3F_5	Kazuyuki Doi 等，2004 年
*DTH*3	抽穗期	3	A/J	—	NIL-F_2	Bian 等，2011 年
*Ghd*8	籽粒产量/抽穗期	8	I/J	—	NIL-F_2	Wen-Hao Yan 等，2011 年
*Hd*17	抽穗期	6	I/I	—	NIL-F_2	Kazuki Matsubara 等，2012 年
*Gn*1*a*	每穗粒数	1	I/J	44.0	NIL-F_2	Motoyuki Ashikari，2005 年
*GW*2	粒重/粒宽	2	I/J	65.5	BC_3F_2	Xian-Jun Song 等，2007 年
*GS*3	籽粒大小	3	J/J	51.2	BC_3F_2	Hailiang Mao 等，2010 年
*GS*5	籽粒大小	5	J/J	19.1	BC_3F_2	Yibo Li 等，2011 年
*qGY*2-1	籽粒产量	2	W/I	16.0	NIL-F_2	Guangming He 等，2006 年
*qSH*1	落粒性	1	I/J	68.6	NIL-F_2	Saeko Konish 等，2006 年
*Sh*4	落粒性	4	A/I	69.0	F_2	Zhong wei Lin 等，2007 年
*qSW*5	粒宽	5	I/J	38.5	BC_3F_3	Ayahiko Shomura 等，2008 年
*Gif*1	灌浆	4	I/J	—	BC_4F_2/F_3	Ertao Wang 等，2008 年

续表12.3

QTL	性状	染色体	亲本类型	解释变异/%	精细定位群体	作者及发表时间
*SKC*1	苗 K^+ 含量	1	I/J	40.1	BC_3F_2	Zhong-Hai Ren 等,2005 年
qUVR-10	耐紫外线	10	I/J	40.8	NIL-F_2	Tadamasa Ueda 等,2005 年
*PSR*1	促进苗再生	1	I/J	—	BC_3F_2	Asuka Nishimura 等,2005 年
*Sub*1*A*	耐涝性	9	I/J	69.0	F_2	Kenong Xu 等,2006 年
*TAC*1	分蘖角度/数量	9	I/J	—	F_2	Baisheng Yu 等,2007 年
*Prog*1	分蘖角度/数量	7	A/W	—	BC_3F_2	Lubin Tan 等,2008 年
*Ghd*7	株高/抽穗期/粒数	7	I/J	86.0	BC_4F_2	Weiya Xue 等,2008 年

注:I—籼稻;J—粳稻;A—非洲栽培稻;W—野生稻。

随着水稻基因组研究从结构基因组学进入到功能基因组学,重要基因的定位与克隆已经被认为是功能基因组学的主要课题。据国家水稻数据中心(www.ricedata.cn)统计,截至2010年,被克隆的基因已经超过640个。从1994年开始,中国科学家定位了大量的基因,而且越来越多的基因被克隆了,达到220多个。利用到的基因克隆的方法主要有:①电子克隆,占60%;②图位克隆,占27%;③标签法(ST1;ST2)(图12.4A)。在已克隆具有明显表型性状的功能基因中,同胁迫相关的占40%、生长发育相关的占16%、产量性状相关的占11%等(图12.4B)。近几年,采用图位克隆的方法克隆控制水稻产量性状和形态方面的基因已成为关注的焦点,这预示着在中国水稻功能基因组学的研究正在同农业生产紧密联系起来。接下来将从不同性状分别介绍基于种质资源分离群体来定位和克隆重要农艺性状基因的现状。

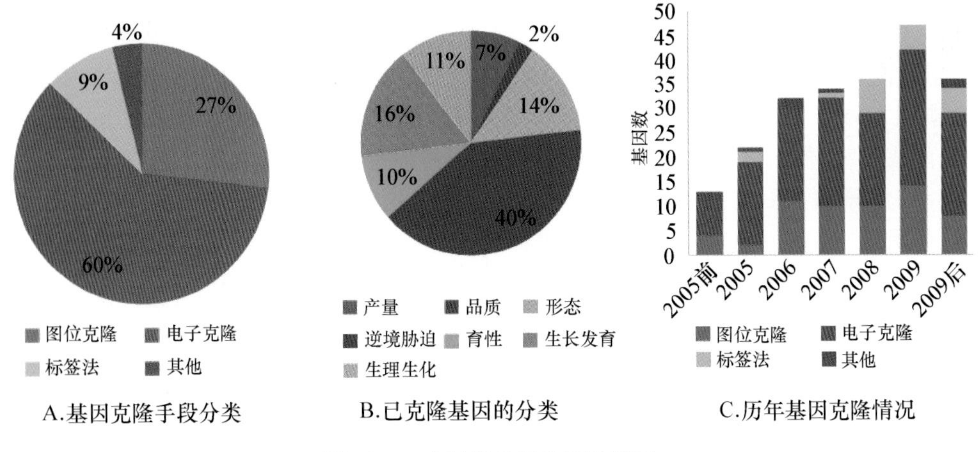

图 12.4 中国科学家分离的基因

12.2.1 控制粒型及粒重的基因

水稻粒重是产量的重要构成因子之一,一直是水稻产量性状基因发掘的重点。栽培稻种质资源中蕴藏着控制水稻千粒重的优异基因。目前,国内外科学家相继在栽培稻中发掘了不少控制水稻粒重的QTLs(图12.5)。粒重由粒长、粒宽和粒厚组成,均属于数量遗传。已经克

隆的粒长基因 $GS3$ 和粒宽基因 $GW2$、$GW5$、$GS5$ 均由我国科学家在栽培稻中定位与克隆。下面将从定位和克隆两方面介绍。

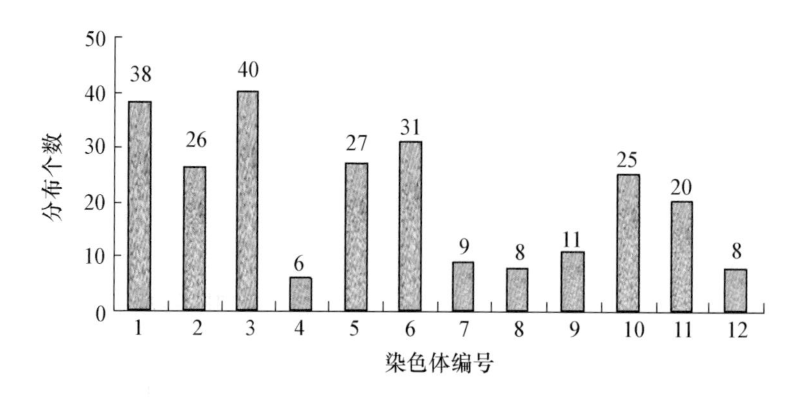

图 12.5　目前定位的水稻千粒重 QTL 在染色体上的分布

12.2.1.1　粒型及粒重基因的定位现状

林鸿宣等(1995)用特三矮 2 号/CB1128 和外引 2 号/CB1128 两个群体检测到 5 个粒长 QTL,其中 2 个主效 QTL 和 2 个微效 QTL 同时控制粒宽,并检测到 5 个控制粒厚的 QTLs,其中位于 5 号染色体的 *tg*5 为主效基因。刑永忠等(2001)利用珍籼 97B/明灰 63 衍生的 $F_{2:3}$ 家系和 F_9 重组自交系中检测到 3 号染色体区域控制粒长的主效 QTL,贡献率已达 50%,在第 5 号染色体 RG360 到 C734B 区域检测到影响粒宽的基因 *gw*5,其贡献率达 40%以上。徐建龙等(2002)应用 292 个 Lemont 特青 F_{13} 重组自交系(RILs)和 272 个标记的遗传连锁图谱分析粒重及籽粒长、宽、厚、长/宽、体积和容重 6 个相关性状的遗传,检测到影响千粒重的 11 个 QTL 分别位于第 1、2、3、4、5、10 和 12 染色体上,联合贡献率为 53.9%。2003 年林荔辉和吴为人利用以两个籼稻品种 H359 和 Acc8558 为亲本杂交建立的重组自交系群体及相应的分子标记连锁图对水稻粒重进行了 QTL 定位分析,检测到 16 个与粒重有关的 QTL,可解释 81.40%的表型变异,分布在 8 条不同的染色体上,其中有 5 个分布在第 3 条染色体上。Jiang 等(2005)利用珍籼 97B/武玉粳 2 号得到的 DH 系中检测到 7 个控制粒厚的 QTL。2006 年 Zhou 等利用蜀恢 527 为轮回亲本与一个小粒品种配制组合,得到 BC_2F_2 的群体中 800 株隐性长粒,将控制水稻粒长的一个主效基因 *Lk*24(*t*)定位在 P12EcoRV 和 P22SacⅠ之间的 1.4 cM 范围内。Ishimaru (2003)利用 NIL 对控制水稻千粒重的 QTL *twg*6 进行了研究,利用籼粳组合 Nipponbare/Kasalath 高代回交群体,通过 3 年重复试验,初步定位一个控制千粒重的 QTL*twg*6,位于第 6 染色体 R674 和 C556 标记之间。Xiaobo Xie 等(2008)以 Hwaseongbyeo 为轮回亲本与普通野生稻配制组合,在 BC_3F_2 群体中检测到一个能解释表型变异的 41.6%～42.5%粒重 QTL *gw*9.1,位于水稻第 9 染色体上 SSR 标记 RM242 和 RM215 之间;后通过发展 SSR 标记,扩大群体数量,精细定位于 PAC 克隆 P0229B10 上标记 RM24718.CNR111 到 RM30005.CNR142 之间大约 37.4 kb 的区间。Xufeng Bai 等(2010)利用籼稻品种南阳占和粳稻品种川 7 构建的 $F_{7:8}$ 重组自交系群体 RIL 对谷粒大小进行 QTL 定位,共发现了 4 个影响 GL 的 QTL,分别定位于第 3、7、10 号染色体,10 个控制 GW 和 9 个控制 GL 的 QTL,分别定位于 2、3、5、7、9、10 染色体。其中一些 QTL 是首次发现的。其中 4 个主效 QTL 和 6 个微效 QTL 在不同年份中均被定位到。一个微效 QTL *qGL*7 对粒长、粒宽、粒厚、千粒重和每穗结实率均有影响，通过近等基因系的 F_2 群体 NIL-F_2 对这个 QTL 进行了验证。最终 *qGL7* 被定位到一个 InDel 标记 RID711 和 RM6389 之间 258 kb 的范围内(以日本晴基因组序列为参照)，并且基因与 InDel 标记 RID710 和 RID76 共分离。Gaoneng Shao 等(2010)利用粳稻品种 D50 和籼稻品种 HB27 构建的重组自交系将一个控制粒长的 QTL *qGL7*-2 定位到 RM351 和 RM234 之间 4.8 cM 的区间内，进一步在区间内发展了一系列新的标记，最终将 QTL 定位到 InDel1 和 RM21945 两个标记间 278 kb 的物理范围内。该范围内包含 49 个预测基因。这个新的控制粒长的等位基因可以通过分子标记辅助育种来改良水稻籽粒长度。

12.2.1.2 粒型及粒重基因的克隆

张启发研究小组(Fan,2006)利用明恢 63 作为轮回亲本与川 7 配制组合，将控制粒重的基因 *GS*3 定位在第 3 号染色体的 7.9 kb 的片段范围内，其候选基因包括 5 个外显子，全长编码 232 个氨基酸，与小粒品种相比，大粒品种 *GS*3 第 2 外显子中编码第 55 位半胱氨酸的密码子 TGC 突变成终止密码子 TGA，造成蛋白翻译提前终止(缺失了 178 个氨基酸)，从而使得 OSR 结构域残缺并缺少其他 3 个功能域，这表明 *GS*3 编码的蛋白对粒重起负调控作用。据检测，绝大多数大粒种质都含有此终止位点。

林鸿宣研究小组(Song, 2007)利用 WY3 和丰矮粘 1(FAZ1)杂交，组配 BC_3F_2 回交群体，成功将控制粒宽基因的 *GW*2 定位于第 2 号染色体的 8.2 kb 的范围，并将其克隆。该基因包括 8 个外显子和 7 个内含子。序列比较结果显示：*GW*2 的等位基因在外显子 4 上的一个核苷酸缺失造成了翻译的提前终止，切断了 310 个残余氨基酸，从而增加了细胞的数量，使得颖壳宽度增加。功能预测显示 *GW*2 具有泛素链接酶 E3 的功能。该基因对水稻品质性状影响不大，在育种上有很大利用价值。

万建民研究小组(Weng,2008)利用 Asominori 和 CSSL28(背景为 Asominori)组配 F_2 群体，将 *GW*5 初步定位于水稻第 5 染色体短臂 SSR 标记 RM3328 和 RMw513 之间，遗传距离分别是 2.33 cM 和 0.37 cM。通过扩大群体和发展 CAPS 标记，*GW*5 被精细定位在 BAC 克隆 OJ1097_A12 上，CAPS 标记 Cw5 和 Cw6 之间。在这个区间，与细长籽粒的野生型水稻相比，宽粒品种有段 1 212bp 核苷酸的缺失，而控制粒宽的 *GW*5 就位于这段缺失的序列中。*GW*5 编码一个 144 氨基酸组成的核定位蛋白，该蛋白包含一个核定位信号和一个富精氨酸区域。通过酵母双杂交实验证实 *GW*5 与多聚泛素有相互作用，表明 *GW*5 可能通过泛素蛋白酶体途径调节粒宽和粒重。因此，*GW*5 可能与 *GW*2 有相似的作用。*GW*5 功能的缺失将不能将泛素转移到靶蛋白上，因而使得本应降解的底物不能被特异识别，进而激活颖花外壳细胞的分裂，从而增加颖花外壳的宽度，最终谷壳的宽度、粒重以及产量都得到了增加。

张启发研究小组(Li,2011)利用 DH 群体 Zhenshan 97/H94 检测到一个控制粒宽、粒重的 QTL *GS*5，位于第 5 染色体短臂的 RM593 和 RM574 之间。通过近等基因系的 F_2 群体将 *GS*5 精细定位在 11.6 kb 的区域内，该区间内只有一个 ORF。*GS*5 编码一个丝氨酸羧肽酶，通过对重组单株测序及 *GS*5 的转化实验表明，*GS*5 影响籽粒大小是由于其启动子的变异造成的。*GS*5 能够上调细胞周期基因的表达，促进细胞分裂而增加细胞数目以及增加横向的生长正向调控籽粒的大小，它的高表达具有更大的籽粒。该变异的发现有利于提高水稻产量，也可能对其他作物增产有帮助。

目前利用分子聚合育种和分子标记辅助选择育种，将定位和克隆的粒重和粒型的 QTL 和基因在不同品种中进行聚合和选择，已经得到了一批双基因聚合或多基因聚合系，对于水稻产量的提高将会起到很大推到作用。

12.2.2 控制水稻穗粒数的基因

水稻粒数是构成最终产量的重要因素，主要由一次枝梗及其后续分化的更高一级枝梗上的小花数决定。许多科学家利用不同的群体对每穗粒数进行初步定位，发现控制穗粒数的位点在染色体上分布广泛，且受环境的影响较大。根据 http://www.gramene.org 网站数据统计，截至 2009 年，已定位到与穗粒数或小花数相关的 QTL 数目多达 1 150 多个，在水稻的 12 条染色体上均有分布(图 12.6)，其中位于第 1 号染色体上的 *Gn*1 是检测的比较多的位点。另外，利用不同的枝梗发育突变体也对研究小花的形成发育起到了关键作用，只是这类突变体数目较少，目前报道的仅有 *FZP* 和 *LAX* 两种类型。

邢永忠(Liu,2009)利用 RIL 群体 zhenshan97/Teqing 中的一株在 *SPP*1 区域是杂合而其他区域是轮回亲本背景的 RIL30 自交获得 *SPP*1 的近等基因系。通过随机构建 210 个近等基因系的 F_2群体，作者把 *SPP*1 定位到 RM1195 与 RM490 之间的 2.2 cM 区间，该位点的解释表型变异率为 51.1%。在 NILs 的 F_2分离群体中，挑选一个单株 44.F2-1456，该单株在 *SPP*1 区间是杂合的，*Gn*1*a* 的位点在此区间是没有分离的，F_3群体在 *SPP* 位点上有连续的变异。表明该变异是 *SPP*1 而不是 *Gn*1*a* 引起的。总之，*SPP*1 是一个不同于 *Gn*1*a* 的新基因。通过发展新的 4 个 InDel 的标记及更大的 NILs 的 F_2群体，最终，作者把该基因定位到长度为 107 kb 的 BAC 上。该区域预测有 17 个 ORFs，其中有一个编码 IAA 合成酶的基因，LOC-_Os01g12160，是令人最感兴趣的候选基因。

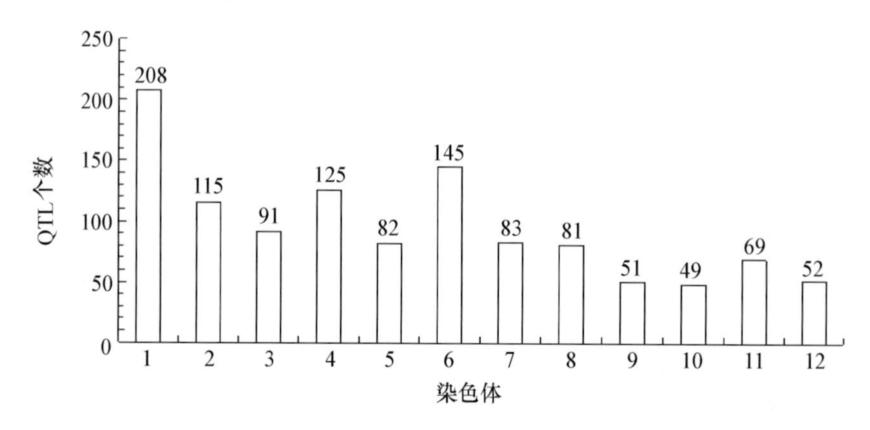

图 12.6 已定位水稻粒数相关 QTL 位点在染色体上分布

张启发(Xing,2008)利用 RIL 群体 zhenshan97/MH63 定位到一个位于第 7 染色体着丝粒附近的控制穗粒数(SPP)的 QTL，从重组自交系中挑选了一个株系 RI50(70%的背景与母本一致)构建近等基因系。在 190 个单株组成的 BC_2F_2群体中 SPP 是非连续分布的，并且表现为单个孟德尔因子比例分离(1∶2∶1)。qSPP7 被定位到 SRR 标记 RM3859 和 RFLP 标记 C39 间约 0.4 cM 的范围内。qSPP7 对 SPP 的加性和显性效应分别为 51.1 和 24.9。十分有意思的是该 QTL 区间还影响单株产量(YD)、千粒重(KGW)、单株分蘖数(TPP)和结实率(SR)。和杂合子相比明恢 63 的纯合子的产量较高，暗示如果将杂交稻 qSPP7 座位变成明恢 63 的纯合型，可以进一步改良其产量。

Nagendra Singh(Rupesh Deshmukh,2010)根据 Pusa 1266(穗粒数多)和 Pusa Basmati(穗粒数少)构建的重组自交系 3 年的表型数据,定位到一个位于第 4 染色体的控制粒数的主效 QTL *qGN*4-1。通过增加 6 个新的标记将这个 QTL 定位到 11.1 cM(0.78 Mbp)的范围内。该 QTL 和控制一级枝梗数目、二级枝梗数目以及单株穗数的主效 QTLs 位于同一位置区间。

日本科学家 Motoyuki(2005)等在 Science 上报道了位于第 1 号染色体上控制穗粒数的基因 *Gnla* 基因,编码细胞分裂素氧化酶(OsCKX2),能够降解细胞分裂素,如果减少细胞分裂素氧化酶的表达,能够使细胞分裂素在水稻开花组织中积累,并增加生殖生长的生物器官量,从而增加大约 21%的产量。*Gnla* 在增加穗重的同时,还也会造成倒伏,中国水稻研所将矮秆 *sd*1 基因导入携带有 *Gnla* 的株系中,获得了即抗到又高产的中间育种材料。

目前的研究表明,控制枝梗上小穗分化的基因可能是 *FZP*(frizzle panicle)基因,由一对隐性基因控制,尽管其一次枝梗、二次枝梗发育正常,但枝梗上不能分化形成小穗,取而代之的是在生长小穗的位置上不断产生分枝。薛勇彪研究小组(段远霖,2003)将 *FZP* 基因精细定位在第 7 号染色体物理位置 144 kb 的范围。除了 *FZP* 基因控制小穗分化基因以外,*LAX*(lax panicle)基因控制枝梗上后续小穗的分化。目前至少已经发现了 *LAX* 的 5 等位基因,Komatsu 等(2003)将 *LAX* 基因分离并克隆,其表达主要在腋生分生组织中出现。

李自超课题组(Zhang, 2012)利用汉中香糯自然突变得到的穗粒数明显减少的自然突变体,利用该突变体与日本晴组配 F_2群体,将 *gnp*4 定位到 10.7 kb 的区间内,该区间内只有一个 ORF。通过精细定位,克隆 *gnp*4 基因。该基因全长 12.6 kb,包含有 4 个外显子。研究表明 *gnp*4 基因不仅控制穗粒数,而且也与籽粒大小有关,通过功能分析发现 *gnp*4 基因与 *lax*1 互作。*gnp*4 基因与 *lax*2 基因为同一个基因。

12.2.3　调控水稻抽穗期的基因

水稻抽穗期(生育期)是决定品种地区与季节适应性的重要农艺性状,抽穗期遗传研究对指导育种实践、品种改良及品种推广均具有重要意义,选育早熟高产的水稻品种一直为水稻育种家所重视。水稻早熟基因的发现和利用将有助于解决早熟与丰产难以兼顾的矛盾,也有利于克服籼粳亚种间 F_1超亲迟熟的障碍。因此,发掘和鉴定水稻抽穗期基因(QTL),开展抽穗期基因定位、克隆等方面的研究,并深入探讨水稻抽穗期基因的分子作用机理,具有重要的理论意义和应用价值。关于抽穗期定位的 QTL 位点已有许多报道,如图 12.7 所示,主要分布第 2、3、4、6、7、8、10 及 12 等染色体。

12.2.3.1　抽穗期基因的定位

利用日本晴和 Kasalath 杂种 F_2代的 186 个植株和 850 多个分子标记,Yano 等(1997)对影响水稻抽穗期的 QTL 进行定位,发现了 2 个主效 QTLs,即 *Hd*-1 和 *Hd*-2,和 3 个微效 QTLs,即 *Hd*-3、*Hd*-4 和 *Hd*-5,这 5 个 QTLs 共可解释 84%的表型变异。其中,主效位点 *Hd*-2 位于第 7 染色体末端,与标记 C728 连锁。Takahashi 等(2001)从"日本晴/Kasalath//日本晴"发展了 85 个株系组成的 BC_1F_5群体,定位了 5 个抽穗期 QTLs,其中 2 个效应较大,分别与 *Hd*1 和 *Hd*2 处于同一区间;另外 3 个 QTLs 的阈值较低,在 F_2群体中未能检测到(Lin et al, 1998),这 3 个 QTLs 后来被命名为 *Hd*7、*Hd*8 和 *Hd*11(Yano et al, 2001)。林鸿宣等(2002)以日本晴为轮回亲本,

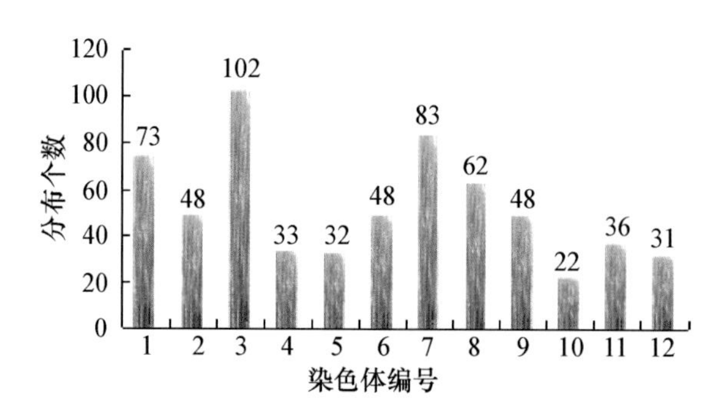

图 12.7 水稻抽穗期定位的 QTL 分布

Kasalath 为供体亲本的高世代回交群体（BC_4F_2）中，进行 QTL 定位分析，得到 1 个新的 QTL，即 *Hd*9。进一步地，利用 BC_4F_3 群体，将 *Hd*9 精细定位在水稻第 3 染色体短臂上分子标记 C721 和 R1468B 之间，与 RFLP 标记 S12021 共分离。*Hd*9 与 *Hd*1 和 *Hd*2 之间只有加性作用，而没有发现任何上位性互作存在。Kasalath 等位基因的效应只有在长日照或大田条件下才能检测到，而在短日照条件下检测不到。

12.2.3.2 抽穗期基因的克隆

水稻抽穗期基因 QTL 已克隆 11 个，其中有 10 个用图位克隆法克隆（图 12.8），一个用候选基因法克隆。

Yano 等（2000）利用图位克隆方法把控制水稻抽穗期的感光基因 *Hd*1，分离克隆出携带 *Hd*1 基因的一段长为 12 kb 的片段，进一步对序列分析表明：*Hd*1 由 2 个外显子构成，这 2 个外显子编码一个 395 氨基酸残基蛋白。利用自然变异和转化研究表明，*Hd*1 可能具有在短日下促进开花而在长日下抑制开花的作用。Yano 等（2012）利用 koshihikari 和日本晴构建的分离群体检测到一个控制水稻光周期开花的 *QTL*，*hd*17。通过 *hd*17 的近等基因系构建的精细定位群体将 *hd*17 定位到 43.2 kb 的区间内，该区间内包含 10 个 ORF，通过序列比对和同源分析确定 Os06g0142600（与拟南芥中 ELF3 蛋白的编码基因同源）为候选基因。

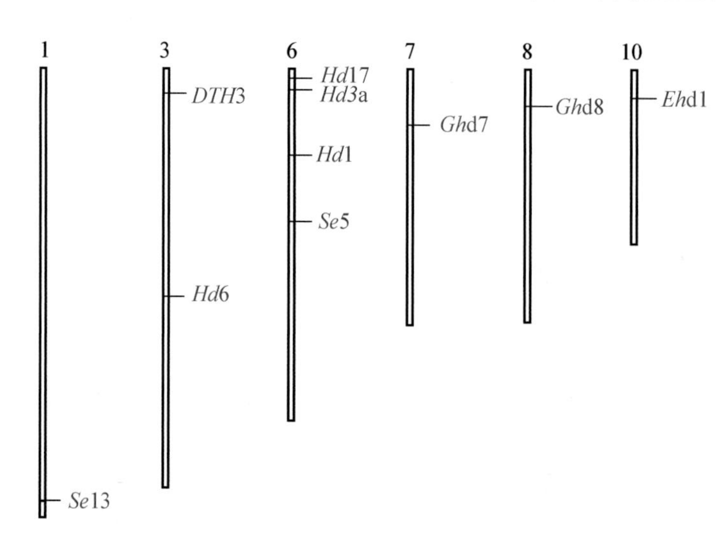

图 12.8 目前已克隆的水稻抽穗期 QTLs 的染色体分布

Takahashi 等(2001)把 *Hd*6 定位在第 3 染色体一段长为 26.4 kb 的区域,该区域含有一个 *CK*2α 基因,互补分析证明它编码酪蛋白质激酶 *CK*2 的 α-亚基,*Hd*6 可能是水稻光周期控制途径的一个重要基因。

Kojima 等(2002)克隆了 *Hd*3*a*,*Hd*3 属微效 QTL,定位于水稻第 6 染色体上 RFLP 标记 R1952 到 C1032 之间,并与 R2749、R1962、R2967 和 C764 等 4 个标记共分离(Yamamoto et al, 1997)。进一步地,发现 *Hd*3 位点实际上是由 *Hd*3*a* 和 *Hd*3*b* 两个子位点构成,这两个位点都具有加性效应:在短日照下,来自 Kasalath 的 *Hd*3*a* 位点的等位基因会促进抽穗;而在长日照或大田里,来自 Kasalath 的 *Hd*3*b* 位点的等位基因会延迟抽穗。*Hd*3*a* 与分子标记 B174 共分离,而 *Hd*3*b* 与分子标记 R1952 共分离,两者的遗传距离约为 1.6 cM。该基因与拟南芥的 *FT* 基因(*FLOWERING LOCUS T*)同源,转基因植株提早抽穗,表达分析发现,在短日条件下该基因的表达受与拟南芥 *CO* 基因同源的 *Hd*1 基因调控。Doi 等(2004)同样用图位克隆法克隆了另一抽穗期 QTL (*Ehd*1),该基因编码含 341 个氨基酸的 B 型 RR 蛋白(B-type response regulator protein),与其他抽穗期相关基因不同的是,该基因在拟南芥中找不到同源基因。

Izawa 等(2000)用人工突变体为材料,克隆了 *SE*5 基因,*SE*5 基因编码的蛋白实际上是一个与拟南芥 *HY*1 同源的编码血红素氧化酶(*Heme oxygenase*),这种酶与光敏色素发色团的生物合成有关,参与了光敏色素的合成。*SE*5 在长日下抑制开花,它的突变体 *se*5 却能长日下促进开花且在开花中完全失去感光反应。在恒定不变的光照条件下 *se*5 的突变体能开花,而野生稻却不能开花,故认为光敏色素发色团在水稻开花的光周期控制过程中起着关键作用。Saito 等(2010)利用突变品系 X61 和 Gimbozu 组配的 F_2群体,将 *Se*13 定位在 1 号染色体上分子标记 *INDEL*3735_1 和 *INDEL*3735_3 之间 110 kb 的区域内。数据库搜索结果证明 *Se*13 和 *AK*101395(*OsHY*2)是相同的,该基因编码光敏色素生色团合成过程中关键酶光敏色素合成酶。序列分析表明,X61 在 *OsHY*2 基因 1 号外显子处有 1bp 的碱基插入,从而造成移码突变而导致终止子位置提前。因此,X61 完全缺失光周期反应是由于参与光敏色素生色团合成基因 *Se*13 的功能缺失造成的。

Weiya xue 等(2008)利用珍籼 97 和明恢 63 构建的 $F_{2:3}$和重组自交系群体(RIL),*Ghd*7(一个能同时控制水稻每穗粒数、株高和抽穗期 3 个性状的主效 QTL)定位于水稻第 7 染色体上标记 R1440 和 C1023 之间;进一步地,精细定位到 RM5436 和 RM2256 之间的 79 kb 的区间。明恢 63 *Ghd*7 cDNA 全长 1 013 bp,编码一个由 257 氨基酸组成的核蛋白,该产物是一个 CCT(CO, CO-LIKE and TIMING OF CAB1)结构蛋白,与拟南芥 CO 蛋白的 CCT 域有很大的相似性,其表达和功能受光周期调控。该蛋白不仅参与了开花的调控,而且对植株的生长、分化及生物学产量有普遍的促进效应。在长日条件下,该基因的表达增强,从而推迟抽穗,植株增高,穗子变大,穗粒数增多。

Yan 等(2011)对一个一因多效的主效 QTL *Ghd*8 进行了克隆和分析,这个 QTL 能够同时影响水稻籽粒产量、抽穗期和株高。为了克隆 Ghd8 作者构建了两套近等基因系材料。*Ghd*8 最终被定位到 20 kb 的范围内,这一区间包含两个预测基因,其中一个编码 CCAAT 盒结合蛋白亚基的 OsHAP3 基因被认为是候选基因。互补实验证明了这个基因的确是 *Ghd*8,并且发挥着一因多效的作用,有意思的是 *Ghd*8 的遗传效应依赖于它的遗传背景。通过调节 *Ehd*1、*RFT*1 和 *Hd*3*a*,*Ghd*8 在长日照条件下延迟水稻开花,但是在短日照条件下促进水稻开花。*Ghd*8 能够上调控制水稻分蘖和侧枝发生的基因 *MOC*1 的表达，从而增加了水稻的分蘖数、一级枝梗和二级枝梗数，最终能使单株产量增加 50%。不管是长日照(LD)还是短日照(SD)，水稻品种 Dianjingyou1(DJY1)均要比在第 3 染色体短臂携带有非洲稻替换片段的近等基因系要早开花。Bian 等(2011)通过分析 *NIL*×*DJY*1 的 F_2 大群体，将第 3 染色体上的抽穗期 QTL 座位 *DTH*3(Days to heading 3)精细定位到 64 kb 的范围内，该区间只有一个注释基因，编码 *MIKC* 类 MADS-box 蛋白。通过比较 DJY1 和 NIL 的基因序列，发现在 DJY1 的 *DTH*3 C-domain 中缺失了 6 bp，并存在一个单碱基替换。通过 Indel 和 dCAPS 标记分析发现，*dth*3 等位基因只存在于非洲稻中。利用微卫星标记鉴定基因型进行系统发生分析，发现非洲稻和普通野生稻与宽叶野生稻具有较近的遗传亲缘关系，这和粳稻品种是一致的。*DTH*3 除了影响开花期外对其他主要农艺性状没有显著影响。

12.2.4 控制水稻株高的基因

第一个自然矮秆突变系是印度学者 Par-nell 等于 1922 年发现的，该自然矮秆突变系是由 1 个隐性单基因控制的，1936 年 Oryoji 则首次报道了 1 个由 1 对隐性基因控制的人工诱变产生的矮小型突变系，随后科学家们开始广泛地对矮生性状的遗传基础进行研究，并进行了相应的基因发掘和生理生化分析。

对于目前发现的矮化基因，分类比较繁杂。鉴于其发现时间和性质，对矮化基因的分类，主要分类有 *d* 系列、*sd* 系列、*eui* 等。

12.2.4.1 以 d 命名的水稻矮化基因

日本水稻基因连锁群和命名委员会将矮化基因和少部分半矮秆基因统一以 *d* 符号，将其编号为 *d*1 到 *d*61，其中缺 *d*8、*d*15、*d*16、*d*25、*d*3 和 *d*36，共有 55 个以 *d* 命名的矮秆基因。

*d*1、*d*2、*d*3、*d*6、*d*11、*d*12、*d*35 和 *d*61 已被克隆，结果列于表 12.4。其中 *d*1 和 *d*61 基因的矮化作用是通过影响内源激素信号传导来发生的，其中 *d*1 的显性基因 *D*1 通过编码 GTP 结合蛋白的 A 亚基来参与赤霉素信号传导，而 *d*1 由于碱基缺失这种编码功能导致赤霉素信号传导受阻，使水稻发生矮化。*d*61 的作用是使油菜素甾醇(brassinosteroid，BR)及其受体的合成受阻造成植株矮化。Zhi 等(2003)克隆了水稻 *D*2 基因，通过对该基因的研究发现，*D*2 基因编码一个油菜素甾醇合成酶系的重要组成部分 P450，而水稻矮秆基因 *d*2 则缺失了这种编码功能，引起水稻植株的矮化。

表 12.4 在水稻中已克隆的矮化基因

基因符号	野生型编码产物	染色体	克隆方法	参考文献
*d*1	G 蛋白 α 亚基	5	图位克隆	Fujisawa et al，1999
*d*2	P450(CYP90D2) 3β-脱氢酶	1	图位克隆	Hong et al，2003
*d*3	F-box 蛋白	4	图位克隆	Ishikawa et al，2005
*d*6	OSH15	7	反转座子标签	Sato et al，1999
*d*11	P450(CYP724BI) 3α-还原酶	4	图位克隆	Tanabe et al，2005
*d*12	苯丙醇		图位克隆	Nishikubo et al，2000

续表12.4

基因符号	野生型编码产物	染色体	克隆方法	参考文献
*d*18	$OsGA3_{OX}2$	1	图位克隆	Itoh etal,2001
—	$OsGA3_{OX}2$	5	同源克隆	Sakamoto et al,2001
—	$OsGA3_{OX}2$	1	同源克隆	Sakai et al,2003
—	$OsGA3_{OX}2$	1	同源克隆	Saki et al,2003
—	$OsGA3_{OX}2$	5	同源克隆	Saki et al,2003
*d*35	贝壳杉烯氧化酶	6	同源克隆	Itoh et al,2004
*d*61	受体蛋白激酶	1	同源克隆	Yamamuro et al,2000

12.2.4.2 半矮生基因

半矮生基因(semidwrf,*sd*)在生产中应用价值最大,推广也最成功,其他矮化基因多同时具有畸形,不能完成正常植株的生长、生殖功能,在目前生产中的利用价值很小。

*sd*1 被克隆为赤霉素(GA)的合成缺陷型,位于水稻第 1 染色体上,其位点上具有等位基因 *sd*1*a* 和 *sd*1*h*,其中,*sd*1*a* 对 *sd*1*h* 显性。另外隐性基因 *isd*1 的存在也能抑制 *sd*1 的表达,从而使带有 *sd*1 基因的个体表现为高秆。目前来看,*sd*1 基因比较有应用价值,对其研究也就比较多,因此可以约定俗成地大致把矮化基因分成与 *sd*1 基因相关和与 *sd*1 基因不相关的基因两类。与 *sd*1 基因有关的基因,它们的植株为 GA 合成缺陷体,它们与 *sd*1 位点相同或共占复合位点;而与 *sd*1 不相关的基因,可能与生长素(IAA)、油菜素甾醇以及信号转导、调节基因等相关。半矮生基因的定位克隆情况列于表 12.5。

表 12.5 在水稻中 *sd* 半矮秆基因的定位与克隆

基因	染色体	试验材料	参考文献
*sd*1*	1	IR24 等	Cho et al,1994
*sd*2	—	来源于高秆 calrose 品种的突变系	Foster et al,1978
*sd*3	—	RRU2RR250/Bluebell 的图变系	Foster et al,1978
*sd*4	—	来源于高秆 calrose 品种的突变系	Mackill and Rutger,1979
*sd*5	—	来源于高秆长粒品种 Labelle 的突变系	Mack ill and Rutger,1979
*sd*6	—	来源于 Callfornia Belle 品种的 γ 辐射系	Hu et al,1987
*sd*7	5	来源于台中 65 x 射线辐射突变系	Tsai et al,1989,1991
*sd*8	—	一个品系	Tsai et al,1994
*sd*9	—	来源于 Ginbozu 的辐射处理突变系	Tanisaka et al,1994
*sd*10	—		Kurok and tanisaka,1997
sdg	5	来源于桂阳矮 1 号与南京 6 号的杂交后代	顾铭洪等,1988;梁国华等,1994
sdt	5	来源于矮泰引 2 号与南京 6 号的杂交后代	梁国华等,1995;李欣等,2001;Jiang et al,2002
*sdt*2	—	来源于矮泰引 3 号与南京 6 号的杂交后代	赵祥强等,2005
*sdt*3	11	多蘖矮与浙辐 802 的回交后代	隋炯明等,2006
*iga*1	5	特籼占 13 突变体×02428	Guo et al,2011

注:* 表示已克隆。

12.2.4.3 隐性高株基因

隐性高株基因 *eui*(elongated uppermost internode)最初是指能使最上节间伸长的单隐性基因。Glrlc 是我国首例不受细胞质影响的高秆隐性材料，其所有节间均有所伸长，并且遵循一定比例。它是一对隐性基因，同时含有矮秆基因，与矮生植株杂交后，F_1 代均为矮株，F_2 时分化出高株，一般可以认为隐性高秆的基因型是 euieuidd，正常高秆的是 EuiEuiDD。

目前发现了 3 个隐性高株基因，*eui*1、*eui*2、*euil*(*t*)。具有隐性 *eui*1 基因的稻株可以在孕穗期和抽穗始期于剑叶和穗发现大量的 GA_1，且 GA_3 的敏感性也有所提高，从而诱导上节间剧烈伸长；*eui*2 基因表达主要在抽穗始期，表达部位在剑叶，表现为 GA_1 含量和 GA_1/ABA 比例的剧增，未表现出对 GA_3 敏感性的变化。

Eui 类型与普通稻株各性状间的差异不明显，结实率略有下降，千粒重有所增加，该基因在杂交不育系中已经开始应用，目前已经育成带有 *eui* 的三系和两系不育系，减少赤霉素的使用和节省制种成本，有较大的应用前景。

12.2.5 水稻叶片形态基因

叶是植物进行光合作用的主要器官，对植物的生命活动起着重要的作用。叶的发育是植物形态建成的一个重要方面，与植物株型的形成密切相关。探明叶的发育机理，不仅能使我们更多地了解植物叶的发育机制，而且能帮助我们通过生物设计对株型进行改良。因此，对叶发育机理进行深入的研究具有重要的理论意义和应用价值。

叶片形态是水稻“理想株型”的重要组成部分，是当前高产水稻育种关注的重点，因此，叶片的姿态、大小及其光合能力在株型改良及高产栽培体系中一直是水稻遗传育种学家和栽培学家关注的焦点之一。育种家提出的几种水稻高产理论株型模式，都体现出这一点。如扬守仁提出的“短枝立叶，大穗直穗”株型模式中的“立叶”；国际水稻研究所新株型模式中的“叶色浓绿，厚而直立”；周开达的“重穗型”模式中提到“叶片内卷直立”。袁隆平的超高产杂交稻的理想株型模式中的上三叶“长、直、窄、凹”。

由于叶片在水稻光合作用乃至产量上的重要性，至今为止，国内外科学家们已对水稻叶片的性状进行了大量研究，但大部分研究工作都集中在叶片的生理机能上，就其遗传控制及分子水平机制的研究较少，尤其对卷叶的机理研究尚显不足。

前人研究表明在不同遗传背景下，水稻卷叶性状一般受一对或几对隐性基因控制，也有研究提出该性状受不完全显性的单基因控制。近年的研究主要通过突变和轮回亲本回交培育的近等基因系定位水稻卷叶性状基因。

在 Gramene 网站(http://www.gramene.org)上公布了 6 个控制卷叶的隐性基因 *rl*1 、*rl*2 、*rl*3 、*rl*4 、*rl*5 和 *rl*6(*t*)分别在第 1、4、12、1、3 和 7 染色体上(表 12.6)。Kinoshita 和 Khush 等研究表明，已经在水稻经典遗传图谱上标定的 6 个控制卷叶性状的基因(*rl*1，*rl*2，*rl*3，*rl*4，*rl*5，*rl*6(t))均为隐性基因，其中 *rl*1 和 *rl*4 定位在 1 号染色体，*rl*2 定位在 4 号染色体，*rl*3 定位在 12 号染色体，*rl*5 定位在 3 号染色体，*rl*6(*t*)定位在 7 号染色体。从水稻经典遗传图谱和分子遗传图谱可以看出，*rl*1 与 *rl*3、*rl*2 与和 *rl*4 可能是同一个基因。

表 12.6 水稻已鉴定的卷叶基因

基因	实验材料	染色体	标记或功能	遗传特性	文献
*rl*1	L29,T65,H342	1	Morph2000:100-110	隐性	Nagao et al,1964
*rl*2	H684	4	Morph 2000:30-	隐性	Mori et al,1973
*rl*3,*rl*1	FL160,FL161,FL162,FL491,FL509,HO794	12	Morph2000:30-	隐性	Iwata and Omura,1975;Yoshimura et al,1982
*rl*4,*rl*2	M50	1	Morph2000:45.0-50.0	隐性	Iwata and Omura,1977
*rl*5,*rl*3	CM1339,CM1999,FL364FL531,FL532	3	Morph2000:175-201	隐性	Iwata et al,1979
*rl*6 (t)	FL590,FL591	7	Morph2000:0.0-48.0	隐性	Thakur,1984
*rl*7	DH 系窄叶青 8 号/京系 17	5	RG13-RG573	两对隐性基因互作	李仕贵,1998
*rl*8	91SP068/奇妙香 F_2无性系	5	RM6954-RM6841	不完全显性	邵云健,2005
rl(t)	珍汕 97B/奇妙香	2	INDEL112.6-INDEL113	一对不完全隐主基因	邵云健,2005
*rl*9(t)	中花 11 突变体/Dular	9	RM6475-RM6839	单基因隐性遗传	严长杰,2005
*rl*10	QHZ 突变体/02428	3	SNP121679-InDel422395	单基因隐性遗传	梅曼彤, 2007
*rl*10(t)	II-32B	9	Rlc3-rlc12	单基因隐性遗传	何广华, 2007
*rl*9(t)*	中花 11 突变体/Dular	9	拟南芥 *KANADIs* 基因同源基因,编码 GARP 蛋白	单基因隐性遗传	严松,2008

注:* 已克隆的基因

严长杰等(2005)利用卷叶突变体及其 SSR 和 STS 标记将 *Rl*9 (*t*)定位在水稻第 9 染色体上,是隐性单位点(*rl*9 (*t*))控制,*Rl*9 (*t*)位于 AP005904 上 c23 和 c28 之间大约 42 kb 的区段内,为 *rl*9 (*t*)基因的图位克隆奠定了基础。Yan 等(2008)用图位克隆方法克隆了 *rl*9 (*t*)基因,*rl*9 (*t*)基因包含 6 个外显子和 5 个内含子,有 1 134bp 的编码序列,编码 377 个氨基酸,是拟南芥 *KANADIs* 基因的同源基因,编码 GARP 蛋白。*rl*9 (*t*)主要在根、叶、花中表达。*rl*9 (*t*)绿色荧光蛋白融合蛋白的瞬时表达表明:*rl*9 (*t*)蛋白位于细胞核中,是一个转录因子。邵元健等(2005)以卷叶亲本的回交 BC_4F_2 和 BC_4F_3 为研究材料,精细定位了控制卷叶性状的 1 对不完全隐性主基因(*rl* (*t*)),推测 *rl* (*t*)可能参与了 microRNA(miRNA)系统对叶片发育的调控。梅曼彤等

(2007)利用卷叶性状突变体的回交 F_2 为材料，将卷叶基因 *rl*10 (*t*)精细定位在第 3 条染色体上，该基因编码的黄素抑制单加氧酶(flavin-containing monooxygenase，FMO)在突变体中沉默，导致卷叶突变体的产生。Luo 等(2007)利用籼稻Ⅱ-32B 突变体构建定位群体一个隐性单基因 *rl*10，定位在第 9 号染色体上，同源性分析，该基因与拟南芥中 *KANKANDI* 基因家族同源，编码类似 *MYB* 域的转录因子。张景六等(2007)利用 T-DNA 标记在水稻中分离了一个卷叶基因，该基因编码一个由 1 048 个氨基酸构成的蛋白质，包含 PAZ 和 PIWI 保守域，属于 Argonaute (*AGO*)基因家族，是拟南芥 *ZIP*/*Ago*7 的同源基因，命名为 *OsAGO*7。过量表达时，引起叶片卷曲。该基因为水稻中第一个被克隆的卷叶性状基因。

*SLL*1 通过调控水稻叶片远轴面厚壁组织细胞的程序化死亡来调控水稻叶片的形状。*SLL*1 在各种组织都表达，其转录本在叶片发育过程中的下表皮积累。*SLL*1 编码一个 SHAQKYF 类 *MYB* 转录因子，属于 KANADI 家族。*SLL*1 的突变导致远轴面叶肉细胞程序性细胞死亡不能正常进行而抑制了叶片远轴特征化的形成。

*NRL*1 编码一个类纤维素合成酶蛋白 D4(OsCslD4)，测序表明在 3 个等位突变体中，该基因都发生了单碱基替换。*NRL*1 基因在抽穗期所有检测的部位中都有表达，但较其他组织，在生长旺盛的器官表达更高，如根部、叶鞘和穗。

12.2.6 水稻株型基因

水稻株型的主要评价指标有分蘖角度、叶片与主茎的夹角、剑叶与主茎的夹角等。水稻的分蘖角度是水稻重要的农艺性状之一，直接与产量有密切关系。而且，植株的紧凑程度与植株的采光和通风透气有重要关系，是培育理想株型的重要指标。黎志康等(1999)用 Lemont 和特青的杂交后代定位了控制水稻分蘖角度的 5 个 QTL，其中 *Ta* 位于第 11 染色体上，贡献率达到 23%，同时，他们还定位了两个叶片与主茎角度的 QTL 和 5 个剑叶与主茎的 QTL。到目前为止，国内外科学家已定位的控制分蘖角度的 QTL 有 38 个，但只有少数几个 QTL 已经克隆出来。

水稻的分蘖数目是水稻中最重要的农艺性状之一，直接与产量有密切关系。李家洋等(2003)在 Nature 杂志上首次报道了控制水稻分蘖的重要基因 *MOC*1，是我国科学家在水稻上克隆到的重要农艺性状基因。中国水稻研究所利用转基因手段将 *MOC*1 转移到一系列主栽品种和杂交稻中，选育分蘖适中的材料，在适宜的水肥栽培条件下，可得到 800 kg 左右的产量。

李家洋等 (2007)利用 IRRI 的突变体与 ZF802 回交，分离得到了一个隐性散生基因 *LAZY*1，该基因具有负向调控水稻生长素运输的方向，从而使得散生程度或者植株分蘖角度发生改变。同年孙传清课题组(Yu et al，2007)也分离克隆了与分蘖角度有关的显性散生基因 *TAC*1，少量表达 *TAC*1 的等位基因，会造成水稻茎秆的不对称性生长，从而形成紧凑的直立株型，同时研究表明 *TAC*1 的等位基因广泛存在在高纬度和高海拔种植的粳稻中。这些株型相关基因的克隆，会为株型育种提供利用的资源。

谭录宾等(2008)利用元江野生稻与特青组配，通过构建渗入系而分离并克隆得到了匍匐生长基因 *PROG*1，该基因位于第 7 染色体短臂，*PROG*1 cDNA 全长 833 bp，包含一个 486 bp 的开放阅读框(ORF)、147 bp 的 5′端非翻译区(untranslated region，UTR)和 200 bp

3′ UTR，编码一个161氨基酸组成的Cys2-His2锌指蛋白。林鸿宣实验室也同时发表文章克隆到该基因，其主要在腋芽分裂组织表达。在海南野生稻与栽培稻之间该基因编码区有一个碱基的变异引起氨基酸的替换，推测该氨基酸的替换在人工驯化过程中被选择。野生稻的*PROG*1基因进化为栽培稻的*prog*1后，基因的功能丧失，不仅由匍匐生长变成直立生长，株型得到改良，而且穗粒数增加，产量大幅度提高，表现为多效性。通过序列分析发现，来自17个国家的182个水稻品种的*prog*1基因表现相同的变异，说明该基因可能是单起源的。

12.2.7 控制水稻籽粒颜色的基因

水稻的颜色是一类经常用于遗传和育种研究的标记性状，国内外对水稻颜色的遗传研究由来已久。在植物体内，构成颜色的物质主要是植物次生代谢过程中产生的类黄酮物质——花色苷。在早期的研究中认为，水稻组织中花色苷的生物合成过程主要包括*C*、*A*、*P*三种基因，其中，*C*和*A*两个基因与花色苷的形成有关，而*P*基因则是组织特异性调节因子。随着分子生物学的发展，对植物体内花色苷生物合成调控机理的研究也不断深入。研究认为，植物中花色苷生物合成过程所涉及的基因多在转录水平受到调节因子的调控，调控过程可能是由含有R2R3-Myb DNA结合结构域的转录因子、含有basic helix-loop-helix(bHLH)结构域的转录因子以及含有WD重复序列的蛋白组成的复合体完成。

在植物中，对玉米、金鱼草、矮牵牛等的花色苷代谢途径研究已经比较成熟。随着水稻基因组测序计划的完成，作为模式作物，水稻花色苷代谢途径的研究也逐步展开。到目前为止，已经克隆得到的花青素合成途径中结构基因及其转录因子列于表12.7。

表12.7 目前为止已克隆的花青素合成途径中的基因

基因名称	编码产物	染色体	克隆方法	参考文献
*GH*1	CHI(查尔酮异构酶)	3	图位克隆	Hong et al，2012
Rc	bHLH转录因子	7	图位克隆	Sweeney et al，2006
*OsC*1	R2R3-MYB转录因子	6	图位克隆	Gao et al，2011
Ra /*OsB*1	bHLH转录因子	4	同源克隆	Hu et al，1996；Sakamoto et al，2001
Rd	二氢黄酮醇-4-还原酶	1	同源克隆	Furukawa et al，2006

Hu等(1996)利用水稻与玉米基因组同源性关系，将玉米*R*/*B*基因在水稻中的同源基因*Ra*定位在第4号染色体并克隆。研究发现，该基因编码包含有basic helix-loop-helix(bHLH)结构域的转录因子，在花色苷生物合成途径中起调节作用；此后，他们又发现*Ra*实际由*Ra*1和*Ra*2两个基因组成。此外，该研究小组还在第1染色体发现了一个在保守的bHLH结构域及C末端与*Ra*1基因高度一致的基因*Rb*。

Reddy等(1998)在比对了水稻与玉米基因组基础上，利用玉米中C基因序列为探针，成功地克隆了水稻中的同源基因*OsC*1，该基因位于水稻第6染色体，编码R2R3-Myb类转录因子。该转录因子在水稻花色苷生物合成过程中起关键作用。

Sakamoto等(2001)利用玉米中*B*基因序列为探针，确定了控制水稻紫叶的Plw位点由*OsB*1和*OsB*2两个基因构成。其中，位于第4染色体上的*OsB*1与Hu等(1996)发现的*Ra*1

基因是同一个基因。Sweeney 等(2006)采用图位克隆的方法,成功克隆了控制水稻红色果皮的 *Rc* 基因。该基因位于水稻第 7 染色体上,同样是编码包含 bHLH 结构域的转录因子。Furukawa 等(2007)根据前人研究结果,利用水稻基因组注释系统(RiceGAAS)在水稻第 1 染色体上分离得到 *Rd* 基因。进一步研究发现,该基因编码花色苷生物合成过程中重要的二氢黄酮醇-4-还原酶(DFR)。

此外,王彩霞等(2007)将控制水稻种皮紫色的基因 *Pb* 精细定位在第 4 染色体 25 kb 的区间内,而在该区间内刚好存在同属 Myc 家族的 *Ra* 和 *bhlh*16 两个基因。对候选基因分析后认为,*Pb* 可能与 *Ra*1 为同一个基因。Cui 等(2007)将控制水稻棕色颖壳腹沟的抑制基因 *ibf* 精细定位在第 9 染色体 90 kb 的区间内,通过基因注释及 RT-PCR 分析,将编码包含 kelch 结构域的 F-box 蛋白的 *OsKF*1 作为 *ibf* 的候选基因。花色苷生物合成途径的调节被称为植物体内生化代谢途径调节的模式,因此,弄清模式作物水稻的花色苷生物合成的调控机理,对于研究其他植物花色苷合成途径以及改变植物花色、果色及植物营养成分都具有重要的指导意义。

在水稻不同组织的颜色构成中,除了花色苷以外,还存在如木质素等其他物质。花色苷代谢调控生成的物质导致水稻籽粒显现紫色或棕色甚至红色,除此之外,其他代谢途径的调控则能形成黑色和金黄色颖壳,已经克隆的黑壳及金黄色颖壳的基因列于表 12.8。

表 12.8　已克隆的黑壳及金黄色颖壳的基因

基因名称	编码产物	染色体	克隆方法	参考文献
*Phr*1	多酚氧化酶	4	图位克隆	Yu et al,2008
*BH*4	氨基酸转运蛋白	4	图位克隆	Zhu et al,2011
*GH*2	肉桂酸脱氢酶	2	图位克隆	Zhang et al,2006
*GH*1	CHI(查尔酮异构酶)	3	图位克隆	Hong et al,2012

李家洋实验室(Yu et al,2008)利用明恢 63(籼稻)与春江 06(粳稻)组配 F_2 群体,定位并克隆了一个编码多酚氧化酶的基因 *Phr*1。在籼稻和野生稻中,*Phr*1 具有功能,成熟的颖壳在酚处理后会变为黑色,而粳稻中该基因功能缺失,在酚处理后不会变黑。该基因与水稻的耐储特性有关。籼稻米在贮存过程中易发生褐变、品质降低,这一重要性状主要受水稻酚反应基因 *Phr*1 控制。对 *Phr*1 功能的系统深入研究,将有助于培育耐贮存的籼稻新品种。

韩斌实验室(Zhu et al,2011)利用普通野生稻 W1943(黑色颖壳)和广陆矮 4 号(黄色颖壳)构建群体,定位并克隆到控制野生稻黑色颖壳形成的基因 *BH*4。*BH*4 编码一个氨基酸转运蛋白,在栽培稻中的第 3 个外显子有 22 bp 的缺失导致基因的功能丧失,而使其颖壳颜色变为黄色。对基因的序列比对发现,在普通野生稻中保持的核苷酸多样性要高于栽培稻。MLHKA 分析表明,栽培稻中显著减少的核苷酸多样性可能是由人工选择引起的。作者认为在水稻驯化的过程中,黄色颖壳是一个受到选择的表型。

Zhang 等(2007)成功克隆了一个控制水稻木质素合成的基因 *GH*2,该基因编码一种肉桂酸脱氢酶,其突变会造成水稻颖壳和节间呈现金黄色。研究结果显示 *GH*2 编码的蛋白是水稻木质素生物合成过程中合成松柏醇和芥子醇前体的一个重要的多功能脱氢酶。该实验室 2012 年又克隆了另外一个控制颖壳和节间颜色的基因 *GH*1,该基因位于 3 号染色体,编码查尔酮异构酶,属于花青素合成途径中的一个关键的结构基因。突变体由于在启动子区域插入

一个 DaSheng 转座子而导致其表达受阻，最终颖壳和节间颜色为金黄色（Hong et al，2012）

12.2.8 控制水稻茎秆性状的基因

茎秆强度是一个非常重要的农艺性状，不仅在抵抗倒伏，增加粮食产量上有重要贡献，而且对于作物茎秆机械强度形成的分子机制的研究也有重要意义，同时对于水稻秸秆饲料利用也有重大影响。

适当提高水稻植株的硅含量，可以提高水稻基部节间的机械强度而提高植株的抗倒伏性，因提高硅在植株表面的沉积量而提高植株对病虫害的抗性，因减少蒸腾量和代谢而提高水稻产量；缺硅则导致水稻不能正常生长甚至死亡。目前水稻的硅含量研究主要集中在生理方向，从遗传方向研究的比较少，主要集中在茎秆强度相关性状的 QTL 定位方面。

关于控制茎秆强度的基因到目前为止已经报道过的有 10 余个（表 12.9）。Ma 等对控制水稻茎秆吸硅量的遗传因子做 QTL 分析，结果发现在水稻的 1、3、5 染色体上各发现一个控制水稻茎秆硅含量的 QTL。穆平等(2004)利用 DH 群体定位了控制水稻茎秆强度的 2 对上位性 QTLs，分别位于 1-10，5-12 染色体上，其贡献率分别为 24.01%和 36.45%。沈革志等(2002)对脆秆突变体 bcm58-1 进行分析，发现控制脆秆性状是由隐性单基因控制的。李家洋课题组(2003)成功分离克隆到控制纤维素合成基因 *bc*1，是调控次生细胞生物合成的重要基因，而次生细胞是支撑植株躯干的主要机械强度来源，并证明 *bc*1 是参与纤维素沉积的重要蛋白，该基因的缺失造成植物茎秆极脆易折断，但不倒伏。

表 12.9 水稻脆性基因的定位与克隆

脆性基因	位置	来源	功能	参考文献
*bc*2	chr. 5	—	—	Kinoshita et al，1995
*bc*4	chr. 6	—	—	Kinoshita et al，1995
*bcm*58-1	—	Ds 转座因子转化中花 11	—	沈革志等，2002
fr(*bc*7-*bc*8)	chr. 1/7	叠氮化钠处理 E532	—	李文丽和吴先军，2006
*dwb*1	chr. 9	农杆菌诱导 C418	—	于艳春和黄大年，2004
734	—	自然重组体	—	张上都等，2010
中脆 A	—	自然重组体	—	彭应财，2008，2010
*OsCesA*4*	chr. 1	Tos17 插入	纤维素合酶催化亚基	Katsuyuki Tanaka，2003
*OsCesA*7*	chr. 10	Tos17 插入	纤维素合酶催化亚基	Katsuyuki Tanaka，2003
*OsCesA*9*	chr. 1	Tos17 插入	是一个纤维素合酶催化亚基，参与纤维素的合成	Katsuyuki Tanaka，2003
*bc*14*	chr. 2	NE17 诱变	一个定位于高尔基体的转运蛋白，具有尿苷二磷酸-葡萄糖的转运活性	Zhou et al，2011

续表12.9

脆性基因	位置	来源	功能	参考文献
*bc1/fp1**	chr. 3	γ射线诱导双科早	编码一个“眼镜蛇”蛋白	钱前等，2001；Li et al. ，2003
*bc3**	chr. 2	粳稻背景	控制纤维素的合成，特别是次级细胞壁的构建	Kinoshita et al，1995；Ko Hirano et al，2010
*bc5**	chr. 2	粳稻背景	控制茎节次级细胞壁木质素的形成	Kinoshita T et al，1995；Tsutomu et al，2009
*bc10**	chr. 5	黄金晴自然突变株	编码一个高尔基附着型膜蛋白，具糖基转移酶作用	Zhou et al，2009
*bc12**	chr. 9	粳稻背景	编码一种肌动蛋白，控制细胞周期和细胞壁成分组成	Zhang et al，2010
*fc1**	chr. 4	T-DNA 插入	编码肉桂醇脱氢酶，在木质部表达，降低木质素的合成	Li et al，2009

注：* 表示已克隆。

12.2.9 水稻抗旱相关性状基因

全球水资源短缺现象愈来愈严重，而且水资源分布不均，已成为制约农业生产的主要限制因素之一。作物抗旱性是极为复杂的生物适应现象，受许多基因和环境的共同影响，充分挖掘利用栽培稻中的抗旱有利基因，提高作物抗旱能力，对于我国乃至世界粮食安全都具有十分重要的现实意义。

水、旱稻的抗旱性为复杂性状，是形态组织、生理生化等多种性状相互作用的综合表现，国内学者已对水稻抗旱相关性状进行了大量的研究，如干旱胁迫下的产量变化、生理生化、根系等性状。但由于遗传机制十分复杂，使得抗旱基因的发掘进展相对缓慢。

12.2.9.1 生理相关性状

植物在遇到干旱胁迫时体内会产生一系列的生理生化反应，调动自身防御胁迫系统，启动一系列与逆境有关的基因表达。生理生化变化在维持干旱胁迫下植物体内环境的稳定性方面有重要作用，是植物在长期进化过程中发展起来的对环境的适应性反应。与水稻抗旱相关的生理性状主要有渗透调节、叶片水势、叶片渗透势、群体冠层温度、叶片卷叶度、叶片相对含水量等，国内外科学家已对这些性状在水分或干旱胁迫下 QTL 进行了定位（表12.10）。Liley 等（1996，1997）利用重组自交系定位了 1 个控制水稻渗透调节基因（OA），5 个控制耐脱水的 QTL，其中 2 个与根系的 QTL 紧密连锁。Price 等（1997）利用 Azucena×Bala 的 F_2群体在第 1 染色体 RG20b-RZ14 区间检测到干旱环境卷叶度的 QTL。Tripathy 等（2000）利用 DH 群体研究胁迫下细胞膜稳定性的变化，发现细胞膜稳定性与叶片相对含水量没有显著相关，细胞膜的遗传力为 34%，并且在群体呈正态分布，说明其是多基因控制的数量性状。干旱环境在第 1、3、7、8、9、11 和 12 号染色体上检测出 9 个控制细胞膜稳定性的主效 QTL 和 4 个上位性互作 QTL。Courtois 等（2000）利用 DH 群体通过 2 年 3 个地点的试验，共发现 11 个控制叶片卷曲度的 QTL，10 个叶片干枯度的 QTL 和 11 个相对含水量的 QTL；Robin 等(2003)利用高世代回交群体在温室条件下对渗透调节基因进行定位，共在 1、2、3、4、5、7、8、和 10 染色体上发现 14 个 QTL，总共可解释 58%的表型变异。干旱胁迫下渗透调节能维持膨压，保持细胞持续生长，这些主效渗透调节基因的定位有利后续耐旱基因的克隆与分子辅助育种中的应用。

表 12.10　水稻生理抗旱相关性状 QTL 定位统计

研究者	群体	性状	QTL 数
Liley	RIL	渗透调节	1
		耐脱水	5
Price	F_2	卷叶度	1
Tripathy	DH	细胞膜稳定性	9
Courtois	DH	卷叶度	11
		叶片干枯度	10
		相对含水量	11
郭龙彪	DH	卷叶度、相对含水量、电导率	6
刘鸿艳	RIL	冠层温度、叶水势、结实率	44
赵秀琴	Ils	相对含水量	7
		叶水势	7
		渗透势	5
		卷叶度	5

郭龙彪等(2004)利用窄叶青 4 号和京系 17 的 DH 群体，分析水分胁迫下叶片卷叶度、相对含水量和电导率 3 个性状的表现，并进行 QTL 分析，共检测到 6 个 QTL 位点。刘鸿艳等(2005)在抗旱鉴定大棚内测定水稻珍汕 97B 和旱稻 IRAT109 重组自交系群体冠层温度、叶水势和结实率，QTL 分析检测到 44 个主效 QTL 和 45 对显著的互作位点与冠层温度、叶水势和结实率的表达有关，与已有的抗旱 QTL 定位结果比较，发现有 19 个主效 QTL 与已定位的抗旱 QTL 位于相同的或紧密相连的染色体区段。干旱环境下较高的光合速率和植株水分含量有助于提高或维持作物产量的稳定性，挖掘这些与耐旱性密切相关的分子标记有助于提高耐旱品种的选育效率。赵秀琴等(2008)利用已构建的特青和 Lemont 导入系群体，从中筛选 55 个材料对气孔导度、蒸腾速率、叶绿素含量和胞间 CO_2 浓度等影响植物光合作用的形态、生理性状进行 QTL 定位，共定位到 40 QTLs，分布在水稻染色体的 21 个区间；同时，还利用这套材料在 PVC 管中栽培，研究发现，植株水分相关性状(相对含水量、叶片水势、渗透势、卷叶度)均与籽粒产量显著相关。检测到 7 个相对含水量 QTL，7 个叶片水势 QTL，5 个渗透势 QTL 及 5 个卷叶 QTL。另检测到 5 个产量 QTL，7 个生物量 QTL。*QLwp5*、*QLr5*、*QRwc5*、*QY5* 和水分环境表现稳定的产量 QTL(*QGy5*)同时分布在 RM509 到 RM163 区域，并且效应方向一致，从遗传学角度解释了籽粒产量与水分相关性状之间的显著相关性。另外，*QLr5*、*QRwc5*、*QY5*、*QLr2*、*QLr7*、*QLr8*、*QLr9*、*QRwc3*、*QRwc4a*、*QRwc12* 及 *QY7* 等 11 个 QTL 曾在不同遗传背景群体中被检测到，它们控制相同目标性状。研

究认为 RM509 到 RM163 区域及 *QLr2*、*QLr7*、*QLr8*、*QLr9*、*QRwc3*、*QRwc4a*、*QRwc12* 和 *QY7* 所分布的染色体区域对水分环境或者遗传背景相对稳定，在水稻分子标记辅助选择(MAS)耐旱育种实践中有较重要利用价值。

叶片水势(LWP)是反映整个植株水势的一个重要指标。高叶片水势的保持被认为与耐脱水机制有关，是水稻避旱性的一个重要生理指标。曲延英等(2008)利用越富和 IRAT109 的 120 个重组自交系在水、旱田条件种植，于始穗期测量叶片凌晨水势和中午水势。结果表明，叶片水势在重组自交系间变异显著。相关性分析表明旱田中午叶片水势与抗旱系数及旱田单株产量呈极显著正相关，旱田叶片水势变化与抗旱系数及旱田单株产量呈极显著负相关，说明旱田中午叶片水势高且能保持凌晨基础叶片水势的品种更具抗旱性。共检测到 6 个叶片水势加性 QTL，其中旱田凌晨叶片水势 2 个，分别解释表型变异的 5.4%和 7.9%，旱田中午叶片水势 1 个，解释表型变异的 10.0%，旱田叶片水势变化 2 个，分别解释表型变异的 11.6%和 9.5%，水田叶片水势变化 1 个。共检测到 5 对上位性效应 QTL。抗旱系数共检测到 3 个加性 QTL 和 2 对上位性 QTL。叶片水势遗传力较低，田间直观选择效果差，利用分子标记对叶片水势进行辅助选择将会提高选择效率。

12.2.9.2 根系相关性状

水稻根系的研究包括根长、根深、根粗、根的分布密度、根重、根茎比、根系穿透力、拔根拉力、根的渗透调节等。根系性状多数都是数量性状，遗传机制复杂，根粗、根干重、根密度遗传力高，而拔根拉力和根数遗传力低。强壮发达的根系有利于干旱条件下植株水分的吸收。较高的根系渗透调节不但有利于土壤水分吸收，而且增加根系的生存能力和复原抗性的能力。改良植物根系对提高的抗旱性有重要作用，所以多数水稻抗旱性的 QTL 定位都涉及了根系相关性状的 QTL 分析(表 12.11)。Champoux 等(1995)首次利用 127 个 RFLP 标记对水稻根系的形态性状进行 QTL 定位研究；Ray 等(1996)用同一群体对水稻根的穿透力等根系性状进行 QTL 定位，发现 19 个 QTL 与总根数有关，6 个控制根穿透指数的 QTL；Yadav 等(1997)利用 DH 群体对旱种条件下控制根粗、最长根长、总根重、深根重和根冠比等性状的基因进行定位，发现根系性状的 QTL 相对集中分布在第 1、2、3、6、7、8 和 9 染色体上，单个 QTL 可以解释的表型变异为 4%～22%。每个性状都受 3～6 个位于不同染色体的 QTL 控制，发现一些主效的 QTL 同时控制多个根系性状。不同位点间的互作效应对根系的形成有重要作用，并且位点间的互作效应有可能会掩盖基因的加性效应，影响 QTL 的检测。

表 12.11 水稻根系抗旱相关性状 QTL 定位统计

研究者	群体	性状	QTL 数	时期
Champoux	RIL	根粗	18	苗期
		根茎比	16	苗期
		根干重	14	苗期
Price	F_2	最长根长	1	苗期
		根体积	1	苗期
		不定根粗	2	苗期
Lilly	RIL	渗透调节	1	出穗期

续表12.11

研究者	群体	性状	QTL 数	时期
		耐脱水性	5	出穗期
Ray	RIL	总根数	19	苗期
		根穿透指数	6	苗期
Yadav	DH	根系性状	43	苗期
徐吉臣	DH	根系性状	8	苗期
穆平	DH	根系性状	18	苗期
		渗透调节	13	抽穗期
YUE	RIL	产量、根系、卷叶等适应性性状	101	成熟期
Li	DH	根系、抗旱系数	56	成熟期
Qu	RIL	根系	170	5 个时期
Zhao	ILs	形态、生理性状	40	出穗期
Cui	RIL	根系	60	苗期

李自超课题组等(Li et al，2005)利用水、旱稻品种构建的 DH 群体、RIL 群体和渗入系在各种环境下对根系性状进行了大量、系统的研究。证明根基粗与抗旱性显著正相关，在水旱田环境下检测到控制根基粗和根数的 7 个加性效应位点，还发现了 4 个控制抗旱系数的 QTL；对这些根系性状的 QTL 与环境互作分析发现，互作效应在 1.1%～19.9%之间，环境对根系性状的影响比较大，发现了 5 个根系性状 QTL 集中分布区域。在根管培养条件下对分蘖期根数、根基粗、最长根长、根鲜重和根干重等根系性状进行研究，认为根基粗、最长根长与抗旱系数呈显著正相关，抗旱性强的材料根系性状表现为根基较粗、根系较长和根数较少等特点。还检测到控制 7 个根系性状的 18 个加性 QTL 和 18 对上位性 QTL，发现了一些贡献率较高、无环境互作的 QTL。控制最长根长的 1 对上位性 QTL *mrl3* 和 *mrl8* 对表型变异的贡献为 21.51%，控制根基粗的 1 对上位性 QTL *brt3* 和 *brt11a* 贡献率为 13.03%，控制根鲜重和根干重的 1 个加性和 1 对上位性 QTL 贡献率分别为 13.50%和 25.64%。共检测到 9 个加性 QTL 和 2 对上位性 QTL 存在环境互作，其中根基粗、最长根长没检测到环境互作 QTL。认为在旱稻育种中，应选择粗根、长根的根系类型为主，同时兼顾根重较大、根数适中等其他根系性状，QTL 聚合工作中要选择贡献率大，相对稳定的 QTL 位点(穆平等，2003)。2008 年又利用同样的两个水、旱稻品种越富和 IRAT109 构建了 RIL 群体，研究根基粗、根数等根系性状在苗期、分蘖期等 5 个时期的动态发育规律，并进行了 QTL 分析。发现 5 个时期根基粗都与最长根长有显著相关，而与根数不相关。最长根长只在苗期与根数相关。6 个根系相关性状在 5 个发育时期共检测到 84 个加性 QTL，86 对上位性 QTL，加性效应是控制根基粗、根数和最长根长的主要因素，而根鲜重、根干重和根体积主要由上位性效应所控制。发现 12 个加性 QTL 在不同时期都表达，还在第 9 染色体发现两个主效、稳定的 QTL 位点(*brt9a*，*brt9b*)(Qu et al，2008)。2008 年该课题组正利用这两个水、旱稻品种构建 600 多个系的渗入系群体，对其中的 400 多份材料进行详细的抗旱相关性状的表型鉴定和基因型分析，并筛选了各个相关性状的近等基因系，利用这些渗入系材料正在进行精细定位、图位克隆和聚合育种工作。相对其他性状来说，抗旱性遗传机制比较复杂，到目前为止还没有水稻抗旱相关性状基因图位克隆的报道。

12.2.10 水稻耐盐和耐冷基因

12.2.10.1 耐盐基因

在我国的现有耕地中，至少有 800 万 km^2 的土地由于不当的灌溉和施肥，导致土壤中盐分积累，不同程度地影响了作物的产量，通过遗传改良提高作物的耐盐性是解决这一农业问题的最有效途径之一。

Yeo 等(1990)研究了几种生理性状与耐盐植株的表型(即植株存活率为指标)之间的关系，结果表明，植株的活力指标(苗长、根长、地上部分鲜干重)与存活率有较强的相关性，地上部分 Na^+ 浓度越低，耐盐性越强，所以植株的活力、地上部分 Na^+ 浓度及植株的存活率可以作为耐盐指标。随着分子生物学的日益发展，很多研究人员利用分子标记对水稻耐盐性进行了 QTL 定位(表 12.12)，Zhang 等(1995)在 7 号染色体上检测到一个参与水稻耐盐的 QTL；Lin 等(1998)在 5 号染色体上只定位到一个对水稻幼苗存活天数有较小影响的 QTL；Gong 等(1999)以及 Prasad 等(2000)在 1 号和 6 号染色体上也分别定位到了与耐盐相关的 QTL。Koyama 等(2001)在水稻地上部分鉴定到了 5 个耐盐相关性状的 10 个 QTLs，即 1 个 Na^+ 及 3 个 K^+ 吸收的 QTL，2 个 Na^+ 及 2 个 K^+ 浓度的 QTL，还有 2 个 Na^+/K^+ 比率的 QTL。Lin 等(2004)在盐处理条件下鉴定到 3 个影响幼苗存活天数的 QTLs，分别位于 1、6 以及 7 号染色体；鉴定到 8 个与水稻耐盐相关生理性状的 QTLs，其中有两个效应大的 QTL，即与地上部分 Na^+ 浓度相关的 *qSNC7* 可以解释表型变异的 48.5%，与地上部分 K^+ 浓度相关的 *qSKC1* 可以解释表型变异的 40.1%。

表 12.12 水稻耐盐基因的定位克隆状况(liu et al,2004)

QTL 位点	染色体	实验材料	连锁标记
qSDS1	1	Non/Kos	C813,C86
qSKC1	1	Non/Kos	C1211,S2139
qRNTQ1	1	Non/Kos	C813,C86
qST1	1	Mil23/Gih	RZ569
qST3	3	Mil23/Gih	RG179,RG96,RZ598
qRKC4	4	Non/Kos	C891,C513
qSDS6	6	Non/Kos	C214,R2549
qSDS7	7	Non/Kos	R2401,L538T7
qSNC7	7	Non/Kos	C1057,R2401
qRKC7	7	Non/Kos	C1057,R2401
qSNTQ7	7	Non/Kos	C1057,R2401
qRKTQ7	7	Non/Kos	C1057,R2401
qRNC9	9	Non/Kos	R1751,R2638

林鸿宣研究小组(Ren et al, 2005)成功分离克隆了位于第一号染色体的耐盐基因 *SKC1*，

是中国科学家首次克隆到的第一个 QTL，也是世界上在植物中克隆的第一个耐盐 QTL，由 3 个外显子和 2 个内含子构成，该基因只在维管束中表达，主要集中在木质部周围的薄壁细胞中。其编码一个 *HKT* 家族的离子转运蛋白(554 个氨基酸)，专一性地运输 Na^+，不参与 K^+、Li^+ 等其他阳离子的运输。*SKC*1 在木质部周围的薄壁细胞中表达，盐胁迫时在根部的表达量显著提高而在地上部的表达没有变化。功能研究表明 *SKC*1 基因在水稻控制 K^+、Na^+ 从根部向地上部运输过程中起着重要作用。

12.2.10.2　耐冷基因

低温冷害是我国和世界上水稻生产主要的限制因子之一，水稻的耐冷性是由多个 QTL 控制的数量性状，发掘耐冷基因并应用于遗传育种对于抵抗自然冷害具有重要的理论和现实意义。水稻的耐冷性一般集中在发芽期、芽期、苗期和孕穗开花期 4 个时期。国内外国际上通常芽期耐冷性鉴定以发芽率为评价指标；苗期耐冷主要以秧苗的苗色、分蘖、生长量为评价指标；孕穗开花期以减数分裂期冷处理后的结实率或相对结实率为鉴定指标。

耐冷基因的遗传机制，主要集中在对水稻耐冷 QTL 的定位的研究上(表 12.13)。严长杰等(1999)利用籼稻品种南京 11 和粳稻品种巴利拉组合 F_1 花药培养获得的 DH 群体，在芽期进行耐冷基因定位，结果发现在第 7 染色体上 G379b 到 RG4 区间存在有与耐冷性有关的基因 *Cts*。

表 12.13　水稻耐冷基因的定位克隆状况

QTL 位点	染色体	定位群体	连锁标记	参考文献
qCTS12b	12	M202/IR50 UCD	RM247 -RM260	Li-z-k 等，2001
*ctb*1	4	JRGP Nip/Kas F_2	RG329-R634	Saito 等，2001
qCTB7	7	M202/IR50 UCD	RM82 -RM346	Andaya 等，2003
qCT-11	11	JNIAR Aki/Kosh DH	G235-C734	Takeuchi 等，2001
qCT-7	7	JNIAR Aki/Kosh DH	R3239-S14165	Takeuchi 等，2001
Cts	7	CNYU Naj11/Bal	C285	严长杰等，1999
*qCTB*12	12	M202/IR50 UCD	RM101 -RM277	Andaya 等，2003
*qCTS*8-1	8	M202/IR50 UCD	RM223 -RM264	Andaya 等，2003
qCT-1	1	JNIAR Aki/Kosh DH	S1515-R503	Takeuchi 等，2001
*qCTS*8-2*a*	8	M202/IR50 UCD	RM350 -RM230	Kashiwagi 等，2004
ctb-2	4	JRGP Nip/Kas F2	R738-S12119	Saito 等，2001
*qCTB*1	1	M202/IR50 UCD	RM220 -RM243	Andaya 等，2003
*qLTG*3-1*	3	回交自交系		Fujino 等，2009
Qctb7	7	近等基因系		周雷等，2010

注 * 表示已克隆。

钱前等(1999)利用 DH 群体，对在 6～10℃低温下的水稻苗期耐冷性进行 QTL 分析结果表明，在 1、2、3、4 染色体上分别检测到与苗期耐冷性有关的 4 个 QTLs。叶昌荣等(2001)利用 55 个 RFLP 探针对农林 20/冲腿组合 F_3 系统在 19℃冷水处理下进行孕穗期耐冷性 QTL 分析结果表明，其 QTL 主要分布在 1、3、4、5、6、7、8、10 和 12 染色体上，在 3 和 7 染色体上具有较大的 QTL。朱英国课题组(2005)利用重组自交系在第 3、7、11 号染色体上定位到了 3 个苗期耐冷主效 QTL。乔永利等(2005)利用密阳 23 和吉冷 1 号组配群体定位到了 3 个芽期耐冷 QTL，分别位于第 2、4 和第 7 染色体上。韩龙植等(2005)利用密阳 23 和吉冷 1 号组配群体，定位到与孕穗期耐冷相关的 5 个 QTL 位点，分别位于第 1、2、4、11 和 12 号染色体。万建民等(2007)利用 Asominori 和 IR24 组配重组自交系也定位到与芽期耐冷相关的 3 个 QTL，位于第 5 和第 12 号染色体上。罗利军等(2007)利用 DH 系在 1、2、8 号染色体上定位到了 5 个苗期的耐冷 QTL. 李自超等(Xu et al，2008)利用世界上最耐冷地方品种昆明小白谷和十和田组配近等基因系，在孕穗期定位了 4 个稳定的 QTL，位于第 1、4、5、10 号染色体上，精细定位和图位克隆正在进行当中。

在国际上，日本学者 Kato 等(2001，2004)也在 1、3、4、6、10、11 染色体上找到与水稻孕穗期耐冷性有关的 QTLs，并在第 4 染色体上将 *ctb*1 精细定位到了 56 kb 的区间内；之后 Saito 等(2010)进一步将 *ctb*1 定位到 17 kb 的范围内，其中包含两个候选基因，一个编码 F-box 蛋白，另一个编码丝氨酸/苏氨酸蛋白激酶。其中 F-box 蛋白基因主要在幼穗表达，丝氨酸/苏氨酸蛋白激酶基因在叶片和幼穗表达。从耐冷品种 Norin-PL8 中克隆到这两个基因，分别转进一个冷敏感的品种 Hokkai241 和一个冷敏感株系 BT4-74-8 中。通过考察冷水灌溉(19℃，25 cm)和冷气(12℃，4 d)处理的 T2、T3 转基因后代的结实率，获得了耐冷转基因植株，证明 F-box 蛋白基因是耐冷基因。耐冷性是和花药长度相关联的，转基因植株和对照相比花药长度较长。F-box 蛋白和一个 E3 泛素连接酶亚基 *Skp*1 互作，表明泛素-蛋白酶体途径可能参与了孕穗期的冷耐受过程。Fujino 等(2004)利用回交自交系定位了三个芽期耐冷 *qLTG*3-1、*qLTG*3-2 和 *qLTG*-4，并在 2008 年成功克隆到了 *qLTG*3-1，一个未知功能的蛋白，这是目前位置利用图位克隆方法得到的第一个水稻耐冷基因。Andaya 和 Mackill(2003)利用籼粳交重组自交系在第 1、2、3、5、6、7、9 和 12 号染色体上都定位到了孕穗期耐冷 QTL，在第 12 号染色体定位到一个苗期耐冷主效的 QTL *qCTS*12*a*. Virgilio 和 Thomas 在第 4 号染色体上精细定位了一个苗期耐冷的 QTL *qCTS*4(128 kb)。Makoto Kuroki 等(2007)在第 8 染色体发现一个贡献率 26.6%的孕穗期 QTL *qCTB*8，并且把它定位在 RM5647 到 PLA61 大约 193 kb 的区间内。

一些耐冷相关的基因用图位克隆以外的方法被克隆。Dubouzet 等(2003)用同源克隆的方法在水稻中找到了与拟南芥 DREB(CBF)转录因子家族基因家族同源的 5 个基因，即 *OsDREB*1*A*、*OsDREB*1*B*、*OsDREB*1*C*、*OsDREB*1*D* 和 *OsDREB*2*A*。CBF/DREB 转录因子低温条件下诱导的目的基因包括亲水、冷调节蛋白、LEA 蛋白、冷冻富积蛋白、过氧化物酶抑制子、烯醇化酶、半胱氨酸蛋白酶抑制子同源物和膜蛋白等至少 12 种基因。Junghe Hur 等(2004)在水稻中克隆了一个新基因 *OsP*5*CS*2，它编码脯氨酸合成关键酶吡咯羧化合成酶(P5CS)蛋白。脯氨酸、LEA(late embryogenesis abundant)蛋白和亲水多肽及可溶性糖等已被证明对植物的低温耐性起重要作用。Oliver 等(2005)在水稻中克隆了结合酸转化酶 *OSINV*4。水稻对低温最敏感的时期是与绒毡层活力最强(四分体到早期的单核时期)的时期一致。这个时期低温会导致花粉囊中蔗糖积累，伴随着细胞壁结合酸转化酶的活性下降和成熟花粉粒中的淀粉损耗。两个细胞壁 *OSINV*1、*OSINV*4 和一个液泡 *OSINV*2 基因的表达分析表明 *OSINV*4 具有花粉囊特异性，冷处理下调表达。在耐冷的水稻栽培品种中，低温胁迫 *OSINV*4 的表达不减少，花粉囊中蔗糖不积累，花粉粒的形成不受影响。Toshiyuki 等(2005)证明雄性不育恢复基因 *Rf*-1 能增强低温条件下杂交水稻的育性。Candida 等(2004)发现一个水稻中低温相关的转录因子 *Osmyb4*,它只受低温胁迫诱导,不受其他非生物胁迫和 ABA 诱导,瞬时表达证明 *myb4* 转录激活 *PAL2*、*ScD9*、*SAD* 和 *COR15a* 冷诱导启动子。通过测定膜或光合体系的稳定性,*Myb4* 超表达植株的耐冷性整体上有显著的提高。转基因植株中,*Myb4* 参与不同的低温诱导途径,说明 *Myb4* 在耐冷中起着控制开关的作用。

水稻耐冷是一个多途径多基因控制的复杂性状,尽管目前已经定位了一些 QTL,少数的基因用各种方法被克隆到。但是,要找到水稻耐冷相关的大部分控制基因,弄清水稻耐冷调控机制,还有待进一步深入地研究。

12.2.11 水稻抗病基因

纹枯病、稻瘟病和白叶枯病是水稻的三大病害,每年给全球水稻造成大量损失。这三大病害中,纹枯病通常被认为是数量性状,稀缺高抗基因。目前已有报道鉴定出抗纹枯病的主效 QTL 位点。稻瘟病和白叶枯病在水稻病害上研究的比较详细。

12.2.11.1 抗白叶枯病基因

植物抗病基因的克隆研究是当前研究植物抗病反应机制的热点,水稻白叶枯病抗病基因的克隆研究已经走在了抗病育种的前沿。截至目前,经国际注册确认和期刊报道的水稻白叶枯病抗性基因共 30 个(表 12.14),其中 *Xa22(t)*、*Xa26(t)*、*xa26(t)*、*Xa27(t)*、*xa28(t)*、*Xa29(t)* 和 3 个 *Xa25(t)* 为暂定名基因,有待订正(表 12.14)。在 30 个基因中,21 个为显性基因(*Xa*),9 个为隐性基因(*xa*);13 个表现全生育期抗性,15 个为成株期抗性,*Xa21* 和 *Xa25(t)* 两个基因在分蘖后期表达抗性。已被定位的抗性基因有 17 个,已经克隆的有 7 个基因,即 *Xa1*、*Xa4*、*Xa5*、*Xa21*、*Xa26*、*Xa27* 和 *Xa13*,上述基因均是用图位克隆的方法获得。其中除了 *Xa21* 和 *Xa27* 来源于野生稻,其他抗病基因都来源于栽培稻。

表 12.14 已鉴定的水稻抗白叶枯病基因

基因名称	原命名	所用菌株(小种)	代表品种	染色体	连锁标记
Xa1#		日本菌株 X-17	黄玉,Java14	4	C600(0 cM),XNpb235 (0 cM),$U08_{750}$(1.5 cM)
Xa2		X-17,X-14	Rantai Emas 2	4	XNpb197,XNpb235
*Xa3**	*Xa-w*	印尼菌株 T7174,T7147,T7133	早生爱国 3,Java14	11	XNbp181(2.3 cM),XNbp186,G181
	Xa4b	菲律宾菌株 PX061(1)	Semora Mangga		
	Xa6	菲律宾菌株 PX025(1)	Zenith		
	xa9	菲律宾菌株 PX061(1)	Sateng		
Xa4#		菲律宾菌株 PX025(1)	TKM-6,IR20,IR22	11	XNpb181(1.7 cM),XNpb78(1.7 cM) G181,M55

续表12.14

基因名称	原命名	所用菌株(小种)	代表品种	染色体	连锁标记
	Xa4a	菲律宾菌株 PX061(1)	Sigadis		
xa5#		菲律宾菌株 PX025(1)	DZ192, IR1545-339	5	RG556(<1 cM), RG207(<1 cM), RM122(0.7 cM), RM390(0.4 cM)
*Xa7**		菲律宾菌株 PX061(1)	DV85, DV86,DZ78	6	G1091(6.0 cM) AFLP31-10(3 cM)
*xa8**		菲律宾菌株 PX061(1)	PI231128	未定位	
Xa10		菲律宾 4 个小种	Cas209	11	$O07_{2000}$(5.3 cM)
*Xa11**	*Xa-pt*	印尼菌系 T7174	IR944-102-2-3	未定位	
*Xa12**	*Xa-kg*	印尼菌系 Xo-7306(V)	黄玉,Java14	4	
xa13		菲律宾小种 1,2,4,6	BJ1	5	9.7%-xa5
Xa14		菲律宾小种 3,5	TN1	4	RG620(20.1 cM)
*xa15**		日本小种 Ⅰ,Ⅱ,Ⅲ,Ⅳ	M41 诱变体	未定位	
*Xa16**		日本小种Ⅴ	Tetep	未定位	
*Xa17**		日本小种Ⅱ	阿苏稔	未定位	
Xa18 *		缅甸菌株	IR24,密阳 23,丰锦	未定位	
*xa19**		6 个菲律宾小种	IR24 的诱变体 XM5	未定位	
*xa20**		6 个菲律宾小种	IR24 的诱变体 XM6	未定位	
*Xa21****,#**		菲律宾小种 1,2,4,6	长药野生稻 (IR-BB-21)	11	RG103(0 cM),248
*Xa22(t)**			扎昌龙	11	CR543(7.1 cM), RZ536(10.7 cM)
Xa23		菲律宾小种 6	普通野生稻 (CBB23)	11	OSR6(5.4 cM) RM206(1.9 cM)
xa24(t)		菲律宾小种 1,2,4,6	DV85,DV86,Aus295	未定位	
*Xa25(t)***			小粒野生稻 78-15	未定位	
Xa25		菲律宾小种 9	明恢 63	12	G1314(7.3 cM)

续表12.14

基因名称	原命名	所用菌株(小种)	代表品种	染色体	连锁标记
*Xa*25(*t*)*		抗菲律宾小种 1,3,4 中国Ⅳ型菌	明恢 63 体细胞无性系突变体 HX3	未定位	
*xa*26(*t*)*		中抗菲律宾小种 1～3,抗菲律宾小种 5	Nep Bha Bong	未定位	
*Xa*26(*t*)#		中国菌株 JL691	明恢 63	11	RM224(0.21 cM)
*Xa*27(*t*)*,#		菲律宾小种 2,5	Arai Raj	6	M964(0 cM)
*xa*28(*t*)*		菲律宾小种 2	Lota sail	未定位	
*Xa*29(*t*)*		菲律宾小种 1	药用野生稻	1	

注:* 成熟期抗基因;** 分蘖后期表达抗性;# 已克隆。

Sakaguchi 在“黄玉”(kogyoku)中发现了高抗日本生理小种 T1 的抗病 *Xa*1,并初步定位在水稻第 4 好染色体上。随后 Yoshimura 等(1998)进一步将 *Xa*1 基因分离克隆。*Xa*1 基因的 cDNA 全长 5 910 bp,由 4 个外显子和 3 个内含子组成,*Xa*1 的产物在防御反应一信号传递途径中与其他蛋白相互作用接收和传递信号。另外,*Xa*1 基因的表达是诱导型的,它受水稻白叶枯病病原菌的诱导而表达。

1977 年在水稻品种“DZ192”中发现了隐性抗白叶枯病的基因 *xa*5,对菲律宾生理小种 1、2、3、5 具有抗性。在中国和日本科学家的努力下,利用扩大研究群体对基因所在区域继续进行重组事件的分析,经过测序分析,最终将该基因克隆。*xa*5 基因由 106 个氨基酸组成,编码产物为 39 位氨基酸发生突变的转录因子ⅡA 的 γ 小亚基。显性基因或隐性基因的转录不受该突变的影响,为组成型表达。

*Xa*26 基因是从中国水稻品种“明恢 63”中发现的,对中国菌系 JL691 具有抗性,随后 Sun 等(2004)将其克隆。研究结果表明 *Xa*26 基因产物为受体激酶类抗病基因。*Xa*26 基因的表达属于组成型表达,病原菌接种后不影响转录水平上的表达强度。*Xa*26 基因属于相同类的几个基因串联重复。

*Xa*4 基因是以图位克隆法从水稻近等基因系“IRBB4”中分离克隆的,该基因也编码 LRR 受体激酶类蛋白质,*Xa*4 和 *Xa*26 属于同一个基因家族的不同成员。抗性分析发现籼稻品种“特青”和“93-11”与“IRBB4”的抗谱相同。

*xa*13 基因为隐性抗病基因,来源于水稻品种 BJ1,对菲律宾小种 P6 具有抗性。经过多位科学家的努力,将其克隆(Sun,2004; Chu,2006a)。*xa*13 基因由 5 个外显子组成,编码 307 个氨基酸,是一类新型的抗病基因。

12.2.11.2 抗稻瘟病基因

20 世纪 60 年代中期,日本率先开展了水稻品种抗稻瘟病基因分析的研究工作,鉴定了最初的 8 个抗性位点上的 14 个基因,并建立了一套抗稻瘟病基因分析用的鉴别体系(Japanese differential cultivars,JDCs),随后,菲律宾和中国也分别建立近等基因系,用于开展稻瘟病抗性基因的遗传研究工作,截至 2007 年 12 月,至少 55 个抗稻瘟病位点共 63 个主效基因已通过国际注册确认或期刊报道(表 12.15),且成簇分布于除第 3 染色体外的各染色体,其中,62 个为显性基因(*Pi*),1个为隐性基因(*pi*),包括 *Pi-b*、*Pi-ta*、*Pi-z5*、*Pi-zt*、*Pi-9* 和 *Pi-d2* 等6个已被克隆基因(全部采用图位克隆获得,*Pi-z5*、*Pi-zt* 和*Pi-9* 同为 *Pi-z* 基因位点上的复等位基因)。

表 12.15 截至2011年已定位的重要主效稻瘟抗性基因

基因	所用菌株(小种)	代表品种	染色体	连锁标记	作者及时间
Pi-a	B90002	Aichi Asahi	11		曾晓珊等,2011
Pi-f		Chugoku 31-1	11		Toriyama et al,1972
Pi-i (*Pi-3*,*Pi-5*)	PO6-6,PO3-82-51	Tetep	9	S04G03与C1454之间的170 kb内	Mackill et al,1992
Pi-k	PO6-6,Ca89 等	Kusabue	11	R543(2.0 cM)	Kiyosawa et al,1992
	V850196	Shin 2	11		
	PO6-6,Ca89 等	IR24 K60K3	11		
	PO6-6,Ca89 等	Tsuyuake	11		
	PO6-6,Ca89 等		11		
Pi-sh	Kyu77-07A	Shin-2	1	与 *pi-t* 连锁	Tokio Imbe et al,1985
Pi-t	V86010	K59	1		Keiko Hayashi et al,2009
Pi-ta	IK81-3,IK81-25 等	Pai-kan-tao	12	RG241(5.2 cM),	Inukai et al,1996
	IK81-3,IK81-25 等	Pi No. 4	12	RZ397(3.3 cM)	
				XNpb 088(0.7 cM)	
Pi-z	IE-1k IK81-3,	Fukunishiki	6	MRG5836(2.9 cM)	Iinukai et al,1992
	IK81-25 等	A5173	6	RZ612(7.2 cM)	
	XIK81-25,	Toride 1	6	RG64(2.1 cM)	
	PO6-6 等 PO6-6	75-1-127	6		
Pi-d1(t)	ZB13	地谷	2	G1314A(1.2 cM),G45(10.6 cM)	Xuewei Chen et al,2006
Pi-1	IK81-3,PO6-6 等	LAC	11	RZ536(7.9cM),Npb181(3.5 cM)	Jinbin Li et al,2012
Pi-6	/	Apura	12	RG869-RG397	Causse et al,1994
Pi-7	/	Moroberekan	11	RG103A-RG16	Inukai et al,1996
Pi-8	日本小种007.0等	Kasalath	6	与基因 *Amp-3* 和 *Pgi-2* 连锁	Qinghua Pan et al,1996
Pi-10(t)	菲律宾小种106	Tongil	5	RRF6(3.8 cM),RRH18(2.9 cM)	Naweed et al,1996
Pi-11 (*Pi-zh*)	中10-8-1,研54-04	窄叶青8号	8	BP127A(14.9 cM)	Lei Cailin et al,1997

续表12.15

基因	所用菌株（小种）	代表品种	染色体	连锁标记	作者及时间
Pi-12(*t*)		Moroberekan	11		Inukai et al，1996
Pi-13	/	Maowangu	6	与基因 *Amp*-3 连锁	Pan et al,1998
Pi-14	/	Maowangu	2	与基因 *Amp*-1 连锁	Pan et al,1998
Pi-15(*t*)	CHL0416 等	GA25	9	BAPi15h486(0.35 cM)	Lin et al,2007
Pi-16(*t*)	日本小种 007.0 等	Aus373	2	与基因 *Amp*-1 连锁	Pan et al,1998
Pi-17(*t*)	/	DJ123	7	与基因 *Est*9 连锁	Pan et al,1996
Pi-18	KI-313	Suweon 365	11	RZ536(5.4 cM)	Sang-Nag Ahn et al,2000
Pi-19	CHNO58-3-1	Aichi Asahi	12	跟 *Pi*-*ta*2 紧密连锁或 4 位	Hiroshi Tsunematsu et al,2000
Pi-20	BN111	IR24	12	XNph88(1.0 cM)	Imbe,1997
pi-21	/	Owarihatamochi	4	G271(5.0 cM),G317(8.5 cM)	Nagao Hayashi et al,1998
Pi-21(*t*)	KJ-101	Suweon 365	12	RG869	
Pi-22(*t*)	KJ-201	Suweon 365	6	可能与 *Pi*-2 等位	Nagao Hayashi et al,1998
Pi-23(*t*)		Suweon 365	5		
Pi-24	92-183(ZC15)	中 156	12	RG241A(0 cM)	Zhuang et al,2004
Pi-25	92-183(ZC15)	谷梅 2 号	6	A7(1.7 cM),RG456(1.5 cM)	Chen et al,2011
Pi-26	Ca89	谷梅 2 号	6	B10(5.7 cM),R674(25.8 cM)	Wu et al,2005
Pi-27(*t*)	CHL0335 等	Q14	1	RM151(12.1 cM),RM259(9.8 cM)	Menglan et al,2004
Pi-33	PH14,PH19 等	IR64		Y2643L(0.9 cM),M72(0.7 cM)	Berruyer et al,2003
Pi-34	/	Chubu 32	11	C1172-C30038	Zenbayashi et al,2002
Pi-35(*t*)	/	Hokkai 188	1	RM1216- RM1003	Nguyen et al,2006
Pi-36(*t*)	CHL39	Q61	8	RM5647-CRG2	Xin et al,2011
Pi-37(*t*)	CHL1405 等	St. No. 1	1	RM543(0.7 cM),RM319(1.6 cM)	Fei Lin et al,2007
Pi-44(*t*)	C9240-1 等	Moroberekan	11	AF349(3.3 cM)	Chen et al,1999
Pi-62(*t*)		Yashiro-mochi	12		Wu et al,1996

续表12.15

基因	所用菌株（小种）	代表品种	染色体	连锁标记	作者及时间
Pi-157(t)		Moroberekan	12		Naweed et al,1996
*Pb*1	/	Modan	11	C189(1.2 cM)	Nagao Hayashi et al, 2010
Pi-CO39(t)	6082	CO39	11	S2712 (1.0 cM)	Chauhan et al,2002
*Pi-h-*1(*t*)	ZB1	红脚占	12	RG869(5.1 cM)	郑康乐等,1995
*Pi-tq*1	IB-54, IG-1	特青	6	C236-RG653	Tabien et al,2000
*Pi-tq*5	IB-54	特青	2	RG520-RZ446b	Tabien et al,2000
*Pi-tq*6	IG-1	特青	12	RG869-RZ397	Tabien et al,2000
*Pi-lm*2	IC-17, IB-49	Lemont	11	R4-RZ536	Tabien et al,2000
Pi-GD-1(*t*)	PO6-6	三黄占 2 号	8	XLRfr-8(3.6 cM)	伍尚忠等,2004
Pi-GD-2(*t*)	PO6-6	三黄占 2 号	10	r16(3.9 cM)	伍尚忠等,2004
Pi-GD-3(*t*)	PO6-6	三黄占 2 号	12	RM179(4.8 cM)	伍尚忠等,2004
Pi-g(t)	Ken53-33	Guangchang-zhan	2	RM166(4.0 cM), RM208(6.3 cM)	Zhou et al,2004
Pi-gm(t)	CH109, CH199 等	谷梅 4 号	6	C5483-C0428	Yiwen Deng et al,2006
Pi-y(t)	四川-43 菌系	云引	11	RM202(3.8 cM)	张建福等,2003
Pi-b#	BN209	IR24, BL1	2		Masaru Miyamot et al,1996
*Pi-d*2#	ZB15	地谷	6	RM527(3.2 cM), RM3(3.4 cM)	陈德西等,2010

注：# 为已克隆基因。

Pi-b 是第一个被克隆的抗稻瘟病基因(Wang et al,1999)，编码 1 251 个氨基酸，其氨基酸末端包含一个核苷酸结合位点(NBS 结构)，羧基末端包含 17 个富亮氨酸重复(LRR)，属于 *NBS-LRR* 抗病基因族成员，受温度和黑暗条件的诱导表达。*Pi-ta* 是一个编码 928 个氨基酸的细胞质膜受体蛋白，含 NBS 结构和富亮氨酸 LRD 结构域，抗病基因 *Pi-ta* 与感病基因 *pi-ta* 仅有一个氨基酸的差异，其抗病机制是 *Pi-ta* 基因的编码产物能与稻瘟病菌的无毒基因 *AVR-Pita* 表达产物相互作用引发抗病反应(Gregory et al,2000)。*Pi-*9 是已克隆的抗谱最广的基因(Qu et al,2006)，也是一个具 NBS-LRR 结构的抗性基因，它和 *Pi-*2、*Pizt* 是复等位基因，*Pi-*2 和 *Pizt* 仅有 8 个氨基酸的差异。*Pid*2 是一个编码 825 个氨基酸的蛋白激酶，其氨基端含有 B-lectin 结构域，羧基端是一个典型的丝氨酸/苏氨酸激酶结构域(STK)，属于新的抗病基因类型，其抗感差异也是一个单碱基突变造成的。

12.3 基于水稻种质资源关联分析的基因发掘

关联分析在人类主要疾病的研究上已经获得了很多重要成果，不但确证了之前找到的候选基因，而且发掘了许多之前未知的新的疾病相关位点。随着基因组学技术和统计方法的快速发展，关联分析已经在许多植物物种中开展起来。与传统的连锁作图不同的是，关联分析指向的是更广泛的种质资源，从中寻找有功能的变异。由于可以在多个个体中控制杂交和设置多个重复，在植物中进行关联分析较之在人类和动物中开展可能更有优势。

12.3.1 关联分析的基础——连锁不平衡

关联分析（association analysis），又称连锁不平衡分析（LD analysis）或关联作图（association mapping），是利用不同基因座等位变异（基因）间的连锁不平衡关系，进行群体内目标性状与标记的相关性分析，以达到鉴定目标性状基因的目的。与 QTL 作图相比，关联分析有以下优点：①周期短。关联分析利用的是自然群体，构建群体不需要控制材料的交配方式。构建常规 QTL 作图群体时需要控制实验群体的交配方式，通常需要 2 年时间或更长，特别是构建精细定位的次级群体可能会耗时数年。②广度大。关联分析所用群体有更为广泛的遗传基础，可同时对同一基因座的多个等位基因进行分析，而绝大部分常规 QTL 作图所用群体通常为两亲本杂交重组后代，其基因座一般只涉及 2 个等位基因。③关联分析作图定位更为精确，可以达到单基因水平。关联分析利用的是自然群体在长期进化过程中所累积的重组信息，因此具有更高的分辨率，可实现对 QTL 的精细定位，甚至可直接定位到基因本身；常规 QTL 作图则受重组发生率的影响，一般分辨率较低，通常初级群体能够将基因定位到 10～30 cM 的基因组区间内，次级群体可将基因定位到 1 cM 区段内（Doerge et al，2002）。

12.3.1.1 连锁不平衡的遗传学意义

连锁不平衡（linkage disequilibrium，LD）亦称为配子相不平衡（gametic phase disequilibrium）、配子不平衡（gametic disequilibrium）或等位基因关联（allelic association），是生物群体在自然选择过程中出现的一种现象。指的是群体内不同位点上基因间的非随机性关联，它既包括染色体内的连锁不平衡，又包括染色体间的连锁不平衡，在关联分析中利用的是染色体内的连锁不平衡（Flint-Garcia et al，2005），主要指同一染色体上位点间紧密连锁或其他原因，使同一配子中某些等位基因的组合可能增加（表 12.16）。

连锁不平衡并不等同于遗传连锁，它们之间既有联系又有区别：遗传连锁考虑的是两位点间的重组率是否等于 0.5，一般来说，同一染色体上的任何两位点间都存在一定的连锁关系。连锁不平衡考虑的是不同位点上基因之间的相关性，只要一个基因座上的特定等位变异与另一基因座上的某等位变异同时出现的几率大于群体中随机组合几率，就称这两个等位基因处于连锁不平衡状态；当然，当两位点间处于紧密连锁状态时，其等位基因间可能存在较强的连锁不平衡关系。以人类疾病研究为例，假如 A 位点代表易感基因，B 位点代表遗传标记，如两者处于连锁不平衡，患者中遗传标记的频率将高于对照组人群。一旦在人群进化的某个阶段形成特定位置基因的连锁不平衡,由于致病基因与被研究遗传标记间的紧密连锁,连锁不平衡状态可以持续观察到很多代。由于遗传漂变和选择产生的不平衡在不连锁的基因座之间消失很快,而紧密连锁基因座之间的连锁不平衡消失得很慢,因而研究一个遗传标记与目标性状相关基因座之间的连锁不平衡将有助于目标基因的精细定位。

表 12.16 配子体频率

		基因座 B		合计
		B	b	
基因座 A	A	P_{AB}	P_{Ab}	P_A
	a	P_{aB}	P_{ab}	P_a
合计		P_B	P_b	1.0

连锁平衡状态:距离较远的两位点基因型频率的期望值为

$P_{AB} = P_A P_B$

$P_{Ab} = P_A P_b = P_A(1-P_B)$

$P_{aB} = P_a P_B = (1-P_A)P_B$

$P_{ab} = P_a P_b = (1-P_A)(1-P_B)$

连锁不平衡状态:紧密连锁的两位点基因型频率不等于连锁平衡状态下的期望值

$P_{AB} \neq P_A P_B$ 且 $P_{AB} > P_A P_B$

$P_{Ab} \neq P_A P_b = P_A(1-P_B)$

$P_{aB} \neq P_a P_B = (1-P_A)P_B$

$P_{ab} \neq P_a P_b = (1-P_A)(1-P_B)$

11.3.1.2 连锁不平衡的度量

LD 水平的统计量主要有:

(1)不平衡系数 $D = X_{11} - p_1 q_1$

$$D' = \begin{cases} D/\min(p_1 q_2, p_2 q_1) & D \geq 0 \\ D/\min(p_1 q_1, p_2 q_2) & D < 0 \end{cases}$$

(2)相关系数 $r = \dfrac{v}{\sqrt{p_1 p_2 q_1 q_2}}$

表 12.17 配子体型频率

配子体型	实测频率
A_1B_1	X_{11}
A_1B_2	X_{12}
A_2B_1	X_{21}
A_2B_2	X_{22}

表 12.18 配子频率

配子	频率
A_1	$p_1 = X_{11} + X_{12}$
A_2	$p_2 = X_{21} + X_{22}$
B_1	$q_1 = X_{11} + X_{21}$
B_2	$q_2 = X_{12} + X_{22}$

表 12.19　连锁不平衡状态下的配子体型频率

	A_1	A_2	合计
B_1	$x_{11}=p_1q_1+D$	$x_{21}=p_2q_1-D$	q_1
B_2	$x_{12}=p_1q_2-D$	$x_{22}=p_2q_2+D$	q_2
合计	p_1	p_2	1

注：$D\neq0$ 表示 A&B 两位点连锁不平衡；$D=0$ 表示 A&B 两位点连锁平衡。

所有 LD 统计的是实际观测到的单倍型频率与随机分离时期望单倍型频率之间的差异 D（参数详见表 12.17 至表 12.19）。LD 的度量依研究基因座的性质和数目而异。在实际应用中，经常计算的是两个等位基因两位点间的 LD 水平。对于只有两个等位基因的位点如 SNP (single nucleotide polymorphisms) 和 AFLP(amplified fragment length polymorphism)，通常用 r^2(squared allele-frequency correlation) 和 D'(standardized disequilibrium coefficients) 来估计两个座位之间的 LD 水平，r^2 和 D' 的取值范围介于 0～1 之间。D' 和 r^2 反映了 LD 的不同方面，D' 仅包括样本的重组史，敏感度较高，是与频率无关的一种度量。$|D'|=1$，表示两个座位间没有发生重组，但等位基因频率不相同，群体内只能同时出现 3 种单倍型类型，此时 D' 反映了最近一次突变发生后突变位点与临近多态性位点的关系，处于完全连锁不平衡。$|D'|<1$，表示两座位之间发生重组，群体中可以同时观测到 4 种单倍型，但是 D' 很难清楚地解释群体内两基因座位间的关系(Zondervan and Cardon，2004)，D' 依赖于样品量的大小，当 $|D'|<1$ 的时候，D' 究竟能表征多大程度的连锁不平衡，是很难做出准确判断的，如果样品量太小，D' 值的实际含义很容易被夸大，尤其当某个位点的其中一个等位基因频率很低的时候，虽然有较高的 D' 值，但实际上是连锁不平衡程度很低的情况(Ardlie et al，2002)。因此，D' 不适宜研究较小样本。与之相比，r^2 包括了样本的重组史和突变史，是一个和频率有关的度量，而且 r^2 还可以提供标记是否能与 QTL 相关的信息，因此 LD 作图中通常采用 r^2 来表示群体的 LD 水平。$r^2<1$ 说明两个位点间发生过重组，当 $r^2=1$ 表示两个座位没有被重组分开，且等位基因频率相等，群体内只能出现两种单倍型，这时只观察一个座位即可提供另一座位的全部信息(William et al，2006)。对于具有大量标记的基因组某区域内 LD 的分布状况，通常用 LD 衰退图和 LD 矩阵两种形象化的方式来表示。LD 衰退图以位点间的 LD 对遗传距离作图来表示一个区域内的 LD 分布情况，同时也便于比较不同物种中的 LD 水平。目前在描述染色体中 LD 的衰减距离一般为 $r^2=0.1$ 或 $D'=0.5$ 时在染色体上的遗传距离(Zondervan and Cardon，2004)。LD 矩阵是某基因内或某染色体上多态性位点间 LD 的线性排列。另外，也可以通过对该区域内反映两位点间 LD 水平的 r^2 或 D' 的均值来表示该区域内的 LD 水平。

12.3.1.3　影响 LD 的因素以及连锁不平衡的衰减

造成连锁不平衡的原因有多种。通常，在随机匹配群体中，若没有选择、突变或迁移等因素的影响，多态性位点都处于连锁平衡状态。LD 是由突变产生的多态性形成的，而重组则削弱染色体内部的 LD 水平，由此可见，突变和重组是影响 LD 的重要因素(Nachman et al，2002)。除此之外，其他生物和历史因素也影响 LD 的程度和分布。如随机遗传漂变，始祖效应(found effect)选择驯化和种群的混合等。对自交物种来说(如水稻、拟南芥等)，绝大多数个体为纯合子，虽然重组仍然发生，但其有效重组率较低，最终导致这些自交作物的 LD 程度高(Nordborg et al,2002)。与自交作物相比,异交物种(如玉米)有效重组率高,重组导致连锁的位点彼此独立存在,从而削弱了染色体内部的 LD,因此异交物种中的 LD 衰减迅速(表 12.20)。

表 12.20　不同植物中的 LD 衰减距离

物种	自交系统	LD 衰减距离	参考文献
玉米 Maize	异交 Outcrossing	0.4～1 kb	Tenaillon et al, 2001
(*Zea mays L.*)		0.5～0.7 kb	Remington et al, 2001
			Ching et al, 2002
			Palaisa et al, 2003
		>100 kb	Jung et al, 2004
拟南芥	自交 Selfing	250 kb	Hagenblad et al, 2002
			Nordborg et al, 2002
		50 kb	Nordborg et al, 2005
水稻	自交 Selfing	>100 kb	Garris et al, 2003
		20～30 cM	Agrama et al, 2007
			Rakshit et al, 2007
		40～500 kb	Mather et al, 2007
		50 cM	Jin et al, 2009
		100～200 kb	mHuang et al, 2010

LD 一个明显的特征是群体依赖性,LD 作图选择的群体不同,其 LD 水平也显著不同,即使是来自同一个物种的不同群体,其 LD 特性可能也有明显的不同。多样性较高的群体包括更多来源不同的个体,其 LD 水平较低;而当所用群体有限时,其 LD 将维持在一个较高水平(Nordborg et al,2002)。如玉米农家种在 600 bp 范围内存在 LD 衰减,具有广泛变异的玉米自交系在 2 kb 范围内存在 LD 衰减,而骨干自交系可在 100 kb 范围内存在 LD 衰减。来源广泛的水稻籼稻品种在 $r^2=0.25$ 时 LD 衰减距离是 123 kb,粳稻品种在 $r^2=0.28$ 时的 LD 衰减距离则为 167 kb (Huang et al,2010)。

平衡选择能增加多态性的水平,降低群体的 LD 程度。正向选择和驯化则可增加物种的 LD 水平:对特定等位基因的强烈选择限制了该基因座周围的遗传多样性,因此导致所选择基因周围区域的 LD 水平增加(Przeworski, 2002)。一个显著的例子是玉米基因组中的 *Y1* 位点,玉米有黄色和白色两种胚乳,黄色胚乳因含有较高的类胡萝卜素使得育种家对其进行选择。*Y1* 的上调作用使黄色胚乳类胡萝卜素含量大大提高,对不同颜色胚乳品种该位点的序列分析发现,由于选择的作用,黄色胚乳等位基因 *Y1* 毗邻 500 kb 的范围内多样性均降低(Palaisa et al,2003)。

自然进化和人为介入可改变某些物种的杂交类型,如栽培大豆的异交率为 1%,而其祖先的异交率高达 13%,异交率的改变影响着群体 LD 的水平。对于亚洲栽培稻和其祖先普通野生稻,两者之间不同的异交率和重组率,与两者之间的不同的 LD 衰减程度基本一致(Mather et al,2007)。

遗传漂变也是影响 LD 的因素之一,遗传漂变会导致一个等位基因的固定或丢失,成为某个等位基因的纯合子,一般认为在小而稳定的群体中遗传漂变会增加 LD。此外,染色体位置也会影响 LD 程度,不同染色体位置的 LD 程度不同,一般位于染色体着丝粒附近的区域,重组率低,LD 水平高;而位于染色体臂上的区域重组率相对较高,LD 程度就较低。例如位于玉米 4 号染色体着丝粒附近的 *su1* 基因的 LD 的衰减距离超过 10 kb。

12.3.1.4 不同分子标记对 LD 估算的差异

双等位共显性标记(主要是 SNP)最适合用来对 LD 进行量化。近几年在人类、动物及植物群体中大量开发的多等位型简单重复序列(SSR)也适用于此。显性标记如 AFLP 或者 RAPD 等由于通常会导致偏差,因此很少用来计算 LD,目前主要在一些树木和某些基因组信息有限的物种中采用。另外,用多等位型 SSR 标记对来源广泛、有复杂的亲缘关系并缺少历史家系的多倍体物种进行基因型分析时,弄清各条带等位基因的关系是一个难点。采用显性标记对植物的自然群体进行 LD 分析和以全基因组 LD 为基础的关联分析仍有许多报道,这些成功的例子表明显性标记在揭示单倍型关联中具有可行性。显性标记由于缺少杂合子信息而相对于共显性标记会降低统计效力,研究表明当对大量位点进行基因型分析时,共显性标记可成功运用到基于 Baysian 方法对群体进行聚类和分组,同时对估算个体亲缘关系也是有用的工具(Hollingsworth et al,2004)。

12.3.2 关联分析的策略

一直以来,关联分析广泛应用于医学领域研究,由于群体结构等因素限制了其在植物界的作用,自从在玉米开花期研究中突破了植物群体结构的限制(Thornsberry et al,2001),已经有大量其他植物进行关联分析的成功报道。人们根据扫描范围,将关联分析分为全基因组途径和候选基因途径两种。前者基于标记水平,通过对引起表型变异的突变位点进行全基因组扫描来实现,一般不涉及候选基因的预测。后者基于序列水平,通过统计分析在基因水平上将那些对目标性状有正向贡献的等位基因从种质资源中挖掘出来,一般涉及候选基因的功能预测。对于具有高度 LD 水平的群体而言,全基因组扫描是最好的关联分析方法,因为采用这种方法可以减少所需标记的数量,而较低 LD 水平的群体宜采用基于候选基因检测的高分辨率作图方法。

12.3.2.1 全基因组关联分析

全基因组关联分析是利用标记与 QTL 等位基因间的 LD 来定位 QTL,当选取的标记数量多到足以覆盖全基因组片段时,即可定位到所有影响表型的 QTL。全基因组扫描方法所需标记的数目取决于物种的基因组大小和 LD 水平。物种基因组大小相同时,LD 衰减速度慢的物种所需标记少,但由于标记与目标基因在物理距离较远的情况下亦可出现高的 LD,故其定位精度比衰减速度快的物种低。鉴于物种的基因组碱基序列通常数以千万计甚至更多,全基因组扫描所需检测标记数量极为庞大。据估计,要保证对绝大部分重要的基因实现作图,人类约需要检测 70 000 个标记,玉米地方品种群体则需 750 000 个,优良玉米自交系群体的 LD 衰减速度慢,约需 50 000 个,基因组较小且 LD 衰减速度较慢的拟南芥约需 2 000 个标记(Flint-Garcia et al,2005)。因此,目前全基因组扫描方法仅应用于基因组信息丰度较高且标记易于获得的物种。LD较高的物种或群体，应用较少的标记即可实现全基因组扫描。自花授粉的物种，经历瓶颈效应和强烈人工选择的群体仅包含所有群体中少部分的等位基因，故可利用全基因组扫描法进行分析(Hastbacka et al,1992)。在植物研究中，亦可采取此法对F_2代分离群体进行全基因组扫描。由于F_2代分离群体亲缘关系极高且LD水平很高，因此，应用少量标记即可实现对群体的全基因组扫描。另外，鉴于每个位点只有2个等位基因，统计分析等位基因的效应和等位基因之间的上位性比采用自然群体功效更高(Flint-Garcia et al,2005)。

12.3.2.2 候选基因的关联分析

有些基因对表型有决定性的影响，这种基因被认为是主效基因或质量性状基因。有时主效基因单个碱基的差异亦可决定表型。因此，对可能影响表型性状的基因组部分区段进行关联分析，不需要过多的基因型分析工作即可定位目的基因，这种策略称为基于候选基因的关联分析。应用全基因组扫描方式研究LD衰减速度快的物种时，标记与QTL处于LD状态的概率较低，定位到目标基因的几率很小，因此，采用候选基因法对这类物种进行研究更为有效。此外，利用候选基因关联分析法可鉴定到位于该区段中影响表型的多态性，并可估计其效应，因此应用候选基因关联分析可对特定基因的等位变异是否控制目标性状进行验证，进而挖掘出优异的等位基因(Flint-Garcia et al,2005)。候选基因法所需标记数量较少且成本较低，并可对目的基因进行功能鉴定，因而在植物遗传学研究中较为常用。为了提高候选基因关联分析的目的性和效率，选择候选基因(特别是关键生理生化途径中的重要功能基因、前期QTL研究定位区域所含的基因和近缘物种研究中表明效应较大的同源基因)时，往往需要利用基因组测序、比较基因组学、转录组学、QTL和反向遗传学研究所提供的信息。

关联分析的步骤如图12.9所示。

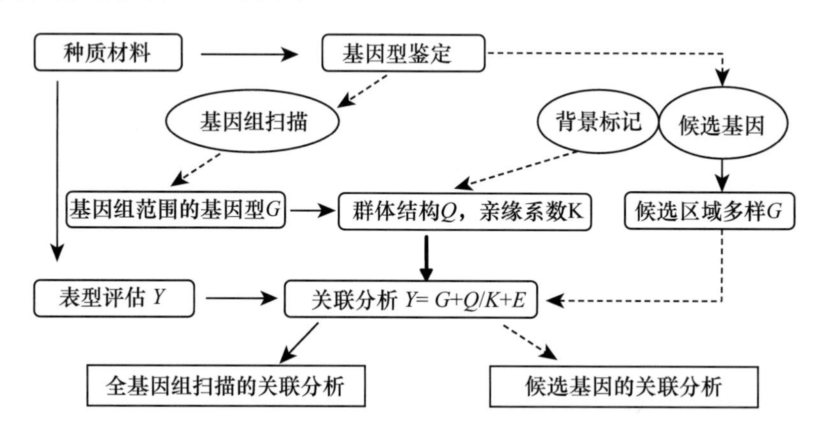

图12.9 关联分析两种策略的比较(Zhu et al,2008)

1. 种质材料的选择

种质资源的选择对发掘优异等位基因和关联分析的成功是非常重要的(Flint-Garcia et al,2005; Yu et al,2006)。种质材料的选择同样也决定了关联分析的分辨率。具有高度多样性的种质材料能够包括历史上曾经发生过的更广泛的重组事件，因此这样的群体具有较高的关联分析分辨率。为了能够检测到最多的等位基因，所选材料应尽可能地包括某物种全部的遗传变异。对于已构建了核心种质的物种而言，核心种质是进行关联分析的最佳选择。在实际操作中，应尽量使用无群体结构或群体结构效应不明显的群体进行关联分析。此外增加品种数能提高作图能力，并且可以增加等位基因的数量，减少不利因素对关联分析结果的影响。

2. 群体结构分析

Pritchard等(2000)主张：①在候选基因基因座的周围选取一定数量的分子标记，对群体进行检测，获得基因型信息；②利用性状/标记的关联分析，发现目标性状的靶基因座；③选出一定数量与靶基因座不连锁的背景标记，对群体进行检测，利用获得的基因型信息与目的性状进行关联性分析；④对结果进行分析，若发现性状与背景标记间不存在关联，则表示群体结构不存在，关联作图结果有效，否则需结合背景标记的关联结果来消除群体结构的影响。实际操作时，可运用基因组范围内的大量独立遗传标记(如SSR、SNP、RFLP或AFLP等)来检测并校正种质材料的群体结构。通常理想的标记可以是适量的SSR，或者是大量的SNP，但如果所选种质材料来源有限，AFLP标记则是理想的选择(Zhu et al,2008)。

3. 目标性状的选择及其表型鉴定

为了发掘更多的优异等位基因(包括较小效应的等位基因)，对所有种质材料需要进行多年多点且是在每个环境条件下均有多个重复的表型鉴定。但目标性状的选择应兼顾性状的生物学重要性、性状评价的准确性、性状相关数据采集的简易性及可重复性。两种关联分析策略在前3个步骤是相同的，其差异仅在于分析了种质材料的群体结构、标记间LD水平和目标性状的表型数据后，全基因组扫描的关联分析中即可运用TASSEL或ANOVA方法进行关联分析；而在基于候选基因的策略中，要在确定候选基因及检测其核苷酸多态性之后才能进行关联分析(Zhu et al,2008)。当所选研究材料不存在群体结构时，如果所研究的性状是二相性的，则用卡方检验来评价多态性是否相关，如果性状是数量性状，则用t检验(Thornsberry et al,2001)或AN0VA方法来评价关联性。当所选种质材料存在群体结构时，可用SAS或TASSEL软件进行逻辑回归率检验(Remington et al,2001)。为了更快捷和可靠地进行关联分析，候选基因的选择可借助前人的QTL作图、表达谱、生化和比较基因组学的研究结果，优先选择与目标性状相关的候选基因。然后可综合种质材料的群体结构、目标性状的表型鉴定数据和候选基因的多态性进行关联分析。

12.3.2.3 开展关联分析需注意的问题

在对某一特定物种进行关联分析之前，一方面须对其遗传背景和能获得的种质资源来源进行评估和分析，由于搜集并充分了解一个关联分析群体需要较长的时间，因此对一个特定物种而言，采用不同可利用的遗传学工具进行检测是很有必要的。譬如在该物种内是否开展过遗传学、生理生化方面的研究，该物种的基因组信息是否全面，是否已有全基因组单体型图谱，有哪些可供利用的分子标记，目标性状连锁分析取得了哪些进展等。另外，种质资源群体的选择对于关联分析的成效也至关重要(Flint-Garcia et al,2005)。遗传多样性、基因组内LD程度以及群体内个体间的亲缘关系直接决定了关联定位的精度、标记密度、统计方法和定位效力。

1. 关联分析的群体要求

通常，用于关联分析的植物群体可分为如下5类(Yu et al,2006a,2006b)：①几乎没有群体结构和亲缘关系的理想群体；②来源于多个家系的群体；③存在群体结构的群体；④既有群体结构又存在亲缘关系的群体；⑤有很强的群体结构和复杂亲缘关系的群体。多数植物由于地理适应、经历选择和育种历史原因都被归为第4类。对于全基因组关联分析，全基因组范围内的LD水平决定了定位的精度和所需标记的密度。LD衰减较快的群体往往有较高的定位精度,但这需要高密度的分子标记。LD衰减较慢的群体意味着可利用较少的标记,但是定位精细程度较低,适用于初步定位。

连锁不平衡是关联分析的基础和前提,通常LD的程度决定着关联分析的精度和所选用标记的数量、密度及实验方案。在进行全基因组扫描时,要满足标记对目标性状表型变异有贡献的所有座位都进行扫描,往往需要大量的分子标记。这对于不同物种或同一物种的不同群体,所需的标记数目是有所不同的。因此,在进行关联分析前,对目标群体的连锁不平衡程度进行分析是选择关联分析策略的关键。Long和Langley(1999)的研究认为:由500个个体组成的群体进行关联分析,可以检测到贡献率为5%的QTL基因座,其模拟显示加大群体样品的数量比增加检测SNP数量更能提高关联分析的解析力。Flint-Garcia等(2005)对玉米农艺性状的关联分析表明,群体应尽可能包含所有表现类型,基本能涵盖该作物的育种基因源。

2. 群体结构的影响

另外,关联分析中,群体中的LD将受到遗传漂变、群体结构、瓶颈效应和自然选择等诸多因素的影响,其中群体结构是影响结果可靠性的一个重要因素。群体内存在亚结构可能导致基因多态性与表型的相关性并非有功能的等位基因引起,从而表现出关联结果的假阳性。因此进行关联分析前对群体的分层结构进行分析和调节非常必要。但是如果功能性等位变异与群体结构高度相关,对群体结构进行控制将会导致假阴性结果,尤其是对小群体的关联分析。因此,关联分析最好使用无群体结构效应或群体结构不明显的群体。目前已经发展了多种统计方法对不同群体结构的亲缘结构和亲缘关系进行控制,如传递不平衡法(transmission-disequilibrium test, TDT)、基因组对照法(Devlin and Roeder,1999)、结构关联法(Pritchard et al,2000)、结构关联(Pritchard and Rosenberg,1999; Pritchard et al,2000)+亲缘关系混合模型法、主成分分析法(principal component analysis, PCA)(Patterson et al,2006)、多维标度法(multidimensional- scaling, MDS)(Purcell et al,2007)和非计量多维标度法(nonmetric multidimensional scaling, NMDS)(Zhu et al,2009)等。传递不平衡法是基于家系分析的研究方法,其余方法均是基于群体的关联分析法。基于群体的关联分析法均利用随机且均匀分布于基因组的标记信息来估计群体内部个体间的遗传关系或作统计假设检验,从而在关联分析时去除群体分层时引起的假阳性。除了上面提到的几种方法外,对应分析(Epstein et al,2007)和EMMA(efficient mixed-model association)(Kang et al,2008)等方法也可以用来估计群体结构。这些方法的有效性尚有待进一步验证。随着研究的不断深入,将会涌现出更为有效地减少假阳性、假阴性和更高功效的分析方法。

12.3.2.4 重要植物或作物关联分析研究进展

1. 关联分析在拟南芥的研究进展

关联分析能够应用在拟南芥上挖掘新基因,研究重要性状与群体结构的影响。Aranzana等(2005)利用全基因组关联分析对拟南芥开花期基因*FRI*和抗病基因*Rpm*、*Rps5*、*Rps2*。Zhao等(2007)使用95份拟南芥种质研究拟南芥开花期,发现群体结构对关联分析的结果会有很大影响。Hauser等(2001)用关联分析发现拟南芥表皮毛密度QTL的候选基因*GL1*与表皮毛状体没有显著关联,仅仅对表皮毛密度变异起到一定作用。全基因组关联分析被用于96份拟南芥种质,来检测43个硫代葡萄糖酸盐表型的关联,发现2个主要的多态位点控制*GSL*的变种*AOP*与*MAM*(Chan et al,2012)。

2. 关联分析在玉米的研究进展

关联分析在玉米上的应用较为深入，使用候选基因关联分析方法对玉米的株高、开花期，甚至是部分代谢途径中关键酶的关键基因进行分析，均能分析参试材料与研究基因的关联程度，并能分析基因对表型的影响(Thornsberry et al,2001; Whitt et al,2002)。对玉米一些重要的抗性、影响品质的重要成分进行关联分析，能够有效挖掘基因关键区段或关键座位对重要性状起作用(Szalma et al,2005; Andersen et al,2007; Laurie et al,2004; Parisseaux et al,2004)。在玉米基因的克隆中，研究者们应用了关联分析对控制玉米分枝数的 QTL-*tb1*(Wang et al, 1999)，影响玉米果壳进化的 QTL-*tga1*(Wang et al,2005)，以及参与玉米雌穗发育的 QTL-*ral*(Vollbrecht, et al. 2005)等基因来进一步验证基因的功能与作用。然而在玉米上的应用也遇到了一些困难。关联分析很难在玉米自交系中对成簇的逆转录转座子进行定位(Fu et al,2002; Brunner et al,2005)。

3. 关联分析在小麦的研究进展

关联分析应用于小麦新基因的挖掘，并能通过关联分析检测出小麦抗病、品质特性的关联位点。Flavio Breseghello(2005)使用 36 个 SSR 标记对 95 份冬小麦进行关联分析，研究了 LD 在小麦中的衰减程度。关联分析还被用于检测小麦分子标记及病害之间的关系。多个与抗性相关联的位点被检测到，并与前人研究对应，同时，也检测到了染色体上新的区段与抗病、产量性状显著关联。说明关联分析可以有效应用于小麦新基因的挖掘(Crossa et al,2007)。Zheng 等(2009)用 96 份小麦品种，对小麦谷蛋白等位基因进行关联分析，发现 *Glu-D1* 和 *Glu-B3* 位点与 1RS 易位系对揉面的特性有着明显的影响。2011 年，研究者们对 96 份小麦核心种质进行全基因组关联分析，并对 20 个农艺性状进行评价，已知的主效基因和重要 QTL 都被检测到(Neumann et al,2011)。

4. 关联分析在大豆的研究进展

关联分析方法在也开始应用在大豆的研究上。Jun 等(2008)用 150 对 SSR 标记对 48 份大豆核心种质进行关联分析，筛选到了 11 个 QTLs 与种子蛋白成分相关联。利用 85 个 SSR 标记，对大豆 190 份代表性的品种群体进行扫描，结果表明全群体有 45 个位点与 11 个大豆农艺性状 QTL 关联，一些标记同时与 2 个或者多个性状关联，也许是一因多效的遗传基础；育成品种群体关联位点与地方品种、野生群体只有少数相同，群体间与各性状的遗传结构有相当大差异，并挖掘出农艺性状优异的等位变异及其载体品种(张军,2008)。

12.3.3 稻种资源关联分析

关联分析在水稻的研究上得到了应用与发展。LD 衰减距离反映研究物种的重组程度，也是影响关联分析作图精度的关键因素。Agrama 等(2007)利用 123 对 SSR 标记对 92 份水稻核心种质进行关联分析，发现 LD 衰减在 20～30 cM 之间。并研究了标记与复杂产量性状粒宽、粒长、千粒重等指标。关联到的位点大部分为前人所定位，说明关联分析可以有效地在水稻上进行 QTL 的定位。在水稻上，关联分析的前期研究集中在对水稻种质的遗传结构研究，分析水稻亚群进化情况(Garris et al,2005)。并对水稻地方品种进行结构分析，对群体的演化动力进行研究(Zhang et al,2009)。目前开始对水稻的复杂性状进行关联分析研究，验证他人定位结果，发掘新的复杂性状 QTL。

全基因组关联分析已经运用于拟南芥、水稻等植物。利用全基因组关联分析方法进行基因定位不需要构建群体，且具有同时进行多个性状的基因定位和发掘优良等位基因的优点。多态性标记的覆盖面和多种等位基因型以及利用历史上的重组事件，使全基因组关联分析较传统的连锁分析具有精度高、广度大的优点。对特定物种的特定群体来说，对其基因组的 LD 水平的了解是关联定位的基础。Zhu 等(2007)对水稻的 LD 水平进行的研究表明，亚种栽培稻与其野生祖先的 LD 程度和两者的异交、重组率是一致的。海量的基因组序列信息和多样的自然资源的优点使水稻具有进行全基因组关联定位研究的巨大潜力。目前，水稻全基因组关联分析主要有利用全基因组 SSR 等标记扫描和全基因组测序两种方式。

12.3.3.1　基于水稻全基因组标记扫描的关联分析

Zhang 等(2005)通过判别分析在 218 个水稻材料中成功地鉴定了来自全基因组的 SSR 标记和多个农艺性状之间的关联。Iwata 等(2007)利用基于 Bayesian 模型的多 QTL 定位的方法在 332 份水稻材料中鉴定 RFLP 标记和精米粒长、粒宽的中国水稻微核心种质的关联分析研究关联。Agram(2007)等利用混合线性模型(MLM)揭示 123 个 SSR 标记与水稻产量相关性状之间的关联。

Wen 等(2009)利用一套主要来自中国微核心种质中的地方品种和育成品种，包括少数国外品种，共 170 份材料。选用来自 12 条染色体的 218 个 SSR 或 InDel 标记(7 号染色体 84 个)对整套群体进行基因型分析。选取水稻全基因组互不连锁的 52 个标记用于群体结构分析。研究者们对包括抽穗期、株高、穗长、有效穗数、每穗实粒数、每穗颖花数、着粒密度、结实率、谷粒长、谷粒宽、谷粒长宽比、百粒重等部分农艺性状和产量相关性状进行表型鉴定。对所有鉴定的性状，采用嵌套方差分析剖析来自试验、亚群和亚群内品种间的表型变异。结果发现有效穗数、谷粒长、谷粒宽、谷粒长宽比、穗长、百粒重和单株籽粒产量，籼稻和粳稻亚种间存在极显著差异。群体结构的效应即亚种所解释的变异在所有鉴定性状中变幅为 0.79%～73.67%，所有检测的性状广义遗传力的变幅为 33.97%～97.99%。

基于性状调查结果和分子标记数据的遗传距离聚类和模型估算，该套群体被分为两个亚群，对应于籼粳亚种。大多数显著关联的位点在两次试验中可同时检测到。这些显著关联位点中大部分位于其他研究中定位到的 QTL 或基因所在区间。对各性状基于极显著关联标记的等位基因和单倍型效应也进行了分析。针对某一特定性状不同等位基因型和单倍型间的差异，找到有利等位基因和单倍型。

Hu 等(2010)利用 303 份栽培稻微核心种质材料和一个 200 株的 BC_5F_2 分离群体，考察其芒性表现和基因型，通过关联分析和连锁分析相结合的方法定位水稻第 4 号染色体的芒性基因。研究者采用逐步关联分析的方法，即先用少量均匀分布于第 4 号染色体的标记进行初步关联分析，然后在初步关联显著的位点附近加密标记做进一步的精细关联分析。在第 4 号染色体上选择了 24 个位点做初步关联分析。运用 Logistic 回归进行标记与性状的初步关联分析，发现了 5 个关联位点。在位于定位 QTL 的标记 in34 附近 4 Mb 的区间内增加了 29 个标记以便对该区间内的芒相关基因进行精细关联分析。在这一区域总共发现了除 in34 外 6 个标记与水稻芒性显著关联，7 个标记从 in60 到 in24 覆盖了 870 kb 的一个染色体区段。然而，仅利用关联分析已经难以确定 7 个位点哪个离目标基因更近，需要结合分离群体进一步缩小定位区间。利用 200 株芒性分离符合 3∶1 的 BC_5F_2 群体，将这个控制水稻芒性的显性基因定位在 2 个多态性标记 in60 和 in34 之间，两标记间遗传距离为 4.5 cM，基因与两标记间距离分别为 1.2 cM 和 3.3 cM。在该区间内，in34 等 4 个位点与水稻芒性显著关联，但根据连锁分析的定位结果，in60 和 in34 都距离基因较远，所以将水稻芒基因 *Awn4.1* 的候选区间缩小到 InDel 114 和 cmm 1157 之间 330 kb 的区间内。考虑群体结构的 logistic 回归模型可以作为一种可靠而高效的发掘控制复杂性状基因的关联分析方法。而将关联分析与连锁分析相结合，可提高定位效率及准确性。

11.3.3.2 基于水稻全基因组测序的关联分析

随着测序技术的进步及成本的降低，使得利用水稻核心种质材料进行全基因组测序成为可能。Huang 等(2010)从大约 50 000 份原产于中国的水稻资源中筛选并构建一个包括形态、遗传和地理等方面多样性丰富的大样本，结合种质资源数据库表型变异和地理起源的记录，研究者们构建了数据模型并进行了聚类分析。他们从中选出 517 份地方品种，以期代表中国水稻品种表型多样性和地理分布，并进行了全面的表型调查。研究者们使用 Illumina Genome Analyzer Ⅱ测序仪，采用条形码多重测序技术对这些地方品种进行了大约一倍覆盖的测序，来对这些地方品种进行基因分型。3 个已有准确基因组序列的品种也被测序作为评价序列精度的内部参考。产生了超过 27 亿个 73 bp 的配对末端标签序列。所有用于分析 SNPs 的序列构成了对水稻基因组 508 倍的覆盖。通过对每个水稻品种读取序列的比对建立一致的基因组序列，采用一系列的过滤标准，消除测序和定位的错误。每个水稻品种所获得的共有序列平均覆盖参考基因组的 27.4%。获得的共有序列与 BAC 文库序列和高覆盖 Illumina 的数据比对显示，该序列特异性达到 99.9%。SNPs 的获取方式是基于共有序列与参考基因组之间的差异。总计鉴别出了 3 625 200 个非冗余的 SNP。为了解检测到的 SNPs 潜在的功能作用，他们进一步分析了位于编码区的 SNPs。一共有 167 514 个 SNPs 被发现位于 25 409 个带有转录信息支持的注释基因上。他们还发现 3 625 个大效应的 SNPs。这些注释基因中，107 个基因是过多代表了大效应的变化，这表明，这些可能是不正确的基因注解或假基因。此外，有 11 个基因家族非同义/同义突变的比率较高($P<0.01$)，这可能反映了定向或随机选择。这其中包括编码 NB-LRR 结构蛋白的基因，它们是已知与抗病相关的。

虽然基因组测序能够高精确度鉴定大量的 SNPs，然而，基因型数据集包含许多未获取的基因型，利用它做全基因组关联分析是不足的。数据填补方法尚未发展到可以明确处理低覆盖率的基因组测序数据。研究者们采用改进了邻近算法，通过优化一些基因组和群体参数提高数据填补准确率和效率。有效的结合填补策略和第二代测序技术，能够比基因芯片分型显著降低成本的同时快速建立高密度的单倍型图谱。

由于明显的群体结构，以及较慢的 LD 衰减速度，使得水稻的全基因组关联分析的进展不是很顺利。但水稻的高密度单倍型图谱使全基因组关联分析成为可能。研究者们对 14 个农艺性状进行了全基因组关联分析，这些性状表型分为 5 类：形态特征(分蘖数和叶角度)、产量构成因素(粒宽、粒长、粒重和小穗数)、籽粒品质(糊化温度、直链淀粉含量)、着色(稃尖颜色、种皮颜色和颖壳颜色)和生理特性(抽穗期、耐旱性和落粒性)。由于栽培稻两个亚种间的种群分化非常强烈，研究者们不采用贯穿两个亚种的关联分析，他们进行了 373 个籼稻的全基因组关联分析，发现测序的基因型数据在籼稻中平均每 1 kb 含有 1.7 个 SNPs。同时使用简单的模型和压缩的混合线性模型(MLM)来鉴定关联信号。MLM 方法采用全基因组的遗传相关性参与计算，大大降低了假阳性。研究者们共确定了 14 个农艺性状的 80 个关联信号。6 个性状的关联信号靠近已报道的图位克隆基因。虽然不同位点的关联精度不同，这主要是因为局部 LD 的差异，精度都小于 26 kb。值得注意的是，全基因组关联分析的峰值位点往往靠近已知基因。然后，研究者们直接通过 PCR 扩增和测序分析了 3 个已知基因的相关多态性，发现它们都表现出比峰值信号附近稍微弱的关联性。这个结果与拟南芥中类似研究是一致的，这可能是复杂多态性和复杂群体结构的结果。总之，数据显示，群体的结构在多种显著的程度上扰乱了性状的关联。一个极端的例子是抽穗期，它强烈与群体结构和地理分布关联。因此尽管模型分析得到整个基因组上大的关联峰，这些峰中，发现最恰当的信号处于 3 个已知控制抽穗期的基因附近，但这些信号在全基因组水平上并不能凸显。虽然压缩 MLM 方法减少假阳性数量，但太多的结构使它不能产生稳定的有统计意义的结果，根本上，全基因组关联分析并没有统计方案可检测影响结构的数量性状位点。研究者们进一步考察了 14 个农艺性状的遗传结构，确定位点的 SNP 峰值，平均解释大约 36％的表型变异。这些发现的新位点是后续研究具有吸引力的候选基因，可以加深对这些性状的遗传结构的理解。水稻地方品种的全基因组关联分析可用于复杂性状的遗传定位，同时可以达到高分辨率的水平。此外，对地方水稻品种的直接测序为全基因组关联分析提供了丰富的序列多态性和高关联精度，尽管在水稻中存在一定的 LD 衰减。

韩斌项目组(Huang et al，2012)在之前开展的 520 份中国水稻地方品种重测序和全基因组关联分析的研究基础上，收集了来自世界各国的水稻种质资源，从中挑选 100 份中国粳稻地方品种和 330 份有代表性的国外水稻品种，研究者们对这 950 份代表性中国水稻地方品种和国际水稻品种进行了包括抽穗期和 10 种籽粒性状(包括产量、品质和颜色等 3 类性状)等农艺性状的考察。研究者们利用第二代高通量基因组测序技术，对这些材料进行基因组重测序，他们得到了 4 109 366 个非单一 SNPs。之后他们对这些材料群体结构进行了划分，分别为奥斯(*aus*)群、籼稻群、温带粳稻群、热带粳稻群以及不单独属于之前 4 种群的中间体群，其中奥斯(*aus*)群和热带粳稻群不包含中国地方水稻品种，因此具有更广泛的代表性，并有利于全基因组关联分析结果的准确性。研究者们利用邻近算法对籼稻群、温带粳稻群、热带粳稻群进行全基因组关联分析。为了克服低覆盖率测序和测序片段短的缺点，研究者们发明了基于单倍型分析的局部基因组序列组装法，这种方法能有效用于全基因组关联分析对潜在随机 SNPs 的发掘。定位到的关联区域中，通过整合水稻基因注释、芯片表达谱信息和序列变异信息，实现了更精确地对候选基因进行筛选和鉴定。随后研究者们利用该方法对已克隆基因 *Waxy*、*ALK*、*Rc*、*OsC1*、*GS3* 和 *qSW5* 进行验证，结果发现除了 *qSW5*，其他 5 个基因的检测结果与之前发现基本吻合，而 *qSW5* 可能由于基因的大片段缺失而无法准确检测，但在籼稻检测中发现该基因不存在大片段缺失，推测该基因在籼粳间存在多态性。

研究者们用这些方法对所有具有转录证据的水稻基因的复杂多态性进行了研究，结果发现 92％的水稻基因存在至少 5 种单倍型，平均每个基因有 3.6 种单倍型。通过与日本晴等完成测序的水稻品种序列比对，研究者们发现了大量新的 InDel 和 SNPs，并发现 3 537 个注释基因存在 5 692 种效应大的变异，一些影响抽穗期、抗病、抗旱等效应大的变化基因被发现，其中包含 *Hd1*、*Xa26* 等基因。因此这种方法能加快水稻基因组的遗传研究，并可用于反向遗传学研究。

综上，研究者们构建了一张精确的水稻高密度基因型图谱(haplotype map)，通过群体遗传学分析，初步鉴定了一些影响水稻群体分化的基因组区段和候选基因。在粳稻群体、籼稻群体和整个水稻群体中分别进行了全基因组关联分析，鉴定到多个新的关联位点。他们同时开发了一种基于单体型分析的局部基因组组装方法，对基因区的不同等位基因分别进行组装，鉴定序列变异。在定位到的关联区域中，通过整合水稻基因注释、芯片表达谱信息和序列变异信息，实现了更精确地对候选基因进行筛选和鉴定。

12.4　水稻基因组和功能基因多样性

遗传多样性用来表示不同种群和同一种群内基因的遗传变异。种群间基因多样性主要包括基因种类的不同和基因频率的不同，种群内的基因多样性主要指某个基因在不同个体之间的差异。基因的多样性决定了物种的各水平多样性，如遗传多样性、物种多样性、生态系统多样性。基因多样性还影响或决定一个物种的遗传变异、生活习性、种群动态及其与其他物种和环境相互作用的方式。基因多样性是一个物种进化的决定因素。针对某个物种的基因，进行基因多样性研究，有助于我们了解其进化和驯化的历史。对基因多样性加以利用，可以选育出具有符合人们要求的栽培作物。我国是公认的水稻遗传多样性中心和起源地之一，具有丰富的遗传资源。水稻遗传多样性的研究对于我国未来水稻育种和资源利用将具有重要的指导意义。

已经开展的水稻基因多样性研究主要包括：一个或多个基因在不同品种或个体间的差异；不同亚种或种间基因组的差异。随着生物技术的快速发展，特别是PCR和大规模高通量DNA测序技术的发展，水稻基因多样性的研究逐步成为水稻生物学研究的热点。水稻基因多样性研究指的是：通过DNA测序，对水稻基因在不同个体或者品种间的单核苷酸多态性(single nucleotide polymorphisms, SNP)和序列的插入或者缺失(InDels)进行分析。本节将重点介绍水稻种质资源中基因多样性的最新研究进展，特别是在水稻功能基因多样性研究取得的成果。

12.4.1　基因多样性研究方法

遗传多样性可以表现在多个层次上，如分子、细胞、个体等。在自然界中，对于绝大多数有性生殖的物种而言，种群内的个体之间往往没有完全一致的基因型，而种群就是由这些具有不同遗传结构的多个个体组成的。检测遗传多样性的方法有很多种，随着生物学尤其是遗传学和分子生物学的发展而不断提高和完善。从形态学水平、细胞学(染色体)水平、生理生化水平逐渐发展到分子水平。然而不管研究是在什么层次上进行，其宗旨都在于揭示遗传物质的变异。目前任何检测遗传多样性的方法，或在理论上或在实际研究中都有各自的优点和局限，还找不到一种能完全取代其他方法的技术。因此，包括传统的形态学、细胞学以及同工酶和DNA技术在内，各种方法都能提供有价值的资料，都有助于我们认识遗传多样性及其中的生物学意义(Hubby et al,1966;方宣钧等,2000)。

早期的基因多样性研究主要集中在对个体表型的分析，寻找控制某个性状的基因和等位基因，如孟德尔实验。通过这种方法获取的信息非常有限，不能对基因多样性进行度量，而且无法分析多基因控制的性状。随着生物科学特别是遗传学和分子生物学的迅猛发展，基因多样性度量在技术和方法上经历了一个不断完善提高的过程，多基因的分析也成为现实。

遗传标记是指可以明确反映遗传多态性的生物特征。在经典遗传学中,遗传多态性是指等位基因的变异。在现代遗传学中,遗传多态性是指基因组中任何座位上的相对差异。因此,利用遗传标记可以帮助人们更好地研究生物的遗传与变异规律。就生物学的发展历程而言,遗传标记经历了许多历程,包括形态标记、细胞学标记、蛋白质标记以及 DNA 标记。

自从 20 世纪 80 年代起,随着分子生物学的快速发展,人们逐步开发了 DNA 分子标记,DNA 标记是 DNA 水平上遗传多态性的直接反映(Williams et al,1990)。核苷酸序列上的任何差异,哪怕是单个核苷酸的改变均可以作为 DNA 分子标记,因此在数目方面,DNA 分子标记是无穷的,并且不受环境限制和影响的。一个理想的 DNA 分子标记应具有多态性高、共显性遗传、稳定性好、重现性好、信息量大等优点(赵淑清等,2000)。

随着水稻基因组计划的完成和大规模高通量 DNA 测序技术的日益成熟,水稻的基因多样性研究发展到了利用直接测序来比较基因差异的阶段。出现了单核苷酸多态性(SNP)标记,缺失插入多态性(InDel)标记以及在表达序列标签基础上开发的 EST-SSR 标记等多种新型分子标记。这些标记可以直接反映 DNA 序列的差异,从而揭示基因的差异,所以直接测序是揭示基因多样性最理想的方法(Avise et al,1994)。直接测序让水稻基因多样性(SNP 和 InDel)的研究更加简单、快速。随着生物技术的发展,人们对水稻基因多样性的研究也会愈加深入。

12.4.2 水稻基因组多样性

亚洲栽培稻在世界范围都广泛种植,亚洲栽培稻由普通野生稻驯化而来,在驯化过程中很多基因都被丢失,其基因多样性减小,使得水稻品种的脆弱性变大,严重影响了水稻的高产和稳产。特别是面临全球气候的急剧变化和各种病虫害的大规模暴发,进一步深入研究水稻的基因多样性、发掘野生稻和栽培稻中的优异基因对提高水稻产量具有十分重要的理论和实践意义。下面将从细胞质、细胞核基因多样性,基因组水平上的多样性以及单个功能基因多样性三个方面加以阐述和说明。

12.4.2.1 水稻细胞质和细胞核基因多样性的比较

水稻细胞质 DNA 包括叶绿体 DNA 和线粒体 DNA。亚洲栽培稻的叶绿体、线粒体基因组测序已经完成,其中叶绿体基因组大小约为 136 kd,线粒体基因组大小约 150 kd。叶绿体基因组包含 100 多种基因包括蛋白质合成所需的各种 tRNA 和 rRNA,还编码大约 50 多种蛋白质,其中包括 RNA 聚合酶、核糖体蛋白质、核酮糖 1,5-二磷酸核酮糖羟化酶(RuBP 酶)的大亚基等。水稻线粒体基因组中有很多非编码的 DNA 序列,包含的基因数较叶绿体基因组少。但其中有许多与呼吸氧化相关以及育性相关的基因,对水稻的生长发育至关重要。水稻的核基因组也就是通常意义上的水稻基因组,其大小约为 430 Mb,是禾谷类作物中最小的(Bennetzen et al,2002)。核基因组包含大量的遗传信息,初步估算基因数大约在 5 万个左右,目前已克隆的基因还不到 20%。

以水稻微核心种质包括 98 份栽培稻地方种和 130 份普通野生稻为材料,分别测定并比较了 7 个叶绿体基因、5 个线粒体基因以及 4 个核基因的基因多样性(表 12.21)。

表 12.21 叶绿体、线粒体以及核基因组微核心种质基因多样性比较

基因组	种/亚种	S	H	hd	$\pi\times10^3$	$\theta_w\times10^3$
叶绿体	籼稻	13	5	0.440	0.54	0.49
	粳稻	12	3	0.086	0.10	0.44
	栽培稻	13	6	0.557	0.98	0.41
	普通野生稻	18	11	0.768	1.21	0.54
线粒体	籼稻	5	4	0.542	0.43	0.26
	粳稻	4	2	0.510	0.47	0.20
	栽培稻	5	5	0.539	0.46	0.22
	普通野生稻	19	14	0.717	0.64	0.81
细胞核	籼稻	27	21	0.895	3.07	2.24
	粳稻	21	11	0.712	1.68	1.54
	栽培稻	30	27	0.862	2.78	2.19
	普通野生稻	84	71	0.971	2.45	5.28

注：S—多样性位点数；H—单倍型数；hd—单倍型多样性；π—核苷酸多态性；θ_w—Watterson 参数。

从表 12.21 中可以看出，叶绿体和线粒体基因多样性在各项指标上均远小于核基因，这也就意味着在叶绿体和线粒体基因发生突变的概率远远小于核基因。所以可以得出这样的结论：水稻细胞质 DNA 很保守，并且细胞质 DNA 的进化速率远远小于核 DNA。Tang 和 Tian 等(2004,2006)分别在对籼稻品种扬稻 6 号和粳稻品种培矮 64S 的叶绿体和线粒体基因组进行测序的基础上，对 2 种细胞器基因组序列亚种间的差异进行了比较，发现水稻叶绿体亚种间差异位点上存在 72 个 SNPs 和 27 个 InDels，而线粒体基因组之间则存在 96 个 SNPs、25 个 InDels 以及 3 个片段序列变异。通过比较叶绿体、线粒体基因组多态性发现叶绿体和线粒体基因组亚种间多态率远低于核基因组，而线粒体又较叶绿体低。这种多态率的差异可能反映了核、叶绿体和线粒体 DNA 进化速率上的差异。这些结论与在水稻或其他植物中遗传研究的结论一致。

另外，从表 12.21 中可以看出，无论是细胞质还是细胞核基因组，籼稻的基因多样性较粳稻基因多样性丰富。这可能与籼稻分布广泛，与粳稻相比受到的选择和驯化较多，形成了较多的栽培品种有关。

栽培稻的突变率和单倍型数都远远小于野生稻的突变率和单倍型数，特别是在核 DNA 中。用单倍型数来计算多样性，水稻的单倍型多样性为 76%～100%，但是在栽培稻中 4 个基因的单倍型多样性仅为 29%～67%。通过比较栽培稻和野生稻之间的多样性水平的高低可以看出，与普通野生稻相比，栽培稻中的遗传变异降低了 1/3～2/3。这比其他人在水稻中的研究降低 1/4 的水平要高(Zhu et al,2007)，同时比其他作物中的研究结论降低 1/3 也要高(Buckler et al,2001)。该研究的栽培稻材料都是地方品种，地方品种的多样性相对较高。实际的栽培稻多样性可能比本研究中还要低。栽培稻中的遗传多样性要比它的野生祖先的低，

这也就意味着在驯化过程中存在着遗传瓶颈。同时意味着野生稻中存在着丰富的遗传多样性，所以野生稻资源在水稻育种和对改良有利等位基因方面有重要的潜力。

12.4.2.2 水稻细胞核基因组水平上的多样性分析

水稻基因组层面的基因多样性很丰富，是 SNP 基因组之间最大的变化，目前关于水稻基因组多样性的比较也主要集中在对不同水稻品种的基因组 SNP 的比较。对栽培稻和野生稻基因组 SNP 的比较研究，全面显示了栽培稻和野生稻基因多样性的差别，可为水稻驯化的研究提供帮助(Nasu et al,2002)。而对不同栽培稻品种基因组的研究，比较不同品种的 SNP 频率的差异、SNP 发生区域的不同，反映了在驯化过程中籼稻、粳稻的基因交流。

Feltus 等(2004)利用已经测序的籼稻 93-11 和粳稻 Nipponbare 的基因组进行比对，寻找两个栽培稻亚种间的差异。通过比对找到 SNP 和 InDel 共有 729 819 个，去掉由于籼稻测序质量不高可能造成的误判、重复、不可信位点后得到 SNP 384 341 个，InDel 24 557 个。整个基因组的 SNP 发生频率大约应该在 4.31 SNPs/kb。所有多样性中，核苷酸替换占 61.8%，移码占 32.8%，InDel 占 6.0%。观察 SNP 发生的频率，发现不论是在非重复序列中还是重复序列里，SNP 都并非是随机发生的，SNP 发生频率低的片段较频率高的片段长，很有可能是两个栽培稻亚种的基因交流区域，也可能是两个亚种的保守区域。对两个栽培稻亚种基因组中 SNP 发生的频率和区域做的分析，在基因组水平上反映了水稻基因的多样性。

除了对基因组中 SNP 的分析，也有研究对两个栽培稻亚种基因组中转座子插入多样性进行了分析(Huang et al,2008)。研究发现转座子插入占 InDel 发生频率的 50%以上，两个亚种基因组的转座子插入共有 2 041 个。该研究为从基因组水平上探索水稻的进化提供了参考。

12.4.3 水稻单个功能基因多样性研究

水稻单个功能基因的多样性分析，直观地反映出基因碱基的不同，解释了基因功能上的差异以及水稻某些重要农艺性状形成的原因。到目前为止，已经克隆了许多水稻基因，主要是在 DNA 水平上检测其多样性，在功能水平上进行多样性分析的基因还不是很多。根据 DNA 水平上差异发生的位置，把这些功能基因的多样性大致归纳为三大类：启动子区多样、编码区多样性及非编码区多样性(表 12.22)。

表 12.22 功能基因多样性类别

多样性类别	基因	基因符号	基因功能	参考文献
启动子区	*GS*5	LOC_Os05g06660	丝氨酸羧肽酶	Li et al,2011
	*qGW*8	LOC_Os08g41940	细胞分裂促进因子	Wang et al,2012
	*Hd*3a	LOC_Os06g06320	光敏感基因	Takahashi et al,2009
	*GIF*1	LOC_Os04g33740	籽粒体型控制基因	Wang et al,2008

续表12.22

多样性类别	基因	基因符号	基因功能	参考文献
非编码区	*qSH*1	LOC_Os01g62920	BEL1 型同源异型蛋白	Konishi et al,2006
	*TAC*1	LOC_Os09g35920	禾本科植物特有蛋白	Yu et al,2007
	*PROG*1	LOC_Os07g05900	锌指转录因子	Tan et al,2008
编码区	*Rc*	LOC_Os07g11020	bHLH 家族转录因子	Megan et al, 2006
	*BH*4	LOC_Os04g38660	氨基酸转运蛋白	Zhu et al,2011
	*SH*4	LOC_Os04g57530	三螺旋植物特异的转录因子	Li et al,2006
	*Hd*1	LOC_Os06g16370	锌指结构蛋白	Yano et al,2000
	*Ghd*7	LOC_Os07g15770	CCT 结构蛋白	Xue et al, 2008

对这些功能基因的多样性分析对于其遗传演化分析具有重要意义。下面按照各个性状的基因分类加以阐述,包括粒型、粒重、生育期、颜色、落粒等。

12.4.3.1 粒型、粒重相关基因的多样性

粒型作为水稻产量和外观品质的重要农艺性状,该研究为作物高产育种提供了具有自主知识产权和重要应用前景的新基因,为阐明作物产量和种子发育的分子遗传调控机理提出了新见解。

Li 等(2011)利用珍汕 97 和 H94 构建的 DH 系成功定位并克隆出正调控水稻粒重的数量性状基因 GS5,对来自亚洲不同地区的 51 份水稻品系进行 GS5 启动子比较测序,发现 GS5 在自然界主要有 3 种不同的组合方式,分别是 GS5 大粒单倍型、GS5 中粒单倍型和 GS5 小粒单倍型,正好对应不同品系宽、中等宽和窄粒型等 3 组不同粒宽的性状。其中,GS5 小粒单倍型是野生型,而 GS5 大粒单倍型是水稻驯化和育种过程中功能获得性的突变型。启动子镶嵌转化分析进一步表明,上述突变型的形成,取决于 GS5 启动子的自然变异。因此,GS5 在水稻人工驯化和育种过程中起到了重要作用,并对水稻种子大小的遗传多样性贡献很大。

*qSW*5 是一个控制水稻籽粒宽度的主效 QTL,来自日本晴的等位基因对水稻谷粒宽度的增加有促进作用。Shomura 等(2008)通过研究亚洲各地 142 个古老品种水稻,通过 RFLP 分子标记,除了解 *qSW*5 基因的变异情况外,还研究了编码颗粒结合淀粉合成酶的 *wx* 基因,以及控制水稻落粒性的 *qSH*1 基因变异情况。研究结果发现,通过结合 *qSW*5、*waxy* 和 *qSH*1 这 3 个基因的变异在人工选择的历史过程中形成了现在的"日本晴"。这也就证明了 *qSW*5 在水稻的人工选择过程中扮演了重要的角色。

水稻 *qGW*8 基因(Wang et al,2012)可以同时控制谷粒大小、粒型和稻米品质。在 Basmati 水稻中,*GW*8 基因启动子产生变异,导致该基因表达下降,使籽粒变为细长型,提升了稻米品质。而在籼稻高产品种 HJX74 中该基因高表达可促进细胞分裂,使籽粒变宽,提高灌浆速度,增加千粒重,从而促进水稻增产。对 115 个品种中该基因进行单倍型分析发现,虽然

编码区的变异是普遍存在的，但是有 3 个典型的单倍型，即 Basmati、HJX74 和 TN-1，其中 16 个野生稻和籼稻一样属于 Basmati 或者 HJX74 单倍型，而所有的 Basmati 品种都属于 Basmati 单倍型，没有高产籼稻品种属于该单倍型。因此，在人工选择的过程中，Basmati 单倍型因为具有优良的品质而被以选择保留下来，HJX74 单倍型则因高产而在籼稻品种中得以保留。

驯化作为一种特殊的选择方式，在很多作物的栽培过程中发挥着重要的作用，控制重要农艺性状的许多基因发生了差异。最近的研究表明一对倍增基因往往会发生亚功能化，来行使祖先基因的功能。研究证明细胞壁转移酶(CWI)基因 *GIF1*(Wang et al,2008)在籽粒灌浆的过程中发挥着重要的作用，该基因的启动子区域可能受到了驯化选择。*GIF1* 和另一个 CWI 基因 *OsCIN1* 是一对倍增基因，两者的表达发生了分化，并且其功能受到了独立的选择。共线性分析结果显示 *GIF1* 和 *OsCIN1* 源自稻科植物基因组一个片段的倍增。通过对 25 个栽培稻和 25 个野生稻序列的群体遗传学分析和系统发生分析，表明 *OsCIN1* 在驯化过程中也受到了选择，受选择的突变位点位于编码区，这和 *GIF1* 在启动子区受到选择是不同的。*GIF1* 和 *OsCIN1* 进化出了不同的表达模式，酶活力的动力学参数可能也发生了差异，*OsCIN1* 的酶活力较低。过量表达 *GIF1* 和 *OsCIN1* 产生了不同的表型，说明 *OsCIN1* 可能调控其他未知的生物学过程。由此可见 *GIF1* 和 *OsCIN1* 发生了亚功能化，暗示这两个基因受到了独立的选择并使基因的功能发生了异化(Wang et al,2010)。

12.4.3.2　驯化相关基因的多样性

作物的人工驯化可以作为一个植物进化过程的模型。植物在对当地环境的适应和向其他种植区域的传播的过程中，发生了群体间的自然杂交而形成了稳定的自然变异和新近发生的突变以及这两种组合的突变。人工驯化就涉及了对这些变异所进行的一系列的选择过程。Tsutomu 等(2006)利用已知的 DNA 标记和水稻基因组自动注释系统搜索编码反式作用调节因子的 *Rc* 基因。在水稻 RcRd 株系中分离并克隆到了 *Rc* 基因。*Rc* 基因控制水稻果皮的色泽，参与水稻果皮原花色素的合成。当 *Rc* 基因单独存在时候，水稻果皮呈现褐色；当 *Rc* 突变为 *rc* 时，水稻果皮呈现白色。*Rc* 基因 cDNA 全长 833 bp，包含有 7 个外显子，编码一个由 277 (日本晴 473)氨基酸组成的蛋白产物，产物是一个含有碱性螺旋-环-螺旋(bHLH)基序的蛋白。比较不同水稻品种的 *Rc* 位点，发现只有在 *rc* 基因位点上存在 14 个碱基的缺失。97.9%的水稻白米品种中的 *rc* 等位基因存在 14 bp 片段缺失，其他小于 3%的白米品种中的 *Rc* 等位基因不存在 14 bp 片段缺失，而是 *Rc* 基因的第 6 个外显子存在一个单碱基多态性位点，即白米品种中的 C 在红米中为 A；14 bp 片段缺失这一突变位点起源于粳稻亚种，跨越生殖隔离后导入籼稻亚种，同时跨越地理隔离从亚洲栽培区扩散到世界各地。Konishi 等(2008)从所有有分布水稻的地区收集到了 91 个当地水稻品种(包含一些现代栽培种)，在果皮颜色发育中与色素合成有关的两个驯化相关基因(*Rc* 和 *Rd* 基因)中又另外鉴定出了 3 个功能核苷酸多态性(FNP)。将这些 FNP 与全基因组限制性长度多态性和地方品种的种植区域对应起来，推测出一个更详细的粳稻人工驯化过程，提出了一个改进的粳稻人工驯化模型。在这个模型中，一个显著的特点是 *Rc* 基因的 FNP 在早期的人工驯化过程起了很重要的作用。

Zhu 等(2011)研究发现一个颖壳颜色控制基因 *Bh4*。*Bh4* 编码一个氨基酸转运蛋白，主要在谷壳中表达。其中 *Bh4* 由于在第 3 外显子上存在一个 22 bp 的缺失导致功能的丧失，致使栽培水稻谷壳颜色变为黄色，转基因实验表明 *Bh4* 能够使广陆矮 4 号和 Kasalash 的谷壳颜色恢复为黑色。序列比对分析发现，在普通野生稻中保持的核苷酸多样性与外群 Oryza barthii 相当，但是要高于栽培稻 70 倍。MLHKA 分析表明，栽培稻中显著减少的核苷酸多样性可能是由人工选择引起的。因此认为在水稻驯化的过程中，黄色谷壳是一个受到选择的可见的表型。

SH4 基因是一个影响水稻落粒性的主效 QTL，能解释籼野杂交 F_2 群体 69% 的表型变异。来自野生稻的等位基因增加了籽粒的落粒性，且是显性的。*SH4* 基因编码一个功能未知的转录因子，控制水稻的离区发育(Li et al, 2006)。通过长期的人工选择，*sh4* 非落粒性等位基因在籼粳亚种中得到固定(Zhang et al,2009)。分子进化分析表明，美国杂草稻起源于栽培稻，但在分化后又从它们的祖先那重新获得了落粒性(Thurber et al,2010)。

Lin 等(2007)克隆了一个控制水稻籽粒落粒性的基因 *SHA1*。*SHA1* cDNA 全长 1 173 bp，编码一个由 390 氨基酸组成的蛋白产物。产物 SHA1 属于一类三螺旋的植物特异的转录因子。*SHA1* 基因预测的氨基酸序列在元江野生稻和包括特青在内的 8 个栽培稻品种中仅存在一个氨基酸的变异(K79N)，这个变异是由一个单碱基的变异造成的(g237t)。进一步对 g237t 突变位点的 DNA 序列分析表明，g237t 突变只出现在所有检测的 96 个籼稻和 112 个粳稻中，而没有出现在任何所检测的 25 份野生稻样本中。这个结果证明 *SHA1* 基因的 g237t 突变导致了种子落粒性的丧失，所有检测的栽培稻品种都因含有 g237t 突变而失去了种子成熟后的落粒能力。小穗离层组织学分析和 *SHA1* 基因的转化实验证明了 *SHA1* 基因并不参与水稻离层的形成，而是可能控制水稻小穗离层细胞的分离。此外，通过对 20 个典型籼稻和 20 个典型粳稻的 *SHA1* 基因组全长序列进行分析发现这 40 个栽培稻的 *SHA1* 基因序列完全一致，再加上 96 个籼稻、112 个粳稻的都包含 g237t 突变，这些证据支持 *SHAL* 位点的选择早于籼粳分化。*SHA1* 同 *SH4* 的氨基酸有 98%序列一致性，而且是等位基因。但两者的不同之处在于，*SHA1* 并不影响离区的形成(Lin et al,2007)。

控制水稻落粒性的主效 QTL *qSH1* 编码一个 BEL1 型同源异型蛋白，*qSH1* 基因 5′端调节区的一个单碱基突变(SNP)引起脱离层不能形成而导致落粒性丧失。*qSH1* 位于 1 号染色体，cDNA 全长 2 450 bp，包含有 4 个外显子，编码一个由 612 氨基酸组成的蛋白产物。距离 *qSH1* 基因开放阅读框 12 kb 的 5′端调节区存在一个 SNP，Kasalath 中为 G，日本晴中为 T。*qSH1* 解释了 68.6% 的表型变异。在花序轴形成期，携带有落粒品种 Kasalath 的 *qSH1* 片段的近等基因系，*qSH1* 主要在花序原基表达，在花器官分化期以及花序轴和枝梗快速伸长期，*qSH1* 在花药和小穗基部将要形成脱离层的区域表达；而不落粒品种日本晴在花序轴形成期，*qSH1* 也在花序原基表达，但在花器官分化期以及花序轴和枝梗快速伸长期，*qSH1* 在小穗基部将要形成脱离层的区域并没有表达。因此，该 SNP 引起 *qSH1* 在日本晴小穗基部将要形成脱离层的区域不表达，造成脱离层不能形成而导致落粒性丧失。在落粒品种中都具有与 Kasalath 一样的 SNP 位点，而不落粒品种则具有与日本晴一样的 SNP 位点。SNP 位点正好位于 RY 重复序列，RY 重复序列是 ABI3 型转录因子的结合位点，Kasalath 和日本晴在该位点上的差异可能影响了转录因子与 RY 重复序列的结合，造成 *qSH1* 表达部位的差异，从而影响脱离层的形成，引起落粒性的差异(Konishi et al,2006)。

对 *qSH1* 位点进行序列分析显示 *qSH1* 的突变基因型只存在于粳稻中，说明 *qSH1* 位点的选择发生在籼粳分化之后。因此在水稻的驯化过程中，*SHA1* 位点的选择早于 *qSH1* 位点的选择。根据这些结果推测栽培稻可能存在这样的驯化路径：普通野生稻在一些控制落粒、株型等性状的位点上首先被驯化而变成初级的栽培稻，然后初级的栽培稻在不同的生态区域各自被驯化成现在籼粳两个亚种（Lin et al，2007）。

12.4.3.3 生育期株高相关基因的多样性

抽穗期是决定水稻能否在一个地区生长的最重要农艺性状。水稻最初起源于热带或亚热带，属于高温短日照作物，经过多年的自然和人工驯化，现在从热带到寒带都有种植。在水稻进化与传播过程中，为了繁殖生存控制其抽穗期的基因必然相应产生一系列的变化以适应不同地区的光照和温度的变化，因此对这些抽穗期基因的研究有助于进一步认识水稻进化与传播途径。而且在水稻育种研究中，选育早熟高产的水稻品种也一直为水稻育种家所重视。水稻是一个不严格的短日照植物，分子遗传学研究已经鉴定出了控制短日照下抽穗的主要基因，比如 *Hd*1、*Hd3a*、*Ehd*1、*OsMADS*51 等（Yano et al，2000；Kojima et al，2002；Doi et al，2004；Kim et al，2007）。但是控制栽培稻抽穗期多样性的分子机制并不清楚。Takahashi 等（2009）从世界范围内收集了 64 份水稻核心种质代表了 332 个水稻遗传多态品种，检测了短日照下水稻抽穗通路中 6 个基因的表达和核苷酸序列多态性。结果发现编码开花激活因子的 *Hd3a* 的 RNA 水平与抽穗期高度相关，同时调节 *Hd3a* 表达的主要因子 *Hd*1 的也具有高度多态性。有功能的 *Hd*1 等位基因和没有功能的等位基因分别对应早抽穗和晚抽穗，表明 *Hd*1 是决定这些水稻品种抽穗期多样性的主要因子。他们还发现 *Hd3a* 启动子的类型和 *Ehd*1 的表达水平也与抽穗期的多样性和 *Hd3a* 的表达水平有关。

Xue 等（2008）利用珍籼 97 和明恢 63 构建的 $F_{2:3}$ 和重组自交系群体（RIL），克隆一个能同时控制水稻每穗粒数、株高和抽穗期 3 个性状的主效基因 *Ghd7*。分析了东南亚的 19 个品种该基因的序列多样性，依据蛋白序列变异将 *Ghd7* 分为 5 个等位基因，蛋白质编码系列表明 *Ghd7*-1 与 *Ghd7*-2 有 4 个氨基酸的不同，导致 *Ghd7*-2 的功能较弱些；*Ghd7*-3 与 *Ghd7*-1 和 *Ghd7*-2 有 3 个氨基酸的差别，同时有 1 个氨基酸变异是 *Ghd7*-3 特有的；*Ghd7*-0 和 *Ghd7*-0*a* 是没功能的等位基因，*Ghd7*-0 是功能域的删除而导致的，而 *Ghd7*-0*a* 是一个终止密码子的突变导致编码系列提前终止导致的。邢永忠实验室对 104 份栽培稻以及 3 份野生稻品系进行测序分析，在 *Ghd7* 基因的 3 932 bp 的片段中具有 76 个单核苷酸多态性（SNP）和 6 个 InDel，SNP 在各个单倍型之间的变化表明 *Ghd7* 的演变在粳稻和籼稻品种中是分别独立的驯化过程（Lu et al，2012）。

12.4.3.4 分蘖角度相关基因的多样性

水稻分蘖角度是指植株主茎与分蘖之间的夹角，它既是决定水稻株型的主要因素之一，也是构成水稻理想株型和高产育种的重要农艺性状之一，在水稻高产育种中具有重要的意义。

Yu 等（2007）利用一个株型松散的籼稻品种“IR24”为遗传背景、渗入了少量粳稻品种“Asominori”染色体片段的株型紧凑渗入系“IL55”为材料，通过图位克隆的方法，分离了一个与该主效 QTL 对应的控制水稻分蘖角度的新基因 Tiller Angle Controlling（*TAC*1）。对 *TAC*1 第 4 内含子的 3′拼接点序列在不同水稻中进行聚类分析，88 个株型紧凑的粳稻品种中都表现为 *tac*1 类型，而 43 个株型松散的籼稻品种和 21 个野生稻材料全部表现为 *TAC*1 类型，说明该位点是在长期的驯化过程中人工选择而保留下来的。粳稻一般分布于高纬度和高海拔等光热条件不利于水稻生长的地区，*tac*1 基因型在粳稻中的广泛分布，表明这一地区人类在水稻长期驯化和栽培过程中为适应密植，人工选择并广泛利用了 *tac*1 基因型。

Jin 等（2008）研究发现一个数量性状基因 *PROG*1 控制着水稻的分蘖角度和数量。

*PROG*1 基因全长为 2 677 bp，包括 1 577 bp 的启动子区域，504 bp 的编码区和 596 bp 的非编码区。通过对普通野生稻和特青的 2 677 bp 区域的比较，共发现 5 个 SNP 和一个 2 bp 的缺失。其中，3 个 SNP 和一个缺失发生在启动子区域，2 个 SNP 发生在编码区。对 3 种普通野生稻、6 种籼稻和 7 种粳稻 2 677 bp 区域的序列比对，验证了 SNP 和缺失的存在。2 个发生在编码区的其中一个是无义突变，另一个是错义突变，第二个错义突变的 SNP 对 *PROG*1 的功能改变起决定作用，是水稻驯化过程中筛选出的关键突变。与此同时，Tan 等(2008)也定位了一个控制分蘖角度的数量性状基因，同样命名为 *PROG*1。对 25 份野生稻、5 份尼瓦拉稻、87 份籼稻和 95 份粳稻进行 SNP 分析，在编码区找到 10 SNPs 和 6 InDels。对 169 份栽培稻和 29 份野生稻的启动子区域进行 SNP 分析，也找到了 27SNPs 和 2InDels。其中与 *PROG*1 基因的功能改变相关的有 37 SNPs 和 8 InDels。

对不同栽培稻品种和野生稻植株中 *PROG*1 基因的多样性研究，成功地在核酸水平上解释了水稻驯化过程中分蘖角度和数量的改变，也为水稻和其他作物的增产提供了新的候选基因。*PROG*1 基因的发现和分离，对揭示水稻进化的分子机理及研究水稻株型调控的分子机理具有十分重要的意义。

12.4.4 水稻基因多样性分析的应用

12.4.4.1 在水稻起源和进化中的研究

围绕水稻的驯化展开基因多样性分析，通过比较栽培稻与野生稻的基因多样性差异，在生物信息学的帮助下可判断栽培稻的驯化历史。除水稻外，其他主要作物的起源都陆续被揭示。水稻的起源问题有其复杂性，籼稻和粳稻可能共同起源于普通野生稻或者尼瓦拉稻，也可能是分别被驯化的，同时栽培稻起源的地域也存在较大的争议(Sang et al,2007)。探索水稻的起源问题，采用 RFLP、RAPD、SSR 等技术工作量大、周期长，采用多基因多样性分析，则是最简便、快捷的方法。

Londo 等(2006)通过对 3 个水稻基因多样性的研究，初步探索了水稻的进化过程。他们选择了 3 个有代表性的基因：*atpB-rbcL*、*p-VATPase* 和 *SAM*，分别是母系遗传标记叶绿体基因、核假基因 *ATPase* 的 B 亚基和功能性的硫基-腺苷甲硫氨酸合成酶基因。选择的实验材料包括 203 份栽培稻和 163 份野生稻中。检测到 3 个基因的基因多样性样位点分别为 50、66、53 个，占基因总长的 6.24%、5.07%、4.55%。

作者构建了由基因变异型反映亲缘关系的 Network，初步分析了水稻的驯化历史。*atpB-rbcL* 基因变异型主要分为两类，类型 1 主要存在于普通野生稻和籼稻中，在粳稻中几乎不存在。类型 2 主要存在于粳稻中，部分存在于籼稻中。这在一定程度上反映了籼稻直接起源于普通野生稻。*p-VATPase* 基因变异型主要有 B、C、D、E 4 种。B、C 主要存在于粳稻中，D、E 主要存在于籼稻中。含 B 型变异的野生稻主要分布在中国南方，C 型变异的起源尚不清楚，而含 D、E 型变异的野生稻则分布在印度和中南半岛。这个结果表明粳稻可能起源于中国，籼稻起源于印度和东南亚。SAM 基因的变异型有 B、C、D、E、F 5 种，前两种主要存在于粳稻中，后 3 种主要存在于籼稻中。其中 D、E 变异型的起源与 *p-VATPase* 基因相同，而含 B 型的野生稻则在中国、印度和中南半岛均有分布。F 型大部分存在于中南半岛，但其分布与普通野生稻的分布范围相同。该结果反映的籼稻和粳稻的起源不如 *p-VATPase* 基因反映得明显，作者认为这可能是因为 *SAM* 基因经过了人为选择而 *p-VATPase* 基因是自然进化的。这项研究通过对 3 个基因序列的比较，栽培稻和野生稻基因多样性的差别，探索了水稻的驯化过程。近年来，利用水稻基因多样性研究稻属进化的例子还有很多，如 Zhu 等(2007)通过对栽培稻和普通野生稻、尼瓦拉稻中的 10 个不连锁基因序列的比较，反映了水稻驯化过程中产生的遗传瓶颈和基因多样性降低。

12.4.4.2 基因多样性与关联分析

目前，水稻基因多样性的研究的主要内容还是单个基因的多样性，即 SNP 和 InDel。水稻基因多样性分析，直观地反映出基因碱基的不同，解释了基因功能上的差异以及水稻某些性状形成的原因。许多和产量以及驯化相关性状的作用发生机制均可以利用基因多样性分析得到解释和支持。进而，通过对水稻基因序列的多样性与其表型的关联分析，可以帮助我们筛选与水稻表型差异相关的 SNP 和 InDel。

赵等(2010)对 98 份栽培稻微核心种质的直链淀粉合成基因 *waxy* 进行测序并与直链淀粉含量相关的关联分析，找到了与直链淀粉含量显著相关的 SNP 和 InDel，分别是内含子第一位碱基的 G/T SNP 和外显子中一段 23 bp 序列的插入。在 59 份高直链淀粉含量品种中，54 份的内含子第一位碱基为 G。另外，在所有的糯稻品种中，仅一份不含有 23 bp 插入。其中，23 bp 重复序列与直链淀粉含量的相关是首次发现。另外，我们研究发现启动子序列中的 CT 重复序列与直链淀粉含量之间的关联不显著，这是与前人的研究结果不一致。

通过对 *waxy* 基因序列与直链淀粉含量的关联分析，我们成功揭示了不同栽培种中直链淀粉含量差异的原因。水稻的其他数量性状也可以尝试通过比较不同水稻品种中关键基因的多样性进行关联分析来探索和解释。

12.4.5 水稻基因多样性研究的前景

在 PCR、测序和生物信息学的支持下，水稻遗传和种质资源研究的重点逐渐从基因片段水平的遗传多样研究转向了单核苷酸水平上基因多样性。水稻基因多样性研究可以使水稻数量性状的差异在核算水平上得到解释；同时可以帮助我们了解水稻驯化的历史，并利用找到的关键 SNP 进行分子标记辅助选择育种，为水稻高产稳产做出贡献。

新的研究手段能为水稻基因多样性研究提供更多的支持，高通量、快速检测 SNP 的 SNP 芯片就是这样一种新技术。基因组水平上的 SNP 检测利用 SNP 芯片进行会更加快捷，所检测的 SNP 还可以用于水稻的抗病研究和制作 SNP 分子标记(Syvänen et al，2005)。基于高通量测序全基因组的关联分析近两年发展迅速，对多个农艺性状与基因组的关系分析已经展开(Huang et al，2010)。全基因组水平的关联分析可以让我们找到之前从未发现过的 SNP 和基因，为复杂性状提供更准确的解释。

现有的水稻基因多样性研究更多地集中在亚洲栽培稻和普通野生稻，部分涉及尼瓦拉稻，对其他类型的栽培稻和野生稻研究得非常少。Ma 等(2004)以非洲栽培稻为对照，发现亚洲栽培稻基因组处于高度动态中，面临的自然选择和人为选择较多，所以基因组变异频繁迅速。针对其他水稻材料进行基因组水平多样性研究是对现有的水稻基因多样性研究的完善补充。进一步利用并开展其他种类的水稻品种的基因组水平的多样性研究有利于发掘更多的有利基因和明晰水稻的进化历史。

水稻基因多样性研究尚处于发展阶段,要做的工作还有很多。例如:更多的基因家族和SNP有待鉴定,已经克隆的基因也还很少,功能性的、保守的、特殊的和典型的SNP有待总结归类,基因组水平的多样性还需要进一步深入等。上述工作的开展,将帮助我们早日明确水稻的驯化历史和育成高产、稳产、多抗、优质的水稻新品种。

参考文献

[1] 曾瑞珍,Akshay Talukdar,刘芳,等.利用单片段代换系定位水稻粒形QTL.中国农业科学,2006,39(4):647-654.

[2] 曾瑞珍,施军琼,黄朝锋,等. 籼稻背景的单片段代换系群体的构建. 作物学报,2006,32(1):88-95.

[3] 曾瑞珍,张泽民,何风华,等. 水稻Wx复等位基因的鉴定及单片段代换系的建立. 中国水稻科学,2005,19(6):495-500.

[4] 曾亚文,李绅崇,普晓英,等. 云南稻核心种质孕穗期耐冷性状间的相关性与生态差异. 中国水稻科学, 2006a, 20(3): 265-270.

[5] 陈德西,陈学伟,雷财林等. 转 *Pi-d2* 基因水稻对稻瘟病的抗性分析.中国水稻科学,2010,24(1).

[6] 陈庆全,穆俊祥,周红菊,等. 利用基础导入系分析粳稻基因的遗传效应. 中国农业科学,2007,40(11):2387-239.

[7] 陈艳,胡军,钱韦,等. 水稻白叶枯抗性基因 *Xa-min(t)* 的抗谱鉴定及其分子标记的筛选. 自然科学进展,2003,13(9):1001-1004.

[8] 陈宗祥, 左示敏, 张亚芳. 一组水稻卷叶近等基因系的构建及性状研究. 扬州大学学报(农业与生命科学版), 2011, 3: 42-46.

[9] 邓化冰,邓启云,陈立云,等. 野生稻增产QTL导入9311之近等基因系的构建. 杂交水稻,2005,20(6):52-56.

[10] 邓其明,王颖姐,王世全,等. 一份水稻寡分蘖近等基因系的构建及全基因组差异表达分析. 中国水稻科学,2008,22(1):15-22.

[11] 杜兴彬,徐小艳,童汉华,等.水稻多亲本导入系聚合派生群体对干旱和低氮选择响应的初步定位研究.分子植物育种,2010,8(6):1158-1165.

[12] 段远霖,李维明,吴为人,等. 水稻小穗分化调控基因 *fzp(t)* 的遗传分析和分子标记定位. 中国科学(C辑),2003,33(1):27-32.

[13] 方宣钧,吴为人,唐纪良,等. 作物DNA标记辅助育种. 北京:科学出版社,2000.

[14] 高欢, 徐小艳, 冯芳君. 水稻导入系聚合派生耐旱株系的培育和导入遗传成分的分子检测. 分子植物育种, 2010, 8(6): 1120-1125.

[15] 高晓清,谢学文,许美容,等. 水稻抗纹枯病导入系的构建及抗病位点的初步定位. 作物学报,2011,37(9):1559-1568.

[16] 辜琼瑶,卢义宣,谭春艳,等. 以水稻"云恢290"为背景的导入系的构建及筛选鉴定. 西南农业学报,2007,20(1):6-10.

[17] 桂敏, 申时全, 曾亚文. 极端冷害下粳稻穗期近等基因系耐冷性状的相关分析. 云南农

业大学学报，2005，20(4)：462-466.
[18] 韩龙植，乔永利，张媛媛，等．水稻孕穗期耐冷性 QTLs 分析．作物学报，2005，131 (15)：653-657.
[19] 郝伟，金健，孙世勇，等．覆盖野生稻基因组的染色体片段替换系的构建及其米质相关数量性状基因座位的鉴定．植物生理与分子生物学学报．2006，32(3)：354-362.
[20] 何风华，席章营，曾瑞珍，等．利用高代回交和分子标记辅助选择建立水稻单片段代换系．遗传学报，2005，32(8)：825-831.
[21] 胡兰香，肖叶青，邬文昌，等．恢复系 752 近等基因导入系构建与初步利用研究．分子植物育种，2005，3：659-662.
[22] 孔萌萌，余庆波，张慧绮，等．控制水稻叶绿体发育基因 *OsALB23* 的定位．植物生理与分子生物学学报，2006，32 (4)：433-437.
[23] 奎丽梅，谭禄宾，涂建，等．云南元江野生稻抽穗开花期耐热 QTL 定位．农业生物技术学报，2008，16：462-464.
[24] 雷东阳，谢放鸣，陈立云. 利用高代回交导入系定位稻米外观品质性状 QTL. 湖南农业大学学报(自然科学版)，2009，1：1-4.
[25] 李晨，潘大建，孙传清，等．水稻糙米高蛋白基因的 QTL 定位．植物遗传资源学报，2006，7(2)：170-174.
[26] 李晨，孙传清，穆平，等．栽培稻与普遍野生稻两个重要分类性状花药长度和柱头外露率的 QTL 分析．遗传学报，2001，28：746-751.
[27] 李芳，程立锐，许美容，等．利用品质性状的回交选择导入系挖掘水稻抗纹枯病 QTL. 作物学报，2009，35(9)：1729-1737.
[28] 李海彬，高方远，曾礼华. 长药野生稻导入系柱头性状的 QTL 分析. 分子植物育种，2010，8(6)：1082-1089.
[29] 李俊周，付春阳，张洪亮，等. 利用旱稻导入系定位水、旱田外观品质的 QTL 及土壤水分效应分析. 农业生物技术学报，2009，17(4)：651-658.
[30] 李生强，崔国昆，关成冉. 水稻染色体片段代换系的构建及株高 QTL 的鉴定. 扬州大学学报(农业与生命科学版)，2010 31 (4)：1-6.
[31] 李文涛，曾瑞珍，张泽民，等. 水稻 F_1 花粉不育性近等基因系导入片段的分析. 中国水稻科学，2003，17(2)：95-99.
[32] 李欣，顾铭洪，梁国华，等．水稻半矮秆基因 *sd-t* 的染色体定位研究．遗传学报，2001，28(1)：33-40.
[33] 李自超，张洪亮，孙传清，等．植物遗传资源核心种质研究现状与展望．中国农业大学学报，1999，4(5)：51-62.
[34] 梁国华，曹晓迎，陈炯明，等．水稻半矮秆基因 *sd-g* 的染色体定位研究．遗传学报，1994，21(4)：297-304.
[35] 林鸿宣，闵绍楷，熊钱民，等．应用 RFLP 图谱分析籼稻粒型数量性状基因座位．中国农业科学，1995，28(4)：1-7.
[36] 刘道峰，赵显峰，朱丽煌．水稻类病变突变体 *lmi* 的鉴定及其基因定位．科学通报，2003，48(8)：831-835.

[37] 刘凤霞，孙传清，谭禄宾，等．江西东乡野生稻孕穗开花期耐冷基因定位．科学通报，2003，48(17)：1864-1867.

[38] 刘冠明，李文涛，曾瑞珍．水稻亚种间单片段代换系的建立．中国水稻科学，2003，17(3)：201-204.

[39] 刘光杰，曹立勇，张文辉．水稻抗白背飞虱近等基因系的构建及其抗性表现．中国农学通报，2002，18：24-25.

[40] 刘家富，奎丽梅，朱作峰，等．普通野生稻稻米加工品质和外观品质性状 QTL 定位．农业生物技术学报，2007，15 (1)：90-96.

[41] 刘开雨，卢双楠，裘俊丽，等．培育水稻恢复系抗稻褐飞虱基因导入系和聚合系．分子植物育种，2011，09(4)：410-417.

[42] 刘立峰，张洪亮，穆平，等．水、旱稻根基粗、千粒重主效 QTL 近等基因系的构建及鉴评．农业生物技术学报，2007，15(3)：469-476.

[43] 罗利军．水稻近等基因导入系构建与分子育种技术．分子植物育种，2005，3(5)：609-612.

[44] 罗彦长，李泽福，吴敬德，等．以早籼 14、紫恢 100 和 M3122 为背景的导入系构建及其筛选鉴定．分子植物育种，2005，3(5)：642-648.

[45] 梅捍卫，罗利军，徐小艳，等．以高产恢复系“中 413”为背景的导入系群体粒型和耐旱性筛选鉴定．分子植物育种，2005，3(5)：649-652.

[46] 穆平，李自超，李春平，等．水、旱稻根系性状与抗旱性相关分析及其 QTL 定位．科学通报，2003，48(20)：2162-2169.

[47] 钱益亮，王辉，陈满元，等．利用 BC_2F_3 产量选择导入系定位水稻耐盐 QTL．分子植物育种，2009，7(2)：224-232.

[48] 任光俊，陆贤军，高方远，等．近等基因导入系对生物和非生物胁迫的抗性筛选初报．分子植物育种，2005，3(5)：701-703.

[49] 申时全，曾亚文，普晓英，等．云南地方稻核心种质耐低磷特性研究．应用生态学报，2005，16(8)：1569-1572.

[50] 宋建东，黄悦悦，阳海宁．粳稻为背景的普通野生稻单片段代换系群体的初步构建．广西农业科学，2010，4：297-302.

[51] 隋炯明，梁国华，李欣，等．籼稻多蘖矮半矮秆基因的遗传分析和基因定位．作物学报，2006，32(6)：845-850.

[52] 孙勇，藏金萍，王韵，等．利用回交导入系群体发掘水稻种质资源中的有利耐盐 QTL．作物学报，2007，33(10)：1611-161.

[53] 谭禄宾，孙传清，王象坤．云南元江普通野生稻渗入系的构建即野栽分化性状的基因定位：学位论文．中国农业大学，2004.

[54] 唐江云，张涛，蒋开锋，等．利用基础导入系群体定位氮胁迫下水稻产量性状 QTL．农业生物技术学报，2011，19(6)：996-1002.

[55] 王向东，顾俊飞，腊红桂，等．旱稻渗入系抽穗期根系性状 QTL 定位．中国农学通报，2009，25(12)：14-19.

[56] 王晓光，季芝娟，蔡晶，等．水稻果皮色泽近等基因系的构建及近等性评价．中国水稻科

学,2009,23(2):135-140.
[57] 王韵，程立锐，孙勇. 利用双向导入系解析水稻抽穗期和株高 QTL 及其与环境互作表达的遗传背景效应. 作物学报，2009(8)：1386-1394.
[58] 肖叶青，吴小燕，胡兰香. 赣香 B 近等基因导入系构建与目标性状筛选. 分子植物育种，2010，6：1128-1132.
[59] 刑永忠,谈移芳,徐才国,等. 利用水稻重组自交系定位谷物外观性状的数量性状基因. 植物学报,2001 ,43(8) :840 - 845.
[60] 徐华山,孙永建,周红菊,等. 构建水稻优良恢复系背景的重叠片段代换系及其效应分析. 作物学报,2007,33(6):979-986.
[61] 徐建龙,薛庆中,罗利军,等. 近等基因导入系定位水稻抗稻曲病数量性状位点的研究初报. 浙江农业学报,2002,14:14-19.
[62] 徐建龙,薛庆中,罗利军,等. 水稻粒重及其相关性状的遗传解析. 中国水稻科学,2002,16,6-10.
[63] 严长杰,等. 一个新的水稻卷叶突变体 *rl9(t)* 的遗传分析和基因定位. 科学通报,2005,50(24):2757-2762.
[64] 余萍,李自超,张洪亮,等. 广西普通野生稻(*Oryza rufipogon* Griff)表型性状和 SSR 多样性研究. 遗传学报,2004,31(9):934-940.
[65] 余四斌,穆俊祥,赵胜杰,等. 以珍汕 97B 和 9311 为背景的导入系构建及其筛选鉴定. 分子植物育种,2005,3(5):629-636.
[66] 张晨昕,邱先进,董华林,等. 野生稻染色体片段代换系构建及其效应分析. 分子植物育种,2010,8(6):1113-1119.
[67] 张军,赵团结,盖钧镒. 大豆育成品种农艺性状 QTL 与 SSR 标记的关联分析. 作物学报.2008,34(12): 2059-2069.
[68] 张毅,李云峰,谢戎,等. 水稻小穗簇生性近等基因系的构建及其近等性评价. 作物学报,2006,32(3):397-401.
[69] 张玉山，吴薇，徐才国. 利用两种方法构建的近等基因系对水稻两个多效区段遗传效应进行评价. 遗传，2008(6)：781-787.
[70] 章琦. 水稻白叶枯病抗性基因鉴定进展及其利用. 中国水稻科学,2005,19(5):453-459.
[71] 章琦，王春连，赵开军. 携有抗白叶枯病新基因 *Xa23* 水稻近等基因系的构建及应用. 中国水稻科学，2002，16(3)：206-210.
[72] 赵淑清，武维华. DNA 分子标记和基因定位. 生物技术通报，2000，16 (6)：1-3.
[73] 赵祥强,周劲松,梁国华,等. 矮泰引-3 中半矮秆基因的分子定位. 遗传学报,2005,32(2):189-196.
[74] 赵杏娟,刘向东,李金泉,等. 以广东高州普通野生稻为供体亲本的水稻单片段代换系构建. 中国水稻科学,2010,24(2):210-214.
[75] 赵秀琴，徐建龙，朱苓华. 利用回交导入系定位干旱环境下水稻植株水分状况相关 QTL. 作物学报，2008，34(10)：1696-1703.
[76] 赵秀琴，朱苓华，徐建龙. 灌溉与自然降雨条件下水稻高代回交导入系产量 QTL 的定位. 作物学报，2007，9：1536-1542.

[77] 赵友桃. 中国稻种资源 *Waxy* 基因多样性研究:硕士学位论文. 北京:中国农业科学院, 2010.

[78] 郑天清, 徐建龙, 傅彬英. 回交高代选择导入系的纹枯病抗性与抗旱性的遗传重叠研究. 2007, 33(8): 1380-1384.

[79] 钟义明,江光怀,陈学伟,等. 水稻含隐性抗白叶枯病基因 *Xa*5 的 24 kb 片段的鉴定与基因预测. 科学通报 2003,48(19):2057-2061.

[80] 周德贵,李宏,卢德城,等. 水稻氮磷高效利用育种材料的发掘研究. 分子植物育种,2010, 8(6):1196-1201.

[81] 周红菊,穆俊祥,赵胜杰,等. 水稻高世代回交导入系耐盐性的遗传研究. 分子植物育种, 2005,3(5):716-720.

[82] 周少川,卢德城,李宏,黄道强. 丰矮占 1 号产量近等基因导入系农艺性状研究. 分子植物育种,2005,3(5):681-684.

[83] 周少霞,田丰,朱作峰,等. 江西东乡野生稻苗期抗旱基因定位. 遗传学报,2006,33(6): 551-558.

[84] 周政,李宏,孙勇,等. 高产、抗旱和耐盐选择对水稻产量相关性状的影响. 作物学报, 2010,36(10):1725-1735.

[85] Agrama H A, Eizenga G C ,Yan W. Association mapping of yield and its components in rice cultivars. Molecular Breeding, 2007, 19(4): 341-356.

[86] Ahn S N. Suh J P, Oh C S, et al. Development of introgression lines of weedy rice in the background of Tongil-type rice. Rice Genetics Newsletter, 2002, 19:14.

[87] Aida Y, Tsunematsu H, Doi K,et al. Development of a series of introgression lines of Japonica in the background of Indica rice. Rice Genet Newsl, 1997, 14: 4-43.

[88] Amanda J G, Thomas H T, Jason C, et al. Genetic structure and diversity in *Oryza sativa* L. Genetics, 2005, 169: 1631-1638.

[89] Andaya V C, Mackill D J. QTLs conferring cold tolerance at the booting stage of rice using recombinant inbred lines from a japonica x indica cross. Theoretical and applied genetics, 2003, 106: 1084-1090.

[90] Andersen J R, Zein I, et al. High leveh of linkage disequilibrimn and associations with forage quality at a phenylalanine ammonia-lyase locus in European maize inbreds. Theor Appl Genet, 2007, 114:307-319.

[91] Aranzana M J, Kim S, Zhao K Y, et al. Genome-wide association mapping in Arabidopsis identifies previously known flowering time and pathogen resistance genes. PLos Genet, 2005, 1(5): 531-539.

[92] Ardlie K G, Kruglyak L, Seielstad M. Patterns of linkage disequilibrium in the human genome. Nat Rev Genet, 2002, 3: 299-309.

[93] Asuka Nishimura, Motoyuki Ashikari, Makoto Matsuoka, et al. Isolation of a rice regeneration quantitative trait loci gene and its application to transformation systems. Proc Natl Acad Sci USA, 2005, 102(33): 11940-11944.

[94] Avise J C. Molecular markers natural history and evolution. New York: Chapman and

Hall, 1994.

[95] Ayahiko Shomura, Takeshi Izawa, Saeko Konishi , et al. Deletion in a gene associated with grain size increased yields during rice domestication. Nature Genetics, 2008, 40 (8): 1023-1028.

[96] Bennetzen J L. The rice genome: Opening the door to comparative plant biology. Science, 2002, 296: 60-63.

[97] Bian X F, Liu X, Wan J M, et al. Heading date gene, *dth*3 controlled late flowering in *O. glaberrima* Steud. by down-regulating *Ehd*1. Plant Cell Reports, 2011, 30(12): 2243-2254.

[98] Bing Yue, Weiya Xue, Lizhong Xiong, et al. Genetic basis of drought resistance at reproductive stage in rice: separation of drought tolerance from drought avoidance. Genetics, 2006, 172: 1213-1228.

[99] Blake C Meyers, Alexander Kozik, Alyssa Griego, et al. Genome-Wide Analysis of NBS-LRR-Encoding Genes in Arabidopsis. The Plant Cell, 2003, 15: 809-834.

[100] Breseghello F, Sorrells M E. Association mapping of kernel size and milling quality in wheat (*Triticum aestivum L.*) cultivars. Genetics, 2005, 172: 1165-1177.

[101] Brondani C, Rangel P H N, Brondani R P V, Ferreira M E. QTL mapping and introgression of yield-related traits from Oryza glumaepatula to cultivated rice (*Oryza sativa*) using microsatellite markers. Theor Appl Genet, 2002, 104: 1192-1203.

[102] Brown A H D. The case for core collections//Brown A H D, et al. The use of plant genetic resources. Cambridge Uni Press, Cambridge, England, 1989, 136-156.

[103] Brown A H D. The core collection at the crossroads//Hodgkin T, Brown A H D, Hintum van T H L, et al. Core collection of plant genetic resources. International Plant Genetic Resources Institute(IPGRI), A Wiley-Sayce Publication, 1995, 3-19.

[104] Brunner S, Fengler K, Morgante M, et al. Evolution of DNA sequence nonhomologies among maize inbreds. The Plant Cell, 2005, 17:343-360.

[105] Buckler E S, Thornsberry J M, Kresovich S, et al. Molecular diversity, structure and domestication of grasses. Genet Res, 2001, 77: 213-218.

[106] Buso G S C, Rangel P H, Ferreira M E. Analysis of genetic variability of South American wild rice populations (*Oryza glumaepatula*) with isozymes and RAPD markers. Molecular Ecology, 1998, 7:107-117.

[107] Fan C C, Yu Q, Xing Y Z, et al. The main effects, epistatic effects and environmental interactions of QTLs on the cooking and eating quality of rice in a doubled-haploid line population. Theor Appl Genet , 2005, 110: 1445-1452.

[108] Cai H W, Morishima H. Genomic regions affecting seed shattering and seed dormancy in rice. Theor Appl Genet, 2000, 100: 840-846 .

[109] Cai H W, Morishima H. QTL clusters reflect character associations in wild and cultivated rice. Theor Appl Genet, 2002, 104: 1217-1228.

[110] Cai H W, Wang X K, Morishima H. Comparison of population genetic structure of

common wild rice (Oryza rufipogon), as revealed by analyses of quantitative traits, allozymes, and RFLPs. Heredity, 2004, 92: 409-417.

[111] Champoux M C, Wang G, Sarkarung S, et al. Locating genes associated with root morphology and drought avoidance in rice via linkage to molecular markers. Theor Appl Genet, 1995, 90:969-981.

[112] Charmet G, Balfourier F. The use of geo-statistics for sampling a core collection of perennial ryegrass populations. Genetic Resource and Crop Evolution, 1995, 42: 303-309 .

[113] Charmet G, Balfourier F, Ravel C, et al. Genotype x environment interactions in a core collection of French perennial ryegrass populations. Theoretical and Applied Genetics, 1993, 86(6): 731-736 .

[114] Chen X W, et al. A B-lectin receptor kinase gene conferring rice blast resistance . The Plant Journal, 2006, 46:794-804 .

[115] Chizuko Yamamuro, et al. Loss of function of a rice brassinosteroid insensitivel homolog prevents internode elongation and bending of the lamina joint. Plant Cell, 2000, 12:1591-1605 .

[116] Cho Y, et al. Thesemidwarf gene sd-l of rice (*Oryza sativa* L.), Ⅱ . Molecular, mapping and marker assisted selection, Theor Appl Genet, 1994, 89:54-59.

[117] Chu Z H, et al. Targeting xa13, a recessive gene for bacterial blight resistance in rice. Theor Appl Genet, 2006a, 112:455-461 .

[118] Courtois B, McLaren G M, Sinha P K, et al. Mapping QTLs associated with drought avoidance in upland rice. Molecular Breeding , 2000, 6: 55-66.

[119] Crossa J, Burgueño J, Dreisigacker S, et al. Association analysis of historical bread wheat germplasm using additive genetic covariance of relatives and population Structure. Genetics, 2007, 177(3): 1889-1913.

[120] Cui J, Fan S C, Shao T, et al. Characterization and fine mapping of the ibf mutant in rice. Journal of Integrative Plant Biology, 2007, 49(5): 678-685.

[121] Devlin B, Roeder K. Genomic control for association studies. Biometrics, 1999, 55 (4): 997-1004.

[122] Diwan N, Mclntosh M S, Bauchan G R. Methods of developing a core collection of annual Medicago species. Theor Appl Genet, 1995, 90: 755-761.

[123] Doerge R W. Mapping and analysis of quantitative trait loci in experimental populations. Nat Rev Genet, 2002, 3: 43-52.

[124] Doi K, Izawa T, Fuse T, et al. *Ehd*1, a B-type response regulator in rice, confers short-day promotion of flowering and controls FT-like gene expression independently of*Hd*1. Genes & Development, 2004, 18(8): 926-936.

[125] Doi K, Iwata N, Yoshimura A. The construction of chromosome substitution lines of African rice (*Oryza glaberrima* Steud.) in the background of Japonica rice (*O. sativa* L.). Rice Genet Newsl, 1997, 14: 39-41.

[126] Ebitani T, Takeuchi Y, Nonoue Y. Construction and evaluation of chromosome segment substitution lines carrying overlapping chromosome segments of indica rice cultivar Kasalath in a genetic background of japonica elita cultivar Koshihikari. Breeding Science, 2005, 55: 65-73.

[127] Ellis P R, Pink D A C, Phelps K, et al. Evaluation of a core collection of Brassica oleracea accessions for resistance to Brevicoryne brassicae, the cabbage aphid. Euphytica, 1998, 103: 149-160.

[128] Epstein M P, Allen A S, Satten G A. A simple and improved correction for population stratification in case-control studies. Am J Hum Genet, 2007, 80: 921-930.

[129] Eshed Y, Zamir D. A genomic library of *Lycopersicon pennellii* in *L. esculentum*: A tool for fine mapping of genes. Euphytica, 1994, 79: 175-179.

[130] Eshed Y, Zamir D. An introgression line population of *Lycopersicon pennellii* in the cultivated tomato enables the identification and fine mapping of yield-associated QTL. Genetics, 1995, 141: 1147-1162.

[131] Eva K F C, Heather C R, Daniel J K. Understanding the evolution of defense metabolites in Arabidopsis thaliana using genome-wide association mapping. Genetics, 2012, 185(3): 991-1007.

[132] Fan C C, et al. *GS*3, a major QTL for grain length and weight and minor QTL for grainwidth and thickness in rice, encodes a putative transmembrane protein. Theor Appl Genet, 2006, 112:1164-1171.

[133] Feltus F A, Wan J, Schulze S R, et al. An SNP resource for rice genetics and breeding based on subspecies indica and japonica genome alignments. Genome Res, 2004, 14: 1812-1819.

[134] Flint G S, Thuillet A, et al. Maize association population: a high-resolution platform for quantitative trait locus dissection. Plant Journal, 2005, 44(6): 1054-1064.

[135] Foster, et al. Inheritance of semid-warfism in *Oryza sativa* L. rice. Genetics, 1978b, 88: 559-574.

[136] Frankel O H. Genetic perspectives of germplasm conservation//Arber W, Llimensee K, Peacock W J, et al. Genetic Manipulation: Impact on Man and Society. Cambridge: Cambridge University Press, 1984, 161-170.

[137] Fu H, Dooner H K. Intraspecic violation of genetic colinearity and its implications in maize. Proc Natl Acad Sci, USA, 2002, 99: 9573-9578.

[138] Fujioka S, Yamane H, Spray C R, et al. The dominant non-gibberellin-responding dwarf mutant (D8) of maize accumulates native gibberellins. Proc Natl Acad Sci, USA, 1988, 85 (23): 9031-9035.

[139] Fujisawa Y, Kato T, Ohki S, et al. Suppression of the heterotrimeric G protein causes abnormal morphology, including dwarfism, in rice. Proc Natl Acad Sci USA, 1999, 96(13): 7575-7580.

[140] Furukawa T, Maekawa M, Oki T, et al. The *Rc* and *Rd* genes are involved in proanthocyanidin synthesis in rice pericarp. The Plant Journal, 2007, 49: 91-102.

[141] Fuzhen Li, et al. Genetic analysis and high-resolution mapping of apremature senescence gene Pse(t) in rice (*Oryza sativa* L.). Genome,2005,48(4):738-746(9).

[142] Gao L Z,Schaal B A,Zhang C H,et al. Assessment of population genetic structure in common wild rice *Oryza rufipogon* Griff. using microsatellite and allozyme markers. Theor Appl Genet, 2002, 106: 173-180.

[143] Garris A J, McCouch S R, Kresovich S. Population structure and its effect on haplotype diversity and linkage disequilibrium surrounding the *xa*5 locus of rice (*Oryza sativa* L.). Genetics, 2003, 165(2): 759-769.

[144] Garris A J, Tai T H, Jason C, et al. Genetic structure and diversity in *Oryza sativa* L. Genetics, 2005. 169(3): 1631-1638.

[145] Gong J M, He P, Qian Q, et al. Identification of salt-tolerance QTL in rice (*Oryza sativa L.*). China Sci Bull, 1999, 44: 68-71.

[146] Gregory T,et al. A Single amino acid difference distinguishes resistant and susceptible alleles of the rice blast resistance gene Pi-ta. The Plant Cell,2000,12: 2033-2045.

[147] Hastbacka J, de la Chapelle A, Kaitila I, et al. Linkage disequilibrium mapping in isolated founder populations: diastrophic dysplasia in Finland Nat. Genet,1992, 2: 204-211.

[148] Hauser M T, Harr B, Schlotterer C. Trichome distribution in Arabidopsis thaliana and its close relative Arabidopsis lyrata: molecular analysis of the candidate gene *GLABROUS*1. Mol Biol Evol , 2001, 18: 1754-1763.

[149] He G M, Luo X J, Yang J S,et al. Haplotype variation in structure and expression of a gene cluster associated with a quantitative trait locus for improved yield in rice. Genome Research, 2006, 16(5): 618-626.

[150] He Ping, Li Shi-gui, Li Jing-shao. Analysis on gene loci affecting characters of rice grain quality. Chinese Science Ulletion,1998,16 :1747-1750.

[151] Hintum Th J L van, Brown A H D, Spillance C,et al. Validating the core collection// Hintum Th J L van,et al. Core Collections of Plant Genetic Resources. IPGRI,Rome, Italy,2000,28-30.

[152] Holbrook C C,Patricia T,Xue H Q. Evaluation of the core collection approach for identifying resistance to meloidogyne arenaria in peanut. Crop Science,2000,40:1172-1175 .

[153] Holbrook C C,Anderson W F. Evaluation of a core collection to identify resistance to late leafspot in peanut. Crop science,1995,35(6): 1700-1702.

[154] Hollingsworth P M, Ennos R A. Neighbor joining trees, dominant markers and population genetics structure. Heredity, 2004, 42: 490-498.

[155] Hong L L, Qian Q, Ding T, et al. A mutation in the rice chalcone isomerase gene causes the golden hull and internode 1 phenotype. Planta, 2012, 236(1): 141-151.

[156] Hu C H. A newly induced semidwarfing gene with agro-nomic potentiality. Rice Genet. Newslett, 1987,4:72-74 .

[157] Hu J, Anderson B, Wessler S R. Isolation and characterization of rice R genes: evidence for distinct evolutionary paths in rice and maize. Genetics, 1996, 142: 1021-1031.

[158] Hu G L, Zhang D L, et aL. Fine mapping of the awn gene on chromosome 4 in rice by combining association analysis and linkage analysis. Chinese Science Bulletin, 2011, 56(9): 835-839.

[159] Huang X, Lu G, Zhao Q, et al. Genome-wide analysis of transposon insertion polymorphisms reveals intraspecific variation in cultivated rice. Plant Physiol, 2008, 148: 25-40.

[160] Huang X, Wei X, Sang T, et al. Genome-wide association studies of 14 agronomic traits in rice landraces. Nature Genetics,2010,42: 961-967.

[161] Huang X H, Zhao Y, Wei X H, et al. Genome-wide association study of flowering time and grain yield traits in a worldwide collection of rice germplasm. Nature Genetics, 2012, 44(1): 32-39.

[162] Huang X, Han B, Jing Y, et al. Genome-wide association studies of 14 agronomic traits in rice landraces. Nat Genet. 42(11):961-967.

[163] Hubby J L, Lewontin R C. A molecular approach to the study of genic heterozygosity in natural populations I The number of alleles at different loci in Drocophila pseudoobscura. Genetics, 1966, 54: 577-594.

[164] Itoh H, Tanaka M U, Sentoku N, et al. Cloning and functional analysis of two gibberellin 3β-hydroxylase genes that are differently expressed during the growth of rice. Proc Natl Acad Sci USA, 2001, 98(15): 8909-8914.

[165] Itoh H, Tatsum T, Sakamoto T, et al. A rice semi-dwarf gene, *Tan-Ginbozu* (D35), encodes the gibberellin biosynthesis enzyme, ent-kaurene oxidase. Plant Molecular Biology, 2004, 54(4): 533-547.

[166] Iwata H, Uga Y, Yoshioka Y, et al. Bayesian association mapping of multiple quantitative trait loci and its application to the analysis of genetic variation among *Oryza sativa* L. germplasms. Theor Appl Genet, 2007, 114: 1437-1449.

[167] Ishimaru K. Identification of a locus increasing rice yield and physiological analysis of its function. Plant Physiol,2003,1,33:1083-1090.

[168] Jaradat A A. The dynamics of a core collection//Hodgkin T, Brown A H D, Hintum van T H L,et al. Core collection of plant genetic resources. International Plant Genetic Resources Institute (IPGRI),A Wiley-Sayce Publication,1995,179-186 .

[169] Jena K K, Kochert G, Khush G S. RFLP analysis of rice (*Oryza sativa* L.) introgression lines. Theor Appl Genet, 1992, 84:608-616.

[170] Jiang G H, Hong X Y,Xu C G,et al. Identification of quantitative trait loci for grain appearance quality using a double haploid rice population. Integrat Plant Bio, 2005,

47：1391-1403.

[171] Jin J, Huang W, Gao J P, et al. Genetic control of rice plant architecture under domestication. Nature Genetics, 2008, 40: 1365-1369.

[172] Johnson R C, Bergman J W ,Flynn C R . Oil and meal characteristics of core and non-core safflower accessions from the USDA collection. Genetic Resources and Crop Evolution,1999, 46: 611-618.

[173] Jun Tae-Hwan, Van Kyujung, Kim Moon Young, et al. Association analysis using SSR markers to find QTL for seed protein content in soybean. Euphytica,2008, 162 (2): 179-191.

[174] Jung M, Ching A,Bhattramakki D. Linkage disequilibrium and sequence diversity in a 500k region around the *adh*1 locus in elite maize germplasm. Theor Appl Genet, 2004, 109: 681-689.

[175] Kamihara Kumiko,et al. Trial of positional cloning of the brittle culm (*bc*-3) gene of rice using high efficiency AFLP. Plant and Cell Physiology,2000,41:189.

[176] Kang H M, Zaitlen N A, Wade C M, et al. Efficient control of population structure in model organism association mapping. Genetics, 2008, 178: 1709-1723.

[177] Kashiwagi T, Ishimaru K. Identification and functional analysis of a locus for improvement of lodging resistance in rice. Plant Physiology, 2004, 134: 676-683.

[178] Kazuki Matsubara, Eri Ogiso-Tanaka, Masahiro Yano, et al. Natural variation in *Hd*17, a homolog of arabidopsis *ELF*3 that is involved in rice photoperiodic flowering. Plant and Cell Physiology, 2012, 53(4): 709-716.

[179] Kazuyuki Doi, et al. Independently of *Hd*1 promotion of flowering and controls FT-like gene expression *Ehd*1, a B-type response regulator in rice, confers short-day. Genes & Development,2007,18:926-936.

[180] Keishi Komatsu,et al. LAX and SPA: Major regulators of shoot branching in rice. Pnas,2003, 100 (20):11765-11770.

[181] Kenji Fujino, Hiroshi Sekiguchi, Masahiro Yano, et al. Molecular identification of a major quantitative trait locus, *qLTG*3-1, controlling low-temperature germinability in rice. Proc Natl Acad Sci USA, 2009, 105(34): 12623-12628.

[182] Khush G S,Bacalangco E,Ogawa T. A new gene for resistance to bacterial blight from *O. longistaminata*. Rice Genet Newsl,1990,7: 121-122.

[183] Khush G S. Origin, dispersal, cultivation and variation of rice. Plant Mol Bio,1997, 35: 25-34.

[184] Kim S L, Lee S, Kim H J,et al. *OsMADS*51 is a short-day flowering promoter that functions upstream of *Ehd*1,OsMADS14, and *Hd*3*a*. Plant Physiology,2007,145(4): 1484-1494..

[185] Kojima S, Takahashi Y, Kobayashi Y ,et al. *Hd*3*a*, a rice ortholog of the Arabidopsis FT gene, promotes transition to flowering downstream of *Hd*1 under short-day conditions. Plant and Cell Physiology,2002,43(10): 1096-1105.

[186] Konishi S, Ebana K , Izawa T, et al. Inference of the japonica rice domestication process from the distribution of six functional nucleotide polymorphisms of domestication-related genes in various landraces and modern cultivars. Plant and Cell Physiology, 2008, 49(9): 1283-1293.

[187] Konishi S, Izawa T, Yang Shao, et al. An SNP caused loss of seed shattering during rice domestication. Science, 2006, 312(5778): 1392-1396..

[188] Koyama M L, Levesley A, Kpebner R M D, et al. Quantitative trait loci for component physiological traits determining salt tolerance in rice. Plant Phsiol, 2001, 125: 406-422.

[189] Kubo T, Nakamura K, Yoshimura A. Development of a series of Indica chromosome segment substitution lines in Japonica background of rice. Rice Genet Newsl, 1999, 16: 104-106.

[190] Laurie C C, Chasalow S D, LeDeaux J R, et al. The genetic architecture of response to long- term artificial selection for oil concentration in the maize kernel. Genetics, 2004, 168: 2141- 2155.

[191] Li C B, Zhou A L, Sang T, et al. Rice domestication by reducing shattering. Science, 2006, 311(5769): 1936-1939.

[192] Li C B, Zhou A L, Sang T. Rice domestication by reducing shattering. Science, 2006, 311:1936-1939.

[193] Li D J, Sun C Q, Fu Y C, et al. Identification and mapping of genes for improving yield from Chinese common wild rice (*O. rufipogon* Griff.) using advanced backcross QTL analysis. Chinese Sci Bullet, 2002, 18: 1533-1537.

[194] Li J Z, Wang D P, Xie Y, et al. Development of upland rice introgression lines and identification of QTLs for basal root thickness under different water regimes. J Genet Genomics, 2011, 38(11):547-556.

[195] Li Y B, Fan C C, Xing Y Z, et al. Natural variation in *GS5* plays an important role in regulating grain size and yield in rice. Nature Genetics, 2011, 43(12): 1266-1269.

[196] Li Z K, Fu B Y, Gao Y M, et al. Genome-wide introgression lines and their use in genetic and molecular dissection of complex phenotypes in rice (*Oryza sativa* L.). Plant Mol Biol, 2005, 59:33-52.

[197] Lilley J M, Ludlow M M, McCouch S R, et al. Locating QTL for osmotic adjustment and dehydration tolerance in rice. Journal of Experimental Botany, 1996, 47(30): 1427-1436.

[198] Lilley J M, Ludlow M M. Expression of osmotic adjustment and dehydration tolerance in diverse rice lines. Field Crop Research, 1997, 48:185-197.

[199] Lin H X, Yanagihara S, Zhuang J Y, et al. Identification of QTLs for salt tolerance in rice via molecular markers. Chinese J Rice Sci, 1998. 12: 72-78.

[200] Lin H X, Zhu M Z, Yano M, et al. QTLs for Na^+ and K^+ uptake of the shoots and roots controlling rice salt tolerance. Theor Appl Genet, 2004, 108:253-260.

[201] Lin Z W, Griffith M E, Li X R, et al. Origin of seed shattering in rice (*Oryza sativa* L.). Planta, 2007, 226(1): 11-20.

[202] Lisa Monna, et al. Positional cloning of rice semidwarfing gene, *sd*-1: rice"Green Revolution Gene" encodes a mutant enzyme involved in gibberellin synthesis. DNA Research, 2002, 9: 11-17.

[203] Londo J P, Chiang Y C, Hung K H, et al. Phylogeography of Asian wild rice, *Oryza rufipogon*, reveals multiple independent domestications of cultivated rice, *Oryza sativa*. Proc Natl Acad Sci, 2006, 103: 9578-9583.

[204] Long A D, Langley C H. The power of association studies to detect the contribution of candidate genetic loci to variation in complex traits. Genome Res, 1999, 9: 720-731.

[205] Lu L, Yan W H, Xue W Y, et al. Evolution and association analysis of *Ghd7* in rice. PLoS One, 2012-05-30, 7(5): e34021.

[206] Luo A, et al. *EUI*1, encoding a putative cytochrome P450 monooxygenase, regulates internode elongation. Plant Cell Physiol, 2006; 47: 181-191.

[207] Ma J F, Mitani N, Nagao S, et al. Characterization of the silicon uptake system and molecular mapping of the silicon transporter gene in rice. Plant Physiology, 2004, 136: 3284-3289.

[208] Ma J, Bennetzen J L. Rapid recent growth and divergence of rice nuclear genomes. Proc Natl Acad Sci, 2004, 101: 12404-12410.

[209] Ma J F, Tamai T, Wissuwa M, et al. QTL analysis for silicon uptake in rice. Plant and Cell Physiology Supplement, 2004, 45: 86.

[210] Mahajan R K, Bisht1I S , Agrawal R C , et al. Studies on South Asian okra collection: Methodology for establishing a representative core set using characterization data. Theoretical & Applied Genetics, 1996, 43(3): 249-255.

[211] Mao H L, Sun S Y, Zhang Q F, et al. Linking differential domain functions of the *GS*3 protein to natural variation of grain size in rice. Proc Natl Acad Sci USA, 2010, 107 (45): 19579-19584.

[212] Masahiro Akimoto, Yoshiya Shimamoto, Hiroko Morishima. The extinction of genetic resources of Asian wild rice *Oryza rufipogon* Griff : A case study in Thailand. Generic Resources and Crop Evolution, 1999, 46: 419-425.

[213] Masahiro Yano, et al. *Hd*1, a major photoperiod sensitivity quantitative trait locus in rice, is closely related to the arabidopsis flowering time gene constans. The Plant Cell, 2000, 12: 2473-2483 .

[214] Mather K A, Caicedo A L, Polato N R, et al. The extent of linkage disequilibrium in rice (*Oryza sativa* L.) . Genetics, 2007, 177(4): 2223-2232.

[215] Megan T S, Michael J T, Bernard E P, et al. Caught red-handed: *Rc* encodes a basic helix-loop-helix protein conditioning red pericarp in rice. The Plant Cell, 2006, 18 (2): 283-294.

[216] Miyako Ueguchi-Tanaka, et al. Gibberellin insensitive dwarf1 encodes a soluble receptor for gibberellin. Nature, 2005, 437: 693-698.

[217] Moncada P, Martinez C P, Borrero J, et al. Quantitative trait loci for yield and yield

components in an *Oryza sativa* × *Oryza rufipogon* BC_2F_2 population evaluated in an upland environment. Theor Appl Genet, 2001, 102: 41-52 .

[218] Motoyuki Ashikari, et al. Cytokinin oxidase regulates rice grain production. Science, 2005, 309(29): 741-745.

[219] Nachman M W. Variation in recombination rate across the genome: evidence and implications. Current Opinion in Genetics & Development, 2002, 12(6): 657-663.

[220] Nasu S, Suzuki J, Ohta R, et al. Search for and analysis of single nucleotide polymorphisms (SNPs) in rice (*Oryza sativa*, *Oryza rufipogon*) and establishment of SNP markers. DNA Res, 2002, 9: 163-171.

[221] Neumann K, Kobiljski B, DenĉiĉS, et al. Genome-wide association mapping: a case study in bread wheat (*Triticum aestivum* L.). Molecular Breeding, 2011, 27(1): 37-58.

[222] Nordborg M, Hu T T, Ishino Y, et al. The pattern of polymorphism in *Arabidopsis thaliana*. PLoS Biol, 2005, 3(7): 196.

[223] Nordborg M, Borevitz J O, Bergelson J. The extent of linkage disequilibrium in Arabidopsis thaliana. NatGenet, 2002, 30: 190-193.

[224] Ortiz R, Ruiz-Tapia E N, Mujica-Sanchez A. Sampling strategy for a core collection of Peruvian quinoa germplasm. Theor Appl Genet, 1998, 96: 485-483.

[225] Palaisa K, Morgante M, Williams M, et al. Contrasting effects of selection on sequence diversity and linkage disequilibrium at two phytoene synthase loci. The Plant Cell, 2003, 15(8): 1795-1806.

[226] Parisseaux B, Bernardo R. In silicomapping of quantitative trait loci in maize. Theor Appl Genet, 2004, 109: 508-514.

[227] Paterson A H, DeVerna J W, Lanini B, et al. Fine mapping of quantitative trait loci using selected overlapping recombinant chromosomes in an interspecies cross of tomato. Genetics, 1990, 124: 735-742.

[228] Patterson N, Price A L, Reich D. Population structure and eigenanalysis. PLoS Genet, 2006, 2(12): 2075-2093.

[229] Peijin Li, et al. LAZY1 controls rice shoot gravitropism through regulating polar auxin transport. Cell Research, 2007, 17: 402-410.

[230] Prasad S R, Bagali P G, Hittalmani S, et al. Molecular mapping of quantitative trait loci associated with seedling tolerance to salt stress in rice (*Oryza sativa* L.). Curr Sci, 2000, 78: 162-164.

[231] Price A H, Young E M, Tomos A D. Quantitative trait loci associated with stomatal conductance, leaf rolling and heading date mapped in upland rice (*Oryza sativa* L.). New Phytol, 1997, 137: 83-91.

[232] Price A L, Patterson N J, Plenge R M, et al. Principal components analysis corrects for stratification in genome-wide association studies. Nat Genet, 2006, 38: 904-909.

[233] Pritchard J K, Stephen M, Donnelly P. Inference on population structure using mult-

ilocus genotype data. Genetics, 2000, 155: 945-959.

[234] Pritchard J K, Rosenberg N A. Use of unlinked genetic markers to detect population stratification in association studies. Am J Hum Genet, 1999, 65(1): 220-228.

[235] Przeworski M. The signature of positive selection at randomly chosen loci. Genetics, 2002, 160: 1179-1189.

[236] Purcell S, Neale B, Todd-Brown K L, et al. PLINK: a tool set for whole-genome association and population-based linkage analyses. Am J Hum Genet, 2007, 81(3): 559-575.

[237] Rakshit S, Rakshit A, Matsumura H, et al. Large-scale DNA polymorphism study of *Oryza sativa* and *O. rufipogon* reveals the origin and divergence of Asian rice. Theor Appl Genet, 2007, 114(4): 731-743.

[238] Ray J D, Yu L, McCouch S R, et al. Mapping quantitative trait loci associated with root penetration ability in rice (*oryza sativa* L.). Theor Appl Genet, 1996, 92: 627-636.

[239] Reddy V S, Scheffler B E, Wienand U, et al. Cloning and characterization of the rice homologue of maize C1 anthocyanin regulatory gene. Plant Mol Biol, 1998, 36: 497-498.

[240] Remington D L, Thornsberry J M, Matsuoka Y. Structure of linkage disequilibrium and phenotypic associations in the maize genome. Proc Natl Acad Sci, USA, 2001, 98 (20): 11479-11484.

[241] Ren Z H, Gao J P, Lin H X, et al. A rice quantitative trait locus for salt tolerance encodes a sodium transporter. Nature Genetics, 2005, 37 (10) :1141-1146 .

[242] Saeko Konishi, Takeshi Izawa, Masahiro Yano, et al. An SNP caused loss of seed shattering during rice domestication. Science, 2006, 312(5778): 1392-1396.

[243] Sakamoto W, Ohmori T, Kageyama K, et al. The Purple leaf (Pl) locus of rice: the Plw allele has a complex organization and includes two genes encoding basic helix-loop-helix proteins involved in anthocyanin biosynthesis. Plant Cell Physiol, 2001, 42: 982-991.

[244] Sanchez A C, et al. Genetic and physical mapping of *xa*13, a recessive bacterial gene in rice. Theor Appl Genet, 1999, 98: 1022-1028.

[245] Sang T, Ge S. Genetics and phylogenetics of rice domestication. Curr Opin Genet Dev, 2007, 17: 533-538.

[246] Sato Y, Sentoku N, Miura Y, et al. Loss-of-function mutations in the rice homeobox gene *OSH*15 affects the architecture of internodes resulting in dwarf plants. The EMBO Journal, 1999, 18(4): 992-1002.

[247] Septiningsih E M, Prasetiyono J, Lubis E, et al. Identification of quantitative trait loci for yield and yield components in an advanced backcross population derived from the *Oryza sativa* variety IR64 and the wild relative *O. rufipogon*. Theor Appl Genet, 2003, 107: 1419-1432.

[248] Shen L, Courtois B, McNally K L, et al. Evaluation of near-isogenic lines of rice introgressed with QTLs for root depth through marker-aided selection. Theor Appl Genet, 2001, 103: 75-83.

[249] Shoko Kojima, et al. *Hd3a*, a Rice Ortholog of the arabidopsis *FT* gene, promotes transition to flowering downstream of *Hd1* under short-day conditions. Plant Cell Physiol, 2002, 43(10): 1096-1105.

[250] Shomura A, Izawa T, Ebana K, et al. Deletion in a gene associated with grain size increased yields during rice domestication. Nature Genetics, 2008, 40(8): 1023-1028.

[251] Sobrizal K, Ikeda P L, Sanchez K, et al. Development of *Oryza glumaepatula* introgression lines in rice, *O. sativa* L. Rice Genet Newsl, 1999, 16: 107-108.

[252] Song W, Wang G, Chen L, et al. A receptor kinase—like protein encoded by the rice disease resistance gene, *Xa21*. Science, 1995, 270: 1804-1806.

[253] Song X J, Huang W, Lin H X, et al. A QTL for rice grain width and weight encodes a previously unknown RINGtype E3 ubiquitin ligase. Nature Genetics, 2007, 39: 623-630.

[254] Sun X, et al. *Xa26*, a gene conferring resistance to Xanthomonas *oryzae* pv. *oryzae* in rice, encodes an LRR receptor kinase-like protein. The Plant Journal, 2004, 37: 517-527.

[255] Sung K, Vincent P, Hu T, et al. Recombination and linkage disequilibrium in Arabidopsis thaliana. Nat Genet, 2007, 39, 1151-1155.

[256] Sweeney M T, Thomson M J, Pfeil B E, et al. Caught red-handed: Rc encodes a basic Helix-Loop-Helix protein conditioning red pericarp in rice. Plant Cell, 2006, 18: 283-294.

[257] Syvänen A C. Toward genome-wide SNP genotyping. Nature Genetics, 2005, 37: S5-S10.

[258] Szalma S J, Buckler E S, Snooket M E, et al. Association analysis of candidate genes for maysin and chlorogenie acid accumulation in maize silks. Theor Appl Genet, 2005, 110: 1324-1333.

[259] Tadamasa Ueda, Tadashi Sato, Masahiro Yano, et al. qUVR-10, a major quantitative trait locus for ultraviolet-B resistance in rice, encodes cyclobutane pyrimidine dimer photolyase. Genetics, 2005, 171(4): 1941-1950.

[260] Takahashi Y, Teshima K M, Yokoi S , et al. Variations in *Hd1* proteins, *Hd3* apromoters, and *Ehd1* expression levels contribute to diversity of flowering time in cultivated rice. ProcNatl Acad Sci, 2009, 106(11): 4555-4560.

[261] Takeshi Lzawa, et al. Phytochromes confer the photoperiodic control of flowering in rice (a short-day plant). The Plant Journal, 2000, 22(5): 391-399.

[262] Takeuchi Y, Hayasaka H, Chiba B, et al. Mapping quantitative trait loci Controlling cool-temperature tolerance at booting stage. Breeding Science, 2001, 51: 191-197.

[263] Tan L, Li X, Liu F, et al. Control of a key transition from prostrate to erect growth in

rice domestication. Nat Genet, 2008, 40: 1360-1364.

[264] Tan L B,Liu F X, Xue W, et al. Development of *Oryza rufipogon* and *Oryza sativa* introgression lines and assessment for yield-related quantitative trait loci. J Integr Plant Biol, 2007, 49:871-884.

[265] Tanabe S, Ashikari M, Fujioka S. A novel cytochrome P450 is implicated in brassinosteroid biosynthesis via the characterization of a rice dwarf mutant, *dwarf*11, with reduced seed length. The Plant Cell, 2005, 17(3): 776-790.

[266] Tang J, Xia H, Cao M , et al. A comparison of rice chloroplast genomes. Plant Physiol, 2004, 135: 412-420.

[267] Tania Q, Jorge L. Isozyme diversity and analysis of the mating system of the wild rice *Oryza latifolia* Desv. in costa rica. Genetic Resources and Crop Evaluation,2002,49: 633-643.

[268] Tanisaka T,et al. Two useful semidwarf genes in a short-culmmutant line HS90 of rice. Breed Sci,1994,44:397-403.

[269] Tanksley S D,Grandillo S,Fulton T M,et al. Advanced backcross QTL analysis in a cross between an elite processing line of tomato and its wild relative L. pimpinellifolium. Thero Appl Genet,1996b,92: 213-224.

[270] Tanksley S D,Nelson J C. Advanced backcross QTL analysis: a method for the simultaneous discovery and transfer of valuable QTLs from unadapted germplasm into elite breeding lines. Thero Appl Genet,1996,92: 191-203.

[271] Tenaillon M, Sawkins M C,Long A D. Patterns of DNA sequence Polymorphism along chromosome 1 of maize (*Zea mays* ssp. *mays L.*). Proc Natl Acad Sci, 2001, 98: 9661-9666.

[272] Thomson M J, Tai T H, McClung A M,et al. Mapping quantitative trait loci for yield,yield components and morphological traits in an advanced backcross population between *Oryza rufipogon* and the *Oryza sativa* cultivar Jefferson. Theor Appl Genet, 2003,107: 479-493.

[273] Thornsberry J M, Goodman M M, Doebley J, et al. *Dwarf*8 polymorphisms associate with variation in flowering time. Nature Genetics, 2001, 28: 286- 289.

[274] Thurber C S, Reagon M, Gross B L, et al. Molecular evolution of shattering loci in U. S. weedy rice. Molecular Ecology, 2010, 19(16): 3271-3284.

[275] Tian F, Li D J, Fu Q, et al. Construction of introgression lines carrying wild rice (*Oryza rufipogon* Griff.) segments in cultivated rice (*Oryza sativa* L.) background and characterization of introgressed segments associated with yield-related traits. Theor Appl Genet, 2006, 112:570-580.

[276] Tian X, Zheng J, Hu S,et al. The rice mitochondrial genomes and their variations. Plant Physiol, 2006, 140: 401-410.

[277] Tripathy J N, Zhang J, Robin S, et al. QTLs for cell-membrane stability mapped in rice (*Oryza sativa* L.) under drought stress. Theor Appl Genet, 2000, 100: 1197-1202.

[278] Tsai K H et al. An induced dwarfing gene *sd*-7(*t*), obtained in Taichung65, rice genet. Newslett, 1989, 6: 99-101.

[279] Tsai K H et al. Detection of a new semidwarfing gene, *sd*-8(*t*), rice genet. Newslett, 1994, 11: 80-83.

[280] TsaiK H, et al. Tight linkage of genes *d*-7(*t*) and *d*1 found in across of Taichung65 isogeniclines. Rice Genet Newslett, 1991, 8: 104.

[281] Tsutomu F, Masahiko M, Tomoyuki O, et al. The *Rc* and *Rd* genes are involved in proanthocyanidin synthesis in rice pericarp. The Plant Journal, 2006, 49(1): 91-102.

[282] Vollbrecht E, Springer P S, Buckler E S, et al. Architecture of floral branch systems in maize and related grasses. Nature, 2005, 436: 1119-1126.

[283] Wang E T, Wang J J, Zhu X D, et al. Control of rice grain-filling and yield by a gene with a potential signature of domestication. Nature Genetics, 2008, 40(11): 1370-1374.

[284] Wang E T, Xu X, Zhang L, et al. Duplication and independent selection of cell-wall invertase genes *GIF*1 and *OsCIN*1 during rice evolution and domestication. BMC Evolutionary Biology, 2010, 10: 108.

[285] Wang H, Nussbaum-Wagler T, Li B L, et al. The origin of the naked grains of maize. Nature, 2005, 436: 714-719.

[286] Wang R L, Stec A, Hey J, et al. The limits of selection during maize domestication. Nature, 1999, 398: 236-239.

[287] Wang S, Wu k, Yuan Q B, et al. Control of grain size, shape and quality by *OsSPL*16 in rice. Nature Genetics, 2012, 44(8): 950-954.

[288] Wang Z X, et al. The Pib gene for rice blast resistance belongs to the nucleotide binding and leucine-rich repeat class of plant disease resistance genes. The Plant Journal, 1999, 19(1): 55-64 .

[289] Wen W W, Mei H W, Feng F J, et al. Population structure and association mapping on chromosome 7 using a diverse panel of Chinese germplasm of rice (*Oryza sativa* L.). Theor Appl Genet, 2009, 119(3): 459-470.

[290] Weng J F, Gu S H, Wan X Y, et al. Isolation and initial characterization of *GW*5, a major QTL associated with rice grain width and weight. Cell Research, 2008, 18(12): 1199-1209.

[291] Whitt S R, Wilson L M, Tenaillon M I, et al. Genetic diversity and selection in the maize starch pathway. Proc Natl Acad Sci, USA, 2002, 99(20): 12959-12962.

[292] William Y S W, Barratt B J, Clayton D G. Genome-wide association studies: theoretical and practical concerns. Nat Rev Genet, 2006, 6: 109-118.

[293] Williams J G, Kubelik A R, Livak K J, et al. DNA polymorphisms amplified by arbitrary primers are useful as genetic markers. Nucleuc Acids Res, 1990, 18: 6531-6563.

[294] Xi Z Y, He F H, Zeng R Z, et al. Development of a wide population of chromosome single segment substitution lines in the genetic background of an elite cultivar of rice

(*Oryza sativa* L.). Genome, 2006, 49:476-484.

[295] Xiao J,Grandillo S,Ahn S N,et al. Gene from wild rice improve yield. Nature,1996, 384: 223-224.

[296] Xiao J,Li J, Grandillo S,et al. Identification of trait-improving quantitative trait loci alleles from a wild rice relative,*Oryza rufipogon*. Genetics,1998,150: 899-909.

[297] Xiong L Z,Liu K D, Dai X K,et al. Identification of genetic factors controlling domestication related traits of rice using an F_2 population of a cross between *Oryza sativa* and *O. rufipogon*. Theor Appl Genet,1999, 98: 243-251.

[298] Xu K N, Xu X,David J Mackill,et al. Sub1A is an ethylene-response-factor-like gene that confers submergence tolerance to rice. Nature, 2006, 442(7103): 705-708.

[299] Xu K N, Xu X,David J. Mackill,*et al*. Sub1A is an ethylene-response-factor-like gene that confers submergence tolerance to rice. Nature, 2006, 442(7103): 705-708.

[300] Xu L M, et al. Identification and mapping of quantitative trait loci for cold tolerance at the booting stage in a japonica rice near-isogenic line. Plant Science, 2008, 174: 340-347.

[301] Xue W Y, Xing Y Z, Weng X Y, et al. Natural variation in *Ghd7* is an important regulator of heading date and yield potential in rice. Nature Genetics, 2008, 40(6): 761-767.

[302] Xueyong Li,et al. Control of tillering in rice. Nature,2003,422(10):618-621.

[303] Tan Y F,Li J X, Yu S B, et al. The three important traits for cooking and eating quality of rice grains are controlled by a single locus in an elite rice hybrid,Shanyou 63. Theor Appl Genet ,1999, 99:642-648.

[304] Yadav R, Courtois B, Huang N, et al. Mapping genes controlling root morphology and root distribution in a double haploid population of rice. Theor Appl Genet, 1997, 94: 619-632.

[305] Yamamoto T, Kuboki Y, Lin S Y, et al. Fine mapping of quantitative trait loci *Hd*-1, *Hd*-2 and *Hd*-3, controlling heading date of rice, as single Mendelian factors. Theoretical and Applied Genetics, 1998, 97: 37-44.

[306] Yan W H, Wang P, Zhang Q F,et al. A major QTL, *Ghd8*, plays pieiotropic roles in regulating grain productivity, plant height, and heading date in rice. Molecular Plant, 2011, 4(2): 319-330.

[307] Yano M, Katayose Y, Ashikari M, et al. *Hd1*, a major photoperiod sensitivity quantitative trait locus in rice, is closely related to the arabidopsis flowering time gene *constans*. The Plant Cell, 2000, 12(12): 2473-2484.

[308] Yeo A R, Yeo M E, Flowers,et al. Screening of rice(*Oryza sativa* L.) genotypes for physiological characters contributing to salinity resistance, and their relationship to overall performance. Theor Appl Genet,1990,79:377-384.

[309] Yoshimura A, Nagayama H, Sobrizal. Introgression lines of rice (*Oryza sativa* L.) carrying a donor genome from the wild species, O. *glumaepatula Steud*. and *O. me-*

ridionalis Ng. Breeding Science, 2010, 60: 597-603.

[310] Yoshimura S, et al. Expression of Xa1, a bacterial blight-resistance gene in rice, is induced by bacterial inoculation. Proc Natl Acad Sci USA, 1998, 95(4): 1663-1668 .

[311] Yu B S, Lin Z W, Li H X, et al. *TAC*1, a major quantitative trait locus controlling tiller angle in rice. The Plant Journal, 2007, 52(5): 891-898.

[312] Yu J M, Buckler E S. Genetic association mapping and genome orgination of maize. Curr Opin Biotechnol, 2006, 17(2): 1-6.

[313] Yu J M, Briggs W H, Vroh, B I. A unified mixed-model methods for association mapping that accounts for multiple levels of relatedness. Nat Genet, 2006, 38: 203-208.

[314] Yu Y C, Tian T, Qian Q, et al. Independent losses of function in a polyphenol oxidase in rice: differentiation in grain discoloration between subspecies and the role of positive selection under domestication. The Plant Cell, 2008, 20(11): 2946-2959.

[315] Yue B, Xiong L Z, Xue W Y, et al. Genetic analysis for drought resistance of rice at reproductive stage in field with different types of soil. Theor Appl Genet, 2005, 111: 1127-1136.

[316] Yuji Takahashi, et al. Hd6, a rice quantitative trait locus involved in photoperiod sensitivity, encodes the alpha subunit of protein kinase *CK*2. PNAS, 2001, 98: 7922-7927.

[317] Zhang G Y, Guo Y, Chen S Y, et al. RFLP tagging of a salt tolerance gene in rice. Plant Sci, 1995, 110: 227-234.

[318] Zhang G, et al. RAPD and RFLP mapping of the bacterial blight resistance gene xa13 in rice. Theor Appl Genet, 1996: 65-70.

[319] Zhang K W, Qian Q, Huang Z J, et al. Gold hull and internode2 encodes a primarily multifunctional cinnamyl-alcohol dehydrogenase in rice. Plant Physiology, 2006, 140: 972-983.

[320] Zhang L B, Q H, Wu Z Q, et al. Selection on grain shattering genes and rates of rice domestication. New Phytologist, 2009, 184(3): 708-720.

[321] Zhang N, Xu Y, Akash M, et al. Identification of candidate markers associated with agronomic traits in rice using discriminant analysis. Theoretical and Applied Genetics, 2005, 110(4): 721-729.

[322] Zhang D L, Wang M X, et al. Genetic structure and differentiation of *Oryza sativa* L. in China revealed by microsatellites. Theor Appl Genet, 2009, 119(6): 1105-1117.

[323] Zhao K, Aranzana M J, Kim S, et al. An arabidopsis example of association mapping in structured samples. PLoS Genet, 2007, 3(1): 72-82.

[324] Zheng S S, Byrnea P F, Bai G H, et al. Association analysis reveals effects of wheat glutenin alleles and rye translocations on dough-mixing properties. Journal of Cereal Science, 2009, 50(2): 283-290 .

[325] Zhi Hong, et al. A rice brassinosteroid-deficient mutant, ebisu dwarf (d2), is caused by a loss of function of a new member of cytochrome P450. Plant Cell, 2003, 15: 2900-2910.

[326] Zhou L, Zeng Y W, Li Z C, et al. Fine mapping a QTL qCTB7 for cold tolerance at the booting stage on rice chromosome 7 using a near-isogenic line. Theor Appl Genet, 2010, 121: 895-905.

[327] Zhou L Q, Wang Y P , Li S G. Genetic analysis and physical mapping of Lk24(t), a major gene controlling grain length in rice, with a BC_2F_2 population. Acta Genetica Sinica, 2006, 33(1): 72-79.

[328] Zhu B F, Si L Z, Wang Z X, et al. Genetic control of a transition from black to straw-white seed hull in rice domestication. Plant Physiology, 2011, 155(3): 1301-1311.

[329] Zhu C, Yu J. Nonmetric multidimensional scaling corrects for population structure in association mapping with different sample types. Genetics, 2009, 182: 875-888.

[330] Zhu C S, Gore M, Buckler E S. Status and prospects of association mapping in plants. Plant Genome, 2008, 1(1): 5-20.

[331] Zhu Q, Zheng X, Luo J, et al. Multilocus analysis of nucleotide variation of *Oryza sativa* and its wild relatives: severe bottleneck during domestication of rice. Mol Biol Evol, 2007, 24: 857-888.

[332] Zichao Li, Ping Mu, Chunping Li, et al. QTL mapping of the root traits in a double haploid population from a cross between upland and lowland japonica rice under three environments, QTL mapping of the root traits in a DH population from an upland and lowland japonica rice cross under three ecosystems. Theor Appl Genet, 2005, 110: 1244-1252.

[333] Zondervan K T, Cardon L R, The complex interplay among factors that influence allelic association. Nat Rev Genet, 2004, 5: 89-100.

第13章

中国稻种资源核心种质的应用展望

13.1 中国稻种资源核心种质的创新与利用

种质资源中蕴藏着丰富的遗传变异，是遗传育种的物质基础。一些含有优异基因的种质资源的发现，为作物新品种的改良突破提供了条件。比如，含有半矮秆基因 *sd*-1 种质的发现导致了“绿色革命”的实现；水稻不育基因的发现导致了水稻杂种优势的广泛利用。生物学家一直梦想和试图检测种质资源中的这些变异，揭示其中蕴涵着进化、演化以及基因功能等重要的信息，从而为品种改良提供基因源和理论指导。而政府也投入大量经费用于相关基因的发掘，以便获得这些基因的自主知识产权，从而保护本国的生物多样性安全以及种业安全。

13.1.1 建立水稻核心种质重要性状定向导入系的培育体系，为水稻遗传研究和育种利用提供材料

创新利用水稻种质，提高育种水平目前已成为育种家的共识。经过几十年的努力，我国种质研究获得了长足的发展：培育出协优 9308、两优培九等优秀杂交亲本种质；并利用野生稻种质构建一批抗褐飞虱、耐冷等抗逆性状突出且产量优良的种质材料；此外通过辐射诱变、EMS 等技术获得了一大批单分蘖、白化苗、脆秆及特用米种质的突变体，并相应开展了精细定位及克隆等工作，为相关遗传资源的利用创造了良好的平台。

20 世纪 90 年代，国际水稻研究所启动了“全球水稻分子育种计划”，该项目汇集了世界上 14 个水稻主产国的品种资源，开始了广泛的育种探索。我国育种工作者积极响应，并在项目的实施过程中广泛地引进和利用世界其他地区的优良稻种资源，进行了卓有成效的种质资源创新工作，培育出大批具有优良性状的种质资源。其中罗利军等利用 23 个国家和地区的稻种资源构建了导入系约 6 万余份，并相应建立了节水抗旱、氮磷高效种质资源的鉴定方法，发展

了分子标记辅助育种技术。李自超等利用日本晴作为轮回亲本,同300份微核心种质材料构建了大量近等基因系材料,其数量已超过1 700份,为下一步种质评价、新品种选育和基因发掘提供了研究基础。核心种质定向导入系的构建策略如图13.1所示。

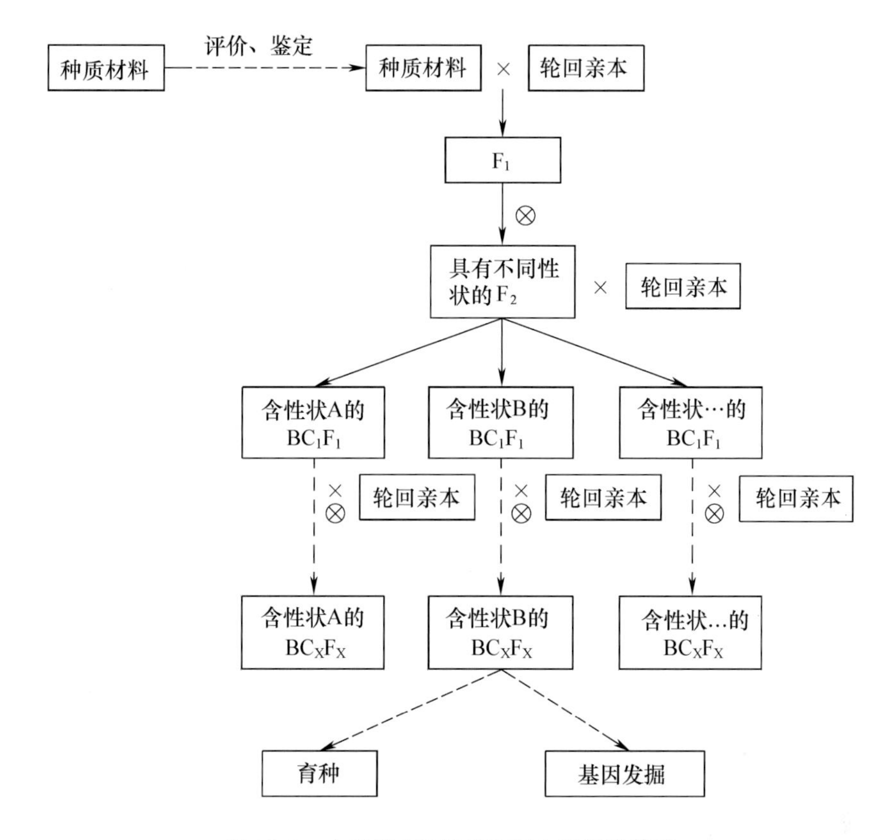

图13.1 水稻核心种质定向导入系构建策略

张强等利用极端大粒种质材料GSL156(千粒重71.9 g)与特小粒材料川七(千粒重12.1 g,轮回亲本)创建作图群体,进行了稻谷粒长、粒宽等一系列粒形性状的鉴定,利用SSR标记对粒形性状进行数量性状基因座检测。结果表明上述粒形性状均由多基因控制,共检测到与粒形性状相关的QTL 28个,其中6个QTL的增效等位基因来源于小粒亲本川七,而其余增效QTL等位基因均来源于大粒亲本GSL156,为进一步精细定位或克隆这些新的粒重或粒形QTL奠定了基础。胡广隆等利用303份微核心种质材料和一个200株的BC_5F_2群体,系统研究了芒表型和基因型的关系。通过关联分析和连锁分析的综合利用,将芒性基因*Awn4.1*精细定位在水稻第四号染色体上。这些研究材料都是采用图13.1的策略获得的,从目前已克隆的水稻粒型GS3、GW2等重要农艺性状基因的经验看,该策略获得的一系列导入系,将是未来基因克隆或研究基因互作的有效材料。此外,具有优良农艺性状及其包含重要基因的导入系也可作为育种中间材料,或者直接作为常规品种利用。

13.1.2 水稻核心种质在基因发掘和基因功能研究中的应用

随着生物技术的广泛应用,从种质资源中挖掘基因已成为21世纪的热点之一。我国入选核心种质及微核心种质的材料不仅具有大量优异的农艺性状，而且保留了较大的遗传多样性。因此，核心种质和微核心种质是复杂性状基因发掘和等位基因分析、鉴定的良好平台。

丰富的种质资源蕴含着不同性状基因的等位基因及其基因型。如何高通量获取这些基因是复杂性状基因发掘和鉴定的关键所在。传统基因研究方法的研究对象是一个群体，只能反映与某个性状有关的基因在两个研究亲本间的差异情况，但这一差异很可能不是控制该性状的最大差异状态。更重要的是许多重要农艺性状是连续变异的复杂性状，利用单一群体研究只能得到控制这些性状的一部分基因，无法对控制相应性状的优势基因型进行有效的研究。

等位基因分析和关联分析能够综合运用生物信息学、分子生物学及统计学知识对水稻重要农艺性状基因进行等位及关联分析。这样不仅可以获取控制某个性状的关键变异，而且可为水稻分子育种提供基因及标记资源。中国科学院韩斌研究小组已经利用 600 余份水稻种质资源，通过全基因组重测序，发掘了水稻粒重等重要性状的基因。李自超课题组利用均匀分布于水稻基因组的 300 多对 SSR 标记对 300 多份微核心种质材料中的多样性分析，通过关联分析获得了部分形态、产量重要性状的关联位点，结果见表 13.1。结果表明，利用多样性丰富的核心种质进行关联分析是发掘水稻重要性状基因的有效手段。

表 13.1　中国稻种资源微核心种质部分重要性状关联分析

稻类	性状	性状数	关联位点数	每性状均位点数	变幅
栽培稻	形态性状	8	311	38.9	13～104
	产量性状	10	399	39.9	20～84
	品质性状	12	385	32.1	9～55
	低温胁迫	5	89	17.5	1～52
	抗病性	7	66	9.4	4～17
野生稻	产量性状	3	15	5	4～6

13.2　基于核心种质的连续断层条件组学研究平台

在 2 000 年左右，当以人类基因组为代表的高等生物全基因组测序完成的时候，科学界一片沸腾，很多人都在憧憬着人类不久就可以解密复杂生命现象的遗传本质了。全基因组测序的完成的确大大加快了高等生物基因及其功能解析的进度，科学家克隆了大量人类和重要动植物的基因；而且，目前基因组这本天书也从最开始只提供了"字"（即碱基）排列到现在形成了大量的"词"（即注释基因）。然而，到目前为止，即便认为是功能很明显的基因也鲜见有成功应用的实例。从生命本身来说，主要原因在于所有生命现象都有着复杂的遗传网络控制的复杂生命过程，每个生命都经历着不同的发育阶段，高等生物还有着不同的组织和器官；即便是最简单的发育阶段和组织器官，都受到复杂的遗传网络控制；只有将每个基因放到其所处的网络中才能充分解释其功能，从而达到有效控制并应用于生产；另外，这些复杂的遗传网络和生命过程又受到复杂的外界环境条件影响。从研究方法本身来说，主要原因在于每一个科学家的研究内容不可能涉及所有复杂遗传网络、整个生命过程以及所有环境条件，只能从复杂遗传网络的极少数点、复杂生命过程的极少数部分或阶段、少数典型环境条件出发，而所采用的材料和方法又各不相同，这就决定了不同人所得到的结果很多时候不具有可比性，甚至无法对生命复杂遗传网络的局部形成覆盖，结果犹如“盲人摸象”似的对生命的本质做出不同的诠释。显然，想要摸清整个“大象”需要不同研究领域的科学家一起开展综合生物学研究，而且，现代生物学的发展以及各种研究材料的创制为我们提供了开展综合生物学研究的手段和平台。

在此，笔者提出建立一个利用水稻微核心种质开展综合生物学研究平台的初步设想，希望与对该设想感兴趣的各领域专家开展合作，并使其逐步完善。该设想借鉴医学上断层成像技术的理念，建立一个基于核心种质的连续断层条件组学(Continuous Tomo-conditional Omics Based on Core Collection，CTcO-BCC)研究平台(图 13.2)。该平台主要思路是：利用统一而变异丰富的研究材料、统一的连续断层处理条件，开展多个水平的组学检测，形成同一套材料、连续不同条件下、多个组学水平的数据库，最终综合不同组学的结果，获得控制生命的遗传网络。

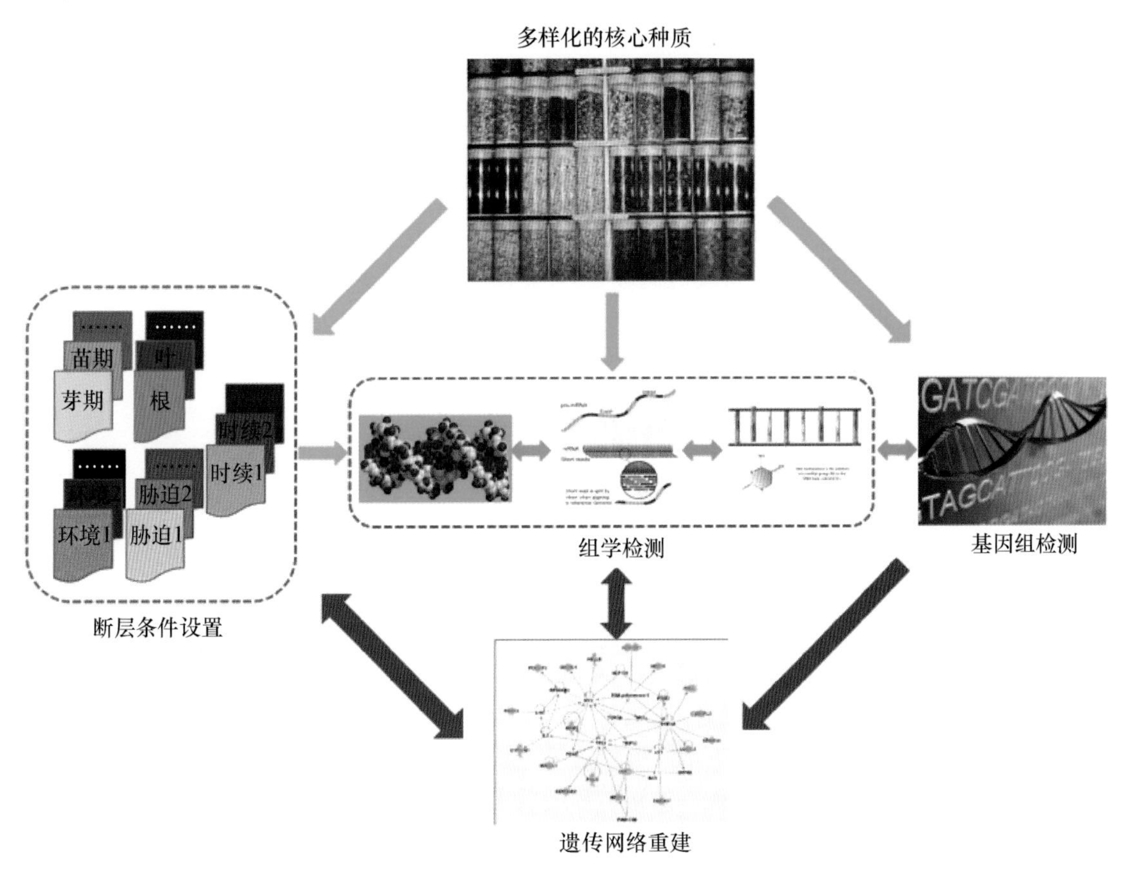

图 13.2　基于核心种质的连续断层条件组学研究平台

该平台中的研究材料需要具备如下条件：目标物种的基因组相对简单，而且基因组数据比较完善；包含了该生物多数类别和类型；来源广泛，代表了该生物多数生长环境；具有丰富的变异，这些变异应该能够涵盖该生物遗传网络的大多数节点；群体规模具有可操作性，可以实现各水平组学的检测。多样性丰富的全球栽培稻微核心种质及其后代群体显然是该研究的理想材料。首先，水稻是全球主要的粮食作物之一和组学研究的模式作物，其组学研究开展较早，相关研究已经比较系统；其次，该微核心种质包含了来自4个洲35个主要稻作国家的300份全球栽培稻种质资源，包含籼粳两个亚种、不同土壤水分生态型、不同季节生态型和不同地理生态群等多种类型的品种，保留了整个栽培稻种质资源70%以上的遗传变异；而且，其群体规模不管在控制环境条件上还是在开展各种组学检测上均具有一定的可操作性；另外，已经建立了该微核心种质的杂交种、重组自交系、渗入系等，能够实现关联分析与连锁分析的结合；最后，该微核心种质已经全部完成了全基因组的重测序，为这些材料组学研究提供了基因组参照。

该平台中的连续断层条件是指：借鉴医学上断层成像技术的理念，通过控制处理和取样，形成连续的断层条件，获得连续断层条件下的组学数据。其中的条件包括个体的发育阶段、解剖结构、所处环境、受到的胁迫水平、发育时续和胁迫时续等。在设定取样和检测条件时，以某个条件点为起点，其后续的取样条件点要尽可能可以连续激发所涉及遗传网络中起点条件处表达基因（如图13.3中Gene1）的相邻节点（如图13.3中Gene2和/或Gene3），而不是间隔节点（如图13.3中Gene4或Gene5），则能够检测到其中某个或某几个节点基因的条件称为一个断层条件，设定的可以连续检测到某遗传网络几个连续节点的条件称为连续断层条件。由于生物本身和外界环境条件的复杂性，在设定连续断层条件时，不可能涵盖所研究生物的所有遗传网络，每个独立研究只追求涵盖以某个点出发的某个局部遗传网络，而且，要强调断层条件设置的连续性。连续断层条件的设置的密度决定于基因对环境变化的反应速度以及不同部位细胞所处环境的差异程度，要根据不同阶段设定不同的断层条件，比如条件积累期（茎秆伸长），基因的表达可能比较单一，持续时间较长，设定断层条件要少一些；而发育的转折点（开始拔节前后），可能需要大量基因参与调控与反调控，在较短时间内有大量基因表达，设定断层条件要多一些。

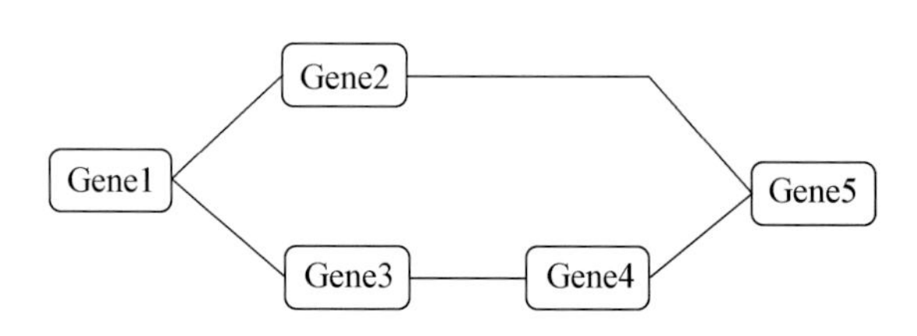

图13.3　遗传网络节点示意图

该平台的多水平组学检测主要包括：基于DNA序列分析及基因定位的基因组学、基于DNA甲基化和组蛋白修饰的表观组学、基于RNA转录及其编辑和修饰的转录组学、基于大规模蛋白结构和功能分析的蛋白组学。哪怕是一个简单的遗传网络，都需要几个组学水平协同作用而得以最终实现；而且，在统一的材料和连续断层条件下，几个组学水平间可以通过双向及多向关联分析，将不同组学水平间的结果整合并相互印证和补充。基因组学的检测显然比较简单但非常关键，因为每个个体所有细胞的基因组都是相同的；但是，基因组数据是其他组学检测的基本参照，可以预期其他组学绝大多数的结果均可以在其对应的基因组中找到相应的注解。而除基因组学以外的其他组学的检测则复杂得多，因为所检测细胞会随所处的环境不同而得到不同的表观组、转录组和蛋白组结果。因此，需要在不同断层条件下开展表观组学、转录组学和蛋白组学等的检测。就目前技术的发展来看，大规模基因组测序和转录组测序已经非常成熟而可行；但是，大规模蛋白组测序尤其结构和功能分析显然还比较困难。为获得完整的断层条件下的不同水平的组学结果，应从局部出发，设计密集的连续断层条件并密集取样；但是，为了降低研究成本提高研究效率，组学检测的断层条件密度要逐步增加，直到完成局部遗传网络的重建。

我们虽然期望最终能够建立目标生物的整个遗传网络，但是，很显然利用该平台不会一夜之间完成该任务，仍需要从某个局部网络着手，比如某个生育期、某个组织、某系列环境下、某系列胁迫下等。在独立开展某个局部网络的建立时，该平台强调采用统一的材料、连续的断层条件和多个组学水平；因此，可以检测到目标遗传网络不同水平的节点，不同研究者的结果也具有可比性。当然，几乎没有研究者可以同时能够开展不同水平的组学检测，因此，该平台的实施希望能够与包括生理、生化、各种组学等不同领域的学者开展广泛合作。

13.3 基于核心种质的基因发掘与分子设计育种一体化平台

本章 13.2 节提出了一个建立目标生物整个遗传网络的设想，在建立了该网络后，育种家即可根据该网络及其对环境的反应设计具有最佳基因组合的品种，即分子设计育种(Molecular Design Breeding)。当然，该遗传网络的建立显然还有很长的路要走。不过，基因组学及其相关分析方法的发展以及包括核心种质及其各种遗传群体的建立不仅为基因发掘提供了新思路，也为同时开展分子设计育种提供了可能。在此，笔者希望建立一个基于核心种质的基因发掘与分子设计育种一体化，该平台需要克服传统基因/QTL 定位及分子标记辅助选择育种方法的某些缺陷，充分利用多样化的遗传材料及其相应基因定位方法，在建立遗传网络的同时开展全基因组选择育种研究，最终实现分子设计育种。

传统基因定位方法虽然取得了重要进展，但是，由于传统基因定位方法的某些局限性，目前所发掘基因或 QTL 却很少应用于生产。这些局限性主要包括：无法获得效果最好的等位基因，无法用于种质资源中其他个体的鉴定和筛选，无法获得每个 QTL 或基因的准确效应及遗传贡献的估计。正是由于上述这些局限性，通过传统定位和基因分离方法获得的 QTL 和基因尚无法直接用于 MAS(marker assisted selection)育种。

随着全基因组 DNA 序列的获得，科学家已经可以在全基因组水平上检测种质资源的变异并进行全基因组关联分析。全基因组关联分析(association analysis)已经在人类主要疾病取得突破性进展，不但证实了之前找到的候选基因，而且发掘了之前未知的新的疾病相关基因。近年来，随着模式植物，如水稻全基因组测序的完成，植物基因组学的研究已经呈现出由简单质量性状向复杂数量性状转移的趋势，特别是大量微卫星标记 (simple sequence repeat, SSR)、单核苷酸多态标记(single nucleotide polymorphism, SNP) 的开发以及生物信息学的发展，应用关联分析方法发掘植物数量性状的 QTL 或基因已成为目前国际植物基因组学研究的热点之一。全基因组关联分析在基因发掘上具有比传统 QTL 定位和基因克隆方法明显的优势：①关联分析利用多样性丰富的种质资源群体作为研究对象，群体内包含了控制复杂性状的多数基因及其遗传网络，能够发掘出控制相关性状的多个基因及其相互关系；②正是由于群体中包含了多数相关基因和遗传网络，可以在同一群体下评价不同 QTL 或基因的效应以及遗传贡献，从而考察其育种价值；③关联分析利用历史上发生的重组与交换事件，利用较小规模的群体(不大于传统连锁定位群体)，即可以获得较传统定位同样规模下的定位精确度，更容易进行精细定位；④全基因组关联分析获得的关联标记可直接作为功能性分子标记用于MAS育种，从而将基因发掘和分子育种直接结合起来；⑤尤其通过全基因组序列开展的关联分析，可能直接获得功能性变异的信息，从而获得候选基因或能够对候选基因进行初步功能验证。

基于核心种质的基因发掘与分子设计育种一体化平台的主要思路是，利用多样化的核心种质及其杂交后代群体，在连续断层条件组学研究平台的基础上，结合传统 QTL 定位和关联分析，将基因发掘及遗传解析与全基因组选择育种结合在一起，最终根据遗传解析所得遗传网络及其对环境条件的反应实现分子设计育种(图 13.4)。

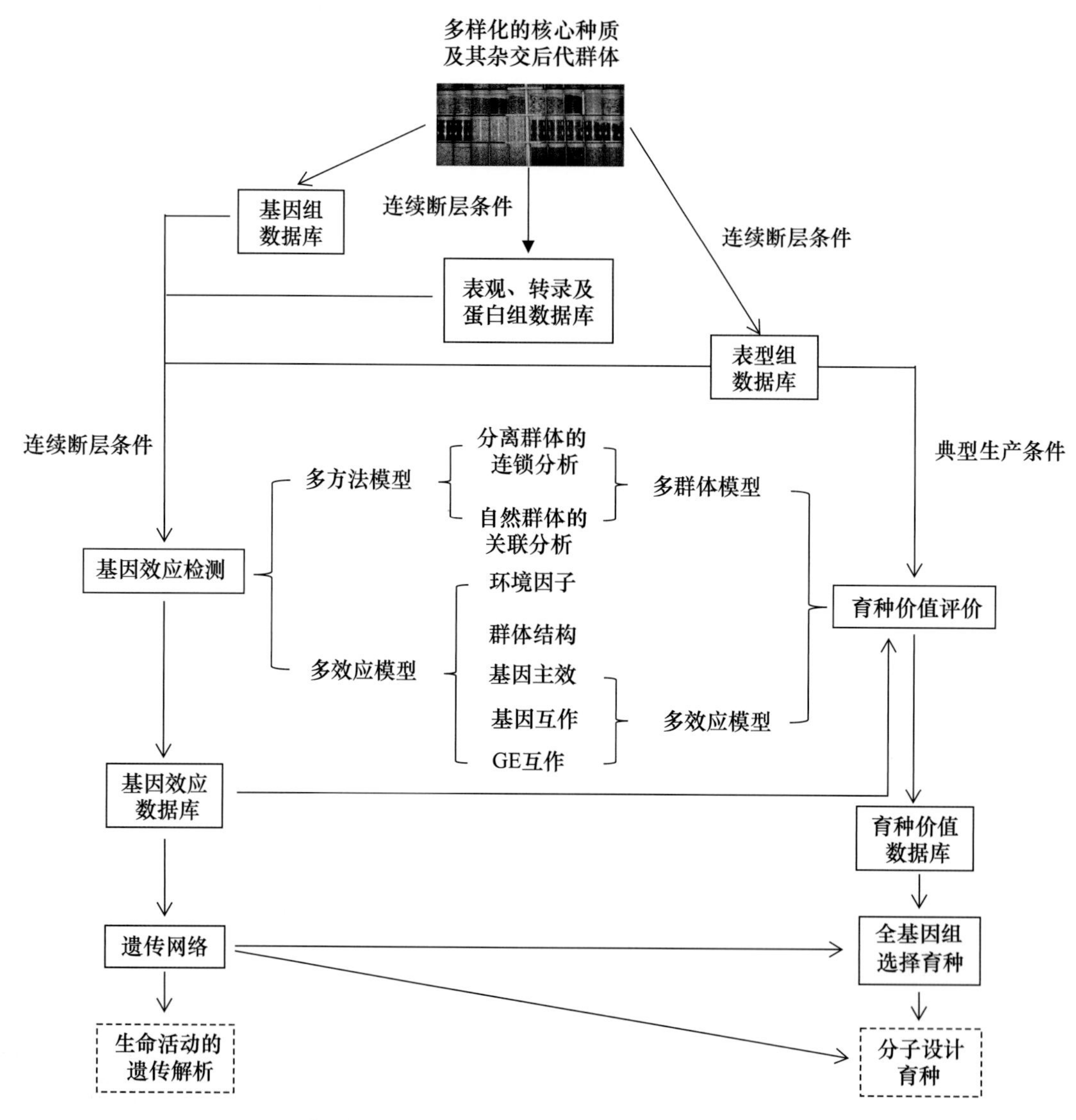

图 13.4　基于核心种质的基因发掘与分子设计育种一体化研究框架

该平台将开展如下研究内容：

首先，依托基于核心种质的连续断层条件组学平台，建立稻种资源组学数据库系统。获得多样化的水稻种质资源的全基因组序列，建立基因组序列数据库和基因组变异(以 SNP 为主)数据库；建立水稻资源的单倍型图谱；通过在多个环境下评价材料的表型，建立稻种资源的多环境表型数据库；建立不同条件下的表观组、转录组和蛋白组等数据库系统；并在下述研究的基础上建立基因型效应数据库和育种价值数据库。

其次，基于大规模基因组序列和种质资源及其导入系或重组自交系(ILs/RILs)开展高通量基因发掘与遗传解析。以大规模种质资源及其 ILs/RILs 的基因组和表型组为基础，结合连续断层条件下表观组、转录组和蛋白组，研究联合连锁分析与关联分析进行基因发掘的高效分析方法；建立整合了群体结构、环境因子、基因主效、基因互作以及基因环境互作的基因检测与效应评价模型；研究整合上述模型的高效算法和程序；最终，实现高通量基因发掘和遗传解析。

最后，基于大规模基因组序列和种质资源 ILs/RILs 的基因育种价值评价和分子育种关键分析技术研究。研究在大规模种质资源及其 ILs/RILs 中，对位点的遗传贡献和育种价值进行评价和预测的分析模型；开展基于大规模基因组序列和种质资源 ILs/RILs 的全基因组选择育种研究；最终，利用育种价值评价和遗传网络相关信息，开展分子设计育种的相关研究。

附　录

附表 1　**中国栽培稻核心种质及微核心种质清单**

统一编号	品种名称	来源省份	原产地	亚种	生态型#	地理生态群#
02-00008	安次小红	河北	安次县	粳	水生态型	华北型
02-00011	霸县葡萄	河北	霸县	粳	水生态型	东北型
02-00023	遵化蚊子	河北	遵化县	粳	水生态型	华北型
02-00025	迁西本地	河北	迁西县	粳	水生态型	华北型
02-00027	玉田抚宁	河北	玉田县	粳	陆生态型	东北型
02-00030	玉田旱稻	河北	玉田县	粳	陆生态型	东北型
02-00058*	抚宁紫皮	河北	抚宁县	粳	陆生态型	东北型
02-00088	青龙粳子	河北	青龙县	粳	水生态型	东北型
02-00090	青龙旱稻	河北	青龙县	籼	中间型	长江中下游型
02-00133*	隆化毛葫	河北	隆化县	粳	陆生态型	华北型
02-00210*	高阳淀稻	河北	高阳县	粳	水生态型	华北型
02-00294*	水原 300 粒	河北	天津	粳	水生态型	东北型
02-00295*	叶里藏花	河北	天津	粳	水生态型	东北型
04-00019	大芒稻	山西	灵丘县	粳	水生态型	华北型
04-00041	早丰三号	山西	忻州市	粳	水生态型	东北型
04-00100	当地水稻 2	山西	山西	粳	陆生态型	华北型
04-00103	大芒稻	山西	山西	粳	水生态型	华北型
04-00115*	中楼一号 1	山西	山西	粳	陆生态型	华北型
04-00150	洪水稻	山西	山西	粳	水生态型	东北型
05-00014	铁路稻	辽宁	丹东市	粳	水生态型	东北型
05-00016	万年	辽宁	丹东市	粳	水生态型	东北型
05-00024*	卫国	辽宁	盖县	粳	水生态型	东北型
05-00052*	丹东陆稻	辽宁	丹东市	粳	陆生态型	东北型
05-00058	红光头	辽宁	辽阳县	粳	陆生态型	东北型
05-00074	黄毛稻	辽宁	新民县	粳	陆生态型	东北型
06-00010	赤毛	吉林	延吉县	粳	陆生态型	西南型
06-00024	红毛	吉林	舒兰县	粳	水生态型	东北型
06-00026	金早	吉林	桦甸县	粳	水生态型	东北型

续附表1

统一编号	品种名称	来源省份	原产地	亚种	生态型#	地理生态群#
06-00035*	兴国	吉林	怀德县	粳	水生态型	东北型
06-00037	白大肚兴	吉林	怀德县	籼	中间型	长江中下游型
06-00044	晚陆羽	吉林	内蒙古	籼	中间型	长江中下游型
06-00059	粘稻子	吉林	通化市	粳	陆生态型	华北型
06-00061	旱稻	吉林	怀德县	粳	水生态型	华北型
07-00010*	老光头 83	黑龙江	海林县	粳	水生态型	东北型
07-00056	北海 1 号	黑龙江	桦川县	籼	中间型	长江中下游型
07-00109*	白毛稻	黑龙江	绥化县	粳	陆生态型	东北型
08-00036*	木樨球	上海	上海县	粳	水生态型	长江下游型
08-00066*	老虎种	上海	松江县	粳	水生态型	长江下游型
08-00129	余山种	上海	青浦县	粳	水生态型	长江下游型
08-00179	慢绿种	上海	松江县	粳	水生态型	长江下游型
08-00253*	有芒早粳	上海	奉贤县	粳	水生态型	东北型
09-00114	铁秆青	江苏	吴江县	粳	水生态型	长江下游型
09-00147	白壳糯	江苏	吴江县	籼	晚生态型	华南型
09-00164	晚黄稻	江苏	吴县	粳	水生态型	南方型
09-00244	鸡脚红	江苏	吴县	粳	水生态型	长江下游型
09-00260	早飞来凤	江苏	太仓县	粳	水生态型	南方型
09-00392	矮箕野稻	江苏	常熟县	粳	水生态型	长江下游型
09-00530*	黄壳早廿	江苏	江阴县	粳	水生态型	东北型
09-00556	短芒早十	江苏	江阴县	粳	水生态型	华北型
09-00561	有芒旱稻	江苏	望亭	粳	陆生态型	华北型
09-00591	早稻	江苏	宜兴县	籼	晚生态型	华南型
09-00722*	四上裕	江苏	武进县	粳	水生态型	长江下游型
09-01108	红壳	江苏	江宁县	籼	中间型	长江中上游型
09-01218	红旱稻	江苏	扬州	粳	陆生态型	华北型
09-01222	早白衣	江苏	扬州	粳	陆生态型	西南型
09-01361*	寸三粒	江苏	南通县	粳	陆生态型	华北型
09-01617	籼稻	江苏	泗洪县	籼	晚生态型	华中型
09-01631	云台籼稻	江苏	新海连	籼	早生态型	长江中下游型
10-00253	老虎稻	浙江	嘉善县	粳	水生态型	长江下游型

续附表1

统一编号	品种名称	来源省份	原产地	亚种	生态型#	地理生态群#
10-00366	早乌稻	浙江	吴兴县	粳	水生态型	长江下游型
10-00463*	铁秆乌	浙江	吴兴县	粳	水生态型	长江下游型
10-00816	齐黄稻	浙江	泰顺县	籼	晚生态型	华南型
10-00841	紫红	浙江	泰顺县	籼	中间型	长江中下游型
10-00851	光生稻	浙江	泰顺县	粳	水生态型	长江下游型
10-00852	红壳晚	浙江	泰顺县	粳	水生态型	南方型
10-00885	长粒籼	浙江	平阳县	籼	早生态型	分散型
10-00960	生蒙晚	浙江	文成县	籼	晚生态型	华南型
10-01020	白龙虾	浙江	云和县	籼	晚生态型	华南型
10-01082	野猪糯	浙江	青田县	粳	水生态型	长江下游型
10-01139	野猪晚	浙江	天台县	粳	水生态型	长江下游型
10-01332	山谷	浙江	淳安县	籼	中间型	长江中下游型
11-00027	105 天马谷	安徽	歙县	籼	晚生态型	华中型
11-00028	迟花谷	安徽	歙县	籼	早生态型	分散型
11-00060	鸡脚扒	安徽	绩溪县	籼	早生态型	长江中上游型
11-00139	阔叶早	安徽	至德	籼	早生态型	长江中上游型
11-00149	火川稻	安徽	至德	粳	中间型	长江中上游型
11-00193	大叶稻	安徽	贵池县	籼	早生态型	长江中下游型
11-00198	大叶早	安徽	青阳县	籼	早生态型	长江中下游型
11-00201	南非早	安徽	青阳县	籼	晚生态型	华中型
11-00272	大芒子早	安徽	宣城县	籼	中间型	长江中上游型
11-00322*	六十早	安徽	芜湖县	籼	晚生态型	华中型
11-00368	红糯谷	安徽	宿松县	籼	早生态型	分散型
11-00389*	秋前白	安徽	怀宁县	籼	早生态型	分散型
11-00403*	雷火占	安徽	太湖县	籼	晚生态型	华南型
11-00440	天坐早	安徽	桐城县	籼	早生态型	分散型
11-00474	黄谷稀	安徽	合肥市	籼	晚生态型	华中型
11-00502	早糯	安徽	和县	籼	晚生态型	华南型
11-00528	中粳稻	安徽	合肥市	籼	早生态型	长江中下游型
11-00529*	肥东塘稻	安徽	肥东县	粳	中间型	南方型
11-00539	小麻稻	安徽	芜湖县	籼	早生态型	长江中下游型

续附表1

统一编号	品种名称	来源省份	原产地	亚种	生态型#	地理生态群#
11-00541	大叶早	安徽	青阳县	籼	早生态型	长江中下游型
11-00550	铜陵一号	安徽	铜陵市	籼	中间型	长江中下游型
11-00568	白脚鹅	安徽	巢湖市	籼	早生态型	长江中下游型
11-00569	小冬稻	安徽	巢湖市	籼	早生态型	长江中下游型
11-00632	吊死鸡	安徽	安庆市	粳	中间型	长江中上游型
11-00670	八月白	安徽	东至县	籼	早生态型	分散型
12-00001	麻粘	江西	龙南县	籼	早生态型	分散型
12-00016	瘦田白	江西	石城县	籼	晚生态型	华南型
12-00059	崇仁高脚	江西	崇仁县	籼	早生态型	分散型
12-00121	红谷	江西	湖口县	籼	晚生态型	华南型
12-00266	湖北早	江西	江西	粳	陆生态型	西南型
12-00312	大冬糯	江西	安远县	粳	水生态型	南方型
12-00339	四季水冬	江西	赣县	粳	中间型	分散型
12-00490	丝毛白	江西	乐安县	籼	晚生态型	华南型
12-00496	大糯	江西	乐安县	籼	早生态型	长江中下游型
12-00537	懒担粪	江西	资溪县	籼	中间型	长江中下游型
12-00549	干糯	江西	临川县	籼	中间型	长江中下游型
12-00567	韭菜糯	江西	临川县	籼	早生态型	西南型
12-00589*	金溪白	江西	东乡县	籼	晚生态型	华南型
12-00606	高秆糯	江西	广昌县	籼	晚生态型	华中型
12-00644*	解放籼	江西	贵溪县	籼	晚生态型	华中型
12-00716	红金米	江西	上饶县	籼	早生态型	西南型
12-00817	矮糯	江西	余干县	籼	晚生态型	华中型
12-00840	猪血糯	江西	余干县	粳	中间型	南方型
12-00854	一季晚红	江西	万年县	籼	晚生态型	华南型
12-00954	草鞋糯	江西	婺源县	粳	水生态型	华北型
12-00986	麻壳红	江西	铅山县	籼	晚生态型	华南型
12-00999	大禾谷	江西	铅山县	籼	晚生态型	华中型
12-01010	扬西糯	江西	铅山县	粳	中间型	分散型
12-01084	黑节糯	江西	靖安县	粳	中间型	分散型
12-01155	黄莲麻	江西	铜鼓县	籼	晚生态型	华南型

续附表1

统一编号	品种名称	来源省份	原产地	亚种	生态型#	地理生态群#
12-01200	油粘子	江西	新建县	籼	晚生态型	华南型
12-01446*	三百粒	江西	江西	籼	早生态型	长江中下游型
12-01766	矮秆白	江西	江西	籼	早生态型	分散型
12-01850	六十早	江西	江西	籼	早生态型	长江中下游型
12-02254*	台山糯	江西	江西	籼	晚生态型	华中型
12-02280*	矮禾迟	江西	江西	籼	晚生态型	华中型
12-02303	建阳早	江西	江西	籼	晚生态型	华南型
12-02373*	矮密	江西	江西	籼	早生态型	长江中下游型
12-02391	铁子糯	江西	江西	籼	晚生态型	华中型
12-02410	老黄谷	江西	江西	籼	中间型	长江中上游型
12-02420	晚禾	江西	江西	籼	晚生态型	华中型
12-02835	团珠早	江西	江西	粳	陆生态型	分散型
12-02840	团粒糯	江西	江西	籼	晚生态型	华中型
12-02850*	红米三担	江西	江西	粳	中间型	南方型
12-02851	毛谷糯	江西	江西	粳	水生态型	南方型
12-02959	铁山糯	江西	吉安县	籼	早生态型	分散型
13-00082	韦坑禾	福建	建阳县	籼	晚生态型	华南型
13-00355	面红	福建	屏南县	籼	晚生态型	华南型
13-00383	一粒粘	福建	莆田县	籼	中间型	长江中下游型
13-00439	老花糯	福建	安溪县	粳	中间型	分散型
13-00450	南安慢	福建	安溪县	籼	晚生态型	华中型
13-00451	白须冬	福建	安溪县	粳	水生态型	南方型
13-00593	寒尖	福建	永安县	粳	陆生态型	西南型
13-00669	赤糯	福建	沙县	籼	晚生态型	华南型
13-00723*	金包银	福建	泰宁县	籼	晚生态型	华南型
13-00737*	闽北晚籼	福建	建宁县	籼	晚生态型	华南型
13-00772	蓬壳早	福建	永泰县	籼	中间型	长江中下游型
13-00816*	陆财号	福建	仙游县	籼	早生态型	分散型
13-00830	红勿	福建	厦门市	籼	晚生态型	华南型
13-00849	高秆大术	福建	同安县	粳	中间型	分散型
13-00915	章元禾	福建	建阳县	籼	中间型	长江中下游型

续附表1

统一编号	品种名称	来源省份	原产地	亚种	生态型#	地理生态群#
13-00930	牛尾术	福建	建阳县	籼	晚生态型	华中型
13-01006*	乌壳占	福建	邵武市	籼	晚生态型	华中型
13-01090	芒糯谷	福建	崇安县	籼	晚生态型	华南型
13-01301*	一支香	福建	晋江县	籼	晚生态型	华南型
13-01433*	盐水赤	福建	云霄县	籼	晚生态型	华南型
13-01556	山坑白	福建	龙岩市	籼	晚生态型	华中型
13-01618	牙粘	福建	永定县	籼	晚生态型	华中型
13-01880	大粒谷	福建	福建	籼	中间型	西南型
13-01899	火耘稻	福建	宁德县	籼	晚生态型	华中型
14-00012	倬稻	山东	平度县	粳	陆生态型	热带粳稻型
14-00045	红芒旱稻	山东	蒙阴县	粳	水生态型	华北型
14-00078	乐陵旱稻	山东	乐陵县	籼	中间型	长江中上游型
14-00097	红皮高丽	山东	山东	籼	中间型	长江中下游型
15-00257	旱谷	广东	海南区	粳	水生态型	华北型
15-00398	寒露占	广东	吴川县	籼	晚生态型	华中型
15-00440	白壳占	广东	湛江新鹿	籼	晚生态型	华南型
15-00443	铁锤	广东	湛江市	籼	晚生态型	华南型
15-00503*	鼠牙占	广东	电白县	籼	晚生态型	华南型
15-00648*	丝苗	广东	阳江县	籼	晚生态型	华南型
15-00740	红米赤占	广东	遂溪县	籼	晚生态型	华南型
15-00785	红头竹占	广东	阳春县	籼	晚生态型	华南型
15-00805	三秕	广东	阳春县	粳	中间型	长江中上游型
15-01010	麻源	广东	中山县	籼	早生态型	分散型
15-01519	不留种-3	广东	罗定县	籼	晚生态型	华南型
15-01676	西占	广东	东莞县	籼	晚生态型	华南型
15-01740*	饿死牛	广东	龙川县	籼	早生态型	分散型
15-01980	揭阳勉党	广东	揭阳县	籼	早生态型	长江中上游型
15-02800	乌督占	广东	曲江县	籼	晚生态型	华南型
15-03025*	齐眉	广东	英德县	籼	晚生态型	华南型
15-03057*	南雄早油	广东	南雄县	籼	晚生态型	华南型
15-03168*	白壳花螺	广东	广东	籼	早生态型	分散型

续附表1

统一编号	品种名称	来源省份	原产地	亚种	生态型#	地理生态群#
15-03240	早禾 B13	广东	广东	籼	晚生态型	华南型
15-03256	花绿谷	广东	广东	籼	晚生态型	华南型
15-03336*	黑督 4	广东	广东	籼	早生态型	分散型
15-03448	花头早	广东	广东	籼	早生态型	长江中上游型
15-03586*	赤壳糯	广东	广东	粳	陆生态型	热带粳稻型
15-03596	坡兰	广东	广东	籼	晚生态型	华南型
15-03674	大黄占	广东	广东	籼	晚生态型	华南型
15-03876	细头糯	广东	广东	籼	晚生态型	华南型
15-03899	早红糯	广东	广东	籼	早生态型	分散型
15-03901	赤糯	广东	广东	粳	中间型	分散型
15-04016*	三粒寸	广东	广东	籼	中间型	长江中下游型
15-04095	每讲礼籼	海南	琼中县	籼	晚生态型	华中型
15-04108	黄芒糯	海南	琼中县	粳	陆生态型	热带粳稻型
15-04148	山兰籼糯 1	海南	崖县	籼	晚生态型	华南型
15-04151	山兰籼 1	海南	崖县	籼	中间型	长江中下游型
15-04166	山兰籼 40	海南	崖县	粳	中间型	西南型
15-04186	山兰籼糯 2	海南	崖县	籼	早生态型	分散型
15-04192	山兰籼糯 3	海南	崖县	籼	晚生态型	华中型
15-04193	山兰籼糯 3	海南	崖县	籼	中间型	长江中上游型
15-04286*	西什 15	海南	保亭县	籼	中间型	长江中下游型
15-04287	西什 17	海南	保亭县	粳	中间型	西南型
15-04303	西二组 16	海南	保亭县	籼	晚生态型	华南型
15-04399	黄糯	海南	海南	籼	中间型	长江中下游型
15-04469	山兰籼	海南	海南	粳	陆生态型	西南型
15-04570	白谷香	广东	连山县	籼	晚生态型	华南型
15-04571	瑶佬糯	广东	连山县	粳	中间型	分散型
15-04630	山禾	广东	连南县	粳	中间型	分散型
15-04638	山禾	广东	连南县	籼	早生态型	分散型
15-04643	山禾	广东	连南县	籼	晚生态型	华南型
15-04654	早谷 B	广东	广东	籼	早生态型	分散型
16-00163*	横县良春	广西	横县	籼	晚生态型	华中型

续附表1

统一编号	品种名称	来源省份	原产地	亚种	生态型*	地理生态群*
16-00207	七禾谷	广西	横县	籼	晚生态型	华中型
16-00988	虫矮谷	广西	宁明县	籼	晚生态型	华南型
16-01021	黑小糯	广西	宁明县	籼	晚生态型	华南型
16-01079	大晚白	广西	大新县	籼	晚生态型	华南型
16-01314	青同筒	广西	容县	籼	晚生态型	华南型
16-01450	香占	广西	桂平县	籼	晚生态型	华南型
16-01502	黑糯米	广西	平南县	籼	晚生态型	华南型
16-01841*	矮仔占	广西	藤县	籼	晚生态型	华南型
16-01893	三苗青	广西	昭平县	籼	早生态型	长江中下游型
16-02036	花壳糯	广西	忻城县	籼	晚生态型	华中型
16-02304	糯谷	广西	凤山县	籼	晚生态型	华南型
16-02327	糯谷 3	广西	凤山县	籼	晚生态型	华中型
16-02341	糯旱谷	广西	东兰县	籼	晚生态型	华南型
16-02459*	红粳旱谷	广西	东兰县	籼	晚生态型	华南型
16-02775	红白占旱	广西	田阳县	籼	晚生态型	华南型
16-02780	平凸竹 2	广西	田阳县	籼	晚生态型	华中型
16-03075	大黄壳占	广西	西林县	籼	中间型	长江中下游型
16-03084	旱糯	广西	西林县	籼	晚生态型	华南型
16-03207	十大洪	广西	凌云县	籼	晚生态型	华南型
16-03227	那里旱谷	广西	德保县	籼	晚生态型	华南型
16-03228	旱谷	广西	德保县	籼	晚生态型	华南型
16-03234	白旱谷	广西	德保县	籼	晚生态型	华南型
16-03301	天等谷	广西	德保县	籼	晚生态型	华南型
16-03427	后旱谷	广西	靖西县	籼	晚生态型	华南型
16-03468	白旱谷	广西	那坡县	籼	早生态型	长江中上游型
16-04377	六毛糯	广西	广西	籼	晚生态型	华南型
16-04811	大油粘	广西	广西	籼	晚生态型	华中型
16-05126	早熟糯谷	广西	广西	籼	晚生态型	华南型
16-05135	大糯	广西	广西	籼	晚生态型	华南型
16-05216	江同糯	广西	广西	籼	晚生态型	华南型
16-05221	响壳糯	广西	广西	籼	晚生态型	华中型

续附表1

统一编号	品种名称	来源省份	原产地	亚种	生态型#	地理生态群#
16-05252*	红矮糯	广西	广西	籼	晚生态型	华南型
16-05269	浚合辛糯	广西	广西	籼	晚生态型	华中型
16-05280	三苗糯	广西	广西	籼	晚生态型	华南型
16-05312	美骚	广西	广西	粳	中间型	分散型
16-05371	红白占旱	广西	广西	籼	中间型	长江中下游型
16-05831	乃朵	广西	广西	籼	中间型	长江中下游型
16-05834	平水糯	广西	广西	粳	陆生态型	西南型
16-06283	花壳糯	广西	桂平县	粳	陆生态型	分散型
16-06285	无名佳世	广西	平南县	籼	晚生态型	华南型
16-06329	禾	广西	防城县	籼	中间型	西南型
16-06887*	七月籼	广西	都安县	籼	晚生态型	华中型
16-07287	墨米	广西	南丹县	籼	晚生态型	华南型
16-07510	候屯练	广西	巴马县	粳	陆生态型	西南型
16-07722	候台	广西	东兰县	籼	早生态型	分散型
16-07907	乌鸦糯	广西	百色县	籼	晚生态型	华南型
16-08044	芒谷	广西	隆林县	籼	中间型	长江中上游型
16-08251	平圹糯	广西	凌云县	籼	早生态型	分散型
16-08257	黄壳粳	广西	凌云县	粳	陆生态型	分散型
16-08450	白旱糯	广西	靖西县	粳	陆生态型	西南型
16-09049	扣泽	广西	那坡县	籼	晚生态型	华中型
16-09156	扣涝白	广西	那坡县	籼	中间型	长江中下游型
16-09167	扣猫	广西	那坡县	籼	中间型	西南型
16-09171	糯旱谷	广西	那坡县	籼	中间型	西南型
16-09319	黄毛白乐	广西	凤山	粳	陆生态型	西南型
16-09350*	光壳香糯	广西	凤山	粳	陆生态型	西南型
16-09506	桂 A-107	广西	乐业	籼	中间型	西南型
16-09541	旱谷	广西	乐业	粳	陆生态型	分散型
16-09601	本地大糯	广西	那坡	籼	中间型	西南型
17-00028	白沙早	湖北	恩施县	籼	中间型	长江中上游型
17-00156	巴茅糯	湖北	麻城市	籼	中间型	长江中下游型
17-00175	乌嘴糯	湖北	浠水县	粳	水生态型	南方型

续附表1

统一编号	品种名称	来源省份	原产地	亚种	生态型#	地理生态群#
17-00394	碑子糯	湖北	汉川县	粳	水生态型	南方型
17-00435*	洞庭晚籼	湖北	蒲圻市	籼	晚生态型	华南型
17-00502*	洞庭晚籼	湖北	崇阳县	籼	晚生态型	华南型
17-00524*	柳叶粘	湖北	通山县	籼	早生态型	长江中上游型
17-00627	杯子糯	湖北	郧县	籼	早生态型	分散型
17-00772	铁脚粘	湖北	五峰县	籼	早生态型	长江中上游型
17-00833	矮白糯	湖北	恩施市	粳	陆生态型	西南型
17-00905	百早	湖北	利川市	籼	早生态型	长江中上游型
17-00966*	宣恩长坛	湖北	宣恩县	籼	早生态型	分散型
17-01245	毫干	湖北	鄂西自治	籼	晚生态型	华南型
17-01250	鲁竹滴水	湖北	鄂西自治	粳	中间型	西南型
17-01466	开封糯	湖北	竹溪县	籼	晚生态型	华南型
17-01470*	霸王鞭1	湖北	竹溪县	籼	早生态型	长江中下游型
17-01479	矮秆稻	湖北	竹溪县	籼	中间型	长江中下游型
17-01578	姬糯	湖北	咸丰县	粳	中间型	长江中上游型
18-00321	高粱早	湖南	湘乡县	籼	早生态型	分散型
18-00514	麻壳白米	湖南	醴陵县	籼	中间型	长江中下游型
18-00626	晒谷粘	湖南	浏阳县	籼	晚生态型	华中型
18-00641	三粒寸	湖南	浏阳县	粳	中间型	分散型
18-00761	烧衣糯	湖南	攸县	籼	早生态型	分散型
18-00808	五十日早	湖南	岳阳县	籼	晚生态型	华中型
18-00887	破壳糯	湖南	岳阳县	籼	早生态型	长江中上游型
18-01053	陆斗糯	湖南	临湘县	籼	早生态型	长江中下游型
18-01067*	矮脚早	湖南	临湘县	籼	晚生态型	华中型
18-01074	旱谷	湖南	华容县	籼	晚生态型	华中型
18-01110	重阳早	湖南	益阳县	籼	中间型	长江中上游型
18-01655	白早禾	湖南	隆回县	籼	晚生态型	华南型
18-01903*	须谷糯	湖南	隆回县	籼	晚生态型	华南型
18-02978	红米广须	湖南	桂东县	籼	晚生态型	华南型
18-03019	早禾	湖南	临武县	籼	晚生态型	华南型
18-03025	它谷粘	湖南	零陵县	籼	早生态型	长江中下游型

续附表1

统一编号	品种名称	来源省份	原产地	亚种	生态型#	地理生态群#
18-03892	麻旱	湖南	吉首县	籼	旱生态型	长江中上游型
18-03911	麻谷糯	湖南	吉首县	粳	水生态型	南方型
18-03950*	木瓜糯	湖南	桑植县	粳	水生态型	南方型
18-03966	高秆糯谷	湖南	永顺县	籼	旱生态型	长江中上游型
18-03994	贵州糯	湖南	龙山县	籼	中间型	长江中下游型
18-03997	背子糯	湖南	龙山县	粳	中间型	分散型
18-04018	黑脚糯	湖南	大庸县	籼	旱生态型	分散型
18-04082*	红旗 5 号	湖南	黔阳县	粳	水生态型	长江下游型
18-04145	磊谷	湖南	溆浦县	粳	陆生态型	西南型
18-04228	烂旱糯	湖南	新晃县	籼	旱生态型	分散型
18-04255	荣果	湖南	通道县	籼	中间型	长江中上游型
18-04286	香糯	湖南	通道县	籼	晚生态型	华南型
18-04293	石粘	湖南	邵东县	籼	中间型	长江中下游型
18-04394	须谷	湖南	隆回县	籼	中间型	长江中上游型
18-04478	真香子	湖南	郴县	籼	中间型	长江中下游型
18-04656	白果糯	湖南	东安县	籼	旱生态型	长江中上游型
18-04829	三百糯	湖南	安化县	籼	中间型	长江中上游型
18-04833	高粱稻	湖南	平江县	粳	中间型	长江中上游型
18-04839	旱粘	湖南	湘阴县	籼	旱生态型	分散型
18-04906*	万利籼	湖南	湖南	籼	旱生态型	长江中上游型
18-04971	旱谷	湖南	湖南	粳	陆生态型	西南型
18-04976	本地旱稻	湖南	湖南	粳	陆生态型	西南型
18-04977	糯干禾	湖南	湖南	籼	中间型	西南型
18-04980	旱禾	湖南	湖南	粳	陆生态型	分散型
19-00022*	香稻	河南	正阳县	籼	旱生态型	长江中下游型
19-00099	离壳白	河南	汝南县	粳	中间型	长江中上游型
19-00205*	旱麻稻	河南	淮滨县	籼	晚生态型	华南型
19-00212	南阳旱稻	河南	南阳县	籼	旱生态型	分散型
19-00273	郐根旱	河南	新蔡县	粳	中间型	长江中上游型
19-00284	遂平旱稻	河南	遂平县	籼	旱生态型	分散型
19-00314	高丽旱稻	河南	开封县	粳	水生态型	南方型

续附表1

统一编号	品种名称	来源省份	原产地	亚种	生态型#	地理生态群#
19-00318	黄庄旱稻	河南	尉氏县	籼	中间型	长江中下游型
20-00294	谷儿子	四川	郫县	籼	旱生态型	长江中上游型
20-00295	谷儿子	四川	郫县	籼	旱生态型	长江中上游型
20-00540	六月黄	四川	崇庆县	籼	旱生态型	长江中上游型
20-00815	青秆棒	四川	梓潼县	籼	旱生态型	长江中上游型
20-01166	南海谷	四川	犍为县	籼	旱生态型	长江中上游型
20-01262*	细白粘	四川	冕宁县	籼	旱生态型	长江中上游型
20-01378	扒足早	四川	凉山州	籼	旱生态型	西南型
20-01398	半节兰	四川	凉山州	籼	中间型	长江中上游型
20-01418	云南白	四川	古蔺县	粳	中间型	分散型
20-01452*	麻麻谷	四川	古蔺县	籼	旱生态型	长江中下游型
20-01729	软粘酒谷	四川	泸县	籼	旱生态型	长江中上游型
20-01734*	南天纲酒	四川	泸县	粳	中间型	长江中上游型
20-01807	云南旱	四川	宜宾县	籼	旱生态型	分散型
20-01882	猪尿沱	四川	纳溪县	籼	旱生态型	长江中上游型
20-02073*	梅花糯	四川	宜宾地区	籼	旱生态型	西南型
20-02143	洋谷子	四川	永川县	籼	旱生态型	长江中上游型
20-02407	旱谷子	四川	资阳县	籼	旱生态型	长江中上游型
20-02558	百日旱	四川	南部县	籼	旱生态型	分散型
20-02642	贵州棒	四川	巴县	籼	旱生态型	长江中上游型
20-02821*	中农 4 号	四川	万县地区	籼	旱生态型	长江中上游型
20-02903	白选粘	四川	普格县	籼	旱生态型	西南型
20-02959	渣脚旱	四川	德昌县	籼	旱生态型	长江中上游型
20-02967	老来红	四川	德昌县	粳	中间型	西南型
20-02992	三颗寸	四川	奉节县	粳	陆生态型	分散型
20-03028	胎里黄	四川	通江县	籼	中间型	长江中上游型
20-03042*	红谷	四川	南江县	粳	中间型	西南型
20-03053*	三颗寸	四川	渠县	籼	中间型	长江中下游型
20-03215*	山酒谷	四川	高县	籼	旱生态型	西南型
21-00014	老糙谷	云南	江城县	籼	中间型	西南型
21-00030	思茅大花	云南	思茅坝	籼	中间型	西南型

续附表1

统一编号	品种名称	来源省份	原产地	亚种	生态型#	地理生态群#
21-00040	毫车	云南	孟连县	籼	旱生态型	西南型
21-00047	毫勐丙	云南	孟连县	籼	晚生态型	华南型
21-00048	毫毫	云南	孟连县	籼	中间型	西南型
21-00083*	毫马克(K)	云南	孟连县	籼	中间型	长江中上游型
21-00272*	文香糯	云南	西双版纳	籼	旱生态型	西南型
21-00287	点板谷	云南	景洪县	粳	水生态型	南方型
21-00288	大白糯	云南	景洪县	粳	陆生态型	热带粳稻型
21-00300	大红谷	云南	景洪县	粳	陆生态型	分散型
21-00306	二百谷	云南	景洪县	粳	陆生态型	热带粳稻型
21-00357*	毫补卡	云南	景洪县	粳	陆生态型	热带粳稻型
21-00377	毫好囡	云南	西双版纳	籼	晚生态型	华中型
21-00403	毫冬嫩	云南	勐海县	籼	晚生态型	华南型
21-00503	红皮糯	云南	勐海县	粳	中间型	西南型
21-00529*	三磅七十箩	云南	德宏州	粳	陆生态型	热带粳稻型
21-00611	瓦谷	云南	梁河县	籼	旱生态型	西南型
21-00615	黄板所	云南	梁河县	籼	旱生态型	西南型
21-00694*	齐头白谷	云南	临沧县	籼	旱生态型	西南型
21-00700	旱糯	云南	临沧县	粳	陆生态型	分散型
21-00705	地谷	云南	永德县	粳	陆生态型	西南型
21-00741	毫咯	云南	沧源县	籼	旱生态型	西南型
21-00751	毫楞旺	云南	耿马县	籼	旱生态型	西南型
21-00785*	本邦谷	云南	耿马县	籼	旱生态型	西南型
21-00820	白谷红米	云南	文山县	籼	中间型	西南型
21-00855	小花谷	云南	文山县	籼	中间型	西南型
21-00879	广南谷	云南	弥勒县	籼	旱生态型	西南型
21-01051	采谷	云南	河口县	籼	晚生态型	华南型
21-01082*	大弯糯	云南	金平县	籼	中间型	西南型
21-01089	大白谷	云南	金平县	粳	陆生态型	分散型
21-01105	六月早谷	云南	金平县	籼	旱生态型	西南型
21-01106*	紫米	云南	金平县	籼	旱生态型	西南型
21-01108	泡竹谷	云南	金平县	籼	旱生态型	西南型

续附表1

统一编号	品种名称	来源省份	原产地	亚种	生态型#	地理生态群#
21-01109	大黄谷	云南	金平县	籼	早生态型	分散型
21-01111	绿毛谷	云南	金平县	籼	晚生态型	华南型
21-01114	大弯谷	云南	金平县	籼	早生态型	西南型
21-01120*	香谷	云南	金平县	籼	早生态型	西南型
21-01123	越糯	云南	金平县	粳	陆生态型	西南型
21-01124	剪糯	云南	金平县	籼	中间型	西南型
21-01147	紫秆谷	云南	绿春县	籼	早生态型	西南型
21-01165*	小红谷	云南	绿春县	籼	早生态型	西南型
21-01257*	清可	云南	元阳县	籼	中间型	西南型
21-01271	小谷	云南	红河县	籼	中间型	西南型
21-01272	大糯	云南	红河县	籼	早生态型	西南型
21-01274	九月糯	云南	红河县	籼	早生态型	西南型
21-01292	红米谷	云南	昆明市	籼	中间型	西南型
21-01330	黑谷	云南	晋宁县	粳	陆生态型	西南型
21-01577*	五子堆	云南	大关县	粳	水生态型	南方型
21-01642	半边糯谷	云南	镇雄县	粳	陆生态型	西南型
21-01697	白元江	云南	江城县	籼	早生态型	西南型
21-01725	团棵白谷	云南	江城县	籼	晚生态型	华南型
21-01737	小白糯	云南	江城县	籼	晚生态型	华南型
21-01744*	老造谷	云南	江城县	籼	晚生态型	华中型
21-01746	烈沙	云南	江城县	籼	中间型	西南型
21-01747	安南糯	云南	江城县	籼	中间型	西南型
21-01750	小黄糯	云南	江城县	籼	中间型	西南型
21-01811	黄瓜糯谷	云南	江城县	籼	中间型	西南型
21-01819	毫勐旺	云南	孟连县	籼	中间型	西南型
21-01853*	毫巴永 1	云南	孟连县	籼	中间型	西南型
21-01899*	公居 73	云南	孟连县	籼	中间型	长江中上游型
21-01911	大白糯 2	云南	孟连县	粳	陆生态型	热带粳稻型
21-01918	玉溪大白	云南	澜沧县	籼	早生态型	西南型
21-01947	广场十三	云南	澜沧县	籼	中间型	西南型
21-01948	孟连谷	云南	澜沧县	籼	早生态型	西南型

续附表1

统一编号	品种名称	来源省份	原产地	亚种	生态型#	地理生态群#
21-01970*	冷水谷2	云南	澜沧县	籼	中间型	西南型
21-01989*	冷水糯	云南	澜沧县	粳	陆生态型	西南型
21-02002	黄皮谷	云南	澜沧县	籼	中间型	西南型
21-02028	魔王谷	云南	澜沧县	粳	陆生态型	热带粳稻型
21-02034	且拿变2	云南	澜沧县	粳	中间型	西南型
21-02040	鹿子谷（矮椿谷）	云南	澜沧县	籼	中间型	西南型
21-02077	熬格纳（缅）（早香糯）	云南	西盟县	籼	中间型	西南型
21-02089*	拉木加	云南	西盟县	粳	陆生态型	热带粳稻型
21-02093	俄水	云南	西盟县	粳	陆生态型	热带粳稻型
21-02126	俄嘎	云南	西盟县	粳	陆生态型	热带粳稻型
21-02171*	齐头谷	云南	普洱县	粳	中间型	西南型
21-02224*	紫糯	云南	普洱县	籼	早生态型	西南型
21-02235*	鱼眼糯	云南	普洱县	粳	陆生态型	西南型
21-02242	大黄瓜糯	云南	普洱县	籼	中间型	西南型
21-02295	叶里藏	云南	景东县	籼	中间型	西南型
21-02329	那草谷	云南	墨江县	籼	早生态型	西南型
21-02358	红蚂蚱1	云南	墨江县	籼	早生态型	西南型
21-02424	水白谷	云南	墨江县	籼	早生态型	西南型
21-02553	红心糯	云南	墨江县	籼	早生态型	西南型
21-02570	陆曼青	云南	墨江县	籼	晚生态型	华南型
21-02619*	黄皮糯	云南	墨江县	粳	中间型	南方型
21-02745	山紫糯	云南	墨江县	籼	中间型	西南型
21-02769*	魔王谷内	云南	勐腊县	籼	中间型	西南型
21-02782	考(改)干	云南	勐腊县	粳	陆生态型	热带粳稻型
21-02789	毫妹	云南	景洪县	粳	陆生态型	西南型
21-02790	毫糯	云南	景洪县	籼	早生态型	西南型
21-02804	毫安咬	云南	勐海县	籼	早生态型	西南型
21-02819	玻璃法	云南	勐海县	籼	早生态型	西南型
21-02824*	毫莱	云南	勐海县	籼	晚生态型	华南型
21-02851*	毫香	云南	勐海县	籼	早生态型	西南型
21-02852*	毫荒腊	云南	勐海县	籼	中间型	长江中上游型

续附表1

统一编号	品种名称	来源省份	原产地	亚种	生态型#	地理生态群#
21-02981	那无迫	云南	勐海县	粳	陆生态型	热带粳稻型
21-03002	黄糯谷	云南	勐海县	粳	水生态型	南方型
21-03003	毫卡	云南	勐海县	籼	旱生态型	西南型
21-03006	毫童早	云南	勐海县	籼	中间型	西南型
21-03043	毫糯楞	云南	瑞丽县	籼	中间型	西南型
21-03121*	南高谷	云南	临沧县	籼	晚生态型	华中型
21-03232	芭蕉糯	云南	永德县	籼	晚生态型	华南型
21-03243	大黄皮糯	云南	永德县	粳	水生态型	南方型
21-03311	冷水糯	云南	永德县	粳	中间型	西南型
21-03318	小白糯	云南	永德县	籼	中间型	西南型
21-03359	黄皮糯	云南	永德县	籼	中间型	西南型
21-03368	黄皮糯	云南	永德县	籼	中间型	西南型
21-03370	大红糯	云南	永德县	粳	水生态型	南方型
21-03433*	金枝糯	云南	云县	籼	旱生态型	西南型
21-03460	疙瘩谷	云南	云县	粳	中间型	西南型
21-03470	检棵红	云南	云县	籼	中间型	长江中上游型
21-03504	大白糯	云南	云县	籼	旱生态型	西南型
21-03529	昌宁大白	云南	凤庆县	籼	旱生态型	西南型
21-03544	毫绕	云南	沧源县	粳	中间型	西南型
21-03569	毫别本	云南	沧源县	籼	中间型	西南型
21-03590	经吃谷	云南	双江县	籼	旱生态型	西南型
21-03674	老鼠牙	云南	耿马县	粳	陆生态型	热带粳稻型
21-03695	红心糯(地糯)	云南	耿马县	粳	陆生态型	西南型
21-03703	大红谷	云南	耿马县	粳	中间型	分散型
21-03725	毫糯	云南	耿马县	籼	中间型	西南型
21-03781*	鸡血糯	云南	耿马县	籼	中间型	西南型
21-03793	细红谷	云南	镇康县	籼	旱生态型	西南型
21-03816	亢谷	云南	镇康县	粳	中间型	西南型
21-03831	饭考皮	云南	镇康县	籼	中间型	西南型
21-03849	盐酸糯	云南	镇康县	粳	陆生态型	西南型
21-03879*	饭毫皮	云南	镇康县	籼	中间型	西南型
21-03886	细糯	云南	镇康县	籼	中间型	西南型
21-03986	光头糯	云南	广南县	籼	中间型	西南型

续附表1

统一编号	品种名称	来源省份	原产地	亚种	生态型#	地理生态群#
21-03992	三江糯	云南	广南县	粳	陆生态型	西南型
21-04005	地谷糯	云南	广南县	粳	陆生态型	热带粳稻型
21-04010	黄糯	云南	广南县	粳	陆生态型	西南型
21-04019	五里香	云南	广南县	粳	中间型	西南型
21-04069	红打糯	云南	富宁县	粳	中间型	南方型
21-04083	本地老糯	云南	富宁县	粳	陆生态型	西南型
21-04100	毫啊(老鸦谷)	云南	富宁县	籼	中间型	西南型
21-04150	小白糯 2	云南	金平县	籼	旱生态型	西南型
21-04202	规车	云南	绿春县	粳	陆生态型	西南型
21-04244	中角黄芒	云南	曲靖市	粳	陆生态型	西南型
21-04260	黄芒	云南	曲靖市	粳	陆生态型	西南型
21-04343	杂谷子	云南	罗平县	粳	陆生态型	西南型
21-04413*	半节芒	云南	马龙县	粳	陆生态型	西南型
21-04506*	秕五升	云南	大姚县	籼	中间型	西南型
21-04732*	八百粒	云南	龙陵县	粳	陆生态型	西南型
21-04767	细考花	云南	腾冲县	籼	旱生态型	西南型
21-04797	黄板所	云南	腾冲县	籼	旱生态型	西南型
21-04911	新选一号	云南	腾冲县	籼	中间型	西南型
21-04915	麻谷	云南	腾冲县	粳	陆生态型	西南型
21-05031	紫米谷	云南	峨山县	籼	中间型	西南型
21-05048*	细麻线	云南	新平县	籼	晚生态型	华南型
21-05072*	乌咀红谷	云南	新平县	籼	早生态型	西南型
21-05144	粑粑谷	云南	新平县	籼	中间型	西南型
21-05153	大白糯	云南	新平县	粳	水生态型	南方型
21-05169	小花糯	云南	新平县	籼	旱生态型	西南型
21-05171*	背子糯	云南	新平县	籼	中间型	西南型
21-05179	矮脚糯	云南	新平县	粳	水生态型	南方型
21-05344	冬寒谷	云南	丽江县	粳	陆生态型	西南型
21-05380	黄丝糯	云南	华坪县	粳	陆生态型	西南型
22-00037	旱谷(1)	贵州	遵义县	粳	中间型	长江中上游型
22-00040*	泽谷	贵州	遵义县	籼	晚生态型	华南型
22-00177	寸谷糯	贵州	余庆县	粳	陆生态型	西南型
22-00330	大白旱谷	贵州	兴义县	籼	旱生态型	长江中上游型

续附表1

统一编号	品种名称	来源省份	原产地	亚种	生态型#	地理生态群#
22-00346	试洋谷	贵州	兴义县	籼	旱生态型	长江中下游型
22-00350	花地香谷	贵州	兴义县	籼	中间型	长江中下游型
22-00364	黄丝糯	贵州	兴义县	粳	陆生态型	西南型
22-00439	青秆糯	贵州	兴仁县	籼	中间型	西南型
22-00480	小红糯	贵州	晴隆县	粳	陆生态型	西南型
22-00482	小广糯	贵州	晴隆县	籼	中间型	西南型
22-00513*	麻谷糯	贵州	晴隆县	籼	晚生态型	华南型
22-00570*	香糯	贵州	贞丰县	粳	陆生态型	西南型
22-00577	黄壳糯	贵州	贞丰县	粳	陆生态型	西南型
22-00744	糯白旱谷	贵州	望谟县	粳	陆生态型	西南型
22-00747	大红脚粘	贵州	册亨县	籼	中间型	西南型
22-00752	寸谷糯	贵州	册亨县	粳	陆生态型	热带粳稻型
22-00853	旱粘	贵州	安顺县	粳	水生态型	南方型
22-00914	旱糯米	贵州	息烽县	粳	中间型	西南型
22-00960	旱粘谷(2)	贵州	关岭县	籼	中间型	长江中下游型
22-01021	大香糯	贵州	修文县	籼	中间型	长江中上游型
22-01063	鹅蛋糯	贵州	普定县	籼	中间型	西南型
22-01075	粘壳糯(2)	贵州	紫云县	籼	中间型	长江中上游型
22-01077	黄壳糯	贵州	紫云县	粳	陆生态型	西南型
22-01144	白粘糯	贵州	纳雍县	籼	中间型	长江中下游型
22-01275	黄香糯	贵州	威宁县	籼	旱生态型	西南型
22-01439*	粘壳糯	贵州	福泉县	粳	水生态型	长江下游型
22-01615*	马尾粘	贵州	惠水县	籼	中间型	长江中上游型
22-01684	羊毛糯	贵州	贵定县	粳	中间型	长江中上游型
22-01728	粘壳糯(2)	贵州	平塘县	籼	中间型	长江中上游型
22-01843*	红壳折糯	贵州	剑河县	粳	陆生态型	西南型
22-01847	黄毛禾	贵州	剑河县	籼	中间型	西南型
22-01870	蚂蚁糯	贵州	水城特区	籼	旱生态型	分散型
22-01904	六枝晚米	贵州	六枝特区	籼	旱生态型	长江中上游型
22-01911	白脚麻谷	贵州	六枝特区	籼	中间型	西南型
22-01915	半边糯	贵州	六枝特区	粳	陆生态型	西南型
22-01995	云锦大糯	贵州	贵阳市	籼	旱生态型	西南型
22-01996	野鸭折糯	贵州	贵阳市	籼	中间型	长江中上游型

续附表1

统一编号	品种名称	来源省份	原产地	亚种	生态型#	地理生态群#
22-02148*	寸谷糯	贵州	务川县	粳	陆生态型	西南型
22-02198	旱麻谷	贵州	道真县	籼	早生态型	西南型
22-02209	小麻谷 2	贵州	兴义县	籼	早生态型	西南型
22-02283	白米粘	贵州	晴隆县	粳	陆生态型	西南型
22-02287	白壳糯 1	贵州	晴隆县	粳	陆生态型	西南型
22-02292	黑麻粘 2	贵州	贞丰县	籼	中间型	西南型
22-02337	光壳红米	贵州	安龙县	籼	中间型	西南型
22-02356*	飞蛾糯 2	贵州	安龙县	粳	中间型	西南型
22-02360	纯红糯	贵州	安龙县	籼	中间型	长江中上游型
22-02385	红壳粳	贵州	望谟县	籼	中间型	西南型
22-02402	旱折谷	贵州	望谟县	籼	中间型	西南型
22-02410	樱桃糯	贵州	望谟县	粳	陆生态型	分散型
22-02423*	紫芒飞蛾	贵州	望谟县	粳	陆生态型	热带粳稻型
22-02434	紫花壳	贵州	望谟县	粳	陆生态型	热带粳稻型
22-02438	黑旱谷 2	贵州	望谟县	粳	陆生态型	热带粳稻型
22-02444	白壳晚米	贵州	册亨县	籼	晚生态型	华南型
22-02453	旱粘谷	贵州	册亨县	粳	中间型	南方型
22-02463	黄壳微芒	贵州	册亨县	籼	中间型	西南型
22-02502	蛋壳粳粘	贵州	册亨县	籼	中间型	西南型
22-02504	毫算粳 1	贵州	册亨县	粳	陆生态型	西南型
22-02530	光壳籼糯 1	贵州	册亨县	粳	陆生态型	热带粳稻型
22-02551	旱挞糯 1	贵州	册亨县	籼	中间型	西南型
22-02754*	油粘	贵州	镇宁县	籼	中间型	长江中上游型
22-03360	红折糯	贵州	三都县	粳	陆生态型	西南型
22-03444	白壳折糯 2	贵州	惠水县	籼	中间型	长江中上游型
22-03470	摆榜黑糯 1	贵州	惠水县	粳	中间型	长江中上游型
22-03550	旱稻	贵州	荔波县	粳	陆生态型	分散型
22-03605	红旱稻	贵州	凯里市	粳	陆生态型	热带粳稻型
22-03632	黄腊折糯	贵州	丹寨县	籼	早生态型	西南型
22-03650	旱糯	贵州	台江县	籼	早生态型	分散型
22-03696	黄芒香禾	贵州	从江县	粳	中间型	南方型
22-03815*	贯推白禾 1	贵州	从江县	粳	水生态型	南方型
22-03832	苟假里禾	贵州	从江县	籼	早生态型	长江中上游型

续附表1

统一编号	品种名称	来源省份	原产地	亚种	生态型[#]	地理生态群[#]
22-04053*	阳壳糯	贵州	施秉县	粳	水生态型	南方型
22-04113	玻王糯	贵州	天柱县	粳	陆生态型	西南型
22-04236	白脚粘	贵州	贵州省	籼	中间型	长江中上游型
22-04444	短芒秆黄	贵州	册亨县	粳	中间型	西南型
22-04574*	毫虑光粘	贵州	册亨县	粳	陆生态型	分散型
22-04637*	小白米	贵州	紫云县	籼	中间型	长江中上游型
22-04735	旱谷	贵州	从江县	籼	中间型	西南型
24-00119	驼酒谷	陕西	略阳县	粳	中间型	长江中上游型
24-00173	九月黄	陕西	商南县	粳	陆生态型	分散型
24-00195*	麻谷子	陕西	山阳县	粳	水生态型	华北型
24-00215*	老红稻	陕西	蓝田县	粳	陆生态型	华北型
24-00298	小白稻	陕西	长安县	籼	早生态型	长江中下游型
24-00324	沙峁软稻	陕西	横山县	粳	陆生态型	华北型
24-00344	三百箩酒	陕西	商县	籼	中间型	长江中上游型
24-00353	葫芦头	陕西	山阳县	籼	中间型	西南型
26-00008*	加巴拉	西藏	墨脱县	籼	中间型	长江中上游型
26-00011	白稻谷	西藏	墨脱县	籼	中间型	西南型
28-00005*	黑芒稻	宁夏	中卫县	粳	陆生态型	华北型
29-00003	大白芒	天津	蓟县	粳	陆生态型	东北型
29-00010*	葡萄黄	天津	宝坻县	粳	陆生态型	华北型
30-00195*	台东陆稻	台湾	台湾	籼	中间型	长江中上游型
30-00206*	台中 65 号	台湾	台湾	籼	晚生态型	华中型
30-00210*	台中在来 1	台湾	台湾	粳	中间型	分散型
30-00239	台中籼糯	台湾	台湾	籼	中间型	西南型
30-00242	台中籼育 2	台湾	台湾	籼	晚生态型	华中型
30-00244*	台中籼选 2	台湾	台湾	籼	早生态型	长江中下游型
30-00253	台中育 171	台湾	台湾	粳	水生态型	东北型
30-00259	台农 9 号	台湾	台湾	粳	陆生态型	西南型
30-00275	台农 70(甲)	台湾	台湾	籼	晚生态型	华中型
30-00333	嘉农 411	台湾	台湾	粳	水生态型	东北型
30-00362	嘉农籼育	台湾	台湾	籼	晚生态型	华中型
30-00368	嘉农籼育	台湾	台湾	籼	晚生态型	华中型
30-00519	C702043	台湾	台湾	籼	晚生态型	华中型

续附表1

统一编号	品种名称	来源省份	原产地	亚种	生态型[#]	地理生态群[#]
30-00884	光复 1 号	台湾	台湾	籼	晚生态型	华南型
30-00930	波海	台湾	台湾	籼	晚生态型	华南型
30-01130	鹤上暗早	台湾	台湾	籼	晚生态型	华南型
30-01165	奴资哩哇	台湾	台湾	粳	陆生态型	西南型
30-01169	帕伊鸭乌	台湾	台湾	籼	早生态型	分散型
30-01180	他禾喔皮	台湾	台湾	籼	早生态型	分散型
30-01187	姑噜斯	台湾	台湾	籼	早生态型	长江中上游型
30-01188	拍伊鸭乌	台湾	台湾	粳	中间型	分散型
31-00012	黑屁股 3	海南	三亚市	籼	晚生态型	华南型
31-00020	闷代黄 1	海南	三亚市	籼	晚生态型	华南型
31-00021	闷代黄 2	海南	三亚市	籼	早生态型	分散型
31-00032*	闷加高 1	海南	三亚市	籼	晚生态型	华中型
31-00042*	闷加丁 2	海南	乐东县	籼	晚生态型	华南型
31-00045	闷苗 1	海南	乐东县	籼	晚生态型	华南型
31-00052	苗木卖 1	海南	乐东县	籼	晚生态型	华南型
31-00058	闷旗 2	海南	乐东县	籼	中间型	长江中下游型
31-00060	闷旗 4	海南	乐东县	粳	水生态型	南方型
31-00067	闷加考 5	海南	乐东县	籼	晚生态型	华南型
31-00071	闷加题 4	海南	乐东县	粳	陆生态型	热带粳稻型
31-00073	闷苗龙 1	海南	乐东县	籼	中间型	西南型
31-00078	闷糯 2	海南	乐东县	籼	晚生态型	华中型
31-00098	白禾同粘 4	海南	乐东县	籼	晚生态型	华南型
31-00126	山兰 3	海南	东方县	籼	中间型	长江中下游型
31-00130	门教岩 2	海南	东方县	籼	晚生态型	华南型
31-00158	末阳龙 1	海南	白沙县	籼	中间型	长江中上游型
31-00177	黑丝地 3	海南	保亭县	籼	早生态型	分散型
31-00187	白占白龙	海南	保亭县	籼	晚生态型	华南型
31-00199	白毛稻 2	海南	保亭县	粳	中间型	西南型
31-00200	竹园黄 1	海南	保亭县	籼	中间型	长江中下游型
31-00201	竹园黄 2	海南	保亭县	籼	中间型	西南型
31-00212	中平 1	海南	保亭县	粳	陆生态型	热带粳稻型
31-00230	白丝糯 1	海南	保亭县	籼	晚生态型	华南型
31-00269	闷考 1	海南	琼中县	籼	晚生态型	华南型

续附表1

统一编号	品种名称	来源省份	原产地	亚种	生态型#	地理生态群#
31-00272	闷加黑丝 1	海南	琼中县	籼	晚生态型	华南型
31-00274	闷加黑丝 3	海南	琼中县	籼	晚生态型	华南型
31-00285	闷加飞 3	海南	琼中县	籼	中间型	西南型
31-00289	闷加黎 1	海南	琼中县	籼	晚生态型	华南型
31-00295	闷加黑丝	海南	琼中县	籼	晚生态型	华南型
31-00313	稻翅 2	海南	琼中县	籼	中间型	长江中下游型
31-00334	黄猄尾山 2	海南	琼中县	籼	中间型	长江中上游型
31-00388*	包二幅	海南	琼海县	籼	晚生态型	华南型
31-00396	包	海南	定安县	籼	晚生态型	华南型
31-00399	坡光	海南	定安县	籼	中间型	长江中下游型
31-00415	羊尾红	海南	儋县	籼	晚生态型	华南型
31-00429	坡禾	海南	儋县	籼	晚生态型	华南型
31-00437	深水莲	海南	文昌县	籼	晚生态型	华南型
A0006	珍龙 13B	湖南	湖南	籼		
A0008	朝阳一号 B	湖南	湖南	籼		
A0016*	金南特 B	湖南	湖南	籼		
A0026	台中育 29B	湖南	湖南	籼		
A0030	籼无 B	湖南	湖南	籼		
A0032	7017B	湖南	湖南	籼		
A0034	南早 B	湖南	湖南	籼		
A0044	矮粳 23B	湖南	湖南	粳		
A0050	Ⅱ-32B	湖南	湖南	籼		
A0058	兰贝利 B	湖南	湖南	籼		
A0060*	竹珍 B	湖南	湖南	籼		
A0068	谭引早籼 B	湖南	湖南	籼		
A0072	2S161-5B	湖南	湖南	籼		
A0084	71-72B	湖南	湖南	籼		
A0086*	朝阳一号 B	湖南	湖南	籼		
A0088	辐育一号 B	湖南	湖南	籼		
A0092	辐育一号 B	湖南	湖南	籼		
A0094	阿莲源早 B	湖南	湖南	籼		
A0096*	L 301B	湖南	湖南	籼		
A0100	湘香 2 号 B	湖南	湖南	籼		

续附表1

统一编号	品种名称	来源省份	原产地	亚种	生态型#	地理生态群#
A0106	V 22B	湖南	湖南	粳		
A0108	桂野 74003	湖南	湖南	籼		
A0112*	安农晚粳 B	湖南	湖南	粳		
A0120*	金南特 43B	湖南	湖南	籼		
A0126	V 20B	湖南	湖南	籼		
A0128	常菲 22B	湖南	湖南	籼		
A0132*	早熟农虎 6	湖南	湖南	粳		
A0146	98B	湖南	湖南	籼		
A0156	辐南 B	湖南	湖南	籼		
A0172*	青四矮 16B	广东	广东	籼		
A0182	V 41B	安徽	安徽	籼		
A0188	地谷 B	福建	福建	籼		
A0228	农虎 26B	浙江	浙江	粳		
A0240*	珍汕 97B	江西	江西	籼		
A0244*	献改 B	江西	江西	籼		
A0246*	江农早 1 号	江西	江西	籼		
A0260	G 金 B	四川	四川	籼		
A0262	泸红早 B	四川	四川	籼		
A0264	D 汕 B	四川	四川	籼		
A0266	D 297B	四川	四川	籼		
A0268	G 46B	四川	四川	籼		
A0270	二汕 B	四川	四川	籼		
A0274	索朝 B	四川	四川	籼		
A0278	卡竹 B	四川	四川	籼		
A0282	泸南早 1 号	四川	四川	籼		
A0286	菲改 B	四川	四川	籼		
A0290	六千辛 B	江苏	江苏	粳		
A0292	南粳 34B	江苏	江苏	粳		
A0298*	京虎 B	安徽	安徽	粳		
A0302	六南早 B	江苏	江苏	粳		
A0304	盐粳 902B	江苏	江苏	粳		
A0312	筑紫晴 B	江苏	江苏	粳		
A0313	协青早 A	安徽	安徽	籼		

续附表1

统一编号	品种名称	来源省份	原产地	亚种	生态型#	地理生态群#
A0314	协青早 B	安徽	安徽	籼		
A0322	当选晚 2 号	安徽	安徽	粳		
A0364	石羽 B	新疆	新疆	粳		
A0366	无名 B	新疆	新疆	粳		
A0368	丰锦 B	辽宁	辽宁	粳		
A0386*	黎明 B	辽宁	辽宁	粳		
A0388	秋岭 B	辽宁	辽宁	粳		
A0408*	滇瑞 409B	云南	云南	籼		
A0430*	包协 123B	湖南	湖南	籼		
A0434*	80B	湖南	湖南	籼		
A0464*	包协-7B	湖南	湖南	籼		
A0512	金 23B	湖南	湖南	籼		
A0538	江农早ⅡB	江西	江西	籼		
A0548	K 青 B	四川	四川	籼		
A0552	泸红早 B	四川	四川	籼		
A0578	辐 49B	四川	四川	籼		
A0586	竹矮 B	四川	四川	籼		
A0596*	G 珍汕 97B	四川	四川	粳		
A0598*	88B	江苏	江苏	籼		
A0608	皖矮 B	安徽	安徽	籼		
A0654	黑糯 B	陕西	陕西	籼		
R0004*	古 154	湖南	湖南	籼		
R0014*	圭 630	湖南	湖南	籼		
R0032*	IR 661-1	湖南	湖南	籼		
R0037	古 34	湖南	湖南	籼		
R0044	Caca-4 西	湖南	湖南	籼		
R0139	密阳 46	湖南	湖南	籼		
R0171	IR 19674-146-1-1-3-2	湖南	湖南	籼		
R0215*	培 C122	湖南	湖南	籼		
R0222	F 51	湖南	湖南	粳		
R0229	测 49	湖南	湖南	籼		
R0232	G 146	湖南	湖南	籼		

续附表1

统一编号	品种名称	来源省份	原产地	亚种	生态型#	地理生态群#
R0333*	粳 7623	上海	上海	籼		
R0337*	宁恢 21	江苏	江苏	粳		
R0345	皖恢 9 号	安徽	安徽	粳		
R0357	反五-2	湖北	湖北	粳		
R0358	54-72	湖北	湖北	籼		
R0359	K 55	河北	河北	粳		
R0361	F 20	北京	北京	粳		
R0365	新粳 67-15	新疆	新疆	粳		
R0370	C 57-167	辽宁	辽宁	粳		
R0402	卷叶 661	辽宁	辽宁	粳		
R0410	86-331	辽宁	辽宁	籼		
R0430*	76-1	辽宁	辽宁	籼		
R0447*	湖恢 628	湖南	湖南	籼		
R0468*	特青选恢	湖南	湖南	粳		
R0477	湘恢印 7 选	湖南	湖南	籼		
R0483	矮谷恢	湖南	湖南	籼		
R0512	湘恢 280	湖南	湖南	籼		
R0515*	湘恢 91269	湖南	湖南	籼		
R0555	HR 1004	江西	江西	籼		
R0582	川恢 808	四川	四川	籼		
R0604*	JWR 221	江苏	江苏	籼		
R0606	JWR 225	江苏	江苏	籼		
R0631	黑恢 1 号	陕西	陕西	籼		
R0632	汉中香粘	陕西	陕西	籼		
ZD-00001	广解 9 号	广东	广东农科院	粳		
ZD-00002*	广陆矮 4 号	广东	广东农科院	籼		
ZD-00019	广农矮 1 号	广东	广东农科院	籼		
ZD-00020	双竹占	广东	广东农科院	籼		
ZD-00027	塘竹 7 号	广东	广东农科院	籼		
ZD-00042	华南 15	广东	华南农科所	籼		
ZD-00049	通红矮	海南	海南农科所	籼		

续附表1

统一编号	品种名称	来源省份	原产地	亚种	生态型#	地理生态群#
ZD-00099	包胎矮7号	广东	肇庆农科所	籼		
ZD-00141*	矮脚南特	广东	潮阳东仓大对洪春利,洪群英	籼		
ZD-00202	陆川早1号	广西	陆川农场	籼		
ZD-00206	包胎白	广西	平南农场	籼		
ZD-00213*	柳沙1号	广西	柳州地区农科所	籼		
ZD-00225	新灵矮	广西	灵山农科所	粳		
ZD-00286	乌壳尖	福建	连江塘头乡董伯籼	籼		
ZD-00290	陆财号	福建	仙游山尾公社陆财	籼		
ZD-00309	沙矮大	福建	沙县良种场	籼		
ZD-00315	湘矮早3号	湖南	湖南农科院	籼		
ZD-00326	湘糯1号	湖南	湖南农科院	粳		
ZD-00358*	郴晚3号	湖南	郴州地区农科所	籼		
ZD-00363	湘黔11号	湖南	黔阳地区农科所	粳		
ZD-00376	赣农晚粳2号	江西	江西农科院	粳		
ZD-00383	星横1号	江西	星子农科所	籼		
ZD-00437	竹莲矮	浙江	浙江农科院	籼		
ZD-00474*	二九南1号	浙江	嘉兴地区农科所	籼		
ZD-00519	早丰收	浙江	温州地区农科所	籼		
ZD-00560*	南京11号	江苏	江苏农科院	籼		
ZD-00576	公社6号	江苏	江苏农科院	粳		
ZD-00587*	桂花黄	江苏	苏州地区农科所	粳		
ZD-00592*	苏粳2号	江苏	苏州地区农科所	粳		
ZD-00600	江丰3号	江苏	江阴农科所	粳		
ZD-00604	东方红1号	江苏	沙州东方红农场	粳		
ZD-00743*	成都矮3号	四川	四川农科院	籼		
ZD-00747*	矮麻抗	四川	四川农科院	籼		
ZD-00760*	蜀丰101	四川	四川农学院	籼		
ZD-00772	泸双1011	四川	泸州水稻所	籼		
ZD-00775	泸晚7号	四川	泸州水稻所	粳		
ZD-00786	万晚742	四川	万县地区农科所	籼		

续附表1

统一编号	品种名称	来源省份	原产地	亚种	生态型#	地理生态群#
ZD-00806*	立新粳	四川	西昌地区农科所	籼		
ZD-00832	荆矮糯	湖北	荆州地区农科所	籼		
ZD-00856	香稻	河南	辉县	粳		
ZD-00861	6011（红旗16号）	河北	廊坊地区农科所	粳		
ZD-00866	红旗5号	天津	天津农科所	粳		
ZD-00878	京丰5号	北京	中国农科院作物所	粳		
ZD-00889	文光	宁夏	宁夏农科所	粳		
ZD-00893	辽丰5号	辽宁	辽宁农科院	粳		
ZD-00953	合江10号	四川	合江水稻所	粳		
ZD-01001*	黑粳2号	黑龙江	黑河地区农科所	粳		
ZD-01006*	桂朝2号	广东	广东省农科院水稻所	籼		
ZD-01050	钢白矮1号	广东	广东省农科院水稻所	籼		
ZD-01061	青丰占35	广东	广东省农科院水稻所	籼		
ZD-01064	金星大糯	广东	广东省农科院水稻所	粳		
ZD-01065	双桂1号	广东	广东农科院水稻所罗定农业局	籼		
ZD-01078	晚籼2	广东	华南农业大学	籼		
ZD-01090	琼桂1号	海南	海南农科所	籼		
ZD-01108*	二钢矮	广东	化州县农科所	籼		
ZD-01176	园糯10号	广东	博罗县良种场	籼		
ZD-01179	黑野糯	广东	博罗县农科所	籼		
ZD-01195*	包选21号	广东	陆丰县农科所	粳		
ZD-01210	珍龙13选B	广东	英德市农科所	籼		
ZD-01236	包变165	广西	玉林地区农科所	粳		
ZD-01266*	广陆矮15-1	广西	广西农科院	籼		
ZD-01268	红南	广西	广西农科院	籼		
ZD-01298	光大白	福建	福建农科院	籼		

续附表1

统一编号	品种名称	来源省份	原产地	亚种	生态型#	地理生态群#
ZD-01312	珍 D-1	福建	福建农科院	籼		
ZD-01328*	红晚 1 号	福建	莆田地区农科所	籼		
ZD-01361	77-175	福建	龙岩地区农科所	籼		
ZD-01402*	湘矮早 10 号	湖南	湖南省水稻所	籼		
ZD-01423*	湘晚籼 1 号	湖南	湖南省水稻所	籼		
ZD-01512*	南特号	江西	江西农科院	籼		
ZD-01533	0021	江西	江西农业大学	籼		
ZD-01559*	秀水 115	浙江	嘉兴市农科所	粳		
ZD-01616	R817	浙江	浙江省农科院	粳		
ZD-01633	辐 8-1	浙江	杭州市农科所	籼		
ZD-01643	金八肯	浙江	宁波市农科所	籼		
ZD-01714	龙睛 2 号	江苏	江苏省农科院	粳		
ZD-01747	昆稻 2 号	江苏	昆山县农科所	粳		
ZD-01818	广陵早 1 号	江苏	里下河地区农科所	籼		
ZD-01820*	扬稻 2 号	江苏	里下河地区农科所	籼		
ZD-01834	2036-1	江苏	兴化县农科所	籼		
ZD-01895	南花 11 号	安徽	铜陵县农科所	籼		
ZD-02003	农虎禾-3	贵州	贵州农科院水稻所	粳		
ZD-02017*	泸科 3 号	四川	四川农科院水稻所	籼		
ZD-02032*	矮沱谷 151	四川	四川农科院作物所	籼		
ZD-02046	培江 2 号	四川	绵阳农业专科学校	籼		
ZD-02051	川新糯	四川	四川原子核应用技术所	籼		
ZD-02094	凉粳 1 号	四川	凉山州西昌农科所	籼		
ZD-02181	汉中香糯	陕西	汉中地区农科所	籼		
ZD-02183	汉中水晶稻	陕西	汉中地区农科所	粳		

续附表1

统一编号	品种名称	来源省份	原产地	亚种	生态型#	地理生态群#
ZD-02185	秦稻1号	陕西	陕西省农科院	籼		
ZD-02192	73-1	河南	南阳地区农科所	籼		
ZD-02194	中牟糯稻	河南	中牟县农业局	粳		
ZD-02261*	中花8号	北京	中国农科院作物所	粳		
ZD-02277*	晋稻1号	山西	山西省农业科学院	粳		
ZD-02292	博稻1号	新疆	博尔塔拉州农科所	粳		
ZD-02307	丹粳1号	辽宁	丹东市农科所	粳		
ZD-02324*	辽粳287	辽宁	辽宁省稻作所	粳		
ZD-02410	闷加黑丝	广东	广东农科院水稻所	籼		
ZD-02431*	黄丝桂占	广东	广东增城县农科所	籼		
ZD-02457	钢太	广东	德庆县农科所	籼		
ZD-02460	千钢白3号	广东	梅州市农科所	籼		
ZD-02466	七南占	广东	惠来县农科所	籼		
ZD-02469	连山香粳	广东	连山县农科所	粳		
ZD-02495*	早熟香黑米	广西	广西农科院品资所	籼		
ZD-02517	桂云1号	广西	广西农学院	籼		
ZD-02539	云玉糯	广西	玉林地区农科所	籼		
ZD-02547*	墨米	广西	玉林县繁殖场	籼		
ZD-02562	单辐黑糯	广西	容县农科所	籼		
ZD-02605*	金优1号	福建	福建农学院	籼		
ZD-02609	959	福建	莆田市农科所	籼		
ZD-02684	紫香青	湖南	湖南农学院	粳		
ZD-02685*	粳87-304	湖南	湖南农学院	籼		
ZD-02694*	湘晚籼3号	湖南	岳阳地区农科所	籼		
ZD-02715*	湘早籼7号	湖南	怀化地区农科所	籼		
ZD-02718	怀4802-5	湖南	怀化地区农科所	籼		

续附表1

统一编号	品种名称	来源省份	原产地	亚种	生态型#	地理生态群#
ZD-02730	早籼 90-翻五	湖南	娄底地区农科所	籼		
ZD-02832	87 繁 10	上海	上海市农科院作物所	粳		
ZD-02944*	镇籼 232	江苏	镇江市农科所	籼		
ZD-02979	武 86-28	江苏	武进农试站	粳		
ZD-02987	香药糯	江苏	武进稻麦育种场	籼		
ZD-02995	万粒斤 2 号	江苏	里下河农科所	籼		
ZD-03039	盐城 89-37	江苏	沿海地区农科所	籼		
ZD-03104*	早籼 240	安徽	宣城地区农科所	籼		
ZD-03115*	当育 5 号	安徽	当涂县农科所	籼		
ZD-03181	合系 33 号	云南	云南省农科院中日合作	粳		
ZD-03229	黔辐 6 号	贵州	贵州农科院水稻所	籼		
ZD-03247	遵育 4603	贵州	遵义地区农科所	籼		
ZD-03257	粳 9	四川	四川凉山昭觉农科所	籼		
ZD-03300	81104	四川	四川省内江市农科所	籼		
ZD-03358	丛矮选	四川	四川省农科院作物所	籼		
ZD-03368	72346	四川	四川省农科院作物所	粳		
ZD-03377	6001-4	四川	四川省农科院作物所	粳		
ZD-03378	6002-5	四川	四川省农科院作物所	粳		
ZD-03379	3006/5/2	四川	四川省农科院作物所	籼		
ZD-03386*	成农水晶米	四川	四川农科院　作物所	籼		
ZD-03449	笨墨糯	陕西	陕西汉中地区农技中心	籼		

续附表1

统一编号	品种名称	来源省份	原产地	亚种	生态型#	地理生态群#
ZD-03450	洋县红香寸	陕西	陕西洋县良种场	粳		
ZD-03454	信阳 09	河南	信阳地区农科所	籼		
ZD-03479	信阳黑糯	河南	信阳地区农科所	籼		
ZD-03481	信黑糯 2 号	河南	信阳地区农科所	籼		
ZD-03507	豫南黑籼糯	河南	豫南农专	籼		
ZD-03525*	郑稻 5 号	河南	河南省农科院	粳		
ZD-03678	中新 1 号	北京	中国农科院作物所	粳		
ZD-03680	6017	北京	中国农科院作物所	籼		
ZD-03843	四倍体攀农 1 号	北京	中国农科院作物所	粳		
ZD-03867*	四倍体朝 63	北京	中国农科院作物所	粳		
ZD-03880	北京黑香粳 D	北京	中国农科院作物所	粳		
ZD-03898	阿稻 2 号	新疆	新疆农垦兵团 188 团	粳		
ZD-03935	辽盐糯	辽宁	辽宁省盐碱地所	粳		
ZD-04052	农大 1 号	吉林	吉林农业大学	粳		
ZD-04065	集安粘稻	吉林	集安郊区农业站	粳		

注：* 材料属于微核心种质；# 分类方法见本书 7.2、7.3 节。

附表 2　中国野生稻核心种质及微核心种质清单

统一编号	保存单位	省份	原产地	统一编号	保存单位	省份	原产地
YD1-0006	S1007	海南	崖县	YD1-0089	S1205	海南	文昌县
YD1-0008*	S1020	海南	乐东县	YD1-0090	S1194	海南	文昌县
YD1-0010	S1022	海南	乐东县	YD1-0094*	S1216	海南	海口市
YD1-0011*	S1023	海南	乐东县	YD1-0099	S1217	海南	海口市
YD1-0012	S1032	海南	乐东县	YD1-0104	S2019	广东	海康县
YD1-0014*	S1034	海南	乐东县	YD1-0124	S2063	广东	湛江市
YD1-0016*	S1041	海南	乐东县	YD1-0159	S2138	广东	遂溪县
YD1-0019*	S1050	海南	东方县	YD1-0171	S2083	广东	遂溪县
YD1-0022*	S1054	海南	东方县	YD1-0182*	S2103	广东	遂溪县
YD1-0024	S1056	海南	东方县	YD1-0189	S2119	广东	遂溪县
YD1-0025	S1059	海南	东方县	YD1-0191	S2123	广东	遂溪县
YD1-0029	S1047	海南	东方县	YD1-0192	S2129	广东	遂溪县
YD1-0033	S1065	海南	昌江县	YD1-0195	S2136	广东	遂溪县
YD1-0035	S1067	海南	昌江县	YD1-0196*	S2109	广东	遂溪县
YD1-0037*	S1063	海南	昌江县	YD1-0204	S2142	广东	电白县
YD1-0042	S1099	海南	琼海县	YD1-0214	S2173	广东	廉江县
YD1-0043	S1094	海南	琼海县	YD1-0231	S2200	广东	茂名市
YD1-0047	S1109	海南	儋县	YD1-0233*	S2190	广东	茂名市
YD1-0049*	S1111	海南	临高县	YD1-0248	S2235	广东	阳春县
YD1-0050	S1113	海南	临高县	YD1-0277*	S3036	广东	恩平县
YD1-0051	S1119	海南	临高县	YD1-0291	S3051	广东	恩平县
YD1-0053	S1132	海南	临高县	YD1-0296	S3065	广东	恩平县
YD1-0056*	S1123	海南	临高县	YD1-0323*	S3093	广东	恩平县
YD1-0057*	S1115	海南	临高县	YD1-0329	S3100	广东	恩平县
YD1-0059	S1114	海南	临高县	YD1-0335	S3026	广东	恩平县
YD1-0065	S1140	海南	澄迈县	YD1-0365	S3171	广东	台山县
YD1-0067	S1139	海南	澄迈县	YD1-0374	S3198	广东	台山县
YD1-0068	S1142	海南	澄迈县	YD1-0390*	S3128	广东	台山县
YD1-0071	S1145	海南	琼山县	YD1-0391	S3129	广东	台山县
YD1-0082*	S1181	海南	琼山县	YD1-0425	S3133	广东	台山县
YD1-0087*	S1193	海南	文昌县	YD1-0426	S3135	广东	台山县

续附表 2

统一编号	保存单位	省份	原产地	统一编号	保存单位	省份	原产地
YD1-0440	S3220	广东	台山县	YD1-0711	S6117	广东	从化县
YD1-0442	S3223	广东	台山县	YD1-0758	S6182	广东	增城县
YD1-0456	S3241	广东	开平县	YD1-0818	S7037	广东	惠州市
YD1-0461	S3246	广东	开平县	YD1-0833	S7084	广东	惠州市
YD1-0462	S3247	广东	开平县	YD1-0855	S7451	广东	惠州市
YD1-0484*	S3273	广东	开平县	YD1-0863	S7902	广东	惠州市
YD1-0485	S3274	广东	开平县	YD1-0883*	S7049	广东	惠州市
YD1-0497	S3290	广东	开平县	YD1-0909	S7113	广东	惠州市
YD1-0507	S3304	广东	开平县	YD1-0926	S7056	广东	惠州市
YD1-0516*	S3318	广东	开平县	YD1-0932	S7094	广东	惠州市
YD1-0524	S3341	广东	开平县	YD1-0938	S7149	广东	惠阳县
YD1-0532	S3353	广东	高明县	YD1-0993	S7264	广东	惠阳县
YD1-0535	S3358	广东	高明县	YD1-1017	S7837	广东	惠阳县
YD1-0561	S3384	广东	高明县	YD1-1019	S7839	广东	惠阳县
YD1-0566	S3392	广东	鹤山县	YD1-1049	S7893	广东	惠阳县
YD1-0574	S3412	广东	南海县	YD1-1096	S7251	广东	惠阳县
YD1-0580	S3406	广东	南海县	YD1-1109*	S7276	广东	惠阳县
YD1-0581	S3397	广东	南海县	YD1-1111*	S7280	广东	惠阳县
YD1-0589	S3423	广东	三水县	YD1-1114	S7285	广东	惠阳县
YD1-0612	S5003	广东	高要县	YD1-1118	S7290	广东	惠阳县
YD1-0615	S5016	广东	罗定县	YD1-1121	S7297	广东	惠阳县
YD1-0617	S5017	广东	德庆县	YD1-1124	S7820	广东	惠阳县
YD1-0618*	S5019	广东	德庆县	YD1-1136	S7862	广东	惠阳县
YD1-0644	S6032	广东	花县	YD1-1145	S7878	广东	惠阳县
YD1-0646	S6038	广东	花县	YD1-1150	S7895	广东	惠阳县
YD1-0648	S6042	广东	花县	YD1-1152	S7897	广东	惠阳县
YD1-0669	S6075	广东	花县	YD1-1160	S7298	广东	惠阳县
YD1-0670	S6080	广东	花县	YD1-1188	S7314	广东	惠东县
YD1-0672	S6083	广东	花县	YD1-1202	S7382	广东	惠东县
YD1-0680	S6063	广东	花县	YD1-1228	S7668	广东	惠东县
YD1-0685	S6074	广东	花县	YD1-1237	S7687	广东	惠东县
YD1-0688	S6052	广东	花县	YD1-1244	S7694	广东	惠东县
YD1-0691	S6056	广东	花县	YD1-1262	S7736	广东	惠东县
YD1-0701*	S6099	广东	从化县	YD1-1282	S7756	广东	惠东县

续附表 2

统一编号	保存单位	省份	原产地	统一编号	保存单位	省份	原产地
YD1-1289*	S7780	广东	惠东县	YD1-1594	S7628	广东	紫金县
YD1-1294	S7785	广东	惠东县	YD1-1598	S7647	广东	紫金县
YD1-1309	S7312	广东	惠东县	YD1-1609	S7607	广东	紫金县
YD1-1373*	S7705	广东	惠东县	YD1-1610*	S7608	广东	紫金县
YD1-1382	S7714	广东	惠东县	YD1-1611	S7609	广东	紫金县
YD1-1384	S7716	广东	惠东县	YD1-1612	S7610	广东	紫金县
YD1-1390	S7730	广东	惠东县	YD1-1615	S7623	广东	紫金县
YD1-1418	S7806	广东	惠东县	YD1-1619	S7629	广东	紫金县
YD1-1437	S7402	广东	惠东县	YD1-1642	S8025	广东	海丰县
YD1-1440	S7416	广东	惠东县	YD1-1647	S8049	广东	海丰县
YD1-1446	S7442	广东	博罗县	YD1-1648	S8052	广东	海丰县
YD1-1449	S7445	广东	博罗县	YD1-1650	S8072	广东	海丰县
YD1-1451	S7447	广东	博罗县	YD1-1653	S8082	广东	海丰县
YD1-1471	S7475	广东	博罗县	YD1-1679	S8048	广东	海丰县
YD1-1472	S7476	广东	博罗县	YD1-1680	S8050	广东	海丰县
YD1-1475	S7479	广东	博罗县	YD1-1683*	S8055	广东	海丰县
YD1-1486	S7493	广东	博罗县	YD1-1686	S8058	广东	海丰县
YD1-1496	S7506	广东	博罗县	YD1-1698	S8078	广东	海丰县
YD1-1513	S7530	广东	博罗县	YD1-1719*	S8016	广东	海丰县
YD1-1514	S7531	广东	博罗县	YD1-1724	S8035	广东	海丰县
YD1-1532	S7553	广东	博罗县	YD1-1727	S8066	广东	海丰县
YD1-1538	S7559	广东	博罗县	YD1-1746	S8122	广东	陆丰县
YD1-1545	S7497	广东	博罗县	YD1-1750	S8127	广东	陆丰县
YD1-1550	S7515	广东	博罗县	YD1-1754	S8138	广东	惠来县
YD1-1553	S7484	广东	博罗县	YD1-1764	S8142	广东	惠来县
YD1-1558	S7571	广东	河源县	YD1-1767	S8147	广东	惠来县
YD1-1562	S7576	广东	河源县	YD1-1768	S8153	广东	惠来县
YD1-1566*	S7569	广东	河源县	YD1-1779*	S8164	广东	普宁县
YD1-1568	S7578	广东	河源县	YD1-1780	S8165	广东	普宁县
YD1-1574	S7587	广东	紫金县	YD1-1782	S8135	广东	普宁县
YD1-1579*	S7594	广东	紫金县	YD1-1784	S8169	广东	普宁县
YD1-1582	S7599	广东	紫金县	YD1-1785	S8167	广东	普宁县
YD1-1591*	S7620	广东	紫金县	YD1-1800*	S9017	广东	清远县
YD1-1593	S7627	广东	紫金县	YD1-1807	S9035	广东	佛冈县

续附表 2

统一编号	保存单位	省份	原产地	统一编号	保存单位	省份	原产地
YD1-1812*	S9026	广东	佛冈县	YD1-2397	S1134	广东	澄迈县
YD1-1818	S9033	广东	佛冈县	YD1-2398	S1148	广东	琼山县
YD1-1819	S9023	广东	佛冈县	YD1-2399*	S1150	广东	琼山县
YD1-1822	S9052	广东	英德县	YD1-2401	S1155	广东	琼山县
YD1-1825	S9055	广东	英德县	YD1-2404	S1158	广东	琼山县
YD1-1827	S9059	广东	英德县	YD1-2405*	S1159	广东	琼山县
YD1-1837	S9066	广东	曲江县	YD1-2408	S1164	广东	琼山县
YD1-1838	S9067	广东	曲江县	YD1-2412*	S1169	广东	琼山县
YD1-1841*	S9072	广东	曲江县	YD1-2416	S1178	广东	琼山县
YD1-1842	S9073	广东	曲江县	YD1-2417*	S1179	广东	琼山县
YD1-1844*	S9075	广东	曲江县	YD1-2418	S1180	广东	琼山县
YD1-1845	S9078	广东	曲江县	YD1-2422	S1186	广东	琼山县
YD1-1848	S9085	广东	仁化县	YD1-2426*	S1176	广东	琼山县
YD1-1849	S9086	广东	仁化县	YD1-2431	S1199	广东	文昌县
YD1-1850	S9079	广东	仁化县	YD1-2432	S1200	广东	文昌县
YD1-1851*	S9081	广东	仁化县	YD1-2435	S1208	广东	海口市
YD1-2330	S1001	广东	崖县	YD1-2436	S1214	广东	海口市
YD1-2332*	S1008	广东	崖县	YD1-2438*	S1218	广东	海口市
YD1-2333	S1010	广东	崖县	YD1-2440	S1221	广东	海口市
YD1-2335	S1013	广东	崖县	YD1-2441	S1223	广东	海口市
YD1-2336*	S1002	广东	崖县	YD1-2442*	S1224	广东	海口市
YD1-2337	S1017	广东	乐东县	YD1-2443	S1206	广东	海口市
YD1-2346	S1039	广东	乐东县	YD1-2450	S2008	广东	海康县
YD1-2354*	S1070	广东	万宁县	YD1-2455	S2038	广东	湛江市
YD1-2367	S1084	广东	万宁县	YD1-2467	S2051	广东	湛江市
YD1-2368*	S1085	广东	琼海县	YD1-2471*	S2120	广东	遂溪县
YD1-2377	S1096	广东	琼海县	YD1-2472	S2078	广东	遂溪县
YD1-2383*	S1105	广东	定安县	YD1-2475	S2112	广东	遂溪县
YD1-2384*	S1107	广东	定安县	YD1-2476	S2122	广东	遂溪县
YD1-2389*	S1127	广东	临高县	YD1-2479	S2132	广东	遂溪县
YD1-2390	S1128	广东	临高县	YD1-2480*	S2139	广东	遂溪县
YD1-2391*	S1129	广东	临高县	YD1-2485	S2140	广东	电白县
YD1-2394	S1120	广东	临高县	YD1-2487	S2152	广东	电白县
YD1-2395*	S1112	广东	临高县	YD1-2496	S2166	广东	廉江县

续附表 2

统一编号	保存单位	省份	原产地	统一编号	保存单位	省份	原产地
YD1-2497	S2160	广东	廉江县	YD1-2649	S6093	广东	广州市
YD1-2498	S2170	广东	廉江县	YD1-2653	S6142	广东	广州市
YD1-2501	S2195	广东	茂名市	YD1-2655	S6217	广东	增城县
YD1-2502*	S2191	广东	茂名市	YD1-2673	S6230	广东	增城县
YD1-2503	S2193	广东	茂名市	YD1-2675	S6242	广东	从化县
YD1-2511	S2209	广东	阳江县	YD1-2679	S6251	广东	从化县
YD1-2521*	S2225	广东	阳春县	YD1-2702	S7324	广东	惠阳县
YD1-2523	S3020	广东	恩平县	YD1-2704	S7134	广东	惠阳县
YD1-2524	S3031	广东	恩平县	YD1-2711	S7228	广东	惠阳县
YD1-2529	S3105	广东	恩平县	YD1-2713	S7232	广东	惠阳县
YD1-2536	S3057	广东	恩平县	YD1-2719	S7355	广东	惠东县
YD1-2547	S3184	广东	台山县	YD1-2726	S7524	广东	博罗县
YD1-2549*	S3276	广东	开平县	YD1-2728	S7536	广东	博罗县
YD1-2551	S3296	广东	开平县	YD1-2733	S7938	广东	博罗县
YD1-2552	S3308	广东	开平县	YD1-2737	S7483	广东	博罗县
YD1-2554	S3326	广东	开平县	YD1-2756	S7933	广东	博罗县
YD1-2561	S3333	广东	开平县	YD1-2768	S7595	广东	紫金县
YD1-2563	S3335	广东	开平县	YD1-2770	S7615	广东	紫金县
YD1-2564	S3336	广东	开平县	YD1-2771	S7617	广东	紫金县
YD1-2570	S3375	广东	高明县	YD1-2774	S7600	广东	紫金县
YD1-2571	S3377	广东	高明县	YD1-2784	S8070	广东	海丰县
YD1-2597	S4025	广东	深圳市	YD1-2785	S8067	广东	海丰县
YD1-2605	S4018	广东	深圳市	YD1-2786	S8087	广东	海丰县
YD1-2613	S5005	广东	高要县	YD1-2787	S8113	广东	陆丰县
YD1-2614	S5010	广东	四会县	YD1-2797	S9013	广东	清远县
YD1-2621	S5020	广东	云浮县	YD1-2802*	S9038	广东	佛冈县
YD1-2626	S6035	广东	广州市	YD1-2813	S9094	广东	佛冈县
YD1-2628	S6090	广东	广州市	YD1-2824	S9100	广东	佛冈县
YD1-2629	S6102	广东	广州市	YD1-2829	S9060	广东	英德县
YD1-2632	S6127	广东	广州市	YD2-0033	GX0033	广西	合浦县
YD1-2635	S6150	广东	广州市	YD2-0042	GX0042	广西	合浦县
YD1-2639	S6165	广东	广州市	YD2-0045	GX0045	广西	合浦县
YD1-2645	S6205	广东	广州市	YD2-0051	GX0051	广西	合浦县
YD1-2647	S6002	广东	广州市	YD2-0085	GX0086	广西	防城县

续附表 2

统一编号	保存单位	省份	原产地	统一编号	保存单位	省份	原产地
YD2-0114*	GX0117	广西	防城县	YD2-0812*	GX0852	广西	隆安县
YD2-0127	GX0130	广西	上思县	YD2-0821	GX0861	广西	隆安县
YD2-0174	GX0178	广西	博白县	YD2-0823	GX0863	广西	隆安县
YD2-0223*	GX0228	广西	玉林市	YD2-0824*	GX0864	广西	隆安县
YD2-0232	GX0237	广西	玉林市	YD2-0828	GX0868	广西	隆安县
YD2-0233	GX0238	广西	玉林市	YD2-0841*	GX0881	广西	隆安县
YD2-0252	GX0257	广西	玉林市	YD2-0842	GX0882	广西	隆安县
YD2-0257	GX0262	广西	玉林市	YD2-0844	GX0887	广西	隆安县
YD2-0262	GX0267	广西	玉林市	YD2-0848*	GX0891	广西	隆安县
YD2-0265	GX0270	广西	玉林市	YD2-0850	GX0893	广西	隆安县
YD2-0313	GX0318	广西	贵县	YD2-0857*	GX0900	广西	隆安县
YD2-0388	GX0397	广西	贵县	YD2-0858*	GX0901	广西	隆安县
YD2-0408	GX0420	广西	贵县	YD2-0863	GX0910	广西	宾阳县
YD2-0435*	GX0449	广西	贵县	YD2-0868	GX0915	广西	宾阳县
YD2-0443	GX0457	广西	贵县	YD2-0887	GX0934	广西	宾阳县
YD2-0471	GX0488	广西	贵县	YD2-0943	GX0992	广西	宾阳县
YD2-0511	GX0529	广西	贵县	YD2-0960	GX1009	广西	上林县
YD2-0513	GX0532	广西	贵县	YD2-0975	GX1024	广西	上林县
YD2-0515	GX0534	广西	贵县	YD2-0984	GX1033	广西	田阳县
YD2-0544	GX0566	广西	桂平县	YD2-0986*	GX1035	广西	田阳县
YD2-0583*	GX0605	广西	桂平县	YD2-1000	GX1050	广西	田东县
YD2-0600	GX0622	广西	桂平县	YD2-1005	GX1055	广西	田东县
YD2-0633	GX0658	广西	桂平县	YD2-1023	GX1073	广西	藤县
YD2-0642	GX0667	广西	桂平县	YD2-1031	GX1081	广西	藤县
YD2-0680*	GX0711	广西	武鸣县	YD2-1036*	GX1086	广西	钟山县
YD2-0699	GX0731	广西	横县	YD2-1080	GX1136	广西	柳江县
YD2-0704	GX0736	广西	横县	YD2-1142	GX1210	广西	来宾县
YD2-0715	GX0747	广西	横县	YD2-1154	GX1222	广西	来宾县
YD2-0716	GX0748	广西	横县	YD2-1175	GX1243	广西	来宾县
YD2-0757	GX0792	广西	横县	YD2-1197	GX1265	广西	来宾县
YD2-0765	GX0804	广西	崇左县	YD2-1204	GX1272	广西	来宾县
YD2-0773	GX0812	广西	崇左县	YD2-1233	GX1301	广西	来宾县
YD2-0789	GX0828	广西	崇左县	YD2-1241	GX1309	广西	来宾县
YD2-0795*	GX0834	广西	隆安县	YD2-1255	GX1325	广西	来宾县

续附表 2

统一编号	保存单位	省份	原产地	统一编号	保存单位	省份	原产地
YD2-1256	GX1326	广西	来宾县	YD2-1432	GX1515	广西	鹿寨县
YD2-1264	GX1334	广西	来宾县	YD2-1433	GX1516	广西	鹿寨县
YD2-1266	GX1336	广西	来宾县	YD2-1443*	GX1528	广西	武宣县
YD2-1273	GX1344	广西	来宾县	YD2-1454	GX1541	广西	武宣县
YD2-1276	GX1347	广西	来宾县	YD2-1455	GX1542	广西	武宣县
YD2-1279	GX1350	广西	来宾县	YD2-1462	GX1550	广西	武宣县
YD2-1283	GX1355	广西	来宾县	YD2-1465	GX1553	广西	武宣县
YD2-1297	GX1369	广西	来宾县	YD2-1467	GX1556	广西	武宣县
YD2-1298	GX1370	广西	来宾县	YD2-1471	GX1560	广西	武宣县
YD2-1318	GX1390	广西	来宾县	YD2-1474	GX1563	广西	武宣县
YD2-1327	GX1399	广西	来宾县	YD2-1476*	GX1565	广西	武宣县
YD2-1332	GX1404	广西	来宾县	YD2-1491	GX1580	广西	永福县
YD2-1337	GX1409	广西	来宾县	YD2-1495*	GX1584	广西	永福县
YD2-1339	GX1412	广西	来宾县	YD2-1501	GX1590	广西	永福县
YD2-1340*	GX1413	广西	来宾县	YD2-1514	GX1604	广西	永福县
YD2-1342	GX1415	广西	来宾县	YD2-1516	GX1606	广西	永福县
YD2-1346	GX1419	广西	来宾县	YD2-1517	GX1607	广西	永福县
YD2-1349*	GX1422	广西	来宾县	YD2-1525	GX1615	广西	临桂县
YD2-1354	GX1427	广西	来宾县	YD2-1546	GX1636	广西	临桂县
YD2-1372	GX1448	广西	象州县	YD2-1549*	GX1639	广西	桂林市
YD2-1375	GX1451	广西	象州县	YD2-1551	GX1641	广西	桂林市
YD2-1386	GX1463	广西	象州县	YD2-1554	GX1644	广西	桂林市
YD2-1392	GX1469	广西	象州县	YD2-1557*	GX1647	广西	桂林市
YD2-1393	GX1471	广西	象州县	YD2-1582	GX1672	广西	罗城县
YD2-1400*	GX1479	广西	象州县	YD2-1590	GX1680	广西	罗城县
YD2-1406	GX1486	广西	象州县	YD2-1591	GX1681	广西	罗城县
YD2-1407	GX1487	广西	象州县	YD2-1624	GX1714	广西	玉林市
YD2-1408	GX1488	广西	象州县	YD2-1636	GX1726	广西	北流县
YD2-1410	GX1490	广西	象州县	YD2-1667	GX1757	广西	岑溪县
YD2-1412	GX1492	广西	象州县	YD2-1853*	GX1943	广西	合浦县
YD2-1414	GX1494	广西	象州县	YD2-2029*	GX2119	广西	玉林市
YD2-1422	GX1504	广西	鹿寨县	YD2-2054	GX2144	广西	玉林市
YD2-1424	GX1506	广西	鹿寨县	YD2-2074*	GX2164	广西	陆川县
YD2-1429*	GX1511	广西	鹿寨县	YD2-2094*	GX2184	广西	贵港市

续附表 2

统一编号	保存单位	省份	原产地	统一编号	保存单位	省份	原产地
YD2-2160	GX2250	广西	贵港市	YD2-2641	GX2731	广西	扶绥县
YD2-2170	GX2260	广西	贵港市	YD2-2646	GX2736	广西	扶绥县
YD2-2194	GX2284	广西	贵港市	YD2-2647	GX2737	广西	扶绥县
YD2-2216	GX2306	广西	贵港市	YD2-2662*	GX2752	广西	扶绥县
YD2-2218	GX2308	广西	贵港市	YD2-2667	GX2757	广西	扶绥县
YD2-2227	GX2317	广西	贵港市	YD2-2668	GX2758	广西	扶绥县
YD2-2233	GX2323	广西	贵港市	YD2-2677	GX2767	广西	扶绥县
YD2-2234	GX2324	广西	贵港市	YD2-2681	GX2771	广西	扶绥县
YD2-2286	GX2376	广西	北流县	YD2-2690	GX2780	广西	扶绥县
YD2-2328*	GX2418	广西	北流县	YD2-2691	GX2781	广西	扶绥县
YD2-2330*	GX2420	广西	北流县	YD2-2713	GX2803	广西	扶绥县
YD2-2335*	GX2425	广西	容县	YD2-2722	GX2812	广西	扶绥县
YD2-2337	GX2427	广西	容县	YD2-2729	GX2819	广西	扶绥县
YD2-2345	GX2435	广西	容县	YD2-2740*	GX2830	广西	扶绥县
YD2-2351	GX2441	广西	容县	YD2-2754	GX2844	广西	扶绥县
YD2-2356	GX2446	广西	容县	YD2-2763	GX2853	广西	扶绥县
YD2-2360*	GX2450	广西	容县	YD2-2775	GX2865	广西	扶绥县
YD2-2362	GX2452	广西	容县	YD2-2776*	GX2866	广西	扶绥县
YD2-2372*	GX2462	广西	平南县	YD4-0023	4-2	江西	东乡县
YD2-2380*	GX2470	广西	平南县	YD4-0024	5-5	江西	东乡县
YD2-2416	GX2506	广西	邕宁县	YD4-0026*	6-6	江西	东乡县
YD2-2418*	GX2508	广西	邕宁县	YD4-0037*	6-1	江西	东乡县
YD2-2466*	GX2556	广西	邕宁县	YD4-0045*	9-3	江西	东乡县
YD2-2495	GX2585	广西	邕宁县	YD4-0049*	10-3	江西	东乡县
YD2-2507*	GX2597	广西	邕宁县	YD4-0055	12-2	江西	东乡县
YD2-2516	GX2606	广西	邕宁县	YD4-0059	4-5	江西	东乡县
YD2-2517	GX2607	广西	邕宁县	YD4-0065	47-5	江西	东乡县
YD2-2520	GX2610	广西	邕宁县	YD4-0077	10-1	江西	东乡县
YD2-2532*	GX2622	广西	扶绥县	YD4-0090*	45-19	江西	东乡县
YD2-2591	GX2681	广西	扶绥县	YD4-0107*	48-1	江西	东乡县
YD2-2594	GX2684	广西	扶绥县	YD4-0122	43-4	江西	东乡县
YD2-2618	GX2708	广西	扶绥县	YD4-0134	47-7	江西	东乡县
YD2-2622	GX2712	广西	扶绥县	YD4-0169*	48-20	江西	东乡县
YD2-2629	GX2719	广西	扶绥县	YD4-0186	30-2	江西	东乡县

续附表 2

统一编号	保存单位	省份	原产地	统一编号	保存单位	省份	原产地
YD5-0007*	M1005	福建	漳浦县	YD6-0068	C064	湖南	茶陵县
YD5-0008	M1011	福建	漳浦县	YD6-0070	C086	湖南	茶陵县
YD5-0009	M1013	福建	漳浦县	YD6-0071	9001	湖南	江永县
YD5-0011	M1026	福建	漳浦县	YD6-0077	9007	湖南	江永县
YD5-0013*	M1030	福建	漳浦县	YD6-0081	9022	湖南	江永县
YD5-0024	M2022	福建	漳浦县	YD6-0084*	9027	湖南	江永县
YD5-0029*	M2006	福建	漳浦县	YD6-0087	9030	湖南	江永县
YD5-0033*	M2016	福建	漳浦县	YD6-0088	9012	湖南	江永县
YD5-0035	M2019	福建	漳浦县	YD6-0092	9023	湖南	江永县
YD5-0037	M2023	福建	漳浦县	YD6-0095	9010	湖南	江永县
YD5-0039	M2027	福建	漳浦县	YD6-0099	9020	湖南	江永县
YD5-0051*	M2040	福建	漳浦县	YD6-0100	9021	湖南	江永县
YD5-0052	M2042	福建	漳浦县	YD6-0110	C104	湖南	茶陵
YD5-0053	M2043	福建	漳浦县	YD6-0116	C055	湖南	茶陵
YD5-0055	M1002	福建	漳浦县	YD6-0119	C071	湖南	茶陵
YD5-0061	M1010	福建	漳浦县	YD6-0126	C103	湖南	茶陵
YD5-0064*	M1016	福建	漳浦县	YD6-0129	C115	湖南	茶陵
YD5-0070*	M1024	福建	漳浦县	YD6-0136	C122	湖南	茶陵
YD5-0073	M1029	福建	漳浦县	YD6-0139*	C127	湖南	茶陵
YD5-0076*	M1040	福建	漳浦县	YD6-0141	C129	湖南	茶陵
YD5-0077	M1041	福建	漳浦县	YD6-0146	C134	湖南	茶陵
YD5-0078	M1043	福建	漳浦县	YD6-0151	C139	湖南	茶陵
YD5-0083	M1051	福建	漳浦县	YD6-0154	C142	湖南	茶陵
YD5-0084	M1052	福建	漳浦县	YD6-0183*	C090	湖南	茶陵
YD5-0087	M1035	福建	漳浦县	YD6-0190	C095	湖南	茶陵
YD5-0088	M2014	福建	漳浦县	YD6-0193	C111	湖南	茶陵
YD5-0089	M2025	福建	漳浦县	YD6-0200	g036	湖南	江永
YD5-0090	M2009	福建	漳浦县	YD6-0207	g057	湖南	江永
YD6-0010	C046	湖南	茶陵县	YD6-0212	g070	湖南	江永
YD6-0016	C003	湖南	茶陵县	YD6-0213	g071	湖南	江永
YD6-0042	C073	湖南	茶陵县	YD6-0214	g072	湖南	江永
YD6-0056	C043	湖南	茶陵县	YD6-0216	g074	湖南	江永
YD6-0063	C016	湖南	茶陵县	YD6-0217	g075	湖南	江永
YD6-0066	C051	湖南	茶陵县	YD6-0221	g085	湖南	江永

续附表 2

统一编号	保存单位	省份	原产地	统一编号	保存单位	省份	原产地
YD6-0228	g096	湖南	江永	YD6-0295	g115	湖南	江永
YD6-0229	g099	湖南	江永	YD6-0299	g120	湖南	江永
YD6-0231	g121	湖南	江永	YD6-0300	g122	湖南	江永
YD6-0235*	g139	湖南	江永	YD6-0301	g123	湖南	江永
YD6-0237	g145	湖南	江永	YD6-0308	g132	湖南	江永
YD6-0240	g152	湖南	江永	YD6-0310	g134	湖南	江永
YD6-0255	g045	湖南	江永	YD6-0311	g135	湖南	江永
YD6-0267	g068	湖南	江永	YD6-0312	g136	湖南	江永
YD6-0279*	g098	湖南	江永	YD6-0313	g137	湖南	江永
YD6-0287	g107	湖南	江永	YD6-0314	g141	湖南	江永
YD6-0292	g112	湖南	江永	YD6-0315	g142	湖南	江永

注：* 代表该材料属于微核心种质。

附表 3 所用 275 个 SSR 引物序列

标记	染色体	正向引物	反向引物
OSR23	1	tgatacgtggtacgtgacgc	taatcgcttccctacccctg
RM104	1	ggaagaggagagaaagatgtgtgtcg	tcaacagacacaccgccaccgc
RM1095	1	cccattcagttgatcctgtc	gcaaaagcaaggatggagac
RM113	1	caccattgcccatcagcacaac	tcgccctctgctgcttgatggc
RM1141	1	tgcattgcagagagctcttg	cagggctttgtaagaggtgc
RM1151	1	gaccgcaaaagatcatcgac	gtaacagcgaccgttggttg
RM1183	1	gggcacgaataaaaccagag	gggatggtccaatgacaaag
RM1201	1	ttaccgcgccacatatacac	cgtacgagccctagttaccg
RM1216	1	ttccccaatggaacagtgac	agggtctaccacccgatctc
RM1232	1	gtctctgtggagtggaagcc	ttcaccggatctgattaccc
RM129	1	tctctccggagccaaggcgagg	cgagccacgacgcgatgtaccc
RM165	1	ccgaacgcctagaagcgcgtcc	cggcgaggtttgctaatggcgg
RM23	1	cattggagtggaggctgg	gtcaggcttctgccattctc
RM2574	1	cttgggttcgagtaggataa	tccaccagaatttgatcaat
RM3234	1	aaagacgacgatgggtcaac	gtgaggttcttgggtggaag
RM3627	1	ggctactcgagcaagctctg	acctacccgtcatccctctc
RM5	1	tgcaacttctagctgctcga	gcatccgatcttgatggg
RM5302	1	tatgggtgacacattgggac	ttgtgacgtttgagagctgg
RM5310	1	tagacaaagcaacgggttcc	cggaagcaggagaatcgtag
RM5359	1	cgtgatctcgtgcatccc	ccctcaggagcttcatgaac
RM5443	1	tacggcttacccatagcagc	aaacggagggagtatttccc
RM5496	1	tgcctactcagcaactaacac	actttgcagtttgcacatc
RM6827	1	gcaccgaacaaaatcctagc	ccaacctcaactgaagatgc
RM6950	1	gtctgtgtcactaaccatgcc	catggcgtctcaactacacc
RM7075	1	tatggactggagcaaacctc	ggcacagcaccaatgtctc
RM7086	1	tattttgcctccaagaggcc	ggtgcatggttctgaggaac
RM81a	1	gagtgcttgtgcaagatcca	cttcttcactcatgcagttc
RM8260	1	aatctaacgtttgactatccatc	tctaccagtactcccttcacc
TC03	1	ccaaggcagcgcttgttc	tggtggagttctcgatcctc
TC100	1	ttctcttctcctacctagcaacc	acaagccatacccataccca
TC129	1	cagacaagcagcaagcagtc	cgaccacaaaagcctaccat
TC141	1	tagtcgccttgattggctct	tccagatcctttggttcctg
TC142	1	atgaaccgaactaccgaacg	tcgcattgctggtatgtgtt
TC44	1	ttctacgacttcttcggcgt	agtttcaaaaagcacgacgg
TC55	1	aaaccgaccaaaatcactgc	acgccaaatccatctctcaa
TC56	1	gccgctataaatcgaaccaa	gtatgtacccaccaccaggg
TC79	1	gccaccaaacgaacacct	aagcctcctcctcattccac
RM106	2	cgtcttcatcatcgtcgccccg	ggcccatcccgtcgtggatctc
RM109	2	gccgccggagagggagagagag	ccccgacgggatctccatcgtc
RM1251	2	gagacaatgacagtctgcgc	ccttcagcccttcacgtatc

续附表3

标记	染色体	正向引物	反向引物
RM1255	2	catctgcttctgctaagctagg	cccaataagcagctaagctc
RM1342	2	gaagcaagaaaccaaagatg	ctttcggtctcaagcaatat
RM1347	2	aacaaattaaactgccaag	gtcttatcatcagaactgga
RM138	2	agcgacgccaagacaagtcggg	tccacgtcgatcgacacgacgg
RM191C	2	cccatcctcaccgatctctctaaac	gtgcgcacggaggaggaaaggg
RM211	2	ccgatctcatcaaccaactg	cttcacgaccatctcaaagg
RM2468	2	tcccctgcctctaattaatc	aagtcaaagtgtcaagaccaaa
RM262	2	cattccgtctcggctcaact	cagagcaaggtggcttgc
RM3188	2	tcacgagtcgttcgttcttg	cttgctgctcaagtggtgag
RM3220	2	ttgagttttcctggccagtc	ctcgctttacaggccagaac
RM3248	2	agaaggttgctttcttggcc	cttgcaaggtctgttgcatc
RM3316	2	ttcgacgattctgtacacgc	catgatcccaaatgcatggg
RM3730	2	tgcgagtatcttcaaggcag	attgaggggctaatcatcc
RM5300	2	ccaccccatcattattgagg	aagctgaggttggttgcttg
RM5305	2	ccttccctatgctatgctgc	gatggggagtaatggtgtgg
RM5378	2	gctcggctgcgttctactac	agaaaggagggagccgatag
RM5460	2	aagagaacaagccatggtgc	gccttttcttgcctttggac
RM5764	2	cgacgctgtctcttgttgag	cattcgtttcaccaatggcc
RM7006	2	ctcgtttatcctcccagtgc	cacttgtatccagaagcagg
RM7009	2	gggatttattggtcggactg	gtaaggcggcacaaagaatc
RM7033	2	gtgcccaacactgcactaac	gttggcggtgatttctgatg
RM71	2	ctagaggcgaaaacgagatg	gggtgggcgaggtaataatg
RM7337	2	ttcttcccagttgggttgac	catcttgttgatggtggtgg
RM7413	2	gtctggttggcagctctctc	cgacacacatccacgcac
TC135	2	agccaagccaagaagacaaa	aacatcccaactcgaacacc
TC42	2	tagatcgaatcgacagtgcg	gagaaataacgcgtgccatc
TC66	2	ctgtgtagcagaagcatggc	tccatccccaagaatacagc
TC80	2	aagttgcgattggtgaaagg	gttgctgacatgccatagga
RM1002	3	gaaccagacaagcaaaacgg	agcatggggatttaggaacc
RM1004	3	acgacccctcctggttctg	ctcgtggttctggtcacaac
RM1022	3	catgggatgagggagtaatg	ctttgatagcggctttgtcc
RM114	3	cagggacgaatcgtcgccggag	ttggccccttgaggttgtcgg
RM130	3	tgttgcttgccctcacgcgaag	ggtcgcgtgcttggtttggttc
RM1338	3	agagggaattagattggatt	ggtccacttcttccttctat
RM143	3	gtcccgaaccctagcccgaggg	agaggccctccacatggcgacc
RM175	3	cttcggcgccgtcatcaaggtg	cgttgagcagcgcgacgttgac
RM2187	3	gtcatttgaagtaaatccgt	ggtctacttgcgaaataagt
RM231	3	ccagattatttcctgaggtc	cacttgcatagttctgcattg
RM2334	3	catgcatctgatctgattat	tgtgaagagtacaagtaggg
RM251	3	gaatggcaatggcgctag	atgcggttcaagattcgatc

续附表3

标记	染色体	正向引物	反向引物
RM2614	3	tggcacaaatcattatgatc	gattgcaatgcagcatatag
RM3117	3	gccatctctctctctctctc	ccttagctcatcaagcgagg
RM3126	3	ttcttgctcgtctgcctcc	catcttgccatgcctgatg
RM3166	3	aaatcgtcgaacacctctcg	ttcacacgcatcgagtaagc
RM3202	3	ttcacttcctattggcggc	tcatcatcagtccagcatcg
RM3203	3	agagcatcatgcaggtcctc	atacgaatggagtgcaaggg
RM3204	3	gcaaccctttcttcctcctc	ccaaggagagcgcactagc
RM3223	3	agagcatcatgcaggtcctc	atacgaatggagtgcaaggg
RM4992	3	cagcctgctaatttagtatt	actcgaaatccttctctata
RM5944	3	gagccgcatcaaccagttac	cagtacagcgcgcactacac
RM60	3	agtcccatgttccacttccg	atggctactgcctgtactac
RM6283	3	tggagactgagctgatgcc	tcaggtggtcggttccttac
RM6837	3	acctggtgcaagaacctgac	cggtagaggacgtccatgtc
RM6849	3	cgtcaactgcatcaccacc	tccgactgatcatcatcgac
RM6987	3	cgatccttaccttgaattga	gaaagccattcagtgaactg
RM7097	3	gggaggaggagaggagattg	ttaggcctgcacttttggag
RM7072	3	ctaatcctattgatttaggg	agtctagtgtcaaccttctc
RM8203	3	cattgataatgtccagtgacg	ctcctgttgtcattctttgg
TC08	3	cctgacctcactgcacttca	agcttggcttgattgctgat
TC128	3	agaggaagggcaaggagaag	cagcaaaaaccaccgagatt
TC130	3	ttccccaagtacacgagagg	tactgctgcccgcttctaat
TC145	3	caagtcctaacccgaatcca	gggcttgacctcaagtagca
TC39	3	atctcatcgacccatccaaa	tgacttgaggttgaggagca
TC53	3	gatgcttagccatcatccgt	cgagtcgatcctcacacaaa
TC73	3	actacgtcaggctcgtcgtc	agtttactcggcagcaacca
RM1112	4	tcaggacacatggcccttac	cagctcctgacagagcacac
RM1153	4	accaacgccaaaagctactg	tactcgccctgcatgagc
RM1155	4	agggagtgtggcaactatgc	gggaggagtgagaagggatc
RM119	4	catccccctgctgctgctgctg	cgccggatgtgtgggactagcg
RM127	4	gtgggatagctgcgtcgcgtcg	aggccagggtgttggcatgctg
RM1272	4	tctatggatctgcatgctgg	ctgccctgtccttttaatcg
RM241	4	gagccaaataagatcgctga	tgcaagcagcagatttaggtg
RM255	4	tgttgcgtgtggagatgtg	cgaaaccgctcagttcaac
RM2636	4	cggaggaagtaccttataaa	cttctcagattcttgtgtgt
RM3217	4	gttgcaaggttgcaacacag	gtggcagccaagatggac
RM3263	4	ccccctcctttaatttgcac	ctcctgatcctcatggatgg
RM335	4	gtacacacccacatcgagaag	gctctatgcgagtatccatgg
RM5134	4	gattggagcttgttttctc	cacaaatcaaatacatcacag
RM5320	4	cctgagctgtacaagcaaac	cagattcttgggagaaatcc
RM6507	4	cggatgattcgtatgtgcag	aacacgatgttggcaaggac

续附表3

标记	染色体	正向引物	反向引物
RM6992	4	attacctgctttcccactgc	ctcacgtgtactgccaatcc
TC06	4	gtatgatgtgcccggctatt	tcgaactttatcccctttcag
TC140	4	ttgcattggctcaatgatgt	tttcccttcttccttcctcc
CN157	5	aaggccgcgagaggattc	catcgtgaacgccatctct
CN38	5	cctgctcgcgtgaaagata	cctcctcgatctggatggt
CN55	5	gctgatagcgaggtgggtag	ctgccggttgatcttgttct
CN70	5	ctgcctcgcgtgaaagata	cctcctcgatctggatggt
CN72	5	gcttgggtgatttcttggaa	ggccgaagaggcggtagatctt
RM1024	5	gcatataccatggggattgg	gggattgggataatggtgtg
RM1089	5	cagaaggattatctcgatacc	aatagggcttgaaataaattg
RM1187	5	gtggctatggctactgagcc	ccgttgttggtatccaggtc
RM146	5	ctattattccctaacccccataccctcc	agagccactgcctgcaaggccc
RM164	5	tcttgcccgtcactgcagatatcc	gcagccctaatgctacaattcttc
RM178	5	tcgcgtgaaagataagcggcgc	gatcaccgttccctccgcctg
RM249	5	ggcgtaaaggttttgcatgt	atgatgccatgaaggtcagc
RM2494	5	ggattaatgaaatggaacac	cataccagtgcaaaacatag
RM267	5	tgcagacatagagaaggaagtg	agcaacagcacaacttgatg
RM3295	5	tcgtgtcatgcgatcgac	gcttcgactcgaccaagatc
RM4674	5	agcattatccatattcacat	taatcggacataagactttc
RM5361	5	gcacgtgactccatcatctc	atgcagatgatagcccaagg
RM5374	5	catgatgaatgtattgctct	acatggtcaaccattttaat
RM6952	5	actccatgacggaatcgaac	ggacatcaaaggcaccattc
RM6954	5	cacagatgcgaaatgcagag	gcgctgctgctaaattaagc
RM7293	5	cctaggggatccaagatgtc	gcacggatctacatacatgc
RM7653	5	aattcgtccccgtctcctac	gaattccagctctttgaccg
TC07	5	ggctgagattccttccttcc	taacaaaacttctcggcgct
TC12	5	cttggaaagctggaacttgg	cccacctcacctcacctcta
TC16	5	gccaagaagaaccaggagc	tgcttggtggatgaattgaa
TC75	5	gaatcgaatgctgctgtcaa	cacaggtcagaaaacgagca
RM1015	6	tgtatgactttttagcattg	ccacattcatttagatgtta
RM103	6	cttccaattcaggccggctggc	cgccacagctgaccatgcatgc
RM111	6	cacaacctttgagcaccgggtc	acgcctgcagcttgatcaccgg
RM1150	6	acagtggccacagtgtgttg	ggattcgggaggttgacg
RM1161	6	aaactgttttacccctggcc	atccccttctgcggtaaaac
RM1163	6	tctagggttagggtttcgcc	aggtcggtttcctttttgtcc
RM190	6	ctttgtctatctcaagacac	ttgcagatgttcttcctgatg
RM193	6	cgcctcttcttcctcgcctccg	cgggtccatccccccctctcctc
RM197	6	gatccgtttttgctgtgccc	cctcctctccgccgatcctg
RM2008	6	atagttgaagcattttccag	aacccatggagaatgtatag
RM2062	6	attttgacttcttgtttcta	ctttcaagttgttaagtttg

续附表3

标记	染色体	正向引物	反向引物
RM225	6	tgcccatatggtctggatg	gaaagtggatcaggaaggc
RM253	6	tccttcaagagtgcaaaacc	gcattgtcatgtcgaagcc
RM3183	6	gctccacagaaaagcaaagc	tgcaacagtagctgtagccg
RM5350	6	agtttggactgcccaatcag	ttggagggggatgaatgtc
RM6818	6	gtcgcattcgtctccacc	accatttccagatgactcgg
RM6836	6	ttgttgtatacctcatcgac	agggtaagacgtttaacttg
RM7083	6	tgtgttttggtgtgcctgac	actaccgtggtaccaaacgg
TC04	6	actgaaaggaggcagaagca	ggcaatcttgacacagctca
TC127	6	gaatccaagtccagggttga	cactctcgaggagatgggtt
TC148	6	acaaatcaacagccaccaca	agccatttggaacagattgg
TC26	6	cgtgtcgcttactctagggc	cctgtaagggagcacgtcat
TC65	6	ggagaacaagaagctgaccg	gctgtcgacgctacggat
RM1132	7	atcacctgagaaacatccgg	ctcctcccacgtcaaggtc
RM1335	7	gcatgcatgaatatgatgg	agatcgaacaagaagagtgg
RM134	7	acaaggccgcgagaggattccg	gctctccggtggctccgattgg
RM172	7	tgcagctgcgccacagccatag	caaccacgacaccgccgtgttg
RM18	7	ttccctctcatgagctccat	gagtgcctggcgctgtac
RM182	7	tgggatgcagagtgcagttggc	cgcaggcacggtgccttgtaag
RM3186	7	gagtagaaggtgaggccacg	cgaccaagagatgcttcctc
RM5344	7	acgaacgggagcaaggtc	ctctcaaccaagacgccttc
RM5405	7	cactctcacactcaccagcg	gtcgtctcgctctcatctcc
RM6835	7	ttctgctccacgtgttcttg	taacccatagtcccgtacgc
RM6872	7	ggatgaacactgatgatggc	acctccaccacgatatccac
RM7087	7	agctagcagctattgcctgc	cagtgagtgagtgcactggc
RM7479	7	gctctggttagtgatcatgg	acatggtggcttaggagtg
RM82	7	tgcttcttgtcaattcgcc	cgactcgtggaggtacgg
TC37	7	acaacagccaccaactcctc	cgttcagctcctcgtagtcc
RM1235	8	gaaaactaaaaagcagagga	aagctatccattttggatta
RM126	8	cgcgtccgcgataaacacaggg	tcgcacaggtgaggccatgtcg
RM1270	8	tactagttcactaccacgcagc	gcatttcccgcaatgtagag
RM1295	8	gagaagaggtggaagttgaa	gacggaagaattcttaatgg
RM152	8	gaaaccaccacacctcaccg	ccgtagaccttcttgaagtag
RM223	8	gagtgagcttgggctgaaac	gaaggcaagtcttggcactg
RM25	8	ggaaagaatgatcttttcatgg	ctaccatcaaaaccaatgttc
RM2819	8	aatgttgctagatttaaaac	cagtaggatatcttacaacc
RM2910	8	cagctgctcatattcatata	ataaggtacttcatccgtta
RM3120	8	atcgatggaagctctttgcc	ggatgtacaagagcttaggagc
RM3262	8	accgatgagctctccacatc	tgacctcacttcacttcccc
RM42	8	atcctaccgctgaccatgag	tttggtctacgtggcgtaca
RM5767	8	ctagcagccacatcaagcag	ctcatcctctccacgctctc

续附表3

标记	染色体	正向引物	反向引物
RM6838	8	attaataccgctaccacgcg	tcctcctccacctcaatcac
RM6845	8	gtgacggcaagaggaagaag	gttcgacaggaacgccac
RM6863	8	gctgcagaattaaggagaac	tgctcaaaataatcagctcc
RM6948	8	ggtaagttgtcggttgcctc	acgtccataccaggtcaagc
RM7027	8	aggacctggactttatgggc	cctgcactgctccacagtac
RM7049	8	ctaatccgtggatcaaacgc	gttgagcaaacgtctgttgg
TC110	8	cgatcgaggagttcgtcttc	cacccccttcacatgatcaca
TC112	8	caagctagtcacccacccat	agcacatcacaaaccaacca
TC137	8	acctccgccttcttaacctc	gacatggctggtttcttggt
TC144	8	tcttcttgcagacgacgaga	ccattgacgacacacacaca
TC70	8	caaaaaggaggtgaaggcaa	actgcattggatgtggtgaa
RM107	9	agatcgaagcatcgcgcccgag	actgcgtcctctgggttcccgg
RM108	9	tctcttgcgcgcacactggcac	cgtgcaccaccaccaccaccac
RM219	9	cgtcggatgatgtaaagcct	catatcggcattcgcctg
RM242	9	ggccaacgtgtgtatgtctc	tatatgccagcacggatggg
RM296	9	cacatggcaccaacctcc	gccaagtcattcactact
RM3249	9	gcccttttcttctccactcc	agacactgtcacagcttcagc
RM3700	9	aaatgccccatgcacaac	ttgtcagattgtcaccaggg
RM3744	9	caggtaagttttcattttca	gagcaggagtaacagttgta
RM5657	9	tatgtgcatttgtaaggtga	gctttagattattgagcgag
RM6570	9	cgatccgcatctcgaatc	cctccaaggtcctcatcctc
RM7175	9	acagtaaacgtggtgcctcc	agaagtagcctcgaggaccc
TC124	9	gctcaaagaaaaggtgacgc	ggaacttacaacctgggcaa
TC136	9	cgctgcccttgatgaactat	gagcaaactcctccctgatg
RM1125	10	ggggccagagttttcttcag	gtacgcgcagaaaatgagag
RM1146	10	accccgatgatcgattgtac	ccctattcccgtgtaaatcg
RM1236	10	agaaaagttaattccaaagg	caaggaattctagaggagtg
RM2125	10	tacctcctagctttacttat	actgatctctatctcattgt
RM216	10	gcatggccgatggtaaag	tgtataaaaccacacggcca
RM244	10	ccgactgttcgtccttatca	ctgctctcgggtgaacgt
RM258	10	tgctgtatgtagctcgcacc	tggccttaaagctgtcgc
RM3019	10	atgggtactaacaaagttca	cttcttcgtcatattctttc
RM3229	10	cttgcaacttgcaacgtcc	gcatagcaagaggccaagag
RM3283	10	cccgttaaaagggaaactcc	cgaactcctagactccaccg
RM5373	10	ggagatgctatagcagcagtg	attgctccttaccaccttgc
RM6144	10	tggaactcaacgggagtctc	gaagtagtggaatcggcgag
RM6824	10	gagagaacctggtggtggag	agtggtagaagatccgagatcg
RM7361	10	ggctcaattcgtaggtgcc	ttctccggttaacgtggaag
TC17	10	aactaccgatccgtcaccac	cgaagcacctccctgaatag
TC41	10	aaaacattttgcacttgccc	ctacaaggtacagcccccaa

续附表3

标记	染色体	正向引物	反向引物
TC57	10	agaggagggtgtggtgactg	cctaccgtgatgactaaaagcc
RM1240	11	ccatgagctagtaactgcagc	ggatcgcaaaatctggcatc
RM206	11	cccatgcgtttaactattct	cgttccatcgatccgtatgg
RM224	11	atcgatcgatcttcacgagg	tgctataaaaggcattcggg
RM254	11	agccccgaataaatccacct	ctggaggagcatttggtagc
RM3625	11	cttgcaattcaattgcttac	ggtggcctagtgaaactaaa
RM4504	11	taattgatgagcttgatgta	agagagattttatgaaacca
RM5349	11	agggcatgcttacatccaac	catttgcttctatgccccag
RM5961	11	gtatgctcctcctcacctgc	acatgcgacgtgatgtgaac
RM6544	11	accactatgcacccttcgtc	gaatgctctgcttcgtttcc
TC126	11	caaccagtgcttgagcttga	agtaacagcatccatccatcg
TC18	11	tcgtgccgattttaatttcc	agcaggttcaaccaatcagg
RM117	12	cgatccattcctgctgctcgcg	cgcccccatgcatgagaagacg
RM1227	12	atggtagagacgagagatgg	ggaccactccaacaatttta
RM1261	12	gtccatgcccaagacacaac	gttacatcatgggtgacccc
RM179	12	ccccattagtccactccaccacc	ccaatcagcctcatgcctcccc
RM2197	12	actgagaactttaatcatcg	gaacaactttgaagagaaac
RM235	12	agaagctagggctaacgaac	tcacctggtcagcctctttc
RM247	12	tagtgccgatcgatgtaacg	catatggttttgacaaagcg
RM270	12	ggccgttggttctaaaatc	tgcgcagtatcatcggcgag
RM2734	12	gctctactgctctagagcaa	gccacggattaatatatgaa
RM3103	12	cagacaacttgtaatgtacg	atgtcatgggagataattaa
RM3246	12	gccactcatataagcaaatg	tggttaatggtcagaacctg
RM3455	12	tgaatccacactcgcagatc	gccagtccacgattggtc
RM6386	12	gttctcgagctccacgtagg	ctccacctccatctccgtc
TC19	12	gcggtgaggagagtaactgg	gcttcatctgggaggctaca
TC49	12	ccctctttccctcgtcttct	accatctctcccgcctagag
RM3726	12	cacacacatcgctcggtc	gatgtggaggtcgatggc
RM6897	11	atatccgatgtgacacgcag	aggataaattgggtggggac
CN78	6	gcaagtgggcgctctcct	gtccatgagcctggacacctc
CN83	7	atcgacggcacgatcaag	ggtggcagtggaagtgctat
KM180	11	ttccatgcagggatgttgta	gaaggagacttggctcaacg
KM182	6	atgttgcagcagagcatttg	tggggttgttgttgctgata
KM186	11	tgaagaagtggcacaagacg	atggtcttgtagcggtggag
TC146	3	ttggatttgtgcttgtgctc	tcagtagtctgccaaatcttgaa

李自超教授研究团队

张洪亮博士（前二排，左四），张冬玲博士（前一排，左一），李金杰博士（前二排，右四）

中国稻种资源穗部性状遗传多样性

中国栽培稻（*O. sativa* L.）微核心种质田间表现

中国栽培稻（*O. sativa* L.）微核心种质田间表现

水稻株高的遗传变异

水稻颖壳颜色的表型变异

李自超观察种质资源粒型变异

2012 年美国农业部水稻研究所严文贵博士来访，并考察田间种质资源种植

2010 年李自超考察 IRRI 分子育种实验材料

李自超 2012 年 9 月访问美国水稻研究所，引进美国稻种资源核心种质

2010 年美国北卡州立大学 Jose Alonso 博士来访，并考察稻种资源田间遗传变异

2010 年 973 项目首席科学家张学勇研究员考察核心种质的育种利用情况